Steckverbinder

Günter Knoblauch und 15 Mitautoren

Steckverbinder

Theorie der Kontakte, neue Technologien, Produkte und Management-Konzepte

5., durchgesehene Auflage

Kontakt & Studium
Band 583
Herausgeber: Prof. Dr.-Ing. Dr. h.c. Wilfried J. Bartz
Dipl.-Ing. Hans-Joachim Mesenholl

Bibliografische Information der Deutschen Nationalbibliothek
Die Deutsche Nationalbibliothek verzeichnet diese Publikation in der Deutschen Nationalbibliografie; detaillierte bibliografische Daten sind im Internet über http://dnb.dnb.de abrufbar.

Dischingerweg 5 · D-72070 Tübingen

Internet: www.expertverlag.de
eMail: info@verlag.expert

Printed in Germany

ISBN 978-3-8169-3484-4 (Print)
ISBN 978-3-8169-8484-9 (ePDF)

Vorwort zum Buch

Steckverbinder

Theorie der Kontakte, neue Technologien, neue Produkte, und Management-Konzepte

Geleitwort zur 5. Auflage des Bandes Steckverbinder

Die 2016 erschienene 4. Auflage des Bandes **„Steckverbinder II“** wies eine umfangreiche Überarbeitung auf. Beiträge wurden aktualisiert, neues und ergänzendes Bildmaterial eingefügt und neue Themen aufgenommen. Der aktuelle technische und technologische Stand in weiten Bereichen wird aufgezeigt. Deshalb war es nicht überraschend, dass die 4. Auflage sehr schnell vergriffen war.

Die jetzt vorliegende 5. Auflage enthält weitere Abbildungen in Farbe – wo das Quellmaterial dies sinnvoll zulässt – und weist kleinere Korrekturen auf. Darüber hinaus wurden wichtige Punkte aus dem nicht mehr erhältlichen Band Steckverbinder I übernommen.

Diese 5. Auflage erscheint auch zu einem besonderen Ereignis: Dem 50-jährigen Jubiläum der Steckverbinder-Seminare an der Technischen Akademie Esslingen. Das in einer sehr langen Tradition stehende, von Prof. Dr.-Ing. Eugen Schäfer im Jahre 1969 begründete Seminar *„Steckverbinder"* wurde von mir im Jahr 1996 übernommen und wird heute – wenn auch in veränderter Form – von Dr. Katzier geführt.

Vorwort zum Inhalt

Die Entwicklungsingenieure haben die Aufgabe, den für die Applikation in Technik und Übertragungseigenschaften am besten passenden Steckverbinder auszuwählen oder dessen Entwicklung anzustoßen. Vertrieb und Marketing streben Kundennutzen und Wettbewerbsvorteile an. Die Qualitätssicherung verlangt, dass der Steckverbinder im praktischen Einsatz unter allen Betriebsbedingungen zuverlässig funktioniert. Und der Kaufmann wünscht sich, dass er möglichst wenig kostet.

Das Buch soll hierbei Ingenieuren in Entwicklung und Qualitätssicherung sowie Mitarbeitern aus Vertrieb und dem kaufmännischen Bereich Hilfestellung bei ihren Arbeitsaufgaben und Entscheidungen geben.

Steckverbinder finden wir in allen Bereichen unserer heutigen Industriegesellschaft. Dabei spielt es keine Rolle, ob es sich um Unterhaltungselektronik, Geräte der Kommunikations-, Medizin- und Verkehrstechnik oder andere High-Tech-Applikationen handelt. Gemeinsam ist all diesen unterschiedlichen Anwendungen: Die Steckverbinder müssen selbst unter extremen Einsatzbedingungen die *Kontaktsicherheit* garantieren.

Steckverbinder übernehmen die Aufgabe, sowohl Geräte (Interfaces) als auch Baugruppen innerhalb der Geräte oder auch einzelne elektronische Bauteile elektrisch miteinander zu verbinden. Dabei müssen die funktionalen Erfordernisse des Einsatzes (Verbindungsfunktion) mit den technischen Anforderungen an die Steckverbinder (Bauform, Abmessungen, Funktionalität, Leistungsdaten) und den wirtschaftlichen Zwängen (Montageeigenschaften, Servicefreundlichkeit und Kosten) in Einklang gebracht werden.

Die rasante Entwicklung auf dem Gebiet der Elektronik – fortschreitende Miniaturisierung bei den Halbleiterbauelementen, gesteigerte Funktionalität und Leistungsdaten, daraus resultierende erweiterte Frequenzspektren – erforderten neue Konzepte und Lösungen bei den Steckverbindern. Die Baugrößen wurden kleiner, Bauformen den Applikationen angepasst, die Kontaktanzahl wurde gesteigert bei gleichzeitig verringertem Raster. Die Signalführung, Schirmung, Filterung, Verarbeitung und Anschlusstechniken aufwändiger. Die Prüf- und Messtechnik musste diesen Wandel bereits vor dem Vorliegen der neuen Produkte vollzogen haben.

Zum Einsatz kommen heute aber auch neue Kunststoffe, neue Feder- und Kontaktkonstruktionen. Die Veredelung der Oberflächen der Kontaktelemente mussten ebenso wie die eingesetzten Materialien und technologischen Verfahren den neuen Konstruktionen und Anforderungen aus den Anwendungen angepasst werden.

Eine weitere bedeutende Neuentwicklung stellte seit Anfang der 80er Jahre der Steckverbinder für die Lichtwellenleitertechnik (LWL) dar. Die faseroptische Nachrichtenübertragung erforderte Steckverbinder, deren Verbindungselemente mit absoluter Genauigkeit unterhalb des 1µm-Bereiches gefertigt werden mussten. Dazu galt es aber auch die entsprechende Messtechnik zu entwickeln – bis dahin waren derartig genaue Messungen/Messverfahren nicht benötigt worden.

Ende der 80er Jahre wurden Konzepte und Verfahren entwickelt, deren Ziel es war, Steckverbinderfunktion, Leiterplatte und Gehäuse als eine Einheit zu betrachten und in ein *Element* zu integrieren (Moulded Interconnect Devices). Die Mikrostrukturtechnik (LIGA-Verfahren) ermöglicht die Herstellung kleinster und gleichzeitig präziser Steckverbinder. Und für schnelle Mustererstellung von Kontaktträgern kann man heute zu Druckverfahren mittels PC greifen.

Die Beiträge vermitteln Wissen zur Theorie des Kontaktes, zur Technologie der Herstellung und Verarbeitung von Kontakten und Steckverbindern. Es werden Hinweise dazu gegeben, wie bei der Spezifikation der Steckverbinder und deren Konstruktion, bei der Auswahl des Kontaktmaterials und der Kunststoffe vorzugehen ist. Für den Einsatz bei höheren Frequenzen helfen elektrische Simulationsverfahren, die Gestaltung des Stecker-Designs als auch die Einheit Leiterplatte Steckverbinder zu optimieren. Untersuchungsmethoden und Testverfahren zur Ermittlung des Langzeitverhaltens dienen der Absicherung der zuverlässigen Funktion der Steckverbinder im Einsatz. Der Vorstellung wichtiger Steckverbinderfamilien wurde angemessen Platz eingeräumt.

Dem *expert verlag* gebührt Anerkennung dafür, die Thematik Steckverbinder in zwei eigenständigen Büchern in der Buchreihe *Kontakt & Studium* einem breiten Personenkreis zugänglich gemacht zu haben.

Günter Knoblauch
Neuried, Oktober 2019

Inhaltsverzeichnis

Vorwort

1 Theorie der elektrischen Kontakte ... 1

Helmar Ulbricht

1.1 Der elektrische Kontakt ... 1
1.1.1 Der ruhende Kontakt ... 1
1.1.2 Engewiderstand und Kontaktkraft ... 6
1.1.3 Der fremdschichtbehaftete Kontakt ... 7
1.1.4 Der Kontaktwiderstand ... 9
1.1.5 Die R-U-Kennlinien von Kontakten ... 10
1.2 Stabilitätsbereiche elektrischer Kontakte ... 13
1.3 Literaturverzeichnis ... 15

2 Innovationsmanagement zur erfolgreichen Entwicklung und Vermarktung von Steckverbindern ... 16

Ralf Knoll

2.1 Einleitung ... 16
2.1.1 Wachstumsmarkt Photonik ... 17
2.1.2 Neuartigkeit von Produkten – erfolgsabhängiger Innovationsgrad ... 18
2.2 Aktuelle Trends im Steckermarkt – einige Beispiele ... 21
2.3 Gesetze des Marktes und dessen Innovationsoptionen ... 23
2.3.1 Innovationshemmende Eigenschaften des Marktes ... 24
2.3.2 Verhaltensmöglichkeiten – erste Innovationsoption ... 27
2.3.3 Globalisierung, Wettbewerbsdruck – zweite Innovationsoption ... 29
2.3.4 Normen, Zeitpunkt, schwache Signale – dritte Innovationsoption ... 30
2.4 Aktueller Integrationsgrad von Innovationsfunktionen ... 33
2.4.1 Bedeutung von Methodenwissen wird oft unterschätzt ... 33
2.4.2 Aufwendungen für Innovation werden oft falsch eingeschätzt ... 34
2.5 Ursachen von Innovationswiderständen ... 37
2.5.1 Rationale Widerstände gegen Innovationen ... 37
2.5.2 Psychologische Innovationswiderstände in Unternehmen ... 38
2.5.3 Innovationswiderstände durch Verwaltungen und Gremien ... 40
2.6 Kurzdarstellung der strategischen Produktplanung ... 45
2.6.1 Potentialfindung und Analyse der Position der Produkte im Wettbewerb ... 47
2.6.2 Etablierte Produktfindungs-Strategien ... 53
2.6.3 Spezielles Projektmanagement für Innovationsprojekte ... 59
2.7 Verbesserung von Innovationsprozessen, Innovationsfunktionen und Innovationskulturen ... 65

2.8 Ausgliederung der Innovationsfunktion 70
2.8.1 Auslagerung der strategischen Frühaufklärung 71
2.8.2 Öffnung von Innovationsprozessen und Ideenkanälen 71
2.8.3 Strategische Informationspolitik 72
2.9 Literatur 73

3 Innovationsmanagement in der Praxis: Elektrische und optische Steckverbinder für die Ethernet-Verkabelung 75

Ralf Knoll, Gwillem Mosedale

3.1 Einführung 75
3.2 Normen und Innovation 75
3.2.1 Das Beispiel RJ-45 75
3.2.2 Small-Form-Factor (SFF) Steckverbinder 76
3.2.3 Analyse der SFF-Steckverbinder in Bezug auf Innovation 77
3.2.4 Den Innovationsgrad richtig wählen 79
3.2.5 Innovationsmanagement bei 3M 79
3.2.6 Methodenwissen Innovationsmanagement 80
3.3 Innovations- und Entwicklungspotentiale für die Zukunft 81
3.3.1 Modulare (Hybrid) Stecker 81
3.3.2 Optische Stecker für raue Umweltbedingungen 84
3.3.3 Optische Stecker für Bandgap-Fasern 85
3.3.4 Stecker mit Höchstintegration und O/E-Wandler 86
3.3.5 Faserstecker für Hochleistungs- und DWDM-Anwendungen 88
3.4 Zusammenfassung und Ausblick 88

4 Steckverbinder und Kabelbaum Applikationen für motornahe Automobilanwendungen 91

Michael Römer

4.1 Einleitung 91
4.2 Bosch-Mikro-Kontakte (BMK) 92
4.3. Bosch-Sensor-Kontakte (BSK) 93
4.4 Bosch-Matrix-Kontakt 94
4.5 Bosch-Clean Body-Kontakte 94
4.6 Niederpolige Steckverbinder für Komponenten und Module 95
4.7 Der flexible Kabelkanal mit integrierter Steckverbindung 97
4.8 Bauform mit hoher Schüttelfestigkeit für Hochpolige Steckverbinder 98
4.9 Motorsteuergeräte mit 154-poligen Steckverbindungen 99
4.10 Qualität und Zuverlässigkeit 100
4.11 Nullfehlerstrategie 101
4.12 Ausblick auf neue Anwendungsfelder im Kfz 102

5 Koaxiale Steckverbinder im Mobilfunkbereich 103
Romeo Premerlani

5.1 Verwendung von koaxialen Verbindungen im Mobilfunkbereich 103
5.2 Anforderungen an die koaxiale Verbindungstechnik im Mobilfunkumfeld .. 105
5.3 Elektrische Anforderungen 106
5.4 Mechanische Anforderungen 109
5.5 Umwelt-Anforderungen 109
5.6 Produktrelevante Markteinflüsse im Mobilfunkmarkt 111
5.7 Konstruktive Ansätze als Antwort auf die Markt- und Kundenbedürfnisse . 112
5.7.1 Miniaturisierung und Einsatz von neuen Fertigungstechnologien 112
5.7.2 Kosteneffektive, mehrfache Leiterplatten-Leiterplatten Verbindungen auf engstem Raum 113
5.7.3 Reduktion von Montagezeiten 113
5.8 Passive intermodulationsarme Verbindungen 115
5.8.1 MMCX-, MMBX-Steckverbinder – Technische Umsetzung der Ansätze ... 117
5.8.2 Quick-Lock Verbinder Familie QMA, QN 119
5.8.3 Intermodulationsarme Verbindungssysteme SUHNER Quick-Fit und SUHNER LISCA 121
5.9 Technischer Ausblick 124
5.10 Literatur 124

6 THR-Steckverbinder für SMD-Fertigungsprozesse 125
Magnus Henzler

6.1 Einleitung 125
6.2 Grundlagen der THR-Technik 125
6.2.1 Warum THR-Technik? 125
6.2.2 Pin-in-Paste-Verfahren 125
6.2.3 THR im SMT-Fertigungsprozess 126
6.2.4 Anforderungen an das THR-Bauteil 127
6.3 Verarbeitung von THR-Steckverbindern 128
6.3.1 Leiterplatten-Layout und Schablonen-Design 128
6.3.2 Bestückung 129
6.3.3 Reflow-Löten 131
6.3.4 Inspektion der Lötstelle 132
6.4 Beispiele für THR/SMT-Steckverbinder 133
6.5 Einsatz von Lotformteilen mit SMT- und THR-Steckverbindern 135
6.5.1 Preforms oder Lotformteile 135
6.5.2 Ausgleich von LP-Toleranzen mit Preforms 136
6.5.3 Versuchsdurchführung mit SMT-Steckverbindern 136
6.5.4 Versuchsauswertung 137
6.5.5 Versuchsdurchführung mit THR-Steckverbindern und Preforms 139
6.5.6 Fazit 139
6.6 Testplatine 139
6.7 Zusammenfassung und Checkliste für den THR-Einsatz 140

7 Industrie-Steckverbinder ... 142

Herbert Junck

7.1 Einleitung ... 142
7.1.1 Definition ... 142
7.1.2 Anwendung ... 142
7.1.3 Geschichte ... 143
7.2 Aufbau ... 144
7.2.1 Gehäuse ... 144
7.2.2 Bauarten ... 144
7.2.3 Bauformen ... 147
7.2.4 Baugrößen ... 148
7.2.5 Verriegelung ... 151
7.2.6 EMV-Gehäuse ... 154
7.2.7 Abdichtung ... 156
7.2.8 Codierung ... 157
7.2.9 Innenanwendungen ... 159
7.3 Kontakteinsatz ... 165
7.3.1 Isolierkörper ... 165
7.3.1.1 Spannung ... 166
7.3.1.2 Luftstrecken ... 166
7.3.1.3 Kriechstrecken ... 167
7.3.1.4 Bemessungsstrom ... 168
7.3.1.5 Festlegung des Bemessungsstroms (Derating-Kurve) ... 169
7.3.1.6 Schutz gegen elektrischen Schlag ... 170
7.3.1.7 Schutz durch PELV ... 171
7.3.2 Bauformen ... 172
7.3.2.1 Monoblock ... 172
7.3.2.2 Monoblock kombinert ... 176
7.3.2.3 Modulares Steckverbinder-System ... 178
7.4 Anschlussarten ... 192
7.4.1 Schraubanschluss ... 192
7.4.2 Käfigzugfederanschluss ... 194
7.4.3 Crimpanschluss ... 194
7.4.4 Einpressverbindung ... 198
7.4.5 Wickelanschluss ... 198
7.4.6 Schneidkemmanschluss ... 198
7.4.7 HARAX® Schneidklemmanschluss ... 199
7.4.8 Flachsteckanschluss ... 200
7.4.9 Werkstoffe ... 200
7.5 Konfektionierung ... 205
7.5.1 Werkzeuge ... 205
7.5.2 Montagehinweise und Kennwerte ... 206
7.6 Hinweise auf Normen und Vorschriften ... 210
7.7 Nachwort ... 210

8 Aspekte zur Elektromagnetischen Verträglichkeit von Steckverbindern (EMV und EMI) 211

Peter Pauli

8.1 Einleitung 211
8.2 EMV-Probleme im Zusammenhang mit Steckverbindern 213
8.3 Die Schirmdämpfung von Steckverbindern 214
8.3.1 Messgrößen zur Beschreibung der Schirmwirkung 214
8.3.1.1 Der Schirmfaktor 214
8.3.1.2 Die Schirmdämpfung a_s 214
8.3.1.3 Kopplungsimpedanz bzw. Transferimpedanz 215
8.3.2 Physikalische Grundlagen zur Schirmwirkung 216
8.3.2.1 Abschirmung elektrischer Felder 216
8.3.2.2 Abschirmung magnetischer Felder 217
8.3.2.3 Der Skin-Effekt 219
8.3.3 Messverfahren zur Ermittlung der Schirmung von Steckverbindern (RF-leakage) 220
8.4 Modingeffekte bei Steckverbindern 225
8.5 Intermodulationseffekte, hervorgerufen durch Steckverbinder 227
8.5.1 Einführung und Definitionen 227
8.5.2 Messgeräte und Messanordnung 229
8.6 Zusammenfassung 230
8.7 Literaturangaben 231

9 Qualifizierung von Steckverbindern 232

Tilman Heinisch

9.1 Nachweis der Eignung eines Stecksystems für das vorgeshene Einsatzprofil 232
9.2 Anforderungen an Steckverbinder 232
9.3 Wer führt Qualifizierungstests durch? 233
9.4 Normen und Standards 233
9.5 Qualifikation, Re-Qualifikation, Stichprobe 235
9.6 Schwachstellen und Fehler 236
9.6.1 Fehlerquelle Einpresszone 237
9.6.2 Fehlerquellen bei anderen Anschlusstechniken 240
9.6.3 Fehler im Steckbereich 241
9.7 Prüfmethoden 244
9.7.1 Vibration 244
9.7.2 Schockprüfung 245
9.7.3 Kontaktunterbrechung 245
9.7.4 Spannungsfestigkeit 246
9.7.5 Isolationswiderstand 247
9.7.6 Wärme, Kälte, Feuchte Wärme 247

9.7.7 Strombelastbarkeit / Derating 247
9.7.8 Industrieklima / Schadgas 248
9.8 Literatur 250

10 Kundenspezifischer Steckverbinder – eine besondere Herausforderung 251

Georg Staperfeld, Joachim Belz

10.1 Einleitung 251
10.2 Produktkategorien Märkte mit besonderen Anforderungen 252
10.3 Märkte und Steckverbinder in der Anwendung mit ihren besonderen Anforderungen 254
10.4 Der Entwicklungsprozess von kundenspezifischen Steckverbindern und seine Entwicklungswerkzeuge 259
10.4.1 Kundenkontakt 259
10.4.2 Konzept- und Angebotsphase 259
10.4.3 Produktentwicklungsphase 260
10.5 Werkzeuge und Netzwerke in der Konstruktion und Fertigung 265
10.5.1 Entwicklungskompetenz 265
10.5.2 Finite-Elemente-Methode FEM-Simulation 266
10.5.3 Prüflabor 268
10.6 Die Zusammenarbeit bei der Entwicklung kundenspezifischer Steckverbinder 274

11 Theorie und Kenngrößen koaxialer Verbindungen 275

Bernd Rosenberger

11.1 Einführung und Begriffserläuterungen 275
11.2 Koaxiale Leitungen 277
11.2.1 Grundlagen zur Theorie 277
11.2.2 Kenngrößen koaxialer Leitungen 279
11.2.3 Leitungen mit Reflexionen 281
11.3 Koaxiale Kabel 283
11.3.1 Anforderungen und Kenngrößen 283
11.3.2 Optimaler Wellenwiderstand 285
11.3.3 Kabelaufbau 286
11.4 Koaxiale Steckverbinder 287
11.4.1 Aufbau koaxialer Steckverbinder 287
11.4.2 Kabelbefestigung, Kabelhaltekraft 288
11.4.3 Innenleiter-Festhaltung 289
11.4.4 Steckverbinder für Leiterplatten 290
11.4.5 Steckverbinder für Semi-Rigid-Kabel 290
11.4.6 Schutzgrad (nach DIN 40050) 291
11.5 Zusammenfassung 292

12 Zukünftige Anforderungen an die Eigenschaften und Verfügbarkeit von Steckverbindern ... 293

Helmut Katzier

12.1 Einleitung ... 293
12.2 Anforderungen im Bereich der Telekommunikation ... 293
12.2.1 Chip-Technologie ... 296
12.2.2 Elektrische Anforderungen ... 298
12.3 Einfluss der Leiterplattentechnologie ... 302
12.4 Standardisierung elektronischer Komponenten ... 310
12.5 Umweltfreundliche Produkte ... 312
12.6 Zusammenarbeit im Hardware-Entwicklungsprozess ... 315
12.7 Zusammenfassung ... 317
12.8 Literatur ... 318

13 Elektrische Kontakte in der Praxis ... 319

Helmar Ulbricht

13.1 Anforderungen an elektrische Kontakte ... 319
13.2 Ursachen von Kontaktproblemen ... 319
13.2.1 Konstruktionsfehler ... 319
13.2.2 Fertigungsfehler ... 326
13.2.3 Anwenderfehler ... 328
13.2.4 Fremdschichten ... 328
13.3 Schadgasprüfungen ... 331
13.3.1 Entwicklung der Korrosionstests ... 335
13.3.2 Der Aufbau von Schadgas-Prüfeinrichtungen ... 338
13.3.3 Beispiele für Ergebnisse von Korrosionsprüfungen ... 341
13.4 Literaturverzeichnis ... 343

14 Qualifizierung von Steckverbindern – aus Anwendersicht ... 347

Helmar Ulbricht

14.1 Von der Qualitätssicherung zur Qualitätsverbesserung ... 347
14.2 Qualifizierung von Bauelementen ... 349
14.2.1 Elemente eines Beurteilungsplans (Rahmen) ... 351
14.2.1.1 Produktmerkmale ... 351
14.2.1.2 Funktionsmerkmale ... 352
14.2.1.3 Merkmale des Betriebsverhaltens ... 353

14.3 Beurteilungen und Prüfungen ... 353
14.3.1 Sichtprüfung ... 353
14.3.2 Kontaktwerkstoff ... 356
14.3.3 Schichtaufbau/Schichtdickenmessungen ... 357
14.3.4 Kontaktkraftmessung ... 357
14.3.5 Flussmitteldichtheit ... 359
14.3.6 Waschbarkeit ... 362
14.3.7 Temperaturschock (SMD) ... 363
14.3.8 Überprüfung des Betriebsverhaltens durch eine Klimafolge ... 365
14.3.9 Reibkorrosion ... 366
14.4 Ablauf einer Bauelementequalifizierung ... 366
14.4.1 Flankierende Maßnahmen ... 373
14.5 Ausblick und Zusammenfassung ... 374
14.6 Literaturverzeichnis ... 375

15 Oberflächenbearbeitung von Kontaktwerkstoffen ... 377
Joachim Bischoff, Thomas Frey

15.1 Galvanotechnik – Definition und Bedeutung ... 377
15.2 Grundlagen der Galvanik und Elektrochemie ... 379
15.3 Voraussetzungen für ein Beschichtungssystem ... 381
15.3.1 Voraussetzung an die Konstruktion und Werkstoffauswahl ... 381
15.3.2 Mechanische und physikalische Eigenschaften der Grundwerkstoffe/Überzugsmetalle ... 382
15.3.2.1 Anforderungen an den Grundwerkstoff ... 382
15.3.2.2 Anforderungen an das Überzugsmetall ... 385
15.4 Wechselwirkung der Schicht- und Grundwerkstoffkombination ... 385
15.4.1 Verformbarkeit ... 386
15.4.2 Korrosion ... 386
15.4.3 Verschleiß, Abrasion ... 387
15.4.4 Festlegung der Spezifikation und Bestellangaben ... 388
15.5 Schichtwerkstoffe ... 388
15.6 Verfahren zur galvanischen Beschichtung von elektronischen Bauteilen ... 390
15.7 Bandgalvanisierung ... 394
15.7.1 Unterschiede und Vorteile gegenüber der Einzelteilegalvanik ... 394
15.7.2 Aufbau einer Bandgalvanisieranlage ... 394
15.7.3 Selektives Tauchverfahren ... 396
15.7.4 Selektivrad ... 397
15.7.5 Riemenzelle ... 398
15.7.6 Regenbogenzelle (Rainbow Cell) ... 399
15.7.7 Selektive Streifenzelle (Central Wave) ... 400
15.7.8 Klebetechnik ... 400
15.7.9 Brush-Plating-Verfahren ... 400
15.7.10 Spot-Technik ... 402
15.8 Qualitätskreis für galvanisch beschichtete Bauteile ... 404
15.9 Literatur ... 405

16 Technologische Herausforderungen bei Applikationen von Koaxialsteckverbindern ... 406

Bernd Rosenberger

16.1 Die Herausforderung ... 406
16.2 Signal Integrity ... 407
16.2.1 Definition der Signal Integrity für elektrische Leitungs- und Verbindungssysteme ... 408
16.2.2 Umsetzung ... 410
16.3 Nachhaltigkeitsbetrachtung für elektrische Verbindungselemente und Kabel ... 410
16.4 Das 4.3-10-Koaxial Steckersystem ... 411
16.5 Ergebnisse einer Grundlagenstudie bei Rosenberger für eine koaxiale Bondtechnologie innerhalb eines IC Gehäuses ... 412
16.6 Integrierte Lösungen von Koaxialsteckverbindern im ... 414 Automobil FAKRA (FAKRA = Fachkreis Automobil)
16.7 Literaturverzeichnis ... 415

17 Lichtwellenleiter-Steckverbinder – Funktionsprinzipien und Verarbeitung optischer Steckverbinder ... 416

Günter Knoblauch

17.1 Entwicklung und Bedeutung optischer Steckverbinder ... 416
17.2 Aufgabe optischer Steckverbinder im Übertragungssystem ... 417
17.3 Prinzipien trennbarer LWL-Steckverbindungen ... 419
17.4 Einfügungsdämpfung einer Steckverbindung ... 421
17.5 Einflussgrößen auf die Steckerdämpfung ... 426
17.5.1 Allgemeine Einflussgrößen auf die Dämpfung einer Steckverbindung ... 426
17.5.2 Faserspezifische Einflussgrößen auf die Steckerdämpfung ... 427
17.5.3 Fresnel-Verluste ... 428
17.5.4 Einfluss der Steckerstirnflächenpolitur ... 429
17.5.5 Mechanische Toleranzen Steckerstift – Verbindungselement ... 429
17.5.6 Koppelverluste bei Faserbündelleitungen ... 430
17.6 Steckverbindermontage ... 430
17.6.1 Werksmontage ... 430
17.6.2 Feldmontage ... 431
17.6.3 Qualitätssicherung ... 432
17.7 Montagebedingte Einflussgrößen auf Dämpfung und Qualität der Steckverbinder ... 433
17.7.1 Faserdurchmesser, Faserfehler ... 433
17.7.2 Faser- und Kabelpräparation ... 433
17.7.3 Stirnflächenradius / PC-Design ... 434
17.7.4 Schleif- und Polierfehler ... 435

17.8 Bauformen von LWL-Steckverbindern 435
17.8.1 Ausführungsform für Monomode- und Multimode-Steckverbinder 435
17.8.2 Standardisierte Bauformen 437
17.8.3 Spezifische Bauformen aus den Anfänger der LWL-Technik 449
17.8.4 Besonderheiten bei LWL-Steckverbindern 451
17.8.5 Steckverbinder für Kunststoffasern und Faserbündelleitungen 453
17.9 Steckverbinder und Spleißtechnik 454
17.10 LWL-Steckverbinder aus der Sicht des Anwenders 457
17.11 Zusammenfassung und Ausblick 457

Stichwortregister 460

Autorenverzeichnis 467

1 Theorie der elektrischen Kontakte

Helmar Ulbricht

1.1 Der elektrische Kontakt

Definitionsgemäß ist ein „Elektrischer Kontakt" ein Zustand, der durch die Berührung zweier elektrisch leitender Kontaktstücke zum Zwecke der Stromleitung oder Informationsübertragung entsteht. Aufgabe der Kontaktstücke ist es, einen elektrischen Kontakt herzustellen oder aufzuheben. Im Sprachgebrauch wird diese Abgrenzung jedoch vielfach nicht beachtet und es hat sich weitgehend durchgesetzt, den Begriff „Kontakt" auch für die Kontaktelemente zu verwenden, wenn aus der Wortbildung eindeutig hervorgeht, dass es sich um etwas Gegenständliches handelt (z. B. Kontaktwerkstoff, Kontaktniet, Ruhekontakt usw.).

1.1.1 Der ruhende Kontakt

Wenn sich zwei elektrisch leitende Teile berühren, dann tritt ein Effekt auf, der am Beispiel in Bild 1.1 deutlich gemacht werden soll. Ein elektrischer Strom I, der durch einen metallischen Stab mit dem Durchmesser d und der Länge l fließt, verursacht an den Enden des Stabes einen Spannungsabfall U_1, der nach dem Ohm'schen Gesetz proportional zum elektrischem Widerstand R des Stabes ist – s. Bild 1.1a.

Drückt man jedoch zwei solcher Stäbe mit einer Kraft P gegeneinander, dann ist bei einem Strom I der Spannungsabfall U_2 an dieser Anordnung um einen Betrag $I*\Delta R$ größer als die Summe der Spannungen an den beiden einzelnen Stäben. D. h. zu dem Widerstand der Stäbe $2*R$ ist ein Anteil ΔR hinzugekommen – s. Bild 1.1b. Dieser zusätzliche Widerstand ΔR wird als Kontaktwiderstand R_K bezeichnet – die Tatsache, dass dieser Begriff, bereits um 1860 von Werner v. Siemens geprägt wurde, macht deutlich, dass die Probleme mit diesem Phänomen so alt sind wie die Elektrotechnik selbst. Verursacht wird der Kontaktwiderstand durch die Rauigkeit jeder Festkörperoberfläche – im physikalischen Sinne. Presst man nämlich zwei Kontaktstücke mit der Kraft P gegeneinander, dann berühren sie sich nicht auf der ganzen scheinbaren Kontaktfläche, sondern bedingt durch die mikroskopisch kleinen erhabenen Stellen nur partiell. Da die Flächenpressung an diesen Mikrospitzen weit oberhalb der Fließgrenze des Materials liegt, werden sie verformt; dabei wird auch Material teilweise in benachbarte Täler abgedrängt. Es stellt sich ein stationärer Zustand zwischen den Bereichen ein, in denen ein elektrischer Kontakt besteht, und dem Rest der scheinbaren Kontaktfläche, der an der Kontaktgabe überhaupt nicht beteiligt ist. Die Kontakttheorie unterscheidet daher in ihrer Terminologie zwischen der *„scheinbaren Kontaktfläche (As)"*, darunter versteht man den Teil der Fläche auf den Kontaktstücken, an dem sie sich – makroskopisch gesehen – berühren und der *„tragenden Kontaktfläche (At)"*, die der Summe aller mikroskopischen Berührungsflächen entspricht. Das sind die Teile der scheinbaren Kontaktfläche, auf denen die Kontaktkraft wirksam wird. In dieser wiederum wird als *„wirksame Kontaktfläche (Aw)"* der Teil der tragenden Kontaktflächen bezeichnet, in dem auch tatsächlich

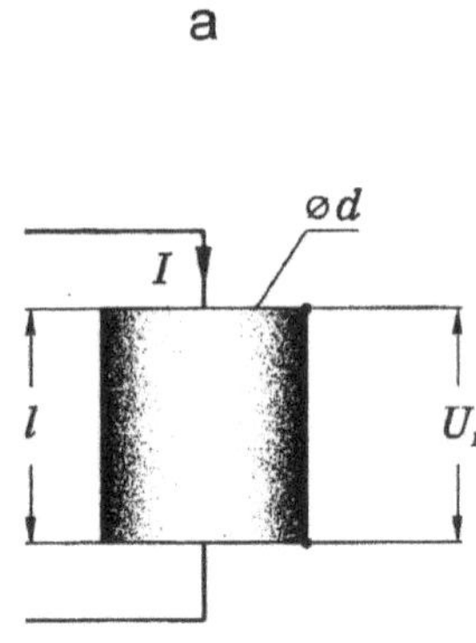

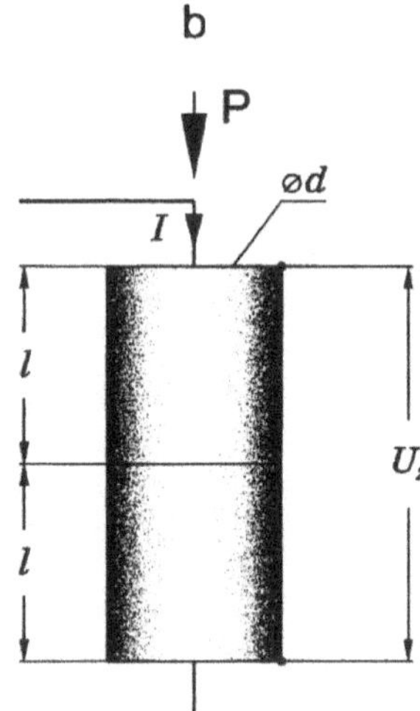

Widerstand eines zylindrischen Leiters:

$$R = \frac{l * \rho}{F} \quad ; \quad F = \frac{d^2 * \pi}{4}$$

Nach dem ohm´schen Gesetz ist:

$$U_1 = I * R = I * \frac{l * \rho}{F} \qquad \text{aber} \qquad U_2 > I * 2R \quad ; \quad U_2 = I * (2R + \Delta R)$$

$$U_2 = I * (\frac{2l * \rho}{F} + \Delta R)$$

Bild 1.1: Zur Entstehung des „Kontaktwiderstandes“

eine Stromleitung stattfindet; sie ist die Summe aller stromführungsfähigen Einzelflächen, den sog. Mikroflächen oder *„a-spots“* (Bild 1.2). Nur diese *„wirksamen Kontaktflächen“* sorgen für den Stromübergang von dem einen zum anderen Kontaktstück. Im Idealfall sind *„tragende Kontaktflächen“* und *„wirksame Kontaktflächen“* identisch. Die Widerstandserhöhung einer solchen Kontaktanordnung mit echten metallischen Berührungsflächen wird Engewiderstand R_E genannt. Nach Holm [5] ergibt die exakte Rechnung für eine ideale kreisförmige elektrisch leitende Kontaktfläche zweier Kontaktstücke als Äquipotentialflächen konfokaler Ellipsoide, aus denen der Engewiderstand bestimmt werden kann:

$$R_E = \frac{\rho}{2a}$$

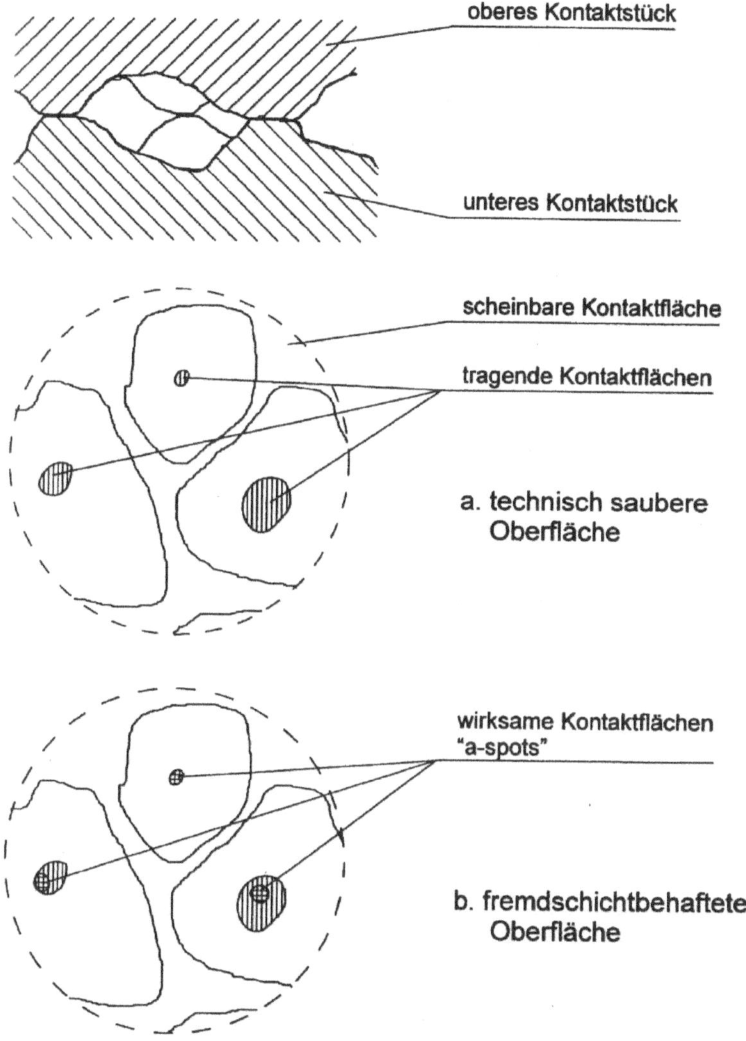

Bild 1.2: Mikrostruktur einer Kontaktoberfläche

Darin ist ρ der spezifische Widerstand des Kontaktwerkstoffes in Ωcm und a der Radius in cm der kreisförmig gedachten Kontaktfläche. Der Engewiderstand ist also kein Oberflächen-, sondern ein Volumeneffekt im Bereich der Engestelle eines elektrischen Stromdurchgangs, der durch ein Ellipsoid beschrieben wird.

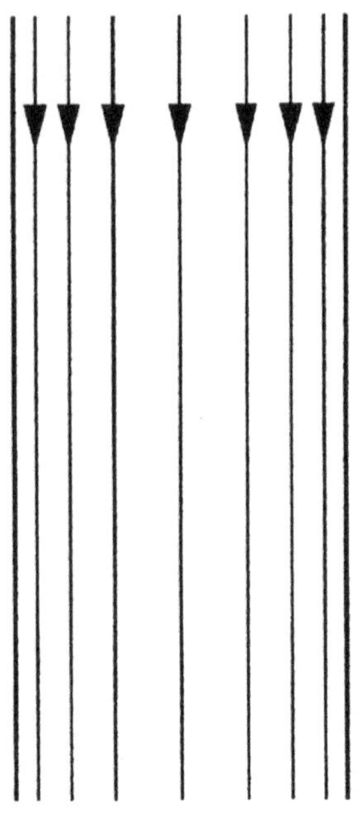
a.

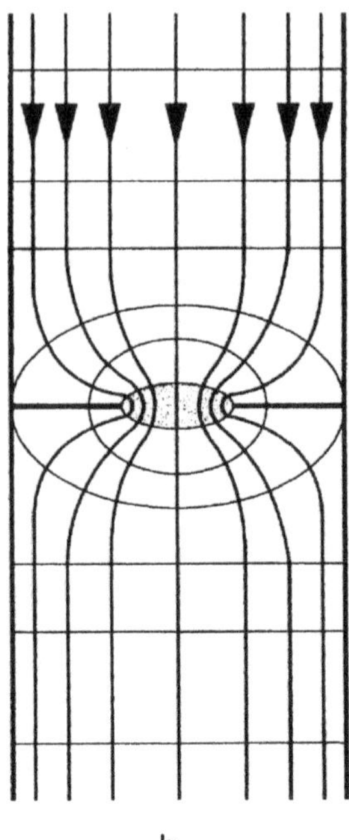
b.

Bild 1.3: Schematische Darstellung der Stromfäden
a. in einem homogenen Leiter
b. in einer Stromenge mit den dazugehörenden Potentialflächen [3]

Unter der Annahme, dass die Abstände zwischen den Mikroflächen ausreichend groß sind, so dass die Wechselwirkungen der durch diese a-spots fließenden Ströme zu vernachlässigen sind, kann diese Beziehung näherungsweise auch für beliebig geformte Kontakte verwendet werden; der Radius a der *„tragenden Kontaktfläche"* ist dann der Radius in cm der kreisförmig gedachten Kontaktfläche, die sich mit Hilfe der aus der Festigkeitslehre bekannten Hertz´schen Gleichungen für die Berührung zweier Körper (Kugel-Kugel; Kugel-Platte; gekreuzte Stäbe etc.) berechnen lässt – Bild 1.4 zeigt ein Beispiel. Diese Fläche repräsentiert in erster Näherung die Summe aller tragenden Einzelflächen.

Wesentlich exakter ist die von Greenwood und Mitarbeitern formulierte Theorie des Engewiderstandes, die zusätzlich die Wechselwirkung zwischen den durch die Mikroflächen fließenden Ströme berücksichtigt, und die davon ausgeht, dass die Mikroflächen mit unterschiedlichen Radien ungleichmäßig in der scheinbaren Kontaktfläche verteilt liegen [3]; [4].

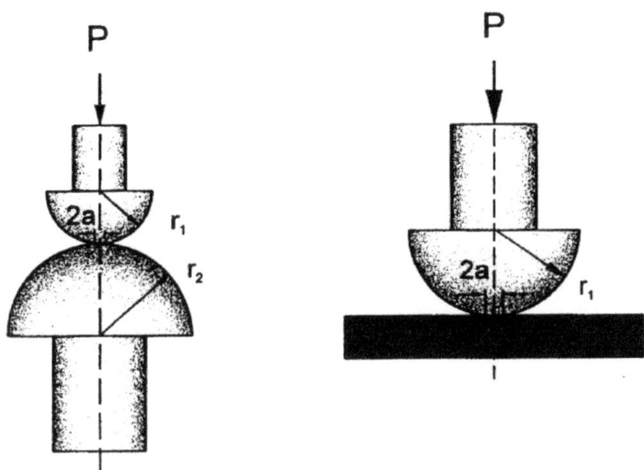

Nach Hertz ist a:

$$a = \sqrt[3]{\frac{3}{2} P * (\frac{1-\mu_1^2}{E_1}) + (\frac{1-\mu_2^2}{E_2}) * (\frac{1}{r_1} + \frac{1}{r_2})^{-1}}$$

P: Kontaktkraft
μ_1; μ_2: Kehrwerte der Poisson-Zahlen der Kontaktstücke
E_1; E_2: E-Module der Kontaktstücke
r_1; r_2: Radien der Kontaktstücke

mit $\mu_1 = \mu_2 = 0{,}3$; $E_1 = E_2$ und $\frac{1}{r_1} + \frac{1}{r_2} = \frac{1}{r}$ wird:

$$a = 1{,}11 * \sqrt[3]{\frac{P * r}{E}}$$

Bild 1.4: Bestimmung der tragenden Kontaktfläche

1.1.2 Engewiderstand und Kontaktkraft

Da der Engewiderstand eine statistische Größe ist, die von der Zahl, Größe und Verteilung der Mikroflächen abhängig ist, kann für eine vorgegebene Kontaktkraft nur der wahrscheinlichste Wert des Engewiderstandes (Mittelwert) angegeben werden.

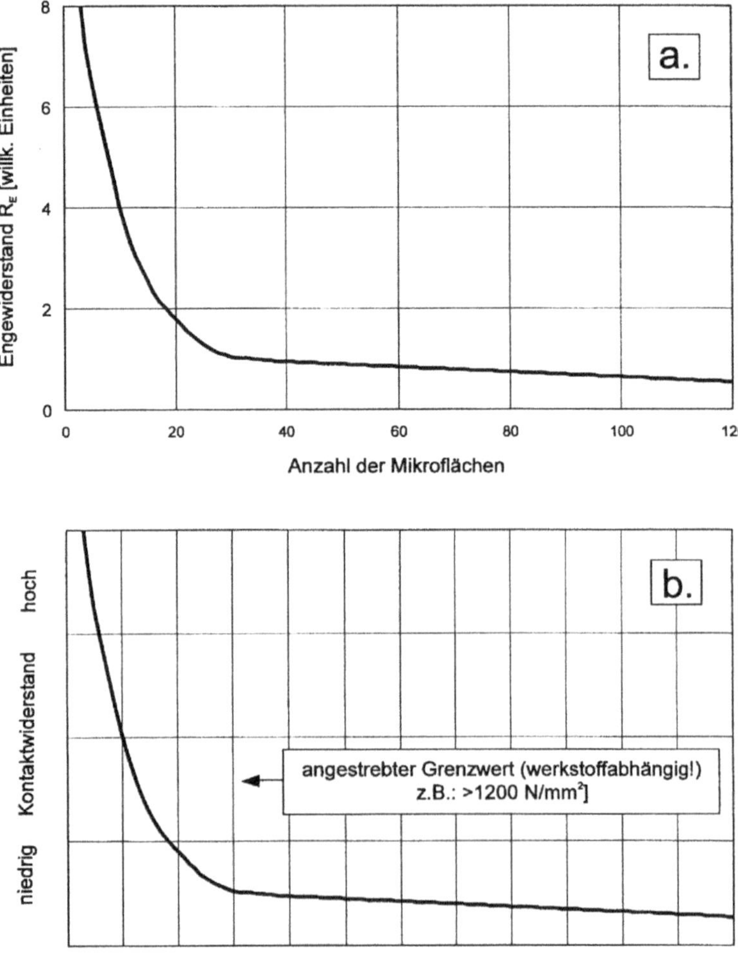

Bild 1.5: Abhängigkeit des Enge-/Kontaktwiderstandes
a. von der Anzahl der Mikroflächen (a-spots)
b. von der Flächenpressung (des Kontaktdrucks)

Variiert die Kontaktkraft, dann ändert sich auch Zahl, Größe und Verteilung der Mikroflächen und damit auch dieser wahrscheinlichste Wert. Bild 1.5a zeigt die Abhängigkeit des Engewiderstandes von der Anzahl der Mikroflächen. Die Lage der Flächen und deren unterschiedliche Größe ist hierbei nicht berücksichtigt [6]; [7]. Nimmt die Anzahl der a-spots von 100 auf etwa 40 ab, dann verändert sich der Engewiderstand kaum, bei einer weiteren Reduzierung steigt er jedoch steil an, u.U. bis zum totalen Ausfall der Verbindung. D. h. bei hohen Kontaktkräften mit vielen Mikroflächen, wie sie in Schraub- und Klemmverbindungen üblich sind, ist der Engewiderstand praktisch eine Konstante; während bei niedrigen Kontaktkräften, wie sie beispielsweise in Steckverbindern oder Relais auftreten, eine größere Streuung zu höheren Werten des Kontaktwiderstandes auch bei fremdschichtfreien Kontaktflächen zu erwarten ist. Da die Größe der a-spots, ihre Anzahl und ihre Lage zueinander schwierig zu bestimmen sind, lässt sich der Engewiderstand mit hinreichender Genauigkeit nach der folgenden – empirisch gefundenen – Beziehung abschätzen, die den Zusammenhang zwischen Engewiderstand, Härte der Kontaktstücke und Kontaktkraft beschreibt [6].

$$R_E = 0{,}89\ \frac{\rho_1 + \rho_2}{2}\ \sqrt{\frac{H}{P_K}}$$

Darin sind ρ_1 und ρ_2 die spezifischen Widerstände der Kontaktwerkstoffe in Ωcm; H die Kontakthärte in N/cm² und P_K die Kontaktkraft in N.
Für die Zuverlässigkeit eines Kontaktes ist jedoch nicht die Kontaktkraft, sondern der Kontaktdruck (die Flächenpressung) von besonderer Bedeutung. Untersuchungen haben ergeben, dass sich die Abhängigkeit des Kontaktwiderstandes vom Kontaktdruck ähnlich verhält wie die von der Anzahl der Mikroflächen – Bild 1.5b. Anzustreben ist ein Wert im flachen Teil der Kurve, da in diesem Bereich Druckänderungen nur einen geringen Einfluss auf den Kontaktwiderstand haben. Für den anzustrebenden Grenzwert lassen sich leider keine allgemeinverbindlichen Angaben machen, da er nicht nur vom Werkstoff selbst (Härte und Duktilität sowie deren Änderung durch Kaltverformung), sondern auch von der Rauigkeit der Oberfläche und den Eigenschaften des Untergrundes abhängt.

1.1.3 Der fremdschichtbehaftete Kontakt

An sich ist jede reine Metalloberfläche außer im Ultrahochvakuum mit mehreren Lagen Fremdmolekülen bedeckt, die den Kontaktwiderstand jedoch nur geringfügig beeinflussen. Dickere Ablagerungen, die die Eigenschaften der Kontaktoberfläche merklich verändern, werden als Fremdschichten bezeichnet. Sie verursachen eine Zunahme des Kontaktwiderstandes durch den sog. Fremdschichtwiderstand R_F. Die Bedeckung der Kontaktoberflächen reicht von monomolekularen Adsorptionsschichten in einer Dicke von einigen 10^{-10} m, bis hin zu dicken, sichtbaren Korrosionsschichten, die z. T. kristallin sind (d > 10^{-6} m). Nach Holm [5] lassen sich die Oberflächen von Kontaktstücken folgendermaßen klassifizieren:

- Metallische Berührungsflächen (a-spots), die nur den Engewiderstand verursachen;

- Quasimetallische Berührungsflächen, die mit einer adsorbierten Gashaut bedeckt sind, durch die Elektronen verlustlos tunneln können (sie sind also elektrisch von a nicht zu unterscheiden);
- halbleitende Fremdschichten;
- mechanisch tragende Fremdschichten, mit hohem Widerstand bis hin zur Isolation.

Fremdschichten oder sonstige Verunreinigungen verringern in der wahren Berührungsfläche den Flächenanteil für den ungestörten Stromübergang; d. h. der Kontaktwiderstand R_K steigt an; es kommt ein Anteil durch den sog. Fremdschichtwiderstand R_F hinzu, der von der Dicke sowie den elektrischen Eigenschaften der Schicht abhängt. Nach Holm [5] ist der Fremdschichtwiderstand einer kreisförmigen Berührungsstelle, die gleichmäßig mit einem dünnen Film überzogen ist, näherungsweise

$$R_F = \frac{\sigma}{\pi a^2}$$

Darin ist σ der Hautwiderstand der Fremdschicht in $\Omega\mathrm{cm}^2$ und a der Radius der Berührungsfläche in cm.

Kontaktwerkstoff	σ_1 [$\Omega\mathrm{cm}^2$] einige Sekunden nach dem Schaben	σ_2 [$\Omega\mathrm{cm}^2$] nach 14 tägiger Lagerung an Luft
Gold	0	5×10^{-9}
Silber	0	5×10^{-9}
Platin	5×10^{-9}	
Nickel	2×10^{-8}	
Iridium	4×10^{-8}	
Silber-Palladium 70/30	5×10^{-9}	
Platin-Iridium 90/10	5×10^{-9}	
Platin-Iridium 80/20	5×10^{-9}	
Platin-Nickel 92/8	1×10^{-8}	

Tabelle 1.1: Hautwiderstand geschabter Kontaktstücke [1]

In Tabelle 1.1 sind Werte für den Hautwiderstand einiger Kontaktwerkstoffe zusammengestellt. Werden die Fremdschichten durch chemische Oberflächenreaktionen gebildet, dann ist zu beachten, dass diese im Allgemeinen wesentlich dicker sind; sie wachsen zudem häufig noch stetig über lange Zeiträume und sie behindern den Stromfluss merklich – u.U. bis zur vollständigen Isolation. Auf Werkstoffen, wie sie üblicherweise für elektrische Kontakte verwendet werden, haben solche Fremdschichten meist die Eigenschaften von Halbleitern. Es handelt sich dabei im Wesentlichen um Metalloxide und -sulfide, die beide zu den Störstellenhalbleitern zählen. Eine typische Eigenschaft dieser Gruppe ist neben der außerordentlich starken Änderung des spezifischen Widerstandes bei minimalen Abweichungen ihres inneren Aufbaus (Stöchiometrie) der negative Temperaturkoeffizient des spezifischen Widerstandes.

Oxid	ρ (Oxid) [Ωcm]	Metall	ρ (Metall) [Ωcm]
WO_3	$1 \times 10^{1}...1 \times 10^{12}$	W	5×10^{-6}
Cu_2O	$1 \times 10^{3}...1 \times 10^{10}$	Cu	$1{,}5 \times 10^{-6}$
NiO	$1 \times 10^{3}....1 \times 10^{8}$	Ni	6×10^{-4}

Tabelle 1.2: Spezifische Widerstände einiger Metalloxide im Vergleich zum Metall [1]

Tabelle 1.2 zeigt, in welchen Wertebereichen die spezifischen Widerstände solcher Schichten im Vergleich zum reinen Metall liegen können. Zur Berechnung des Fremdschichtwiderstandes muss in diesem Fall der spezifische Widerstand der Fremdschicht herangezogen werden. Kesselring [8] formulierte dafür eine empirische Beziehung zwischen dem Kontaktwiderstand und der Kontaktkraft, die auch die Mikrogeometrie der Kontaktoberflächen berücksichtigt:

$$R_F = K\rho P^{-n}$$

Hierin ist K eine Konstante, die den Zustand der Kontaktoberfläche beschreibt (z. B. für Kupfer feingebürstet ist K = 45, grobgebürstet K = 110 und sandgestrahlt K= 150); ρ der spezifische Widerstand der Fremdschicht und P die Kontaktkraft; der Exponent n liegt zwischen 0,9 und 1.

1.1.4 Der Kontaktwiderstand

Der Engewiderstand R_E mit Beiträgen von a und b nach der Holm´schen Klassifizierung und der Fremdschichtwiderstand R_F mit Beiträgen nach c und d bestimmen zusammen den Kontaktwiderstand. Es ist in erster Näherung:

$$R_K = R_E + R_F$$

Wenn $R_F >> R_E$ wird, dann ist es nicht mehr zulässig die beiden Terme zu addieren, da Enge- und Fremdschichtwiderstand unter dieser Bedingung nicht mehr unabhängig voneinander sind. Addiert man zum Kontaktwiderstand noch die Bahnwiderstände der Kontaktfedern und Anschlüsse hinzu, dann erhält man den Durchgangswiderstand R_D;

das ist der Widerstand, der zwischen den äußeren Anschlüssen einer Kontaktanordnung gemessen werden kann.

1.1.5 Die R-U-Kennlinien von Kontakten

Erhöht man kontinuierlich den Strom durch einen elektrischen Kontakt, dann nimmt nicht nur der Spannungsabfall an der Kontaktstelle zu, sondern durch die in der Enge-

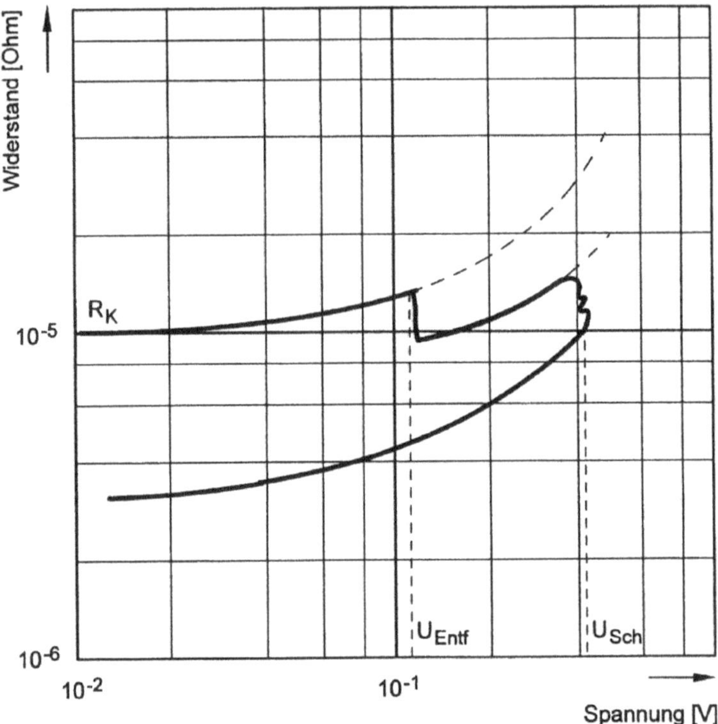

Bild 1.6: Typische R-U-Kennlinie eines metallisch sauberen Kontaktes

stelle umgesetzte Leistung auch die Temperatur und damit aufgrund des positiven Temperaturkoeffizienten des Kontaktmaterials der Kontaktwiderstand – s. Bild 1.6.

Wird die Entfestigungstemperatur des Kontaktwerkstoffes erreicht, erweicht das Material und die Kontaktfläche vergrößert sich unter Einwirkung der Kontaktkraft schlagartig, so dass der Kontaktwiderstand absinkt. Wird der Strom weiter erhöht, dann steigt der Kontaktwiderstand wieder aufgrund des positiven Temperaturkoeffizienten an, bis die Schmelztemperatur in der Engestelle erreicht ist, die schmelzflüssige Kontaktstelle sich abrupt vergrößert und der Kontaktwiderstand auf einen Minimalwert abfällt. Während der Widerstandesverlauf im Bereich der aufsteigenden Äste reversibel ist, ist der das nach dem Erreichen der Schmelztemperatur nicht mehr. Die

Spannungen an der Kontaktstelle, bei denen die Entfestigungs- und Schmelztemperatur erreicht wird, bezeichnet man sinngemäß als Entfestigungsspannung U_{Entf} und Schmelzspannung U_{Schm}. In Tabelle 1.3 sind die Werte für die Entfestigungs- und Schmelzspannung von einigen Kontaktwerkstoffen zusammengestellt.

Völlig anders sieht die R-U-Kennlinie aus, wenn sich auf den Kontaktoberflächen eine geschlossene halbleitende Deckschicht befindet, die nicht mehr durchtunnelt

Kontaktwerkstoff	ϑ_{Sch} [°C]	U_{Sch} [mV]	U_{Entf} [mV]
Silber	960	370	90
Gold	1063	430	80
Aluminium	660	300	100
Kupfer	1083	430	120
Nickel	1455	650	220
Palladium	1552	570	
Platin	1769	710	250
Rhodium	1966	700	
Zinn	232	130	70
Wolfram	3380	1100	600

Tabelle 1.3: Schmelztemperatur, Schmelzspannung und Entfestigungsspannung einiger Kontaktwerkstoffe

wird, dann ist eine metallische Berührung nur möglich, wenn die Schicht mechanisch oder elektrisch zerstört wird. Legt man an ein solches System, Kontakt – Fremdschicht – Kontakt, eine stetig veränderbare Spannung an, dann zeigt der Übergangswiderstand den in Bild 1.7 schematisch wiedergegebenen Verlauf.

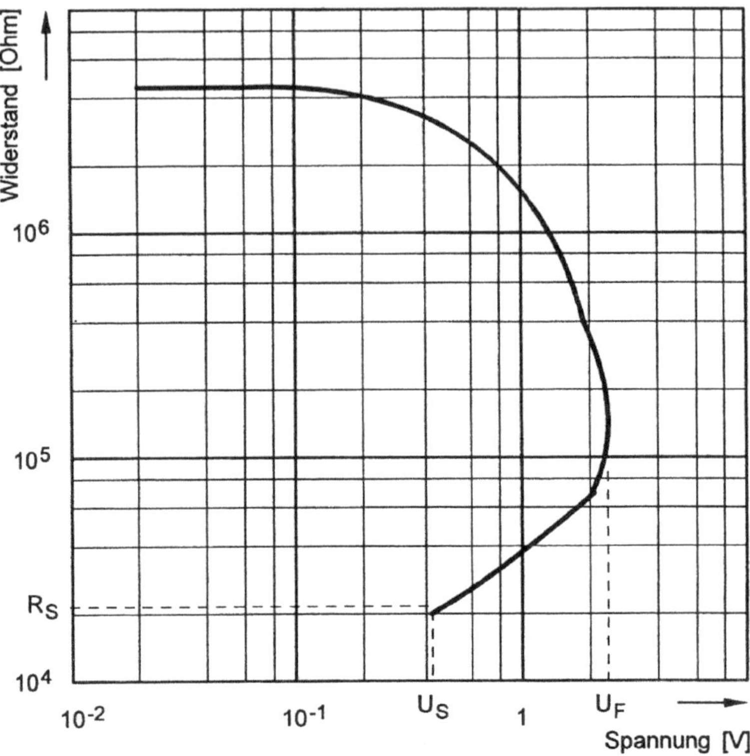

Bild 1.7: Typische R-U-Kennlinie eines Kontaktes mit Fremdschicht

Bei kleinen Spannungen (10^{-2} bis 10^{-1} V) beträgt der Kontaktwiderstand u.U. einige MΩ; steigt die Spannung an, so fällt der Widerstand zunächst leicht ab. Die Kurve ist in diesem Bereich wie beim metallischen Kontakt reversibel, ihre Krümmung ist aber entgegengesetzt gerichtet, da der Temperaturkoeffizient des spezifischen Widerstandes halbleitender Schichten negativ ist. Bei einer Grenzspannung U_F bricht der Widerstand jedoch plötzlich auf einen konstanten Restwert R_S, dem Frittschlusswiderstand zusammen und die Kontaktspannung stellt sich auf einen Endwert, der Frittschlussspannung U_S ein, die meist etwas unterhalb der Schmelzspannung des Kontaktwerkstoffs liegt – s.a. Tabelle 1.3. Diese Erscheinung bezeichnet man als Frittung. Die Spannungsschwelle U_F, bei der die Frittung einsetzt, nennt man Frittspannung. Der Frittvorgang wird vermutlich durch eine Feldemission eingeleitet. Aufgrund des starken elektrischen Feldes erhöht sich die Wahrscheinlichkeit für einen Übertritt von Elektronen aus dem Metall in den Halbleiter; dadurch kommt es an bevorzugten Stellen der tragende Kontaktflächen zu einem erhöhten Stromfluss, der das Material erhitzt und die Fremdschicht zersetzt. Mit großer Wahrscheinlichkeit wird zum Zeitpunkt

des Frittens Metall in Kanäle hineingedrückt, so dass zwischen beiden Kontakthälften eine Brücke aus einem Gemisch von Kontakt- und Fremdschichtmaterial entsteht. In der Literatur wird dieser physikalische Vorgang als A-Frittung bezeichnet. Im Gegensatz zur A-Frittung ist bei der sog. B-Frittung bereits eine metallische Berührung der fremdschichtbehafteten Kontakte in den isolierenden Oberflächenbereichen vorhanden, die entweder durch eine vorausgegangene A-Frittung oder durch eine örtliche mechanische Zerstörung der Fremdschicht entstanden ist. Unter der Wirkung elektrischer Kräfte sowie als Folge des Stromflusses durch die Enge und der damit verbunden lokalen Temperaturerhöhung werden an der Peripherie der Mikroflächen Ionen aus der Fremdschicht herausgelöst und so die wirksame Kontaktfläche vergrößert. Dieser Effekt ist von der Schichtdicke, der Schichtzusammensetzung und Stromanstiegsgeschwindigkeit abhängig. Der Frittvorgang wird ganz wesentlich durch die Entladung von Parallelkapazitäten (Kapazität der Kontaktanordnung und der unmittelbaren Zuleitungen) beeinflusst. Der Kontaktwiderstand kann an der Durchschlagstelle in weniger als 10^{-8} s abnehmen; dabei können kurzzeitig Temperaturen bis in den Bereich der Siedetemperatur des Kontaktwerkstoffs auftreten.
Für die Frittspannung U_F lassen sich keine verbindlichen Werte angeben, da sie nicht nur von der Art und Dicke der Fremdschicht abhängt, sondern auch von der Kontaktkraft und der Polarität der anliegenden Spannung. Die Frittspannung kann Werte von einigen 10 mV bis einigen 10 V erreichen.

Die Entfestigungsspannung U_{Ent} und die Frittspannung U_F sind in der Praxis von besonderer Bedeutung, wenn die Widerstände „gestörter" Kontakte gemessen werden sollen. Die Leerlaufspannung des Messstromkreises muss dann so gewählt werden, dass die Fremdschichten, die sich auf den Oberflächen der Kontaktstücke befinden, durch den Messvorgang nicht zerstört werden. Aus diesem Grunde wurde in den einschlägigen Normen für die Messung des Kontaktwiderstandes von Bauelementen, die im Betrieb elektrisch nur gering belastet werden, die Leerlaufspannung des Messstromkreises auf 30 mV begrenzt – einen Wert, der sicher unter der Entfestigungsspannung U_{Entf} und der Frittspannung U_F liegt.

1.2 Stabilitätsbereiche elektrischer Kontakte

Die Zuverlässigkeit elektromechanischer Bauteile – wie Steckverbinder, Relais, Schalter, Potentiometer etc. wird ganz wesentlich von den Eigenschaften und vom Verhalten der Kontaktelemente bestimmt. Je nach Zustand der wirksamen Kontaktflächen lassen sich drei Stabilitätsbereiche unterscheiden – s. Bild 1.8.

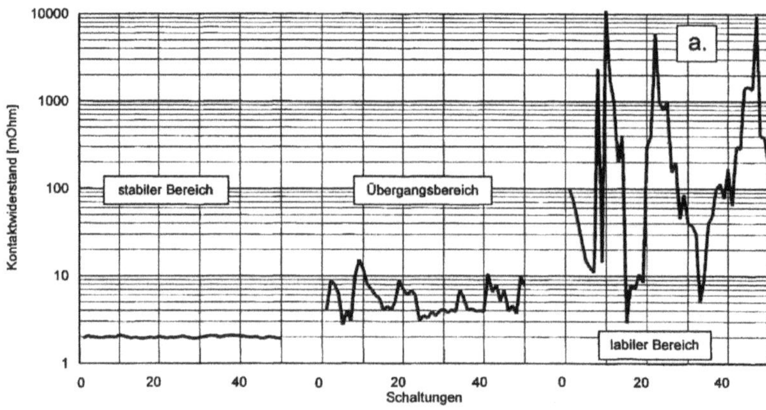

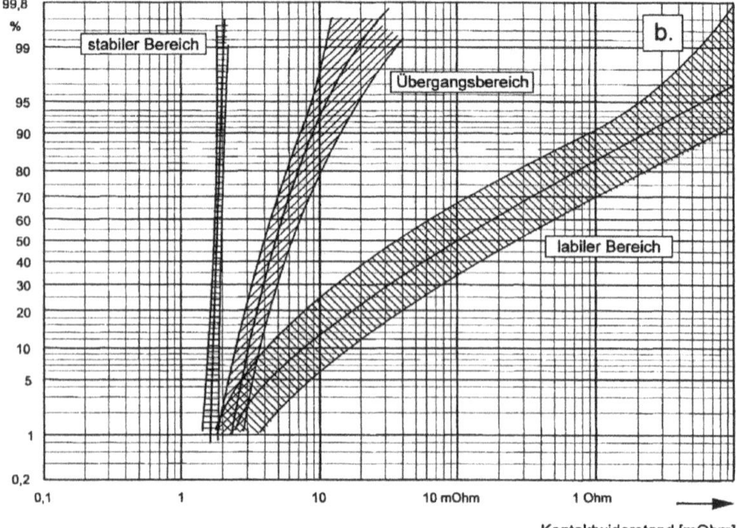

Bild 1.8: Stabilitätsbereiche elektrischer Kontakte
a. lineare Darstellung
b. Darstellung im Wahrscheinlichkeitsnetz

Im **„stabilen Bereich"** sind die Kontaktoberflächen nahezu frei von Fremdschichten; geringe Verunreinigungen werden durchgedrückt oder beim Kontaktierungsvorgang entfernt; die Streuung des Kontaktwiderstandes ist sehr gering.

Im **„Übergangsbereich"** ist die wahre Berührungsfläche bereits leicht gestört; vorhandene Fremdschichten werden aufgrund ihrer Dicke oder zu geringer Kontaktkraft nur unvollständig durchgedrückt oder beseitigt; als Folge davon nimmt die Streuung des Kontaktwiderstandes zu.

Im **„labilen Bereich"** sind die Störungen durch Fremdschichten oder sonstige Ablagerungen so stark und deren Beseitigung während des Kontaktierungsvorganges so unsicher, dass der Kontaktwiderstand zwischen dem theoretisch möglichen Wert für den ungestörten Kontakt bis zur totalen Unterbrechung schwanken kann [7].

Die Summenhäufigkeitsdarstellung der Stabilitätsbereiche in Bild 1.8b zeigt recht deutlich, dass es nicht sinnvoll ist, hohe Grenzwerte für Kontaktwiderstände festzulegen, nur weil bis zu einem bestimmten Wert in der vorgesehenen Anwendung keine Störungen zu erwarten sind. Kontaktstücke, deren Oberflächen gestört sind, und die sich im „labilen Bereich" befinden, werden jeden Grenzwert mit einer mehr oder weniger großen Wahrscheinlichkeit immer überschreiten!

Für den Anwender von Kontaktbauelementen lassen sich aus der Theorie der elektrischen Kontakte drei fundamentale Forderungen ableiten:

a) Der „Kontakt" muss stabil sein.

b) Dieser „Zustand" darf sich während der vorgesehenen Betriebszeit nicht ändern und

c) es dürfen keine „Kontakte" zu benachbarten Stromkreisen auftreten.

1.3 Literaturverzeichnis

[1] Brümmer, H.: Elektrotechnische Gerätetechnik. Vogel-Verlag, Würzburg (1980)

[2] Justi, E.: Leitfähigkeit und Leitfähigkeitsmechanismus fester Stoffe. Verlag Vandenhoeck & Ruprecht, Göttingen (1948)

[3] Greenwood, J. A.: Constriction resistance and the real area of contact. Brit. J. Appl. Phys. 17(1966), S. 1621-1632

[4] Greenwood, J. A., Tripp, J. H.: The elastic contact of rough spheres. J. Appl. Mech. E34 (1967), S. 153-159

[5] Holm, R.: Electrical contacts. Springer Verlag Berlin, Heidelberg, New York, (1967)

[6] Keil, A.: Werkstoffe für elektrische Kontakte. Springer Verlag Berlin, Göttingen, Heidelberg, (1960)

[7] Keil, A., Merl,W.A., Vinaricky, E.: Elektrische Kontakte und ihre Werkstoffe. Springer Verlag, Berlin, Heidelberg, Tokyo, New York, (1984)

[8] Kesselring, F.: Theoretische Grundlagen zur Berechnung der Schaltgeräte. Verlag de Gruyter, Berlin, (1950)

[9] Leidner, M.: Kontaktphysikalische Simulation von Schichtsystemen. Dissertationsschrift der TU Darmstadt, (2009)

[10] Rieder, W.: Elektrische Kontakte – Eine Einführung in ihre Physik und Technik. VDE-Verlag, Berlin, Offenbach, (2000)

[11] Schröder, K.-H. u. 10 Mitautoren: Werkstoffe für elektrische Kontakte und ihre Anwendungen. Kontakt & Studium Bd. 366, expert verlag, Renningen-Malmsheim, 2. Aufl. (1997)

2 Innovationsmanagement zur erfolgreichen Entwicklung und Vermarktung von Steckverbindern

Ralf Knoll

2.1 Einleitung

Innovation steht im Wesentlichen für *Erneuerung* und *Neues*, wobei dieser Begriff gerade in jüngerer Zeit Einzug in Gesellschaft, Wirtschaft, Politik und andere zum Teil reformbedürftige Gebiete gehalten hat.
Wachstum und Mehrwert können in einem sich verschärfenden, globalen Wettbewerb in erster Linie nur noch durch *nachhaltiges Wirtschaften* und durch den aufwendigen, kreativen und kompetenten Weg zur Innovation generiert werden, nicht jedoch durch *einfaches Wirtschaften*, z. B. im Sinne von Zwischenhandel, Spekulationen, M&A-Geschäften und Kostensenkungsmaßnahmen, da bei solchen Umverteilungsprozessen und Abwärtsspiralen praktisch nichts wirklich *Werthaltiges* und *Nutzbringendes* generiert wird. (siehe auch E. Staudt, „Innovationsforschung 2002“ [9]).

Innovationen sind der eigentliche Antriebsmotor der Wirtschaft und notwendiger denn je, im Kleinen wie im Großen, unabhängig von der Frage, ob es sich um Produkte für den Endkunden, neuartige Dienstleistungen, Prozesse, Investitionsgüter und Systeme oder wie im hier betrachteten Fall, um elektrische und optische Steckverbinder handelt.

Die Innovationsfähigkeit ist zu *dem* kritischen Erfolgsfaktor für die langfristige Überlebensfähigkeit von Unternehmen geworden.
Das heißt, nur wer in der Lage ist, ständige neue Produkte und Verfahren zu entwickeln und diese auch erfolgreich im Markt einzuführen weiß, wird langfristig Bestand haben.

Aufgrund immer kürzer werdender Entwicklungs- und Produktlebenszyklen ist es zwar nahe liegend, den Innovationsprozess mit Managementmethoden zu optimieren, jedoch stellt sich zugleich die Frage nach dem „Wie“, da das betriebliche Management der Optimierung von notwendigen Routineaufgaben im täglichen Ablaufprozess dient, während ein Innovationsprozess ganz andere, zum Teil diametrale Managementansprüche hat, wie beispielsweise das Einrichten von kreativen Freiräumen und fachübergreifendem Denken.

Die Auflösung dieses Spannungsfeldes kann nur ein ganzheitliches *Innovationsmanagement* leisten, welches alle Aspekte der Gestaltung von Innovation gleichermaßen umfasst, von der strategischen Ausrichtung über die Prozess- und Organisationsgestaltung bis hin zur Entwicklung einer innovationsförderlichen Unternehmenskultur.

Aus der eigenen Erfahrung als Entwickler und Berater können wir der allgemein verbreiteten Einsicht über das unzureichende Innovationsmethodenwissen innerhalb des Mittelstandes nur zustimmen, wenngleich wir aber auch beeindruckt sind, wie in einer verschlechterten Marktsituation die „kämpfenden Unternehmen“ bereits vieles intuitiv richtig gemacht haben. Darüber hinaus gilt unser Dank diesen Firmen, da wir selbst in solchen Prozessen viel hinzulernen durften.

Mit dieser Aussage wird unter anderem einmal wieder daran erinnert, dass den gesellschaftlichen und wirtschaftlichen Veränderungen nur durch einen dauerhaften (lebenslangen) kontinuierlichen Verbesserungs- und Lernprozess begegnet werden kann, der in erster Linie die handelnden Personen betrifft (Geschäftsführung, Bereichsleiter, Mitarbeiter, Berater etc.), die wiederum gefordert sind, den Innovationsprozess nicht nur zu integrieren, sondern auch weiter zu entwickeln und zu leben. Letztendlich geht es nicht nur um Produktinnovationen, sondern auch um Verfahren (Prozessinnovationen) und Firmenstrukturen (Strukturinnovationen).

Dieses Kapitel wurde zwar in erster Linie für Leser mit technischem Hintergrund geschrieben, sozusagen als fachliche Ausweitung für Forscher, Entwickler, Produktmanager, usw., aber auch für all diejenigen aus Marketing, Vertrieb, Controlling und Geschäftsführung, die noch nicht die Gelegenheit hatten, sich einen kurzen Überblick und wertvolle Anregungen aus dem Bereich des Innovationsmanagements zu verschaffen.
Der Titel *Innovationsmanagement zur erfolgreichen Entwicklung und Vermarktung optischer und elektrischer Steckverbinder* lässt zu Recht vermuten, dass über die allgemeinen Hinweise hinaus, natürlich auch einige sehr produkt- und marktspezifische Bezüge, eigens entwickelte Darstellungen sowie Anwendungsbeispiele zu Steckverbindern folgen werden.

Es werden möglichst viele verschiedene Aspekte angesprochen und auf das Vertiefen von einzelnen Methoden bewusst verzichtet, damit der Leser einen möglichst breiten Überblick erhält. Trotz der stark zusammenfassenden Darstellung sind in jedem Abschnitt einige interessante Anregungen enthalten, die zum tieferen Einstieg in die Materie und zum Nachdenken verleiten sollten.

2.1.1 Wachstumsmarkt Photonik

Neben den verbesserten Chancen aufgrund eines professionellen Innovationsmanagements ergeben sich langfristig höchstwahrscheinlich auch zusätzliche Möglichkeiten für Firmen im Bereich der optischen Systeme, Komponenten und Steckverbinder, da sich die gesamte Photonikbranche inklusive Solartechnik aller Voraussicht nach langfristig positiv entwickeln wird.

Sollten keine Wirtschaftskrisen oder sonstige einschneidenden Ereignisse dazwischenkommen, so dürfte diese Zunahme sogar sehr lange und nachhaltig sein, da es sich um den so genannten *6.Kondratieff-Zyklus* handelt, ein volkswirtschaftlicher Konjunkturzyklus mit einer Periodendauer von etwa 50 bis 60 Jahren.

Die Aufschwungphase (ca. 25 bis 30 Jahre) wird typischerweise von weitergehenden Zusatzinnovationen begleitet, so dass die *Kombination von Innovationsmanagement und Photonik* zu vielversprechenden Chancen führen sollte.

Der Einbruch der Verkaufszahlen im Bereich der optischen Stecker und Systeme (ca. 2001 bis 2003) beruhte im Wesentlichen auf Sättigungseffekten im überlaufenen TK-Markt, was aber nicht überbewertet werden sollte, denn Entwicklungen wie beispielsweise FTTH (Fiber to the Home/Desk), Home-Networking etc. stehen uns erst noch bevor.

Man sollte nicht vergessen, dass die optische Faser praktisch der einzige physikalische Übertragungskanal ist, der über längere Entfernungen (z. B. 100 km) und mehr) Datenraten in der Größenordung von 40 GBit/s ermöglicht. Weder Kupferadern noch Funk stellen bei solchen Anforderungen eine Alternative dar.

Neben der Möglichkeit, die immer höher werdenden Datenraten zu übertragen, bieten optische Fasern weitere Vorteile wie z. B. die EMV-Sicherheit, galvanische Potentialtrennung, Brandsicherheit, Gewichts- und Volumenersparnis, Anwendungen in der Sensorik etc.

2.1.2 Neuartigkeit von Produkten – erfolgsabhängiger Innovationsgrad

Im Grunde ist die Frage der Neuartigkeit von Produkten mit Bezug auf den Markt und mit Bezug auf das eigene Unternehmen recht schnell zu verstehen, aber im Rahmen der Einleitung dürfte es dennoch interessant und lohnend sein, einen kurzen Blick auf eine empirisch ermittelte 3 x 3 Kategorisierung und deren Zahlen zu werfen.

In Bild 2.1 wird deutlich, dass nur 10% aller Produkte am Weltmarkt (das Feld oben rechts) wirklich absolut neu für den Markt und auch neu für die jeweils herstellenden Unternehmen sind.

Neue Produktlinien, die für die herstellenden Unternehmen zwar neu sind, aber keine Neuerscheinungen am Markt darstellen, machen immerhin 20% aller Produkte am Weltmarkt aus.

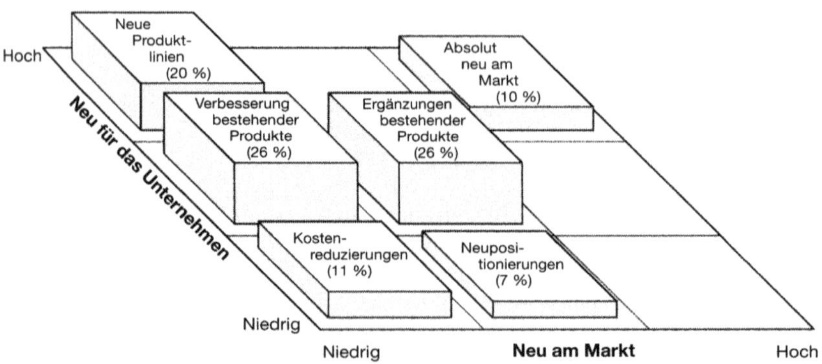

Bild 2.1: Neuartigkeit von Produkten aus Sicht des Marktes und des Unternehmens [1]

Beide Säulen haben eines gemeinsam: es handelt sich aus der einen oder anderen Sicht jeweils um Produktinnovationen, die in der Summe 30% ergeben.

In praktisch allen untersuchten Unternehmen tauchen die beiden häufigsten Fälle (Verbesserungen und Ergänzungen) auf, die insgesamt 52% ausmachen.

Es besteht eine Kluft zwischen dem Erfolgsglauben an neue Produkte einerseits und dem entsprechenden Handeln andererseits. So ist der Glaube an den Erfolg von neuen Produkten in der Regel zwar recht hoch ausgeprägt, andererseits entwickeln immerhin 50% aller Firmen *keine* absolut neunen Produkte und weitere 25% *keine* neuen Produktlinien innerhalb ihres Unternehmens [1].

Die Gründe für diese Zurückhaltung sind sehr vielschichtig und nicht nur durch Defizite bei den Fähigkeiten und technologischen Möglichkeiten zu erklären, es kommen vielmehr auch Ängste vor dem Neuen sowie Trägheit aufgrund von Wohlstand und viele weitere Faktoren hinzu.

Das obige Bild ändert sich jedoch, wenn man anstelle aller Branchen nur die Technologiebranchen betrachtet:
Die Säule mit den absolut neuen Produkten am Markt wächst dann von 10% auf 20% an und die Säule der neuen Produktlinien erhöht sich von vormals 20% auf 37,6 %.

Dieses ist nicht so sehr verwunderlich, da es eine *Überlebensaufgabe* von Technologiefirmen geworden ist, sich im technologischen Fortschritt durch ständige Neuerungen zu differenzieren.
Hieran schließt sich zwangläufig die Frage, ob es nicht vorteilhafter wäre, besonders stark in Innovationen zu investieren und als erster an den Markt zu gehen, um die so genannte *first-mover advantage* (FMA) zu nutzen, oder ob es nicht geschickter sein könnte, mit moderaten kostengünstigeren Innovationsgraden als Nachfolger (*second-mover*) zu agieren, da dann die Risiken geringer sind und die Produktentwicklung obendrein schneller abläuft.

In der FMA-Frage gab es noch bis vor kurzem (vermutlich auch noch heute) widersprüchliche Ansichten, deren Ursache in den teilweise unscharfen, betriebswirtschaftlichen Begriffsdefinitionen und Randbedingungen und den zugehörigen Messungen der Erfolgsgrößen zu suchen sind sowie in dem Verständnis über Synergie-Effekte und über welche Zeiträume sich ein Return-on-Investment (ROI) einstellen soll.

Es wird jedoch mittlerweile von der wissenschaftlichen Mehrheit die Meinung vertreten, dass unter einheitlichen und erfolgsversprechenden Randbedingungen (fähiges Management, tragfähiger Business-Plan etc.) für das erste signifikante Unternehmen die *FMA-These* als validiert angenommen werden kann.

Weiterhin spielen Branche und *Marktgesetze* noch eine große Rolle. Gerade in technologisch geprägten Märkten und insbesondere im Steckermarkt, in dem etablierte Stecker zur Norm erhoben werden können, sehen wir sogar eine Verstärkung der Argumente, die für die FMA sprechen. Geht man weiterhin davon aus, dass Wettbewerber nicht den gleichen Status haben, also einen früheren Markteintritt nicht rein aus taktischen Gründen erwägen, sondern dass dieser Eintritt tatsächlich das Resultat einer gründlichen Trendanalyse, basierend auf schwachen Marktsignalen und nachfolgender, innovativer Produktrealisierung ist, so sollte sicherlich kein Zweifel mehr daran bestehen, dass ein derartig frühes Agieren mehr als Vorteilhaft ist. Im Abschnitt *Innovationsoptionen*, wird gezeigt, dass eigentlich nur ein bestimmtes Zeit- und Marktfenster zur Verfügung steht, um diese einmaligen Chancen zu nutzen (MPI-Map).

Der Einfluss des Innovationsgrades auf den Erfolg wurde unter anderem auch von Cooper und Kleinschmidt empirisch untersucht, die einerseits den Vorzug der FMA nachweisen, aber zusätzlich noch mit einem weiteren Ergebnis aufwarten, nämlich dass halbherzige Innovationen (kleine Verbesserungen etc.) zu dem denkbar schlechtesten ROI von allen Handlungsalternativen führt.
Da es sich um statistische Mittelwerte handelt, dürfte es vereinzelte Ausnahmefälle geben, wichtiger ist hier aber die Gesamtaussage.

In Bild 2.2 ist das Ergebnis dieser Untersuchung dargestellt, indem der Innovationsgrad in 3 Kategorien (hoch, mittel, gering) gegen die Messgrößen Erfolgsquote, Marktanteil und ROI aufgetragen wurde.

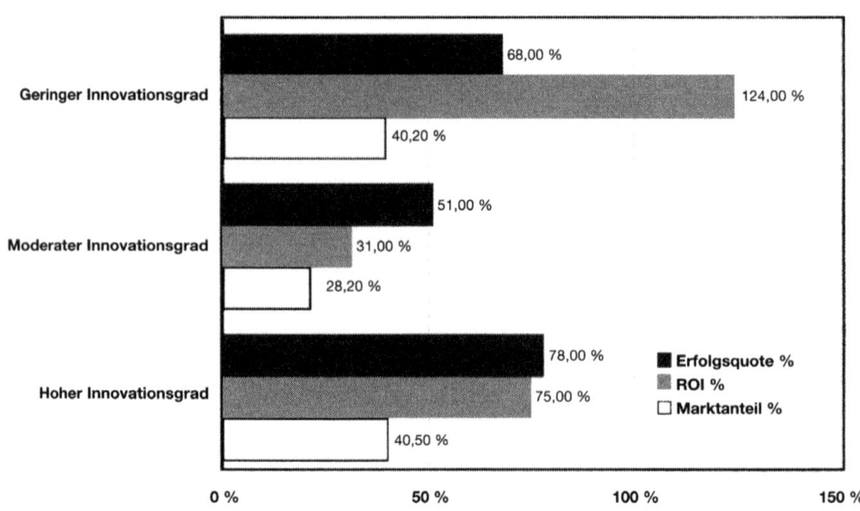

Bild 2.2: U-förmiger ROI-Verlauf bei der Erfolgsabhängigkeit vom Innovationsgrad [1]

Denkt man sich das Diagramm um 90-Grad gegen den Uhrzeigersinn gedreht, so ergibt sich ein U-förmiger Verlauf, d. h. es zeigen sich zwei ROI-Maxima, wobei der deutlich höhere Wert kein Anlass für Argumente gegen Innovation sein sollte.

Innovationen sind und bleiben für die Fortentwicklung von Unternehmen und Gesellschaften notwendig, was unter anderem ein wenig in der Erfolgsquote zum Ausdruck kommt, die bei dem hohen Innovationsgrad noch 10% höher liegt (78% zu 68%).

Wir wollen bei dieser Grafik gar nicht so sehr auf die Zahlen eingehen, sondern vielmehr auf die qualitative Aussage hinweisen, die in dem U-förmigen Verlauf enthalten ist, nämlich dass man (von Ausnahmen abgesehen) Innovationen am besten richtig gut oder besser gar nicht herbeiführen sollte.

Da für Unternehmen in technologiedominierten Branchen letzteres keine dauerhafte Option darstellt, bleibt eigentlich nur noch die Möglichkeit gute Innovationen hervor zu bringen.
Gute Innovationen erfordern aber wiederum ein professionelles Innovationsmanagement.
Damit sollte die Motivation für die nachfolgenden Ausführungen über richtiges Innovationsmanagement deutlich geworden sein.

2.2 Aktuelle Trends im Steckermarkt – einige Beispiele

Die professionelle Analyse des Marketingumfeldes und insbesondere der schwachen Marktsignale kann einem Unternehmen enorme Chancen verschaffen, insbesondere wenn es bereits gelernt hat, seinen Zweck aus dem Umfeld abzuleiten, dem es dient.

Bei kontinuierlicher und korrekter Wahrnehmung dieser Chancen und gleichzeitigem Abwehren der Gefahren ist ein fundamentaler Bestandteil für einen dauerhaften Unternehmenserfolg bereits geschaffen.

Marktchancen lassen sich durch Beobachtung von Veränderungen im Makroumfeld ermitteln, die je nach Zyklusdauer und spezifischer Bedeutung in Form von *Moden, Trends* oder *Megatrends* in Erscheinung treten.

Für Hersteller von Steckverbindern, sind von den drei genannten Veränderungsformen die so genannten *Trends* am wichtigsten, da diese eine Richtung oder Abfolge von Ereignissen in relevanten Zeitbereichen darstellen, die einiges an Dauerhaftigkeit und Umgestaltungskraft beinhalten.

Trends im Steckermarkt können auf verschiedenen Feldern beobachtet werden. So gibt es produktbezogene (meist nachfragebasierte) und unternehmensbezogene (meist branchenbezogene und gesamtwirtschaftliche) Trends, aber auch unternehmensinterne Trends, die beispielsweise auf bestimmte Technologien abzielen oder die Optimierung von Ablaufprozessen, Lagerhaltung beim Kunden etc. beinhalten.

Am einfachsten sind die zweckinduzierten (vom Käufermarkt herrührenden) Trends zu beobachten, da die Ermittlung reiner Technologietrends aus dem Bereich der F&E ein breites Fachwissen und Informationszugang voraussetzt. Technologietrends sind auch deshalb schwieriger abzuschätzen, weil die künftigen Anwendungen der *enabling technologies* erahnt, mit latenten und erzeugten Bedürfnissen in Einklang gebracht und insgesamt einer stärkeren, kritischen Überprüfung bedürfen.

Die Bedeutung von schwachen Marktsignalen sowie deren Erkennung und Interpretation wird in später noch genauer beschrieben.

Mit Hilfe einiger Trendbeispiele aus den Bereichen Produkte und Unternehmen wollen wir unter anderem die Notwendigkeit von bestimmten Denkweisen verdeutlichen, z. B. dass fachübergreifendes, technisches Denken (Elektronik, Optik, Mechanik etc.) sowie ganzheitliche, strategische Produktplanung unter Berücksichtigung von unumstößlichen Marktgesetzen und der eigenen Marktposition (systemische Sichtweise) zunehmend erforderlich wird, und dass die Marktveränderungen (Trends) erhebliche Chancen (Innovationsoptionen) beinhalten.

Da die Beispiele relativ aktuell sind (jedoch ohne Anspruch auf Vollständigkeit), könnten diese auch als solche, dem in der Orientierungsphase befindlichen Leser, einige wertvolle Hinweise liefern.

Beispiele für aktuelle Trends im Steckermarkt:

- Steckverbinder werden aufgrund von immer *mehr Elektronik im Stecker* (Bustreiber, Speicher, Filter, E/O-Wandler, Feuermelder etc.) immer intelligenter. Optische Stecker werden möglicherweise auch robuster, wenn beispielsweise mittels hoch integrierter E/O-Wandler die staubempfindlichen, optischen Schnittstellen in das Kabel verlegt werden und nach außen hin nur noch elektrische Kontakte sichtbar sind. (siehe auch Abschnitt *Anwendungsbeispiele*)

- Durch die *Deregulierung des TK-Marktes* gibt es viele Infrastruktur-Drittanbieter (Carrier, Citynetze, Firmennetze, Stadtwerke etc.), die an verschiedenen Stellen im Bereich der WAN-MAN-LAN Kopplung, vom Telekom-Standard abweichende Komponenten und Systeme einsetzen. Diese Firmen sind wettbewerbsbedingt offener für Innovationen und verwenden bereits heute spezielle Hybridstecker, FTTH-Systeme, high-bitrate POF etc.

- Im Bereich der *Fabrikautomatisierung* und der *Gebäudenetzwerke* werden zunehmend hybride Steckverbinder eingesetzt, wobei durch Standardisierungsbestrebungen (z. B. Fast-Ethernet over POF), bestimmte Stecker- und Fasertypen in Zukunft verstärkt Verbreitung finden könnten.

- Im *Automobilbereich* werden aufgrund der schon weiter fortgeschritten Standardisierung (MOST etc.) bereits (Hybrid)steckverbinder eingesetzt. Dennoch gibt es nach wie vor weitere Entwicklungspotentiale (Temperaturbereich, Schmutz, Kostensenkung, optische Dämpfung, Systemaspekte etc.).

- Stecker werden durch *Modularität* vielseitiger einsetzbar, d. h. es können noch mehr physikalische Medien pro Stecker bedient werden. So sieht man beispielsweise RJ-45 Stecker mit zusätzlichen POF-Kontakten und Stecker mit noch umfangreicheren Medien-Kombinationen (siehe auch Abschnitt Anwendungsbeispiele).

- Der zunehmende Einsatz von verschiedenen *Small-Form-Faktor* (SFF) Steckern bietet trotz fortgeschrittener Normierung noch Möglichkeiten zur Verbesserung (siehe auch Abschnitt Steckverbinder für die Ethernet-Verkabelung)

- Mit Bezug auf die obigen *intelligenten Stecker* könnten Hersteller versuchen, Marktnischen und völlig neue Märkte zu besetzen.

- Einerseits fordert der Kunde künftig *one-stop-shopping*, d. h. der Anbieter/Hersteller sollte möglichst alle vom Kunden benötigten Steckertypen vorrätig haben (vollständiges Produktportfolio pro Großkunde).

- Andererseits führt der stärker gewordene Wettbewerb beim Mittelstand zu einer noch höheren Spezialisierung, so dass Überlappungen mit Produktbereichen anderer Hersteller allmählich aufgelöst werden.

- Dieser Widerspruch könnte durch Kooperationen aufgelöst oder den großen Herstellern überlassen werden, d. h. die Reaktionen auf bestimmte Trends sind abhängig von der betrachteten Unternehmensgröße, der vorhandenen Produktpalette und weiteren Randbedingungen.

- Steckerhersteller werden sich zukünftig mehr mit *Systemlieferanten* auseinandersetzen, weniger mit dem Endkunden. Konkret könnte dies bedeuten, dass man als kleiner oder mittelgroßer Hersteller den Systemherstellern in verstärktem Maße zuliefern und zuarbeiten wird oder als großer Hersteller selbst ins Systemgeschäft einsteigen könnte.

Auf die Bedeutung des Systemgeschäfts wird in den nachfolgenden Abschnitten noch näher eingegangen.

2.3 Gesetze des Marktes und dessen Innovationsoptionen

Elektrische und optische Steckverbinder lassen sich je nach Anwendung, Marktvolumen, Innovationshöhe und Zeitpunkt in Bezug auf die Normierung verschiedenen Systemgeschäftstypen zuordnen, die jeweils unterschiedliche marketingrelevante Merkmale aufweisen.

Sieht man von bestimmten Ausnahmen ab, so ist ein Großteil der Steckverbinder in Verbindung mit Systemen zu sehen (siehe auch Abschnitt Trends).

Systemlieferanten haben sich in der Regel für bestimmte Steckverbinder entschieden und damit ihre Kompatibilität zu anderen Systemen und ihrer Umwelt festgelegt. Daher kann der einzelne Steckverbinder trotz seines relativ geringen Preises nicht allein mit den Modellen und Methoden des Produkt- und Konsumgütermarketings, sondern auch mit denen des Investitionsgütermarketing beschrieben werden.

Je mehr Randbedingungen vorhanden sind, desto geringer werden die Innovationsmöglichkeiten. Dieses bedeutet für die Hersteller/Vermarkter, dass diese eine noch bessere strategische Planung in Bezug auf den richtigen Zeitpunkt, die richtigen Märkte, die richtigen Technologien usw. betreiben müssen. In speziellen Märkten, wie im Falle der Steckverbinder, ist man angehalten zu lernen, wie man wertvolle *Innovationsoptionen* identifiziert.

Die Fachliteratur gibt bis dato hierüber keinen genauen Aufschluss, so dass wir es als Herausforderung angesehen haben, einmal zu untersuchen, wie die speziellen Marktgesetze des Steckermarktes wirken, und wie unter dem Einfluss dieser Marktkräfte Produktinnovationen provoziert (Optionen), induziert (Zwang) und penetriert (Marktdurchdringung) werden.

Zunächst erfolgt eine Darstellung der allgemeinen innovationshemmenden Merkmale des Steckermarktes. Bei genauer Kenntnis der Marktgesetze lassen sich *Lücken* auffinden, die – positiv gesprochen – interessante Innovationsoptionen darstellen. Diese sind nachfolgend in drei Abschnitten aufgeführt.

Um die hier aufgeführten Marktgesetze mit praktischen Beispielen zu untermauern, wird an einigen Stellen auf das Kapitel *Innovations- und Entwicklungspotentiale für die Zukunft* (Beitrag 3 dieses Buches) verwiesen. Die dort aufgeführten Beispiele sind nicht willkürlich, sondern stellen tatsächlich einen wertvollen Hinweis auf aktuelle Innovationspotenziale dar.

2.3.1 Innovationshemmende Eigenschaften des Marktes

Die grundlegenden Gesetzmäßigkeiten, die innerhalb bestimmter Märkte gelten und als gut bekannt angenommen werden, werden jedoch in der Realität durch diffusionsrelevante Umweltfaktoren (wirtschaftliche, technische, politisch/rechtliche und soziale Faktoren) beeinflusst, so wie es zum Beispiel bei Kritische-Masse-Systemen (KM-Systemen) oder in stark regulierten/normierten Märkten der Fall ist. Bild 2.3 nach Backhaus zeigt einen Überblick der Systemtypen.

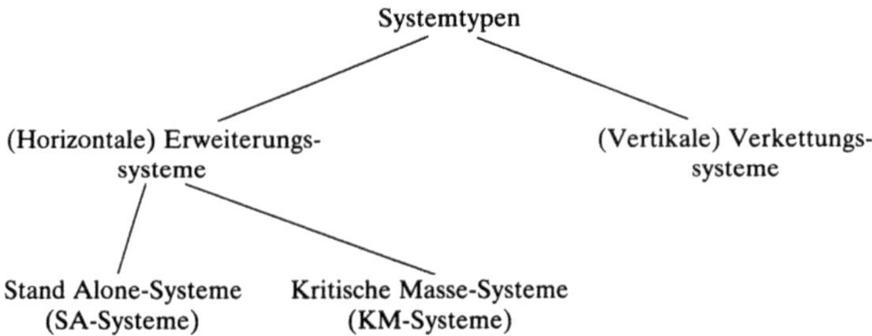

Bild 2.3: Überblick der Systemtypen [2]

Wie schon einleitend gesagt, unterliegen die meisten Steckverbinder auch den Marktgesetzen des Systemgeschäfts, so dass durch diese besonderen Bedingungen stärkere Innovationshemmnisse zu erwarten sind als es zum Beispiel in Märkten mit weniger vernetzten Randbedingungen (Produkte / Konsumgüter) der Fall ist.

Es besteht sicher kein Zweifel, dass sich zum Beispiel ein national standardisierter 230V-Haushaltsstecker eindeutig einem KM-System zuordnen lässt, und dass die in diesem Segment noch zu erwartende Innovationshöhe/Erneuerung auf lange Sicht sehr gering sein wird.

Betrachtet man jedoch kleinere oder neue Märkte, spezielle Anwendungen und neue Steckertypen, so ist die Zuordnung nicht mehr ganz so einfach. Weiterhin haben wir uns die Frage gestellt, wie sich die Vermarktungswahrscheinlichkeit von Innovationen bezüglich einer einzelnen Anwendung, die anfänglich mehrere Steckerlösungen (Hersteller) erlaubt, im Verlauf der Zeit wegen der Normierung verändert. Bereits jetzt wird deutlich, warum wir von *Innovationsoption* anstelle von *Innovationspotenzial* sprechen.

Ein gewisses Potenzial für Erfindungen gibt es kontinuierlich, aber die Wahrscheinlichkeit zur erfolgreichen Vermarktung von Innovationen ist zeit- und marktabhängig.

Die nachfolgenden Ergebnisse basieren auf eigenen praktischen Erfahrungen aus der Tätigkeit als Technologie- und Management-Berater, aber auch auf theoretischen, eigens erarbeiteten Modellen und Grafiken (Charts).

Das Streben nach Vereinheitlichung mit dem Ziel kompatibel zu seiner Umwelt zu sein, d. h. handlungsfähig innerhalb von gesellschaftlichen, geschäftlichen oder technischen Systemen zu sein, kann wie ein unumstößliches Naturgesetz verstanden werden, welches sich sogar über andere relevante Merkmale, wie zum Beispiel Qualität, hinwegsetzen kann. Die massenhafte Verbreitung von Microsoft-Software oder des Adobe-PDF-Standards sind Beispiele für die Wirkung eines solchen Naturgesetzes (KM-Systems), welches das Phänomen der *automatischen Verbreitung* bewirkt – ohne hiermit die Marketingqualitäten der genannten Unternehmen schmälern zu wollen.

Gleiches gilt im Prinzip auch für Steckverbinder, wobei hier noch verstärkend die Normierung als polarisierende Kraft hinzu kommt sowie Multiplikatoreffekte durch den Einsatz der Buchsenseite durch die Komponenten- und System-Hersteller und die Marktgröße im Sinne von Marktvolumen bezogen auf die Anzahl der Anwendungen, die mit einem bestimmten Steckertyp erfüllt werden können. Weiter unten werden diese Gesetzmäßigkeiten vor dem Hintergrund der Vermarktungswahrscheinlichkeit von Innovationen noch genauer dargelegt.

Am Markt verfügbare Steckertypen werden nach ihrer Etablierung, also in Abhängigkeit vom Betrachtungszeitpunkt, in der Regel mit bestimmten Anwendungen, Technologien, Medien (im Sinne von physikalischer Schicht und Protokollen) sowie Märkten assoziativ in Verbindung gebracht, während die genannten Bereiche zum Teil in unkorrekter Weise vor dem Hintergrund eines bestimmten Steckertyps vermengt werden.

Hier ein Beispiel zur Verdeutlichung:
Bei der Anforderung der PC-Kabelvernetzung denkt *heute* jeder sofort an LAN, wenngleich auch andere Vernetzungsmöglichkeiten denkbar wären. Bei dem Stichwort LAN wiederum denkt *heute* jeder automatisch an Ethernet und dann wiederum an den Steckertyp RJ45. Früher, als noch das Koaxialkabel dominierte, sah diese Assoziationskette entsprechend anders aus.

Der Drang nach Vereinheitlichung fördert diese Verkopplung bzw. Assoziationskette, die im Vergleich zu kleineren/vielfältigeren Technologiemärkten nicht so stark ausgeprägt ist.

Hätte man zum Beispiel relativ früh gewusst, dass Ethernet zunehmend in den Automatisierungsbereich eindringen werden würde, so hätten die Steckerhersteller von diesem schwachen Marktsignal bereits ableiten können, dass der RJ45 sich dann entsprechend auch in diese Richtung bewegen wird (wenngleich in höherer Schutzklasse), es sei denn, man hätte rechtzeitig einen neuartigen, besseren Kat5-Stecker für die Automatisierung entworfen.

Aus heutiger Sicht, nachdem der RJ45-Stecker etabliert ist, erscheint das Vorhaben, ein Ethernet Kat5-Kabel an einen Rundstecker, wie z. B. M5, M8 oder M12, anschließbar zu machen (weil dieser z. B. beim Rütteltest besser besteht) geradezu als mutiges, innovatives Querdenken, was früher aber vielleicht als völlig normal angesehen worden wäre.

Nachdem in diesem Beispiel unter anderem die Wichtigkeit des Zeitpunktes und die Abhängigkeit von einmal geschaffenen Fakten und den damit verbundenen Assoziationsketten verdeutlicht wurde, so liegt der Vorteil dieser Erkenntnis nun darin, dass sich Vorhersagen über künftige Steckertypen in bestimmten Märkten leichter treffen lassen, und dass Irrwege aus Gründen der einfachen Verbreitung auf Kosten der Qualität künftig eher vermieden werden könnten.

Die Szenario-Technik wäre möglicherweise ein geeignetes Mittel gewesen, um mit Hilfe solcher marktspezifischen Verkopplungen noch bessere Vorhersagen über die Zukunft machen zu können, als es offensichtlich in der Vergangenheit in der Steckerindustrie geschehen ist. Andere Prognosemethoden wären ebenfalls denkbar, auf die weiter unten kurz eingegangen wird.

Als mehr oder weniger innovationshemmend in Bezug auf die Innovationshöhe bzw. den Neuheitsgrad kann der Umstand angesehen werden, dass sich einige Hersteller die Anforderungen und Wünsche von Großkunden sehr genau vorgeben lassen und damit nicht mehr ganz frei agieren können. Zweckinduzierte Innovationen die vom Markt her kommen (so genannter *market-pull*) besitzen zwar eine höhere Erfolgswahrscheinlichkeit aufgrund der Abnahme durch diese Großkunden und nachfolgend weiteren Kunden (aufnahmefähige Märkte), jedoch dürfte die Innovationshöhe, die wichtig ist, um zum Beispiel eine langfristige wettbewerbsvermeidende Ausweichstrategie durch Innovation zu verfolgen (siehe Verhaltensoptionen nach Meffert, Bild 2.4) relativ gering sein.

Im Gegensatz zu diesem *market-pull* können die Entwickler und Hersteller aber auch von sich aus eigene Innovationen (in der Regel technologiegetrieben) hervorbringen und vermarkten, was als *Technology-push* oder *Push-Innovationen* bezeichnet wird.
Diese sind dann angebracht, wenn der zeitliche Planungshorizont weiter reicht als bei kurzfristigen, marktnahen Planungen. Letztere sind übrigens relativ stark in der Steckerbranche zu finden, so wie die kurzfristige Planung generell in der heutigen Industrie aufgrund einer falsch praktizierten Shareholder-Value-Denkweise vertreten ist. Somit ergibt sich in der zum Teil umstrittenen Frage nach den Innovationsauslösern (market-pull oder technology-push?) aus unserer Sicht und bezogen auf die

heutige kurzlebige Zeit, eine wertvolle Differenzierungsmöglichkeit für Hersteller von Steckverbindern, indem diese neben ihren kurzfristigen Strategien auch langfristige Strategien verstärkt in ihre Markteintrittsstrategie mit aufnehmen. Mehr dazu im Kapitel Innovationsoptionen, in denen dargelegt wird, welche Möglichkeiten es gibt, die hier beschriebenen Hemmnisse teilweise aufzuheben, bzw. vorhandene Chancen zu nutzen.

Abgesehen von den Hemmnissen des Marktes gibt es auch (zum Teil erhebliche) Innovationswiderstände innerhalb von Firmen und Gremien. Diese werden in dem separaten Kapitel *Aktueller Integrationsgrad von Innovationsfunktionen* beschreiben, in dem unter anderem auf die menschliche, psychologische Seite eingegangen wird.

2.3.2 Verhaltensmöglichkeiten – erste Innovationsoption

Nachfolgend wird gezeigt, wie sich Unternehmen im Wettbewerb mit anderen positionieren können und welche Handlungsoptionen bestehen (siehe Bild 2.4: Verhaltensoptionen im Wettbewerb nach Meffert).

Insbesondere für kleine und mittelständische Unternehmen mit begrenzten Ressourcen dürfte eine wettbewerbsvermeidende Strategie (linke Spalte) eine sinnvolle Möglichkeit darstellen. (Gleiches gilt natürlich auch für große Unternehmen, jedoch können sich diese in der Regel wettbewerbsstellendes Verhalten eher leisten.)

Kein uns bekanntes mittelständisches Unternehmen der Steckerbranche hat jemals einen Direktangriff auf alle Hauptgeschäftsfelder eines Gegners durchgeführt, wahrscheinlich wissentlich, dass es bei etwa gleichen Ressourcen möglicherweise keine Gewinner geben wird (Feld rechts oben). Allenfalls könnten sich Dritte freuen. Die Verhaltensmöglichkeit der Kooperation und der Anpassung (jeweils unten) kommen dagegen schon etwas häufiger vor.

Bei einigen Herstellern ist die Option *Ausweichen durch innovatives Verhalten* schon recht gut ausgeprägt, zumindest im Bereich der Anpassungs- und Verbesserungsinnovationen – vereinzelt sicherlich auch bei den Basisinnovationen (Materialwissenschaften, Glasfasertechnologie etc.).

Vor dem Hintergrund der Trends in Richtung Hochtechnologie im Stecker und dem immer stärkeren Preiswettbewerb sehen wir in der innovativen Verhaltensmöglichkeit eine noch stärker ausbaufähige Möglichkeit für den Mittelstand.
Eine Differenzierung mittels neuartiger Produkte stellt zukünftig eine immer wichtigere Option dar (Bild 2.4, Feld links oben). Daher unsere Überschrift *erste Innovationsoption.*

Innovation ist generell und sicherlich unabhängig von der Unternehmensgröße ein überlebenswichtiges Verhalten in technologiegetriebenen Märkten.

Innovationsfähigkeit (Strategische Technologieoptionen)	Verhalten gegenüber Wettbewerb: wettbewerbsvermeidendes Verhalten	Verhalten gegenüber Wettbewerb: wettbewerbsstellendes Verhalten
innovatives Verhalten Pionierstrategie	***Ausweichen*** Ausweichstrategien sind dadurch gekennzeichnet, daß das Unternehmen versucht, dem Wettbewerb durch besonders innovatives Verhalten zu entgehen.	***Konflikt*** Konfliktstrategien werden häufig in militärischen Kategorien beschrieben: • Direktangriff auf HGF oder Kernprodukte des Gegners; • Umzingelung: Aufweichung der Position des Gegners von mehreren Seiten; • Flankenangriff: Schwache und ungeschützte Stellen des Gegners gezielt angreifen.
imitatives Verhalten Folgerstrategie	***Anpassung*** Anpassungsstrategien zielen auf die Erhaltung der einmal realisierten strategischen Positionen ab. Hier ist das eigene Verhalten stark von den Aktivitäten potentieller Wettbewerber abhängig.	***Kooperation*** Kooperationsstrategien werden von Unternehmen verfolgt, • die bei schlechter Ausgangssituation einem Konflikt nicht aus dem Weg gehen können; • die aus einer Kooperation einen größeren Vorteil als aus einem Konflikt oder einem neutralen Verhalten erwarten.

Bild 2.4: Verhaltensoptionen im Wettbewerb nach Meffert

Auch kleine Firmen haben die Chance mit relativ wenig Aufwand zumindest Anpassungs- und Verbesserungsinnovationen herbeizuführen oder für Marktnischen, die von größeren Firmen nicht wahrgenommen werden, auch noch fundamentalere Innovationen herbei zu führen.

An dieser Stelle wollen wir aufzeigen und ermutigen, nicht nur kurzfristig, sondern auch verstärkt langfristig zu denken, und neben marktnahen Strategien (market-pull) auch zu einem gewissen Anteil langfristige Strategien (Push-Innovationen) bei der Strategieentwicklung zu berücksichtigen.

Wenngleich dieses Kapitel die Innovationsoptionen behandelt, so sollte zumindest der Vollständigkeit halber noch kurz auf weitere Verhaltensmöglichkeiten im Bereich der Kooperation hingewiesen werden, was für kleinere Firmen recht interessant sein dürfte. Ein (großer) Systemanbieter, der bestimmte Steckertypen „nur als Teilkomponente des Systems" liefert, hat voraussichtlich die besten Möglichkeiten sich am Markt durchzusetzen. Als reiner Steckerhersteller kleiner und mittlerer Größe könnte man nachfolgende Handlungsoptionen in Erwägung ziehen:

a. diesen Systemlieferanten zuarbeiten
b. selbst versuchen Systeme anzubieten
c. Nischen und neue Märkte mit innovativen Steckern zu besetzen.

Die unter b) genannten Systeme müssen dabei aber nicht notwendigerweise sehr mächtig sein, es genügen *intelligente Stecker*, wie zum Beispiel Stecker mit integriertem O/E-Wandler oder Stecker die bestimmte Bedarfsfälle abdecken (EMV, galvanische Trennung etc.). Werden damit Anwendungen möglich, die mit *normalen Steckern* nicht möglich sind, so entziehen sich diese zumindest eine Zeit lang dem härter werdenden Preiswettbewerb, was ebenfalls interessant sein dürfte.

Es bleibt abzuwarten, wie sich diese Entwicklungen langfristig fortsetzen, die Tendenzen sind jedenfalls bereits jetzt sichtbar.

2.3.3 Globalisierung, Wettbewerbsdruck – zweite Innovationsoption

Die empirische Innovationsforschung hat ergeben, dass die eigenen Fähigkeiten, Produktqualitäten, Alleinstellungsmerkmale etc. oft zu hoch eingeschätzt werden, während gleichzeitig die ausländische Konkurrenz oft unterschätzt wird, insbesondere wenn das Unternehmen einen stark nationalen Fokus hat und noch nicht global denkt.

Aufgrund zunehmender Globalisierungseffekte, hier zum Beispiel Kostendruck, werden die Firmen der hoch entwickelten Länder in der Zukunft immer weniger über eine eigene Produktion verfügen und sich vielmehr auf die zwei übrigen Faktoren, nämlich konzeptionelle Produktentwicklung (also auch Innovation) sowie Vertrieb konzentrieren.

Die ausländischen Firmen, in denen die Produktion stattfindet, sammeln jedoch durch diesen Prozess immer mehr eigene Produkt- und Markt-Erfahrungen, insbesondere auch im Bereich der Prozessinnovation (noch kostengünstigere Herstellung als nur über den Faktor Arbeit) und werden daher langfristig verführt sein, selbst die Marktführerschaft anzustreben.

Dadurch werden die führenden Firmen gezwungen sein, ihr Know-how im Bereich des Innovationsmanagements stetig weiter auszubauen. Positiv ausgedrückt bedeutet dies für die deutsche/europäische/westliche Steckerindustrie eine weitere (zweite) Innovationsoption, die genutzt werden will. Letztendlich um auch dem Asia-Shift wieder etwas entgegen zu wirken. Der Grund warum dieses als Option und nicht als ein generelles Statement gesehen werden muss, liegt einmal wieder am Faktor Zeit. Derzeit sind *noch* genügend Mittel und kreative Köpfe vorhanden, jedoch werden die Innovationswiderstände in saturierten Gesellschaften (dazu später noch mehr) erst dann wieder deutlich geringer, wenn es diesen noch sehr viel schlechter geht, also Not, die die Innovationstätigkeit wieder anregt.

Da es sicherlich nicht sinnvoll sein kann auf derartige Neuanfänge, die aus der Not heraus kommen, zu warten (zumal dann andere Länder innerhalb eines Makrozyklus einen uneinholbaren Vorsprung erlangen würden), bleibt nur zur hoffen, dass es die innovativen Kräfte außerhalb der drei großen Verursacher des Innovationspatts in

Zukunft noch stärker werden. Die Verursacher sind – grob gesprochen – die Politik, die organisierte Arbeitnehmerschaft (Gewerkschaften) und die großen (Alt)-Industrien mit ihren zum Teil verkehrten Führungsstilen, die sich alle drei im Rahmen der Krisenbewältigung den schwarzen Peter reihum zuschieben, ohne jedoch signifikante Veränderungen herbeizuführen. Kleine und mittlere Unternehmen bis hin zum einzelnen Entrepreneur versuchen sich heutzutage zunehmend diesem überregulierten System zu entziehen, es bleibt nur zu hoffen, dass die politischen Randbedingungen deren Kraft nicht weiter aufzehren wird.

2.3.4 Normen, Zeitpunkt, schwache Signale – dritte Innovationsoption

Die nächste (dritte) Innovationsoption liegt in einem begrenzten Zeit- und Marktfenster, welches identifiziert und genutzt werden will.

Im Abschnitt *Innovationshemmende Eigenschaften des Marktes* wurden bereits die verschiedenen Innovationsauslöser beschrieben, nämlich der aufgrund von bereits bestehender Nachfrage zweckinduzierte, marktnahe *market-pull* und andererseits der bei langfristigen Markteintrittsstrategien wichtige *technology-push*, der von Seiten der Hersteller und Entwickler in einer Phase geringer Nachfrage bei nur schwach erkennbaren Trendsignalen eingeleitet wird.

In diesem Abschnitt werden die Chancen und Möglichkeiten der zuletzt genannten Push-Innovationen dargelegt. Hiermit soll jedoch nicht zum Ausdruck kommen, dass einzig und allein langfristige Strategien zu bevorzugen sind, sondern dass diese im Rahmen der Strategieentwicklung im Sinne eines Strategie-Mix stärker berücksichtigt werden sollten als bisher.

Immerhin hat die empirische Innovationsforschung relativ eindeutig gezeigt, dass die Vorteile eines frühen Markteintritts (first mover advantage) trotz der damit verbundenen Gefahren und Mehraufwendungen statistisch gesehen bei den meisten Unternehmen zum Erfolg führt. Kleine und mittlere Unternehmen, die noch nie in der Rolle des first movers waren und ein neues Geschäftsfeld erobern wollen, sollten sich zunächst das notwendige Methodenwissen (siehe auch nachfolgende Abschnitte) aneignen oder als Dienstleistung einkaufen, um das Risiko zu minimieren.

Es handelt sich hierbei um eine wertvolle Differenzierungsmöglichkeit gegenüber dem Wettbewerb in Richtung High-tech (technologische Alleinstellung) und first mover advantage (strategische Alleinstellung), wobei diese dritte Innovationsoption gestützt wird durch die bereits oben erwähnten, nämlich die wettbewerbsvermeidende Verhaltensoption (innovative Ausweichstrategie) und der verstärkten Einführung von Innovationsmanagement im Unternehmen.

Die langfristige Überlebensfähigkeit eines Unternehmens sollte mit derartigen Strategien erhöht werden. In Bild 2.5 sind verschiedenste Kenngrößen sowie marktspezifische Sachverhalte (Normierungszeitpunkt, Marktgröße) auf einer zweidimensionalen Markt- und Zeitebene gleichzeitig aufgeführt, die nachfolgend genauer erklärt werden.

Wi	= Vermarktungswahrscheinlichkeit einer erfolgten Innovation (Mittelwert)
Di	= Nachfrage (Mittelwert)
Ia	= Innovationshöhe bzw. Nutzwert eines beispielhaften Produktes A (Ib von B)
Mv/Nappl/Conn	= Marktvolumen bezogen auf die Anzahl der Anwendungen, die mit einem bestimmten Stecker abgedeckt werden können.

Im hinteren, linken Teil ist der gegenläufige Prozess von steigender Nachfrage (Di) bei gleichzeitig abnehmender Vermarktungswahrscheinlichkeit einer erfolgten Innovation (Wi) (dicke Linie) deutlich.

Hier kommt im Grunde nichts anderes zum Ausdruck, als das oben beschriebene Empfangen und Interpretieren von schwachen Marktsignalen, was zunächst zu einer relativ hohen Vermarktungswahrscheinlichkeit einer entsprechenden Innovation führt (first mover advantage), während mit zunehmender und deutlich erkennbarer Nachfrage die Vermarktungswahrscheinlichkeit in Richtung Normierungszeitpunkt immer weiter abnimmt.

Wie schon gesagt, eine Innovation kann prinzipiell jederzeit erfolgen, aber auch zum falschen Zeitpunkt was den Vermarktungserfolg angeht. Daher sprechen wir hier nicht von Innovationspotential, sondern besser von der Wahrscheinlichkeit der Vermarktung einer Innovation (Engl.: Marketing Probability of Innovations), so dass diese dreidimensionale Darstellung (Bild 2.5) von mir kurz *MPI-Map* genannt wurde.

Die Normierung von Steckern, d. h. im Grunde genommen das Zulassen und Ausgrenzen von Steckern, die oft bereits schon im Markt befindlich sind (de-facto Standards), hinterlässt jeweils nach Verabschiedung der Norm einen tiefen Einbruch bei der aktuellen Nachfrage an innovativen Lösungen für eine bestimmte Anwendung (Di) sowie bei der Vermarktungswahrscheinlichkeit (Wi). Zu beachten ist, dass beide Kurven nicht genau auf null gehen, da unterstellt werden muss, das mit der Normierung eines bestimmten Steckertyps nicht die gesamte Nachfrage befriedigt werden kann, nicht zuletzt weil sich bestimmte Systemhersteller einen anderen Stecker gewünscht hätten, der aus deren Sicht eine noch höhere oder andere Nutzenstiftung aufgewiesen hätte. (Übrigens spielt auch subjektive (emotionale) Nachfrage eine Rolle, die nicht nur bei Konsumgütern, sondern auch in rational, technisch geprägten Märkten zu finden ist, da letztendlich Menschen die Entscheidungen treffen).

Die Standardisierung wirkt außerdem noch wie eine polarisierende Kraft. In der Grafik ist dieses beispielhaft durch das Produkt A und B dargestellt, wobei A eine (vermeintlich) höhere Nutzenstiftung (Ia) im Vergleich zu B (Ib) aufweist, so dass A von der Standardisierung favorisiert und B abgelehnt wird.

Auch hier ist interessant, dass dieses nicht notwendigerweise das Ende von B bedeuten muss, zumal sich A noch behaupten muss und im Laufe der Zeit veraltet oder andere Anforderungen auftreten (daher die mehrdeutigen Verläufe im rechten Teil der Grafik).

Der Produktlebenszyklus und die Normierung sind also verantwortlich für das zyklische Verhalten des betrachteten Teilmarktes, wobei die Normierung den Startzeitpunkt oder die halbe Periode markiert, je nachdem wie man die Zeitachse definiert.

Wird das Marktvolumen bezogen auf die Anzahl der Anwendungen, die mit einem bestimmten Stecker abgedeckt werden können (Mv/ Nappl/ Connector) sehr groß, etwa so wie schon Eingangs am Beispiel des national standardisierten 230V-Haushaltssteckers beschrieben, so nimmt die Vermarktungswahrscheinlichkeit von Innovationen drastisch ab (nach vorne abfallende Kurve). Anders herum gesprochen bedeutet dieses, dass die Möglichkeit zur Innovation in kleinen (neuen) Märken am höchsten ist.

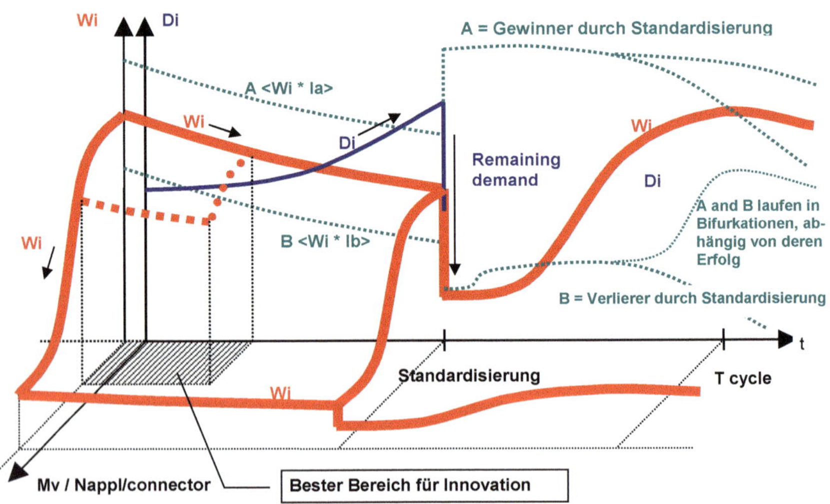

Bild 2.5: MPI-Map mit Vermarktungswahrscheinlichkeit von Innovationen, Nachfrage, Produktbeispielen A und B sowie deren Verläufe im Markt- und Zeitbereich; Quelle: R. Knoll

Die Kernaussage dieses Abschnittes also, dass es nur ein begrenztes Markt- und Zeitfenster (Option) für langfristig geplante Push-Innovationen gibt, welches in der Grafik durch die schraffierte Säule dargestellt ist, die sich in einem Bereich befindet, der zeitlich deutlich vor der Normierung liegt, auf schwache Trendsignale bei geringer Nachfrage setzt und kleine (neue) Märkte umfasst.

Sollte man sich für diesen Weg entschließen, so sollte dieser neuartige Stecker bereits deutlich vor der Normierung im Markt eingeführt sein, so dass dieser von der Industrie und den Normierungsgremien als greifbare Lösung wahrgenommen werden kann.

Ein Gegenbeispiel, also für das Ignorieren von schwachen Signalen bzw. für sehr spätes Handeln, ist weiter im Kapitel *Optische Stecker für Bandgap-Fasern* gegeben.

Aus der Grafik geht noch ein weiterer interessanter Sachverhalt hervor: Betrachtet man die Achsenbezeichnung Marktvolumen bezogen auf die Anzahl der Anwendungen, die mit einem bestimmten Stecker abgedeckt werden können, einmal genauer, so fällt auf, dass die Vermarktungswahrscheinlichkeit auch dadurch erhöht werden könnte, indem man das im Nenner befindliche Verhältnis Anzahl der Anwendungen / Stecker erhöht, d. h. indem man möglichst universelle Stecker, also unter Umständen modulare Stecker einsetzt.

Aus diesem Grund ist bei den Beispielen noch ein ganzer Abschnitt den modularen Steckern gewidmet.

2.4 Aktueller Integrationsgrad von Innovationsfunktionen

2.4.1 Bedeutung von Methodenwissen wird oft unterschätzt

Die Innovationsforschung hat gezeigt, dass Innovationen auch sehr gezielt und effektiv mit Hilfe von unterstützenden Methoden herbeigeführt werden können. Einige große Firmen, insbesondere in technologisch getriebenen Märkten, in denen Innovation eine überlebenskritische Notwendigkeit ist, nutzen diese Methoden schon seit geraumer Zeit mit nachweislichem Erfolg.

Unsere Umfragen unter Steckverbinder-Herstellern (insbesondere kleiner und mittlerer Größe) haben ergeben, dass die Mehrzahl der verantwortlichen Manager nicht in Lage waren, konkret zu beschreiben, mit welchen speziellen Innovations-Methoden in ihren Unternehmen neuartige, elektrische oder optische Stecker entwickelt werden. Das Spektrum der Antworten ließ darauf schließen, dass dem einzelnen Geschäftsführer oder Mitarbeiter zwar die eine oder andere Methode bekannt war, diese aber nicht abteilungsübergreifend oder gar im ganzen Unternehmen etabliert und angewandt wurde.

Ähnlich zurückhaltend waren die Antworten bei der Frage nach speziellen Projektmanagementmethoden im Rahmen von Innovationsprojekten.

Interessanterweise waren aber auch die einschlägigen Projektmanagement-Methoden gemäß nationaler und internationaler Zertifizierungsstellen und Richtlinien (GPM, IPMA / ICB etc.) relativ unbekannt.

Der fehlende Bekanntheitsgrad der drei oben genannten Methoden, nämlich Produktfindungsmethoden sowie spezielle und allgemeine Projektmanagement-Methoden (siehe auch Kapitel 6 „Kurzdarstellung der strategischen Produktplanung"), ist ein Indiz dafür, dass diese bei den meisten der befragten KMU wahrscheinlich nur intuitiv angewandt werden.

Letzteres soll andeuten, dass die langjährig existierenden Firmen selbstverständlich über funktionierende interne Abläufe verfügten und auch Innovationen hervorbrachten, allerdings kann auch angenommen werden, dass die heutigen Probleme und

Firmenschließungen zu einem erheblichen Teil auch auf fehlendes Methodenwissen und fehlende Planungsinstrumente zurückzuführen sind. Zu sehr dominiert das operative Tagesgeschäft gegenüber den langfristigen Planungen.
Nach unseren Beobachtungen innerhalb der mittelständigen Steckerbranche ist der Integrationsgrad von Innovationsfunktionen im Unternehmen, abgesehen von Ausnahmen, tendenziell eher schwach ausgeprägt.

Diese Integration wird oft dadurch behindert, dass selbst die Führungsebene aufgrund der bisher erzielten Erfolge der Meinung ist, dass diese Methoden generell *nicht so wichtig* seien, zumal man diese früher auch nicht gebraucht habe.

Es konnte beobachtet werden, dass Methodenwissen oft generell unterschätzt wird, wenngleich viele Dinge intuitiv richtig, aber nicht unbedingt effektiv durchgeführt werden, was stets auf Kosten der Wettbewerbsfähigkeit geht.

Nun gibt es tatsächlich Firmen, die aufgrund ihrer besonderen und historischen Positionierung mit vergleichsweise wenig Methodenwissen und strategischer Vorausplanung ausgekommen sind, allerdings wird dann die Gefahr umso größer, wenn sich diese speziellen Rahmenbedingen dann plötzlich ändern.

Was die Innovationstätigkeit angeht, so haben in der Tat nicht alle Steckerhersteller gleichermaßen die Notwendigkeit, ständig und auf hohem Niveau innovative Produkte platzieren zu müssen, insbesondere wenn diese zum Beispiel in einem reinen B2B-Zulieferverhältnis innerhalb stark regulierter Märkte standen und sich die Firma mit dem erhöhten Risiko der Abhängigkeit abgefunden hat.

Generell könnte man also sagen, dass keine speziellen und hoch entwickelten Innovationsmethoden ins Unternehmen eingeführt werden, solange keine absehbaren Zwänge, Nöte oder Expansionswünsche diese veranlassen.

Die Gründe für dieses eigentlich unverständliche und zum Teil gefährliche Verhalten sind vielschichtig und füllen ganze Bücher zum Thema Innovationswiderstände und deren Wirkung. Weiter unten haben wir beispielhaft einige signifikante und für die Branche typische Hemmnisse kurz aufgezeigt.

2.4.2 Aufwendungen für Innovation werden oft falsch eingeschätzt

Finanzielle, materielle und intellektuelle Aufwendungen für Innovationen im Bereich der Steckverbinder werden nach unserer Beobachtung insbesondere in mittelständigen, produzierenden Unternehmen oft falsch eingeschätzt.

Unter Falsch-Einschätzen kann man Unter- oder Überschätzen verstehen, wobei auch beide Sachverhalte je nach Sichtweise, betroffener Personengruppe und Individuum innerhalb eines Unternehmens gleichzeitig vorliegen können.

Vergleichbares gilt auch für die Bestrebung Innovationswiderstände bekämpfen oder erhöhen zu wollen. Auch hier zerfällt die Welt nicht in Innovationsbefürworter und Innovationsgegner, sondern es befinden sich durchaus unterschiedliche Mischungen in jedem Menschen.

Für eine grobe Betrachtung könnte man unterstellen, dass das Einschätzen und das Handeln (im Sinne von Bekämpfen oder Befürworten) insofern korrelieren, als dass geringer Widerstand gegen Innovationen eher mit einem Unterschätzen der notwendigen Aufwendungen einhergeht (positive Denkweise) und entsprechend umgekehrt. Daher wurden nur der Einfachheit halber beide Faktoren sinnverwandt in Bild 2.6 auf einer Achse verwendet, wenngleich im Einzelfall diese auch orthogonal oder diametral zueinander hätten stehen können.

Was das Unterschätzen angeht, so geht dieses leider oft auch von der Geschäftsführung aus. Insbesondere bei kleinen und mittleren Unternehmen, konnten wir eigens beobachten, dass Führungskräfte und Mitarbeiter verschiedenster Bereiche (F&E, Vertrieb, Marketing etc.) von der Geschäftsleitung sehr unspezifisch aufgefordert wurden, neue innovative Produkte vorzuschlagen.

Jedoch hatten diese Manager hierzu kaum zeitliches oder finanzielles Budget erhalten. Negativ verstärkend kam hinzu, dass die strukturellen und methodischen Voraussetzungen (Innovationsfunktionen) nicht etabliert bzw. gar nicht bekannt waren (Unkenntnis), so dass anstelle von effektiven, systematischen Produktfindungsmethoden, ineffektive Suchmethoden angewandt wurden.

In diesen Fällen sollte mit möglichst wenig Aufwand, am besten noch mit einer kleinen Produktabwandlung oder einer zufälligen Erfindung ein großer innovativer Schritt nach vorne gemacht werden.

Diese Verhaltensweise lässt sich in der 2x2 Matrix (Bild 2.6) oben rechts wiederfinden, welche leider die gefährlichste von diesen 4 Kombinationen ist, nämlich die Methoden*un*kenntnis gepaart mit Wunschdenken (kleiner Widerstand).

Bei dieser Verhaltensform werden in der Regel leider kaum wirkliche Innovationen geschaffen, höchstens Zufallsprodukte oder kleine Verbesserungen, während gleichzeitig die Kostenseite aufgrund von Verzettelung der Kräfte ansteigt. Wenig fürchten und wenig wissen nennt man auch Naivität, was sicherlich keine überzogene Bezeichnung für das Feld oben rechts darstellt.

Der Vollständigkeit halber sei angemerkt, dass aufgrund von Informationsasymmetrien zwischen Geschäftsführung und zweiter Führungsebene eine weitere Achse in dieser Matrix aufgespannt werden könnte, da in der zweidimensionalen Darstellung Konsens-Entscheidungen unterstellt werden.

Es könnte zumindest theoretisch auch der Fall sein, dass Geschäftsführer in Unternehmen mit sehr begrenzten Ressourcen eine allgemeine Aufforderung zur Innovation an ihre Mitarbeiter herausgeben, weil es ihre ureigene Führungspflicht ist, z. B. gegenüber Eigentümern und sonstigen Stakeholdern, das Innovationsbestreben nachzuweisen, und um weitere vermeintlich positive Effekte im Unternehmen zu erzielen, jedoch stillschweigend wissentlich, dass die Methoden und Mittel eigentlich fehlen bzw. viel höher sein müssten. Zu den vermeintlich positiven Effekten zähle die Mitarbeitermotivation und die Tatsache, zumindest eine kleine Innovationsoption zu haben, in der Hoffnung, dass vielleicht jemandem tatsächlich etwas Nützliches einfällt.

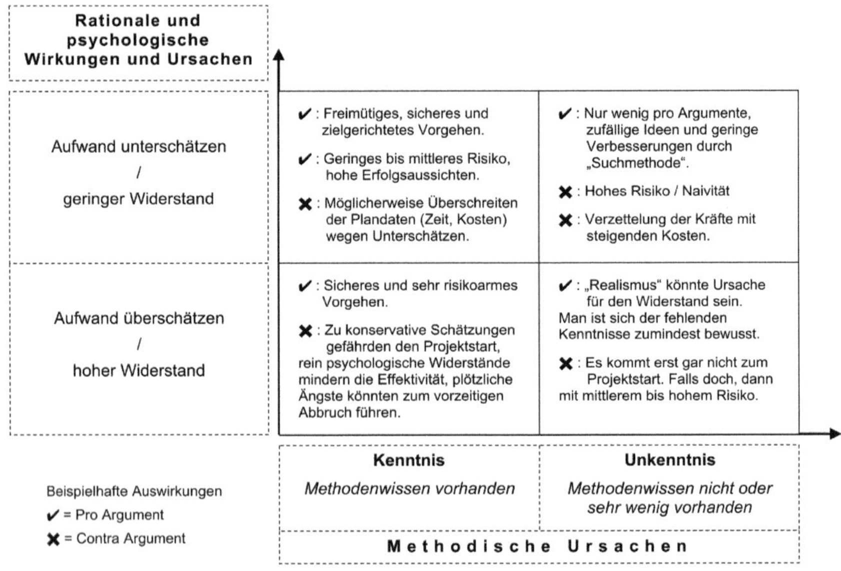

Bild 2.6: Auswirkungen von methodischen Ursachen und Innovationswiderständen
Quelle: R. Knoll

Abgesehen von der Tatsache, dass es sich hierbei um eine fragwürdige Unternehmens-Ethik handelt, kann solch ein Verhalten auch sehr gefährlich sein, da sich die Mitarbeiter bei einer unkoordinierten Suche zeitlich verzetteln könnten oder es kommen Produkte mit nur mittelmäßiger Innovationshöhe heraus, die aber aufgrund der bereits entstandenen Kosten und der geringeren Nachfrage (gemäß der bereits oben gezeigten Grafik) den geringsten ROI von allen denkbaren Möglichkeiten hervorbringen.

Es kann hier sicherlich keine Formel angegeben werden, ab welcher Unternehmensgröße ein Mitarbeiter der Führungsebene nur für rein strategische Aufgaben oder als Projektleiter Innovationsmanagement eingesetzt werden muss.
Aber es sollte klar sein, dass bereits ein kleines/mittleres produzierendes Unternehmen, welches bereits über alle relevanten Unternehmensbereiche (Entwicklung, Produktion, Marketing, Vertrieb, Einkauf etc.) verfügt, es sich im eigenen Interesse leis-

ten sollte, ein professionelles Projekt- und Innovationsmanagement im Unternehmen zu etablieren und entsprechende Mitarbeiter ein- oder freizustellen, die sich voll und ganz auf diese Arbeit konzentrieren können.

Gelegentliche so genannte Strategie-Meetings der Führungsebene und das damit verbundene Verteilen von Aufgaben könnten sogar eher schaden, da unstrukturiertes Vorgehen und Verzettelung der Kräfte in der Summe letztendlich Mehrkosten erzeugen, ohne dass das Risiko abnimmt bzw. die Trefferwahrscheinlichkeit steigt.

2.5 Ursachen von Innovationswiderständen

In den vorherigen Abschnitten wurden unter der Hauptüberschrift „Integrationsgrad von Innovationsfunktionen" im Grunde genommen die „Wirkungen" von hemmendem oder förderndem Innovationsverhalten beschrieben, so dass sich die nunmehr Frage nach den Ursachen stellt. Die Verbindung von Ursache und Wirkung ist sehr komplex und mehrdimensional, so dass in diesem Artikel diese beiden Bereiche getrennt betrachtet werden. Lediglich in der obigen 2x2 Matrix wurden zum Teil Verbindungen zwischen Ursache und Wirkung hergestellt. Grundsätzlich gibt es sehr viele Ursache-Wirkungs-Zusammenhänge, die z. B. bei Hauschildt [4] und anderen dargestellt sind.

In der einschlägigen Fachliteratur werden die Ursachen oft zuerst behandelt, da man der Kausalfolge Ursache-Wirkung gerecht werden will. Da dieser Abschnitt jedoch nicht den Anspruch der reinen Lehre verfolgt, sondern vielmehr wertvolle Anregungen geben, firmeninterne Tabuthemen im Bereich der Psychologie offen ansprechen sowie branchenspezifische Innovationswiderstände aufzeigen möchte, werden die Ursachen nachfolgend und in zusammengefasster Form aufgeführt.

Gerade die Zusammenfassung ermöglicht es, möglichst viele Problempunkte anzusprechen, die insgesamt eine positive Wirkung hinterlassen sollten. Denn grundsätzlich gilt für Promotoren des Innovationsmanagements, dass deren wesentlicher Beitrag in der radikalen Änderung des Bewusstseins der Betroffenen und Beteiligten durch Einführung neuer Wertvorstellungen liegt, die sich von der bestehenden Ordnung diametral unterscheiden.

2.5.1 Rationale Widerstände gegen Innovationen

Der Konflikt des Neuen gegen das Bestehende vollzieht sich auf der Oberfläche als rational ausgetragener Wettbewerb der Argumente. Sieht man einmal von behördlichen oder rechtlich geschützten Widerständen ab, so kann man bei technischen Innovationen wenigstens zwei Klassen von Argumenten unterscheiden:

- Technologische Argumente
- Ökonomische Argumente
- (Ökologische Argumente)
-

Letztere können für die Steckerbranche weitgehend ausgeschlossen werden.

Zu den technischen Argumenten zählen in der Regel:

1) Zweifel an der Funktionsfähigkeit
2) Einwände gegen den zu frühen/späten Innovationszeitpunkt
3) Besorgnis der fehlenden Fähigkeiten inner- und außerhalb der eigenen Firma

Zu den ökonomischen Argumenten zählen in der Regel:

1) Innovation bedeutet Zerstörung wertvoller Substanz und den Verlust des Alten.
2) Innovationen sind zu riskante Investitionen, da diese immaterielle Investitionen erfordern.
3) Innovationen stellen zusätzliche finanzielle Anforderungen, die über die Investitionen für vorhandene Prozesse hinausgehen.
4) Misslungene Innovationen sind immer noch teurer als die maximalen Verluste bei Weiterführung der bisherigen Imponderabilien des laufenden Prozesses.
5) Innovationen sind unnütz, solange der bestehende Zustand seinen Zweck noch gut erfüllt.

Für Menschen mit introvertierter, unsystemischer und kurzer Sichtweise erscheinen insbesondere die ökonomischen Gründe auf den ersten Blick alle recht plausibel, so dass Widerstand gegen Innovation sehr schnell entstehen kann.

Vertreter der unsystemischen Sichtweise, also solche mit einer konstruktivistischen, deterministischen, technokratischen und produktorientierten Denkweise, sind in besonderem Maße in der Administration und im Controlling von Firmen zu finden.
Daher ist diesem ganz speziellen administrativen Innovationswiderstand weiter unten ein eigener Abschnitt gewidmet.

Aber selbst für Mitarbeiter der F&E-Abteilungen gelten die obigen Aussagen, zumal die Führungsebene neben ihrer technologischen Verantwortung auch ökonomisch zur Rechenschaft gezogen wird.
Damit gehen typischerweise Ängste und viele andere psychologische Gründe einher, die natürlich nicht nur Führungskräfte, sondern im Grunde alle Mitarbeiter eines Unternehmens betreffen.

Die psychologische Seite spielt stets eine große Rolle und dennoch wird diese in den meisten Firmen nicht offen diskutiert, sondern unter dem Schutzschild von sachlichen und faktischen Argumenten, so dass diese „menschlichen Schwachstellen“ bei auftretenden Innovationswiderständen umso stärker in Betracht gezogen und auch verstanden werden müssen.

2.5.2 Psychologische Innovationswiderstände in Unternehmen

Wie schon einleitend gesagt, gibt es neben den rationalen Gründen des Widerstandes auch tiefere psychologische Barrieren, die keinesfalls unterschätzt werden dürfen, zumal diese oft die Quelle von rationalen Argumenten sein können (wer ein Grund sucht wird auch einen finden).

Im Weiteren unterscheidet man Barrieren des Nicht-Wissens und des Nicht-Wollens:

Barrieren des Nicht-Wissens:
Das Herbeiführen von neuen Produkt- oder Verfahrens-Innovationen bedeutet für alle Beteiligten und Betroffenen intensives Eintauchen und Aufsteigen in – per Definition – unbekannte Gebiete. Neue Ziel-Mittel-Kombinationen werden ihnen angeboten oder auferlegt, es wird notwendig, dass man die Innovation intellektuell begreift, um die von ihr versprochenen Wirkungen ermessen, nachvollziehen und abschätzen und die eröffneten Ziele einordnen und gewichten zu können.
Innovation beansprucht auch die Fähigkeit seiner Beherrschung und sachkundigen Anwendung, die Erkenntnis seiner Grenzen sowie die Einsicht in seine Zusammenhänge mit den übrigen betrieblichen Gegebenheiten.

Dadurch ist der intellektuelle Aufwand vorgezeichnet: Innovation fordert intensives Lernen, Verwendung neuer Begriffe oder Sprachen, Begreifen von bisher unbekannten Ursache-Wirkungs-Ketten, Aufbau neuer Denkbahnen, Ordnungssystemen, Unterscheidungen, Schlussfolgerungen sowie schließlich das Trainieren neuartiger Reaktionen. Jede Innovation verlangt eine geistige Auseinandersetzung, in der das Neue mit dem Alten verglichen wird. Letzteres kann bei sehr hohen Innovationen zu dem leidigen Resultat führen, bisheriges Wissen, lang geübte Verhaltensweisen und mühevoll erworbene Erfahrungen aufgeben zu müssen.

Widerstand gegen Innovationen erwächst daraus, dass die Betroffenen tatsächlich oder vermeintlich nicht in der Lage sind, diese intellektuellen Anforderungen zu bewältigen.

Gruppenspezifische Effekte, von denen man eigentlich meinen müsste, dass diese Art von Ängsten durch das Verteilen der Anforderungen auf alle Mitglieder gemildert werden sollten, wirken leider sogar verstärkend.

Barrieren des Nicht-Wollens:
Selbst wenn Fähigkeiten zur kognitiven Bewältigung der Innovation vorhanden sind, heißt das nicht, dass auch der Wille gegeben ist, das Neue zu akzeptieren, durchzusetzen und Altes aufzugeben. Das Nicht-Wollen ist sehr flexibel. Es kann sich gegen Objekte, Personen, Regionen, Verhaltensweisen oder Eigenschaften etc. richten. Wer nicht will, findet auch immer einen Grund für seinen Widerstand.

Weiterhin muss unterschieden werden zwischen individuellen und gruppenbedingten Widerständen.

Betrachtet man zunächst das Individuum und die Aussage, dass man immer einen Grund für seinen Widerstand findet, so muss das nicht automatisch heißen, dass unterbewusste Gründe vorliegen, sondern durchaus ganz rationale, reflektierte Gründe, wie zum Beispiel Versagensängste und die damit möglicherweise verbundene Entlassung. Außerdem können weltanschauliche, sachliche oder machtpolitische Gründe eine Rolle spielen. Was die Gruppe angeht, so können sich die Widerstände sogar noch verstärken, weil diese nach Einmütigkeit strebt (Gruppenkohäsion) und innovative Minderheiten ausschließt.

Es können hier nicht alle Effekte aufgeführt werden, jedoch kann abschließend bezüglich einiger Steckerhersteller noch der Status-quo-Effekt genannt werden, wonach sichere Zustände gegenüber unsicheren, neuen Zuständen übergewichtet werden.

Erfolg führt zu Sorglosigkeit, diese wiederum zur Verringerung von Lernbereitschaft und Änderungswillen – eine sozialpsychologische Erklärung der *Perlitz-Löbler-These*, dass ökonomischer Erfolg die Innovationsbereitschaft senkt, wie auch umgekehrt eine Krise innovative Energie freisetzt.

2.5.3 Innovationswiderstände durch Verwaltungen und Gremien

Innovationen, die von Minderheiten mühselig gegen die oben genannten Widerstände hervorgebracht werden, müssen zusätzlich noch ein Netz von Geboten und Verboten des innerbetrieblichen und außerbetrieblichen Organisations- und Controllingsystems überwinden.
Tatsächlich konnte die Innovationsforschung nachweisen, dass bürokratische Administrationen in ihrem sachgerechten Funktionieren Innovationen nicht fördern, sondern sogar behindern.
In diesem Abschnitt werden die einzelnen Ursachen von derartigen Innovationswiderständen in einer möglichst umfassenden Punkteaufzählung dargestellt, wobei trotz der Kurzfassung des jeweiligen Argumentes dennoch sehr wertvolle Denkanstöße für die Betroffenen gegeben werden, die solche Themen in der Regel unterschwellig verdrängen.

Zu den innovationsfeindlichen, administrativen Einrichtungen zählen:
- Organisatorische Regelungen für Routineaufgaben (Unternehmenshierarchie)
- Das Rechnungswesen / Controlling
- Außerbetriebliche Organisationen (z. B. Normungsausschuss)

Die *organisatorische Hierarchie* eines laufenden Unternehmens ist auf die Bewältigung von Routineaufgaben ausgelegt und ist somit per Definition nicht für die Behandlung von Innovationen konstruiert.
Dadurch sind die folgenden Effekte vorprogrammiert:

1) Unzuständigkeit:
Per Definition ist zunächst erst mal niemand für das (unbekannte) Neue zuständig, bis der Fall nach „oben" gereicht wird (siehe Punkt 2).

2) Aberration:
Informationsverlust und Veränderung der Sichtweise beim „Weiterreichen" der Idee, beginnend bei der sachkundigen Quelle über sämtliche Hierarchiestufen hinweg bis hin zur obersten Führungsebene, die im Zweifelsfall zwar für Neues zuständig ist, aber leider ihre Personal- und Unternehmensführungsaufgaben oft mit höherer Priorität verfolgen als eine Sachproblematik.

3) Angemaßte Kompetenz:
Bevor nichts passiert, nimmt sich eine Abteilung, die das Problem interessant findet, der Sache freiwillig an und schottet sich im schlimmsten Fall von anderen Abteilungen ab, so dass die Realisierung an einem Ort stattfindet, der nicht unbedingt den größten wirtschaftlichen Nutzen generiert.

4) Psychologischer Filter- und Blockadeeffekt:
   Es soll immer noch Vorgesetzte geben, die stets in allen Disziplinen *gut dastehen wollen* und empfinden Verbesserungsvorschläge von Mitarbeitern als Kritik an ihrer Amtsführung, bzw. Innovationen als Ideen, die eigentlich von ihnen selber hätten kommen müssen, so dass diese Innovationen grundsätzlich auf eine ablehnende Haltung stoßen – oder sogar als vermeintlich karriereförderliches Plagiat dann plötzlich an noch höherer Stelle wieder auftauchen. Derartiges Fehlverhalten führt zu allergrößten Innovationswiderständen, die erst durch Führungswechsel wieder aufgelöst werden können.

Soviel zu den hierarchiebedingten Widerständen. Kommen wir nun zum zweiten Punkt, den *administrativen Innovationswiderständen*, die durch das Rechnungswesen und Controlling verursacht werden:

Die innovationsaverse Einstellung des Rechnungswesens ist nicht nur psychologisch, sondern tatsächlich und faktisch in Gesetzen und Vorschriften verankert. Was aber bei weitem keine Rechtfertigung darstellen kann, denn diese Gesetze wurden ja genau von diesen unsystemisch in Jahreszyklen denkenden Menschen zuvor geschaffen.

Nachfolgend einige Beispiele, die in ihrer Kurzdarstellung schon sehr deutlich für sich sprechen, so dass hier auf die weiteren Hintergründe und Details verzichtet werden kann.

1) Aktivierungsverbot im Jahresabschluss:
   Gemäß §248 (2) HGB dürfen immaterielle Vermögengenstände des Anlagevermögens, die nicht entgeltlich erworben wurden, nicht als Aktivposten in der Bilanz angesetzt werden.
2) Mangelndes Aktivierungsinteresse wegen Abschreibung und Diskretion:
   Das oben genannte Aktivierungsverbot wird von den meisten Unternehmen begrüßt, da gewinnträchtige Unternehmen diese Betriebsausgaben sofort im laufenden Jahr steuerlich geltend machen können. Darüber hinaus hätte die Aktivierung in der öffentlichen Bilanz eine ungewollten Informationswirkung, da Mitbewerber auf Innovationsaktivitäten aufmerksam gemacht und unnötig angestachelt werden würden.
3) Keine Kostenstelle / Fehlende Zuordnung als eigene Aufwandsposition:
   Es ist schon fast amüsant, wäre es nicht so traurig, dass Innovationen nicht als separate Investitionen, sondern als laufender Aufwand in Sammelpositionen wie Materialaufwand, Löhne und Gehälter oder sonstige betriebliche Aufwendungen gebucht werden.
4) Pauschalierende Budgetierung:
   Für F&E-Aktivitäten werden sehr häufig pauschale Budgets vorgesehen, die sich am Umsatz und anderen Vergangenheitsgrößen orientieren und nicht an zukünftig zu erwartenden Gewinnen. Dadurch werden Innovationsaufwendungen zu Konsum denaturiert, anstatt sie als projektspezifische Investition zu behandeln.

5) Innovation als verlorene Ausgaben:
   Auch wenn die Innovationsausgaben korrekt erfasst werden, so kommt es in der Praxis recht häufig vor, dass diese Ausgaben als a-periodische und damit als verlorene Ausgaben, anstelle einnahmeträchtiger Ausgaben verbucht werden.

6) Fehlen interner Innovationserfolgsrechnungen:
   Selbst, wenn sich die Erkenntnis durchsetzt, Innovationen als projektspezifische Investitionen zu behandeln, so müssen zur Anwendung von Wirtschaftlichkeitsrechnungen jeglicher Art einige Abschätzungen (Nutzungsdauer, erwarteter Gewinn etc.) vorgenommen werden, was in der Praxis leider nur sehr ungenau erfolgen kann oder sogar missbräuchlich genutzt werden könnte. Controller mit latent innovationskritischer Einstellung könnten sich zunächst als Innovationsbefürworter unter dem Tarnmantel der eigentlich richtigen finanziellen Bewertung ausgeben, um schließlich mittels einer Reihe von sehr konservativen Annahmen das Vorhaben kaputt zu rechnen. Daher wird der ROI auch scherzhaft als *Restriction of Innovation* bezeichnet.

Die oben genannten Punkte (ver)führen das Rechnungswesen zu den Fehlurteilen, dass Innovation a) unwirtschaftlich, b) unkorrekte Mittelverwendung, c) entbehrlicher Luxus und d) unkontrollierte Budgetverschwendung seien. Verstärkend kommt hinzu, dass Mitarbeiter-Anreizsysteme (Provisionen, Prämien, Tantiemen, Beförderung etc.), die auf kurzfristige, unmittelbar messbare Erfolgsgrößen (Quartalsergebnis, Jahresabschluss) Bezug nehmen, innovationsfeindlich sind. Da solche Systeme oft in Führungsebenen installiert sind, könnte zum Beispiel sogar der Vertriebsvorstand höchstpersönlich, je nachdem wie lange er sich selber noch in dieser Position sieht (nach mir die Sinnflut-Denkweise), zu einem sehr mächtigen Innovationsbremser werden. Leitende Mitarbeiter, die eine leistungsbezogene Beförderung erwarten, werden normalerweise nicht in Innovationen investieren, da sie den erst später einsetzenden Erfolg nicht selber verbuchen, sondern allenfalls ihrem Nachfolger überlassen können.

Daher wäre es mehr als ratsam, solche Anreizsysteme so abzuändern, dass hauptsächlich phasenspezifische, qualitative und quantitative Leistungsindikatoren berücksichtigt werden.

Als letzter Punkt sind die *außerbetrieblichen Organisationen* anzuführen.
Im Falle der Steckerindustrie spielt die Normierung eine große Rolle, wobei Normierung als Oberbegriff für alle Arten von normierenden Gremien verstanden werden kann, d. h. nationale und internationale Standardisierungsgremien sowie Fachausschüsse innerhalb der Industrie (Geräteseite, Systemlieferant, Steckerhersteller etc.), die sich über die Zukunft von bestimmten Steckertypen einigen wollen.
In Analogie zu einigen bereits oben genannten Innovationshemmnissen können auch bei dieser Form von „Administration“, erhebliche Widerstände entstehen, die hauptsächlich folgende Punkte umfassen:

- Interessenskonflikte durch Wettbewerb und Markteintrittswunsch
- Normungspolitik (extrem parteiisches oder unparteiisches Verhalten)
- Ressortdenken (keine fachübergreifende Sichtweise)

Interessenskonflikte:
Zunächst zu den Interessenskonflikten der Hersteller untereinander, die natürlicherweise darin bestehen, dass jeder mit seinem eigenen Produkt möglichst frühzeitig auf den Markt möchte und obendrein in die Normierung einfließen will. Dieses Verhalten hat natürlich wiederum Einfluss auf die Normierung selbst, so dass die beiden oben genannten Punkte (Interessenskonflikte und Normungspolitik) nicht voneinander isoliert, sondern in Wechselwirkung stehend betrachtet werden müssen.

Die Normierung hat mindestens zwei Seiten, sie beschränkt einerseits die Produktvielfalt und damit den Differenzierungsspielraum der Anbieter, aber andererseits ermöglicht sie auch erst den Handel und Austausch von technischen Produkten, die kompatibel zueinander sein müssen (siehe auch KM-Systeme). Normierungsbestrebungen dürfen daher grundsätzlich nicht negativ gesehen werden. Ganz im Gegenteil, erst die Normierung ermöglicht den regen Austausch und weltweiten Handel mit Produkten, so dass die Normierung alleine aus wirtschaftlicher Sicht wie ein Katalysator wirkt.

Aber genau deswegen ist sie anfällig, nämlich Opfer von politischen und wirtschaftlichen Interessen zu werden, so dass in solchen Fällen, die rein technische und vor allem objektive Sicht auf die jeweils besten Produkteigenschaften in den Hintergrund gedrängt werden.

Es geht in diesem Abschnitt nicht darum die Normierung als solche zu bewerten, sondern nur um die Frage, ob die Normierung die Innovationstätigkeit von Herstellern eher fördert oder hemmt.

Die Vergangenheit hat gezeigt, dass auch hier die Antwort nicht immer ganz eindeutig ist, denn es gab sowohl innovationsförderliche, als auch hemmende Normen, wobei insgesamt betrachtet, wie bei fast allen großen bürokratischen Administrationen, die Berücksichtigung von Innovationsaktivitäten gegenüber anderen Interessen jeweils nachrangig waren. Weiterhin sei darauf hingewiesen, dass wir hier einen normungsnahen / marktnahen Zeitpunkt betrachten und nicht etwa den bereits oben ausführlich dargestellten Zeitpunkt der höchsten Vermarktungswahrscheinlichkeit von Innovationen, der sich antizyklisch zum Normierungszeitpunkt bewegt. Aus dieser Sicht wäre das Ziel in die Normierung durch hochwertige Produkte aufgenommen zu werden nämlich innovationsfördernd, was hier aber jetzt nicht zur Diskussion steht.

Als grundsätzlich innovationshemmend sind folgende Situationen einzustufen:
Sobald es einem mächtigen Hersteller gelingt, sein Produkt und/oder seine nach oben begrenzten Produktdaten (Leistungsparameter, Grenzwerte etc.) zum Inhalt einer Norm zu machen, ist der Weg für noch bessere Produkte mit noch besseren Leistungsdaten zunächst einmal bezüglich der Norm und der damit verbundenen Märkte versperrt. Das gleiche gilt natürlich auch, wenn das Normungsgremium von innen heraus der aktuellen, kurzfristigen Bedarfssituation gerecht werden will und die Norm aus wirtschaftlichen Gründen nicht sehr flexibel auslegt.

Bei den innovationsförderlichen Normungen hingegen wurden die Anforderungen absichtlich oder unabsichtlich so hoch angesetzt, dass die Hersteller zunächst einmal kämpfen mussten, um diese überhaupt erfüllen zu können. Solche Normen stammen in der Regel vom grünen Tisch bzw. forschungsnahen Technologieführern (Beispiel:

Spezifikationen von optischen Komponenten in Übertragungssystemen) oder aber andere relevante Normen waren schon vorher im Sinne von Randbedingen vorhanden (Beispiel: Einhaltung von EMV-Grenzwerten bei der Powerline-Übertragung). Letzteres führte zum Beispiel zur Weiterentwicklung spezieller Modulationsverfahren mit geringer elektromagnetischer Abstrahlung etc.

Derartige Situationen sind innovationsförderlich, kommen aber in der Praxis eher selten vor. Meistens sind die Produkte schon fertig entwickelt oder sogar schon verfügbar, wonach dann die Norm entsteht.

Normungspolitik:
Ein weiteres Innovationshemmnis besteht darin, dass die Normierung in vielen Fällen rein politisch handelt.

So wurden in der Vergangenheit schon Steckverbinder normiert, die der Markt und die Industrievertreter sich eigentlich gar nicht gewünscht hatten, jedoch kam es zu diesem Umstand, weil zum Beispiel der anbietende Marktführer von der Normung nicht bevorzugt werden sollte bzw. weil der ausgewählte Stecker im Rahmen des Einigungsprozesses den kleinsten gemeinsamen Nenner darstellte. Konsens-Entscheidungen sind grundsätzlich eher politisch geprägt und nehmen wenig Rücksicht auf innovative Lösungen.

Weiterhin kam es auch schon vor, dass sich Normungsgremien der Einfachheit halber auf das erste am Markt verfügbare Produkt eines Marktführers konzentriert hatten, ohne jedoch genauer zu hinterfragen, wie hoch eigentlich die technische Akzeptanz und Nutzenstiftung des Produktes auf der Abnehmerseite ist. Damit wurden innovative Nachzügler, die den eigentlichen Bedarf erkannt hatten, zunächst erst mal ausgebremst.

Nationale (Wirtschafts-)Interessen können in internationalen Normierungen eine sehr große Rolle spielen. So wurde zum Beispiel in einem Fall (auf Druck führender Industrievertreter) von Seiten des Normungsausschusses absichtlich eine falsche Faxnummer zur kurzfristigen Stimmabgabe ausländischer Mitglieder herausgegeben, um nachher argumentieren zu können, man habe innerhalb der Abgabefrist keine weiteren ausländischen Stimmabgaben erhalten bzw. diese zu spät erhalten. In solchen Fällen degeneriert die Normierung lediglich nur noch zum Spielball von Machtinteressen.

Ressortdenken:
Technische Lösungen können verschiedenste Anwendungsgebiete haben und umgekehrt, d. h. eine Anwendung kann viele technische Lösungen haben. Die Ressorts von Normungsgremien werden jedoch oft nach Anwendungskriterien aufgestellt, so dass Synergieeffekte auf rein technischer Ebene oder in anderen fachübergreifenden Bereichen tendenziell behindert werden.

Die Glasfaser wird zum Beispiel in Weitverkehrsnetzen, aber auch in lokalen Netzen eingesetzt. Die zuständigen Ressorts sind aber nicht genügend vernetzt, als dass signifikante Synergieeffekte eintreten könnten. Sicherlich findet das Abschreiben und Kopieren von existierenden Normen aus jeweils anderen Bereichen statt, was man aber nicht ernsthaft als Synergieeffekte bezeichnen sollte, zumal die Anwendbarkeit der bestehenden Normen (was hatte man sich damals dabei gedacht) schon des Öfteren nicht genügend hinterfragt wurde.

Am besten wäre es, wenn fachübergreifend Vertreter anderer Technologien und Anwendungen/Branchen von Anfang an mit in den Normierungsprozess eingebunden wären. Das unten genannte Beispiel modularer Hybridstecker eignet sich ganz gut, um darzustellen, dass ein möglichst universeller Stecker nur dann verabschiedet werden kann, wenn sich zur Normierung die verschiedensten Ressorts zusammenfinden würden, die normalerweise aus Zuständigkeitsgründen nicht miteinander arbeiten.

Der Einsatz von Prognosemethoden könnte zum Beispiel helfen, zukünftige Technologie-Migrationen besser abschätzen zu können, so dass man sogar rechtzeitig entsprechend fachübergreifende Teams bilden könnte.

Diejenigen, die bereits Erfahrungen mit Normungsausschüssen haben und an dieser Stelle das alte Argument anführen, dass es in Normungsgremien ganz eigene, starre Gesetzmäßigkeiten gibt, die also solch einen freimütigen Vorschlag nicht realistisch finden, haben in der Sache vielleicht zunächst Recht, schieben aber die Schuld für diese starre Bürokratie stets auf andere, d. h. diese Kritiker zeigen damit bereits selber Innovationswiderstand, nämlich in Form von Resignation, den es als erstes zu überwinden gilt. Denn nur ein hartnäckiger und langfristiger Änderungswille aller Beteiligten(!) kann zu entsprechenden Veränderungen innerhalb und außerhalb der Normung führen.

2.6 Kurzdarstellung der strategischen Produktplanung

Die Bedeutung, die Vorteile, die Optionen und auch die Widerstände von Innovationen wurden bereits aufgezeigt, so dass sich nunmehr die Frage stellt, wie man möglichst sicher, d. h. methodisch und systematisch, zu wertvollen Neuerungen gelangt. Es wurde ebenfalls bereits erwähnt, dass es hierzu tatsächlich Wege gibt, jedoch ist das dafür eigentlich erforderliche Methodenwissen insbesondere bei den KMU leider nicht besonders gut ausgeprägt.

Wenn im Folgenden von Methoden die Rede ist, so ist dieser Begriff im weitesten Sinne zu verstehen, d. h. es kann sich bei genauerer Betrachtung auch um ein Teilkonzept eines übergeordneten TQM- oder SE-Systems, aber auch um ein alleinstehendes Innovationskonzept handeln. Die genauere Unterscheidung bzw. Bezeichnung wird vorgenommen, sobald die Erwähnung eines bestimmten Konzeptes dieses ermöglicht.

Die fehlende Kenntnis über die neusten Methoden des Innovationsmanagement ist zum Teil verständlich, zumal die neueren Methoden erst in den letzten 10-15 Jahren stärkere Verbreitung gefunden haben und (leider) nicht automatisch Teil eines technischen oder betriebswirtschaftlichen Studiums sind.
Es ist daher sicher kein Makel, sondern ein bekanntes Phänomen, dass diese speziellen Methoden bei KMU weniger bekannt sind als bei Großunternehmen.

Aber insbesondere der Mittelstand, der noch am ehesten die Fähigkeit haben sollte, schnell und flexibel Nischenmärkte mit neuen Produkten zu besetzen, müsste sich dieser Methoden eigentlich verstärkt annehmen.

Nach dieser motivierenden Einleitung wäre es jetzt sicherlich wünschenswert auf diese Methoden einzugehen und vielleicht einige sogar näher zu erklären, so dass man diese gleich anwenden könnte. Warum dieser Wunsch jedoch leider unerfüllt bleiben muss, erklärt sich aus der Tatsache, dass diese Methoden zum Teil doch sehr komplex und umfangreich sind und deren Erklärung (wie z. B. im Falle der Szenario-Technik, QFD, TRIZ etc.) ganze Bücher füllen. Eine tiefergehende Vorstellung der Methoden im Rahmen eines Kapitels ist daher nicht einmal ansatzweise möglich. Selbst eine Vergleichende und bewertende Darstellung der verschiedenen Methoden im Hinblick auf deren Anwendbarkeit für bestimmte Probleme oder Branchen ist nicht ohne weiteres in Kurzform möglich.

Aber dennoch können und wollen wir hiermit einige wertvolle Hinweise für diejenigen liefern, die von diesen Methoden noch nie etwas gehört haben und möglicherweise zukünftig mehr darüber erfahren wollen oder sich sogar mit dem Gedanken tragen, diese in ihrem Unternehmen einzusetzen, um ihre Produkte zu bewerten oder neue zu entwickeln.

Da der Einarbeitungsaufwand und die Bewertung der Leistungsfähigkeit (Anwendbarkeit) solcher Tools ebenfalls recht hoch sind, kann den Betroffenen nur geraten werden, zunächst einmal überprüfen zu lassen, ob das vorliegende Problem es überhaupt erfordert, mit derart mächtigen Methoden behandelt zu werden. Externe Berater, die diese Methoden beherrschen können hier eine kostengünstige Hilfe sein, um im ersten Schritt zunächst einmal das Aufgabenfeld und die überhaupt benötigten Methoden abzuschätzen.

Die in diesem Abschnitt vorgestellte *strategische Produktplanung* lässt sich, in Anlehnung an Gausemeier [3], in folgende Bereiche untergliedern:

1) Potentialfindung
   Analyse der Position der eigenen Produkte, Szenario-Technik, ...
2) Produktfindung
   Kreativitätstechniken zur Ideenfindung, Szenario-Technik, ...
3) Geschäftsplanung
   Strategien, Wettbewerbsoptionen, Projektmanagement, ...
4) Strategiekontrolle
   Controlling, Trenderkennung und -bewertung

Nachfolgend werden wir in erster Linie auf die beiden ersten Punkte eingehen.
Die Geschäftsplanung umfasst eine ganze Reihe von Strategien und Maßnahmen zur Sicherstellung des Erfolges, wobei in diesem Abschnitt auf einige Selbstverständlichkeiten hingewiesen werden soll, die aus unserer Praxiserfahrung heraus immer wieder unzureichend umgesetzt werden. Dazu gehören Dinge wie professionelle innovative Projektplanung, das damit verbundene Installieren von *All-Star Teams* so-

wie die Auslagerung von Innovationsfunktionen, solange noch keine eigenen Kompetenzen im Bereich Innovationsmanagement aufgebaut wurden.

Der zuletzt genannte Punkt 4, die Strategiekontrolle, umfasst verschiedene Instrumente, wobei wir im Zusammenhang der bereits oben erwähnten schwachen Signale hauptsächlich auf die Frühaufklärung eingehen wollen. Diese lässt sich weiter unterteilen in die operative Frühaufklärung (OFA), also dem Controlling, und in die strategische Frühaufklärung (SFA), also dem vorausschauenden Beobachten.
Letzteres beinhaltet auch das Erkennen und Bewerten von Trends.

Da ein Trend, sofern er nicht rein technologieinduziert ist (Henne-Ei-Problem), oft am Anfang steht, also die Reihenfolge Trend – Szenario – Innovation als gültig angenommen werden kann, so könnte man die SFA auch der Potentialfindung zuordnen. Daher werden wir die SFA im Rahmen der Potenzialfindung kurz darlegen.

2.6.1 Potentialfindung und Analyse der Position der Produkte im Wettbewerb

Sollte es einem Unternehmen schwer fallen seine derzeitigen Produkte abzusetzen oder sich womöglich eine Talfahrt abzeichnen, so darf Innovation keinesfalls als Rettungsanker oder als Allheilmittel verstanden werden.
Als erstes sollte die jeweilige Position der eigenen Produkte im heutigen Wettbewerb genauer betrachtet werden, um zunächst erst einmal die Geschäftsmöglichkeiten der etablierten Produkte voll auszuschöpfen bevor man im Unternehmen die Entwicklung neuer Produkte anstößt.
Außerdem können sich aus solch einer Analyse wertvolle Hinweise zur Gestaltung der Produkte von morgen ergeben.
Hierzu stehen beispielsweise folgende Analyse-Methoden zur Verfügung:

1. Integriertes Markt-Technologie-Portfolio
2. Erfolgsfaktorenanalyse
3. Quality Function Deployment (QFD)
4. Conjoint-Analyse

Grundsätzlich eignet sich für den ersten Schritt die Analyse der Produkte in dem integrierten Markt-Technologie-Portfolio nach McKinsey, zumal die Anzahl der absolut wichtigen Einflussfaktoren im Falle von einfacheren Steckverbindern nicht übermäßig groß ist, d. h. die Entscheidung für den Einsatz von wesentlich komplexeren Methoden muss ohnehin in einem zweiten Schritt erarbeitet werden.
Technologie-Portfolios werden im Vergleich zu anderen Methoden relativ häufig eingesetzt, da deren Akzeptanz recht hoch ist und weil sich diese Methode einfach und schnell (z. B. softwarebasiert) in die Praxis umsetzen lässt.
Ob im Rahmen einer solchen Analyse noch weitere Methoden (Erfolgsfaktoranalyse, QFD etc.) angewandt werden müssen/können kann nicht pauschal, sondern erst nach Würdigung des betreffenden Einzelfalls beantwortet werden.

Ein weiterer Vorteil des integrierten Markt-Technologie-Portfolios besteht darin, dass den Produkten auch Strategietypen hinterlegt werden können (z. B. als unterschiedlich groß eingefärbte Bereiche), die wiederum bezeichnet sind mit Positionsbestimmungen oder Handlungsempfehlungen. Diese können zum Beispiel lauten Technologieführerschaft, Rückzug, Joint Ventures etc., so wie es in Bild 2.7 dargestellt ist.

Die Größe, Form und Lage dieser Bereiche ändern sich je nach Markt-Lebenszyklusphase, d. h. je nach Reife des betrachteten Produktes ändert sich dieser Strategietypen-Hintergrund.
Grundsätzlich haben alle Methoden auch gewisse Nachteile bzw. zu berücksichtigende Eigenheiten, da niemals alle Parameter und Randbedingungen erfasst werden können.

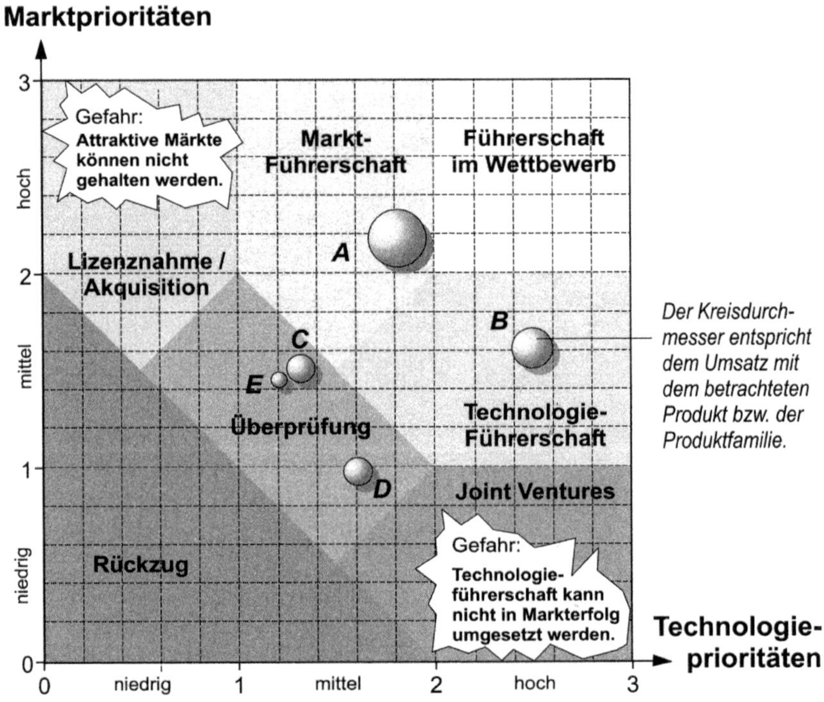

Bild 2.7: Integriertes Markt-Technologie-Portfolio mit hinterlegten Strategietypen
Quelle: J. Gausemeier, Produktinnovation [3]

Für das beispielhaft gezeigte integrierte Markt-Technologie-Portfolio sind der Vollständigkeit halber die folgenden Eigenheiten nach Pleschak [5] dargestellt:

- keine Berücksichtigung technologischer Synergien zwischen den Geschäftsfeldern
- keine Berücksichtigung der Tatsache, dass einzelne Technologien für verschiedene strategische Geschäftsfelder unterschiedliche Bedeutung haben

- keine Trennung zwischen Produkt- und Prozesstechnologien
- fast ausschließliche Orientierung der Technologieattraktivität am Weiterentwicklungspotential der Technologie

Allgemein und positiv gesprochen kann man trotz aller Nachteile festhalten, dass Portfolio-Analyse Methoden mehr Vorteile als Nachteile aufweisen, solange dem Anwender die jeweiligen Eigenheiten bekannt sind und diese hinreichend berücksichtigt werden. Denn letztendlich ist es ohnehin der Analyst, der die Ergebnisse interpretieren und Entscheidungen ableiten muss. Bei einer derartigen Analyse wird dann deutlich, ob tatsächlich neue Produkte benötigt werden und welche Eigenschaften diese Neuerungen gegenüber den alten aufweisen sollten.

Möglicherweise wird aber auch deutlich, dass zum Beispiel gar keine neuen Produkte benötigt werden, sondern lediglich die Marketingaktivitäten für bestimmte Produkte erhöht werden müssten. Aus diesem Grunde empfiehlt es sich stets mit einer Potfolio-Analyse / Ist-Analyse zu beginnen.

Strategische Frühaufklärung / Marktradar
Um innovative Produkte und die damit möglicherweise verbundenen Patente und Marktvorsprünge zu sichern, bedarf es der kontinuierlichen Beobachtung von neuen Trends, schwachen Marktsignalen und Neuentwicklungen. Weiter oben wurde bereits gezeigt, dass zur Wahrnehmung von Innovationsoptionen unter anderem eben genau diese schwachen Signale beobachtet werden müssen.

Die strategische Frühaufklärung (SFA) unterscheidet sich von der operativen Frühaufklärung (OFA) dadurch, dass sie diese *weichen und zukunftsträchtigen* Daten zu erfassen versucht. Die Informationen sind in der Regel weniger strukturiert, eher quantitativ und wertbeladen, was aber für die frühzeitige Abschätzung von Markt-, Wettbewerbs-, und Substitutionsentwicklungen sowie sonstige Veränderungen (Lieferantenmacht, Abhängigkeiten, systemische Sichtweisen) völlig normal und ausreichend ist. Hierzu gibt es Methoden, die auf Basis dieser eher quantitativ ermittelten Informationen ausreichend gut funktionieren und sogar mit Diskontinuitäten umgehen können.

Das Konzept der SFA besteht typischerweise aus den nachfolgenden Schritten:

1) Festlegen des Suchfeldes:
   Zuerst muss festgelegt werden, welche Bereiche (Märkte, Zulieferer, Technologie, Politik, Ökonomie, Gesellschaft etc.) beobachtet werden sollen.
   Dabei ist darauf zu achten, dass nicht voreilig Bereiche ausgeschlossen werden, da gerade das fachübergreifende Beobachten zu Innovationen führt.

2) Rundum Beobachtung / Scanning:
   Die Beobachtung erfolgt möglichst unvoreingenommen (vergleichbar mit einem „360° Radar“ und erfasst in den zuvor definierten Bereichen alle möglicherweise nutzbaren Informationen.

3) Verstehen und Aufbereiten:
   Die so gewonnenen Informationen müssen mit Verstand gefiltert, in Relation

gebracht, in handhabbare Aussagen gegliedert und insgesamt so aufbereitet werden, dass nachfolgend entschieden werden kann, welche Bereiche vertieft und gezielt untersucht werden sollen.

4) Weiterverfolgen und gezielt Überwachen / Monitoring:
Um ein tieferes Verständnis zu erlangen, werden die zuvor erarbeiteten Bereiche gezielt und eher analytisch verfolgt, da zu diesem Zeitpunkt bekannt ist, *wonach* gesucht wird.

5) Zusammenfassung und Bewertung:
Die Informationen werden so aufbereitet, dass einerseits ein schlüssiges Gesamtbild / Trendbild entsteht und andererseits prägnante Kernaussagen formuliert werden können, die abschließend nach ihrer Unternehmensbedeutung bewertet und gegliedert werden.

6) Berichterstattung mittels Entscheidungsgrundlage:
Abschließend erfolgt die Erarbeitung der Entscheidungsgrundlage für die Geschäftsführung.

Die SFA ist eine kontinuierliche Aufgabe, die beim sequenziellen Arbeiten mindestens zyklisch, aber auch parallelisiert und verschachtelt ablaufen kann, sofern mehrere Analysten in ähnlichen Beobachtungsbereichen tätig sind.

Die SFA ist für die Potentialfindung von hoher Bedeutung, da gerade am Anfang die Weichen für die Zukunft gestellt werden. Daher verwundert es umso mehr, dass in vielen KMU diese Aufgabe *nebenbei* und vor allem unstrukturiert geschieht. Auch hier gilt das bereits oben erwähnte Unterschätzen des Aufwandes. Es werden zwar Messebesuche absolviert und vielleicht wird sogar Gremienarbeit geleistet, jedoch sind solche Aktionen in der Regel nicht als klar strukturierte Innovationsfunktion im Unternehmen integriert. Außerdem ist das Bewegen in den eigenen Kreisen wiederum zu introvertiert, weil dadurch wichtige Nachbarbereiche (siehe Punkt 1) unbeachtet bleiben.

Kleinere Unternehmen, die sich verständlicherweise damit schwertun, jemanden für solch eine interdisziplinäre Aufgabe abzustellen, könnten die SFA auch an externe Dienstleistungsunternehmen vergeben, sofern diese speziell in diesem Markt aktiv sind und die speziellen Gegebenheiten gut kennen. Wichtig ist dabei, dass der Dienstleister ganz individuell auf die Bedürfnisse des Unternehmens eingehen kann, da mit den Pauschalaussagen der großen Marktforschungsinstitute das konkrete Anliegen in der Regel nicht gelöst werden kann.

Szenario-Technik und systemische Sichtweise
Zur *Potentialfindung* zählt neben der Kundenbefragung und anderen einfacheren Methoden, die etwas komplexere und erst in jüngerer Zeit verstärkt angewandte *Szenario-Technik*, die es zum Ziel hat, die Zukunft vorauszudenken.
Es geht also nicht um die Prognose der Zukunft, sondern um das systematische Auseinandersetzen mit verschiedenen Szenarien (möglichen Situationen in der Zukunft), um auf die Zukunft besser vorbereitet zu sein.

Die Gründe für eine solche Auseinandersetzung wurden zum Teil schon mehrfach erwähnt (schwache Signale für langfristige Planungen nutzen, Zukunftspotentiale erkennen etc.), so dass an dieser Stelle weitere Argumente, die speziell für die Szenario-Technik gelten, hinzugefügt werden können:

- Entwicklungen sind häufig keine kontinuierlichen Fortschreibungen aktueller Trends, vielmehr können diese erhebliche Diskontinuitäten aufweisen.
- Der Handlungsspielraum wird mit fortschreitender Zeit immer stärker eingeengt, so dass der Aufwand für wirkungsvolle Maßnahmen später steigt.
- Die kreative Arbeit mit Szenarien im Unternehmen veranlasst die beteiligten Führungskräfte, die ansonsten eher operativ denken, zu vorausschauendem strategischen Denken.
- Da sich die strategische Planung auf mehrere Szenarien (multiple Zukünfte) stützt, finden alle Beteiligten *ihre* Vorstellungen berücksichtigt, so dass sich diese Menschen besser mit dem Unternehmen identifizieren können.

Gerade was letzteren Punkt angeht, wird deutlich, dass die Szenario-Technik mehr als nur ein reines Planungstool ist, sondern im Rahmen von gut organisierten und neutralen Moderationen dazu führt, dass die Szenarien von allen Führungskräften getragen und akzeptiert werden. Der Umsetzungswille von Visionen und innovativen Produkt- und Technik-Leitbildern kann dadurch erheblich verstärkt werden. Daher spricht man in diesem Zusammenhang nicht nur von der Szenario-Technik, sondern auch vom Szenario-Management.

Im Gegensatz zur traditionellen Planung setzt die Anwendung der Szenario-Technik das Denken in ganzheitlichen (kybernetischen) Zusammenhängen voraus, was auch als vernetztes Denken oder systemische Sichtweise bezeichnet wird.

Die Merkmale des vernetzten Denkens wurden schon vor geraumer Zeit und völlig unabhängig von der hier erwähnten Szenario-Technik erarbeitet, wenngleich diese Denkweise eine Voraussetzung für die Szenario-Technik ist. Daher wird diese im Rahmen dieses Abschnitts kurz aufgeführt.

In Bild 2.8 sind die wesentlichen Unterscheide zwischen einer unsystemischen und einer systemischen Sichtweise bezüglicher ihrer Art und Weise sowie ihrer Ziele tabellarisch dargestellt. (Im Abschnitt *Innovationswiderstände durch bürokratische Verwaltungen und Gremien* sind wir bereits kurz auf die unsystemische Sichtweise eingegangen.)

Wie man an dem Feld rechts unten unschwer erkennen kann, hat das vernetzte Denken insgesamt betrachtet ein vergleichbares Ziel wie Innovationen, nämlich nachhaltige Zukunftssicherheit.

Weiterhin ermöglicht erst das vernetzte Denken die Ermittlung möglichst vieler Einflussfaktoren im Bereich des Umfeldes (äußere Randbedingungen) und des Gestaltungsfeldes (eigene Spielräume, z. B. Produktmerkmale) sowie deren Wechselwirkungen und Wirkungsrichtungen. Denn bevor ein Szenario entwickelt werden kann,

Unsystemische Sichtweise mit ***linearem*** Unternehmensleitbild	***Systemische*** Sichtweise mit ***vernetztem*** Unternehmensleitbild
• ***Denkweise:*** – konstruktivistisch – deterministisch – produktorientiert – technokratisch	• ***Denkweise:*** – evolutionär – ganzheitlich – funktionsorientiert – kybernetisch
• ***Ziele:*** – Umsatzsteigerung – kurzfristige Gewinnmaximierung – Produktionswachstum – größerer Marktanteil	• ***Ziele:*** – Stärkung der Überlebensfähigkeit – Steuerbarkeit des Unternehmens – Die Zukunft geeignet gestalten – Anstreben von Fähigkeiten und nicht nur von Zuständen

Bild 2.8: Vergleich der unsystemischen mit der systemischen Sichtweise [6]

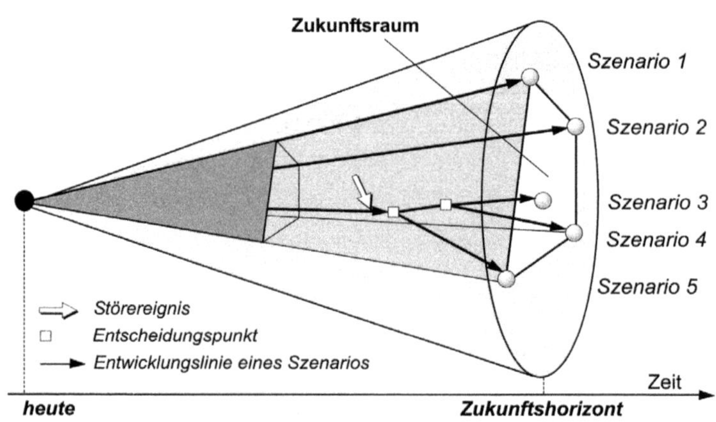

Bild 2.9: Szenario-Trichter, der die Entwicklungsmöglichkeiten hin zu verschieden Szenarien 1-5 verdeutlichen soll. Quelle: J. Gausemeier [3]

müssen möglichst viele Einflussfaktoren und deren gegenseitige Abhängigkeit in einer Einflussmatrix zusammengestellt werden, die dann (mittels Software) zu den jeweiligen Szenarien führt. Da mehrere Entwicklungsmöglichkeiten je Einflussfaktor ins Kalkül gezogen werden, ergeben sich dementsprechend mehrere Szenarien.

Die jeweils unterschiedliche Entwicklung dieser Einflussfaktoren in Richtung Zukunft wird in der Literatur oft wie ein Szenario-Bündel oder Trichter dargestellt (s. Bild 2.9).

Nachfolgend werden die Szenarien auf Plausibilität und Konsistenz (Widerspruchsfreiheit) untersucht, was ebenfalls softwaregestützt durchgeführt wird. Eine genauere Erläuterung der einzelnen Schritte würde den Rahmen dieser Kurzvorstellung sprengen. In einem letzten Schritt sollte untersucht werden, welche Innovationen bzw. Produktmerkmale sich am stärksten als zukunftstauglich herausstellen, indem die gewonnenen Szenarien letztendlich weiter analysiert werden, beispielsweise in Chancen-Gefahren-Matrizen oder mit anderen abschließenden Analyse-Methoden bewertet werden.

Insgesamt betrachtet und was die Anwendbarkeit der Szenario-Technik angeht, kann abschließend positiv festgehalten werden, dass es sich hierbei um eine sehr leistungsfähige, aber auch umfangreiche Methode für das Innovationsmanagement handelt, die im Bereich der strategischen Produktplanung sowohl in der Phase der *Potentialfindung*, als auch später in der Phase der *(technischen) Produktfindung* wirkungsvoll angewandt werden kann.
Die Tatsache, dass die Szenario-Technik auch im Rahmen der *Produktfindung* (nächster Abschnitt) angewandt werden kann, ist auf eine generelle Stärke dieser Methode zurückzuführen, nämlich auf die freie Eingabemöglichkeit von in Wechselwirkung stehender Einflussfaktoren bei einem beliebigen Ausgangszeitpunkt. (Daher wird diese Methode übrigens von einigen Beratungsfirmen als Universalwerkzeug zur Behandlung von Aufgabenstellungen aller Art eingesetzt, wobei diese Anmerkung aber auch nicht völlig unkritisch zu verstehen ist.)

Inzwischen sind am Markt verschiedenste Softwaretools zur Szenario-Erstellung erhältlich, die bezüglich Leistungsfähigkeit und Preis stark variieren. Ambitionierte Führungskräfte sollten nicht sofort zum Kauf schreiten, sondern sich erst einmal neutralen Rat einholen oder sich selber erst einmal mit der Szenariotechnik als solches intensiv auseinandersetzen. Letztendlich kann die Software einem das Denken oder die Entscheidungen ohnehin nicht abnehmen, sondern lediglich den Denkprozess unterstützen. Ein zusätzlicher Vorteil ist die Entlastung bei allen mechanischen, ordnenden, dokumentierenden und vor allem darstellenden Prozessen, so dass die Kybernetik des Systems für jedermann offensichtlich zutage tritt und nicht parallel/abstrakt im Kopf verarbeitet werden muss.

Weitere Gründe wurden bereits oben erwähnt, wie zum Beispiel die Akzeptanz der Ergebnisse und Leitbilder, die die Führungskräfte als Gruppe erarbeitet haben.

2.6.2 Etablierte Produktfindungs-Strategien

Nachdem die Erfolgspotentiale in der vorangegangenen Potentialfindung für neue Produkte identifiziert wurden, gilt es nun Ideen für neue Produkte zu finden, mit denen diese Erfolgspotentiale ausgeschöpft werden können. Ziel ist es, viele und vor allem gute Ideen zu finden, die in Form von Produktvorschlägen formuliert werden. Die beiden wichtigsten Zutaten, die für den späteren Entwicklungsprozess die Grundlage bilden, sind a) *gute Ideen* und b) die jeweilige *Produktkonzeption*.

Daher sollte gerade am Anfang eines Produktinnovationsprozesses möglichst professionell gearbeitet werden, damit eine Idee nicht nur einfach das Ergebnis einer eher zufälligen und plötzlichen Erleuchtung ist.

Gute Ideen werden mit kreativer, schöpferischer Arbeit aus einem Erfahrungs- und Wissensschatz gewonnen, wobei die Kreativität der Entwickler durch den gezielten Einsatz von Kreativitätstechniken gefördert werden kann. Diese können weiter unterteilt werden in reine Kreativitätstechniken (z. B. Brainstorming) und analytische Methoden (z. B. Morphologischer Kasten).

Je nach Problemstellung können Ideen gesucht werden für:

- Produktfunktionen
- Wirkprinzipien
- Gestaltungsmöglichkeiten
- Integrationsmöglichkeiten

Nach der Ideenfindung folgt die Bestimmung der besten Ideen, was bedeutet, dass diese zum Beispiel nachfolgenden Kriterien bewertet werden müssen:

- Funktionalität
- Wahrscheinlichkeit des kommerziellen Erfolges
- voraussichtliche Kosten
- Wahrscheinlichkeit des technischen Erfolges
- Differenzierungsstärke

Abschließend werden die ausgewählten Ideen konkretisiert, d. h. die Anforderungen an das Produkt werden weiter spezifiziert und zu einem Produktvorschlag ausformuliert.

Einer der kritischsten und wichtigsten Punkte im obigen Ablauf ist die Ideenfindung an sich, so dass nachfolgend auf die Kreativitätstechniken eingegangen wird.

Wie schon eingangs erwähnt, können wir im Rahmen einer Kurzvorstellung nicht auf alle Methoden eingehen, dafür werden aber wertvolle Hinweise zu sehr wirkungsvollen Methoden gegeben, deren namentliche Bezeichnungen allein (ganz zu schweigen von Inhalten) bei etwa 80-90% aller KMU unbekannt sind.

Ideenfindung mit Kreativitätstechniken
Erst die Kombination aus natürlicher Kreativität und Wissen führt zur so genannten *kreativen Leistung*, die notwendig ist, um Neues zu erschaffen.
Geht man nun davon aus, dass das Wissen im Verlauf eines Lebens zunimmt während aber die natürliche (jugendliche) Kreativität abnimmt, so ist es nahe liegend, diesem Verfall mit Kreativitätstechniken aktiv entgegen zu wirken.

Es sei gleich zu Beginn davor gewarnt, dass das sture methodische Anwenden von Kreativitätstechniken jedoch nicht weiterführt, solange die partizipierenden Personen nicht über eine gewisse *heuristische Kompetenz* verfügen, die weit über Bücher- und

Methodenwissen hinaus geht. Unter heuristischer Kompetenz versteht man, dass der Problemlöser in der Lage sein sollte, die Situation zu analysieren, zu abstrahieren, zu reflektieren und zu kontrollieren. Außerdem wird von ihm Entscheidungsfähigkeit verlangt, da er Abhängigkeiten bewerten sowie Wichtigkeit und Dringlichkeit abschätzen muss. Flexibilität, Entschlossenheit, Stetigkeit, gutes Erinnerungsvermögen, Wissen über Handlungsmöglichkeiten, vielschichtige Erfahrungen, Fertigkeiten, ein Verständnis für Zusammenhänge (vernetztes Denken) und – last but not least – ein Gespür für Erfolg sind weitere Voraussetzungen für den Problemlöser, die er allesamt zu einem persönlichen Gesamtwissen integrieren muss.

Dieser deutliche Hinweis soll die Erwartungen an die Methoden etwas mildern und gleichzeitig die Wichtigkeit der einzelnen Person, aber auch des Teams (siehe Abschnitt All-Star-Teams) hervorheben.
Letztendlich können auch die besten Kreativitäts- und Erfindungs-Methoden niemandem vom Denken befreien. Vermutlich ist sogar das Gegenteil der Fall, d. h. je umfangreicher und leistungsstärker die Methode, umso geeigneter sollten deren Anwender sein.

Hohe Kompetenz und das damit verbundenen Lebensalter zeugen jedoch oft von zu habituell eingefahrenen Problemlösungswegen, zu eigenen individuellen Ansichten, psychologischer Trägheit und Vorfixierungen, die durch die Kreativitätstechniken weitgehend aufgelöst werden sollen. Jede Technik unterstützt im unterschiedlichen Grade zwei verschiedene Denkweisen, nämlich das *intuitive* und das *diskursive* Denken:

- *Intuitives Denken:* Die Suche nach einer neuen Idee läuft beim Betroffenen im Unterbewusstsein ab. Die Idee äußert sich dementsprechend plötzlich als Einfall, als eine „Erleuchtung". Der Nachteil dieser Denkweise liegt darin, dass in der Regel nur Lösungen in einem fixierten Lösungsbereich gefunden werden.
- *Diskursives Denken:* Beim diskursiven Denken handelt es sich um ein bewusstes, systematisch-analytisches Vorgehen. Das Gesamtproblem wird dabei in überschaubare Teilprobleme zerlegt und jeweils einzeln für sich gelöst. Durch das Analysieren und Kombinieren von Teilproblemen können komplexere Problemstellungen systematisch gelöst und Denkblockaden überwunden werden. Nachteilig ist jedoch der höhere Zeitaufwand.

Es gibt auch Kreativitätstechniken, die beide Denkweisen unterstützen bzw. sich neutral verhalten, weil es sich zum Beispiel eine reine Fragemethode mit ausgewogenen Fragen handelt und daher keinem Bereich eindeutig zugeordnet werden können.

In Bild 2.10 sind verschiedenste Kreativitätstechniken in Relation zu den beiden Denkweisen dargestellt und zusätzlich durch den diagonal laufenden Gradienten nach ihrer höchsten Wirksamkeit sortiert. D. h. oben rechts sind die Methoden zu finden, die mit sehr hoher Wahrscheinlichkeit (im Bild sogar mit „hoher Garantie" bezeichnet) zu Lösung führen.

In diesem Bereich sind die beiden Methodensammlungen (große Punkte) mit der Bezeichnung *Laterales Denken* und *TRIZ* zu finden. Der Begriff *Laterales Denken*

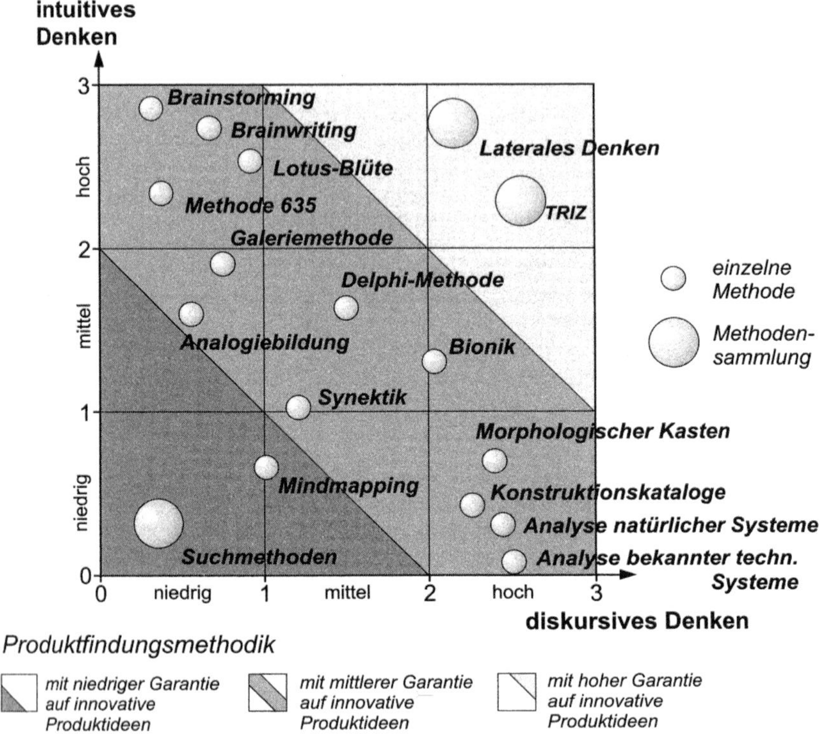

Bild 2.10: Ordnungsschema von Kreativitätstechniken für die Produktfindung
Quelle: J. Gausemeier, Produktinnovation [3]

wurde von Edward de Bono geprägt und umschreibt das Denken, abseits der eingeschliffenen Denkschienen nach neuen Lösungsansätzen und Alternativen zu suchen. Es handelt sich dabei um eine ganzheitliche Konzeption, also eine schrittweise Abfolge von Methoden zur Findung von neuen Lösungsideen, die hier jedoch nicht vertieft werden sollen. Die TRIZ-Methodik wurde über einen Zeitraum von fast 50 Jahren entwickelt, wobei diese aber erst in den letzten Jahren nach Zerfall der alten Sowjetunion (dem Herkunftsland der TRIZ) verstärkt an Bekanntheit hinzugewonnen hat. Nachfolgend wird auf diese leistungsstarke Methodensammlung kurz eingegangen.

TRIZ / TIPS

Das Akronym TRIZ ist eine russische Abkürzung und steht sinngemäß für *Theorie des erfinderischen Problemlösens* (englisch auch TIPS für *Theory of Inventive Problem Solving*). Die Methodensammlung TRIZ ermöglicht es, auf systematischem und strukturiertem Wege neue Erfindungen zu generieren, Erfindungszeiten zu verkürzen und erfinderisch Probleme zu lösen. TRIZ bietet eine breite Palette an wertvollen Werkzeugen zur *strategischen Produktplanung* – dem Leitgedanken dieses Abschnitts.

Der Erfinder und Entwickler dieser Methode ist Genrich Soulovich Altschuller, der 1946 als Patentoffizier der russischen Marine damit begann Patente zu systematisieren und zu katalogisieren, um Prinzipien für Innovation zu finden.

Altschuller hatte federführend die Kernelemente der TRIZ über einen Zeitraum von etwa 50 Jahren unter zum Teil unwürdigen Bedingungen (Verbannung von Intellektuellen in russische Strafgefangenenlager und später Zensur) weiter entwickelt. Heute sind viele seiner Schüler in den USA und westlichen Europa, die dort Consulting-Unternehmen gründeten und führende CAI-Softwareprodukte (Computer Aided Innovation) entstehen ließen.

Das Ergebnis seiner Patentanalyse war, dass sich a) abstrahierte Problemstellungen und deren Lösungen wiederholen, b) die Evolution technischer Systeme immer nach einem ähnlichen Muster verläuft und c) wirkliche Innovationen durch Zusammenführung unterschiedlicher Wissensgebiete ausgelöst werden.

Weiterhin konnte er vier wichtige Grundsätze zum erfinderischen Problemlösen formulieren:

- Ziel einer Entwicklung ist ein *ideales Design*
- Ein Problem ist durch *Auflösen von Widersprüchen* überwindbar
- Nur *Inventionen* stellen einen Fortschritt dar
- Ein *Innovationsprozess* lässt sich *schrittweise gliedern*

Um die Idealität eines Systems zu erhöhen und Widersprüche aufzudecken (siehe die beiden ersten Punkte), wurden für unterschiedliche Problemfälle weitere Lösungsmethoden im Rahmen der TRIZ entwickelt, die jeweils mehr das intuitive oder das diskursive Denken anregen.

Daher kann man mit Hilfe des bereits vorgestellten Ordnungsschemas die verschiedenen TRIZ Methoden gliedern, so wie in Bild 2.11 dargestellt. Die so genannten Basiselemente der TRIZ (siehe Bild 2.11 rechts oben) versprechen den größten Erfolg auf innovative Produktideen.

Nicht dargestellt sind ähnliche Methodensammlungen (SIT, USIT, CROST, WOIS etc.) die gegenüber der TRIZ etwas andere Systematiken verfolgen oder verschobene Schwerpunkte und Anwendungsgebiete haben, wenngleich allesamt natürlich das Ziel der Problemlösung haben.

Insbesondere die ARIZ, der Algorithmus zur erfinderischen Problemlösung (engl. AIPS = Algorithm of Invention Problem Solving) verspricht den größten Erfolg, da es sich hierbei nicht *nur* um eine Methodensammlung handelt, sondern vielmehr um ein *Lösungsverfahren*, also um einen Algorithmus, der den bestmöglichen Einsatzablauf der einzelnen TRIZ-Werkzeuge beschreibt und im Ergebnis gleichsam einer Formel, also gesetzmäßig und automatisch, zu einer Innovation führt.

Bei solch einer viel versprechenden Aussage, die eine innovationsförderliche Führungskraft eigentlich sofort zum Kauf der entsprechenden Software verleiten sollte, bleibt es nicht aus, nochmals auf den Umstand hinzuweisen, dass letztendlich nur der Mensch die Erfindung tätigen kann und nicht die Software. Erschwerend kommt

noch hinzu, dass der Lernaufwand für solche umfangreichen Methoden und Tools relativ hoch ist.
Um diesem entgegen zu wirken, wurden wiederum spezielle Methoden entwickelt, die diese Einarbeitungszeit deutlich verringern (z. B. etwa halbieren) sollen.

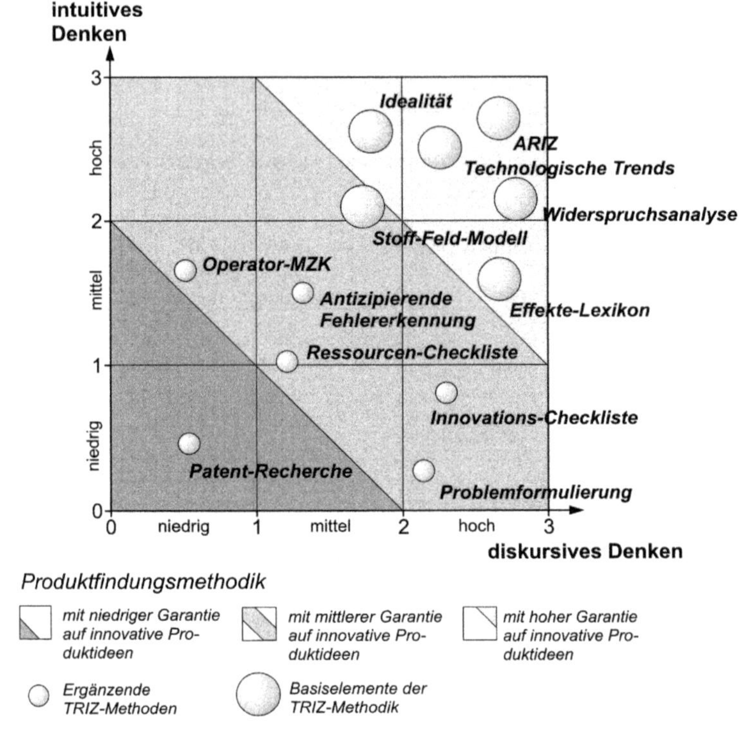

Bild 2.11: Ordnungsschema der verschiedenen TRIZ-Methoden
Quelle: J. Gausemeier, Produktinnovation [3]

Der *Meta-Algorithmus des Erfindens* (Meta-ARIZ) von Prof. M. Orloff ist hier in diesem Zusammenhang hervorzuheben.

Unabhängig von möglichen Zeiteinsparungen empfiehlt es sich grundsätzlich erst einmal genau zu hinterfragen, ob der Einsatz von TRIZ / ARIZ und entsprechender Software-Tools tatsächlich dauerhaft im Unternehmen benötigt (gibt es genügend schwerwiegende Probleme und Bedarfsfälle?) und angenommen (Akzeptanz unter naturbegabten Erfindern?) wird.

Ein ungezwungener, aber dennoch möglicherweise wirksamer Einstig in die TRIZ könnte bei aller Ernsthaftigkeit auch über die spielerische Auseinandersetzung mit den grundlegenden Aussagen und Fragestellungen der TRIZ erfolgen. So gibt es zum Beispiel die so genannten 40 IGPs (innovativen Grundprinzipien der TRIZ) auch als Brainstorming-Kartenspiel oder als Präsentations-Vorlagen, welche in einer frühen Teamphase zur Auflockerung und Ideensammlung zum Einsatz kommen könnten.

2.6.3 Spezielles Projektmanagement für Innovationsprojekte

Die Aufbauorganisation von Unternehmen ist in vielen Fällen für die Abwicklung von Routineaufgaben optimiert worden, so dass Innovationsablaufprozesse oft erst nachträglich in diese Struktur *hineinorganisiert* werden. Idealtypische Organisationsmodelle müssen um detaillierte Organisationsformen erweitert werden, so dass praxisgerechte Strukturen entstehen.

Hierzu gehören unterhalb der Leitung beispielsweise:

- Arbeitsgruppen
- teilautonome Arbeitsgruppen („Teams")
- Abteilungen und Hauptabteilungen
- Kollegium (Ausschuss, Kommission, Komitee, Gremium)
- Beauftragte
- Projektgruppen (mit Projektleiter)

Auf letztere soll im Weiteren etwas genauer eingegangen werden, da Projektgruppen wichtig sind für das Gleichgewicht zwischen der Organisation auf Dauer (Routineabläufe im Unternehmen) und der Organisation auf Zeit (z. B. Innovationsprojekte), sofern das Unternehmen nicht dafür eingerichtet wurde ausschließlich und permanent Innovationen hervorzubringen. Denn die üblichen Innovationsaufgaben von Entwicklungsabteilungen, Früherkennungssystemen, Marktforschungen etc. liefern zwar Anstöße zur Weiterentwicklung, die entsprechenden Stellen oder Organisationsbereiche können diese aber i.d.R. nicht koordinieren und steuern. Der Brückenschlag zwischen Routineaufgaben und Innovationsaufgaben durch ein akzeptiertes Projektmanagement ist die zentrale Führungsaufgabe bei der Einführung und Weiterentwicklung von Projektorganisationen. Nicht nur wegen ihres zeitlich befristeten, sondern vor allem wegen des interdisziplinären Charakters eignen sich (Innovations-) Projekte als überlagernde Strukturen (Sekundärstrukturen), die in die bestehende Aufbaustruktur integriert werden. Diese Integration ist wegen der oben genannten Forderung nach Flexibilität und Lösbarkeit von „Sonderproblemen" einerseits notwendig, aber andererseits nicht immer ganz einfach, da Konfliktpotentiale bezüglich Kommunikation, Weisungsrecht und personellen Ressourcen bestehen. Daher muss zunächst eine geeignete Organisationsform des Projektmanagements gefunden werden. In der Literatur werden typischerweise immer wieder die nachfolgenden drei benannt, wenngleich es auch Mischformen und somit weitere (individuelle) Lösungen gibt. Bevor diese individuellen Lösungen erarbeitet werden können (eventuell auch mit neutralen Beratern) müssen die Grundprinzipien der drei folgenden Basisformen verinnerlicht worden sein:

- Stabs- oder auch Einfluss-Projektmanagement genannt
- Matrix-Projektmanagement
- Reines oder auch Autonomes Projektmanagement genannt

Alle diese Projekt-Organisationsformen haben Vor- und Nachteile, die hier nur kurz angeschnitten werden sollen, da das eigentliche Ziel dieses Abschnittes hauptsächlich darin besteht, den Leser aufmerksam zu machen auf:

- die hohe Bedeutung von Innovations-Projektmanagement als solches;
- die individuellen Gestaltungs- und Auswahlmöglichkeiten von Organisationsformen des Projektmanagements, die jeweils abhängig vom jeweiligen Innovationsvorhaben sind.

Hintergrund hierfür ist die Tatsache, dass wir im Rahmen unserer praktischen Tätigkeit leider immer wieder mit Erschrecken feststellen mussten, dass der eigentliche Sinn und die Unterschiede des Projektmanagements bei vielen KMU relativ unklar waren. Selbst die allgemeinen, einschlägigen Projektmanagement-Kompetenzen gemäß GPM, IPMA / ICB waren relativ unbekannt, ganz zu schweigen von Projektmanagementmethoden vor dem Hintergrund des Innovationsmanagements. Manch einer verwendete das Wort Projekt stellvertretend für Aufgaben, weil es sich moderner anhörte. Andere wiederum verwendeten das Wort Projektmanager oder sogar Projektleiter, um den betreffenden Mitarbeiter zu motivieren, der in Wirklichkeit ein Sachbearbeiter mit relativ hoher Verantwortung und wenig Kompetenzen war, usw.

Daher nachfolgend ganz kurz zu den wesentlichen Unterschieden der drei zitieren Organisationsformen des Projektmanagements:
Das Stabs-Projektmanagement ist in der Praxis relativ weit verbreitet, da die Mitarbeiter auf den Stellen der Primärorganisation verbleiben und somit keine Veränderungen in der Organisationsstruktur vorgenommen werden müssen.
Nachteilig ist jedoch die geringe Macht der Stabstelle, da sich diese per Definition in einer hierarchischen Sonderstellung ohne Weisungsbefugnis neben und unterhalb der Geschäftsführung befindet. Alles was der Stabstelle bleibt ist, auf den guten Willen der Beteiligten zu setzen und positiven Einfluss auszuüben. Daher wird diese Projektart auch Einfluss-Projektmanagement genannt.

Ist der Projektleiter keine starke Persönlichkeit so kann es dazu kommen, dass dieser zum Sekretär und Verwalter von Dokumenten und Terminen degradiert.
Ein weiterer Nachteil liegt in der wenig bereichsübergreifenden Durchführung, was aber für Innovationsprojekte wichtig ist.

Beim Matrix-Projektmanagement werden die Zuständigkeiten zwischen Stammorganisation und Projektorganisation in Kompetenzen und Aufgaben aufgeteilt, d. h. den vertikalen funktions- oder objektorientierten Bereichen der Primärorganisation wird eine horizontale Projektstruktur überlagert (daher Matrix), wobei die Linienvorgesetzten, die in ihrer vertikalen Linie verbleiben, für die fachliche Durchführung (das Wie) und die Qualität der Projektarbeit verantwortlich sind, während der Projektmanager mit seinem horizontalen, linienübergreifenden Einfluss für die quantitativen und qualitativen Aufgabeninhalte (Was und Wann, d. h. Ziele und Termine) verantwortlich ist. Trotz dieser Regeln stellt das Matrix-Projektmanagement höchste Anforderungen an die Kommunikationsfähigkeit und -bereitschaft aller Beteiligten. Der organisatorisch angelegte Konflikt zwischen Fachinteressen der Organisationseinheiten und dem Projektinteresse kann bei professioneller Projektführung allerdings auch sehr fruchtbar sein und für fachübergreifende Innovationsprojekte ein Erfolgsfaktor darstellen.

Mit Hilfe einer zentralen Projektadministration lassen sich auch mehrere Projekte gleichzeitig abwickeln (Multiprojektmanagement), allerdings mit den damit verbundenen Ressourcenkonflikten. Konflikte zwischen Linienvorgesetzten und Projektmanagern können bei wichtigen Projekten von einem eigens installierten Lenkungsausschuss mit Machtbefugnissen nötigenfalls entschieden werden. Da der organisatorische Eingriff in die vorhandene Primärstruktur vergleichsweise gering ist, findet man diese Projektform recht häufig bei großen und anspruchsvollen Technologieprojekten.

Reines Projektmanagement wird auch autonomes Projektmanagement genannt, weil alle Mitarbeiter eigenständig und unter der alleinigen Weisungsbefugnis des Projektleiters arbeiten. Die Mitarbeiter wurden zum Beispiel aus der Primärorganisation temporär ausgegliedert, um sich voll und ganz, d. h. in Vollzeit auf das Projekt zu konzentrieren. Somit ist diese überaus starke Form hauptsächlich für dringende Projekte und/oder schwierige Innovationsprojekte geeignet, das Team entspricht in so einem Fall einer so genannten Task-Force. Nachteilig ist natürlich der Personalbedarf da das Tagesgeschäft, sofern es eigene Mitarbeiter sind, erst einmal liegen bleibt bzw. anderweitig umverteilt werden muss. Stehen die Mitarbeiter nicht zur Verfügung, muss die Innovationsfunktion durch kompetente, externe Mitarbeiter ausgefüllt werden.

Wie man an diesem letzten Organisationsbeispiel deutlich erkennt, läuft es am Ende stets auf die Frage der zur Verfügung stehenden Mittel hinaus. Der etwas flache Sinnspruch von nichts kommt nichts trifft leider immer wieder zu, d. h. für große (oder dringende) Innovationen müssen zunächst erst einmal eigene oder fremde Finanzquellen erschlossen werden.

Es bleibt dann noch die Möglichkeit, dass man seine Innovationsprozesse gegenüber denen des Wettbewerbs stets noch weiter (kontinuierlich) optimieren kann, d. h. seine eigenen Innovationsprozesskosten minimieren kann, zum Beispiel durch effektives Auslagern der Innovationsfunktion an externe Spezialisten, sofern man nicht unter dem Irrglauben leidet, dass nur eigene Innovationen gute Innovationen sind (not-invented-here-Syndrom). Ressourcenschonende Mischformen sind sicherlich ein guter Anfang, zumal unserer Meinung nach der Innovationsprozess grundsätzlich für jedes Unternehmen und für jede Problemstellung ohnehin zunächst einmal individuell entwickelt und dann kontinuierlich weiterentwickelt werden muss.

Mehr dazu im Abschnitt *Kontinuierliche Verbesserung von Innovationsprozessen* sowie Unterabschnitt *Ausgliederung der Innovationsfunktion.*

Entscheidet man sich für Projektarbeit (mit oder ohne externe Hilfe), so muss in jedem Falle zunächst eine geeignete Projektform ausgewählt werden. Die Auswahl der geeigneten Organisationsform des Projektmanagements für die Eingliederung in die Primärorganisation eines Unternehmens hängt von verschiedenen Faktoren ab, wie beispielsweise der strategischen Bedeutung (Dringlichkeit), der Größe, dem Risiko und der Dauer des Projektes.

Kriterium	Einfluss-Projekt-management	Matrix-Projekt-management	Reines Projekt-management
Strategische Bedeutung des Projekts für das Unternehmen	gering	groß	sehr groß
Projektgröße	klein	groß	sehr groß
Projektrisiko	gering	mittel/groß	sehr groß
Technologie	Standard	anspruchsvoll	innovativ
Termindruck	gering	mittel	groß
Projektlaufzeit	kurz	mittel	lang
Kapazitätsauslastung	sehr gut	gut	befriedigend
Zahl der gleichzeitig bearbeitbaren Projekte	groß	mittel	gering
Projektkomplexität	gering	mittel/hoch	hoch
Bedarf an zentraler Steuerung	mittel	groß	sehr groß
Notwendigkeit der interdisziplinären Zusammensetzung des Projektteams	gering	mittel/hoch	hoch
Mitarbeitereinsatz	Nebentätigkeit	variabel	Haupttätigkeit
Projektleiter-Persönlichkeit	qualifiziert	qualifiziert	hochqualifiziert

Bild 2.12: Kriterien und Eignungsprofile der drei verschiedenen Organisationsformen des Projektmanagements [7]

In Bild 2.12 sind die verschiedenen Kriterien und deren Ausprägungen (klein, mittel, groß etc.) entsprechend der besten Eignung, den genannten Projektformen zugeordnet.

Damit dient diese Tabelle nicht nur zum Herausfinden der geeigneten Projektform, sondern auch zum Aufdecken von Widersprüchen, Lücken und Wunschdenken.
So führt beispielsweise das Kriterium Technologie mit der Ausprägung innovativ zur rechten Spalte, nämlich Reines Projektmanagement, während die oftmals typische Wunschausprägung Nebentätigkeit für das Kriterium Mitarbeitereinsatz zur (unvereinbaren) linken Spalte führt, nämlich Stabs-Projektmanagement.
Die Tabelle kann also auch zur Optimierung und Moderation im Auswahlprozess zwischen Auftraggeber (im Sinne des Projektmanagements) und dem Projektleiter verwendet werden, die in der betrieblichen Praxis i.d.R. beide zusammen die geeignete Form festlegen.

All-Star-Teams in Projekten
Neben der Frage der Projektform stellt sich auch die Frage nach den Mitgliedern.
Weiter oben wurde die Bedeutung der so genannten heuristischen Kompetenz des Einzelnen ausführlich erläutert. Der Einzelne sollte demnach über ein multispektrales Vermögen an Fähigkeiten und Erfahrungen aus den Bereichen technische Entwicklung, Marketing, Führung, Methodenwissen etc. verfügen.
Diese Bündel an Fähigkeiten und Erfahrungen sollte schon gleich zu Beginn des Projektes (z. B. bei der Ideenfindung) zur Verfügung stehen und letztendlich auch zu späteren Zeitpunkten, wenn es um die Erfindung im technischen Detail geht, da Kompetenzträger neben der Teamarbeit auch in leidvoller und konzentrierter Einzel-

arbeit einen Problemlösungsbeitrag liefern müssen. Heuristische Kompetenz ist nicht delegierbar.
Kurzum: Die Leistungsfähigkeit des einzelnen Kompetenzträgers und die Notwendigkeit für ein Projektteam führt automatisch zu der Konstellation, dass sich jeweils die fähigsten und besten Leute, die so genannten Stars, aus den verschiedenen Abteilungen und Fachgebieten zu einem *All-Star-Team* zusammenfügen sollten.
Hierbei sollte die Hierarchiezugehörigkeit keine Rolle spielen, da nicht jede Führungskraft über diese besagte heuristische Kompetenz verfügt und umgekehrt. Ebenfalls zu relativieren ist die verbreitete Ansicht, dass jüngere Teammitglieder mit ihrer jugendlichen Kreativität die kreative Leistung des Teams erhöhen. Dennoch ist es sicherlich ratsam, diese wohldosiert unter die älteren Kompetenzträger zu mischen, insbesondere im Rahmen der Ideenfindung.

Leider handelt die Geschäftsführung in vielen Fällen bezüglich der All-Star-Teams nicht immer konsequent und schon gar nicht glaubwürdig, indem sie beispielsweise einerseits die Wichtigkeit des betreffenden Innovationsprojektes wiederholt proklamiert, und andererseits das Team mit ungeeigneten Mitarbeitern aus den hinteren Reihen besetzt. Bei strategisch wichtigen Innovationen sollte die Devise stets lauten: Entweder richtig oder gar nicht.

Sollten die Stars von der Geschäftsführung absichtlich geschützt werden, weil diese z. B. noch in einem laufenden Projekt dringend benötigt werden, so hat die Firma schlichtweg ein Ressourcenproblem oder die Priorität des neuen Projektes war dann anscheinend doch nicht so hoch.
Daher ist es wichtig, schon allein der Glaubwürdigkeit wegen, die Balance zwischen der tatsächlichen Unternehmensbedeutung des Projektes und der Konstellation des Projektteams (All-Stars, Machtbefugnisse etc) zu wahren.
Liegt ein Ressourcenproblem vor, so könnte zumindest eine Variante darin bestehen, wie eine Task-Force vorzugehen, d. h. es finden sich zumindest erst einmal alle Stars zusammen und entscheiden bereits bei ihrer ersten Sitzung, ob das anstehende Innovationsproblem tatsächlich so dringend ist. Falls nicht, wird die Task-Force wieder aufgelöst und die Problemlösung vertagt oder bei geringer Innovationshöhe weiter delegiert.

Es konnte empirisch ermittelt werden, dass manche Unternehmen bei konsequenter Anwendung solcher Teams ihre Entwicklungszeiten gegenüber dem Branchendurchschnitt halbieren konnten.

Eine sinnvolle Erweiterung solcher All-Star-Teams sollte darin bestehen, dass man die Teammitglieder nicht nur nach ihrer fachlichen Eignung auswählt, sondern ihre Charaktere (Arbeits- und Denkweisen) berücksichtigt und gegebenenfalls noch fehlende Charaktere aus anderen Abteilungen, wo andere Denkweisen und Kulturen vorherrschen hinzunimmt. Im Zweifelsfall wählt man die Mitglieder nicht nach dem Ursprung ihrer Abteilungen aus, sondern rein nach ihrem Charakter wie nachfolgend aufgeführt. Hintergrund dieser Empfehlung ist, dass die fachliche Eignung sicherlich eine gute Voraussetzung für den Erfolg ist, diese alleine aber leider oft nicht ausreichend ist.

Für einen Projektleiter ist es sicherlich wenig erfreulich einen Chor von Primadonnen zu dirigieren. Dass lauter Spitzenkönner nicht unbedingt erfolgreich sind, wird z. B.

regelmäßig in der Fußballbundesliga demonstriert. Projekte sind Gemeinschaftsleistungen und verlangen, dass der Einzelne hinter der gemeinsamen Sache zurücktritt.

Zur Fachkompetenz kommen also noch zwei Dinge hinzu:

1) ein Mindestmaß an Teamfähigkeit und
2) die Berücksichtigung bestimmter Arbeits- und Denkweisen, die den Einzelnen auf individuellem Wege zum Ergebnis führen.

Was letzteren Punkt angeht, so muss der jeweils individuelle Weg des Einzelnen von allen Teilnehmern akzeptiert, ja sogar genutzt werden. Jeder Mensch hat eine andere Arbeitsweise. Es ist ein Unterschied, ob ein bestimmter IT-Spezialist auf kreativem Wege eine Lösung erarbeiten soll, oder ob die detailgetreue Umsetzung einer vorhandenen Lösung von ihm verlangt wird. Jede dieser Tätigkeiten schließt eine andere Anforderung an die Denk- und Arbeitsweise ein, obwohl die erforderliche Fachkompetenz exakt die gleiche ist. Würde zum Beispiel der besagte IT-Spezialist von seinem Naturell her niemals kreativ arbeiten, wäre er trotz seines Fachwissens mit einer kreativen Arbeit eindeutig überfordert. Daher ist es absolut wichtig, zu überprüfen, welchen Charaktertyp jedes Teammitglied mit einbringt, und ob alle erforderlichen Charaktertypen im Team vorhanden sind.

Nach Margerison-McCann (Quelle: Schulz-Wimmer) sollten möglichst folgende Typen vertreten sein:

1. Informierter Berater
2. Kreativer Innovator
3. Entdeckender Promotor
4. Auswählender Entwickler
5. Zielstrebiger Organisator
6. Systematischer Umsetzer
7. Kontrollierender Überwacher
8. Unterstützender Stabilisator

Das Herausfinden dieser Charaktere erfordert ebenfalls eine ganz eigene Fähigkeit, was aber ein guter Coach oder ein Mitarbeiter, der über entsprechende Kenntnisse der Betriebssoziologie, Teamentwicklung und eben dieser Charaktere verfügt, bewältigen sollte. Solch eine Person sollte auf jeden Fall begleitend mit an Bord sein, wenn professionelle Projektarbeit zum ersten male ins Unternehmen eingeführt wird oder wenn bestehende Teams um die besagten fehlenden Charaktere ergänzt werden sollen.

Wir glauben allerdings, dass es nicht unbedingt notwendig ist, dass ein derartig umfangreiches Team für die gesamte Projektdauer aufrechterhalten werden muss. Zumindest am Anfang bei der Ideenfindung (Brainstorming etc.) ist es für die allgemeine Akzeptanz der Ideen und die Ideenvielfalt sicherlich sinnvoll, sowie jeweils am Ende eines jeden Innovationsprozess-Schrittes als advocatus diaboli, als ein Tribunal zur Risikominimierung.
Es kommt dabei auf eine offene Opposition an, die sich nicht in vorsätzlichen Winkelzügen ergeht oder unter psychologischen Widerständen leidet (siehe Abschnitt Inno-

vationswiderstände), sondern das Innovationsmanagement zu besseren Leistungen anspornt. Der advocatus diaboli soll die Fürsprecher einer Kanonisierung zur höchsten Qualität ihrer Argumentation bringen.
Der so genannte Stage-Gate-Prozess nach Cooper [1] bedient sich beispielsweise ebenfalls einer Kontroll- und Risikominimierungsmethode.

2.7 Verbesserung von Innovationsprozessen, Innovationsfunktionen und Innovationskulturen

Das Grundkonzept des Innovationsprozesses ist trotz oder gerade wegen der hohen Vielfalt an veröffentlichten Prozessen, abgesehen von Detaillierungsgrad und Schwerpunktsetzung, mehr oder weniger gleich. Er beginnt typischerweise mit der Frage nach den Innovationsauslösern, gefolgt von der Ideengewinnung, deren Bewertung, Auswahl und Umsetzung und endet schließlich mit der (Markt)Einführung. Dieser Prozess beinhaltet also Teilprozesse, die sich verschiedener Instrumente bedienen können. Ein Instrument könnte beispielsweise das oben aufgeführte integrierte Markt-Technologie-Portfolio sein oder aber die relativ mächtige TRIZ-Methode oder Szenario-Technik. Die letzteren könnten ein kleines Unternehmen überfordern, wenngleich gerade die KMU zur Sicherung ihrer Überlebensfähigkeit besonders innovativ sein sollten. Hier gilt es zu optimieren und ideale Wege zu finden. Auch andere Teilprozesse, wie die Auswahl oder die Umsetzung, könnten in individuell unterschiedlicher Ausprägung umgesetzt werden.

Es gibt also keinen Universal-Innovationsprozess von der Stange, auch wenn das eine oder andere (amerikanische) Business-Kochbuch uns dieses glauben machen will. Insbesondere bei KMU mit begrenzten Mitteln sollte der gesamte Innovationsprozess branchen-, produktgruppen- und unternehmensspezifisch unter Berücksichtigung der vorhandenen Ressourcen und Randbedingungen individuell entwickelt werden. Hierzu haben wir ein Methoden-Set zur Entwicklung und kontinuierlichen Weiterentwicklung eines individuellen Innovationsprozesses entworfen, auf das weiter unten nochmals kurz eingegangen wird.

Auf der anderen Seite des Innovationsprozesses / -projektes steht die starre Aufbau- und Ablauforganisation eines jeden Unternehmens, die für dauerhafte Routineaufgaben optimiert worden ist (siehe auch obiger Abschnitt Projektmanagement).

Das Hineinorganisieren von speziellen Prozessen (Sonderabläufen) in bereits vorhandene Aufbau- und Ablauforganisationen stellt eine weitere Herausforderung dar. Denn auch für die Integration von Innovationsprozessen in vorhandene Unternehmensstrukturen gibt es leider keine Universallösung, wie bereits am Beispiel des Projektmanagements oben dargestellt. Es wurde dort deutlich, dass alle drei Projektformen (Stab, Matrix, Autonom) jeweils ganz eigene Vor- und Nachteile aufweisen, so dass stets eine Optimierung stattfinden muss.

Das in den letzten Jahren verstärkte Bemühen vieler Unternehmen um eine prozessorientierte Ausrichtung der Strukturen zeigt, wie problematisch die Trennung und Kombination von Aufbau- und Ablauforganisation für die Effizienz der Unternehmensorganisation als Ganzes sein kann.

Die Wettbewerbs- und Überlebensfähigkeit von Unternehmen hängt heute mehr denn je von effektiven Geschäftsprozessen ab, so dass die Prozessorientierung zunehmend an Bedeutung gewinnt. Unternehmen, die ihre Strukturen nicht kontinuierlich im Rahmen des so genannten Prozessmanagements an neue, erforderliche Prozesse ausrichten, können später strukturelle Kostenvorteile nicht mehr realisieren, wodurch diese in eine lebensgefährliche Strukturkrise laufen können.

Mit Bezug auf den Markt unterscheidet man folgende (veränderlichen) Prozesse:

- Primärprozesse (Wertschöpfende Marktprozesse / Leistungsprozesse)
  z. B. Fertigung, QS, Transport, Vertrieb, Kundendienst etc.
- Sekundärprozesse (Unterstützende Betriebsprozesse)
  z. B. Finanz- und Rechnungswesen, Planung, Beschaffung etc.)
- Innovationsprozesse (Entwicklung und Einführung von Neuerungen)
  z. B. Produkten (Produktinnovationen), Verfahren (Prozessinnovationen), Strukturen (Strukturinnovationen)

Die Prozessorientierung bezüglich des Innovationsprozesses verlangt ganz besonderes Augenmerk, da gerade Innovationsprozesse, die sich durch eine Vielzahl von verwobenen Subprozessen und einem hohen Maß an Veränderlichkeit auszeichnen, flexible Strukturen mit eindeutigen Schnittstellen und eine umfassende Berücksichtigung vorhandener Interdependenzen erfordern.

Unter strukturellen Gesichtspunkten ist die aufbau- und ablauforganisatorische Gestaltung der Innovationsfunktion eine erfolgsentscheidende Aufgabe. Gerade in der heutigen Rezession sind Krisen oft Auslöser für neue Innovationsvorhaben, so dass sich das so genannte Innovationsverständnis, d. h. die Antworten auf die Schlüsselfragen nach der Notwendigkeit, Häufigkeit, Technologiehöhe, eigener Bereitschaft und Fähigkeit etc. bezüglich des Innovationsvorhabens, als veränderliche Größe gesehen werden muss. Hat beispielsweise ein Hersteller über viele Jahre in einem stabilen B2B-Verhältnis geliefert (z. B. an halbstaatliche Monopolisten oder große Altindustrien) und sei dieser nun im Zuge der Deregulierung ebenfalls von Einschnitten erfasst worden, so wird diese veränderte Situation (Abbau von Personal einerseits, Innovationszwang andererseits), völlig neue strukturelle Konsequenzen hervorrufen und obendrein auch noch einen neuen Innovationsprozess bedingen. Das was bei diesem Extrembeispiel deutlich wird, gilt aber heutzutage im Grunde genommen für jedes Unternehmen, da es im Zeitalter der Globalisierung und schwindender Informationsasymmetrien notwendig geworden ist, sowohl sämtliche Unternehmensprozesse als auch Strukturen sowie deren Prozessausrichtung kontinuierlich zu verbessern. Daher sprechen wir im Zusammenhang mit Innovationsvorhaben auch von der kontinuierlichen Weiterentwicklung der Innovationsfunktionen im Unternehmen.

Anmerkung: Unter Verbesserung wird selbstverständlich nicht nur Kostensenkung verstanden, da diese Spirale langfristig nicht aufgehen kann. Wettbewerb muss im Zeitalter der sich angleichenden Informationen, Methoden etc. (Entropietod des Wettbewerbs) intelligent, d. h. innovativ und strategisch, geführt werden, indem man z. B. den Wettbewerb zu bestimmten Handlungen veranlasst, seine Kosten erhöht, ihn ausgrenzt etc.)

Es wurde deutlich, dass der Innovationsprozess und die Unternehmensstruktur nicht voneinander trennbar sind und beide obendrein wettbewerbsbedingten Veränderungen unterliegen, wodurch das Erfordernis besteht, den Prozess als solches und auch die Strukturen, also die Integration der Innovationsfunktion, kontinuierlich zu verbessern.

Vor diesem Hintergrund haben wir ein Methoden-Set entwickelt, mit dessen Hilfe letztendlich der gesamte Innovationsprozess branchen-, produktgruppen- und unternehmensspezifisch unter Berücksichtigung der vorhandenen Ressourcen und der ermittelten Randbedingungen entwickelt und abschließend strukturgerecht integriert wird.

Bei dem Methoden-Set handelt es sich im Wesentlichen um eine befragende Ist-Analyse mit nachfolgender Entwicklung und Empfehlung, die beispielsweise folgende Schritte umfasst:

1. Analyse- und Befragungsmethoden zur objektiven Erfassung der Organisationsstrukturen, Ressourcen, Fähigkeiten etc.
2. Analysemethoden zur Ermittlung des notwendigen Innovationsumfangs (Innovationshöhe, Komplexität, Vielfalt etc.)
3. Entscheidungskriterien zur Festlegung der benötigten Funktionen, Strukturen, Instrumente, Tools etc.
4. Analyse und Berücksichtigung der vorhanden Gestaltungselemente für eine innovationsfördernde Unternehmenskultur sowie Analyse der kritischen Erfolgsfaktoren (CSF)

Im letzten Punkt ist die so genannte Unternehmenskultur erwähnt, der neben den Prozessen und Strukturen eine absolut entscheidende Schlüsselrolle zukommt. Einige Innovationsforscher halten eine innovationsförderliche Unternehmenskultur sogar für den *Top-Erfolgsfaktor* Nummer eins bezüglich der Innovationsfähigkeit eines Unternehmens. Unter Unternehmenskultur versteht man die Gesamtheit der im Laufe der Zeit in einem Unternehmen entstandenen und zu einem bestimmten Betrachtungszeitpunkt wirksamen

- Wertvorstellungen
- Verhaltensvorschriften (Normen) und
- Einstellungen.

Unternehmensintern prägt die Kultur das Denken, die Entscheidungen, die Handlungen und das Verhalten der Organisationsmitglieder und bestimmt nach außen, die Art und Weise der Interaktion zwischen dem Unternehmen und seiner Umwelt. Daher ist sie ein *kollektives Phänomen*, das den *unternehmensspezifischen Geist* eines Unternehmens beschreibt. Die Unterscheidung zwischen förderlicher und hemmender Kultur lässt bereits vermuten, dass die Wirkungen einer starken Kultur sehr ambivalent sein können, d. h. sie können faktisch sowohl zum Erfolg als auch zum Niedergang eines Unternehmens beitragen. Die Kulturwirkungen, die im Falle einer innovations*förderlichen* Kultur (im Gegensatz zur hemmenden) auch als Kulturfunktionen bezeichnet werden können, umfassen so genannte koordinierende, integrierende und motivierende Wirkungen, was bedeuten soll, dass:

- die mit einer Organisationshierarchie und Mistrauen verbundenen Steuerungs- und Kontrollmechanismen aufgeweicht werden.
- das Ressortdenken in ein gemeinschaftliches, abteilungsübergreifendes Denken umgewandelt wird.
- der Einzelne motiviert wird, gegen die internen Innovationswiderstände anzukämpfen.

Für die förderliche Kultur sind demnach bestimmte Voraussetzungen notwendig, nämlich unter anderem die Umwandlung von einer Mistrauensorganisation zu einer Vertrauensorganisation, in der die Organisationsmitglieder mit den übertragenen Aufgaben auch Verantwortung und Kompetenzen übertragen bekommen. Letztendlich resultiert aus dem Vertrauen das erwähnte Kooperationsdenken, welches nach einem Erfolgsfall wiederum das Vertrauen erhöht, d. h. die koordinierende und integrative Wirkung steht in einer kausalen Wechselbeziehung, die sich zu einer positiven Aufwärtsspirale entwickeln kann und in deren Verlauf obendrein die Motivation der Beteiligten zunimmt. Vertrauensverhältnisse sollten auch durch Verbindlichkeiten, d. h. schriftliche Vereinbarungen, untermauert werden, da dadurch Missverständnisse vermieden, Konfliktgefahren abgebaut und zusätzlich die Kooperation gefestigt wird.

Zu den genannten Voraussetzungen (Verantwortung, Kompetenzen, Vertrauen) kommen im Falle von innovations*förderlichen* Kulturen noch weitere, von der Unternehmensführung ausgehende, Kulturmerkmale hinzu:

- Eine hohe Wertschätzung gegenüber Innovationen, was die Führung durch spürbare Würdigungen von Erfindungen und Verbesserung zum Ausdruck bringt.
- Kongruentes Verhalten und Sicherheit für die Mitarbeiter, durch tatkräftige Unterstützung und schriftlichen Vereinbarungen anstelle von Worthülsen (z. B. Kündigungsschutz bei personalsparenden Prozessinnovationen).
- Kooperative Arbeits-, Führungs- und Beteiligungskonzepte als Anreizsystem
- Umfassende Aus- und Weiterbildung der Mitarbeiter, insbesondere betriebsintern durch Job-Rotation, um bereichsspezifische Probleme besser zu verstehen, und um informelle Beziehungsnetzwerke aufzubauen.
- Unterstützung und Förderung von hoch motivierten und innovativen Persönlichkeiten, die Probleme effizient zu Lösen sowie Ideen zu realisieren suchen und daher wie ein Innovationspromotor im Unternehmen wirken.
- Informationen werden den Innovationspromotoren uneingeschränkt und gezielt verfügbar gemacht, wodurch Orientierung, Motivation und gerichtete Kreativität bewirkt wird.
- Es werden zusätzlich kreative Freiräume geschaffen, indem die geförderten Mitarbeiter z. B. einen Teil ihrer Arbeitszeit für die Realisierung von Erfolg versprechenden Ideen (im Rahmen eines internen Wettbewerbs und ergebnisorientierten Evaluierungssystems) erhalten.
- Das mit eigenständigem Handeln oft zwangsweise verbundene Lernen aus Fehlern und Misserfolgen wird positiv gesehen und toleriert, jedoch kann ge-

mäß einer vorherigen Vereinbarung ab Überschreiten einer definierten Fehlerschwelle entsprechend sanktioniert werden.

Die Gestaltung einer innovationsförderlichen Unternehmenskultur, also der Prozess der Kulturveränderung, darf jedoch auch nicht ganz unkritisch betrachtet werden, weil er einerseits vergleichsweise viel Zeit beansprucht und andererseits aufgrund der destabilisierenden Wirkungen im Unternehmen mit gewissen Risiken verbunden ist. Darüber hinaus findet man in der Literatur Hinweise, wonach die so genannten Kulturalisten glauben machen wollen, dass sich die Unternehmenskultur als eine organisch gewachsene Lebenswelt sich jedem gezielten Gestaltungsprozess entzieht. Demgegenüber stehen jedoch die so genannten *Kulturingenieure*, die davon ausgehen, dass sich Unternehmenskulturen genauso wie andere Führungsinstrumente gezielt einsetzen und planmäßig verändern lassen. Die Wahrheit liegt vermutlich in der Mitte, d. h. es kann sicherlich langfristig einen evolutionären Wandel geben, der sowohl mit den oben genannten Merkmalen (Wertschätzung von Innovation, Beteiligungen, Freiräumen etc.), als auch mit Personalwechsel (neuen Charakteren) gestaltet werden kann. Daher sind die Veränderungszyklen sehr lang, die zum Beispiel an einer Stelle mit einer Dauer von 6 bis 15 Jahren und mit einer Erfolgsquote von 50% angegeben werden.

Die Machtverteilung im Unternehmen spielt dabei ebenfalls eine große Rolle. Ist diese beispielsweise hauptsächlich auf die Spitze konzentriert, und angenommen es sei die Führung selbst, die die Innovationstätigkeit blockiert, so kann durch einen gezielten Wechsel (oft in Krisenzeiten) der Veränderungsprozess sicherlich auch beschleunigt werden. Als praktisch unüberwindbar gilt dagegen eine breite und tiefe Machtverteilung im Unternehmen, bei der sich beispielsweise die Leiter der Linienfunktionen und auch einzelne Mitarbeiter (durch ihr unternehmensspezifisches Wissen) unentbehrlich gemacht haben und sich obendrein gegen jegliche Veränderungen wehren. Lediglich Minderheiten, deren Gedanken und Verhalten sich offensichtlich nicht mehr ändern lässt, können ausgetauscht werden. Daher kann eine innovationsförderliche Kultur nur dann entstehen, wenn diese von allen Beteiligten (von der Mehrheit plus Führung) gelebt und getragen wird.

In der Branche der Steckverbinder- und Kabelhersteller finden sich einige kleinere konservative Familienunternehmen der Nachkriegszeit, die sich den wirtschaftlichen und gesellschaftlichen Veränderungen bereits sehr gut und erfolgreich angepasst haben. Allerdings kann man nur immer wieder betonen, dass sich diese in ihrem eigenen Interesse noch stärker und selbstkritischer mit der Bedeutung von Unternehmenskultur auseinandersetzen sollten, um die Chancen einer innovationsförderlichen Kultur noch besser zu nutzen als es vielleicht bisher der Fall war. Daher sprechen wir im Zusammenhang mit der Unternehmenskultur ebenfalls von einem kontinuierlichen Verbesserungsprozess. Dringt dieser Gedanke nicht bis in die Unternehmensspitze vor oder wird die innovative Kultur nicht von allen gelebt, wird sich diese vermutlich leider auch nicht durchsetzen lassen. Neue, dynamische Mitarbeiter können in solchen Unternehmen nur wenig beitragen, da unangepasste Querdenker vom Immunsystem des Unternehmensorganismus wieder ausgesondert oder erst gar nicht hereingelassen werden. Der notwendige Veränderungsprozess ist noch größer als zum Beispiel die Einführung von TQM oder anderen unternehmensweiten Maßnahmen. Die Geschäftsführung selbst und die oberste Führungsebene müssen erkennen und verstehen, dass die Gestaltungsmaßnahmen für die Einführung einer innovationsfördernden Unternehmenskultur von ihnen ausgehen und deren Merkmale vorgelebt werden müssen.

2.8 Ausgliederung der Innovationsfunktion

Das Innovationsverständnis definiert sich unter anderem durch die Notwendigkeit, Häufigkeit, Neuartigkeit für das eigene Unternehmen sowie durch die eigene Bereitschaft und Fähigkeit zur Innovation. Nicht alle Unternehmen müssen ständig und auf hohem Niveau innovativ sein, so dass es sich für solche Unternehmen nicht lohnen würde, den kompletten Innovationsprozess im eigenen Unternehmen abzubilden. Dem entgegen steht oft der (Irr)Glaube, dass der Innovationsprozess nur dann erfolgreich sei, wenn er von der Ideengenerierung bis zur Markteinführung im eigenen Hause durchgeführt wird (not-invented-here-Syndrom).

Der richtige Weg lässt sich durch die Analyse bzw. Beantwortung von einigen Schlüsselfragen herausfinden (siehe auch Vahs [7] in Anlehnung an Hauschildt [4]) sowie durch Abwägen der jeweiligen Vor- und Nachteile und Berücksichtigung zukünftiger Vorhaben (Unternehmensmission).

Zu den in der Praxis üblichen und in der Literatur immer wieder aufgeführten Alternativen zählen die nachfolgenden Möglichkeiten der Ausgliederung:

Übernahme externer Innovationen

- Lizenznahme
- Externe Beauftragung von Forschung und Entwicklung
- Erwerb neuer Produkte und Verfahren
- Akquisition innovativer Unternehmen

- Zusammenarbeit mehrerer Unternehmen bei Innovationen
- Innovationskooperation
- Gemeinschaftsforschung
- Gründung eines Gemeinschaftsunternehmens (Joint Venture)

Selbstverständlich sind auch Mischformen denkbar, je nachdem für welches konkretes Produkt, Produktgruppe/Technologie, Prozess etc., eine Spezialisierungslücke im eigenen Innovationsprozess besteht. Neuste Forschungsergebnisse werden typischerweise durch Institute oder Universitäten erlangt, fachliche oder methodische Unterstützung beispielsweise durch spezialisierte Unternehmensberatungen, Trendbestätigungen am besten durch marktübergreifend denkende Trendforscher, usw. Es ist leider ein verbreiteter Irrglaube, Kosten sparen zu können, indem man versucht solche Aufgaben grundsätzlich selbst zu erledigen. Oft ist am Ende das Gegenteil der Fall.

Wir wollen die Vor- und Nachteile der einzelnen oben aufgeführten Möglichkeiten der Ausgliederung hier nicht weiter vertiefen, sondern stattdessen in den nachfolgenden Abschnitten noch einige interessante Hinweise auf weitere, ausgliederbare Funktionen geben, die zum Teil erst in jüngerer Zeit Verbreitung gefunden haben.

2.8.1 Auslagerung der strategischen Frühaufklärung

Im Rahmen der strategischen Produktplanung (siehe obiger Abschnitt) sind wir bereits ausführlich auf die Bedeutung der strategischen Frühaufklärung (SFA) als „Radar" zum Auffangen und Interpretieren von schwachen Marktsignalen für die rechtzeitige Wahrnehmung von Marktchancen (siehe auch Abschnitt „Innovationsoptionen") eingegangen. Auch dieses Instrument kann nach Meinung der Autoren an externe Spezialisten ausgegliedert werden, d. h. nicht nur fertige Innovation in Form von Lizenznahme, neuen Produkten etc. können beschafft werden, sondern auch konkrete, unternehmensspezifische Handlungsempfehlungen, zumal die SFA im Rahmen des Reporting eindeutige, aufbereitete Ergebnisse in Form von Entscheidungsgrundlagen liefert. Das hätte den Vorteil, dass Unternehmen, die sich beispielsweise bereits grundsätzlich für eine hausinterne Innovations- und Entwicklungstätigkeit entschieden haben, die für Innovationen notwendigen, fachübergreifenden Impulse zwar von außen bekommen, aber die eigentlichen Innovationen (Patente etc.) im Hause behalten könnten.

Die Beauftragung einer solchen Dienstleistung hätte darüber hinaus die Vorteile:

- Rechtzeitig auf neue Trends und Marktchancen reagieren zu können
- Zeitpunkte optimal zu treffen (Technologieentscheidung, Markteintritt etc.)
- Fachübergreifende und vom Unternehmen losgelöste Denkweise
- Kostengünstige Abwicklung aufgrund höherer Spezialisierung

Dieses erfordert einerseits eine enge und vertrauensvolle Zusammenarbeit mit dem beauftragten Spezialisten, andererseits sollten die Unternehmen ihre Bedenken bezüglich der Herausgabe von Suchfeldern und Problemstellungen nicht überbewerten, zumal in der heutigen, schnelllebigen Informationsgesellschaft ohnehin die groben Richtungen und Vorhaben der Marktteilnehmer relativ offensichtlich sind (mehr dazu in den beiden folgenden Abschnitten). Die hohe Kunst besteht vielmehr im richtigen Filtern, Formatieren, in Relation setzen, Verstehen und abschließenden Fokussieren und Bewerten der Informationen, was eben nicht jeder beherrscht.

2.8.2 Öffnung von Innovationsprozessen und Ideenkanälen

Ein von Technologien und Innovationen abhängiges Unternehmen wird sich mit den Ergebnissen der eigenen Forscher und Entwickler langfristig nur sehr schwer behaupten können, da eigene Ideen, insbesondere auf Rand- oder Spezialgebieten nicht mehr effektiv und ausreichend generiert werden können. Schon lange arbeiten in einer Welt voller frei verfügbarem Wissen, Informationen und bekannten Problemstellungen nicht alle klugen Köpfe für das eigene Unternehmen. Die kreativen Köpfe leben weit verstreut und sind aber enger vernetzt denn je. Sie sind aus diversen Gründen (demografische, soziale, wirtschaftliche etc.) zur knappen Ressource geworden und wechseln dementsprechend öfter den Arbeitsplatz, hin zu denjenigen Firmen, die ihre Ideen und Talente nutzen wollen, forschen im universitären Umfeld oder gründen selbst ein Start-up-Unternehmen.
Für die Firmen bedeutet dieses wiederum, dass sie sehr geschickt ihren Innovationsprozess nach außen öffnen müssen, indem sie einerseits Ideen und/oder Köpfe importieren, aber andererseits auch nicht zu viel strategierelevante Information herausgeben.

Das Öffnen des Innovationsprozesses nach außen kann auf unterschiedlichste Art und Weise erfolgen, wobei allen neu entwickelten Öffnungsmaßnahmen gemeinsam ist, neue Ideenkanäle aufzubauen, die in das eigene Unternehmen hinein reichen. So hat beispielsweise der Pharmakonzern Eli Lilly seine Problemfälle in Verbindung mit einer monetären, erfolgsabhängigen Problemlösungs-Prämie im Internet veröffentlicht (www.innocentive.com). Hierbei wird deutlich, dass die Veröffentlichung von isolierten Problemstellungen, die aus dem System- und Strategiezusammenhang herausgelöst sind, wahrscheinlich keine so hohe Bedeutung hat, zumal andere Marktteilnehmer ohnehin vor gleichen oder ähnlichen Problemen stehen.

Die Gründung von kleinen Forschungslaboren im universitären Umfeld ist ein anderes Beispiel für den Aufbau von informellen Netzen. So unterhält beispielsweise der Halbleiterhersteller Intel so genannte Lablets, um den Hochschulen einerseits Einblicke in die eigene F&E zu gewähren, und andererseits selber Zugang zu akademischen Kreisen zu erhalten. (Siehe Chesborough, A Better Way to Innovate [8]).

Einen weniger aufwendigen Weg stellt das Beauftragen und Einkaufen von Ideen bei Ideenbrokern oder Thinktanks dar (z. B. www.bigideagroup.net oder www.ideo.com).

Welchen Weg der Öffnung man auch immer wählen mag, es ist stets eine branchen- und unternehmensspezifische Maßnahme, die jede Firma für sich entwickeln muss.

Die Industrie steht grade erst am Anfang neuartiger Öffnungsprozesse, so dass es noch zu früh ist, den konkreten Erfolg der verschiedenen Maßnahmen zu beurteilen. Aber die Tatsache allein, dass Großunternehmen in diese Richtung handeln, zeigt den Bedarf an guten Ideen und Köpfen. Beim Mittelstand dürfte dieser Trend zukünftig zu einer noch stärkeren Verknappung dieser ohnehin begrenzten Ressource führen, so dass sich insbesondere die KMU frühzeitig Gedanken machen sollten, wie sie künftig den Kontakt zu diesen kreativen und kompetenten Spezialisten aufbauen und pflegen wollen.

2.8.3 Strategische Informationspolitik

Nicht zuletzt spielt auch die nach außen gerichtete strategische Informationspolitik im Rahmen der dynamischen Wettbewerbsstrategie eine große Rolle. Das obige Beispiel der Internetveröffentlichung lässt vermuten, dass die Veröffentlichung eines zu lösenden Detailproblems wahrscheinlich keine sehr hohe Wirkung auf das produktbezogene Handeln der Konkurrenz hat. Anders wäre sicherlich die Situation, wenn ein Unternehmen öffentlich ankündigen würde, ein bestimmtes Produkt mit bestimmten Eigenschaften und Merkmalen (natürlich ohne technische Details) innerhalb kurzer Zeit mit hohen Investitionen zu entwickeln. Durch die öffentliche und frühzeitige Ankündigung von innovativen Produkten oder neuen Produktmerkmalen könnten relative Wettbewerber eine Zeitlang in die Rolle des abwartenden Beobachters gebracht werden, was so viel bedeutet, dass diese dann höchstwahrscheinlich keine Investitionen in die gleiche Sache vornehmen werden, was dem ankündigenden Unternehmen einen Zeitvorsprung verschaffen könnte – selbst wenn es am Ende vielleicht doch nicht mit diesem Produkt an den Markt geht. Eventuell wird der Wettbewerber aber auch dazu animiert ein Produkt mit anderen Merkmalen für eine andere Zielgruppe herzustellen (was dann einer Art vorzeitiger Marktabsprache gleichkäme) oder er wird möglicherweise zu generell mehr Leistung angespornt. Letzteres zeigt auf, dass der Umgang mit solchen strategischen Informationen auch sehr gefährlich sein kann.

Es gibt beispielsweise die Möglichkeit, mit Hilfe der Conjoint-Analyse (eigentlich ein Marketinginstrument zur Analyse und Erhebung von Produktmerkmalskombinationen, die zu einer Kaufentscheidung/Verhalten führen), die Handlungen von Wettbewerbern vorauszuahnen, je nach angekündigten Produktmerkmalen [9]. Die möglichen Schachzüge der relativen Wettbewerber müssen von Spezialisten, die mit der Spieltheorie und „dynamischen Strategien bestens vertraut sind, gut vorausgedacht werden, da ansonsten die eigenen Risiken größer als die Chancen werden könnten. Oftmals sind die eigenen Mitarbeiter dafür nicht ausgebildet, so dass man sich auch in diesem Bereich externer Unterstützung bedienen sollte.

Es bleibt abschießend festzuhalten, dass die Liste der ausgliederfähigen Funktionen letztendlich auch nur beispielhaften Charakter haben kann, da es sicherlich auch noch andere Spezialgebiete im Innovationsprozess gibt, die externe Firmen, Berater oder Forscher besser beherrschen. Ausgliedern von (Innovations)funktionen macht grundsätzlich immer dann Sinn, wenn die Spezialisierung der externen Helfer einen effektiveren Lösungsweg im Vergleich zur eigenen Lösung ermöglicht. Dieses ist nichts Neues und vielen Unternehmen klar. Dennoch wird dieses Ausgliedern nicht allzu oft praktiziert, weil gewisse Ängste (not-invented-here) und reines Kostendenken anstelle von Investitionsdenken (siehe auch Abschnitt Innovationswiderstände) vorherrschen. Dieses wird sich aber im Laufe der Zeit sicherlich noch ändern, vielleicht schon ein wenig durch diese Hinweise und Beispiele.

2.9 Literatur

[1] Cooper, R.: Top oder Flop in der Produktentwicklung, Erfolgsstrategien: Von der Idee zum Launch; Wiley-VCH, Weinheim 2002
[2] Backhaus, K.: Investitionsgütermarketing, 4. Auflage, Vahlen, München 1995
[3] Gausemeier, J. / Ebbesmeyer, P. / Kallmeyer,F.:Produktinnovation, Strategische Planung und Entwicklung von Produkten von morgen, Hanser, München 2001
[4] Hauschildt, J.: Innovationsmanagement, 2. Auflage, Vahlen, München 1997
[5] Pleschak, F. / Sabisch, H.: Innovationsmanagement, Schäffer-Poeschel UTB, Stuttgart 1996
[6] Vester, F.: Die Kunst vernetzt zu denken, Ideen und Werkzeuge für einen neuen Umgang mit Komplexität, 5. Auflage, DVA, Stuttgart 2000
[7] Vahs, D. / Burmester, R.: Innovationsmanagement, Von der Produktidee zur erfolgreichen Vermarktung, 2. Auflage, Schäffer-Poeschel, Stuttgart 2002
[8] Chesborough, H. W.: A Better Way to Innovate, Harvard Business Review, Nr. 7, Juli 2003
[9] Staudt, E.: Innovationsforschung 2002, Innovationspatt – Ein reformfeindliches Establishment verspielt Deutschlands Chancen, IAI e.V., No. 204, Uni Bochum, 2002

Sonstige Literatur

Hippel,E., Thomke, S., Sonnack, M.: Creating Breaktroughs at 3M, Harvard Business Review, Reprint 99510, September-October 1999

Brockhoff,K: Forschung und Entwicklung, Planung und Kontrolle, 5. Auflage, Oldenburg Verlag, München 1999

Boutellier, R / Völker, R. / Voit, E: Innovationscontrolling, Forschungs- und Entwicklungsprozesse gezielt planen und steuern, Hanser, München 1999

Gerpott,T.:Strategisches Technologie- und Innovationsmanagement, Schäffer-Poeschel UTB, Stuttgart 1999

Möhrle,M. / Isenmann,R.: Technologie-Roadmapping, Zukunftsstrategien für Technologieunternehmen, Springer, Berlin Heidelberg 2002

Vester,F.: Die Kunst vernetzt zu denken, Ideen und Werkzeuge für einen neuen Umgang mit Komplexität, 5. Auflage, DVA, Stuttgart 2000

Klein,B.: TRIZ / TIPS – Methodik des erfinderischen Problemlösens, Oldenbourg, München 2002

Pannenbäcker,T.: Methodisches Erfinden in Unternehmen, Bedarf, Konzept, Perspektiven für TRIZ-basierte Erfolge, 1. Auflage, Gabler, Wiesbaden 2001

Day,G.S. / Reibstein, D.J.: Wharton on Dynamic Competitive Strategy, Wiley & Sons, USA 1997

Projektmanagement Fachmann Band 1 und 2 gemäß GPM, 7. Auflage, RKW, Eschborn 2003

Schulz-Wimmer,H.: Projekte managen, Werkzeuge für effizientes Organisieren, Durchführen und Nachhalten von Projekten, Haufe, Planegg 2002

Knoblauch, G.: Steckverbinder, Systemkonzepte und Technologien, 2. Auflage, Expert, Renningen 2002

GMM-Fachbericht 41: Optische und elektronische Verbindungstechnik 2003, GMM-VDE-ITG Fachtagung München 2003, VDE, Berlin 2003

Senior, J.: Optical Fiber Communications, Principles and Practice, Second Edition, Prentice Hall, UK, Hemel Hempstead UK 1992

Smith, D.: Optoelectronic Devices, Prentice Hall Europe, Hemel Hempstead UK 1995

Krauss, O.: DWDM und Optische Netze, Eine Einführung in die Terabit-Technologie, Siemens (Hrsg.), Publicis, Erlangen 2002

Kauffels, F.: Optische Netze, mitp-Verlag, Bonn 2002

Siegmund, G.: Technik der Netze, 3. Auflage, R.v.Decker Hüthig, Heidelberg 1996

Daum, W. / Krauser, J. / Zamzow, P / Ziemann, O.: Optische Polymerfasern für die Datenkommunikation, Springer, Berlin Heidelberg 2001

Kristiansen, R.E.: Guiding light with holey fibers, Article by Crystal Fibre A/S in SPIE´s OE-Magazin, June 2002

3 Innovationsmanagement in der Praxis: Elektrische und optische Steckverbinder für die Ethernet-Verkabelung

Ralf Knoll; Gwillem Mosedale

3.1 Einführung

Durch einen Blick auf vergangene Produktentwicklungen wird deutlich, dass Hersteller von Steckerverbindern Innovationschancen am besten wahrnehmen können, wenn sie die Tendenz zukünftiger Normen und das Innovationspotenzial einer markttechnischen Weichenstellung richtig einschätzen.

Da Innovationsentscheidungen auf weit mehr als nur auf technischen Aspekten basieren, erarbeiten wir – *Ingenieurbüro Knoll; Engineering & Consulting* – außerdem einige komplementäre Gesichtspunkte, die in die Wahl des Innovationsgrades von Steckverbindern einfließen.

Abschließend weisen wir auf die verschiedenen Dimensionen des Innovationsmanagements hin und greifen ein Beispiel des von 3M angewandten Methodenwissens auf. Dieses Methodenwissen wird durch relevante Beispiele aus der Steckverbinderwelt veranschaulicht. Zur Theorie sei auf Beitrag 2 (Innovationsmanagement zur erfolgreichen Entwicklung und Vermarktung von Steckverbindern) hingewiesen.

3.2 Normen und Innovation

3.2.1 Das Beispiel RJ-45

Seitdem verdrillte Kupferleitungen die ursprünglichen Koaxialkabel abgelöst haben, ist der RJ-45 Steckverbinder eine feste Größe in der Ethernet-Verkabelung. Dank seines normierten Steckergesichts, seiner starken Verbreitung und der Tatsache, dass er den steigenden Datenraten stets gewachsen gewesen ist, hat sich dieser Steckertyp von Kategorie 3 bis Kategorie 5 behauptet.
Für die weitere Anwendung von kupferbasiertem Ethernet über Kategorie 5 hinaus waren allerdings neue Ansätze erforderlich, weil die Kontaktdichte des RJ-45 es nicht mehr erlaubte die Signale einwandfrei zu unterscheiden. So wurde für eine Anpassung an die Erfordernisse der Kategorie 6 die Steckergeometrie optimiert. Auch im Vorfeld der erwarteten Kategorie 7 Normierung herrschte intensivierte Entwicklungsarbeit, die sich in einer, für RJ-45 Verhältnisse, relativ großen Steckervielfalt widerspiegelte (Bild 3.1).

Die Zeitspanne zwischen Kategorie 3 und Kategorie 5 war, was die Arbeitsplatzverkabelung betraf, also nur bedingt innovationsträchtig. Allerdings wurde der RJ-45 auf anderem Gebiet weiterentwickelt und z. B. industrietauglich gemacht. Als Beispiel sei hier der Y-ConRJ45 von Yamaichi erwähnt.

Aus Gründen der Vollständigkeit sei auch erwähnt, dass mit Ausnahme von einigen Nischen wie z. B. in der Forschung und Entwicklung, der Wert von Netzwerkimplementierungen auf der Basis von Kategorie 7 Verkabelungen teilweise noch umstritten sind. Der Wert dieses kurzen Anschauungsbeispiels für die Innovationsträchtigkeit eines durch Normen bestimmten Marktes ist dadurch aber nicht beeinträchtigt.

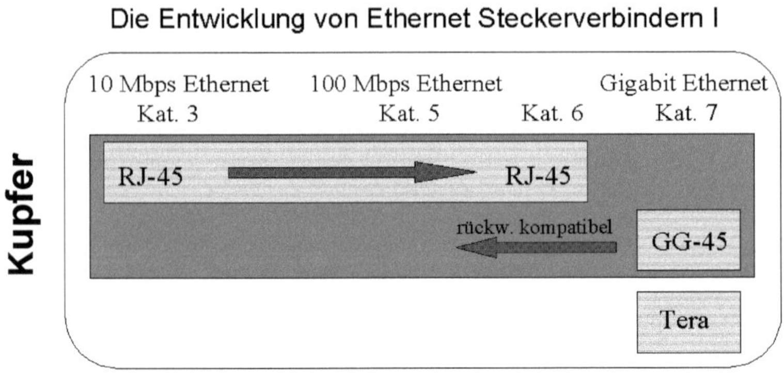

Die Entwicklung von Ethernet Steckerverbindern I

Kupfer

10 Mbps Ethernet Kat. 3

100 Mbps Ethernet Kat. 5

Kat. 6

Gigabit Ethernet Kat. 7

RJ-45 → RJ-45

rückw. kompatibel

GG-45

Tera

Bild 3.1: Der RJ-45 als dominanter Steckverbinder. Erst die Anforderungen der Kategorien 6 und 7 führten zu Neuentwicklungen.

Dass das relative Verhältnis zwischen Innovation und Normierung mitunter auch anders gewählt werden kann als im Fall des RJ-45, sieht man am Beispiel einer jüngeren Steckverbinderfamilie, der Small-Form-Factor (SFF) Steckverbinder.

3.2.2 Small-Form-Factor (SFF) Steckverbinder

Eine Reihe von verschiedenen, speziell auf die Arbeitsplatzverkabelung zugeschnittene, Steckverbindern wurden ab 1995 auf den Markt gebracht.

Um konkurrenzfähig zu sein, mussten diese optischen Steckverbinder sich an die Eigenschaften der bereits bestehenden elektrischen Steckverbinder, sprich des RJ-45, annähern. In der Praxis bedeutete das niedrigere Kosten, ein kleineres Steckergesicht, und eventuell auch eine zeitsparendere Konfektion im Vergleich zum bereits existierenden optischen SC-Stecker. Diese anspruchsvolleren Anforderungen bedeuteten, dass der SC-Steckverbinder für eine Anwendung am Arbeitsplatz wenig geeignet war und auch weiterhin anderweitig eingesetzt wurde. Der Grundstein für die Entwicklung einer neuen, optischen Steckverbinderfamilie, der Small-Form-Factor (SFF) Steckverbinder war hiermit gelegt (Bild 3.2).

Kompatibilität wie im Falle des RJ-45 war hier nicht das oberste Gebot. Vielmehr sollten die neuen Steckverbinder in der Herstellung billiger sein und weniger Platz einnehmen. Die Zulassung einer relativ großen Anzahl von optischen SFF-Steckverbindern in den USA ermöglichte die z.T. grundliegend neuen Ansätze, die wir hier anführen. Nicht alle der beschriebenen Steckervarianten sind in Deutsche Normen eingeflossen.

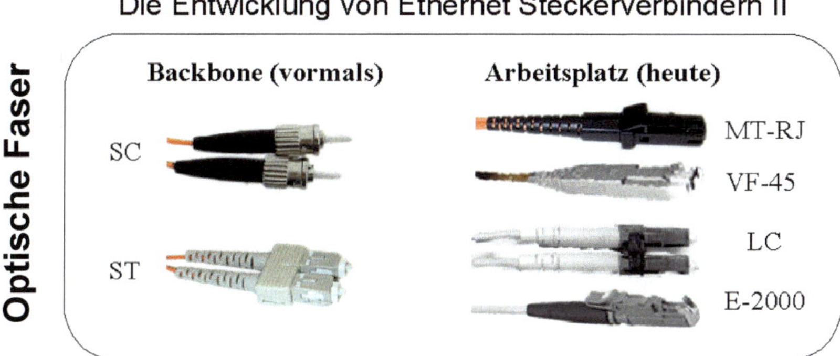

Bild 3.2: Erweiterung der LWL-Steckverbinderfamilie
Der traditionelle SC-LWL-Steckverbinder und die neue Generation von kleinformatigen optischen Steckverbindern

3.2.3 Analyse der SFF-Steckverbinder in Bezug auf Innovation

Die Akteure im optischen SFF-Steckverbinder Markt haben größtenteils unterschiedliche Akzente gesetzt und einen individuellen Innovationsgrad gewählt (Bild 3.3). Bei dieser Grafik geht es darum, den Unterschied zwischen zwei möglichen Ansätzen in der Produktentwicklung heraus zu arbeiten:

- Die Vertiefung von bereits existierenden Lösungskonzepten durch technische Höchstleistungen und/oder Produktkomplexität (hier technische Komplexität genannt), und
- der Entwicklung und Umsetzung von gänzlich neuen Ansätzen (hier unter dem Begriff Innovationsgrad zusammengefasst),

Die Grafik unterscheidet bewusst zwischen Innovationsgrad und technischer Komplexität, um zu verdeutlichen, dass hochwertige technische Fertigkeiten nicht immer einen hohen Innovationsgrad nach sich ziehen.

Für sich allein genommen führt technisches Vermögen manchmal zu überzüchteten Produkten, die aufgrund ihres Preises vom Markt abgelehnt werden. Umgekehrt bedarf es nicht notwendigerweise einer komplexen Produktneuerung, um innovativ im Markt auftreten zu können. Darüber hinaus kann eine einfache Bauweise zu Kostenvorteilen führen, die mitunter eine absolute Voraussetzung für die Akzeptanz eines neuartigen Produktes im Markt sind.

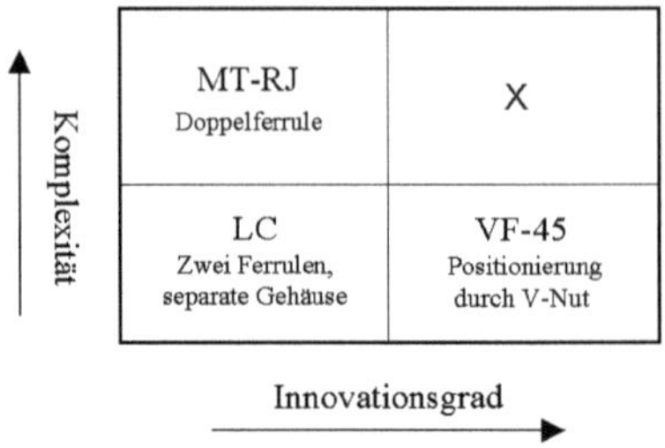

Bild 3.3: LWL-Steckverbinder für die Netzwerkanbindung des Arbeitsplatzes
Unterscheidung nach technischem Aufwand und Innovationsgrad

Der LC-Steckverbinder ist eine verkleinerte Version des SC-Steckverbinders. Seine Keramikferrule misst im Durchmesser 1,25mm. Damit ist der LC etwa halb so groß wie der SC-Steckerverbinder und ist in seiner Größe mit dem RJ-45 vergleichbar. Durch einen bescheidenen Innovationsgrad wahrt der LC als einziger hier beschriebener Steckverbinder ein besonderes Attribut des SC-Steckverbinders: Modularität. Der LC kann als Simplex- oder Duplex-Steckverbinder eingesetzt werden und ist aufgrund seines breiten Anwendungsspektrums für seine Hersteller attraktiv. Durch einen offensichtlich moderaten Innovationsgrad wird Abnehmern zugleich geringes Risiko signalisiert, was im Allgemeinen einer schnellen Marktpenetration zuträglich ist.

Der MT-RJ-Stecker vereint zwei Fasern in einer einzigen Ferrule aus Plastik. Das ist im Vergleich mit dem LC sowohl innovativer als auch komplexer. Der benötigte Aufwand um zwei Fasern gleichzeitig akkurat zu positionieren ist größer. Auch der Einsatz eines neuen, langfristig billigeren Ferrulenmaterials (Plastik) ist innovativer, ohne jedoch ganz an den Neuerungsgrad des VF-45 heranzureichen, der gänzlich ohne Ferrule auskommt.

Im VF-45-Stecksystem sind die beiden Fasern auf der Buchsenseite in einer V-Nut eingeklemmt. Die Fasern des Steckers sind weitgehend flexibel, und werden erst beim Stecken anhand der Buchsenseitigen V-Nut unter Biegung der Faser (die V-Nut in der Buchse liegt nicht horizontal) exakt positioniert. Die Biegung ist für den Druck verantwortlich, der die steckerseitigen Fasern fest gegen die V-Nut andrückt. Sie schafft gleichzeitig auch einen Spielraum, um geringe Über- oder Unterlängen der Fasern zu kompensieren. Durch Einsatz von Klemmtechnik entfällt das Kleben der Fasern, der Konfektionsaufwand wird dadurch reduziert.

Die Tatsache, dass es unter den optischen SFF-Steckverbindern kein Beispiel für ein Produkt mit hohem Innovationsgrad und großer Komplexität gibt ist nicht unbedingt verwunderlich. Zum einen beruhen signifikante Produktinnovationen oft auf relativ einfachen, neuartigen Ideen. Außerdem war die Bedingung für die Erschließung des Arbeitsplatzanschlusses durch LWL-Steckverbinder, dass letztere billiger als ihre Vorgänger sind. Damit scheidet für optische SFF-Steckverbinder Komplexität aus Kostengründen grundsätzlich aus. Selbst der hier als relativ komplex angeführte MT-RJ-Steckverbinder ist im Vergleich mit anderen Steckverbindern, z. B. dem in der ersten Grafik angeführten GG-45 nicht ausgesprochen komplex.

3.2.4 Den Innovationsgrad richtig wählen

Es wurde bereits angedeutet, dass auch kleinere Innovationsgrade durchaus Vorteile haben (vergleiche LC-Steckverbinder). Die größte Neuerung ist nicht automatisch auch die erfolgreichste. Weil Innovation lediglich Mittel zum Zweck ist, sollte der Markterfolg immer im Vordergrund stehen und der Innovationsgrad entsprechend hoch oder niedrig gewählt sein. Tatsächlich gilt es, wie oben beschrieben, den Innovationsgrad auch noch der Technologie-, Markt- und Normsituation anzupassen. Unabhängig von diesen Faktoren gibt es auch interne Einflüsse, die es manchen Unternehmen ermöglichen innovativer zu sein als andere. Ein Unternehmen mit wenig Innovationserfahrung kann seine Produktentwicklung nicht von heute auf morgen umstellen. Bei der erfolgreichen Umsetzung eines wirklich innovativen Produktes ist nämlich nicht nur die Forschung und Entwicklung gefordert. Der Informationsfluss zwischen vielen Bereichen des Unternehmens (z. B. Marketing, Einkauf, Produktion, Vertrieb) muss gewährleistet sein, jede Abteilung muss die neuartigen Anforderungen des Produktes erkennen und sich dann an diese anpassen, oder sich eventuell sogar komplett neu aufstellen.

Hat ein Unternehmen sich aus einer besonders defensiven oder offensiven Einstellung heraus gar dazu entschlossen eine größere, besonders vielversprechende Innovation zu verfolgen, muss es mitunter sogar zu einer strategischen Neuausrichtung des Unternehmens kommen, die von der Unternehmensführung nicht nur geduldet, sondern auch aktiv mitgetragen werden muss.

Prinzipiell sind dem unternehmerischen Ehrgeiz bei der Konzipierung eines neuen Produktes wenig Grenzen gesetzt. In der Praxis kann es jedoch wichtige Einschränkungen geben. Eine neue Produktidee sollte sowohl die technischen Fähigkeiten als auch die Anpassungsfähigkeit der verschiedenen (z.T. nichttechnischen) Unternehmensbereiche, nicht überfordern.
So wie man seine technischen Fähigkeiten im Auge behalten sollte, ist es nötig auch den Innovationsgrad richtig zu wählen. Unternehmenskultur, Risikobereitschaft und die Existenz erprobter Innovationsprozesse sind einige Gesichtspunkte, die mit in eine gute Entscheidung einfließen.

3.2.5 Innovationsmanagement bei 3M

Die Firma 3M, die neben einer Vielzahl von anderen Produkten auch den VF-45 LWL-Steckverbinder vermarktet, ist als innovatives Unternehmen bekannt. Offizielles Ziel des Unternehmens ist es jedes Jahr etwa 30% seines Umsatzes mit Produkten zu erwirtschaften, die jünger als vier Jahre sind. Dazu sei bemerkt, dass hier von der Geschäftsführung gänzlich neue Produkte verlangt werden, und nicht etwa geringfügige Weiterentwicklungen von bereits existierenden Produkten.

Untermauert ist diese Zielvorgabe durch konkrete Maßnahmen. Es wird auf höchster Ebene eine auf Innovation ausgerichtete Unternehmenskultur gefördert. Das geschieht z. B. dadurch, dass technischen Mitarbeitern Karriereperspektiven als Spezialisten geboten werden. Um im Unternehmen erfolgreich zu sein, muss ein 3M Mitarbeiter also nicht zwangsläufig zum Manager werden.

Des Weiteren dürfen manche 3M Mitarbeiter 15% ihrer bezahlten Arbeitszeit verwenden, um eigene Produktideen zu verfolgen. Wissenstransfer und Ideenaustausch innerhalb des Unternehmens werden gefördert, gesonderte Geldmittel stehen zur Verfügung, um ein gewisse Anzahl von ungewöhnlichen Projekten (sprich: Projekte deren Rentabilität nicht sofort ersichtlich ist) zu finanzieren und manche Mitarbeiter werden über mehrere Monate an Forschungseinrichtungen abgestellt damit sie neue Technologien oder Methodenwissen erlernen. Demnach ist 3M ein Beispiel für ein Unternehmen, das danach strebt, Innovation so weit wie möglich zu verinnerlichen. Wenn die betriebliche Veranlagung zur Innovation sich in der Unternehmenskultur widerspiegelt, ist das ein enormer Wettbewerbsvorteil.

Nicht jedes Unternehmen muss (oder sollte) nach einem solchen Zustand streben. Da sich Unternehmenskulturen über Jahre hinweg entwickeln und die Faktoren, die sie ausmachen aufeinander abgestimmt sein müssen, muss man die Unternehmenskultur unbedingt holistisch betrachten. Genauso wie eine Unternehmenskultur als Ganzes nur schwer definierbar ist, lässt sich eine innovative Kultur nicht ohne weiteres durch vereinzelte Maßnahmen in ein Unternehmen einpflanzen.

Als Abhilfe für Unternehmen, die dennoch nicht auf Innovation verzichten möchten, gibt es Methodenwissen, das unabhängig von der Unternehmenskultur den Innovationsprozess unterstützt.

3.2.6 Methodenwissen Innovationsmanagement

Das vom Massachusetts Institute of Technology (MIT) entwickelte und von 3M angewandte Lead User Verfahren (siehe E. Hippel) bietet zum Beispiel einen Leitfaden zur systematischen Ideensuche. Damit entfällt die orientierungslose und oftmals frustrierende Suche nach einem neuartigen Produkt. Das Lead User Verfahren macht sich die Tatsache zunutze, dass einzelne Gruppen in Wirtschaft oder Forschung (die sogenannten lead user nach Hippel) bereits in verwandten Bereichen innovativ tätig geworden sind und ihre Ideen unter Umständen sogar schon sehr erfolgreich einsetzen. Die unmittelbare Herausforderung beim Lead User Verfahren beschränkt sich also darauf, diese Experten für eine Zusammenarbeit zu gewinnen, den Erfolg der so geschaffenen multidisziplinären Gruppe durch gezieltes Seminarmanagement zu fördern, und die vielversprechendsten Konzepte auszuwählen und umzusetzen. Dabei werden letztere eventuell miteinander verknüpft oder abgewandelt bevor sie auf das eigene Anwendungsgebiet übertragen werden. Hier steht also nicht mehr die unstrukturierte, kreative Leistung im Vordergrund, sondern die Fähigkeit Prozesse anzuwenden, was vielen Unternehmen entgegenkommt.

Am Beispiel der V-Nuten, die sowohl im VF-45 Steckverbinder von 3M (siehe oben) als auch im Optoclip von Huber & Suhner verwendet werden, erkennt man, dass die Übertragung von Lösungen aus anderen Bereichen auch für Steckverbinder durchaus wertvoll sein kann. V-Nuten wurden in Anlehnung an eine bereits jahrzehntelang praktizierte Verbindungstechnik, dem mechanischen Spleißen, auf Steckverbinder übertragen.

Da lead user ihre Lösung oftmals in einem sehr viel kleineren Rahmen anwenden (man denke z. B. an Forschungseinrichtungen) bzw. in nicht verwandten Anwendungsgebieten tätig sind (z. B. Kunden), bleibt einem eine eigene Entwicklungsarbeit und ein gewisses Marktrisiko nicht vollständig erspart. Innovation bleibt also trotz aller Methodik mit Aufwand und Risiko behaftet. Auch das wird am Beispiel der V-Nuten deutlich: Erst durch die Biegung der Faser und der damit verbundenen Entwicklungsarbeit wurde es möglich V-Nuten erfolgreich in einem Steckverbinder einzusetzen.

Obwohl das Lead User Verfahren und andere Methoden allgemein anwendbar sind, müssen unternehmensintern gewisse Voraussetzungen geschaffen werden, damit solche Innovationsprozesse Aussicht auf Erfolg haben. Es sind Zeit und Einbringung auf allen Unternehmensebenen (inklusive vom Topmanagement) gefragt. Auch die von Hippel beschriebenen Erfolge von 3M's medizinischen Konsumgütern stellten sich erst im Laufe von Monaten und nach mehreren Iterationen ein. Zudem wurde eine gewisse Anzahl von 3M Mitarbeitern eigens für diesen Zweck abgestellt.

3.3 Innovations- und Entwicklungspotentiale für die Zukunft

Nachfolgend sind einige praxisnahe und vor allem auch aktuelle Beispiele (Stand 2003) aufgeführt, auf die sich die oben genannten Prognose- und Innovationsmethoden anwenden lassen. Hieraus könnte sich für das eine oder andere Unternehmen sogar ein neues Geschäftspotential entwickeln.

Auch wenn die am Markt verfügbaren und neuartigen Stecker sich bereits auf einem hohen Niveau befinden, so erfordert die Zukunft jedoch eine ständige Weiterentwicklung bezüglich Modularität, konstruktiven Details oder in Bezug auf die Ausnutzung physikalischer Effekte (z. B. Entspiegeln zur Reduzierung der Reflexion an optischen Grenzflächen, etc).

3.3.1 Modulare (Hybrid) Stecker

Dieses Beispiel soll wertvolle Anregungen liefern und unter anderem noch einmal die Bedeutung von Prognose- und Idealisierungs-Methoden nach TRIZ unterstreichen. Modulare Stecker deren Innenleben je nach Anforderung ausgetauscht werden kann, sind grundsätzlich nichts Neues. Die Steckerindustrie hat bereits erkannt, dass ein modulares Konzept immer dann von Vorteil ist, wenn es sich bezogen auf eine Steckerkombination, um jeweils kleine Märkte handelt bzw. wenn deren spezielle Bedürfnisse an Steckerkombinationen noch nicht genau vorhersehbar und veränderlich sind. Anbieter können damit leichter in neue Märkte eindringen und neue Kunden gewinnen. Durch sehr hohe Modularität (alle denkbaren Steckerkombinationen) könnte man theoretisch „nahezu alle Wünsche“ erfüllen, jedoch steht dem die Steckergröße und die damit verbundenen Nachteile sowie die Wahrscheinlichkeit, dass eine sehr hohe Modularität überhaupt nicht benötigt wird, entgegen. Die Frage, welcher „Modularitätsgrad“ als optimal angesehen werden kann, soll daher in diesem Beispiel erläutert werden:
Betrachten wir beispielsweise einmal die „x-over-y Technologien“, so wird deutlich, dass ganz offensichtlich der Bedarf nach weiteren Diensten oder sonstigen Übertragungen über vorhandene Infrastruktur (und deren Stecker) vorhanden ist. Historisch

betrachtet können zum Zeitpunkt der Normierung/Markteinführung verschiedenste Gründe vorgelegen haben, die später zu „Nachbesserungen" führten:

- Fehlender Bedarf bzw. fehlende Zukunftsprognosen (Kurzsichtigkeit)
- Ressortdenken in den zuständigen Gremien (siehe Innovationswiderstände)
- Fehlende bzw. erst später entstandene Innovationen/Technologien

Hier einige Beispiele:
Power over Ethernet (IEEE802.3af): Zuerst Daten / Später Versorgungsspannung
Powerline Communication (PLC): Zuerst Versorgungsspannung / Später Daten

Weitere Beispiele sind:
- Voice, Video and „everything" over IP
- Ethernet over SDH
- Last-Mile Wettbewerb: xDSL / BK-Netz / FTTH / Funk / Satellit / etc.
- SDSL (Voice over Data)

Je nach Markt/Anwendung sind also mehrere „Dienste und Übertragungen" über ein (Hybrid)Kabel erforderlich. Die Voraussetzungen zur Entwicklung neuer Stecker sind natürlich am besten, wenn neue Systeme und neue Infrastrukturen historisch bedingte Zwänge ausschließen und man gleich von Anfang an universelle Netze mit Hybrid-Steckern entwickeln könnte, die z. B. Daten und Spannung gleichzeitig führen können. Auch wenn der Trend langfristig zur optischen Datenübertragung geht, so wird es nach wie vor Märkte geben, die aus Kostengründen und aufgrund fehlender Notwendigkeit an LWL die rein elektrische Datenübertragung bevorzugen. Die Feldautomatisierung ist sicherlich ein gutes Beispiel, zumal die Ethernet-Industrie aufgrund von Wachstums- und Vereinheitlichungsbestrebungen den mit Ethernet assoziierten RJ45-Stecker bis weit in die unteren Schichten der Automatisierungstechnik treibt. Dieses Vordingen scheint sogar unabhängig von der Frage zu sein, ob dieses überhaupt eine technisch sinnvolle Lösung ist.

Abgesehen von der konkreten Steckerform bleibt festzuhalten, dass in der Automatisierung die elektrische Datenübertragung neben der optischen Übertragung auch in Zukunft noch Bestand haben wird, zuzüglich der Anforderung Spannungen zu übertragen. So gesehen hätte ein idealer Stecker 3 Module oder zumindest die Option, je nach vorliegendem (Hybrid)Kabel, alle 3 Medien zu bedienen. Gleiches gilt grundsätzlich für alle hoch modularen Systeme, wo es gilt Komponenten jeglicher Art flexibel und dezentral miteinander zu vernetzen.

Ein aktuelles Beispiel stellt der Bus „ECOFAST" (Energy and Communication Field Installation System) von Siemens dar, für den solch ein universeller Stecker gut geeignet wäre. In ferner Zukunft werden sicherlich auch alle denkbaren Haushaltsgeräte – im Sinne von alle im Haus vorkommenden Geräte und Komponenten wie z. B. PC, Unterhaltungs- und Kommunikationsgeräte, Hausgeräte, etc. vernetzt.

Der USB-Stecker (Power+Daten), der RJ45 mit PoE-Standard (Power+Daten) sind schon die ersten Vorboten. Für die fernere Zukunft darf sogar angenommen werden, dass auch kleinere Subkomponenten zu einem neuen *persönlichen Gerät* vernetzt werden, was in den USA bereits unter dem Begriff *personal fabrication* diskutiert wird.

Wie dem auch sei, nach heutigem Stand (2003) bleibt es nicht aus, alle 3 Übertragungen zu berücksichtigen, was zu den nachfolgenden Steckerkriterien führt:

- möglichst handlich und klein
- aus der Kompaktheit ergeben sich gute Möglichkeiten der Abdichtung (IP67)
- möglichst alle Medien wie
    - LWL
    - Power
    - Cu-Daten sollen bedient werden können

Im Markt befinden sich bereits einige Stecker die diesen Ansatz zum Teil schon verfolgen, wenngleich aus Platzgründen derzeit immer nur 2 verschiedene Module im Stecker untergebracht werden können.

Beispiele:
HAN-Brid von Harting kann immer nur 2 Module aufnehmen:
Power+LWL *oder* Power+Daten usw.
RCC45 von R&M kann entweder Cu-Daten+LWL *oder* Cu-Daten+Power

Platzgründe und historisch bedingte Migrationszwänge waren sicherlich der Auslöser dafür, dass nur jeweils 2 Module pro Stecker möglich sind, was leider den Nachteil hat, dass die Anforderungen an die Infrastruktur-Planung erhöht werden, da man vor der Verlegung der Kabel (und Buchsen) wissen muss, wo welche Komponenten in Zukunft stehen werden. Ideal wäre natürlich, wenn man nur einen „universellen Kabeltyp“ hätte und einen „universellen Stecker“. Da dieser Wunsch für bestehende Netze unerfüllt bleibt, gibt es nur noch den Ausweg zum „idealen Stecker“.

Es wäre sicher optimal, wenn dieser Stecker genau 3 gleich große, untereinander austauschbare Module hätte, so dass einerseits die oben genannten Kriterien erfüllt werden (LWL, Power, Cu-Daten) und andererseits die Größe des Steckers noch genügend handlich bliebe. Durch Einbringen von Blindstopfen oder durch mehrfaches Einsetzten des gleichen Moduls (maximal je 3 x LWL / Power / Ethernet) könnten verschiedene Permutationen durchgeführt werden, die dazu führen, dass der Stecker in jedem Fall, d. h. unabhängig vom gerade vorliegenden Kabel, eingesetzt werden könnte. Hierbei muss man nicht notwendigerweise an den relativ großen RJ45 denken, es geht hier beispielhaft um innovatives und zielgerichtetes Denken („ideale Lösung“ nach TRIZ), also um kleine Formen (SFF), wobei man annimmt, dass tatsächlich 3 Module in einen handlichen Stecker passen würden.

Diese „Einsatzwahrscheinlichkeit“ (und damit auch Vermarktungswahrscheinlichkeit) ist in Bild 3.4 über dem Modularitätsgrad aufgetragen. Das Abfallen der Wahrscheinlichkeit bei > 3 Modulen ergibt sich aus einer Reihe von Annahmen; unter anderem daraus, dass der Stecker dann zu groß und zu unhandlich werden würde, und dass solch eine hohe Modularität in der Masse gar nicht benötigt werden würde. Die Kurve würde nach rechts in jedem Fall abfallen, auch wenn es sich um völlig neue Medien handeln würde, da Hydraulik- und Pneumatik-Verbinder im gleichen Stecker weniger häufig benötigt werden.

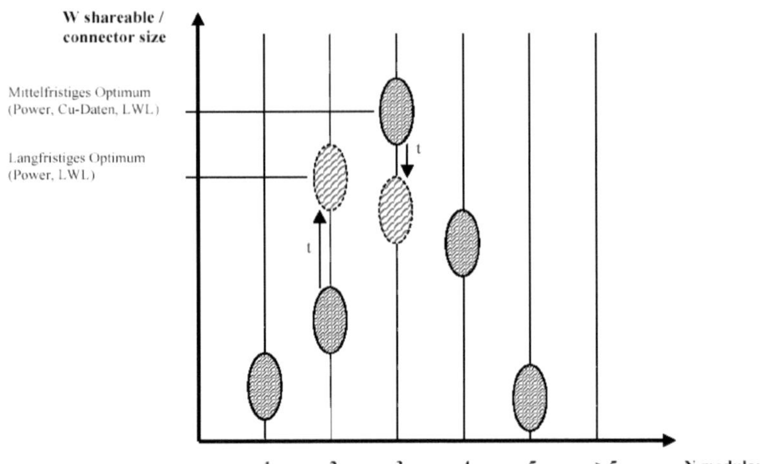

Bild 3.4: Einsatzwahrscheinlichkeit gegen Modularitätsgrad für einen *idealen Stecker* Quelle: R. Knoll

N modular = Anzahl der austauschbaren (gleich großen) Module innerhalb eines Steckers
W = Wahrscheinlichkeit, mit der dieser Stecker bei einem bestehen Den Kabelnetz oder einem zukünftigen Hybrid-Kabelnetz für Dezentrale Systeme (z. B. ECOFAST) unter Berücksichtigung Seiner Abmessungen eingesetzt werden könnte.

Langfristig wird mit zunehmenden optischen Technologien eine Verschiebung dieses Bildes stattfinden, was durch die Pfeile (t) und die schwach dargestellten Kreise angedeutet ist. Ein Stecker mit 2 Modulen (Optik+Power) würde dann langfristig dominieren. Bereits heute gibt es konkrete Vorschläge dafür, nämlich dass beispielsweise im Automobil eine metallisch ummantelte POF ausreicht, um alle Komponenten mit Spannung und Daten zu versorgen.

3.3.2 Optische Stecker für raue Umweltbedingungen

Raue Umweltbedingen im Sinne von Staub, Schmutz und mechanischen Einwirkungen und vor allem hohe Steckzyklen unter diesen Bedingungen widersprechen eigentlich dem Einsatz von optischen Steckern. Das Auflösen von Widersprüchen ist ein Hauptanliegen der TRIZ-Methodik, so dass diese Methode in solch einem Fall angewandt werden könnte.

In den Bereichen Transport, Industrie im Freifeld (Erdöl, Geologie), Militär und dergleichen treten solche Umweltbedingungen natürlicherweise auf. Zunehmender Bandbreitenbedarf, EMV-Sicherheit und die vielen Gründe, die für den Einsatz von LWL sprechen oder diesen gar notwendig machen, lassen es nicht zu, optische Systeme in diesen Bereichen per se auszuschließen. Also müssen Lösungen her, die am besten mit der Unterstützung von Problemlösungsmethoden gewonnen werden.

Betrachtet man beispielsweise den Bereich der mobilen Bahntechnik, genauer gesagt die Kupplungsstellen zwischen den Waggons, so sind genau dort diese oben genannten Bedingungen vorzufinden. Die Geschichte der optischen Stecker in diesem Bereich war aus vielerlei Gründen von Rückschlägen gezeichnet. Ein nur schwach deregulierter Markt bzw. verhaltene Nachfrage war hierfür sicher auch ein Grund, aber vor allem waren es die rein technischen Probleme, die zu den Rückschlägen führten. Die bei der Bahnfahrt entstehenden mechanischen Schwingungen übertragen sich auf die optischen Endflächen – leider auch bei guter Lagerung – und verrichten dort in Verbindung mit Staub schädliche Schmirgelarbeit. Das Ergebnis war, dass die optischen Endflächen nach einiger Zeit erblindeten und nicht mehr zu gebrauchen waren.

Generell gesprochen ist das Gewinnen von neuen Erkenntnissen aus Fehlern leider immer ein sehr kostenträchtiger Prozess. Hersteller, die in Zukunft robuste Stecker für das Freifeld produzieren möchten, sind sicher gut beraten ihre Erfahrungs- und Erwartungswerte noch methodischer und noch systematischer zu analysieren als bisher. Mit Prognose- und Produktfindungsmethoden lässt sich dann zumindest die Wahrscheinlichkeit für den Erfolg einer neuen Steckergeneration (Garantien gib es nicht) besser überprüfen und erhöhen.

3.3.3 Optische Stecker für Bandgap-Fasern

Seit den letzten 2 bis 4 Jahren werden mikrostrukturierte Fasern (MF), die im inneren eine löchrige Hohlkanalstruktur zur Lichtleitung aufweisen, nicht nur in Labors, sondern deutlich zunehmend auch für verschiedenste kommerzielle Anwendungen eingesetzt.

Die mikrostrukturierten Fasern lassen sich in Abhängigkeit von der eingebrachten Struktur bzw. angestrebten Wirkung weiter unterteilen in indexgeführte Fasern sowie *photonic crystal fibers* (PCF) – auch photonic bandgap fibers (PBG) genannt – sowie Hohlkern-Fasern mit omnidirektionalen Multi-Layer-Spiegel, ein Spezialfall der PCF. In Bild 3.5 sind einige Mikrostrukturen beispielhaft dargestellt.

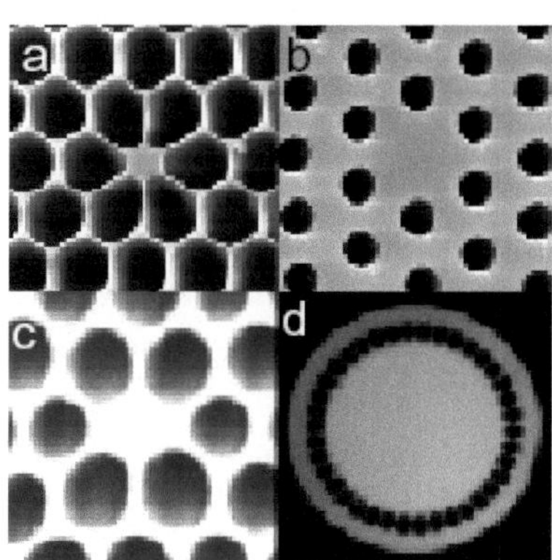

Bild 3.5: Beispielhafte Aufnahmen von Mikrostrukurierten Fasern

Quelle: R.E. Kristiansen, „Guiding light with holey fibers“

Aufgrund der großen Vielfalt an freien Parametern (Struktur und Anzahl der Löcher in der Faser, Faserdurchmesser, Materialwahl, etc.), ist es theoretisch möglich, für nahezu alle denkbaren Anwendungen spezielle Hochleistungsfasern mit frei wählbaren Extremeigenschaften (fast keine optische Dämpfung, extrem hohe/kleine Dispersion, etc.) herzustellen. Nach dem Einsetzen von Skaleneffekten kann aufgrund der außerordentlichen Eigenschaften dieser Fasern erwartet werden, dass sich diese mittel- bis langfristig in allen bisher bekannten und auch neuen Anwendungsbereichen der LWL einsetzen lassen. Dies würde bedeuten, dass diese Fasern in Zukunft sogar alle bestehenden LWL-Typen (Silizium, HCS, POF, usw.) teilweise verdrängen könnten, da sich die Hollow-core-Dünnfilmstrukturen so herstellen lassen, dass auch sichtbares Licht beliebiger Wellenlänge ohne nennenswerte Dämpfung durchgelassen werden kann – je nachdem welche Sender/Empfänger (Wellenlängen) gerade am kostengünstigsten sind.

Auch die Handhabung der Fasern könnte sich noch stark verbessern, da die Fasern auch mit relativ hohen Durchmessern gezogen werden können, ohne dass dabei zu viel Material verbraucht wird. Spezielle Werkzeuge zum Schneiden und Versiegeln der Endflächen werden derzeit entwickelt und sind zum Teil auch schon patentiert, wie zum Beispiel die Endflächenversiegelung durch gezieltes Erhitzen von der Firma Crystal Fibre A/S in Dänemark (Stand August 2003). Laut Auskunft von Crystal Fibre A/S musste diese – wegen mangelnder Verfügbarkeit am Markt – selbst Steckverbinder auf der Basis von FC/PC weiterentwickeln. Sie ruft derzeit innovative Hersteller auf, einen Stecker für den Anschluss von Fasern mit großen Hohlkernen für die Energieübertragung zu entwickeln. Die Endflächen sollten möglichst offenbleiben, aber andererseits soll das Eindringen von Staub und Feuchte verhindert werden. Also wieder einmal ein Widerspruch, den es zu lösen gilt (siehe TRIZ-Methode).

Für bestimmte Anwendungen wäre außerdem ein hochpräziser und verdrehsicherer Stecker interessant, so dass sich bestimmte Loch-Strukturen (z. B. bei polarisations erhaltenden Fasern) sich wieder exakt gegenüberstehen. Das Interessante an diesem Beispiel ist einmal wieder der Kommunikationsablauf, nämlich dass der Kunde relativ spät (einige Jahre nach Erscheinen der ersten Fasern) seine Wünsche erst „laut und deutlich“ äußern muss, da anscheinend das „strategische Frühaufklärungssystem“ (siehe o.g. Methoden) der meisten Steckerhersteller nicht funktioniert hat oder gar nicht in Person installiert war. Hersteller von Steckverbindern orientieren sich relativ stark an aktuellen Kundenwünschen und konkreten Aufträgen, was sicherlich Vorteile hat, aber andererseits werden dadurch die Chancen auf fundamental neue Produkte und Grundlagenpatente leichtfertig vergeben.

3.3.4 Stecker mit Höchstintegration und O/E-Wandler

Die Höchstintegration von Elektronik in das Innere eines Steckers/Buchse hinein birgt verschiedenste Vorteile und Möglichkeiten:

- Kompaktheit, einfache Handhabung für Systemhersteller / EMV-Vorteile
- Vermeiden von optischen Stecker-Endflächen

Die Kompaktheit und EMV-Sicherheit von elektro-optischen Systemen kann deutlich erhöht werden, da die Hersteller von Gesamtsystemen zum Beispiel nur noch die optische Buchse mit integrierten O/E-Wandler auf ihre Leiterkarte löten oder über

HF-Stecker einsetzten brauchen ohne sich mit der Wandlung selbst befassen zu müssen.

Die Firma iTEC Technologies Ltd. in Korea bietet beispielsweise einen kleinen E/O-Wandler im RJ45-Buchsenformat an. Gemessen am heutigen Stand der Technik (Stand 2003) und verglichen mit europäischen Lösungen erfüllt dieses Modul mit 155Mbps (OC3) über 2km und 1,25Gbps über 250m, jeweils mittels spezieller POF, sehr hohe Anforderungen. Dieses unterstreicht einmal mehr den bereits oben beschriebenen *Asia-Shift*.

Grundsätzlich wird der ausländische Wettbewerb oft unterschätzt, so dass derartige Produkte aus europäischer Sicht dann sehr überraschend am Markt erscheinen. Vergleichbare Module mit derart hoher Leistungsfähigkeit sind von europäischen Herstellern eher selten zu finden, wenngleich auch hierzulande die Integration von Elektronik in Steckergehäuse stattfindet.

Die Firma Contact GmbH in Stuttgart bietet zum Beispiel im Rahmen der Produktlinie „EPIC Optoflex Interbus" einen Stecker für die Feldautomatisierung an, der aufgrund seiner rein elektrischen Kontakte von außen betrachtet wie ein elektrischer Stecker aussieht, während aber im inneren über einen integrierten E/O-Wandler die Daten im Kabel optisch über POF geleitet werden.

Damit kommen wir zu dem zweiten Vorteil, nämlich dem Vermeiden von optischen Endflächen. Solch ein Stecker könnte selbst bei starker Verschmutzung relativ leicht gereinigt werden, ohne dass der Anwender über die speziellen Kenntnisse zur Reinigung von optischen Endflächen verfügen und diesen Mehraufwand praktizieren müsste. Außerdem sind elektrische Kontakte generell viel unempfindlicher gegenüber Staubeinwirkung, so dass bis zu einem gewissen Grad gar keine Reinigung erfolgen müsste.

Mit einer Leiterplattenlänge von ca. 30mm und Verwendung von gehäusten Bauteilen wurde von der Firma Contact immerhin eine gute ökonomisch-funktionale Lösung entwickelt. Jedoch rein technologisch gesehen und allgemein betrachtet, besteht für derartige Stecker noch viel Innovationspotential, insbesondere in Richtung Höchstintegration und noch höherer Performance.

In einer eigenen Design-Studie haben wir einen vergleichbaren Stecker konzipiert, der mittels passivierten Nacktchips auf Hybridmaterial auf etwa halber Leiterplattenfläche Datenraten im 100M bis 1G-Bereich über LWL übertragen kann. Das Gehäuse könnte aufgrund der geringeren Größe zum Beispiel mit Kühlflächen und Schock absorbierenden Nylon-Noppen ummantelt sein, so dass man den Stecker samt Kabel auch aus 2 Meter Höhe auf den Boden fallen lassen könnte, ohne dass der integrierte E/O-Wandler Schaden nehmen würde. Der Phantasie sind hier also keine Grenzen gesetzt, da rein technisch gesehen mittlerweile vieles möglich ist. Lediglich die Nachfrage, der Preis (Skaleneffekte in kritische Masse Märkten) und die Innovationstätigkeit der Anbieter wird entscheiden, ob in Zukunft derartige Stecker im Markt erscheinen werden. Die Vorteile liegen zumindest schon einmal offen auf der Hand.

3.3.5 Faserstecker für Hochleistungs- und DWDM-Anwendungen

Wellenlängen-Multiplex-Systeme, insbesondere Dense Wavelength Division Multiplexing (DWDM) Systeme, verwenden sehr schmalbandige Laser, die extrem empfindlich auf reflektierte Lichtleistung reagieren. Reflektierende Endflächen von Steckern verhalten sich wie zusätzliche Resonatoren, und können Störungen wie Wellenlängen-Instabilitäten, Moden-Sprünge, Rauschen und dergleichen verursachen. Sogar Lichtleistungen von sechs Größenordnungen unterhalb der gesendeten Leistung (also etwa -60dB) können den Laser noch ernsthaft stören. Daher müssen spezielle Stecker mit sehr geringer Rückreflexion verwendet werden. Weiterhin müssen die Steckerendflächen stets sehr sauber sein und bleiben (beim Stecken und im gesteckten Zustand), da bei den sehr hohen Lichtleistungen ein Verbrennen der Endflächen möglich ist.

Derzeitige am Markt verfügbare Stecker erfüllen zwar zum Teil diese Anforderung, jedoch ist auch noch hohes Potential zur Weiterentwicklung und zu grundlegenden Innovationen vorhanden. Die Firma Huber & Suhner hat beispielsweise einen Stecker mit Vollmetall-Sicherheitskappe entwickelt, da Untersuchen ergeben hatten, dass eine Plastikkappe für hohe Leistungen nicht ausreichend Schutz gewährt. Aus Sicht des Innovationsmanagements, insbesondere in der Frage nach der Innovationshöhe, stellt diese Art von konsequent-logischer Weiterentwicklung eine gute Verbesserung dar (Ausprägen von Alleinstellungsmerkmalen), jedoch bietet das spezielle Anwendungsgebiet der Hochleistungsstecker noch viel mehr Innovationspotential für grundlegende Veränderungen des Steckers.

Eine besonders hohe Innovation würde ein sehr spezieller DWDM-Stecker darstellen, der zum Beispiel über neuartige Anti-Reflexions-Mechanismen (nicht nur Schrägschliff) verfügen würde (z. B. R < 70 dB). Außerdem könnte eine Methode entwickelt werden, die absolut sicheren Schutz gegen Verschmutzung (Kappe öffnet erst innerhalb eines definierten „Reinraums") und Lasersicherheit bietet. Auch an diesem Beispiel zeigt sich, dass das Innovationspotential am höchsten ist, wenn die Märkte sehr speziell bzw. kleiner werden.

3.4 Zusammenfassung und Ausblick

Innovationen stellen mehr denn je den Antriebsmotor von Volkswirtschaften und natürlich auch einzelner Unternehmen dar, insbesondere in dynamischen und technologisch getriebenen Branchen oder solchen, die von Veränderungen und verschärftem Wettbewerb (Deregulierung, Globalisierung, etc.) erfasst wurden. Hierin liegen aber wiederum auch Chancen, sofern man diese als solche erkennt, begreift und umzusetzen weiß. Die Photonikbranche, wird trotz jüngster Einbrüche, aller Voraussicht nach weiterwachsen und bietet dadurch den Herstellern optischer oder hybrider Steckverbinder interessante Geschäftsmöglichkeiten, sofern diese die Fähigkeit haben, Innovationen systematisch hervorzubringen. Betrachtet man die speziellen Eigenschaften und Gesetzmäßigkeiten des Steckermarktes mit seiner Normierung und der Systemabhängigkeit (kritische Masse Märkte), so lassen sich Innovationsoptionen ableiten, die besagen, dass sich definierbare Chancen bieten, wie zum Beispiel das frühzeitige Innovieren aufgrund von schwachen Marktsignalen in möglichst neuen oder speziellen Märkten (MPI-Map).

Zum Realisieren solcher Geschäftsmöglichkeiten ist jedoch ein professionelles Innovationsmanagement und entsprechendes Methodenwissen notwendig, welches insbesondere im Mittelstand (KMU) leider nicht immer besonders gut ausgeprägt ist, wenngleich diese Firmen bereits „intuitiv“ vieles richtig gemacht haben. Hierzu wurden Ursachen und Wirkungen aufgezeigt sowie wertvolle Anregungen zur Verbesserung gegeben. Gleiches gilt für die Innovationswiderstände, die nicht immer nur rational begründet sind, sondern durch vielfältige und tiefgreifende psychologische, organisatorische und administrative Gründe verstärkt werden.

Die strategische Produktplanung stellt einen methodischen und systematischen Weg zu wertvollen Neuerungen dar. Doch bevor man mit der Ideengenerierung beginnt, sollte das eigene Produktpotfolio im Zusammenhang mit der Positionierung im Wettbewerb analysiert werden, zumal dieser Prozess wertvolle Hinweise für potentielle Neuerungen liefert. Diese Art von Potentialfindung bedient sich verschiedenster Methoden, von denen einige kurz erläutert wurden, wie zum Beispiel das integrierte Markt-Technologie-Portfolio, die Szenario-Technik sowie die damit eng verbundene systemische Sichtweise. Die strategische Frühaufklarung zählt als „Trend-Radar“ sowohl zur Potentialfindung, als auch zur Strategiekontrolle, da sie als ständige Einrichtung im Rahmen des „Reportings“ kontinuierlich Entscheidungsgrundlagen liefert. Ist die Entscheidung für ein Innovationsvorhaben erst einmal gefallen, so sollte man sich anstelle einer ungerichteten Suche am besten etablierten Produktfindungsstrategien bedienen und am Anfang lieber etwas mehr Zeit investieren, da die Basis für den späteren Entwicklungs- und Vermarktungserfolg die „guten Ideen“ und die „zugehörigen Produktkonzeptionen“ bilden.

Die Ideenfindung sollte je nach vorliegendem Problem durch unterschiedliche Kreativitätstechniken unterstützt werden, da diese verschiedene Denkweisen fördern. Darüber hinaus gibt es noch das *Lead User-Verfahren*, bei denen man sich die Entwickler und Anwender sucht, die in angrenzenden Fachgebieten bereits innovativ waren oder sogar schon Erfahrungen mit extremen Anforderungen gesammelt haben. Diese Anwender verweisen nötigenfalls wiederum an andere Experten aus ganz anderen Gebieten, so dass auf diesem Wege neue Ideen gesammelt werden. Sehr wirksam und beinahe zuverlässig liefern die großen Methodensammlungen Lösungen zu Problemen, jedoch können diese nicht unmittelbar ohne Schulung eingesetzt werden. Hierzu zählen die TRIZ (Theorie des erfinderischen Problemlösens) bzw. die ARIZ (Algorithmus zur erfinderischen Problemlösung) sowie andere, ähnliche Verfahren.

Der Erfolg von Innovationsvorhaben hängt nicht nur von den Methoden, sondern auch sehr stark von der richtigen Installation und Zusammensetzung von Projektteams ab. Daher müssen sowohl das organisatorische Projektmanagement als auch die einzelnen Charaktere im Team optimal ausgewählt werden. Es ist in erster Linie die Aufgabe einer vorbildhaften Unternehmensführung, die Voraussetzungen für eine innovationsförderliche Unternehmenskultur zu schaffen und dafür zu sorgen, dass die Innovationsprozesse und deren Integration in die Unternehmensorganisation kontinuierlich verbessert und weiterentwickelt werden. Lässt sich dieses nicht ohne weiteres umsetzen oder ist dieses aufgrund der Unternehmensziele nicht in vollem Umfang notwendig, so können Teile des Innovationsprozesses ausgegliedert werden, sofern man nicht dem Irrglauben unterliegt, dass man nur dann erfolgreich sein kann, wenn der gesamte Innovationsprozess im eigenen Hause durchgeführt wird. Oftmals ist es sogar effektiver und kostengünstiger, wenn externe Spezialisten mit einbezogen werden. Manche Firmen gehen bei Ideenmangel sogar noch einen Schritt weiter und öffnen ihren Innovationsprozess sehr geschickt nach außen, indem sie beispielsweise spezielle Problemstellungen zur Lösung öffentlich ausschreiben oder gute Ideen von kreativen Spezialisten einkaufen.

In den Anwendungsbeispielen wurden mehrere Aspekte aufgezeigt, nämlich aktuelle Steckverbinder und deren Anforderungen sowie entsprechende Entwicklungspotentiale, die durchaus als „kreative Innovationsanreize“ verstanden werden können, und schließlich der jeweilige Bezug zu den oben genannten Problemlösungsmethoden. Die Bedeutung des Innovationsmanagement sollte hiermit deutlich geworden sein. Es wird in Zukunft mehr denn je eine Schlüsselrolle für den nachhaltigen Unternehmenserfolg einnehmen. Zukünftig bedeutet dieses, dass einzelne Methoden speziell für den Steckermarkt und auch für kleinere Unternehmen angepasst oder sogar individuell entwickelt werden müssen.

Ausblick aus der Sicht von Ingenieurbüro Knoll; Engineering & Consulting
Wir erfassen grundlegende steckermarktspezifische Umfeld- und Einflussfaktoren, die dann eine Ausgangsbasis für Szenario-Tools bilden, auf die Hersteller bei ihrer strategischen Produktplanung zugreifen können. Für die strategische Frühaufklärung wird derzeit – aufgrund der Notwendigkeit zum fachübergreifenden Denken und Sammeln von marktfremden Eindrücken und Denkanstößen – ein spezielles Dienstleistungsmodell zur Ausgliederung dieser Funktion entwickelt.

Nicht zuletzt sollten spezielle Integrationsmethoden weiterentwickelt werden, die dafür sorgen, dass der gesamte Innovationsprozess branchen-, produktgruppen- und unternehmensspezifisch konzipiert und abschließend strukturgerecht integriert werden kann. Hierzu zählt beispielsweise eine spezielle *Ist-Analyse*, die die vorhandenen Ressourcen, Innovationsnotwendigkeit/Umfang, kulturelle Voraussetzungen und andere Randbedingungen für den Innovationsprozess ermittelt, so dass dieser später individuell erarbeitet und eingesetzt werden kann.

Es bleibt abzuwarten, wie sich die Veränderungsbereitschaft der Unternehmen in Zukunft darstellen wird, letztendlich ist alles eine Frage der Notwendigkeit und Akzeptanz.

Literatur
Siehe Literaturangaben in Beitrag 2 (Innovationsmanagement zur erfolgreichen Entwicklung und Vermarktung von Steckverbindern; R.Knoll).

4 Steckverbinder und Kabelbaum Applikationen für motornahe Automobilanwendungen

Michael Römer

4.1 Einleitung

Als Anbieter von zukunftweisenden Systemen der Kraftfahrzeugausrüstung ist Bosch seit Jahrzehnten ein bewährter Partner der Automobilindustrie. Bosch zählt in diesem Bereich weltweit zu den führenden Unternehmen. Das umfassende Programm an Komponenten, Systemen und Modulen bietet alles, was Kraftfahrzeuge sicherer, sparsamer und sauberer macht.

Der Name Bosch ist von Anfang an eng mit dem Automobil verbunden. Die heutige Fahrzeugtechnik benötigt ein breites Komponentenspektrum – von den Fahrwerk- und Sicherheitssystemen über Motorsteuerungen, Halbleiter und elektronische Steuergeräte bis hin zu Fahrerinformations- und Navigationssystemen. Eine zuverlässige Funktion setzt bei fast allen Systemen eine sichere elektrische Verbindung voraus. Deshalb sind Bosch-Steckverbindungen und Produktlösungen im Kraftfahrzeug auf maximale Belastbarkeit unter härtesten Einsatzbedingungen ausgelegt.

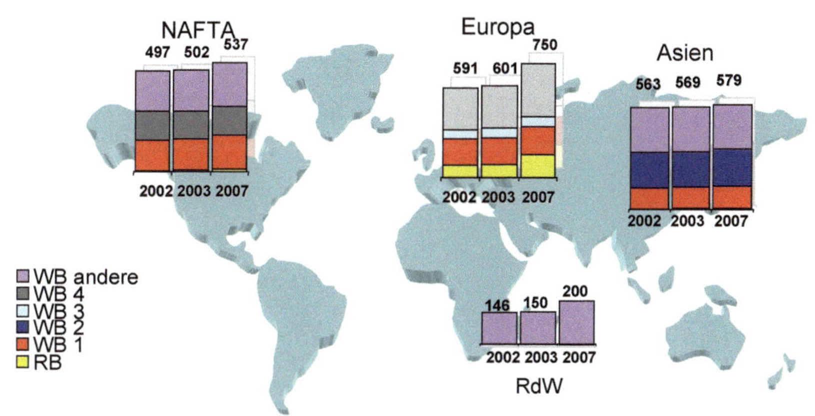

Bild 4.1: Marktanteile Steckverbinder weltweit in der Automobilindustrie (motornahe SV)

Ausgangspunkt der Entwicklung und Fertigung von Steckverbindungen bei Bosch war die Einführung der Benzineinspritzung L-Jetronic. Ziel war die Verbesserung der Verbindungstechnik unter einer systemumfassenden Gesamtverantwortung – vom Einzelbauteil bis hin zur Funktionseinheit. Damit verbunden war die Aufgabe, die zuverlässige Verbindung unter allen Belastungen im Fahrzeug zu gewährleisten. Nicht zuletzt ist eine sichere Handhabung der Stecker bei der Kraftfahrzeugmontage genauso wichtig, wie die zuverlässige Verarbeitung der Einzelteile zur Herstellung eines Kabelbaums.

Bei der Entwicklung neuer Steckverbindungen arbeiten wir von Anfang an eng mit den Kraftfahrzeugherstellern zusammen. Gleichzeitig bietet Bosch die Synergievorteile des Systemlieferanten. Fertigungsanlagen auf dem neuesten Stand der Technik, statistisch überwachte Herstellungsverfahren und ein umfassendes Prüfkonzept sichern den hohen Qualitätsstandard.

Kundenorientiertes Komplettprogramm
Kundenorientierung bedeutet: Ein vollständiges Programm an Verbindungstechnik für elektronische Systeme im Kraftfahrzeug. Das Leistungsspektrum reicht von niederpoligen und hochpoligen Steckverbindungen mit Standard- und speziellen Kontaktbaureihen bis hin zu Sonderentwicklungen nach Kundenwunsch, zu denen zum Beispiel Kabelkanäle, Kabelbäume oder Steckverbindungen für besondere Anwendungen zählen.

Für sichere Kontakte unter den harten Alltagsbedingungen am Motor empfehlen sich zwei Baureihen: Bosch-Mikro-Kontakte (BMK), Bosch-Sensor-Kontakte (BSK) und Bosch-Matrix-Kontakt.

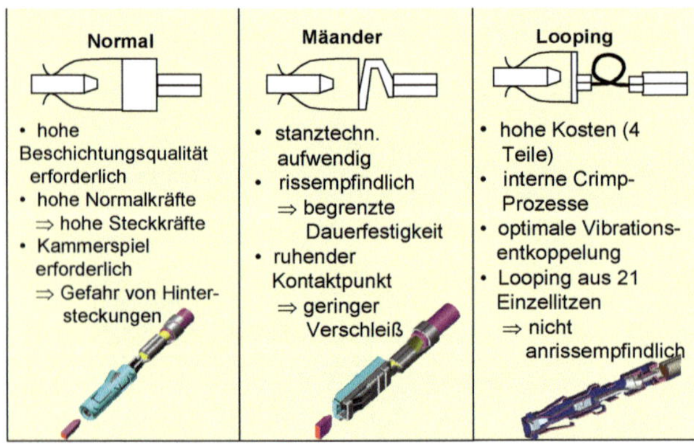

Bild 4.2: Dämpfungskonzepte bei Kontakten

4.2 Bosch-Mikro-Kontakte (BMK)

Die BMK-Baureihe wurde speziell für Steckverbindungen mit kleinstem Rastermaß, hoher Temperaturbeständigkeit und erhöhter Schüttelfestigkeit entwickelt.

Alle Varianten sind mit ihrer kompakten Bauform auf enge Platzverhältnisse abgestimmt. Mit ihrer runden Form und ihrer glatten Außenkontur lassen sie sich problemlos durch eine Dichtung führen. Spezielle Führungsnoppen erleichtern eine sichere Montage im Steckergehäuse auch bei maschineller Kabelbaumfertigung. Eine Stahlüberfeder sichert zusätzlich die Kontaktanpresskräfte – auch bei hohen Temperaturen und während der gesamten Fahrzeuglebensdauer. Der Bosch-Mikro-Kontakt ist je nach Anforderung zinn- oder goldbeschichtet. Zur Verarbeitung werden Crimpzangen für den Einsatz im Musterbau geliefert. Verarbeitungsvorschriften unterstützen den Kabelkonfektionär bei der Verarbeitung und der Qualitätssicherung.

Bild 4.3: Kontakte:
BMK Benzinmotoranbau BMK-D Dieselmotoranabau

4.3. Bosch-Sensor-Kontakte (BSK)

Bosch-Sensor-Kontakte sind für niederpolige Steckverbindungen vorgesehen. Durch ihre robuste Bauart und Einzeladerabdichtung gewährleisten diese Kontakte selbst bei höchsten Belastungen im Motorraum eine sichere Signalübertragung und gestatten eine zuverlässige Montage bei der Kabelbaumherstellung.

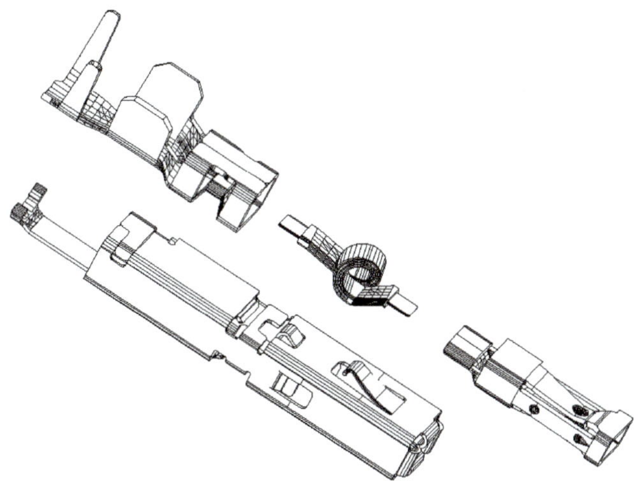

Bild 4.4: Looping: Elektrische Verbindung zwischen Crimp- und Kontaktierteil bei gleichzeitig hoher mechanischer Entkopplung

BSK-Kontakte sind für eine sehr hohe Schüttelfestigkeit ausgelegt. Zu den typischen Anwendungen zählen Steckverbindungen an Komponenten am Dieselmotor (Common-Rail-System). Für die Verarbeitung bieten wir Ihnen die gleiche Unterstützung wie unter „BMK-Baureihe“ oben beschrieben.

4.4 Bosch-Matrix-Kontakt

Der neue zweiteilige Matrix-Kontakt 1,2 mm zeichnet sich durch seine hohe Schüttelfestigkeit und niedrige Steckkräfte aus, des Weiteren weist er eine Primärverriegelungslanze auf.
Damit ermöglicht er den direkten Motoranbau. Eine typische Anwendung ist die 154-polige Steckverbindung der DI-Motronic-Steuergeräte. Der Matrix-Kontakt wird mit Zinn, Silber und Goldoberfläche versehen.

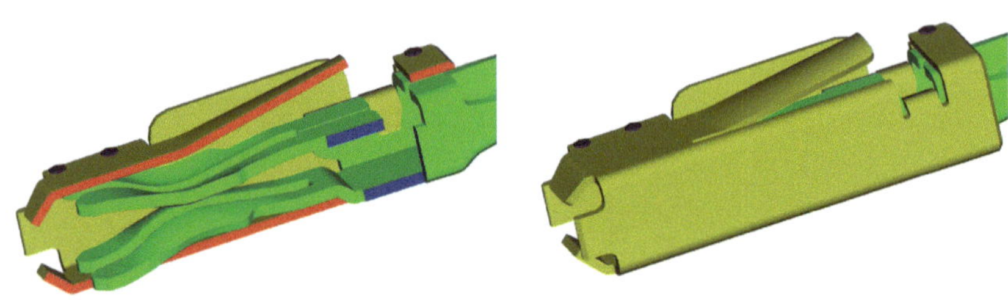

Bild 4.5: Matrix 1,2 mm Kontakt für 154 Pol Steuergerätesteckverbindung

4.5 Bosch-Clean-Body-Kontakte

Clean-Body-Kontakte weisen im Gegensatz zu den Lanzenkontakte Verkrallungskonzepte nach innen auf, d. h. die Polymermasse verankert sich über Rasthaken “Nasen” in das Innere (Einschnitte) des Kontaktes. Clean-Body-Kontakte werden vorwiegend im amerikanischen Markt eingesetzt.
Die Verbindung des Kontaktes mit dem Kabel erfolgt über das Crimpen. Dieser Prozessschritt kann über Handarbeitsplätze oder über Vollautomaten erfolgen. Die ursprünglich runden Einzeldrähte des Kabels sind nach dem Crimpen wabenförmig verpresst. Es entsteht eine sichere Kontaktierung mit einer vergrößerten Übergangsfläche des Kupferdrahtes. Die Qualität der Crimpung wird über Schliffbilder, Leiterausreißkräfte sowie den Crimpmaßen definiert.

Eine weitere, weniger zeit- und kostengünstige Kabel-Kontakt-Verbindung stellt die Schneidklemmtechnik dar.

4.6 Niederpolige Steckverbinder für Komponenten und Module

Steckverbindungen dienen der Signal- und Leistungsübertragung zu elektrischen oder elektronischen Komponenten. Durch den zunehmenden Einsatz von elektronischen Komponenten im Kraftfahrzeug steigen die Ansprüche an die Zuverlässigkeit der Verbindungen.

Die Steckverbindungen im Kfz müssen jederzeit sicher alle elektrischen, mechanischen und geometrischen Bedingungen erfüllen, und sie müssen geringe Übergangswiderstände während der gesamten Lebensdauer eines Fahrzeugs gewährleisten. Das bedeutet weitere Eigenschaften wie z. B. Isolationsfestigkeit, Dichtheit gegen Wasser, Feuchte sowie Salznebel; Temperaturbeständigkeit bis 155 °C und Schüttelfestigkeit. Und schließlich müssen sie leicht steck- und konfektionierbar sein. Gerade geringe Steckkräfte bei hoher Pinzahl und -dichte werden immer mehr zu einer dominanten Anforderung an moderne Steckverbindungssysteme.

Bosch-intern werden die Automobilsteckverbindungen in Niederpolige und Hochpolige Steckverbinder und in Anwendungsbereiche wie Motoranbau, motornah und Karosserieanbau unterteilt. Dies spiegelt die Unterschiedlichen Anforderungen an ein Steckverbindersystem wider. Gerade der direkte Motoranbau erfordert eine hohe Schüttelfestigkeit des Gesamtsystems wie Steuergerät, Kontaktmesserleiste und Steckverbinder.

Erschwert wird das Anforderungsprofil nicht nur durch Schwingungen und Vibrationen im breiten Frequenzbereich, sondern auch durch hohe Frequenzspitzen besonders bei Dieselmotoranwendungen, die bis zu 50 g erreichen können.

Ein bewährter Standard für niederpolige Steckverbindungen im Automobilbereich sind die Steckverbindungen für die Jetronic Motormanagement-Steuerung.

Haupteinsatzgebiet der Baureihe der 2- bis 11-poligen Steckverbindungen für „Jetronic" ist die Kontaktierung der Einspritzventile. Diese Steckverbindungen sind robust und sie werden – je nach Anforderung – in dichter oder undichter Ausführung eingesetzt. Neu, und der Anforderung nach kompakterer Bauweise entsprechend sind die sogenannten „Trapez"-Steckverbindungen. Diese 2- bis 7-poligen "Trapez"-Steckverbindungen sind kleiner und kompakter als die bisherigen und tragen somit dem immer engeren Bauraum unter Motorhaube Rechnung.

Niederpolige Steckverbinder der Reihe „Kompakt"

Die Baureihe der 2- bis 7-poligen Kompaktstecker erfüllt erhöhte Anforderungen an Wasserdichtigkeit und Schüttelfestigkeit. Diese Kompaktstecker tragen den gewachsenen Anforderungen im Kraftfahrzeug Rechnung. Die Anwendungsmöglichkeiten reichen von am Motor montierten Aggregaten wie Klopfsensoren, Zündspulen und langlebige Zündkerzen und Drucksensoren bis hin zu Elektrokraftstoffpumpen, Tankstandgebern sowie den Druckreglern und den elektromagnetischen Einspritzventilen. Sensoren erfassen alle relevanten Daten der Kraftstoffaufbereitung, der Motorfunktion und der Abgasnachbehandlung: Luftmasse, Druck, Temperaturen, Winkel, den Sauerstoffgehalt im Abgas und eine klopfende Verbrennung sind Kenngrößen, die

die Sensoren messen und über Steck- und Kabelverbindungen an die zentral o-rientierten Steuergeräte weiterleiten.

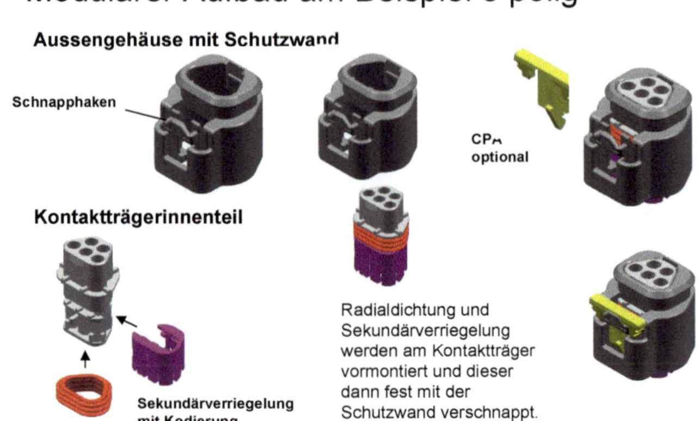

Bild 4.6: Trapezsteckverbinder

Bild 4.7: Kfz-Steckverbinder der Baureihe „Kompakt"

Kundenspezifische Module mit mechanischen und elektrischen Komponenten verringern den Logistik- und Montageaufwand. Fahrpedalmodule, Saugmodule, Kraftstoffzuteiler, Kraftstofffördermodule sind Beispiele für die Kontaktierung mit niederpoligen Steckverbindungen. Ebenso die Stellgliederkomponenten wie z. B. die elektronische Motorfüllungssteuerung (EGAS), die die Drosselklappe elektromotorisch. verstellt und über 6 polige Stecker kontaktiert wird. Das ermöglicht eine komfortable Leerlauf- und Geschwindigkeitsregelung ohne weitere Stellglieder. EGAS unterstützt die Antriebsschlupfregelung (ASR) und das Elektronische Stabilitäts-Programm (ESP). Die elektrische Sekundärluftpumpe bringt durch eingeblasene Luft fettes Gemisch zur Nachverbrennung. Das Tankentlüftungsventil führt dem Motor die Benzindämpfe aus dem Aktivkohlefilter zur Verbrennung zu. Besonders im Dieselbereich werden bei größeren Motoren elektrische Regelklappen und elektrische Abgasrückführventile eingesetzt.

All diese Komponenten müssen zuverlässig elektrisch versorgt werden. Anhand dieser unterschiedlichsten elektrischen und elektronischen Komponenten ergibt sich eine Vielzahl von Kabelleitungen, die dann in einem Kabelbaum zusammengefasst werden. Diese Kabelbäume erreichen heutzutage einen Durchmesser von bis zu 120 mm, was das Handling nicht besonders einfach macht.

4.7 Der flexible Kabelkanal mit integrierter Steckverbindung

Der Kabelkanal bietet bei unterschiedlichen Einbausituationen der Einspritzventile den Steckern und Kabeln besten Halt. Er kann Längen- und Höhentoleranzen bis zu 1 mm im Kabelkanal funktionssicher ausgleichen. Das heißt: zu jeder Zeit eine sichere Kontaktierung, keine Krafteinwirkung auf die Einspritzventile. Zur schnelleren Montage können damit gleichzeitig mehrere Einspritzventile elektrisch verbunden werden. Vormontierte Saugmodule mit integrierten flexiblen Kabelbäumen ermöglichen Einsparungen bei der Motormontage. Das Modul kann bereits vor dem Motoreinbau geprüft werden. Dies eröffnet zusätzliche Freiheit bei der Planung der Montagestationen am Band.

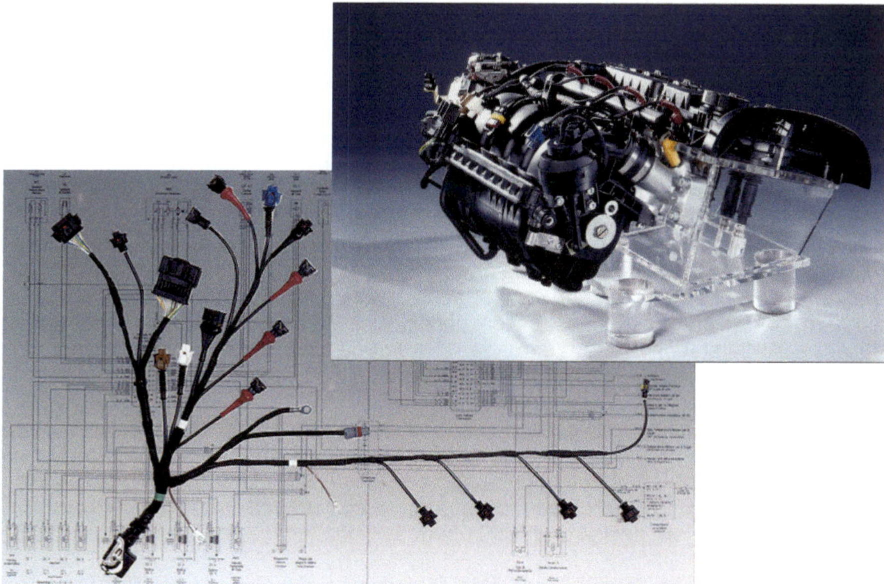

Bild 4.8: Motorkabelbaum (rechtes oberes Bild: integriert auf Saugmodul)

4.8 Bauform mit hoher Schüttelfestigkeit für Hochpolige Steckverbinder

Der leistungsfähige Mikrocontroller des elektronischen Motormanagementsystems Motronic steuert die Zylinderfüllung, die Benzineinspritzung und die Zündung. Sensoren erfassen den Motorbetriebszustand und andere Einflussgrößen. Das System stellt eine hohe Motorleistung, geringen Verbrauch und minimale Emissionen sicher. Mit der integrierten On-Board-Diagnose (OBD) sind Abweichungen im Emissionsverhalten automatisch erkennbar.

Die Elektronik übernimmt immer mehr Steuer- und Regelungsfunktionen im Kraftfahrzeug. Daher wächst die Zahl der elektronischen Steuergeräte im Kraftfahrzeug. Ohne sichere Steckverbindungen können die Systeme nicht zuverlässig funktionieren. Da das Steuergerät für das Motormanagement (Motronic) auch direkt am Motor angebracht werden kann, muss eine Steckverbindung nicht nur klein und kontaktsicher sein, sondern auch temperaturbeständig bis 155°C und schüttelfest bis zu 30g Beschleunigung. Bei Dieselmotoren ist sogar eine Schüttelfestigkeit bis 45g Beschleunigung gefordert.

Unvergleichlich kompakt: die 38-polige Steckverbindung
Mit der 38-poligen Steckverbindung bietet Bosch eine routinierte Serienlösung, die durch Ihre Kompaktheit besticht Mit 2,5 mm Rastermaß und 3,0 mm Reihenabstand ist diese Steckverbindung speziell für Steuergeräte in Hybridbauweise (Keramikleiterplatten) zum direkten Anbau am Motor geeignet. Der einschwenkbare Metallhebel reduziert die Steckkraft auf weniger als 100 N für den kompletten Steckvorgang. Dies erleichtert die Fahrzeugmontage und den Service.

Eine mechanische Codierung schließt falsches Stecken grundsätzlich aus. Dies bringt zusätzliche Montage- und Prozesssicherheit. Auch bei außergewöhnlicher Beanspruchung verhindert eine Arretierung, dass sich die Verbindung von selbst löst. Auch bei der neueren 64-poligen Steckverbindung ermöglicht eine Hebel-/Schieberkombination geringe Betätigungskräfte und damit eine leichte und schnelle Montage.

Mit dieser neuen Stecktechnik wurde gleichzeitig auch die Stecksicherheit erhöht. Bei begrenztem Einbauraum ist der Stecker auch ohne Hebel, also nur mit dem Schieber einsetzbar. Ein ähnliches Konstruktionsprinzip liegt dem 56-poligem Steckverbinder für Dieselmotorsteuergeräten zugrunde. Hier würde das Steuergerät direkt auf der Hochdruckpumpe montiert, was einer enormen Schüttelbeanspruchung gleichkommt.

Die hohe Schüttelfestigkeit wurde durch eine geschickte Dämpfungsmechanik über Silikonelastomere im Steckverbinder erreicht. So wurde das Kontaktträgerunterteil vom Kontaktträgeroberteil entkoppelt und über einen Silikonring gedämpft. Das Hebel/Schiebersystem ist ähnlich dem 64-poligem Steckverbinder, wobei der Hebel hier über den Kabelabgangdeckel und nicht über das Kontaktträgerteil fixiert ist.

Die Kontakte bestehen aus 0.6 mm BMK-D Varianten, die einen Metall-Loop zwecks Dämpfung aufweisen.

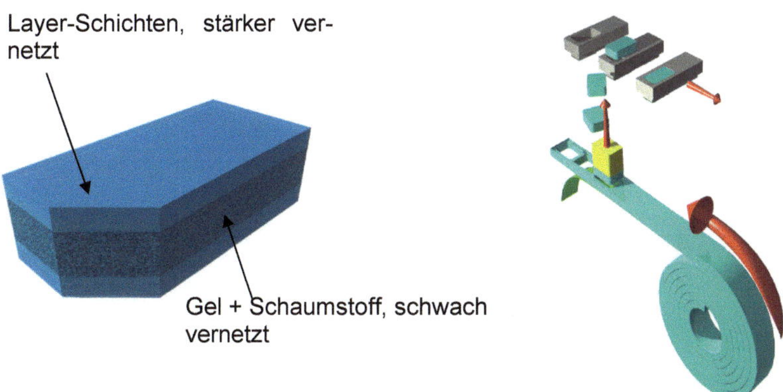

Bild 4.9: Gel-Stanzeinrichtung für 64 pol Steckverbinder

4.9 Motorsteuergeräte mit 154-poligen Steckverbindungen

In den letzten Jahren erhöhte sich die Nachfrage nach der Pinanzahl der Steuergeräte drastisch. Über 200 Pins für zukünftige Steuergeräte sind realisierbar. Bei den ME(D) 9 Steuergerätegeneration werden häufig 154-polige Schnittstellen am Steuergerät verwendet. Die 154-polige Schnittstelle des Steuergerätes ist in zwei Kammern aufgeteilt, wobei eine Kammer den Motorkabelbaum (Motor orientierte Ausführung) bedient und die zweite Kammer den Karosseriekabelbaum (Fahrzeug orientierte Ausführung) versorgt. Die Kammeraufteilung und Kammergröße hängt vom Anbauort ab. Die direkte Motoranbauvariante besteht aus einem 96-poligem Steckverbinder für das Motormodul und einem 58-poligen Fahrzeugmodul mit 4 Powerpins. Die Fahrzeug-/Karosserieseitig montierte Variante des 154-poligen Steckverbinders ist schüttelfest bis 3 g und weist eine 60-polige Kontaktbelegung im Motormodul und eine 94-polige Belegung im Fahrzeugmodul auf.

Alle Kontakte werden über eine Sekundärverriegelung kontrolliert, welche die korrekte Lage der Kontakte sicherstellt.

Bild 4.10a:
154-poliger Steckverbinder für Motorsteuergeräte

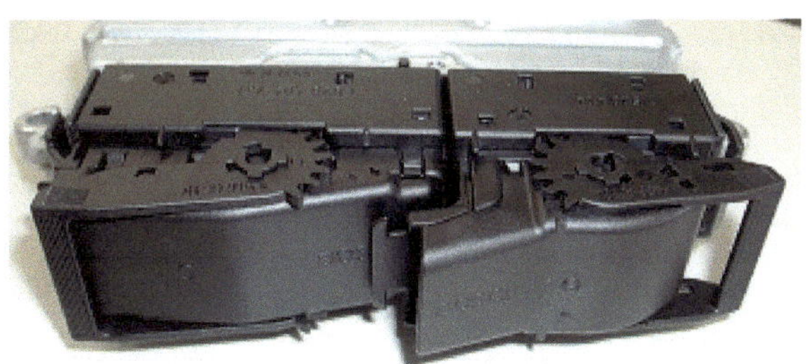

Bild 4.10b:
154-poliger Steckverbinder für Motorsteuergeräte (CAD-Zeichnung)

Die Abdichtung der Steckverbindung wird über eine ringförmige Silikondichtung am Kontaktträgerteil und einer Geldichtung im Kontaktbereich durchgeführt. Generell werden Steckverbinder über Einzeladerabdichtungen und/oder Matten- oder Geldichtungen abgedichtet.

4.10 Qualität und Zuverlässigkeit

Die Steckverbindungen sind im Motorraum hohen Belastungen ausgesetzt. Dazu zählen Temperaturen von –40°C bis +155°C, starke Vibrationen >30g und hohe Luftfeuchtigkeit ebenso wie Regen, Schnee und Eis, ferner Salz, Schwefeldioxid und Stickoxide sowie Steinschlag, Sand, Staub und schließlich elektrische Störfelder und elektromagnetische Störungen.

Die hohe Zahl von Steckverbindungen im Kraftfahrzeug erfordert neben maximaler Funktionssicherheit auch eine einfache Handhabung bei der Montage.

Die Umsetzung dieser Anforderungen wird u.a. dadurch erreicht, dass schon in der Konzeptphase Produktziele wie Funktion, Design, Qualität und Kosten festgeschrieben werden. Projektteams – bestehend aus Entwicklung, Fertigung, Einkauf und Vertrieb – begleiten neue Produkte vom ersten Entwurf bis zur Serienfertigung. Um maximale Funktionssicherheit der Steckverbindungen zu erzielen, sind Härtetests ein integraler Bestandteil der Qualitätssicherung. Die Steckverbindung muss die gleichen Qualifikationskriterien wie der dazugehörige Sensor oder das Steuergerät erfüllen. Sie wird in vielen Fällen gemeinsam mit diesen getestet.

Während der Dauererprobung im Labor unter definierten Prüfbedingungen durchläuft eine Steckverbindung zahlreiche Messungen. Sie wird beispielsweise auf elektrodynamischen Schwingtischen bei erhöhten Temperaturen bis an die Grenzen der Belastbarkeit beansprucht, um ihre Motorraumtauglichkeit nachzuweisen. Bei der Temperaturwechselprüfung müssen die Steckverbinder viele hundert Temperaturwechsel von tiefer Kälte bis zur oberen Grenztemperatur ohne Ausfälle überstehen.

Weitere Schutzartprüfungen sind Sprühwassertest, Benzindampftest, Ozontest und Staubtest. Der Raumschüttelstand bildet die Vibrationsbelastung praxisnah nach und überprüft die Praxistauglichkeit. Nach den Labortests folgt die Überwachung der

Steckverbindungen im Fahrzeug. In dieser Phase bestimmen Messungen auf speziellen Rüttelstrecken und Wasserdurchfahrten die Prüfparameter.

4.11 Nullfehlerstrategie

Möglichst kurze Entwicklungszeiten werden durch systemübergreifende Kompetenz, konsequente Qualitätssicherung und enge Zusammenarbeit mit dem Fahrzeughersteller erreicht. Denn nur so lässt sich die Nullfehlerstrategie beim Serienanlauf und im täglichen Fahrzeugeinsatz einhalten.

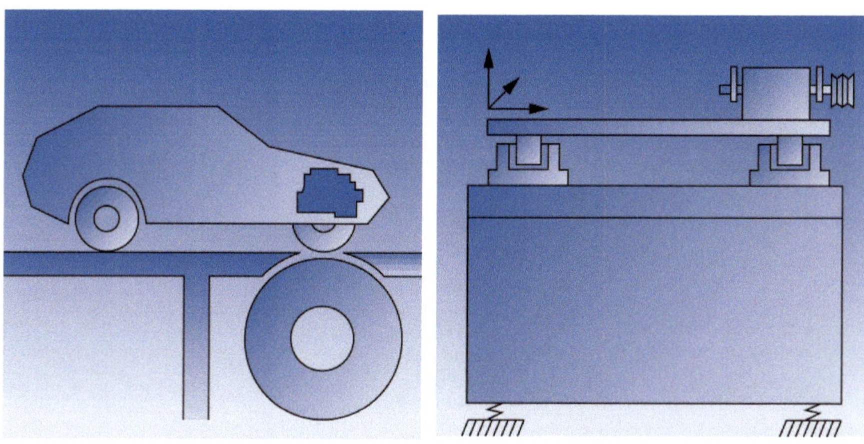

Bild 4.11: Prüf- und Testverfahren: Fahrzeugprüfstand und Raumschüttelstand

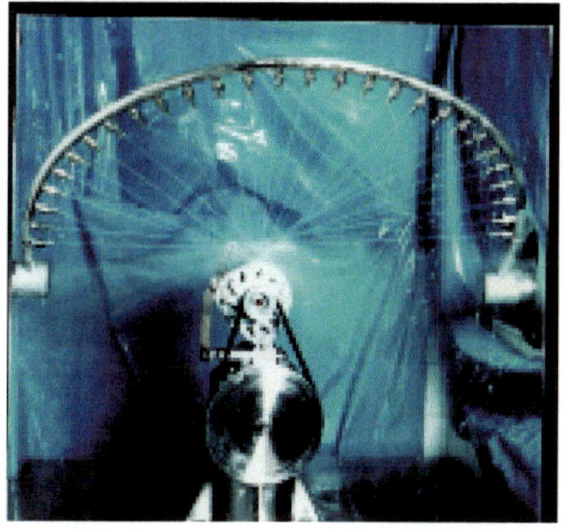

Bild 4.12: Prüf- und Testverfahren: Sprühwassertest und Staubtest

Zusammenfassend kann man sagen: Ob Pkw oder Nfz, Steckverbinder sind im Motorraum hohen Belastungen ausgesetzt. Deshalb müssen diese alle Prüfparameter zu 100% erfüllen, bevor sie zur Fertigung freigegeben werden.

4.12 Ausblick auf neue Anwendungsfelder im Kfz

Mit dem steigenden Anteil elektronischer Komponenten im Kfz wächst auch die Nachfrage nach adäquater Verbindungs-, Anschluss- und auch Übertragungstechnik. Das betrifft z. B. Flex- und Foliensteckverbinder als auch faseroptische Steckverbinder. Die Bilder 4.13 und 4.14 zeigen einen Ausschnitt derartiger Applikationen.

Zukünftige Marktnischen

- Flachstecker
- Übergang Optik/Kupfer
- Flachkabelmodule

FLEX- und FOLIENSTECKER

- **Markt 2001 in EU**: 20,6 Mio €, zweist. Wachstum
- **Anbieter:** Tyco, Delphi, Freudenberg

- **Anwendungsbereiche:**
- **Türmodul**
- **Dachhimmel**
- **Dashboard**
- **LED Licht**
- **Sitze (incl. SG)**

Bild 4.13: Künftige Einsatzbereiche für Flex- und Foliensteckverbinder

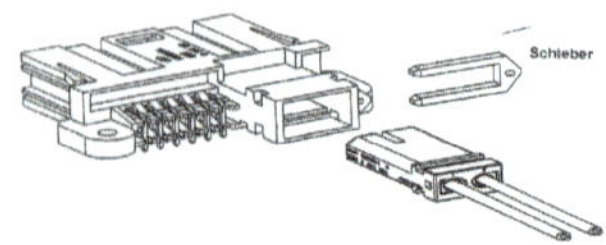

POF: Ferrulen aus Kunststoff oder Keramik
Stecker hauptsächlich PBT/PET;
Einzelteile in LCP (Mineral) oder PEI Ultem

Neue Technologie: GOF für Beleuchtung:
BMW 5er: ringförmiges Abblendlicht

Zukünftige Marktnischen

- **Markt 2001 in EU**: 8,6 Mio €, zweist. Wachstum,
- **Anbieter:** Tyco, Molex, Delphi, FCI, Kostal

FIBRE OPTICS

- **Anwendungsbereiche:**
- **Audio/Video/Navigat. MOST**
- **Cockpit/Anzeige**
- **Sensoren**
- **Erste POF/Stecker im 7er BMW (Sicherheit/Airbag)**

Bild 4.14: Künftige Einsatzbereiche für faseroptische Steckverbinder

5 Koaxiale Steckverbinder im Mobilfunkbereich

Romeo Premerlani

5.1 Verwendung von koaxialen Verbindungen im Mobilfunkbereich

Generell werden Koaxiale Verbindungen im hochfrequenten Teil des *Radio Subsystem (RSS)* verwendet. Das RSS besteht aus dem Funknetzteil und dem „Handy", das der Teilnehmer mit sich führt und daher den offiziellen Namen *Mobile Station (MS)* hat. Das Funknetz wird im allgemeinen *Radio Access Network (RAN)* genannt und wird von mehreren Base Station Subsystemen gebildet (siehe *BSS*). Diese beiden Subsysteme sind für die Kommunikation per Funk und damit auch für die Mobilität und all den dazugehörigen Funktionen verantwortlich.

Betrachtet man die Verwendung von koaxialen Steckern in den 2 Grundeinheiten „Mobile Station" und „Mobile Base Station", so verteilen sich die Verbindungen zu 98% auf die Base Station. In den Heutigen Handys ist das einzige koaxiale Element der Antennenstecker der zugleich als Umschalter zwischen Handyantenne und externer Antenne ausgestaltet ist.

Richten wir unser Augenmerk auf das *Base Station Subsystem (BSS)* mit den Hauptelementen *Base Station Controller (BSC)* und der *Base Transceiver Station (BTS)*

Der Base Station Controller ist der Hauptrechner einer Basisstation der für das Kanal- und Leistungsmanagement der eigenen Funkzellen verantwortlich ist und dabei mit Nachbarzellen der verschiedenen Mobilfunkgenerationen Daten austauscht. Aus Sicht der koaxialen Verbindungstechnik ist dieser Bereich der Basisstation eher uninteressant, da sich die übertragenen Signale unterhalb von 1GHz befinden.

Bild 5.1: Typischer Aufbau einer Base-Station

Die Base Transceiver Station ist das eigentliche Funkkernstück der Basisstation. Als Hauptaufgabe realisiert die BTS die Funkverbindung zum Handy.

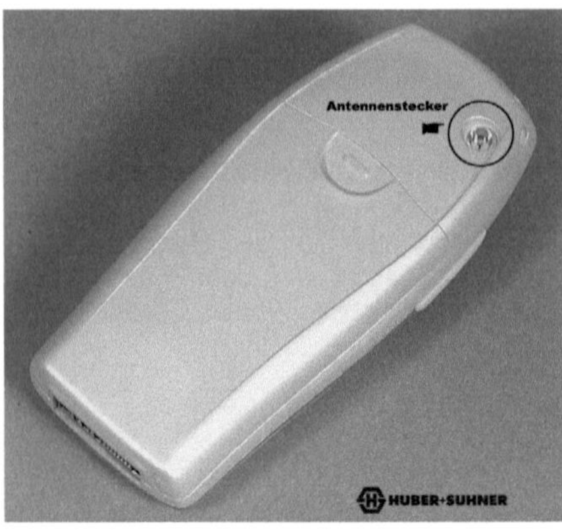

Bild 5.2: Antennensteckverbinder beim Handy

Dabei moduliert die BTS die Daten auf hochfrequente Signale und ist somit aus Sicht der koaxialen Verbindungstechnik das wichtigste Element. Nachfolgend ein Blockschaltbild einer typischen BTS und deren Relevanz für die koaxiale Verbindungstechnik. Die mit gepunkteten Liniengezeichneten Verbindungen entsprechen in der BTS realen Koaxialen Kabeln mit Steckern. Zusätzlich werden innerhalb der verschiedenen Module koaxiale Verbinder verwendet, die jedoch im Blockschaltbild nicht erkennbar sind.

Die meisten als Blockschaltbild gezeichneten Funktionseinheiten sind auch physisch entkoppelte Einheiten und müssen dadurch meist mit koaxialen Verbindungselementen zusammengekoppelt werden. Je nach Design der entsprechenden BTS werden

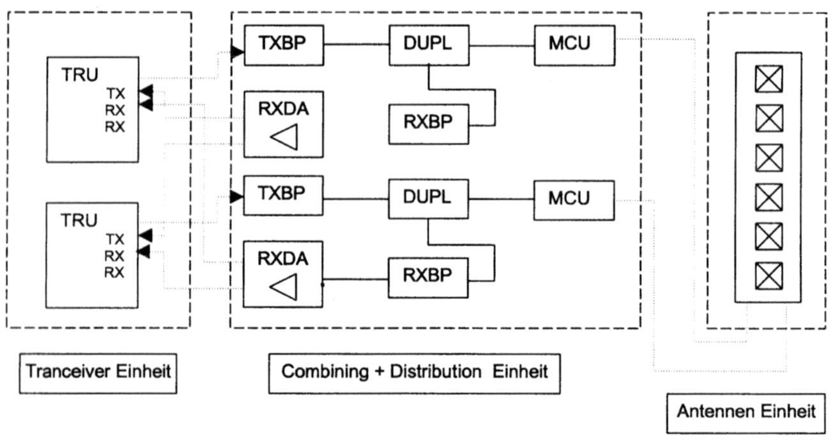

Bild 5.3: Blockschaltbild der Base-Station

dabei verschiedene Bauformen benötigt, jedoch kann man zusammenfassend sagen, dass die meist verwendeten Steckertypen in der Telekommunikationsindustrie die der Serien MMCX, MMBX, MCX, SMA, QMA TNC, N, QN und 716 sind. Durch die immer höhere Packungsdichte, ersetzt die Leiterplatte zu Leiterplatte Lösung immer mehr die herkömmliche Modul-Bauweise die, basierend auf der Verbinder / Kabel-Bauweise kosten- und montageintensiv ist. Es gibt jedoch immer noch limitierende

Parameter der BTS die eine Integration kaum möglich machen. Mehr dazu in den Kapiteln Anforderungen und Markteinflüsse.

Nachstehend (Bild 5.4, 5.5, 5.6) einige Abbildungen der Haupteinheiten in der BTS mit den entsprechenden Verbinderserien. Beachten Sie dabei die in Bild 5.3 gezeigter Gesamtkonfiguration einer BTS mit den genannten Verbinderserien N, SMA, QMA, TNC, N, QN, 716, MMCX, MMBX, MCX

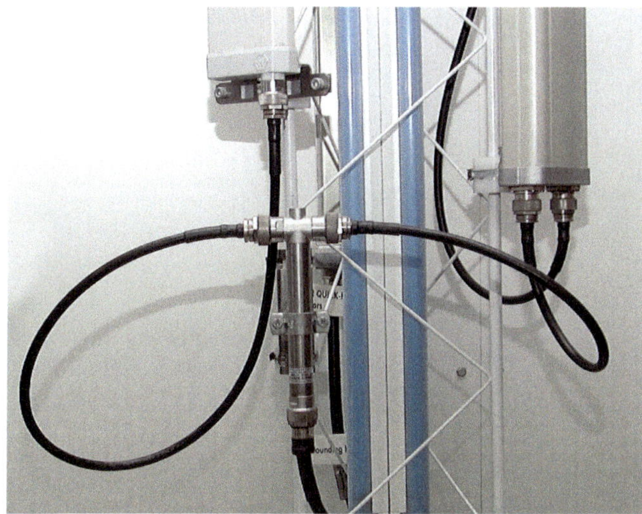

Bild 5.4: Steckverbinder der Serien N und 716

5.2 Anforderungen an die koaxiale Verbindungstechnik im Mobilfunkumfeld

Die koaxiale Verbindungstechnik stammt aus der militärisch angewandten Kommunikations- und Vermessungstechnologie. Dadurch ist es nicht weiter verwunderlich, dass die technischen Grundlagen für die Kommunikationstechnologie militärischen Ursprung haben. Maßgebend ist dabei der amerikanische Standard MIL (*MIL*itary Standard). Die heutige Kommunikationstechnologie bezieht sich immer noch auf die militärischen Standards aber auch auf neuere Industrie Standards wie die IEC oder CECC, welche sich materialtechnisch wiederum sehr stark auf die militärischen Standards abstützen. Dies hat klare Auswirkungen auf die Konstruktion und die Materialwahl, welche nicht selten zu einer Überspezifikation für Anwendungen im Mobilfunkbereich führt.

Untenstehend eine kurze Auflistung der wichtigsten Parameter unterteilt in elektrische, mechanische und umwelttechnische Anforderungen. Dazu kurze Erläuterungen, warum dem entsprechenden Parameter im Mobilfunk eine Bedeutung zugemessen wird. Die entsprechende Theorie wurde im Aufsatz von B. Rosenberger [3] bereits erarbeitet, deshalb wird auf die Erarbeitung der theoretischen Grundlagen an dieser Stelle verzichtet.

Bild 5.5: Steckverbinder der Serien SMA, QMA,TNC, N, QN, 716 in der BTS

5.3 Elektrische Anforderungen

Die Bedeutung und der Einfluss der wichtigsten elektrischen Parameter werden zum besseren Verständnis kurz erläutert.

Impedanz:
In der Telekommunikation werden fast ausschliesslich 50Ω Systeme eingesetzt. In seltenen Fällen wird zur Leistungsoptimierung auch 75Ω eingesetzt. Vergleiche Theorie Koaxiale Verbindungstechnik B. Rosenberger

Rückflussdämpfung:
Die Leistungs- oder Wellenreflexion entsteht durch Fehlanpassung in der koaxialen Leitung. Koaxiale Verbindungselemente können aus mechanischen oder Kostengründen nicht immer optimal angepasst werden und bilden somit die oben erwähnten Fehlanpassungen der Impedanz. Trifft eine elektromagnetische Welle auf solche Fehlanpassungen, wird die elektromagnetische Wellenausbreitung gestört und es entstehen Reflektionen. Damit wird ein Teil der Leistung, welche von der Quelle zur Senke transportiert werden soll, reflektiert, vermindert dabei die Leistungsübertragung je nach Phasenlage und stört dabei die ideale Wellenausbreitung von Quelle zu Senke. Reflektionsverluste wirken sich auf das gesamte Mobilfunksystem aus und verringern dabei den Gesamtwirkungsgrad. Entsprechend wichtig wird eine genaue Planung der Verluste im Leistungspfad der BTS, da Komponenten mit kleiner Rückflussdämpfung die Verstärkerauslegung positiv beeinflussen. Man kommt mit kleineren Leistungsverstärkern aus und erhöht somit den Systemwirkungsgrad.

Einfügedämpfung:
Die Einfügedämpfung ist speziell bei verlustarmer Übertragung der Schlüsselfaktor. Dabei ist die Einfügedämpfung auf Grund der kleinen Längen für koaxiale Verbinder weniger relevant. Umso wichtiger ist die Einfügedämpfung bei der Wahl des koaxialen Kabels, wobei Material und Kabelaufbau die Einfügedämpfung massgeblich beeinflussen.

Schirmdämpfung:
Der Schirmdämpfung wurde bisher keine grosse Beachtung geschenkt. Dies war bisher auch nicht nötig, da Koaxiale Verbinder meist in sich geschlossene Konstruktionen sind, welche kaum abstrahlen.
Mit der zunehmenden Verdichtung der Systeme wurden vermehrt koaxiale Verbindungen direkt auf den Leiterplatten realisiert. Durch die Dichte und die Konstruktion der Leiterplattenverbinder muss der Schirmdämpfung eine höhere Beachtung beigemessen werden.

Leistung:
Die Leistungsverträglichkeit einer koaxialen Verbindung ist grundsätzlich eine Wärmeableitungsfrage. Je grösser ein Verbinder ist, desto mehr Leistung kann eine Koaxiale Verbindung ohne Schaden übertragen. Dazu kommen materialtechnische Faktoren, die eine Wärmeabgabe behindern oder eben fördern. Ein wichtiger Faktor ist dabei der Kontaktwiderstand des koaxialen Verbinders, der bei ungünstigen Verhältnissen die zu übertragende maximale Leistung bis zu 20% der Nominalleistung reduzieren kann. Der Leistung wurde bisher kaum Beachtung geschenkt. Mit der Entwicklung der 3.Generation BTS (UMTS) entstehen sehr hohe kurzzeitige Leistungsspitzen, die knapp ausgelegte Verbindungen langfristig zerstören können.

Passive Intermodulation:
Da diesem Faktor bis bisher eher weniger Beachtung geschenkt wurde, nachstehend die dazugehörende Theorie.

Wann sprechen wir von Passiver Intermodulation ?
Materialtechnische oder konstruktionsbedingte Nichtlinearitäten verursachen im entsprechenden Element die Entstehung von harmonischen Nebenwellen. Wird ein hochfrequentes Signal über diese Stellen übertragen, wirkt die konstruktiv oder materialtechnisch kritische Stelle mit ihrem nichtlinearen verhalten als Modulator, es entstehen harmonische Oberwellen.

Nimmt man als Modulator ein lineares Element, oder anders gesagt, verhält sich die Konstruktion oder das Material linear, entstehen im Frequenzspektrum keine harmonischen Nebenwellen.

Verhält sich die kritische Stelle jedoch nicht linear, so wirkt die Stelle als Modulator.
Es entstehen im Frequenzspektrum harmonische Nebenwellen.

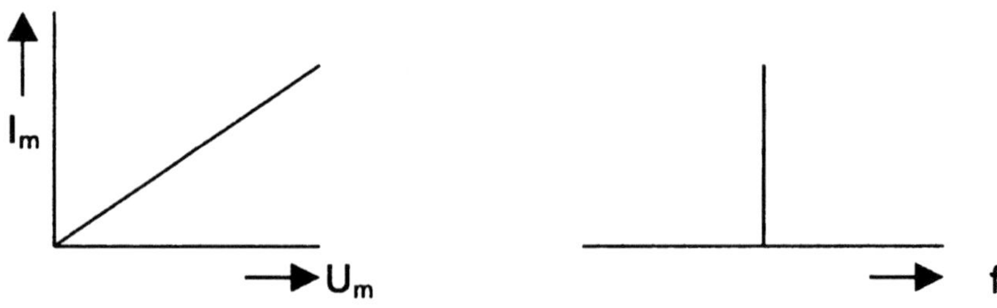

Bild 5.6: Lineares Verhalten (Material/Konstruktion) verhindert das Entstehen von harmonischen Nebenwellen

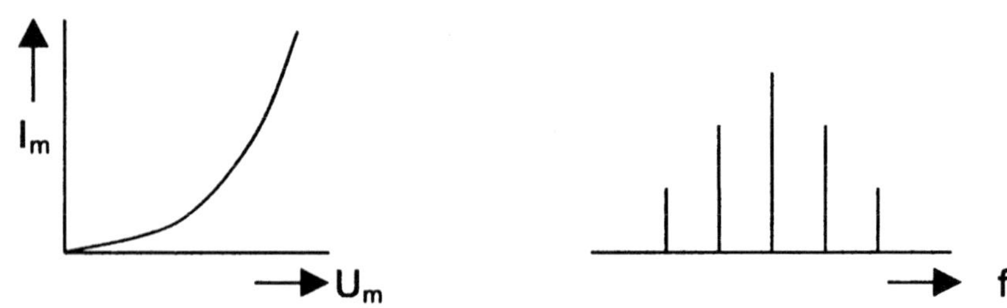

Bild 5.7: Nichtlineares Verhalten (Material/Konstruktion) führt zum Entstehen von harmonischen Nebenwellen

Wodurch entstehen solche nichtlinearen kritischen Stellen?
Die Einflussgrössen, die Passive Intermodulation auslösen, sind geklärt, jedoch fehlen breit angelegte wissenschaftliche Untersuchungen, die diese Erkenntnisse untermauern. Die wichtigsten Faktoren sind Verunreinigungen, mangelnder Kontaktdruck und nicht lineare Ladungs- und Entladungseffekte. Ein weiterer Faktor ist die Bildung von Oxyden auf Metallen wie Aluminium, die dann materialtechnisch ein nicht lineares Verhalten im Magnetfeld entwickeln.

Warum ist Passive Intermodulation unerwünscht?
Treten solche Nichtlinearitäten auf, können die harmonischen Nebenwellen bei entsprechender Frequenzbelegung Bänder des benachbarten Kanals stören (Empfangskanal).

Ist Passive Intermodulation in einer BTS immer gleich kritisch?
Nein. Damit solche störende Nebenwellen entstehen, bedarf es einer gewissen Leistung. Komponenten, die sich im sendenden Leistungspfad befinden, sind deshalb besonders empfindlich und müssen deshalb *Passiv Intermodulation* spezifiziert sein.

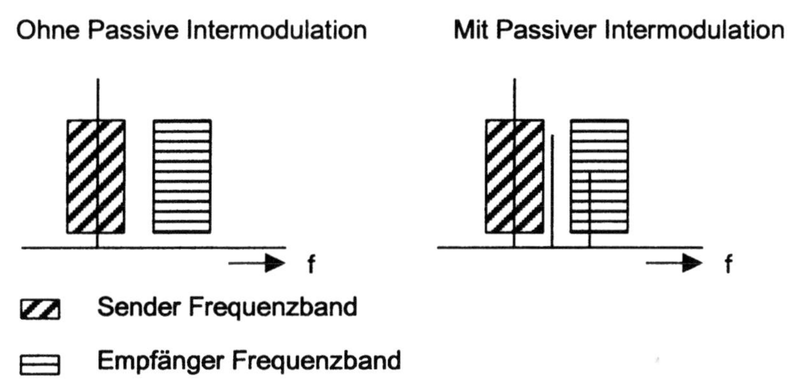

Bild 5.8: Passive Intermodulation

5.4 Mechanische Anforderungen

Steckungen:
Wie bereits oben erwähnt, wurden viele Anforderungen aus den militärischen Spezifikationen in den Mobilfunk übernommen. Aus diesem Grund sind die meisten Verbinder so ausgelegt, dass sie 500 Steckungen ohne Verschlechterung der Leistungsmerkmale bewältigen können.

In den letzten 2 Jahren wurden aus Kostengründen die Spezifikationen gelockert, so dass 100 Steckungen in der Mobilfunk Industrie wohl toleriert, aber nicht durch offizielle Normen wie IEC oder CECC gestützt werden.

Drehmoment:
Mit den steigenden Anforderungen an die Rückflussdämpfung musste die Präzision in der Verbindungstechnik ebenfalls erhöht oder mindestens kompensiert werden. Dadurch erhielten Verbinder, die bisher von Hand festgezogen werden konnten, und mit einem einfachen Rändel als Gleitschutz versehen waren, einen Sechskant. Damit konnte ein Anzugsdrehmoment spezifiziert werden, das wiederum reproduzierbar konstante Rückfussdämpfungswerte garantierte. In den Bildern 5.9 bis 5.11 ist die Evolution der Serie N mit den verschiedenen Kopplungsmuttern gezeigt.

5.5 Umwelt-Anforderungen

Temperatur:
Der Temperatur wurde bisher schon eine grosse Rolle beigemessen. Im Zusammenhang mit der Leistung ist dies auch richtig. (vergleiche dazu Leistung). In den heutigen Systemen der Telekommunikation werden jedoch klimatische Regelungen eingebaut, die das Thema Temperatur entschärfen.

Bild 5.9: Ausführung Rändel – geeignet für Handanzug

Bild 5.10: Ausführung Kombi-Mutter für Handanzug und Drehmomentschlüssel

Bild 5.11: Sonderform – Anzugsmoment definierbar

Wasserdichtigkeit:
Da das Hochfrequenzsignal zu den Antennen im Mast übertragen werden muss, ist ein Teil einer BTS und somit ein Teil der koaxialen Verbinder den Umwelteinflüssen voll ausgesetzt. Dazu gehört auch Regen oder Wasser ganz allgemein. Um eine einwandfreie Funktion zu gewährleisten, müssen koaxiale Verbinder in diesem Bereich einer gewissen Dichtigkeitsklasse angehören.

Dazu werden meist IP-Klassen verwendet. Der zweistellige IP-Klassen-Code (IPxy) definiert den Schutzgrad eines elektrischen Bauteils gegen die Umwelteinflüsse Staub und Wasser. Die Zahl hinter der IP-Bezeichnung gibt dabei den Grad der Dichtigkeit an. Meist verwendete Klassen sind IP 67 oder IP 68 – siehe Bild 5.12.

Die Schutzgrade sind international anerkannt und mehrfach normiert, wie z. B. auch in der Norm IEC 60529.

Korrosionsfestigkeit:
Um eine Korrosionsfestigkeit zu erreichen, werden die meisten koaxialen Verbinder mit einer metallischen Schutzschicht versehen. Dabei handelt es sich meist um Gold, Silber oder Kupfer-Zinn-Zink Verbindungen. Mit der Veredelung der Verbinderober-

fläche wird auch die elektrische Leitfähigkeit im Oberflächenbereich verbessert, was bei hochfrequenter Signalübertragung nicht zu vernachlässigen ist (Skin-Effekt).

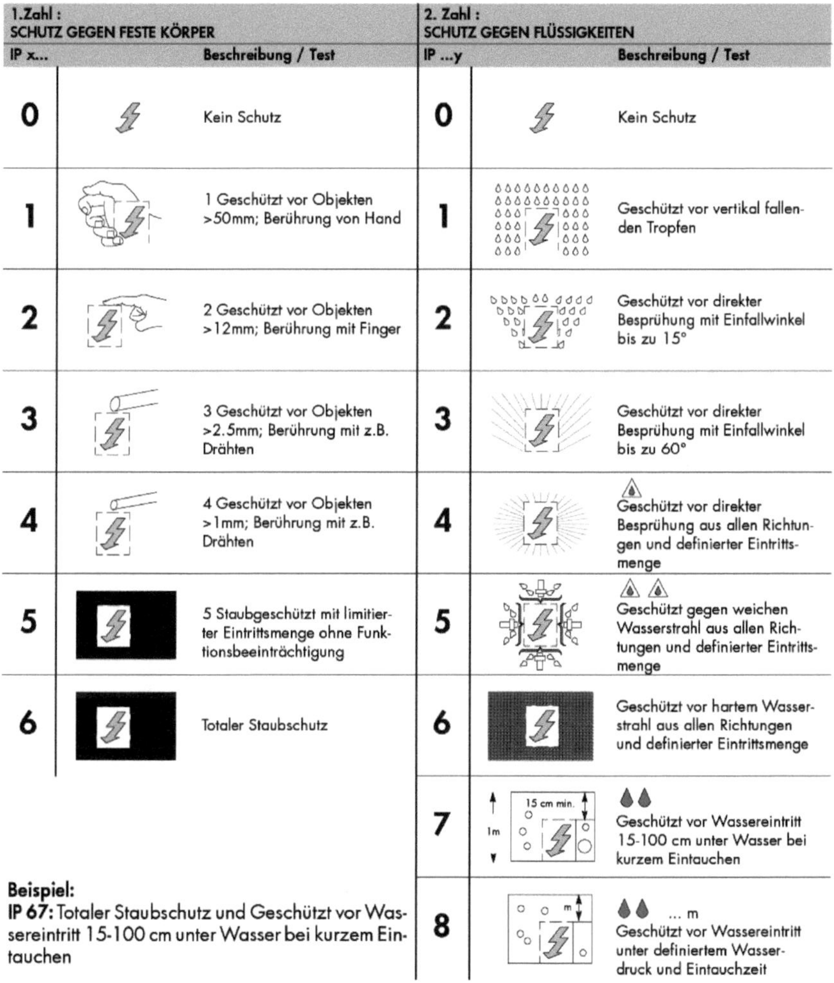

1.Zahl : SCHUTZ GEGEN FESTE KÖRPER		**2. Zahl : SCHUTZ GEGEN FLÜSSIGKEITEN**	
IP x...	**Beschreibung / Test**	**IP ...y**	**Beschreibung / Test**
0	Kein Schutz	**0**	Kein Schutz
1	1 Geschützt vor Objekten >50mm; Berührung von Hand	**1**	Geschützt vor vertikal fallenden Tropfen
2	2 Geschützt vor Objekten >12mm; Berührung mit Finger	**2**	Geschützt vor direkter Besprühung mit Einfallwinkel bis zu 15°
3	3 Geschützt vor Objekten >2.5mm; Berührung mit z.B. Drähten	**3**	Geschützt vor direkter Besprühung mit Einfallwinkel bis zu 60°
4	4 Geschützt vor Objekten >1mm; Berührung mit z.B. Drähten	**4**	Geschützt vor direkter Besprühung aus allen Richtungen und definierter Eintrittsmenge
5	5 Staubgeschützt mit limitierter Eintrittsmenge ohne Funktionsbeeinträchtigung	**5**	Geschützt gegen weichen Wasserstrahl aus allen Richtungen und definierter Eintrittsmenge
6	Totaler Staubschutz	**6**	Geschützt vor hartem Wasserstrahl aus allen Richtungen und definierter Eintrittsmenge
		7	Geschützt vor Wassereintritt 15-100 cm unter Wasser bei kurzem Eintauchen
		8	... m Geschützt vor Wassereintritt unter definiertem Wasserdruck und Eintauchzeit

Beispiel:
IP 67: Totaler Staubschutz und Geschützt vor Wassereintritt 15-100 cm unter Wasser bei kurzem Eintauchen

Bild 5.12: IP-Klassen-Code

5.6 Produktrelevante Markteinflüsse im Mobilfunkmarkt

Die Branche des mobilen Telekommunikationsmarkts befindet sich seit ihrem Einbruch im Jahre 2001 in einer technischen Zwickmühle. Einerseits bezieht sich die

Branche auf Standards, die den aktuellen technischen Anforderungen nicht mehr entsprechen. Dabei sind die heutigen koaxialen Lösungen eindeutig überspezifiziert und man setzt teure Materialien und Verfahren ein, um ein qualitativ hochwertiges Produkt zu erhalten. Das Produkt wird in der Anwendung in dieser Form jedoch nicht gebraucht.

Andererseits ist mit dem Generationenwechsel von 2G (GSM) auf 3G (UMTS / CDMA2000 / TD-SCDMA) und den damit verbundenen Lizenzgebühren für 3G ein massiver finanzieller Druck für die Telekommunikations-Betreiber entstanden. Die Systeme müssen zu wesentlich reduzierten Preisen angeboten werden. Zudem wirkte die Öffnung des chinesischen Marktes als Beschleuniger für die Preiserosion im koaxialen Verbinder Markt.

Die Reaktion in diesem Spannungsfeld ist absehbar, will man die Produktionskosten senken und langfristig einen Gewinn erzielen. Es wird zu einer Entspannung der Spezifikationen führen müssen, die den Weg für kostengünstige, aber effektive Lösungen frei macht.
Einen entscheidenden Faktor wird dabei die Spezifikation für die funktionalen Minimalanforderungen der Verbindungstechnik bilden. Es muss eine Anforderungsbeschreibung entstehen, die vielfältige, innovative und kostengünstige Lösungen zulässt, ohne dabei die systemkritischen Parameter zu verletzen.

Da aber eine derartige Entwicklung, die diesen Quantensprung ermöglichen würde, bis heute noch nicht eingesetzt hat, ist das Gebot der Stunde die Produkte so zu verändern, dass im *Gesamtlebenszyklus der Applikation* die Kosten reduziert werden können. Dabei können die einzelnen Produktkosten sogar leicht steigen, wenn damit entsprechend mehr an einem anderen Ort in der Lebenszykluskette eingespart werden kann. Man spricht dabei von den totalen Kosten während des Lebenszyklus des Produktes im Einsatzumfeld.

Fassen wir kurz die wichtigsten Punkte zusammen:

Die Branche steht momentan unter einem enormen Kostendruck.
Dieser schlägt sich auf die Produkte nieder.

Funktionale Spezifikationen werden heute noch nicht erstellt.
Dies führt damit lediglich zu konstruktiven Lösungen, die darauf abzielen, mit kleineren Produktänderungen Senkungen der System-Produktionskosten zu erreichen.

5.7 Konstruktive Ansätze als Antwort auf die Markt- und Kundenbedürfnisse

5.7.1 Miniaturisierung und Einsatz von neuen Fertigungstechnologien

Die zunehmende Verkleinerung der Systeme fordert immer kleinere Schnittstellen im Bereich der koaxialen Verbindungstechnik. Um dieser Anforderung Rechnung zu tragen, wurde eine Serie erarbeitet, die auf engstem Raum koaxiale Verbindungen ermöglicht. Ausgehend von der Serie MCX – siehe auch Artikel Rosenberger [3] – wurde eine Verbindung entworfen, die nebst den verkleinerten Abmessungen eine industrielle Fertigung mit neuen Materialien wie Kunststoffen auch neue Herstellverfahren wie Stanzen und Biegen zum Einsatz bringen sollte. Unter diesen Voraussetzungen entstand die heutige Serie MMCX (Bild 5.13).

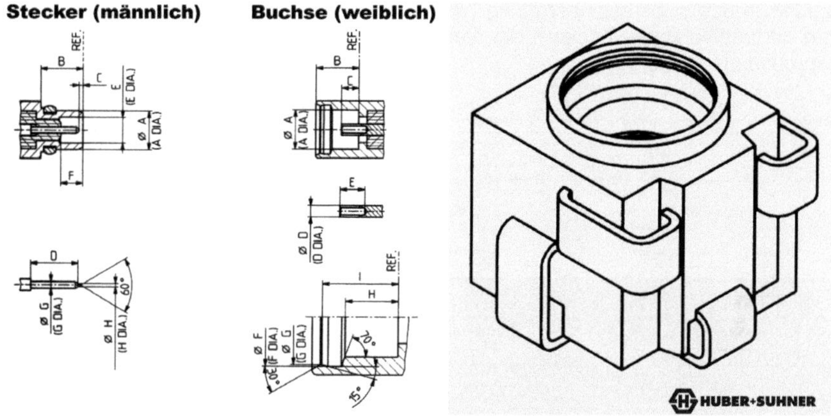

Bild 5.13: Bauform MMCX – Masse und Abmessungen

5.7.2 Kosteneffektive, mehrfache Leiterplatten-Leiterplatten Verbindungen auf engstem Raum

Im Entwicklungsansatz standen einige der bereits erwähnten Marktbedürfnisse im Vordergrund. Die Serie sollte noch kleiner als MMCX sein und besonders niedrige Einbauhöhen ermöglichen. Die Herausforderung bestand darin, eine Serie zu entwickeln, die es ermöglichen sollte, eine koaxiale Verbindung aus 3 Grundelementen aufzubauen. Zusätzlich sollten noch 2 davon gleich sein, um damit *den* Volumeneffekt zu erreichen der wiederum zu einer erheblichen Kostenreduzierung führt.

Die Verbindung sollte einen radialen und vertikalen Versatz aufnehmen können, um Positionierungstoleranzen ausgleichen zu können.
Abschliessend sollte die Verbindung eine hohe Schirmdämpfung aufweisen, damit nicht auf umliegende Komponenten eingestrahlt wird. Unter diesen Voraussetzungen entstand die Serie MMBX.

5.7.3 Reduktion von Montagezeiten

Mit der weiten Verbreitung der Mobiltelephonie ist unter den Herstellern von Basisstationen zusehends ein harter Konkurrenzkampf entstanden. Sehr kurze Montagezeiten, auch bei den koaxialen Verbindungen, sind daher umso wichtiger.

Für die Hochfrequenz-Verbindungen innerhalb der Basisstation wurden mehrheitlich Steckverbinder mit geschraubtem Kopplungsmechanismus eingesetzt. Diese traditionellen Verbinder sind beliebt wegen Ihre sehr guten Übertragungseigenschaften. Nachteilig für einen optimierten Montageprozess ist jedoch die umständliche Verschraubung der Verbindungen.
Zudem muss auch sehr sorgfältig bei der Kabelverlegung vorgegangen werden, um ein unbeabsichtigtes Lockern der Verschraubungen und die damit verbundene Fehlersuche zu vermeiden.

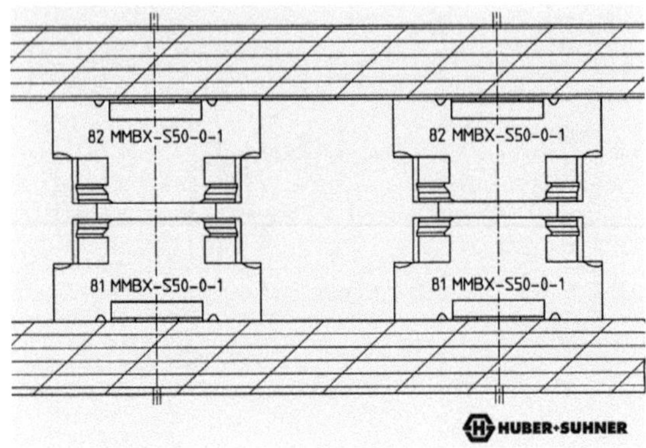

Bild 5.14: Leiterplattenverbindung auf engstem Raum

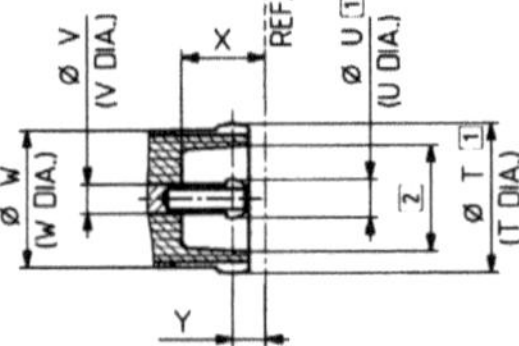

Snap

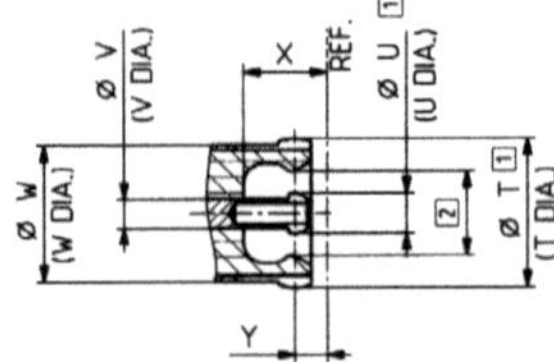

Bild 5.15: Schnittbild SMBX

Der Wunsch, geschraubte Verbindungen durch rationelle Einrast-Verbindungen mit optimalen Übertragungseigenschaften zu ersetzen, war deshalb eine logische Folge. HUBER+SUHNER hat diese Herausforderung angenommen und präsentiert mit SUHNER® Quick-Lock Verbindern eine innovative Lösung.

Rationelles Quick-Lock Verbinder Konzept
Der einfache Steck- und Trennvorgang der SUHNER® Quick-Lock Verbinder verringert die Installationszeit eines konfektionierten Kabels auf rund einen Zehntel im Vergleich zu einem traditionell geschraubten Verbinder. Des Weiteren kann ein Quick-Lock Verbinder im gesteckten Zustand ohne Leistungseinbuse 360 Grad um seine Achse gedreht werden, was die Flexibilität bei der Installation der bestückten Kabel enorm verbessert (Ausrichtung, Kabelbündel).
Eine Vergleichsanalyse bei einer Mobilfunk-Basisstation-Anwendung zeigt wesentliche Kosteneinsparungen durch Ersetzen von traditionellen Steckverbinder mit Quick-Lock Ausführungen, ohne Einbussen bei der Qualität oder Funktionalität. In der Regel verringern sich die totalen Betriebskosten für den Kunden erheblich durch den Vorteil des optimalen Installationsprozesses.

Kein Montagewerkzeug erforderlich
Da zum Koppeln der Quick-Lock Verbinder weder Gabelschlüssel noch Drehmoment-Schlüssel benötigt wird, ergeben sich zusätzlich folgende Vorteile:

- Da kein Raumbedarf für den Einsatz eines Schraubenschlüssels erforderlich ist, kann bei mehrfach Verbinder-Anordnungen die Packungsdichte erhöht werden.
- Einkauf, Lagerung oder Kalibrierung der spezifischen Drehmomentschlüssel entfällt.
- Die Gefahr, dass ein ungeeignetes Anzugsdrehmoment angewendet wird, ist bei einer gesteckten Verbindung von vornherein eliminiert.
- Die Möglichkeit, dass ein Geräte-Frontblech beim Festziehen der Kopplungsmutter zerkratzt wird, ist ebenfalls ausgeschlossen.

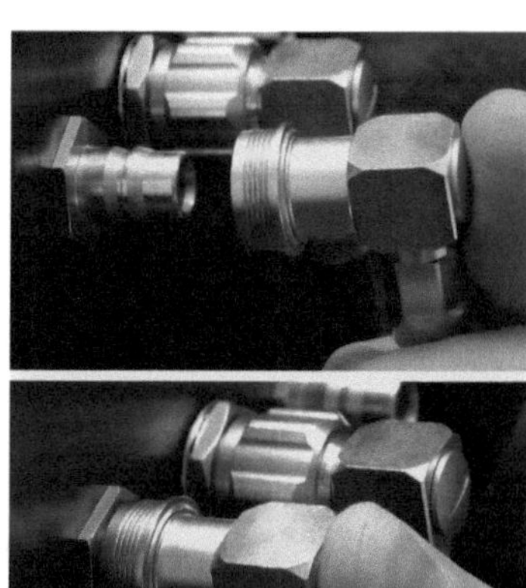

Bild 5.16: Qick-Lock Verbinder

5.8 Passive intermodulationsarme Verbindungen

Um die passive Intermodulation nach dem heutigen Wissensstand zu optimieren, muss man sich als erstes den einzelnen Komponenten Verbinder und Kabel widmen. Bei Verbindern müssen durch konstruktive Massnahmen (möglichst einteilige, elektrisch führende Einzelteile) und durch ideale Oberflächen und Materialstruktur (Veredelung mit Silber oder Kupfer-Zinn-Zink Verbindungen) potentielle Intermodulationsquellen eliminiert werden. Eine weitere Komponente bildet dabei die geeignete Materialwahl, bei der nichtmagnetische Metalle zur Anwendung kommen.

Bei der Konstruktion von Kabeln ist der Auswahl der Materialien und deren mechanischer Ausprägung höchste Beachtung zu schenken, damit sowohl flexible als auch intermodulationsarme Kabel entstehen. Wie bei den Verbindern beeinflussen Oberflächenmaterial und Oberflächenstruktur das Intermodulationsverhalten des Kabels. Bis heute ist es wenigen Herstellern gelungen, ein flexibles intermodulationsarmes Kabel zu entwickeln. Aus diesem Grund werden aktuell Wellmantelkabel für intermodulationskritische Anwendungen bevorzugt.

Sind in einem ersten Schritt die einzelnen Komponenten auf Intermodulation optimiert, kommt ein weiterer kritischer Prozess: das Assemblieren der beiden Komponenten Verbinder und Kabel. Dabei kommen zwei Verbindungsarten zur Anwendung. Zum einen ist dies der Lötprozess und zum anderen ist dies das Herstellen einer Verbindung mit konstantem und genügendem Kontaktdruck auf genau definierter Fläche – wobei letzteres konstruktiv eine Herausforderung darstellt. Dementsprechend aufwendiger und damit teurer gestaltet sich die Kontaktdrucklösung.

Jede der beiden Lösungen hat im Markt jedoch ihre Berechtigung. Die Lötvariante in Anwendungen, bei denen vorgefertigte Assemblies (Verbinder auf das Kabel montiert und getestet) eingesetzt werden können. Dies ist bei der stark standardisierten Anwendung in einer BTS der Fall. Man verzichtet dabei bewusst auf den Verkauf von einzelnen Komponenten und kauft stattdessen die Funktion, die das gesamte Assembly darstellt.

In der Verbindung zwischen BTS und der Antenne im Aussenbereich stellen sich von Fall zu Fall Situationen ein, die eine adaptive Montage vor Ort nötig machen. Dabei werden in erster Linie Kontaktdrucklösungen eingesetzt. Damit mit einfachsten Werkzeugen im Freien eine solche Montage durchgeführt werden kann, wurde ein

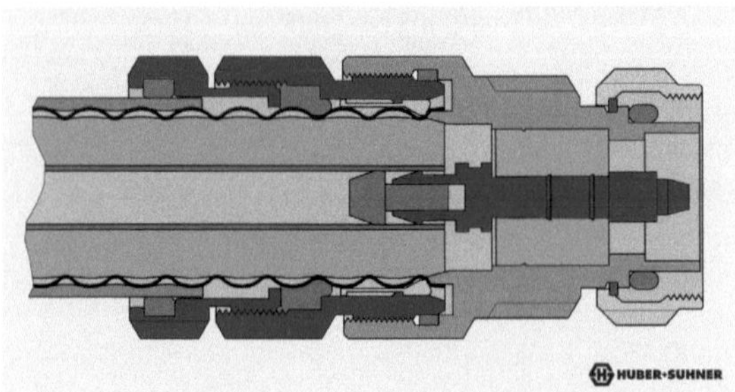

Bild 5.17: Steckverbinder für Wellmantelkabel

Verbindungskonzept erarbeitet, das die optimale Kontaktierung in der Konstruktion beinhaltet. Damit kann mit wenigen Handgriffen eine optimale Verbindung hergestellt werden. Bild 5.17 zeigt einen konstruktiven Ansatz für einen Verbinders, der auf ein Wellmantelkabel aufgeschraubt werden kann.

5.8.1 MMCX-, MMBX-Steckverbinder – Technische Umsetzung der Ansätze

MMCX-Verbinder

Die von HUBER+SUHNER entwickelten MMCX-Verbinder eignen sich besonders für Anwendungen, bei denen kleinste Abmessungen erforderlich sind. MMCX-Verbinder können für Anwendungen von DC bis 6 GHz verwendet werden. Der zuverlässige Schnappverschluss garantiert eine sehr gute Reproduzierbarkeit der elektrischen Parameter. Durch einen ungeschlitzten Aussenleiter wird eine hohe HF-Dichtigkeit erreicht.

MMCX-SMD-Verbinder

Hierbei handelt es sich um eine Generation von Koaxialverbindern, die der Oberflächenmontage gedruckter Schaltungen in Design, Materialauswahl und Verpackung voll gerecht werden.

Die Verwendung des bewährten MMCX-Interface bietet folgende Vorteile:

- hohe Qualität eines traditionellen Printverbinders
- ausgezeichnete, reproduzierbare elektrische Eigenschaften bis 6 GHz
- sehr gute mechanische Handhabung dank einwandfreier Führung und Schnappkupplung
- Verfügbarkeit des gesamten MMCX-Verbindersortiment mit seiner Auswahl an Verbindertypen, Kabelanschlüssen und Übergängen
- Freie Wahl zwischen eigener Kabelmontage oder dem Einkauf fertiger Assemblies

Die Kombinationsausführung ermöglicht einen universellen Einsatz und für den Fall einer eigenen Magazinierung eine vereinfachte Lagerhaltung.

Diese SMD-Verbinder sind geeignet für alle reflow-gelöteten oberflächenmontierten Elektronikbaugruppen, bei denen es auf eine Impedanz angepasste oder geschirmte Signalübertragung ankommt.

Verpackung

Für die automatische Bestückung können die SMD-MMCX-Verbinder auch gegurtet werden. Sie sind dabei zweckentsprechend entweder für stehenden oder für liegenden Einsatz einheitlich lageorientiert verpackt.

Bild 5.18:
Automatengerechte Verpackung SUHNER® SMD-MMCX-Verbinder

Bestückung
Der lässt sich mit allen modernen SMD-Bestückungsautomaten verarbeiten. Eine optische Orientierungskontrolle des SMD-MMCX-Verbinders ist unkritisch, da er sowohl bei stehender als auch bei liegender Montage eine asymmetrische Kontur aufweist.

MMBX-Verbinder
Mit dem Wachstum des Mobilfunk-Markts sind auch die Anforderungen an die Komponenten der Basisstationen gestiegen. Infolge nationaler und internationaler Richtlinien ist eine Vielzahl von Systemen entstanden, die unterschiedlich voneinander konzipiert worden sind. Um die Produkte Vielfalt zu reduzieren und einheitliche Systeme (sprich Modularität) zu erreichen, sind Entwicklungen bzw. neue Produkte entstanden, die der neuen Situation Rechnung tragen und flexiblere Bauformen zulassen.
Um diesen Anforderungen gerecht zu werden, wurde die neue Verbinder-Serie **M**icro **M**iniature **B**oard **C**onnector (MMBX) von HUBER+SUHNER entwickelt, die über alle diese Eigenschaften verfügt, um die verschiedenen Systeme einheitlich gestalten zu können.

Anforderungen
Modularität bei geringstem Platzbedarf wird für die bestehende wie auch die kommende Generation von Systemen verlangt (GSM 900 / 1800 / 1900, PCS, WCDMA, CDMA200, TD-SCDMA). Um dies für alle unterschiedlichen Systeme zu erreichen, müssen auch für die Verbindungen kleinste Komponenten verwendet werden.

Situation
Mit dem Micro Miniature Board Connector (MMBX) können diese Anforderungen erfüllt werden. Neben ihren minimalen Abmessungen bietet die Serie MMBX hervorragende elektrische Leistungswerte. Es sind sowohl vertikale direkte Verbindungen zwischen Leiterplatten (Board-to-Board) wie auch Sandwich-Varianten möglich. Leiterplatten-Verbinder sind für Oberflächenmontage (SMD) und Lochmontage in Form

Bild 5.19:
MMBX Board-to-Board Verbindung

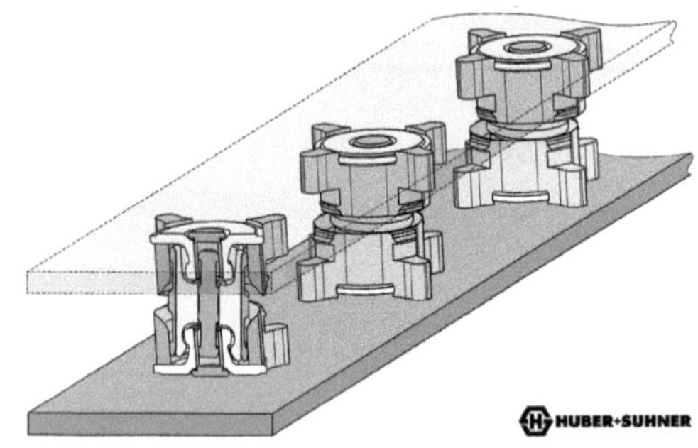

von geraden wie auch rechtwinkligen Verbindern verfügbar. Verschiedene Distanzen zwischen den Platinen für direkte und indirekte Verbindungen sind infolge flexibler Gestaltung der Zwischenstücke möglich. Auch gerade und rechtwinklige Kabelverbinder für flexible Kabel in einfach- und doppelt abgeschirmter Form sind in dieser Bauform realisiert.

Funktionalität der Verbindung

Die MMBX-Leiterplattenkoaxialverbindung weist einen zylindrischen Adapter auf, der mit einem ersten Verbinderelement mittels eines festen Kugelgelenks verbunden ist. Damit ist der Adapter im Wesentlichen von Kräften entlastet und um das Zentrumbegrenzt rotierbar. Der Adapter ist mit seinem zweiten Ende mit einem zweiten Verbinderelement elektrisch verbunden. Damit bilden die drei Elemente eine Verbindung, die radialen und vertikalen Versatz – der durch Fertigungstoleranzen entstehen kann – aufnehmen. Mit den Verbindern MMBX kann eine Leiterplatten-Leiterplatten Verbindung unter 7 mm realisiert werden.

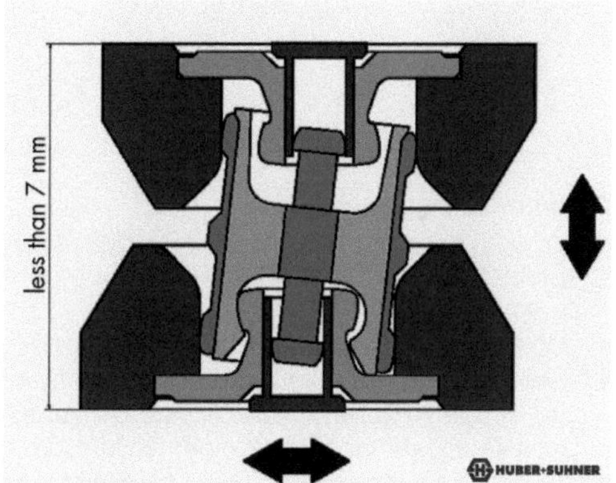

Bild 5.20:
Schnittbild MMBX-Leiterplattenkoaxialverbindung

5.8.2 Quick-Lock-Verbinder Familie QMA, QN

Der Quick-Lock-Verbinder wird analog einem SMB oder MCX einfach eingesteckt. Die Haltekraft des gesteckten Verbinderpaares entspricht ein Mehrfaches der Steckkraft. Diese Haltekraft bewirkt gute mechanische Stabilität und sehr gute elektrische Werte auch bei Vibrationen.

Zum Trennen der Verbindung wird eine Entkopplungshülse betätigt. Wird die Entkopplungshülse zurückgezogen, kann die Verbindung jedoch mit einer Kraft, die wiederum der Steckkraft entspricht, leicht gelöst werden.

Elektrische Eigenschaften

Die ausgeklügelte Geometrie der Kontaktkraftfeder bewirkt eine Stirnkontaktierung, analog wie z. B. bei einem SMA-Verbinder. Dank dieses Stirnkontakts kann über den spezifizierten Frequenzbereich eine Rückflussdämpfung wie bei SMA erreicht werden.

Auch bei den weiteren elektrischen Schlüsselparametern – wie Passive Intermodulation und Einfügedämpfung – werden auf Grund der verwendeten Konstruktion die spezifischen Anforderungen erfüllt.

Bild 5.21:
Quick-Lock-Verbinder

Die Vorteile im Überblick:

- Einfachste und zeitsparende Kopplung durch Schnapp-Interface – ein Anzugsmoment ist nicht gefordert
- Übertragungseigenschaften wie traditionelle Steckverbinder
- Kein Fehlerrisiko auf Grund sicherer Einrastmechanik
- Im Vergleich zu SMA oder N sind platzsparende Verbinderanordnungen möglich, weil kein Raumbedarf für einen Schraubenschlüssel erforderlich ist
- Reduktion der gesamten Systemkosten – rationelle Montage und Elimination des Fehlerrisikos (Cost of Ownership)

QMA Verbinderserie

Die SUHNER® QMA-Serie ist eine Quick-Lock Version der Serie SMA. Das QMA-Interface basiert auf den gleichen Basisdimensionen wie SMA, ist jedoch nicht mit SMA Koppelbar. Dafür bietet das breite SUHNER® QMA-Verbindersortiment nahezu für jede Anwendung einen passenden SMA-Ersatz.

Der Hauptverwendungszweck der Serie sind Hochfrequenz-Verbindungen innerhalb der Mobilfunk-Basisstation. Die QMA-Verbinderspezifikationen sind deshalb auf diese Anwendung ausgelegt, ohne kostentreibende Überspezifizierung.

Konkret bedeutet dies, dass die Steckverbinder einen Frequenzgang bis 18 GHz abdecken, jedoch schmalbandig zwischen 1 und 6 GHz die beste Rückflussdämpfung aufweisen. Auf eine Dichtung im Interface, wie bei Aussenanwendungen gefordert, wird ebenfalls verzichtet.

Die Steckverbindungen in Mobilfunkanwendungen werden nur wenige Male gekoppelt bzw. entkoppelt. Deshalb wird bei QMA auch Wert auf die Verwendung von Materialien und Oberflächen gelegt, welche optimal auf die Funktionalität zugeschnitten sind. So sind teure Berrylium-Kupfer Teile praktisch nicht anzutreffen, und auch Goldoberflächen werden durch ebenbürtige Beschichtungen wie SUCOPRO® ersetzt.

Bild 5.22:
Einsatzbeispiel QMA

Die QMA-Serie ist daher die optimal zugeschnittene Möglichkeit, um traditionelle SMA-Verbindungen in Mobilfunkanwendungen abzulösen.

Die QN-Verbinderserie

QN-Serie ist eine Quick-Lock Version der Serie N. Das QN-Interface basiert auf den gleichen Basisdimensionen wie N, ist jedoch nicht mit N koppelbar.

QN-Verbinder können bei Frequenzen bis zu 11 GHz eingesetzt werden. Elektrisch optimiert sind sie für den Einsatz im Bereich von 1 bis 6 GHz.

Auf Grund der grösseren Dimensionen im Vergleich zur QMA-Serie können QN-Verbinder auch bei entsprechend höheren Leistungen eingesetzt werden.

Dank einer O-Ring Dichtung im Interface erreichen QN-Verbinder eine Wasserdichtigkeit bis zu IP 68 und sind daher auch für Outdoor-Anwendungen bestens geeignet.

Durch die perfekte Aussenleiter Kontaktierung werden Intermodulationswerte von besser -155 dBc (2 x 43 dBm carrier) erreicht.

5.8.3 Intermodulationsarme Verbindungssysteme SUHNER Quick-Fit und SUHNER LISCA

Quick-Fit

Der Quick-Fit Verbinder wurde speziell für die Aussenverkabelung von Mobilfunkstationen konzipiert. Damit trotzt die Verbindung allen extremen Bedingungen, die sich im Umfeld einer Mobilfunkantenne ergeben. Ein spezielles Augenmerk wurde der einfachsten Montage unter erschwerten Bedingungen geschenkt. Dabei sollen aber bei den kritischen Eckwerten einer Antennenzuführung – wie kleiner passiver Intermodulation und einwandfreier Anpassung – keine Kompromisse gemacht werden. Die ausgezeichneten Werte erreicht die Verbindung mit den konstruktiv festgelegten Kontaktstellen im Berührungsbereich von Innen- und Aussenleiter von Kabel und Verbinder.

Einfache Montage

Das Verbindungssystem ist so konzipiert, dass mit einfachsten Werkzeugen und ohne Vorkenntnisse eine Verbindung entsteht, die elektrisch einwandfreie Werte liefert. So ist die Anpassung und somit die Rückflussdämpfung > 32dB im Frequenzbereich von 0-2.5GHz, dem Arbeitsbereich der heutigen Mobilfunknetze GSM, WCDMA, CDMA2000 und TD-SCDMA. Die Passive Intermodulation, ein ebenfalls kritischer Parameter im sendenden Leistungspfad der BTS, kann < 160dBc gehalten werden.

Die Montage umfasst im Wesentlichen 4 Arbeitsschritte:
1. Zuschneiden des Wellmantelkabels mit einer Metallsäge
2. Abisolieren, Zurückscheiden von Isolation und Dielektrikums bei gleichzeitigem
3. Aufsetzen der Verbinderteile auf das Wellmantelkabel
4. Verschrauben des Verbinders mit 2 Gabelschlüsseln

Mit diesen 4 Arbeitschritten entsteht eine konstant verlässliche Verbindung, die allen Umweltbedingungen standhält. Dabei erfüllt die Verbindung die Dichtigkeitsklasse IP68. Die Anfasung des Innenleiters erfolgt mit einem speziell konzipierten Abisolierwerkzeug, das von Hand oder mit einer Akku-Bohrmaschine betrieben werden kann.

Bild 5.23: Zuschnitt Wellmantelkabel

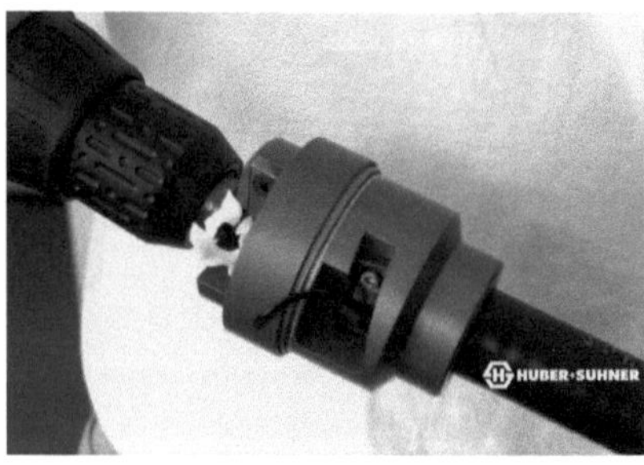

Bild 5.24: Präparation Innen- und Außenleiter

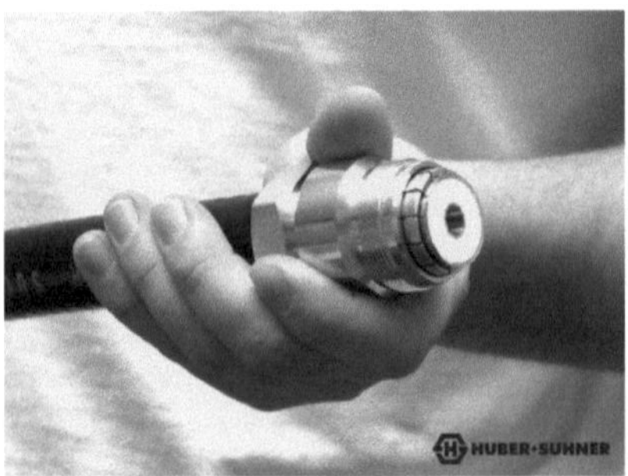

Bild 5.25: Aufsetzen Verbinderteil

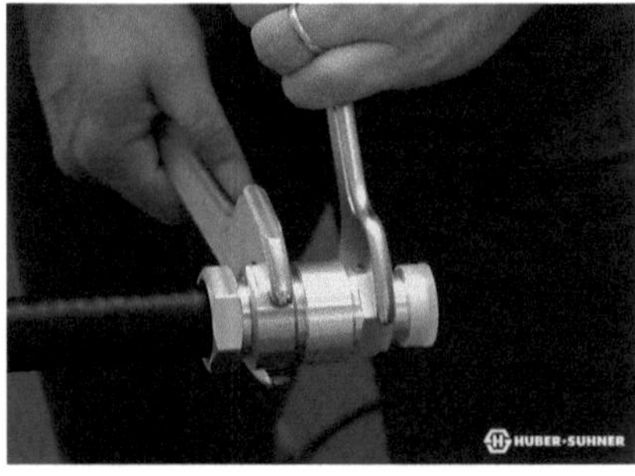

Bild 5.26: Verschraubung mit Kabel

Bauformen

Das Verbindungssystem wird mit den Verbinderschnittstellen N und 716 ausgeliefert. Damit werden derzeit über 95% aller Antennenverkabelungen weltweit abgedeckt. Kabelseitig können die Verbinder für normale und flexible Wellmantelkabel der Grössen 3/8" bis 1 5/8" eingesetzt werden.

Die Vorteile auf einen Blick:

- der Verbinder ist unter schwierigen Bedingungen und mit Standardwerkzeug einfach und sicher montierbar
- hervorragende elektrische Eigenschaften
- beständig unter härtesten Umweltbedingungen
- schnelle Montage ohne Vorkenntnisse

SUHNER® LISCA

LISCA Kabel-Assemblies sind für den Einsatz in Mobilfunknetzen als Verbindungen zwischen der Basisstation und der Antenne konzipiert worden. Wegen ihrer sehr guten Übertragungseigenschaften (niedrige VSWR- und Dämpfungswerte) und den ausgezeichneten Langzeit-Intermodulationseigenschaften sowie der hohen Kabelflexibilität, finden sie auch als sogenannte Jumperkabel Verwendung für die interne Verkabelung von Basisstationen oder in Antennensystemen für den WLL-Bereich. Verwendet werden hochflexible *Wellmantelkabel* (50Ω) mit den gängigsten Steckverbinderkombinationen 716, N sowie SUHNER QN. Innen- und Außenleiter von Verbinder und Kabel sind verlötet und die Übergangszone zwischen Steckverbinder und Kabel ist zusätzlich mit thermoplastischem Kunststoff umspritzt. Ausgezeichnete elektrische Werte, hohe mechanische Stabilität und Dichtigkeit (IP68) können somit garantiert werden.

Wellmantelkabel (50Ω)

Im Mobilfunk wie auch im Rundfunkbereich werden sogenannte Wellmantelkabel zur Verbindung von Basisstation und Antenne eingesetzt. Diese Kabel bieten geringe Längsdämpfung, hohe Abschirmung und konstantem Wellenwiderstand, aber auch kleinere Biegeradien. Den Außenleiter bildet ein längs verschweißtes Kupferband, das je nach Kabeltyp mit einer Ring- oder Spiralwellung versehen wird. Spiralgewellte Außenleiter ermöglichen geringere Biegeradien. Der Innenleiter ist je nach Kabeldurchmesser ein mit Kupfer beschichteter Aluminiumdraht, ein glattes oder gewelltes Kupferrohr. Das Dielektrikum besteht aus hoch aufgeschäumtem Polyäthylen (PE). Beim Kabelmantel wird meistens UV-beständiges, wetterfestes und halogenfreies schwarzes PE verwendet. Die Größe von Wellmantelkabeln wird allgemein in Zoll (⅜", ½" etc.) angegeben. Die Größenangabe bezieht sich dabei auf den Außendurchmesser des Dielektrikums. Aufbau und Dimensionierung von Wellmantelkabeln ist in der Norm MIL-C-28830 festgehalten.

Steckverbinder (HF)

In Antennenanlagen im Mobil- und Rundfunk werden vorwiegend Steckverbinder der Bauformen DIN 7/16 und N eingesetzt, da sie mechanisch sehr stabil sind und gute HF Übertragungsqualitäten aufweisen. Wetterfestigkeit, Dichtigkeit und Lebensdauer sind weitere wichtige Konstruktionseigenschaften dieser Steckverbinder.

Bild 5.27: Werksmontiertes Kabel

Besonders zu beachten ist die einfache, schnelle und zuverlässige Montage an das Kabel. *Intermodulationen* können bei nicht fachgerechter Montage die Qualität der HF-Leitung stark beeinflussen. Vorkonfektionierte Kabel-Assemblies garantieren dabei eine höhere Qualität, als Steckverbindungen, die im Freien unter erschwerten Bedingungen und Witterungseinflüssen montiert werden (Bild 5.27).

5.9 Technischer Ausblick

Die technische Evolution der koaxialen Steckverbindungen steht und fällt mit der Öffnung der Spezifikationen und gleichzeitiger Einführung von funktionalen Spezifikationen. Wenn man in Zukunft eine Problembeschreibung in Form von Minimalanforderungen formuliert und die Lösung im Rahmen der Systemanforderungen offenlässt, so könnten innovative Ansätze verfolgt werden, die sicher die Hochfrequenzverbindungstechnik revolutionieren würden. Es würde dadurch Platz geschaffen für den Einsatz von Materialien wie Kunststoffe oder Verbundstoffe, die mit einer metallischen Beschichtung die heutigen Leistungsmerkmale von Koaxialen Verbindern weit übertreffen könnten. Es sind aber nicht nur die Materialien, die einen solchen Wandel einleiten könnten. Die Märkte der mobilen Telekommunikation und der datenverarbeitenden Industrie werden zusammenwachsen. Die Verbindungstechnologie im Mobilfunkbereich steht vor grösseren Veränderungen. Sowohl auf den systemischen Ebenen Frequenz, und Übertragungsmedien als auch auf der verarbeitenden Seite. So wird z. B. in der hochfrequenten Verbindungstechnik die Stanz- und Biegetechnik die spanabhebende Verarbeitungstechnik mehr und mehr verdrängen.

5.10 Literatur

[1] Suhner RF Connector Guide, Understanding Connector Technology
ISBN 3-85822-189-6 Published by HUBER+SUHNER AG Switzerland

[2] Investigation of the Influence of Junctions on Passive Intermodulation
Published by HUBER+SUHNER AG Switzerland

[3] G.Knoblauch; "Steckverbinder – Systemkonzepte und Technologien"
Expert Verlag, 2. Auflage 2002,

6 THR-Steckverbinder für SMD-Fertigungsprozesse

Magnus Henzler

6.1 Einleitung

Die Hersteller von Elektronikkomponenten und -systemen stehen vor der Herausforderung bis zum 1. Juni 2006 bleifrei zu produzieren und zudem ständig die Kosten reduzieren zu müssen. Der Einsatz von *Nicht-SMD-Komponenten* auf Leiterplatten, die aus Kosten- und Rationalisierungsgründen überwiegend in SMT bestückt werden, ist bisher oft geprägt von aufwändigen zusätzlichen Prozessschritten nach dem Reflowlöten. Die Einbindung dieser sogenannten *odd form components* in einen über lange Zeit entwickelten und optimierten SMT-Fertigungsprozess stellt besondere Anforderungen an die Steckverbinder. Eine interessante Alternative ist hier die *Through-Hole-Reflow* (THR)-Technologie mit reflowfähigen Steckverbindern.

6.2 Grundlagen der THR-Technik

6.2.1 Warum THR-Technik?

Was ist die prinzipielle Motivation für den Einsatz der THR-Technik? Im Vordergrund steht hier eindeutig die Kostenersparnis. Wenn man bedenkt, dass nicht für SMT ausgelegte Bauteile (d.h. bedrahtete Bauteile) heute meist nur etwa 5-10 Prozent der Komponenten auf einer Leiterplatte ausmachen, aber deren Verarbeitung bei den Gesamtkosten überproportional (mit ca. 80 Prozent) zu Buche schlägt, ist der Vorteil von THR offensichtlich. Prinzipielles Ziel ist es daher, SMD- und THR-Bauelemente mit gleichen Anlagen bzw. Einrichtungen und gleichen Verfahren in einem Prozessschritt zu verarbeiten. Die konsequente Eliminierung der bisherigen zusätzlichen Prozessschritte vereinfacht die Fertigung und senkt die Kosten. Bei der THR-Technik kann auf das sonst erforderliche Wellen- bzw. Selektivlöten oder Einpressen verzichtet werden. Dies spart Zeit (Handling und Logistik) und Fertigungseinrichtungen bzw. -fläche. Zudem ist die Umstellung laufender Leiterplatten ohne Layout-Änderung möglich. Ein SMT/THR-Produktionsablauf umfasst typischerweise folgende Schritte: Lotpastendruck auf der Baugruppenunterseite, SMD-Bestückung, Reflow-Lötung, Pastenauftrag auf der Oberseite, SMD-Bestückung, THR-Bestückung und abschließendes Reflow-Löten (Bild 6.1).

6.2.2 Pin-in-Paste-Verfahren

Die grundlegende Technik für den Einsatz von THR-Steckverbindern ist das sogenannte *Pin-in-Paste-Verfahren*. Hierbei werden die Anschlussstifte in mit Lotpaste gefüllte durchkontaktierte Bohrungen eingebracht und dann im Reflow-Verfahren verlötet. Durch die in der durchkontaktierten Bohrung und an der Kontaktspitze aufschmelzende Lotpaste erhält man eine ähnliche Lötstelle, wie sie aus der klassischen Wellenlötung bekannt ist. Auch die für Steckverbinder erforderliche mechanische Belastbarkeit (z. B. Steck- und Ziehkräfte oder Kabelhandlingskräfte) ist gewährleistet.

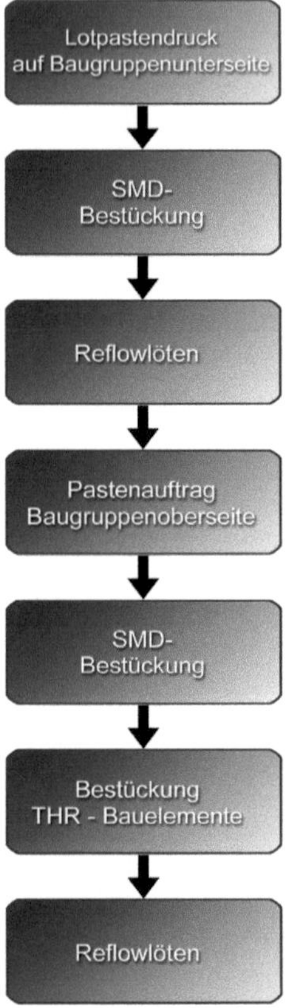

Bild 6.1: Die üblichen Prozessschritte bei der SMD/THR-Fertigung. Im Vergleich zum herkömmlichen Prozess entfallen Schritte wie Kleberauftrag, Einpressen und zusätzliches Wellenlöten

6.2.3 THR im SMT-Fertigungsprozess

Bevor man mit der Integration von THR in den automatisierten SMT-Fertigungsprozess beginnt, müssen verschiedene Aspekte bezüglich der Bauteileauswahl und des Lötprozesses diskutiert werden. Das sind u.a.: Kompatibilitität der Bauteile mit höheren Temperaturprofilen, Eignung der Bauteile für Vision-Systeme,

Pin-Raster, Höhe und Gewicht, Platzierung und Setzkräfte, Form der Kontakte (rund, eckig), Leiterplatten-Layout, Lotpastenauftrag (Schablonengeometrie, Rakelparameter) und Reflow. Bedenkt man, dass für die Fehler im herkömmlichen SMT-Fertigungsprozess zu mehr als 65 % der Lotpastendruck verantwortlich ist, dann wird die Bedeutung der Optimierung dieses Prozessschrittes klar.

Bild 6.2: Reflowfähige THR-Komponenten ermöglichen einen durchgängigen SMT/THR-Fertigungsprozess

Die wesentliche Aufgabe bei der Umstellung auf THR-Technik besteht neben der Auswahl geeigneter Steckverbinder in der Validierung des Fertigungsprozesses. Bezüglich des Leiterplattenlayouts sowie des Designs der Siebdruckschablone und Rakelparameter sind einige Regeln zu beachten. Die automatische Bestückung solcher *odd form components* erfordert u. U. etwas mehr Aufwand und Expertise. Jeder reflowfähige Steckverbinder ist jedoch im Prinzip automatisch bestückbar. Limitierend ist hier oft das Equipment beim Kunden. Erst Bestückungsautomaten neuerer Generation erlauben höhere Bauteile und haben höhere Setzkräfte, wie Sie z. B. für Rastclips benötigt werden. Aber auch triviale Dinge wie eine fehlende automatengerechte Verpackung oder fehlende Feeder sind manchmal ein Problem.

6.2.4 Anforderungen an das THR-Bauteil

THR-Steckverbinder (Bild 6.2, Bild 6.3) sind heute aus hochtemperaturbeständigen Kunststoffen gefertigt, wie z. B. glasfaserverstärkte Kunststoffe (PA46 oder LCP). Tests haben gezeigt, dass die ursprünglich für das Wellenlöten spezifizierten Steckverbinder auch für das Reflowlöten geeignet sind. Temperaturprofile mit Temperaturen über Zeiträume von einigen Minuten im Bereich um 190 °C sowie kurzzeitige Belastungen im Bereich zwischen 220°C bis 240°C sind mit dem entsprechenden Kunststoff kein Problem. Allerdings wird im Zuge der Umsetzung der kommenden EU-Richtlinie bezüglich des Einsatzes bleifreier Lote in der Elektronikproduktion eine weitere Temperaturerhöhung um ca. 30°- 40°C erforderlich. Auch diese Temperaturprofile (Peak max. 260 °C) werden von diesen Steckverbindern vertragen. Wer also auf entsprechende THR-Steckverbinder umstellt hat auch die Option auf bleifreie Prozesse.

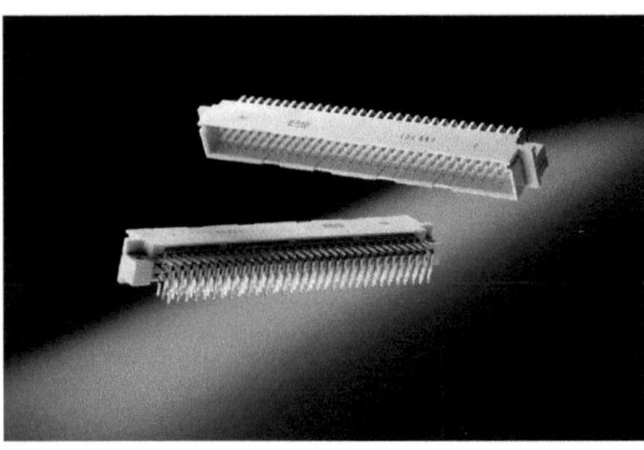

Bild 6.3:
THR-Steckverbinder mit glasfaserverstärkten Kunststoffen sind auch für bleifreie Prozesse mit etwas höheren Löttemperaturen geeignet

Auch die Bauteilgeometrie sollte für THR optimiert werden. Das Gehäuse sollte nicht mit der Lotpaste in Kontakt kommen, und ein optimaler Wärmestrom zur Lötstelle muss gewährleistet sein. Das Bauteil sollte eine minimale Wärmekapazität aufweisen und den Löt-Pins nicht die Wärme entziehen oder diese abdecken. Auch gilt es, die Bauteile so zu gestalten, dass sie in prozessübliche Verpackungen, wie z. B. Tape-on-Reel oder Trays passen. Die Pin-Länge sollte auf die jeweilige Leiterplattenstärke und den Einsatz abgestimmt sein. Wichtig ist, dass der Stift auf der Leiterplattenunterseite nicht mehr als 1,0 bis 1,5 mm herausragt. Bei kürzerem Überstand ist eine abschließende Beurteilung der Lötstellen nach der Norm IPC-A-610C nicht mehr möglich.

6.3 Verarbeitung von THR-Steckverbindern

6.3.1 Leiterplatten-Layout und Schablonen-Design

Durchkontaktierte Bohrungen sind die Voraussetzung für die erforderliche mechanische Festigkeit. Aufgrund der Bestückungsgenauigkeit der Automaten und Bauteiltoleranzen sollte der Durchmesser der Bohrungen je nach Stiftabmessungen zwischen 20 bis 50 Prozent größer als der Pin-Durchmesser sein. Bei Steckverbindern mit nur wenig Kontakten kann der Bohrdurchmesser kleiner sein. Günstig ist es auch die Durchmesser-Toleranz der durchkontaktierten Bohrung ähnlich wie bei Einpressbohrungen enger zu halten. Dies wirkt sich positiv auf die Reproduzierbarkeit aus. Die Befestigung muss ohne großen Kraftaufwand (Snap in) möglich sein, da durch das SMT-Equipment nur relativ geringe Einpresskräfte (10 – 20 N) unterstützt werden. Höhere Kräfte erfordern spezielle Odd-form-Bestückungsautomaten und können bereits bestückte Bauteile beeinflussen.

Die Restringbreite des Lötauges sollte im Hinblick auf die geforderten Luft- und Kriechstrecken und des unter dem Bauteil zur Verfügung stehenden Raumes optimiert werden. Je deutlicher der Lötkegel ausgebildet sein soll und je höher die mechanische Belastbarkeit sein muss, desto breiter sollte der Restring des Lotauges ausfallen. Man kann sich an einer minimalen Restringbreite von etwa 0,25 mm orientieren.

Das für THR-Lötstellen erforderliche Lotpastenvolumen wird in der Hauptsache durch das Volumen im Bohrloch und einen definierten Pastendurchdruck erzeugt. Somit trägt das im Bereich der Schablone anfallende Lotpastenvolumen nur einen ganz kleinen Anteil bei, und die Schablonendicke ist, im Gegensatz zu reinen SMT-Bauteilen, kaum relevant. Heutige Schablonendicken von 150 µm mit der Tendenz zu 100 µm erfordern keine neuen Verfahrensweisen. Der Schablonenausschnitt sollte im Durchmesser 0,1 mm kleiner ausfallen als das Lötpad, um eine ausreichende Abdichtung zwischen Schablone und Lötpad zu erreichen, d. h. spätere Lotperlenbildung zu vermeiden. Bei der Abschätzung des Lotpastenvolumens ist es wichtig zu wissen, dass nur ca. 50% reines Lot für die Ausbildung der Lötstelle übrig bleibt. Die anderen Bestandteile der Lotpaste sind Hilfsstoffe wie z. B. Flux.

Unter Berücksichtigung der Design-Regeln für THR-Bohrungen liegt für den Siebdruck eine Schablone vor, mit der sowohl SMD-Fine-Pitch- als auch THR-Strukturen mit ihrem jeweiligen Bedarf an Lotpaste realisiert werden. Beim Siebdruck (offenes System) sollten die Parameter so eingestellt werden, dass die Lotpasten bei einer 1,6 mm dicken Leiterplatte in die THR-Bohrungen ca. 1-1,5 mm tief hineingedrückt werden. Tests zeigen, dass hier die bisherigen Erfahrungswerte nur wenig angepasst werden müssen. Manchmal kann die geeignete Wahl der Lotpaste systembedingt zu besseren Ergebnissen führen. Weitere Möglichkeiten das Lotpastenvolumen (Füllgrad) zu erhöhen bestehen im Doppeldruck, der Verwendung eines geschlossenen Drucksystems oder dem Einsatz von Lotformteilen bei dem ein 100%iger Füllgrad erreicht wird.

Eine vorausgehende Lotpastenkalkulation unter Berücksichtigung der Bohrlochtoleranzen ist bei THR unumgänglich. Dann sollte im Vorfeld überprüft werden, ob die an eine Lötstelle geforderten Qualitätsmerkmale eingehalten werden. Zu beachten ist hierbei die Meniskenbildung auf der Primärseite, weil das Lot genau von der gegenüberliegenden Seite zur Verfügung gestellt wird, als dies bisher der Fall war.

6.3.2 Bestückung

Für die Verarbeitung auf herkömmlichen Pick-and-Place-Bestückungssystemen eignen sich Tape-on-Reel-Verpackungen (Bild 6.4), da hier von der Aufnahme des Gurtes in vorhandenen prozessüblichen Feedern ausgegangen werden kann. Hierbei ergibt sich im Gegensatz zu Tracys ein variabler Abholplatz des Bauteils. Die Entnahme aus dem Gurt erfolgt mit Standard-Vakuumpipetten. Dabei greifen die Pipetten an den vorgesehenen Ansaugflächen auf den Isolierkörpern oder den Schirmblechen der Steckverbinder an. Da es sich aber oft um lange Bauteile (ca. 100 mm) handelt sind Tracys meist doch besser geeignet. Tape-on-Reel-Feeder mit mehr als 75 mm Breite sind wenig verbreitet, teurer und benötigen viel Platz. Auch eine Zuführung als Schüttgut ist bei bestimmten Bauformen denkbar. Die Bestückungsgeschwindigkeit muss dem Bauteil angepasst werden, weshalb bezüglich der Bauteilgröße bereits bei der THR-Produktauswahl das Leistungsspektrum des Bestückers zu berücksichtigen ist.

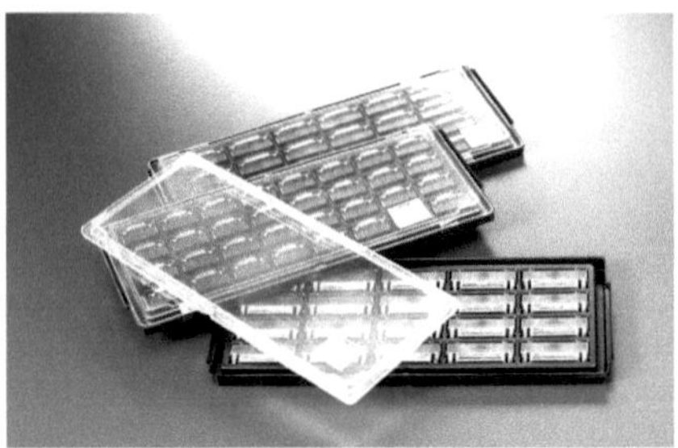

Bild 6.4: THR-Komponenten in automatengerechter Verpackungen (Trays oder Tape-on-Reel) für die automatische Bestückung

Ein wichtiger Schritt beim Bestückungsvorgang ist die Erfassung des Bauteils mittels Kamera (Bild 6.5) mit entsprechender Vermessung und Positionierung. THR-Bauteile müssen ebenso wie die SMT-Komponenten daher gut erkennbar sein. Meistens wird zur Bauteilerkennung die Reflektionsmethode angewendet. Daher sind THR-Komponenten oft mit schwarzen Isolierkörpern ausgeführt, um ein besonders kontrastreiches Bild zu liefern.

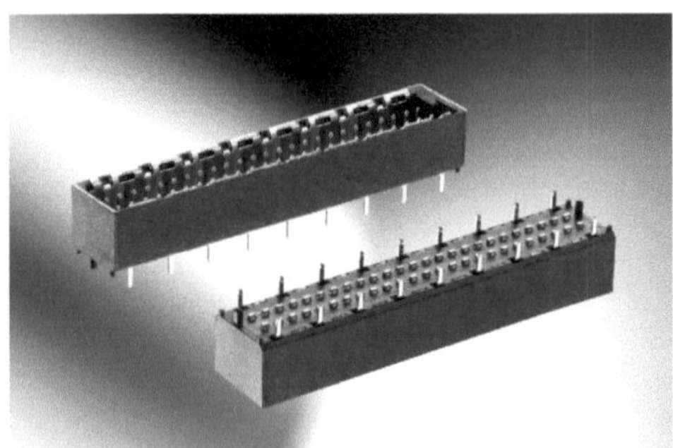

Bild 6.5: Schwarze Isolierköper erleichtern bei SMT/THR-Steckverbindern die Erkennung bei der automatischen Bestückung

Anschließend werden die Pins des Bauelements in die Bohrung eingesetzt und schieben dabei einen Teil der Lotpaste vor sich her und auch aus der Bohrung heraus (*push through*). Die herausgeschobene Paste verliert an einem bestimmten Punkt den Kontakt zur Restmasse in der Bohrung. Sie haftet letztendlich an der Stiftspitze fest.

6.3.3 Reflow-Löten

Die Erzeugung der für den Reflow-Lötvorgang (auch bei THR) erforderlichen Temperaturen übernehmen heute meist Zwangskonvektions- oder Dampfphasen- Lötanlagen. Diese modernen Öfen haben ein entsprechendes Wärme-Management, um auf die Anforderungen unterschiedlichster Baugruppen reagieren zu können. Die angebotenen THR-Steckverbinder können in einem breiten Spektrum an Temperaturprofilen eingesetzt werden. Eine besondere Anpassung für den Lötvorgang in bezug auf THR-Lötstellen ist nicht erforderlich.

Nach der Aufheizphase erreicht die Leiterplatte den Temperaturbereich für das Schmelzen des Lotes. Während die Schmelztemperatur bei SnPb-Loten bei ca 183 °C liegt, beträgt diese bei bleifreien Legierungen teilweise über 230 °C. Danach beginnt der eigentliche THR-Lötvorgang. Schon vor Erreichen der Schmelzpunkt-Temperaturen beginnt das Flussmittel zu verlaufen. Die Verdichtung der Lotkugeln schreitet voran. Das Lot an der Stiftspitze erreicht zuerst Liquidus-Temperatur und ist in diesem Bereich bereits geschmolzen. Durch Adhäsions- und Kohäsionskräfte wandert das aufgeschmolzene Lot an den Flanken des Stiftes hoch in Richtung Bohrung und vereinigt sich mit dem sich dort befindlichen Lot. Kapillarwirkung zieht das geschmolzene Lot in den Spalt zwischen Bauteilpin und Leiterplattenbohrung.

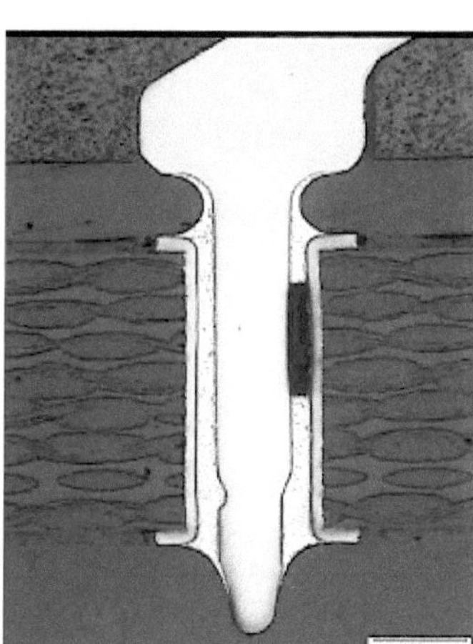

Bild 6.6: Nach IPC-A-610 C muss der Füllgrad mindestens 75 Prozent betragen

6.3.4 Inspektion der Lötstelle

Das Standardwerk für die Beurteilung von Lötstellen ist die IPC-A-610C Norm. Zwei wesentliche Punkte sind bei der Inspektion zu beachten, der Füllgrad der Bohrung (Bild 6.6) und die Umfangsbenetzung im Lötkegelbereich. Der Füllgrad kann nur durch stichprobenartige Schliffeinbettungen überprüft werden. Optimale THR-Lötstellen, liegen mit dem Füllgrad in einem Bereich von fast 100 %, wobei 75 % als Minimum gefordert werden (IPC-A-610 Rev C). Auftretende prozessbedingte Gaseinschlüsse haben keinen negativen Einfluss. Die übliche Beurteilung der Lötstellen erfolgt visuell unter entsprechenden Mikroskopen. Die IPC-A-610 Rev. C definiert auch die Minimalbedingungen für die Lot-Umfangsbenetzung zwischen Pin und Hülse auf beiden Seiten und den Prozentanteil des Lötauges auf der Primär- und Sekundärseite.

Als weiteres Kriterium wird daher die Ausbildung der Lötkegel und deren Umfangsbenetzung überprüft. Im Allgemeinen erzeugen durchsteckende Stifte selbst bei minimal ausgeführten Restringen nach Norm beurteilbare Lötkegel (Lötmenisken). Mit der Ausbildung der Menisken (Bild 6.7) auf beiden Seiten der Leiterplatte und gleichzeitiger Umfangsbenetzung beider Kegel von nahezu 360° (Minimum nach Norm sind 270 °) erfüllen THR-Lötstellen die Norm-Anforderungen.

Bild 6.7: THR-Kontakt mit gut ausgebildeten Lötmenisken (Quelle IPC-A-610C)

Den größten Einfluss auf den Füllgrad innerhalb der Durchkontaktierung haben bei Verwendung von offenen Rakelsystemen sicherlich Schablonengeometrie und Rakelparameter. Die von Erni beim ZVE beauftragten Untersuchungen haben ergeben, dass mit optimierten Schablonenparametern und dem damit erzielten Lotpastenvolumen die Mindestanforderungen der IPC-A-610-C (Tabelle 1) erfüllt werden können.

Zusammenfassend kann festgestellt werden, dass durch Produktoptimierungen, der Beachtung von einigen Regeln für das Layout und die Schablonendesigns sowie die Anpassung der bestehenden Fertigungsschritte THR-Steckverbinder in SMT-Prozesse integriert werden können. Beide Anschluss-Technologien können prinzipiell mit gleichen Verfahren und mit gleichen Einrichtungen gleichzeitig verarbeitet werden. Kostenintensive zusätzliche Prozessschritte wie Hand- oder Selektivlöten bzw.

Einpressen entfallen. Entscheidend für den Erfolg ist auch, dass ein immer größeres Portfolio an THR-Komponenten zur Verfügung steht.

Kriterium Quelle: IPC-A-610 Rev.C	**Klasse 1**	**Klasse 2**	**Klasse 3**
Umfangsbenetzung Primärseite zwischen Anschluß und Hülse	Nicht festgelegt	180°	270°
Vertikale Lotfüllung	Nicht festgelegt	75%	75%
Umfangsfüllung und –benetzung Sekundärseite zwisch. Anschluß und Hülse	270°	270°	330°
% des Lötauges mit Lot benetzt auf der Primärseite	0	0	0
% des Lötauges mit Lot benetzt auf der Sekundärseite	75%	75%	75%

Tabelle 6.1: Minimalforderungen an die Lötstelle gemäß IPC-A-610-C

6.4 Beispiele für THR/SMT-Steckverbinder

Das Angebot an Steckverbindern für die THR-Technik wird ständig erweitert. Mittlerweile stehen schon verschiedene Baureihen zur Verfügung wie z. B. die klassischen DIN-Komponenten gemäß IEC 60603-2. Bei Erni ist hier der Isolierkörper aus glasfaserverstärktem PA46-Kunststoff gefertigt und widersteht Temperaturen bis zu 260 °C. Damit ist dieser Werkstoff auch für bleifreie Lötprozesse geeignet. Dasselbe gilt für alle aktuell neuentwickelten Steckverbinder wie MicroSpeed oder TMC (D-Sub 90° abgewinkelt). Um den Kunden die Umstellung zu erleichtern wird darauf geachtet, dass THR-Varianten layoutkompatibel zu eventuell bestehenden Einpresssteckern sind. Diese Leiterplattenverbinder sind zudem noch schwarz gefärbt für eine bessere Erkennung bei der automatischen Bestückung. Ebenfalls automatisch bestückbar sind die 2-mm-HM-Steckverbinder der ERmet-Familie, die in Tray-Verpackungen bereitgestellt werden. Der Isolierkörper ist hier aus glasfaserverstärkten LCP-Material ausgeführt. Durch das ZVE wurden die ERmet-THR-Steckverbinder im Hinblick auf die THR-Tauglichkeit erfolgreich validiert Bild 6.8a/b).

Die konsequente Umsetzung der SMT/THR-Technik macht auch vor High-Speed-Steckverbindern nicht Halt. So verfügen die differenziellen ERmet zeroXT-Steckverbinder (Bild 6.9) über SMT/THR-Anschlüsse. Die Anschlüsse der Signal-Pins sind dabei im SMT-Design mit geprüfter Koplanarität von < 0,1 mm ausgelegt und die Schirmungskontakte mit THR-Anschlüssen. Diese Kombination ermöglicht einerseits das Nutzen der hf-technischen Vorteile der SMT-Anschlüsse. Damit werden Datenraten von 10 Gbit/s und mehr unterstützt. Andererseits sorgen die reflowgelöteten Ground-Anschlüsse für ein robustes Stecken mit Zugentlastung. Die Auszugskräfte eines THR-Anschlusses sind 4- bis 8mal so groß wie bei vergleichbaren Komponenten in Einpresstechnik und bieten eine hohe mechanische Stabilität.

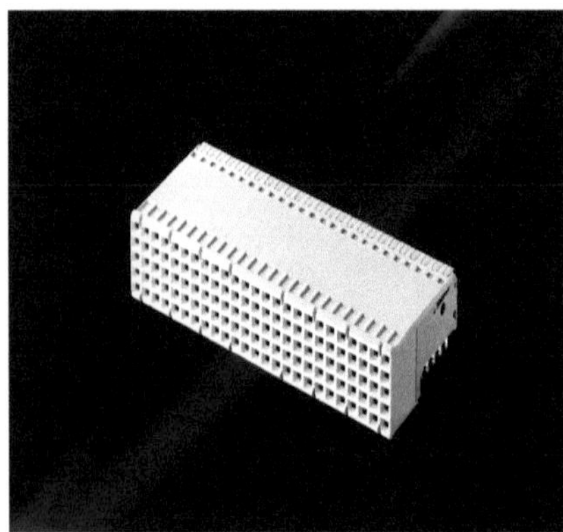

Bild 6.8a: Für THR geeignete HM-Steckverbinder im 2-mm-Raster

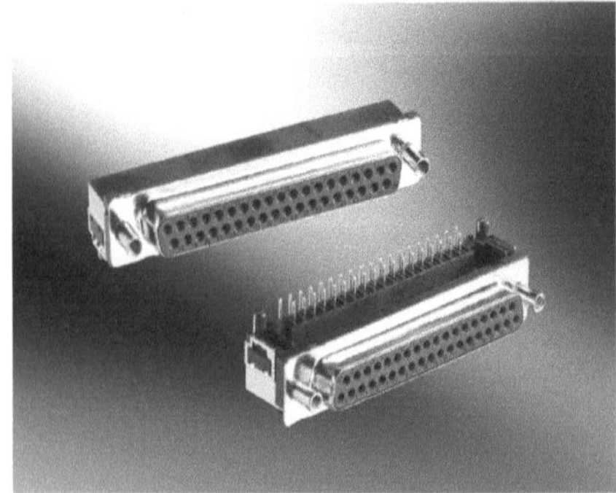

Bild 6.8b: Für THR geeignete D-Sub-Steckverbinder

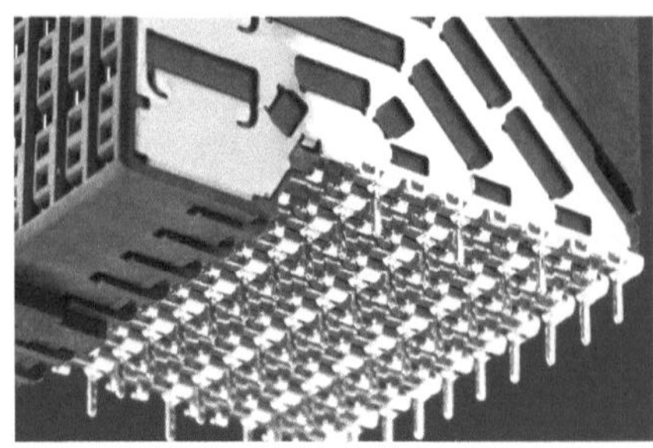

Bild 6.9: ERmet zero XT mit SMT-Pins für die Signale und THR-Anschlüssen für die Schirmkontakte

6.5 Einsatz von Lotformteilen mit SMT- und THR-Steckverbindern

Der große Vorteil von SMT- und THR-Bauteilen ist – wie erläutert – die rationelle und schnelle Verarbeitung. Dieser positive Aspekt kann jedoch eingeschränkt werden, wenn z. B. durch Leiterplatten-Toleranzen hochpolige, lange Komponenten wie Steckverbinder nicht korrekt verlötet werden. Dann kann – trotz hochwertiger Bauteile – ein zeitraubender Nachbearbeitungsprozess erforderlich sein. Eine Lösungsmöglichkeit, um auch in kritischen Bereichen, ausreichend Lot aufzubringen und so ein sicheres Löten zu gewährleisten, ist der Einsatz von Lotformteilen bzw. Lot-Preforms. Mit diesen Preforms kann das auf den Pads verfügbare Lotvolumen für größere Bauteile zielgerichtet erhöht und das Lötergebnis verbessert werden.

6.5.1 Preforms oder Lotformteile

Was versteht man unter Preforms? Preforms sind präzise, in bezug auf die Geometrie und das Volumen genau definierte Weichlotformteile. Dabei werden je nach Spezifikationen ideale Legierungen erzeugt und durch Umformprozesse in die gewünschte Form wie z. B. Rechtecke, Scheiben, Ringe, Zylinder aber auch andere 3D-Formen gebracht. Zur Verwendung kommen meist eutektische Legierungen. Für den Einsatz in der Elektronik können die Preforms einfach in das gängige Produktionsverfahren mit Standard-Schablonen, Metallrakel, Pick&Place und Reflowtechnik integriert werden. Dafür werden die Preforms neben Schüttgut und Bulk-Feeder auch in Tape&Reel-Verpackung geliefert.

Bild 6.10: Lotformteile – Vielfalt an Form, Größe und Legierungen (Bild Cookson Electronics)

Der Einsatz von diesen Lotformteilen bietet mehrere Vorteile:

- Verarbeitung von Bauteilen mit sehr großem und sehr geringem (finepitch) Lotbedarf in einem Prozess
- erhöhtes genau dosierbares Lotvolumen, dort wo es benötigt wird
- keine Probleme wie bei Stufenschablonen
- keine Vor- und Nachlötverfahren
- der Anteil des Flussmittels ist genau kontrollierbar
- große Auswahl an Legierungen, Form und Größe

Da natürlich der Einsatz von Preforms mit höheren Kosten einher geht, ist darin nicht eine prinzipielle Alternative zu Siebdruckverfahren und Lotpasten zu sehen, sondern vielmehr eine Ergänzung für kritische oder besonders anspruchsvolle Applikationen. Natürlich spielt auch die Lösgröße eine wichtige Rolle bei der Auswahl der entsprechenden Technik.

6.5.2 Ausgleich von LP-Toleranzen mit Preforms

Der klassische SMT/THR-Verarbeitungsprozess arbeitet wie dargestellt mit Lotpastenauftrag per Siebdruckschablone und anschließendem Reflowlöten. Auch bei präzise gefertigten Bauteilen kann es dabei durch Toleranzen der Leiterplatten – wie z. B. Durchbiegung – nach dem Lötprozeß zu offenen Lötstellen, speziell bei größeren, langen Komponenten kommen. Der Einsatz von zusätzlichen Lotdepots (Preforms) ist eine Lösungsmöglichkeit für dieses Problem, was durch verschiedene Versuchsreihen verifiziert wurde. Dabei wurden Steckverbinder stellvertretend für viele Bauteile betrachtet, bei denen Lotpreforms zur Anwendung kommen könnten.

6.5.3 Versuchsdurchführung mit SMT-Steckverbindern

Die Firmen Kirron, Cookson Electronics und Erni haben umfangreiche Versuchsreihen durchgeführt, um den Einsatz von Preforms zusammen mit der sicheren und effektiven Verarbeitung von hochpoligen SMT- bzw. THR-Steckverbindern zu testen. Das Layout der zugrunde liegenden SMT-Testplatinen wurde dabei mit etwas größeren Pads zur zusätzlichen Bestückung von Preforms der Baugröße 0402 und 0603 durchgeführt. Für die Tests wurden folgende Komponenten verwendet:

- 80polige SMC-Steckverbinder im 1,27-mm-Raster
- Preformteile aus Lötzinn in den Baugrößen 0402 und 0603
- Lötschablonen „electroformed Stencil“ aus Nickel
- Lotpaste OMNIX 6023 (Sn62PB36Ag2)

Verwendete Maschinen für den SMT-Prozess:

Schablonendruck: EKRA E5XS
Bestückung: MIMOT Advantage
Boardhandling: ASYS
Löten: IBL SLC 500

Bild 6.11:
Testplatine mit kontrollierter Leiterplatten-Durchbiegung, bestückt mit SMC-Steckverbindern

Auf Basis der Testplatinen und den beschriebenen Komponenten wurden die Lötversuche mit unterschiedlichen Schablonenstärken von 100 µm, 150 µm und 200 µm durchgeführt. Danach wurden die Lötstellen für die verschiedenen Steckverbinder untersucht. Die Versuchsdurchführung im Einzelnen:

- Bedrucken der Leiterplatte in ebenem Zustand (ohne Durchbiegung)
- Einspannen der Leiterplatte in die Lötvorrichtung. Durchbiegung der Leiterplatte an der langen Seite von 1 mm. Bedingt durch die Vorrichtung ergibt sich so ein nahezu linearer Anstieg der Durchbiegung von 0 Millimetern auf 1 Millimeter bei einer Kantenlänge der Leiterplatte von 100 mm x 80 mm. Das entspricht einer max. Durchbiegung von 1%. D.h. die Durchbiegung nimmt mit jeder Steckerreihe zu.
- Bestücken mit 80poligen SMC-Steckverbindern
- Löten
- Auswertung

Bei den Versuchsdurchführungen mit der zusätzlichen Bestückung von Preforms waren die Schritte entsprechend, nur dass vor der Bestückung der Steckverbinder noch die Preforms aufgebracht wurden. Für die Versuchsreihen mit den Lotformteilen wurden außerdem – wie bereits erwähnt – die Lötpads auf den Leiterplatten etwas größer als vom Hersteller empfohlen ausgeführt, um diese, wie vorgeschrieben, in die Lotpaste setzen zu können.

6.5.4 Versuchsauswertung

a) 100-µm-Schablone:
Die Versuche ohne Preforms zeigten zunehmende offene Lötstellen bei steigender Durchbiegung. Erkennbare Mängel gab es bereits ab der zweiten Steckerreihe. Ab der dritten Steckerreihe konnten erste offene Lötstellen festgestellt werden, die bis zur 5. Reihe stark zunahmen. Der Einsatz der Preforms liefert deutlich bessere Lötergebnisse. Erste offene Lötstellen konnten hier erst ab der 5ten Steckerreihe festgestellt werden.

b) 150-µm-Schablone:
Auch hier wurden zunehmend offene Lötstellen bei steigender Durchbiegung festgestellt, wobei erkennbare Mängel ab der zweiten Steckerreihe mit offenen Kontakten, dokumentiert wurden. Mit Preforms gab es wiederum nur wenige offene Lötstellen in der 5ten Steckerreihe.

c) 200-µm-Schablone:
Auch hier bestätigt sich das Ergebnis mit zunehmend offenen Lötstellen bei steigender Durchbiegung. Die 3te Steckerreihe wird aber noch gelötet. Offene Lötstellen sind jedoch in der 5ten Reihe festzustellen (die 4te Reihe wurde nicht bestückt). Auch mit Preforms wurden einzelne offene Lötstellen in der 5ten Steckerreihe beobachtet. Darüber hinaus wurde zunehmende Brückenbildung zwischen den Anschlüssen bei abnehmender Durchbiegung registriert.

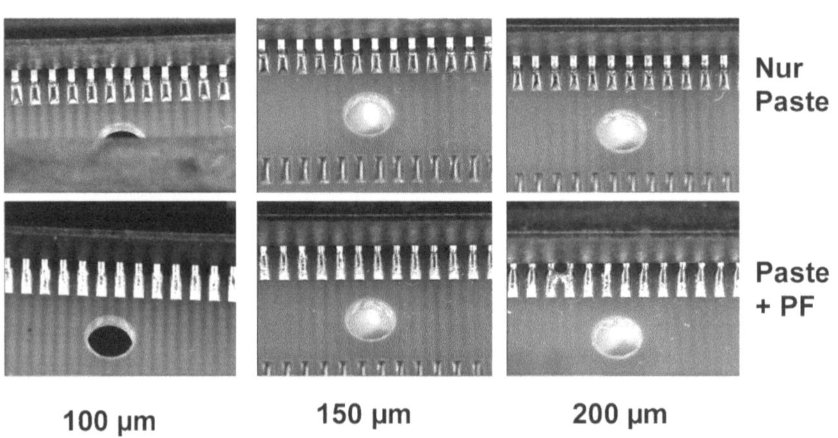

Bild 6.12: Vergleich der Lötergebnisse für 100-, 150- und 200-µm-Schablonen (ohne und mit Preforms)

Es kann zusammenfassend festgestellt werden, dass zusätzlich zum per Siebdruck aufgebrachten Lotvolumen bestückte Preforms, speziell bei dünneren Schablonen (100 µm bis 150 µm) vorhandene oder entstehende Durchbiegungen von Leiterplatten beim Löten ausgleichen können. In den durchgeführten Testreihen wurden Durchbiegungen bis zu ca. 0,8 % zuverlässig gelötet. Dieses Ergebnis lässt sich auch entsprechend auf leicht verbogene Anschlusskontakte, hervorgerufen durch unsachgemäßes Handling, übertragen.

Auch bei der Verwendung von Preforms mit Schablonen größer als 150 oder 200 µm werden die offenen Lötstellen weiterhin reduziert. Allerdings ist hier eine Zunahme der Brückenbildung zu beobachten, so dass der Prozess bezüglich der verwendeten Versuchsleiterplatten hier an seine Grenzen stößt.

6.5.5 Versuchsdurchführung mit THR-Steckverbindern und Preforms

Um die Wirkung von Preforms beim Einsatz mit THR-Steckverbindern zu testen wurde auf Test-Platinen einmal das Lot per Pastenaufdruck mit einem Füllgrad von 100 % für die Bohrung aufgebracht. Im Vergleich dazu wurde zum Pastenauftrag noch Preforms (0402) per Pick-and-Place bestückt. In einer weiteren Versuchsreihe kamen nur Preform-Ringe ohne Paste zum Einsatz. Auch hier wurde das Pad-Layout erweitert. Die Versuche belegten sehr gute Lötergebnisse beim Einsatz der Preforms mit maximaler Reproduzierbarkeit.

6.5.6 Fazit

Der Prozess ist ideal geeignet für die Beseitigung von offenen Lötstellen und minimiert somit die Nacharbeit. Voraussetzung ist ein Lötpad, das groß genug ist, damit das Preform zusätzlich zum Bauteil bestückt werden kann. Gerade bei kritischen Baugruppen mit größeren Fine-Pitch-Bauteilen oder diese in Kombination mit sehr langen Bauteilen und dünner Schablone ergeben sich hier Vorteile. Außerdem ermöglicht die Vielfalt der verfügbaren Preform-Legierungen u.a. auch die Unterstützung der bleifreien Fertigung. Die Verwendung von Lotformteilen muss allerdings immer zusammen mit der zusätzlich benötigten Bestückleistung und der Losgröße der Baugruppe diskutiert werden.

6.6 Testplatine

Die Lötergebnisse bzw. das Vorhandensein von ausreichend Lot bei THR-kompatiblen Steckverbindern werden durch zahlreiche Parameter bestimmt. Das sind einmal die formgebundenen Merkmale der Komponenten bzw. des Leiterplatten-Designs. Dazu gehören:
Querschnitt bzw. Form der Anschlüsse, Stand-off der Bauteile, Pinlänge, Rastermaß, Abstand zwischen den Pinreihen sowie die Pinreihen-Anordnung. Grundsätzlich kann dabei z. B. festgestellt werden, das runde Pins weniger Paste benötigen und der Zwischenraum zwischen Pin und Bohrung ca. 120 µm betragen sollte. Zu kurze und zu lange Pins führen, wie bereits erwähnt, u. U. auch zu unbefriedigenden Ergebnissen – ideal ist ein Überstand von 1 –1,5 mm.

Beim Pastendruck gilt generell, dass der Bohrloch-Füllgrad mit größerem Lochdurchmesser und spitzerem Rakelwinkel zunimmt. Für die Kalkulation des erforderlichen Lotpastenvolumens einer THR-Lötstelle gibt es Näherungsformeln, wobei das einbringbare Pastenvolumen hauptsächlich abhängig ist von der Leiterplattendicke, dem Lochdurchmesser und dem Pinquerschnitt. Wichtig ist dabei auch die Berücksichtung der möglichen max. und min. Toleranzen.

Das erforderliche Lotvolumen kann z. B. durch folgende Näherungsformel bestimmt werden:

$$V_{req} = (V_{hole} - V_{pin}) \times cf \times fl$$

wobei:

V_{req} = erforderliche Lotvolumen
cf = Korrekturfaktor (nur 50 Prozent Metallanteil in der Paste)
fl = Füllgrad Lötstelle (mindestens 75 Prozent nach IPC)

Bei der Verarbeitung muss auch die Viskosität des Lots berücksichtigt werden, die z. B. von der Temperatur, Entmischung und dem Feuchtigkeitsgehalt abhängt. Die Viskosität der Lotpaste hat vor allem großen Einfluss, wenn gleichzeitig sehr kleine (0,6 mm) und sehr große (3,0 mm) Bohrungen mit Lotpaste gefüllt werden müssen.

Umfangreiche Versuchsreihen haben gezeigt, dass bei Berücksichtigung der angesprochenen Verarbeitungshinweise THR-Komponenten mit gängigem Pastendruck und Reflowlöten einwandfrei verarbeitet werden können. In speziellen kritischen Fällen kann der Einsatz von Preforms noch bessere Ergebnisse liefern.

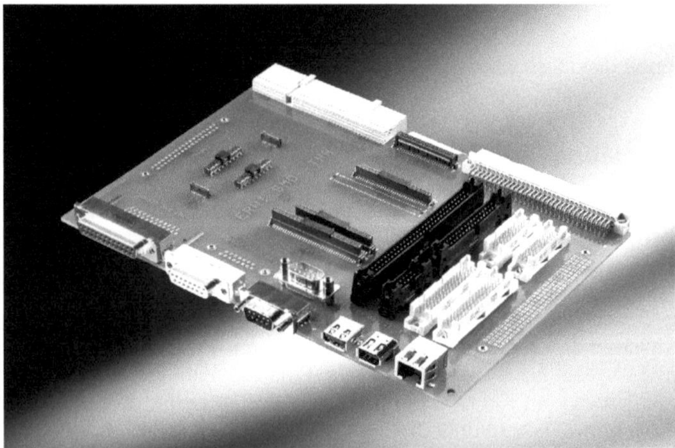

Bild 6.13: Erfolgreich gelötete ERNI-Testplatine mit verschiedenen SMD/THR-Steckverbindern

6.7 Zusammenfassung und Checkliste für den THR-Einsatz

Wie umfassend erläutert, gibt es zahlreiche Argumente, die für den Einsatz von THR-Komponenten sprechen. Das wesentliche Kriterium ist das Einsparpotenzial bei Anlagen, Produktionsfläche und Personal. Durch den Wegfall nachgeschalteter Produktionsschritte (Selektivlöten) wird die Produktionszeit reduziert, bei hoher Reproduzierbarkeit der Ergebnisse. Vor dem Einstieg in die THR-Technik sollte man jedoch einige Aspekte berücksichtigen:

- Eignung der vorhandenen Anlagen
- Genaue Abschätzung des notwendigen Lotpastenvolumens
- Bestimmung des Lochfüllgrades (reproduzierbar)
- Kontrollierter Schablonendruck (eventuell mit AOI)
- Hohe Qualität der Lotpaste
- Temperaturbeständigkeit der Bauteile
- Genauer und reproduzierbarer Bestückungsprozess
- Genaue Einhaltung des Temperaturprofils
- Fertigungsgerechtes Design
- Verfügbarkeit der Komponenten

Prinzipiell sind Reflow-kompatible THR-Komponenten eine ideale Alternative für die Ergänzung des bewährten SMT-Fertigungsprozesses. Durch die Kompatibilität zur ab Juni 2006 verordneten bleifreien Fertigung ist diese Technologie auch bereits zukunftsorientiert einsetzbar.

7 Industrie-Steckverbinder

Herbert Junck

7.1 Einleitung

7.1.1 Definition

Ein Steckverbinder ist die mechanische Zusammenfassung von paarig angeordneten Kontaktelementen. Mit diesem Bauteil werden lösbare Verbindungen in elektrischen Leitungen hergestellt. Dies können sowohl Hauptstromleitungen als auch Signalleitungen sein. Die einfache, in der Regel werkzeuglose Bedienbarkeit ermöglicht ein schnelles Trennen und sicheres Verbinden von Leitungen. Wichtig ist dabei, dass diese Funktion bei den gegebenen Umweltbedingungen über einen längeren Zeitraum und nach häufigem Wiederholen gewährleistet ist.

Steckverbinder bestehen aus zwei Hauptteilen, dem Stifteinsatz und dem Buchseneinsatz. In den meisten Anwendungen ist eine Steckverbinderhälfte fest mit der Maschine, Anlage oder dem Schaltschrank verbunden, *fester* Steckverbinder, die andere Hälfte ist am Ende eines Kabels montiert, *freier* Steckverbinder. Bei einer sogenannten *fliegenden* Verbindung sind beide Teile frei.

Ein *Steckverbinder* ist eine Vorrichtung, die im spannungsführenden Zustand nicht verbunden oder getrennt werden darf (nach VDE 0627). Im Gegensatz dazu ist eine *Steckvorrichtung* ein Bauteil, das bei bestimmungsgemäßem Gebrauch, spannungsführend oder unter Last, verbunden oder getrennt werden darf. So wird also durch diese Begriffsfestlegung der Unterschied zwischen Steckvorrichtung und Steckverbinder klar definiert. In den folgenden Ausführungen werden ausschließlich *Steckverbinder* behandelt.

7.1.2 Anwendung

Der Steckverbinder wird, solange er einwandfrei funktioniert, kaum Beachtung finden. Doch bei näherer Betrachtung ist er an vielen Punkten von Anlagen, Maschinen, Geräten und technischen Einrichtungen zum wichtigen Bestandteil geworden. Überall, wo elektrische Leitungen oder, wie später beschrieben, auch Druckluft oder Lichtwellenleiter getrennt und wieder verbunden werden müssen, ist er zu einem unverzichtbaren Hilfsmittel geworden.

Die Gründe für den Einbau solcher Trennstellen sind unterschiedlich. Hier sollen einige beschrieben werden:

- Installation von Maschinen und Anlagen an ihrem Einsatzort
- Demontage und Montage von Fertigungseinrichtungen nach Ortsveränderungen
- Austausch von beweglichen Verbindungsleitungen (bei Kabelbruch)

- Anschluss von Prüf- und Diagnosegeräten (z. B. Kraftfahrzeuge)
- Austausch von Handlingseinheiten bei Typenumstellung usw.

Die Liste der Anwendungsmöglichkeiten ließe sich noch weiterführen. Jeden Tag kommen neue Einsatzfälle hinzu.

7.1.3 Geschichte

Wenn wir über die Geschichte der Industrie-Steckverbinder sprechen, so stellt das einen recht kurzen Zeitraum dar. Die Industrie-Steckverbinder, wie wir sie heute kennen und einsetzen, sind nur gut 50 Jahre alt. Kaum ein anderes Produkt hat sich so schnell in der Industrie verbreitet, wie der Steckverbinder. Er wurde gleichermaßen von der Elektrotechnik und dem Maschinen- und Anlagenbau angenommen.

Der Wiederaufbau der im Krieg weitgehend zerstörten deutschen Industrie beschleunigte den Ausbau der Automatisierung stark. Von dieser Entwicklung gingen für die Entstehung neuer Bauteile eine Menge Impulse aus. Durch den veränderten Aufbau und die Zusammenstellung von Maschinengruppen wurde auch die Installationsmethode beeinflusst. Maschinen- bzw. Anlagenteile mussten zum Austausch von Befehlen und Meldungen miteinander korrespondieren. Es wurden also Schnittstellen erforderlich, die über die reine Stromversorgung hinausgingen. Damit waren die ersten Einsatzfälle für mehrpolige Steckverbinder definiert. Auch die Verbindung zwischen Schaltschrank und Maschine wurde immer anspruchsvoller. Die Rückmeldung von Betriebszuständen der Anlage an die Steuerung ist nur ein Beispiel für notwendige Verbindungen.

Dies sind sicher einige Gründe, warum die Industrie-Steckverbinder so erfolgreich ihren Platz fanden.

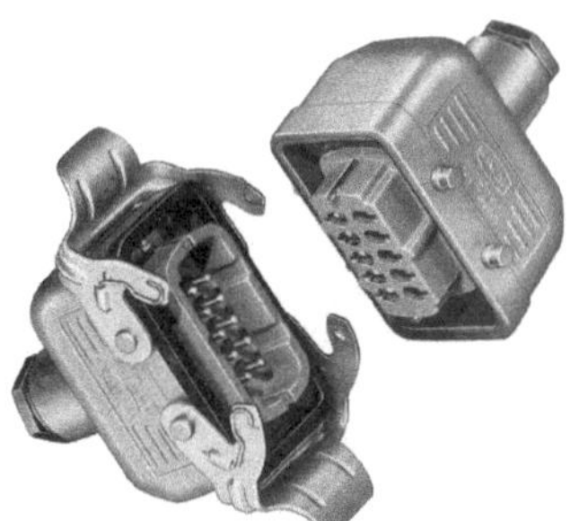

Bild 7.1: Han® 10 B, Version von 1966 Bild 7.2: Han® 3 A, Version von 1961

Den Beginn machten zweireihige Rechteck-Steckverbinder mit 10 und 16 Kontakten. Recht bald wurden weitere Geräte mit bis zu 24 Kontakten entwickelt. Nun folgten Steckverbinder mit hoher Kontaktdichte und Kontaktanzahl – bis zu 108 Kontakten in einem Isolierkörper.

Die Entwicklung von mehradrigen Kabeln förderte ebenfalls den Einsatz von Steckverbindern. So wurde aus dem Bauteil Steckverbinder mit dem passenden Kabel ein System. Der kleine geschichtliche Abriss wäre jedoch nicht vollständig, würde man den Namen HARTING nicht erwähnen. All diese Steckverbinder und Systeme haben ihren Ursprung bei der Firma HARTING in Espelkamp. Hier wurden die ersten und auch die meisten Industrie-Steckverbinder entwickelt. Fast alle diese Geräte sind weltweit zum Industriestandard geworden. Nur ein gutes Produkt findet Nachahmer! Das ist sicher auch ein Grund dafür, dass heute Rechteck-Steckverbinder von mehreren Herstellern auf dem Weltmarkt ihren Platz gefunden haben.

7.2 Aufbau

7.2.1 Gehäuse

Industrie-Steckverbinder sind in der Regel in Gehäusen montiert. Diese bestehen aus zwei Hauptteilen:

- der feste Steckverbinder, der mit dem Schaltschrank oder der Anlage fest verbunden ist
- der freie Steckverbinder, der am Ende eines beweglichen Kabels angebracht ist.

Sind beide Steckverbinderhälften an beweglichen Kabelenden montiert, spricht man von einer fliegenden Verbindung.

Die Gehäuse erfüllen verschiedene Funktionen:

- Schutz gegen Berührung leitender Teile
- Schutz gegen Eindringen von Flüssigkeit und festen Körpern (Verschmutzung)
- Schutz gegen mechanische Beschädigung
- Verriegelung der beiden Steckverbinderhälften miteinander.

7.2.2 Bauarten

Betrachten wir die festen Steckverbinder, so gibt es hier drei verschiedene Bauarten in Bezug auf die An- bzw. Einbaumöglichkeiten.

Anbaugehäuse (fester Steckverbinder)

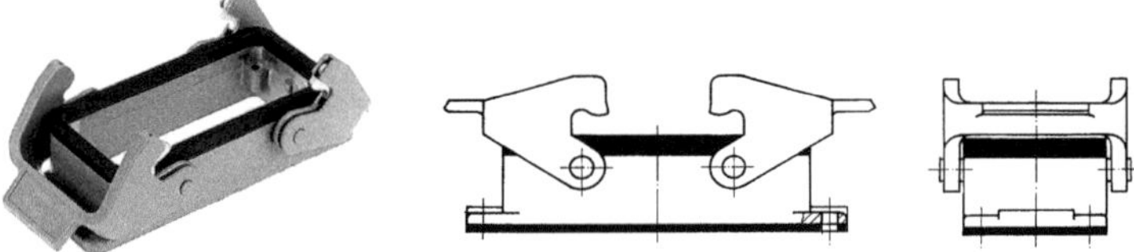

Bild 7.3: Anbaugehäuse mit 2 Verriegelungsbügeln

Hierbei wird das Gehäuse über einen Montageausschnitt montiert. Die Anschlussdrähte werden direkt in das Gerät, den Klemmenkasten oder den Schaltschrank geführt.

Sockelgehäuse (fester Steckverbinder)

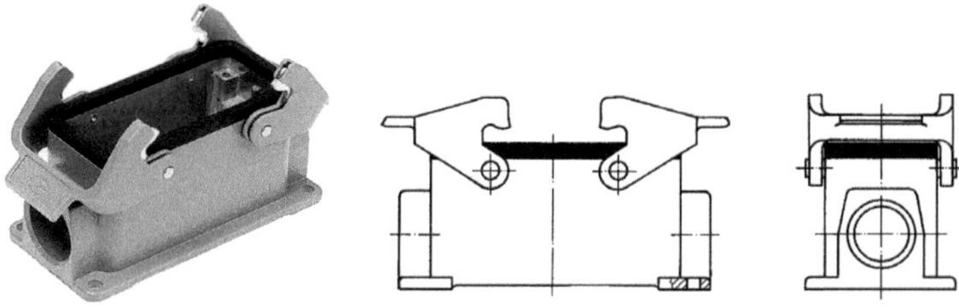

Bild 7.4: Sockelgehäuse mit 2 Kabelausgängen

Dieses Gehäuse ist komplett geschlossen. Das Anschlusskabel wird über eine Verschraubung zugeführt. An den Sockelgehäusen sind wahlweise eine oder zwei Kabelausgänge vorgesehen. Diese Gehäuse werden in niedriger und hoher Baufom gefertigt.

Einschraubgehäuse

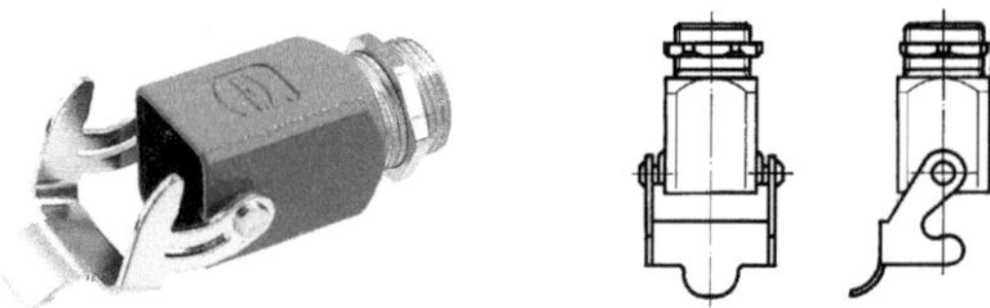

Bild 7.5: Einschraubgehäuse

Die Einschraubgehäuse werden in die Wand des Gerätes oder Schaltschrankes direkt eingebaut. Der Steckverbinder ragt also mit seinen Anschlüssen in das Gehäuse.

Tüllengehäuse

Die Tüllengehäuse sind zur Montage an einem beweglichen Kabelende vorgesehen. Je nach Lage der Bohrung für die Kabelverschraubung werden diese im Gehäuse mit geradem oder seitlichem Kabelabgang unterschieden. Auch hier werden Gehäuse in niedriger und hoher Bauform angeboten.

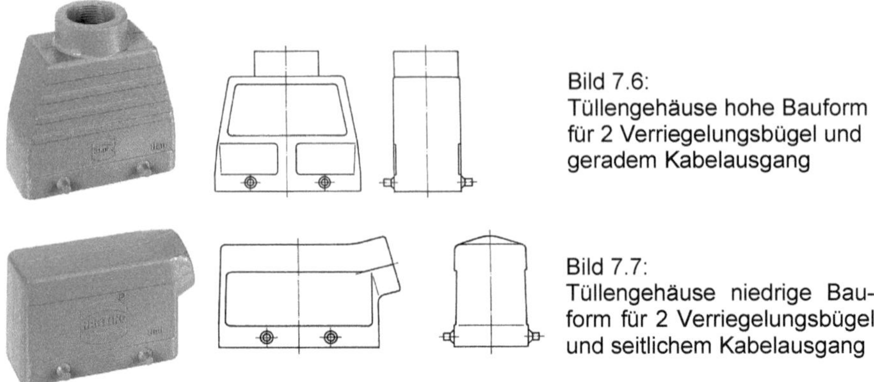

Bild 7.6:
Tüllengehäuse hohe Bauform für 2 Verriegelungsbügel und geradem Kabelausgang

Bild 7.7:
Tüllengehäuse niedrige Bauform für 2 Verriegelungsbügel und seitlichem Kabelausgang

Für spezielle Anwendungen stehen auch Tüllengehäuse mit mehreren Kabelausgängen zur Verfügung.

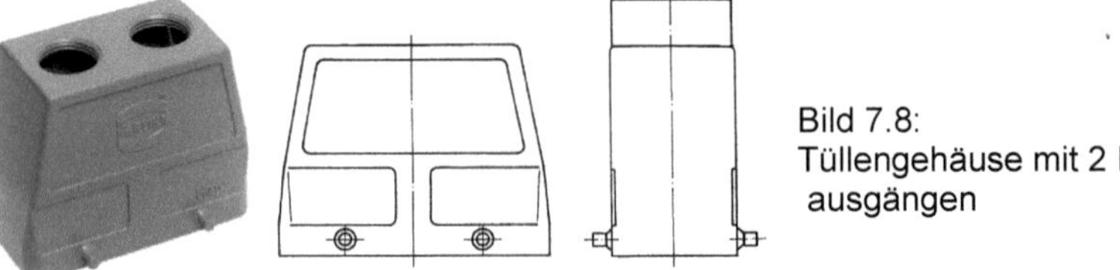

Bild 7.8:
Tüllengehäuse mit 2 Kabelausgängen

Kupplungsgehäuse (für fliegende Verbindung)

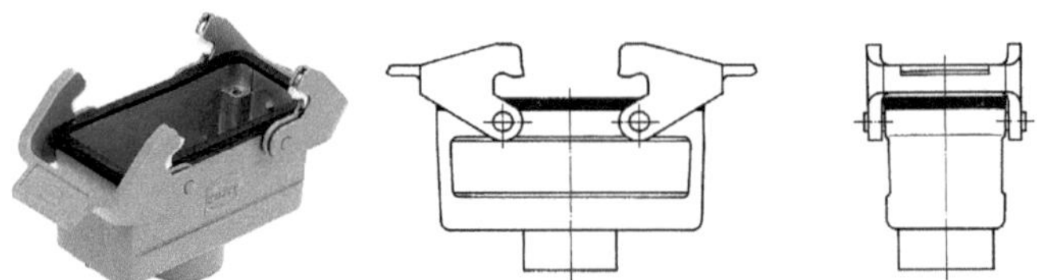

Bild 7.9: Kupplungsgehäuse

Ist keine der beiden Steckverbinder-Hälften festmontiert, spricht man auch von einer *fliegenden Verbindung* (Beispiel: Verlängerungskabel).

Bild 7.10:
Kupplungsgehäuse

7.2.3 Bauformen

Schon seit einigen Jahrzehnten sind die unter Bauform A und Bauform B von HARTING entwickelten Gehäuse-Baureihen zum Standard bei den Industrie-Steckverbindern geworden. Genormt sind nur je 2 Baugrößen dieser Baureihen *(DIN EN 175301-801)*.

Bauform A
In die Serie der Bauform A gehören ein kleines quadratisches und zwei schmale rechteckige Gehäuse.

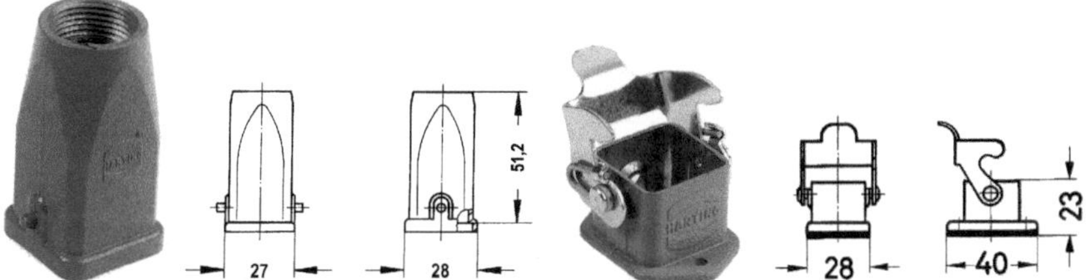

Bild 7.11: Tüllengehäuse mit geradem Kabeleingang

Bild 7.12: Anbaugehäuse mit geradem Kabeleingang

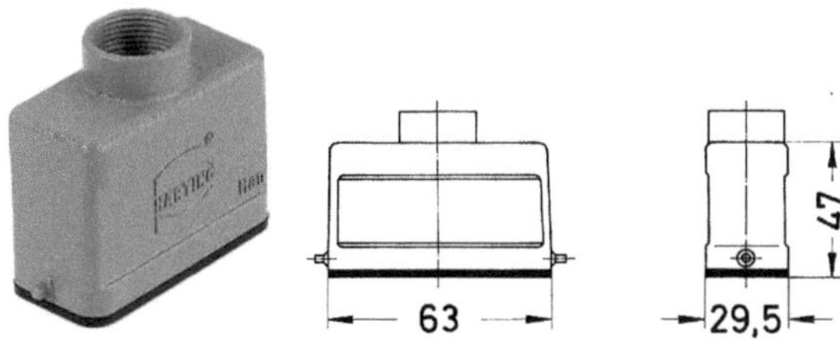

Bild 7.13: Tüllengehäuse mit geradem Kabeleingang, niedrige Bauform

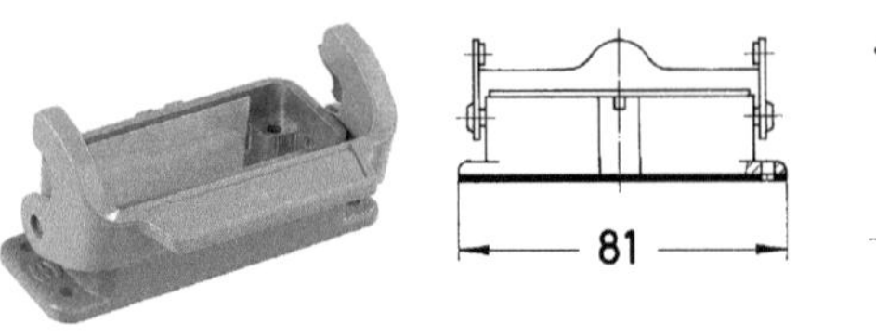

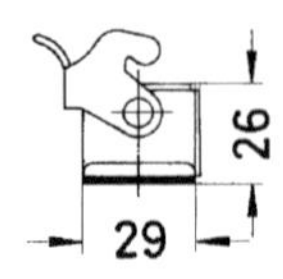

Bild 7.14: *Anbaugehäuse*

Bauform B

Die Gehäuse der Bauform B gehören heute zu den gebräuchlichsten Industrie-Gehäusen.

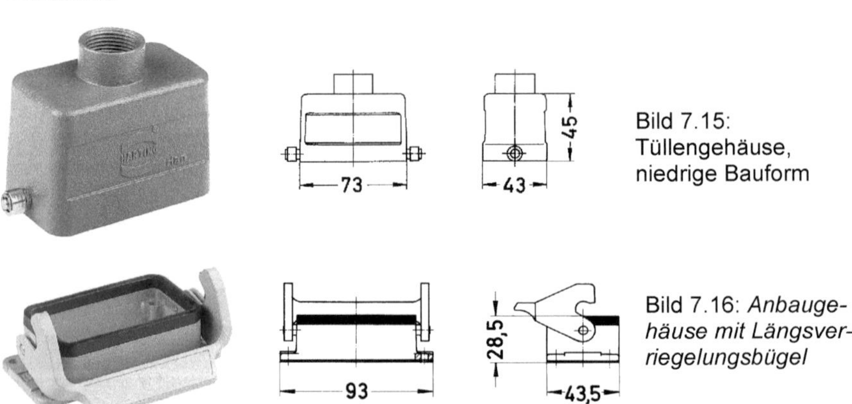

Bild 7.15: Tüllengehäuse, niedrige Bauform

Bild 7.16: *Anbaugehäuse mit Längsverriegelungsbügel*

7.2.4 Baugrößen

Die Bezeichnung der Baugrößen bezieht sich auf die Steckverbinder-Einsätze, zu denen diese Gehäuse entwickelt wurden.

Baureihe Han® A

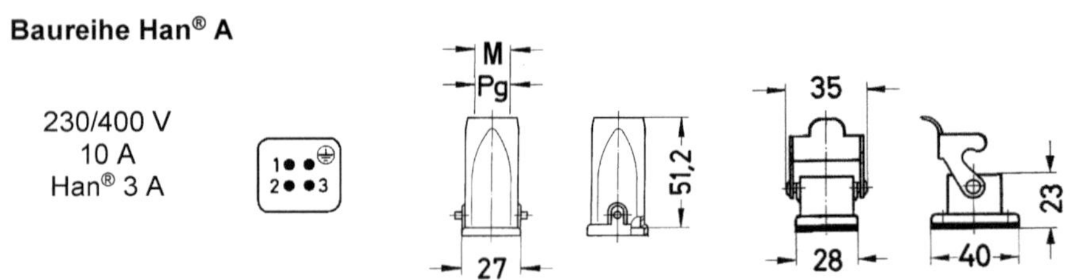

Bild 7.17: Baugröße 3 A

250 V/16 A
Han® 10 A

10 + ⏚

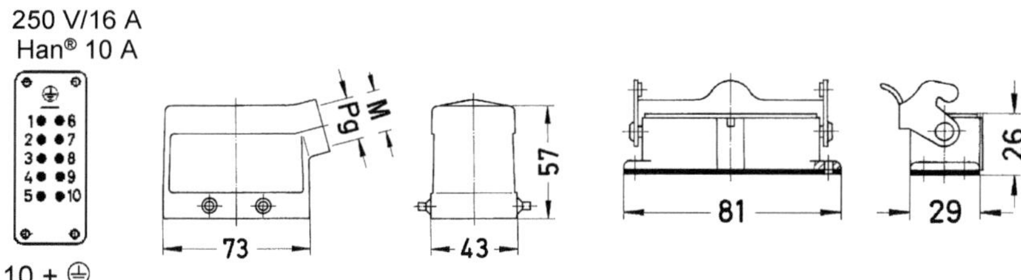

Bild 7.18: Baugröße 10 A

250 V/16 A
Han® 16 A

16 + ⏚

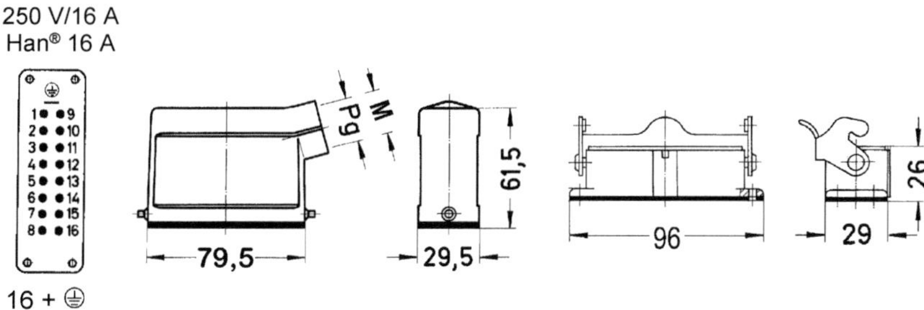

Bild 7.19: Baugröße 16 A

400 V/16 A
2 x Han® 16 A

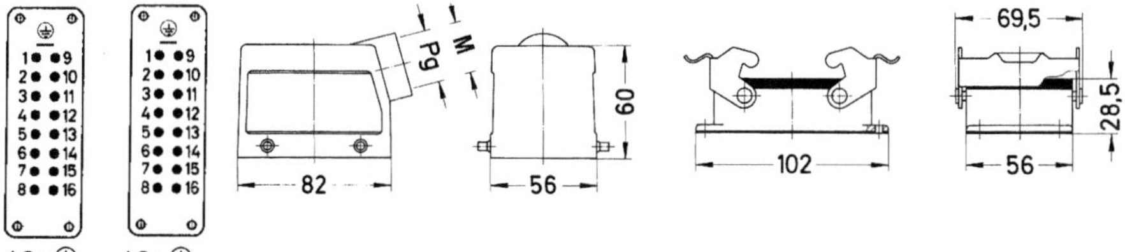

16+⏚ 16+⏚

Bild 7.20: Baugröße 32 A

Baureihe Han® B

400-500 V
16 A
Han® 6 E

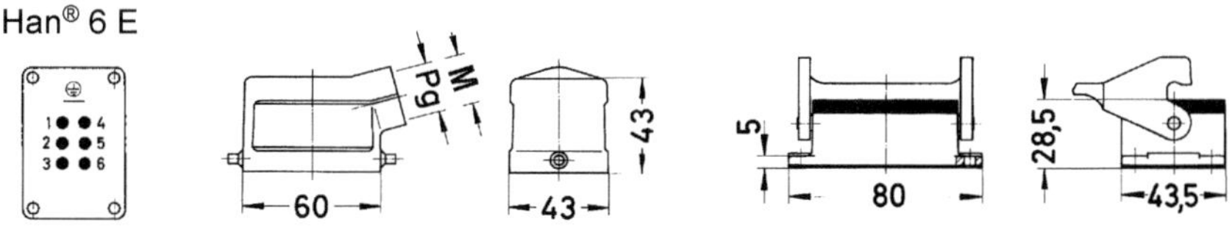

6 + ⏚

Bild 7.21: Baugröße 6 B

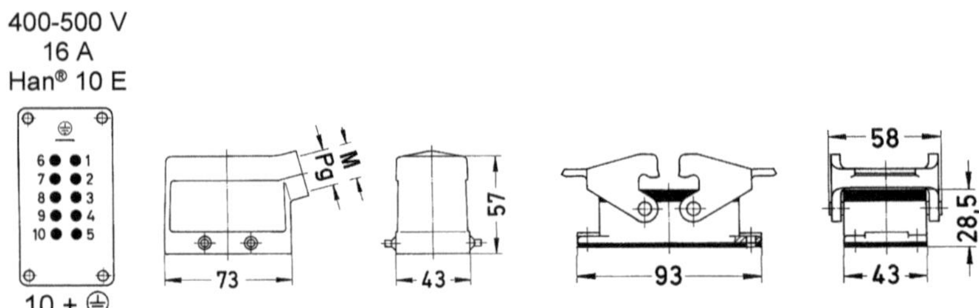

Bild 7.22: Baugröße 10 B

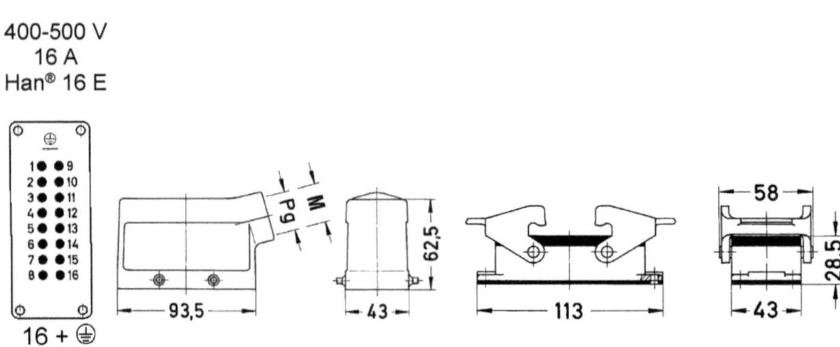

Bild 7.23: Baugröße 16 B

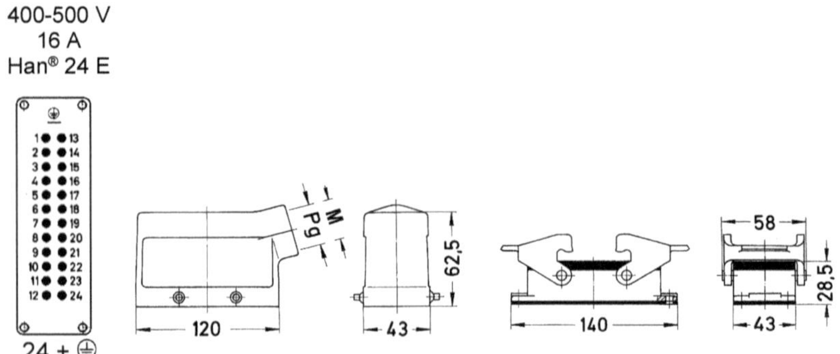

Bild 7.24: Baugröße 24 B

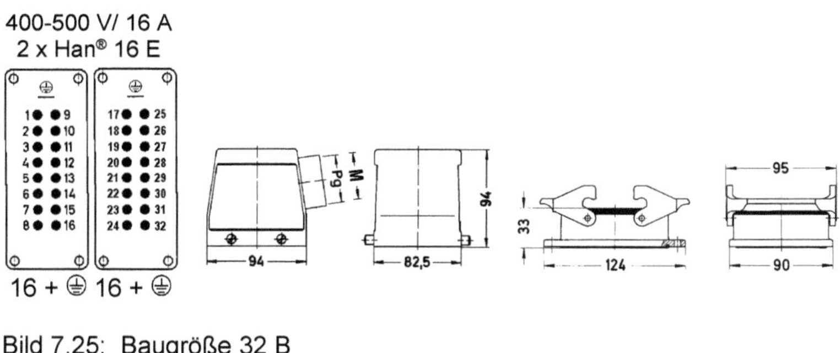

Bild 7.25: Baugröße 32 B

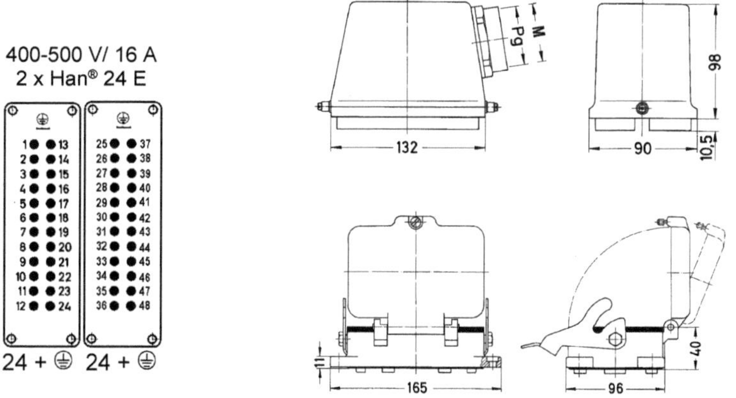

Bild 7.26: Baugröße 48 B

7.2.5 Verriegelung

Die Hauptfunktion eines Steckverbinders ist es, das *einfache, schnelle* Trennen und *sichere* Verbinden von Leitungen zu ermöglichen. Neben der elektrisch einwandfreien Kontaktierung ist die ergonomisch gute Handhabung des Verschluss-Systems ein ganz wichtiges Detail. Für Industrie-Steckverbinder kommen eine ganze Reihe von verschiedenen Systemen zum Einsatz.

Die häufigste Verschlussart ist die mittels Verriegelungsbügel (Bügelverriegelung). Hier zwei verschiedene Methoden:

Ungefederter Verriegelungsbügel
Der notwendige Federweg beim Ver- und Entriegeln wird durch die Elastizität der Dichtung erreicht. Da die Überdehnung an der Dichtung nur ganz kurz auftritt, entsteht keine bleibende Verformung. Die erforderlichen Betätigungskräfte können durch Gehäusetoleranzen sowie Abweichungen der Shore-Härte der Dichtungen stark schwanken.

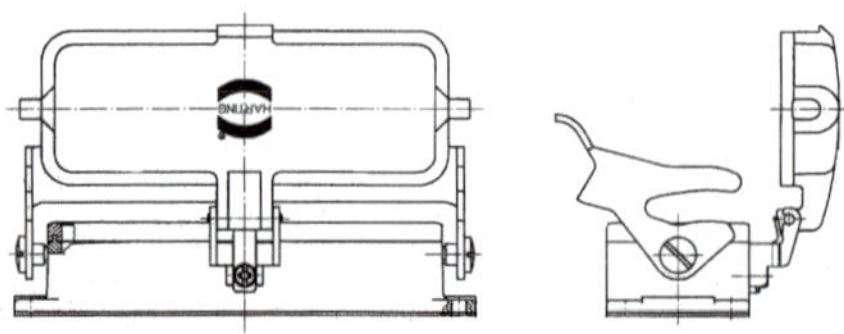

Bild 7.27: Längsverriegelung, ungefedert

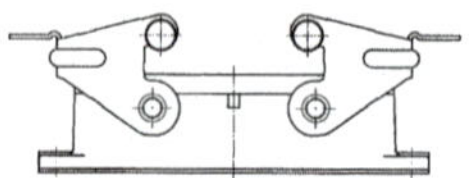

Bild 7.28: Rollenbügel

Gefederter Verriegelungsbügel
Hierbei wird der größte Teil des benötigten Federweges durch eine im Verriegelungsbügel integrierte Feder aufgebracht. Auf diese Weise werden die Betätigungskräfte gleichmäßiger verteilt und weniger Stoßbelastung auf die Dichtung ausgeübt.

Querverriegelung
Wie schon die Bezeichnung aussagt, befinden sich die Verriegelungen an der Querseite des Gehäuses. Dabei sind pro Gehäuse stets zwei Verriegelungsbügel notwendig. Die Verriegelungsbügel können dabei am Gehäuseunterteil (häufigste Version) oder falls erforderlich am Gehäuseoberteil montiert sein.

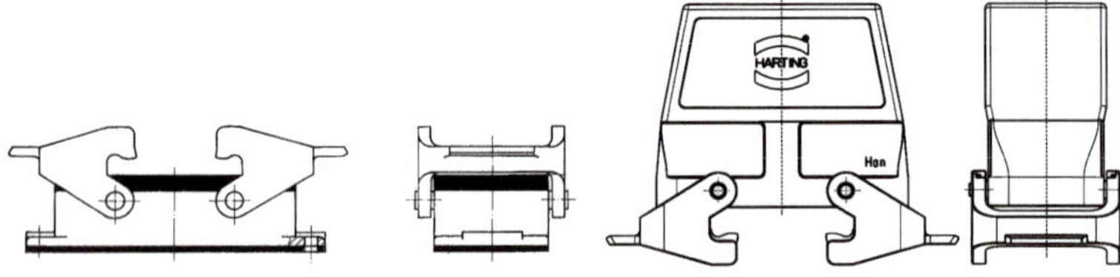

Bild 7.29: zwei Bügel Han-Easy-Lock® am Gehäuseunterteil und Gehäuseoberteil

Ein Beispiel für gefederte Verriegelungsbügel: Han-Easy Lock®

- leichte Handhabung
- fixierbare Bügelstellung
- hohe Zyklenzahl
- niedrige Betätigungskräfte
- korrosionsresistent
- gute Dichtwirkung
- Bügel demontierbar

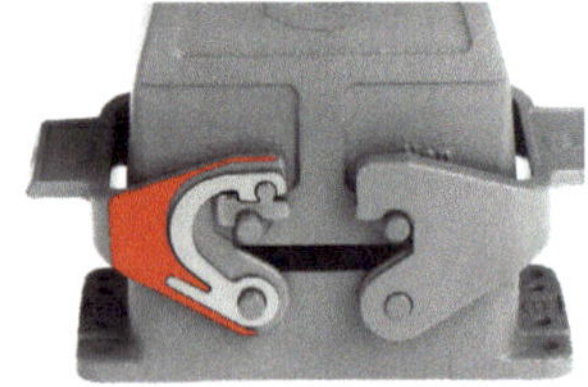

Bild 7.30:
Han-Easy Lock®

Längsverriegelung
Diese Gehäuseverbindung wird mit *einem* Verriegelungsbügel über die Längsseite des Gehäuses vorgenommen.

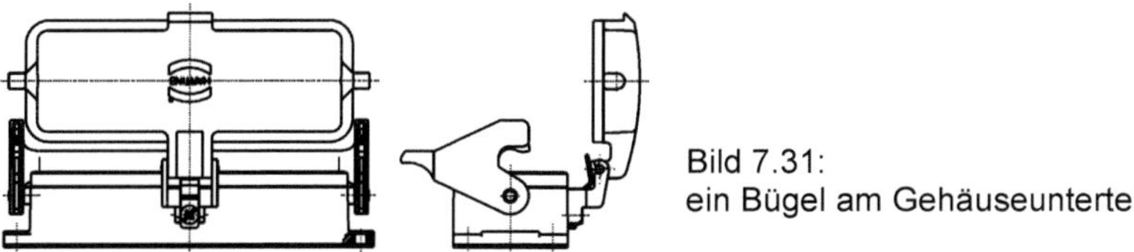

Bild 7.31:
ein Bügel am Gehäuseunterteil

Zentralverriegelung
Dort, wo ein schnelles, platzsparendes und einfaches Ver- und Entriegeln erforderlich ist, wird die Zentralverriegelung eingesetzt. Hierbei ist der Verriegelungsbügel immer am Gehäuseoberteil montiert.

Typische Anwendungen dieser Verriegelungsart sind:
- Wagen-zu-Wagen-Verbindungen bei U-Bahnen, S-Bahnen und Straßenbahnen
- Verbindungen zu Wechselteilen an Handlingsgeräten und Industrie-Robotern

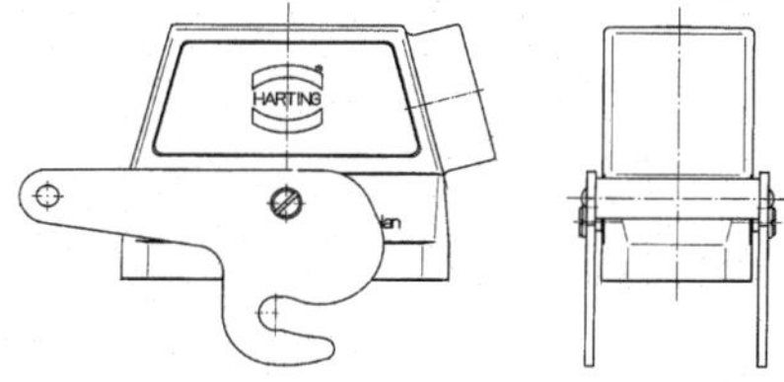

Bild 7.32:
ein zentraler Bügel am Gehäuseoberteil

Schraubverriegelung
Gehäuse, die sehr ungünstigen äußeren Bedingungen ausgesetzt sind, werden zur Sicherheit mit Schraubverriegelungen ausgestattet. Die Belastungen können verschiedener Natur sein z. B.:

- starke Vibrations- und Schockeinwirkung
- Flüssigkeitseinwirkung unter Druck oder beim Untertauchen
- Zugbelastung am Kabel des Tüllengehäuses
- Vandalismus

Diese Einwirkungen werden von verschraubten Gehäusen in der Regel gut verkraftet. Da ein Öffnen des Verschlusses und damit das Ziehen des Steckverbinders nur mit einem Werkzeug vorgenommen werden kann, ist ein unbeabsichtigtes oder unbefugtes Lösen nahezu ausgeschlossen.

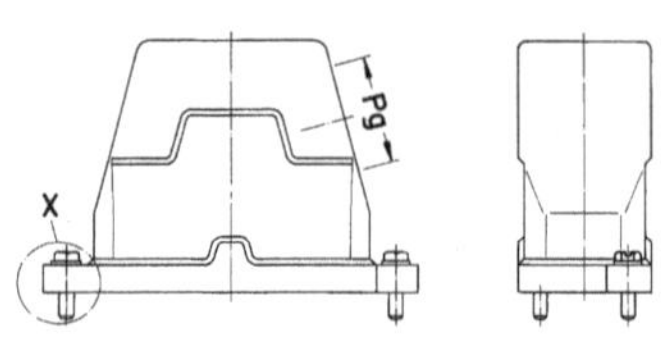

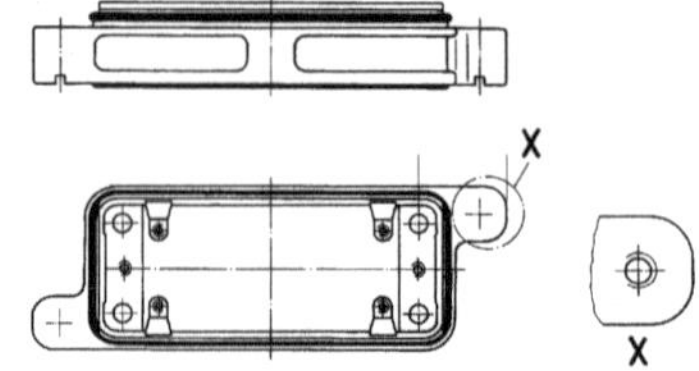

Bild 7.33: Gehäuse Han® HPR

Knebel- oder Bajonettverriegelung
Die oben beschriebenen Gehäuse werden auch mit Knebel- oder Bajonettverriegelung gefertigt. Dabei sind anstelle der beiden Schrauben Knebel eingesetzt, die bei einer Drehbewegung von 90° in einer entsprechenden Kontur verriegeln.

Der Knebel wird durch Tellerfedern sicher in der verriegelten Stellung gehalten. Bei dieser Verriegelung ist die verriegelte und entriegelte Stellung fest definiert. Im Gegensatz dazu ist die Verriegelungskraft bei der Schraubverriegelung vom aufgebrachten Drehmoment abhängig.

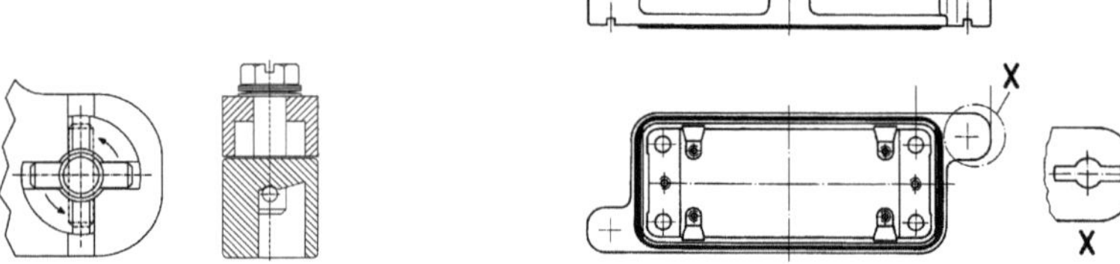

Bild 7.34: Funktionsskizze Knebelverriegelung

7.2.6 EMV-Gehäuse

Unter EMV = **E**lektro**m**agnetische **V**erträglichkeit versteht man die
„Fähigkeit einer elektrischen Einrichtung, in ihrer elektromagnetischen Umgebung zufriedenstellend zu funktionieren, ohne die Umgebung, zu der auch andere Einrichtungen gehören, unzulässig zu beeinflussen".
(DIN VDE 0870)

Sowohl konstruktiv als auch in der Anwendung sind bei EMV-Gehäusen einige Punkte genau zu beachten.

EMV-Gehäuse Übersicht
Die hohen Schirmdämpfungswerte dieser EMV-Gehäuse werden zum einen durch die ausgeprägte Labyrinth-Struktur erreicht, zum anderen durch die großflächige Kontaktierung zwischen Anbau- und Tüllengehäuse.

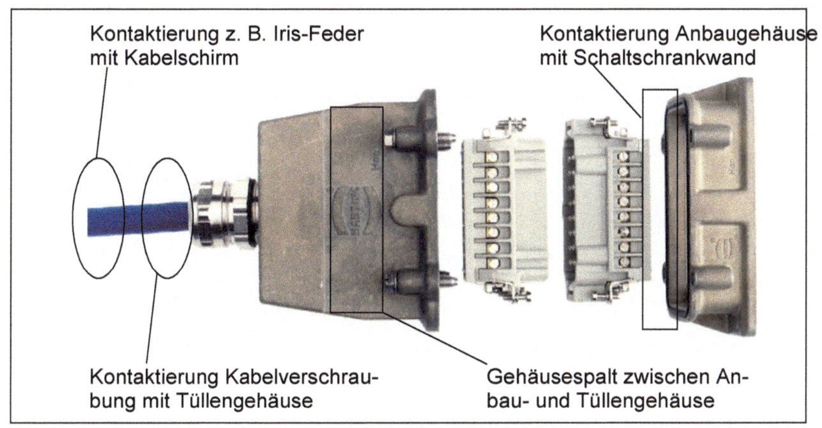

Bild 7.35: Steckverbinder Han® HP

Bild 7.36: Han® HPR Bild 7.37: Han® HP Bild 7.38: Han® B EMV Bild 7.39: Han® A EMV

Bild 7.40: Labyrinth-Struktur (rechts Detail)

Die Han® Standard Gehäuse gewährleisten bei einer Frequenz von 10 MHz immer noch 40 dB Schirmdämpfung! Bei Han® EMV Gehäusen liegt die Schirmdämpfung bei ca. 60 dB.

Gehäuse für erhöhte Druckdichtigkeit und erhöhte Schirmdämpfung (Tauchfester Steckverbinder)

Speziell für rauhe Einsatzfälle, z. B. im Außeneinsatz an Schienenfahrzeugen wurde die Baureihe HPR entwickelt. Es handelt sich um die Gehäusebaureihe B. So sind auch hier 4 Baugrößen entstanden. Die Anbaumaße sowie die Befestigungsbohrungen entsprechen denen der Standard Han® B Gehäuse. Da die Befestigungsbohrungen der Anbaugehäuse nach innen verlegt sind, ergeben sich zwei Vorteile:

- der Einbauraum (Verkabelungsraum) wird entscheidend vergrößert
- die Dichtung schließt die Befestigungsbohrungen ein

Hervorzuheben ist die aufwendige Oberflächenbehandlung. Die Gehäuse werden chromatiert und danach pulverbeschichtet, wobei die Kontaktflächen keine isolierende Beschichtung haben.

Bild 7.41: *Druckdichtes Gehäuse*

7.2.7 Abdichtung

Dichtungsart

Um Kontakte und Anschlüsse vor äußeren Einflüssen zu schützen, müssen die mechanischen Schnittstellen der Gehäuse mit Dichtungen versehen werden.

Je nach Gehäusekombination entstehen verschiedene Dichtebenen. Die Abdichtung zwischen Gehäuseober- und Unterteil wird bei jedem Steckvorgang belastet. Die Dichtung zwischen Anbaugehäuse und Montagefläche wird nur beim Anbau (in der Regel Anschrauben) einmal betätigt und bleibt dann in dieser Lage.

Hier einige wichtige Forderungen, die eingehalten werden müssen, um die industrielle Tauglichkeit einer Dichtung zu erreichen:

- Volumenänderung durch Einwirkung von Flüssigkeiten (Quellverhalten)

48 h in destilliertem Wasser bei 50 °C	± 10 %
24 h in Leichtbenzin (Exxol D 30/75) bei 20 ±5 °C	± 15 %
24 h in Mineralöl (ASTM-Öl Nr.2) bei 100 ±3 °C	± 15 %

- Wärmebeständigkeit

100 h Lagerung bei 100 °C trockener Wärme	Material darf nicht brüchig oder klebrig werden

- Kältebeständigkeit

5 h Lagerung bei –30 °C	Biegefähig über Dorn = 20 mm Ø

- Ozonbeständigkeit

168 h Lagerung bei 55 pphm ± 10 pphm	Keine Risse

Damit sind die wichtigsten Eigenschaften von Weichgummi (Elastomeren) zum Einsatz als Dichtungen für Steckverbindergehäuse beschrieben.

Schutzart (IP)
Die Einteilung der Schutzart von Gehäusen (IP-Bezeichnung) für elektrische Betriebsmittel mit Bemessungsspannungen bis 72,5 kV ist in *DIN VDE 0470, EN 60 529* festgelegt.

Diese Schutzarten beziehen sich auf:

- den Schutz von Personen gegen den Zugang zu gefährlichen Teilen innerhalb des Gehäuses
- den Schutz des Betriebsmittels innerhalb des Gehäuses gegen Eindringen von festen Fremdkörpern (Staub)
- den Schutz des Betriebsmittels innerhalb des Gehäuses gegen schädliche Einwirkungen durch das Eindringen von Wasser (Umweltbedingungen).

7.2.8 Codierung

Werden in einer Anlage mehrere Steckverbinder der gleichen Bauart eingesetzt, ist es wichtig, ein Verwechseln zu verhindern.

In der DIN EN 60204-1 / VDE 0113 wird *vorgeschrieben*, die Steckverbinder eindeutig zu bezeichnen. Es wird dort *empfohlen*, eine mechanische Codierung zu benutzen, die ein fehlerhaftes Stecken verhindert.

Codierung mit Sperrbolzen
Eine Möglichkeit der Codierung ist das Einsetzen von sogenannten Sperrbolzen. Das Prinzip ist folgendermaßen:

- Jeweils 2 Befestigungsschrauben eines Kontakteinsatzes werden gegen Sperrbolzen getauscht (Codierung).
- Die Anordnung der Sperrbolzen ist so gewählt, dass bei nicht passenden Gegensteckern zwei Sperrbolzen aufeinanderstoßen und ein Stecken nicht möglich ist.

- Bei passender Paarung muss immer ein Sperrbolzen einer Befestigungsschraube gegenüberliegen.

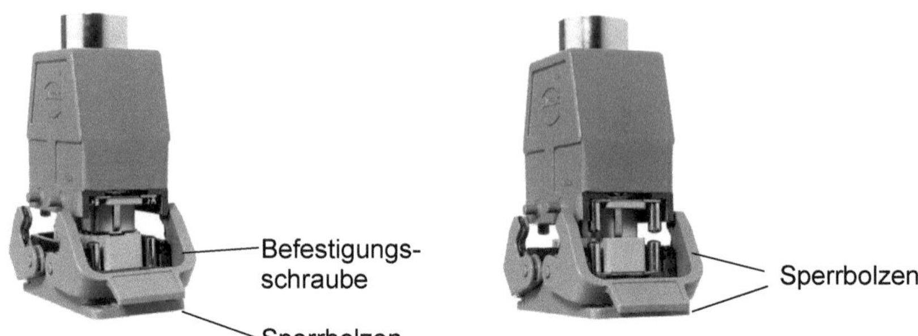

Bild 7.42: Passendes Paar

Bild 7.43: Falsch kombiniert

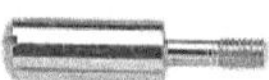

Bild 7.44: Sperrbolzen

● Sperrbolzen M = Stifteinsatz
○ Befestigungsschraube F = Buchseneinsatz

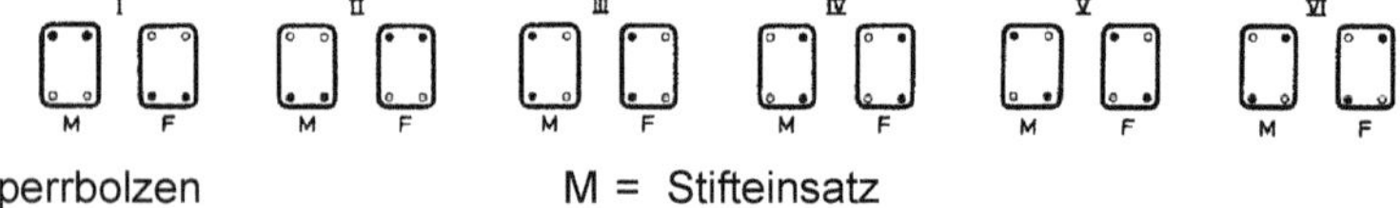

Bild 7.45: Beispiel Codierung

Codierung mit Führungsstiften und -buchsen
Um beim Stecken eines Steckverbinders eine bessere Vorführung zu erreichen, werden die Führungsstifte und –buchsen an Stelle der Befestigungsschrauben eingesetzt. Bei gezieltem Einsatz dieser Führungsteile kann man auch damit eine Codierung erreichen. Ein Stecken ist nur bei der Paarung Stift-Buchse möglich.

Schrägstecken
Nach *DIN EN 175301-801* müssen Steckverbinder so gestaltet sein, dass ein Schrägstecken von ± 5° in Längsrichtung und ± 2° in Querrichtung möglich ist. Durch Führungsstifte und -buchsen wird verhindert, dass eine größere Schräglage entstehen kann. Bei hochpoligen Steckverbindern werden Führungsstifte und -buchsen generell vorgeschrieben.

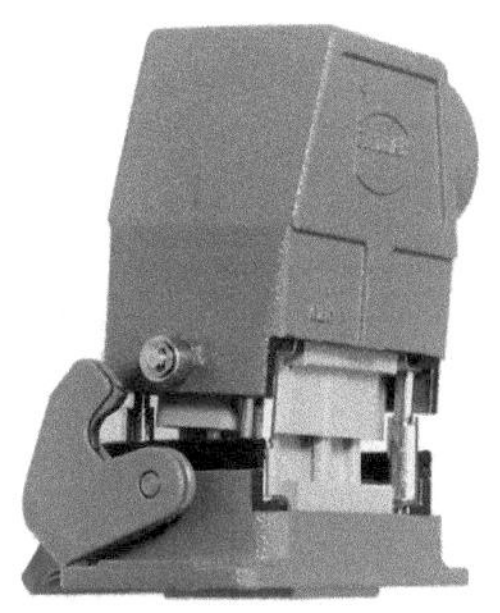

Bild 7.46: Falsch kombiniert

Bild 7.47: Führungsstift

Bild 7.48: Führungsbuchse

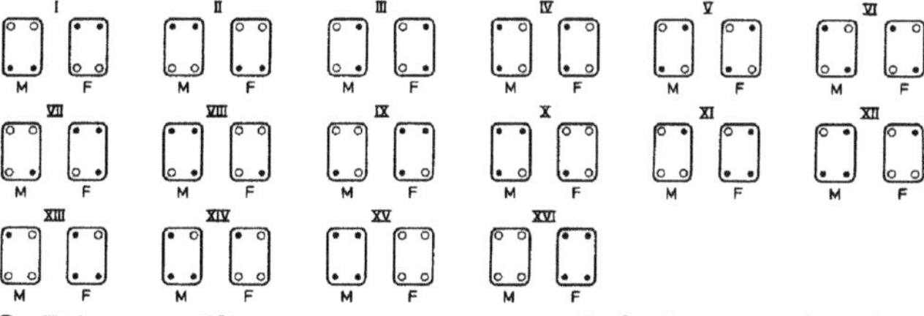

● Führungsstift
○ Führungsbuchse

x = Befestigungsschraube

Bild 7.49: Beispiel Codierung

7.2.9 Innenanwendungen

Voraussetzungen

Industriesteckverbinder können auch ohne die vorher beschriebenen Gehäuse eingesetzt werden. Dazu müssen jedoch ganz bestimmte Bedingungen eingehalten werden. Die Vorschriften zur Verwendung in abgeschlossenen elektrischen Betriebsstätten oder Gehäusen sind in der *VDE 0113 DIN EN 60204-1* festgelegt.

Das von HARTING entwickelte Han-Snap® System ist zum Einbau von Industriesteckverbindern zu den zuvor beschriebenen Bedingungen vorgesehen.

Merkmale

- Die Han-Snap®-Bauelemente sind aus technisch hochwertigem Kunststoff hergestellt.
- Die Han-Snap®-Elemente funktionieren nach dem Baukastenprinzip.

Im Standardfall werden die Kontakteinsätze mit den Schrauben, die Bestandteil derselben sind, an die Kunststoffteile montiert.

Eine Codierung der Steckverbinder kann mit Zubehör wie Sperrbolzen oder Führungselemente realisiert werden.

- Die Han-Snap® Elemente passen zu den serienmäßigen Kontakteinsätzen und Anschlussverteilern der Baureihen (nachfolgend Baugröße B genannt)

- Han D®, 40- und 64polig	- Han® Hv ES
- Han DD®	- Han® HsB
- Han E®	- Han® HsC
- Han® EE	- Han® K
- Han® ES	- Han-Modular®
- Han Hv E®	

- Bei Verwendung des Han-Snap® Adapters passen die serienmäßigen Kontakteinsätze der Baureihen (nachfolgend Baugröße A genannt)
- Han D®, 15- und 25polig
- Han A®, 10- und 16polig

- Am freien Steckverbinder können die Leitungen oder Kabel mit handelsüblichen Kabelbindern (mit maximal 5 mm Breite), zugentlastet werden.

Han-Snap®-Bauelemente

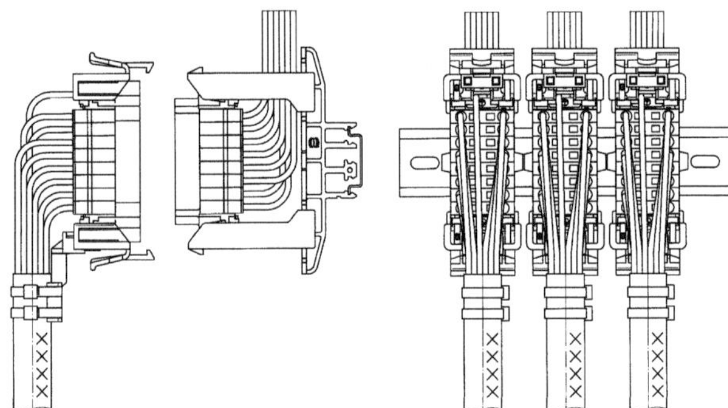

Bild 7.50:
Han-Snap® auf Norm-Tragschiene

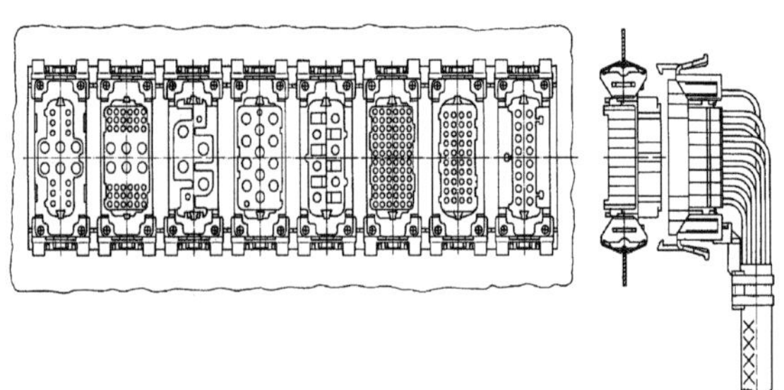

Bild 7.51:
Han-Snap® im Montageausschnitt

A Han-Snap® Kupplung

Bild 7.52:
Für freien Steckverbinder, passend zu **D, E, F, G**

B Han-Snap® Kupplung mit Zugentlastung

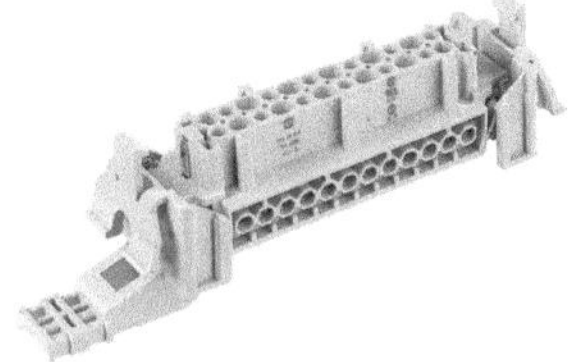

Bild 7.53:
Für freien Steckverbinder, passend zu **D, E, F, G**

C Han-Snap® Kupplung mit Zugentlastung und Wandhalterung

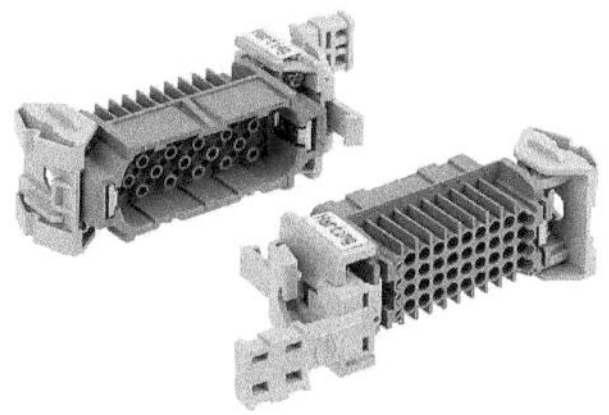

Bild 7.54:
Stifteinsatz und Buchseneinsatz als freie Kupplung

In die beiden seitlichen Anformungen des Kupplungselementes kann das Bezeichnungsschild 9 x 20 mm montiert werden, in die beiden Bohrungen in Steckrichtung passt auch das Bezeichnungsschild 7 x 20 mm.

An das Zugentlastungselement können bis zu 2 Kabelbinder mit maximal 5 mm Breite montiert werden.

D Han-Snap® Wandhalterung Kunststoff

Bild 7.55:
Rastelement für feste Steckverbinder, Standard-Kontakteinsatz oder Anschlussverteiler für das Rasten im Blechausschnitt passend zu **A, B, H**

Die Kontakteinsätze und die Anschlussverteiler können mit den Schrauben der serienmäßigen Lieferform an den Elementen für Wandhalterung befestigt werden. Die Montage des Steckverbinders in den Wanddurchbruch (Blechausschnitt) oder zwischen 2 entsprechend montierten Schienen kann von der Steck- oder Anschlussseite aus vorgenommen werden.

E Han-Snap® Wandhalterung Metall

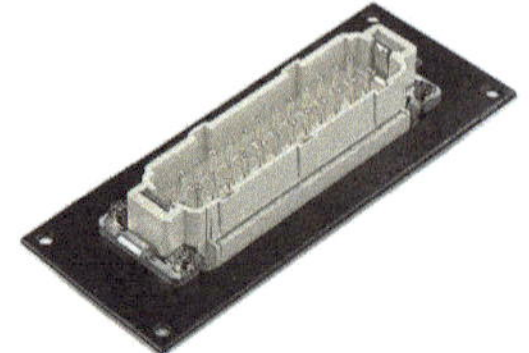

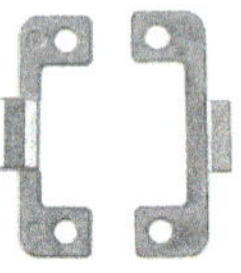

Bild 7.56: Han-Snap® Wandhalterung Metall, montiert   Bild 7.57: Metallhalterung

Rastelement für feste Steckverbinder, Standard-Kontakteinsatz oder Anschlussverteiler, zum Einbau in einen Montageplattenausschnitt passend zu **A, B, H** Die Kontakteinsätze und die Anschlussverteiler können mit den Schrauben der serienmäßigen Lieferform an der Montageplatte befestigt werden (4 Bohrungen mit M3-Gewinde). Die Wandhalterung Metall wird zwischen das Erdungsblech des Steckverbinders und die Montageplatte montiert. Die Montage des Steckverbinders in den Wanddurchbruch (Blechausschnitt) erfolgt von der Steckseite.

F Han-Snap® Kontakteinsatz-Halterung mit Trägerelement sind ein praktisches Element, um die Kontakteinsätze an marktüblichen Normschienen zu befestigen.

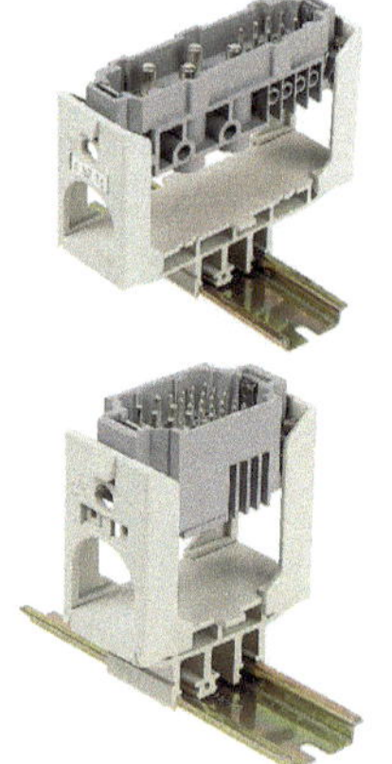

Bild 7.58:
Für das Rasten von festen Han-Steckverbindern auf Norm-Tragschienen in Querrichtung, passend zu **A, B, H**
Für Baugrößen 6, 10, 16 und 24

Bild 7.59:
Für das Rasten von festen Han-Steckverbindern auf Norm-Tragschienen in Querrichtung, passend zu **A, B, H**
Für Baugrößen 6, 10

Das Trägerelement ist das Basiselement, um in Querrichtung Kontakteinsätze an üblichen Normschienen zu befestigen, wie z. B.:

- Hutschiene, 35 x 7,5 oder 35 x 15 nach *DIN EN 60 715*
- C-Schiene, C 30 nach *DIN EN 50024*
- G-Schiene, G 32 nach *DIN EN 50035*

Bei starker Vibration nur Hutschiene 35 x 15 verwenden. Empfehlenswert ist dies auch bei Verwendung des großen Trägerelements (bessere Stabilität). Kontakteinsatz-Halterung kann alle Kontakteinsätze der Baugrößen 6 B, 10 B, 16 B und 24 B aufnehmen, sowie die der Baugröße 16 A mit entsprechendem Adapter.

G Han-Snap® Kontakteinsatz-Halterung

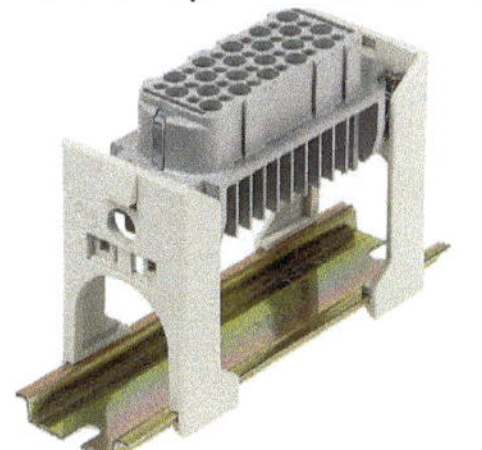

Bild 7.60:
Für das Rasten von festen Han®-Steckverbindern auf Hutschienen in Längsrichtung, passend zu **A, B, H**
Die Kontakthalterung rastet direkt auf Norm-Tragschienen 35 x 15 oder 35 x 7,5 mm.

H Han-Snap® Schalengehäuse für freien Steckverbinder, passend zu **D, E, F, G**

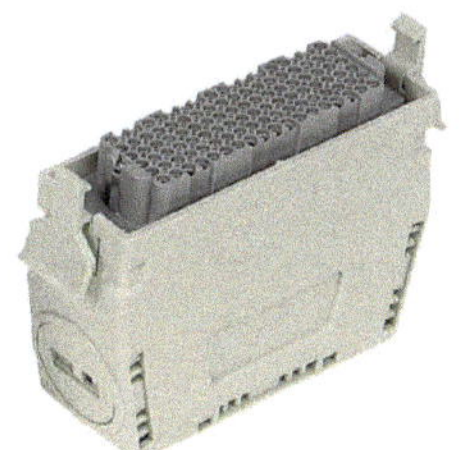

Bild 7.61: Baugröße 24

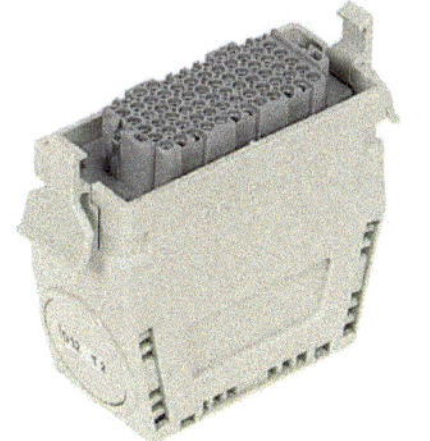

Bild 7.62: Baugröße 16

Ein Schalengehäuse besteht aus 2 gleichen Halbschalen.

Jedes Gehäuse hat 3 Kabelausgänge, je 1x an den beiden Stirnseiten und nach oben. 2 Kabelausgänge können durch mitgelieferte Blindstopfen geschlossen werden.

In den Bereichen der Kabelausgänge befinden sich rechteckige Durchbrüche für das Einfädeln von Kabelbindern bis maximal 5 mm Breite.

Im Steckbereich werden die bei den Gehäuseschalen durch die Schrauben des Kontakteinsatzes zusammengehalten. Im oberen Bereich durch zwei Rasthaken.

Mit Schraubendreher (3,5 x 0,5) können die Gehäusehälften entriegelt werden.

Bild 7.63: Baugröße 10

Anstelle der serienmäßigen Befestigungsschrauben können alternativ die Han®-Codierungselemente (Sperrbolzen, Führungsstift und Führungsbuchse) verwendet werden.

Hohe Funktionssicherheit der Befestigungselemente. Keine Beeinträchtigung bei geringfügig überschrittenem Drehmoment.

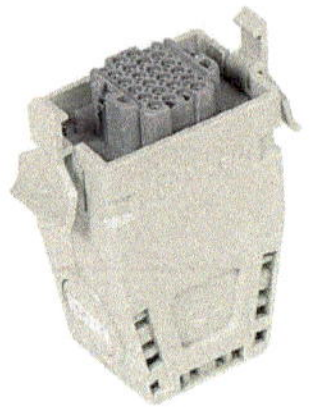

Bild 7.64: Baugröße 6

Die Blindstopfen haben Aufnahmen für Bezeichnungsschilder. Wahlweise sind montierbar:

Bezeichnungsschild: 7 x 20 mm oder
Bezeichnungsschild: 9 x 20 mm

Zubehör

I Han-Snap® Adapter

Bild 7.65
Zubehör passend für Han®-Kontakteinsätze der Baureihe A, 10- und 16polig, passend zu **A, B, D, E, F, G**

J Han-Snap® Halterahmen für Prüfstecker

Die Prüfstecker werden als Zwischenstecker zur Funktionsprüfung einer Schaltanlage unter Last eingesetzt.

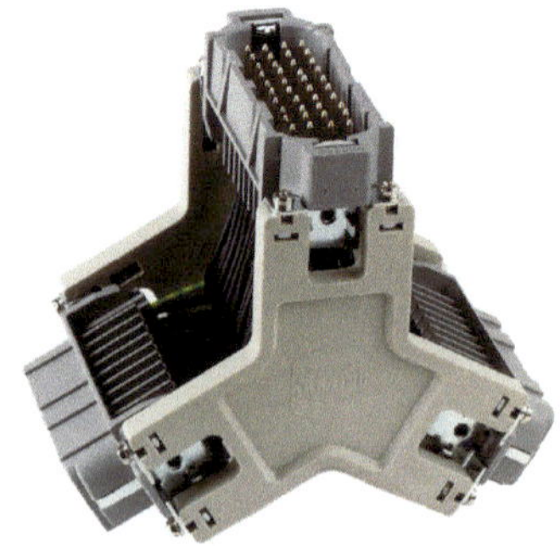

Bild 7.66: Halterahmen

Der Prüfstecker besteht aus einem Stift- und zwei Buchseneinsätzen, die elektrisch und mechanisch fest miteinander verbunden sind.
Nach dem Zusammenstecken des Prüfsteckers mit dem entsprechenden Steckverbinder der Anlage ist eine elektrische Verbindung hergestellt. Ein Buchseneinsatz bleibt frei für Prüfzwecke.

Andockrahmen
Eine weitere Möglichkeit, Steckverbinder unter den eingangs beschriebenen Bedingungen zu montieren, ist mittels Andockrahmen.

Besonders zum Anbau an Geräteeinschübe ist der Andockrahmen geeignet. Da die beiden Steckverbinderhälften beim Einschieben des Rahmens gesteckt werden, muss für eine genügende Vorführung gesorgt werden. Der schwimmend gelagerte Rahmen kann einen vertikalen und horizontalen Versatz von ±1,5 mm ausgleichen. Damit ist eine Beschädigung der Steckverbinder-Einsätze ausgeschlossen (Einschubsteckverbinder).

Aufbau

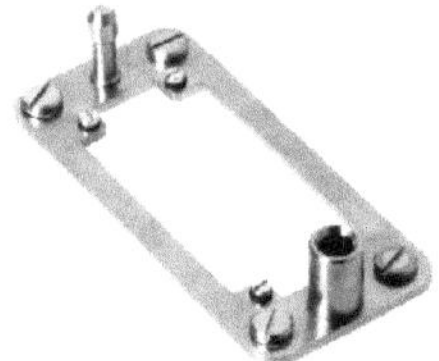

Bild 7.67: Han® Andockrahmen

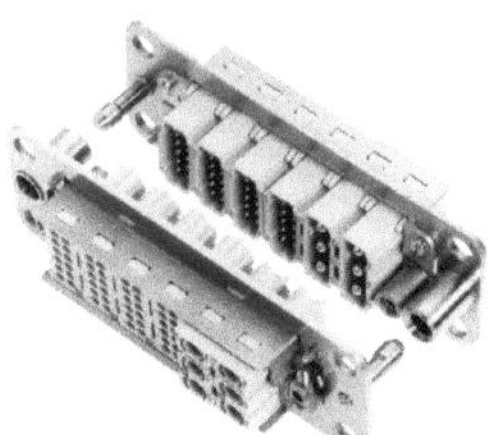

Bild 7.68: Beispiel Andockrahmen

7.3 Kontakteinsatz

Die eigentlichen Funktionsteile eines Steckverbinders sind die Kontakte. Alle anderen Bauteile dienen lediglich der Handhabung und dem Schutz derselben. Die *Kontakte* in Verbindung mit dem *Isolierkörper* bilden den Kontakteinsatz.

7.3.1 Isolierkörper

Wie die Bezeichnung schon aussagt, handelt es sich um ein Bauteil, welches aus elektrisch nichtleitendem Material (Isolierstoff) gefertigt ist. Es ist so ausgebildet, dass es die Kontakte sowie das PE-System aufnimmt. Teile zur Befestigung im Gehäuse sind in der Regel ebenfalls vorgesehen. Die Eigenschaften des Isolierstoffes sowie die geometrische Anordnung der Kontakte bestimmen weitgehend die elektrischen Kennwerte des Steckverbinders.

7.3.1.1 Spannung

Für jeden Steckverbinder muss vom Hersteller die *Bemessungsspannung* festgelegt werden. Diese kann auch mehr als *ein* Wert sein, z. B. Bemessungsspannung *Leiter-Leiter* und *Leiter-Erde*.

Die Bemessungsspannung ist von verschiedenen Kriterien abhängig:

- Konstruktion: Formgebung des Isolierkörpers
- Material: Beschaffenheit des Isolierstoffes
- Luft- und Kriechstrecken
- Verschmutzungsgrad: Bewertung der Umweltbedingung, in der das Gerät eingesetzt wird

Die Grundlagen für die Bemessung der Luft- und Kriechstrecken sowie die Bestimmung der anderen Kriterien sind in der *DIN VDE 0110-1* festgelegt. Dazu gilt für Steckverbinder die *VDE 0627 bzw. DIN EN 61 984.*

7.3.1.2 Luftstrecken

Die Luftstrecke ist die kürzeste Entfernung in der Luft zwischen zwei leitenden Teilen. Der Verschmutzungsgrad hat auf die Luftstrecke nur im Bereich bis 1,5 mm einen geringen Einfluss. Man geht also davon aus, dass alterungsbedingte Veränderungen am Isolierstoff ohne Einfluss auf die Luftstrecke bleiben.
Zur Ermittlung der Mindestluftstrecke sind folgende Kriterien maßgebend:

Bemessungsstoßspannung (siehe *VDE 0110-1, Tabelle 1*)
Verschmutzungsgrad (bedingt)

- *Makro-Umgebung*: Umgebung des Raumes oder eines anderen Ortes, in dem das Betriebsmittel aufgestellt oder benutzt wird.
- *Mikro-Umgebung*: Unmittelbare Umgebung der Isolierung, die im Besonderen die Bemessung der Kriechstrecken beeinflusst.

- *Verschmutzungsgrad 1*:
  Es tritt keine oder nur trockene nicht leitfähige Verschmutzung auf. Die Verschmutzung hat keinen Einfluss. (Klimatisierte oder saubere und trockene Räume.)
- *Verschmutzungsgrad 2*:
  Es tritt nur nicht leitfähige Verschmutzung auf. Gelegentlich muss mit vorübergehender Leitfähigkeit durch Betauung gerechnet werden. (Verkaufsräume, feinmechanische Werkstätten, Laboratorien, Prüffelder, medizinische Räume.)
- *Verschmutzungsgrad 3*:
  Es tritt leitfähige Verschmutzung auf oder trockene, nicht leitfähige Verschmutzung, die leitfähig wird, da Betauung zu erwarten ist. (Industrie- und landwirtschaftliche Betriebe, ungeheizte Lagerräume, Werkstätten, Kesselhäuser.)
- *Verschmutzungsgrad 4:*
  Die Verunreinigung führt zu einer beständigen Leitfähigkeit, z. B. hervorgerufen durch leitfähigen Staub, Regen oder Schnee. (Freiluft- und Außenräume.)

Homogenes Feld
Elektrisches Feld mit im wesentlichen konstanten Spannungsgradienten zwischen den Elektroden (gleichförmiges Feld), wie eines zwischen zwei Kugeln, deren Radien größer sind als der Abstand zwischen ihnen.

Inhomogenes Feld
Elektrisches Feld mit im Wesentlichen nicht konstanten Spannungsgradienten zwischen den Elektroden (nicht gleichförmiges Feld).
Für die Festlegung der Mindestluftstrecken bei Steckverbindern ist in der Regel nur die Betrachtung nach den Bedingungen des *inhomogenen* Feldes wichtig.

Überspannungskategorien

- *Überspannungskategorie I*
  Betriebsmittel, bestimmt zur Anwendung in Geräten oder Teilen von Anlagen, in denen keine Überspannungen auftreten können oder durch geeignete Maßnahmen dagegen geschützt sind (z. B. Überspannungsableiter). Betriebsmittel dieser Überspannungskategorie werden vorwiegend mit Kleinspannungen betrieben.

- *Überspannungskategorie II*
  Betriebsmittel, bestimmt zur Anwendung in Anlagen oder Teilen von diesen, in denen Blitzüberspannungen nicht berücksichtigt werden müssen, jedoch Überspannungen durch Schaltvorgänge auftreten können. Hierunter fallen z. B. elektrische Haushaltsgeräte.

- *Überspannungskategorie III*
  Betriebsmittel, bestimmt zur Anwendung in Anlagen oder Teilen von diesen, in denen Blitzüberspannungen nicht berücksichtigt werden müssen, jedoch Überspannungen, aber an die im Hinblick auf die Sicherheit und Verfügbarkeit des Betriebsmittels oder von davon abhängenden Netzen besondere Anforderungen gestellt werden. Hierunter fallen Betriebsmittel für feste Installationen, z. B. Schutzeinrichtungen, Schütze, Schalter und Steckdosen.

- *Überspannungskategorie IV*
  Betriebsmittel, bestimmt zur Anwendung in Anlagen oder Teilen von diesen, in denen Blitzüberspannungen zu berücksichtigen sind. Hierunter fallen Betriebsmittel zum Anschluss an Freileitungen, z. B. Rundsteuerempfänger, Zähler.

Mindestluftstrecken (siehe *VDE 0110-1, Tabelle 2*)

7.3.1.3 Kriechstrecken

Die Kriechstrecke ist die kürzeste Entfernung entlang der Oberfläche eines Isolierstoffes zwischen zwei leitenden Teilen. An der Oberfläche von Isolierstoffen können sich Kriechwege für Oberflächenströme bilden. Entsteht dadurch eine geschlossene Leitungsverbindung, kann das zu einem Überschlag führen. Die unterschiedliche Beschaffenheit der Isolierstoffoberflächen sowie die Verschmutzung aus dem Umfeld begünstigen diesen Vorgang. Zur Ermittlung der Kriechstrecken sind folgende Kriterien maßgebend:

- *Bemessungsspannung*
- *Verschmutzungsgrad*

Isolierstoffgruppen (aus *DIN VDE 0110-1 / 2.7.1.3*)

CTI-Wert
CTI = **C**omparative **T**racking **I**ndex

Der CTI-Wert ist eine Vergleichszahl der Kriechwegbildung. Es gibt kein Verfahren zur generellen Klassifizierung von Isolierstoffen auf ihr Verhalten zur Kriechwegbildung. Die Kriechwegbildung ist in unterschiedlicher Weise von der Art der Verschmutzung und der angelegten Spannung abhängig.

In der CEE-Publikation 17 vom Oktober 1958 ist ein Prüfverfahren zur Kriechstromfestigkeit beschrieben. Die damals wachsende Bedeutung von Kunststoffen an Stelle von keramischem Isoliermaterial machte eine solche Festlegung erforderlich.
Diese Norm teilt Isolierstoffe entsprechend ihren CTI-Werten in folgende drei

Gruppen ein:
- *Isolierstoffgruppe I* ($600 \leq CTI$)
- *Isolierstoffgruppe II* ($400 \leq CTI < 600$)
- *Isolierstoffgruppe III* ($175 \leq CTI < 400$)

Die oben angegebenen CTI-Werte beziehen sich auf Werte nach IEC 112.

Beispiel:

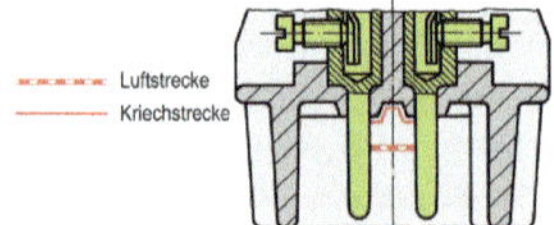

Bild 7.69: Luft- und Kriechstrecke an einem Steckverbinder

7.3.1.4 Bemessungsstrom

In der *VDE 0627 / DIN EN 61 984* ist die Kennzeichnung der Steckverbinder festgelegt. Neben anderen technischen Angaben ist in Punkt 5.2.1 b der Bemessungsstrom in A gefordert.

(Auszug aus VDE 0627)
Kennzeichnungsbeispiel für *Bemessungsstrom*, Bemessungsspannung, Bemessungsstossspannung und Verschmutzungsgrad

Kennzeichnung eines Steckverbinders oder einer Steckvorrichtung mit Bemessungsstrom 16 A, Bemessungsspannung 500 V, Bemessungsstoßspannung 6kV und Verschmutzungsgrad 3, 2 oder 1 für die Verwendung in beliebigen Netzen, vorzugsweise in ungeerdeten Netzen oder geerdeten Dreiecknetzen:

16 / 500 / 6 / 3 oder 16A 500V 6kV 3

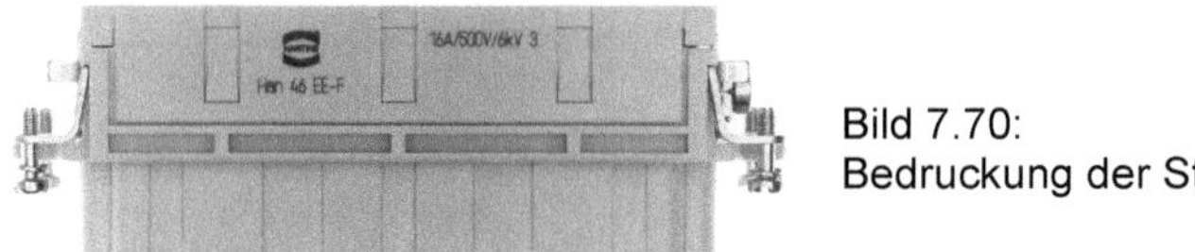

Bild 7.70:
Bedruckung der Steckverbinder

7.3.1.5 Festlegung des Bemessungsstroms (Derating-Kurve)

Die Ermittlung der Strombelastbarkeitskurve (Derating-Kurve) ist in der *DIN IEC 512, Teil 3* festgelegt. Die Strombelastbarkeit wird durch die obere Grenztemperatur der Werkstoffe, Kontakte, Anschlussteile und des Kunststoffes bestimmt. Daher ist sie abhängig von der Eigenerwärmung und der Umgebungstemperatur, bei der der Steckverbinder betrieben wird.

Mit dem angewandten Messverfahren wird die Temperatur t_b an eine Messstelle des Bauelementes (angenähert heißester Punkt) und die Temperatur t_u in unmittelbarer Nähe des Bauelementes bei verschiedenen Strömen gemessen.

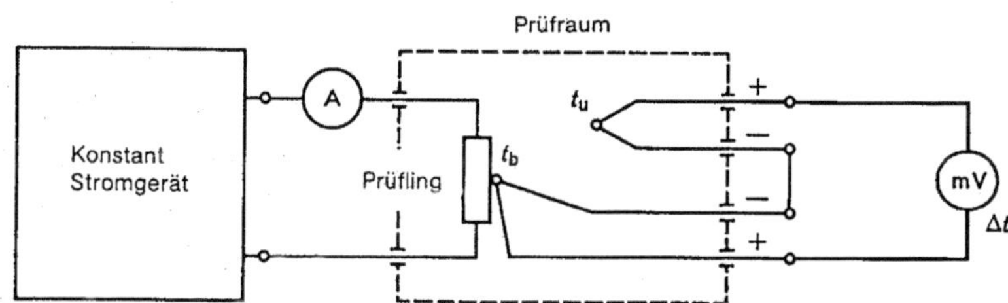

Bild 7.71: Messanordnung

- Auszug aus *DIN IEC 512, Teil 3*
Die Beziehung zwischen Strom, Temperaturerhöhung und Umgebungstemperatur des Bauelementes wird durch die Kurve nach Bild 4.197 [...] dargestellt. Sofern nicht anders vorgeschrieben, dient als Grundlage für die Temperaturerhöhung die mittlere Strombelastung von drei Prüflingen. Der aus den Messwerten dreier Prüflinge errechnete Mittelwert bildet die Grundlage für die Strombelastbarkeitskurve. Es sind mindestens 3 Punkte der Basiskurve der Strombelastbarkeit zu bestimmen

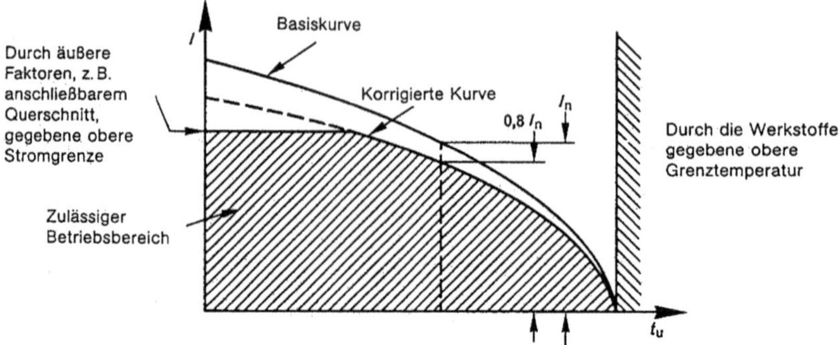

Bild 7.72: Beispiel einer Strombelastbarkeitskurve (Derating-Kurve)

In ein lineares Koordinationssystem mit dem Strom als Senkrechte und der Temperatur als Waagerechte wie im Bild 3.145 dargestellt, wird die durch die thermische Belastbarkeit der verwendeten Werkstoffe gegebene obere Grenztemperatur als vertikale Gerade eingetragen. [...]

Beispiele
Bei den folgenden Derating-Kurven von Steckverbindern wird deutlich, dass der Querschnitt der angeschlossenen Leiter eine entscheidende Rolle spielt.

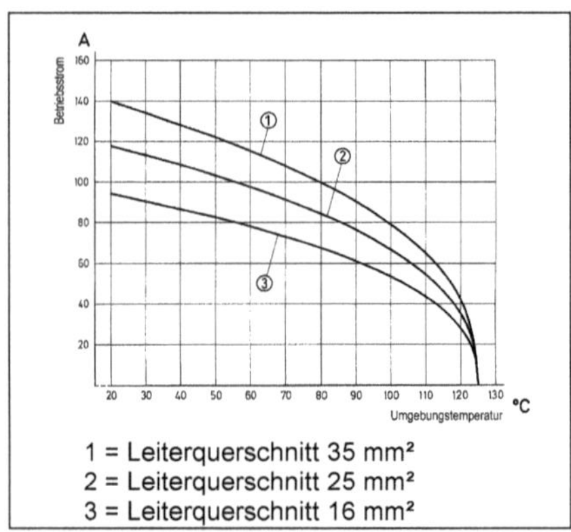

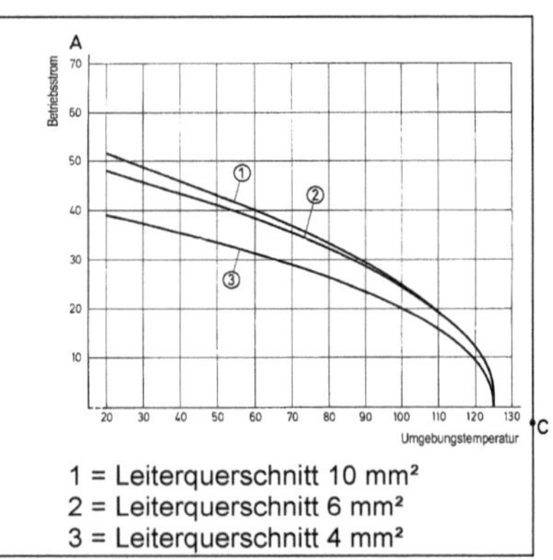

7.3.1.6 Schutz gegen elektrischen Schlag

Zum Schutz gegen elektrischen Schlag müssen bestimmte Maßnahmen getroffen werden, die im Wesentlichen in den folgenden Vorschriften festgehalten sind:

- VDE 0113 / DIN EN 60204-1
- DIN VDE 0100-410
- VDE 0627 / DIN EN 61 984

Berührungsschutz
Steckverbinder oder Steckvorrichtungen für Spannungen über 25V-Wechsel- oder 60V-Gleichspannung müssen nach der Montage Berührungsschutz zu den spannungsführenden Teilen bieten (*VDE 0627*).

Schutzkontakte
(aus VDE 0627)
Bei einer Steckvorrichtung mit Schutzkontakt [...] muss der Schutzkontakt zuerst verbunden und zuletzt getrennt werden. Diese Anforderung gilt nicht für Steckverbinder.

(aus *EN 60204-1*)
Schutzkontakte und Schutzleiter-Anschlusspunkte müssen mit dem Symbol ⏚, PE oder PEN gekennzeichnet werden

Allgemeine Anforderungen
Alle Anschlüsse, besonders die des Schutzleitersystems, sind gegen Selbstlockern zu sichern.

Der Anschluss von zwei oder mehr Leitern an eine Klemme ist nur dann zulässig, wenn die Klemmen für diesen Zweck ausgelegt sind. Jedoch darf nur ein Schutzleiter je Klemmenanschlusspunkt angeschlossen werden.

Gelötete Anschlüsse sind nur erlaubt, wenn die Anschlüsse zum Löten geeignet sind.

Die Anschlüsse des Schutzleiters sind gegen Selbstlockern zu sichern. Es darf nur ein Schutzleiter je Klemmenanschlusspunkt angeschlossen werden.

Bild 7.73: Schutzleiterklemme am Steckverbinder

Wichtig:
Alle geltenden Vorschriften zum „Schutz gegen elektrischen Schlag“ und Schutzleiter beachten: *VDE 0113 / DIN EN 60204, DIN VDE 0100-410.*

7.3.1.7 Schutz durch PELV

PELV = **P**rotective **E**xtra **L**ow **V**oltage, siehe VDE 0113.

7.3.2 Bauformen

7.3.2.1 Monoblock

Als Monoblock bezeichnet man Steckverbindereinsätze, bei denen Baugrößen und Kontakt-Bestückung durch die Konstruktion festgelegt sind. Im Laufe der Zeit haben sich bestimmte Konfigurationen als *Standard* herauskristallisiert.
Hier eine Auswahl:

Baureihe Han A®

Han® 3 A, 3 Kontakte + PE, 10 A, 230/400 V

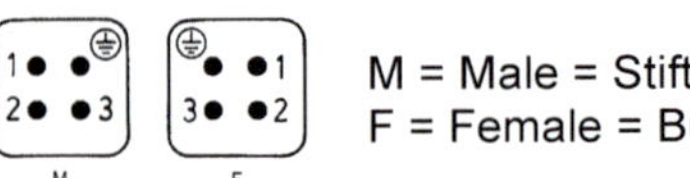

M = Male = Stiftkontakt
F = Female = Buchsenkontakt

Bild 7.74: Han® 3 A Schraubanschluss

Bild 7.75: Han® 3 A Kontaktanordnung Ansicht Anschlussseite

Han® 4 A, 4 Kontakte + PE, 10 A, 230/400 V

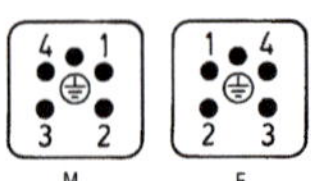

Bild 7.76: Han® 4 A Schraubanschluss

Bild 7.77: Han® 4 A Kontaktanordnung Ansicht Anschlussseite

Han® 10 A, 10 Kontakte + PE, 16 A, 250 V

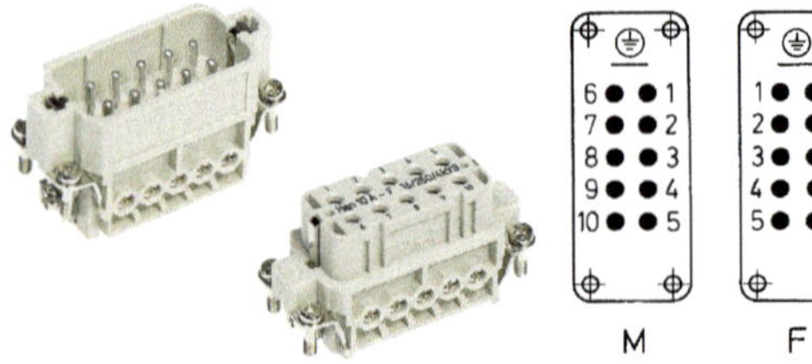

Bild 7.78: Han® 10 A Schraubanschluss

Bild 7.79: Han® 10 A Kontaktanordnung Ansicht Anschlussseite

Bestückung	Anschlussart	
	Schraubanschluss	Crimpanschluss
Han® 10 A 10 Kontakte + PE 16 A, 250 V	X	X
Han® 16 A 16 Kontakte + PE 16 A, 250 V	X	X
Han® 32 A 2x16 Kontakte + 2 x PE, 16 A, 250 V	X	X

Tabelle 7.1: Kontaktanordnung: Varianten der Baureihe 10 + 16 A

Baureihe Han D®

Han® 40 D (*DIN EN 175 301 - 801*) 40 Kontakte + PE, 10 A, 250 V

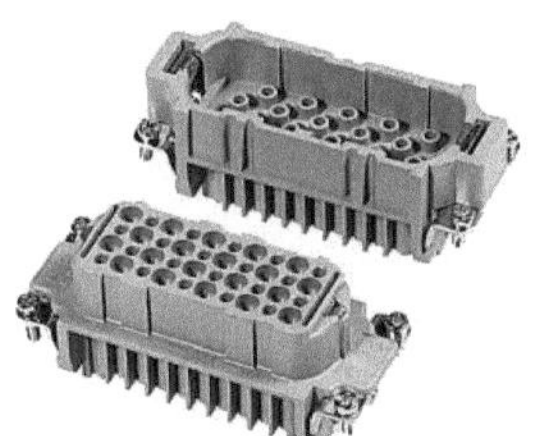

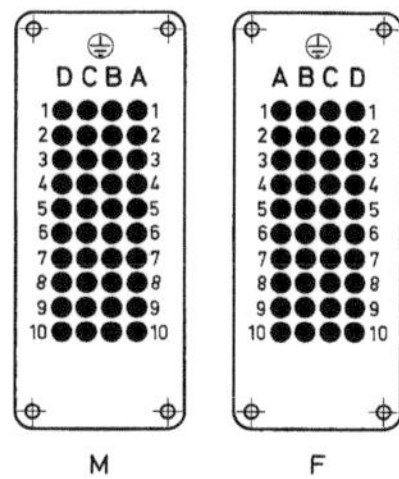

Bild 7.80: Han® 40 D Crimpanschluss

Bild 7.81: Han® 40 D Kontaktanordnung Ansicht Anschlussseite

Bestückung	Anschlussart	
	Crimpanschluss	Wickelanschluss
Han® 15 D 15 Kontakte + PE 10 A, 250 V	X	X
Han® 25 D 25 Kontakte + PE 10 A, 250 V	X	X
Han® 50 D 2 x 25 Kontakte + 2xPE,10 A, 250 V	X	X
Han® 40 D 40 Kontakte + PE 10 A, 250 V	X	
Han® 64 D 64 Kontakte + PE 10 A, 250 V	X	
Han® 80 D 2 x 40 Kontakte + 2xPE,10 A, 250 V	X	
Han® 128 D 2 x 64 Kontakte + 2xPE,10 A, 250 V	X	

Tabelle 7.2: Kontaktanordnung: Varianten der Baureihe D

Baureihe Han® DD

Han® 24 DD, 24 Kontakte + PE, 10 A, 250 V

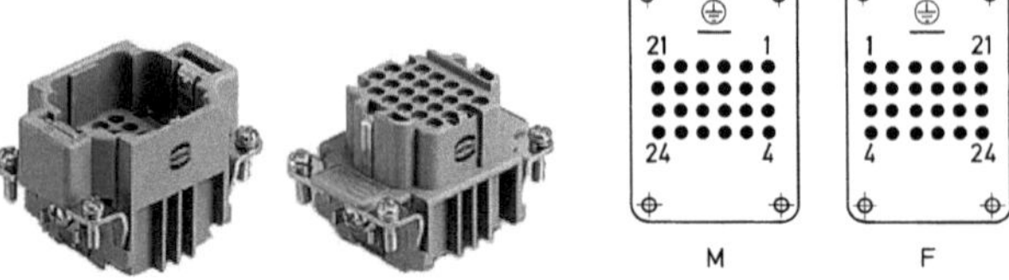

Bild 7.82: Han® 24 DD

Bild 7.83: Han® 24 DD
Kontaktanordnung Ansicht Anschlussseite

Bestückung	Anschlussart
	Crimpanschluss
Han® 24 DD 24 Kontakte + PE 10 A, 250 V	X
Han® 42 DD 42 Kontakte + PE 10 A, 250 V	X
Han® 72 DD 72 Kontakte + PE 10 A, 250 V	X
Han® 108 DD 108 Kontakte + PE 10 A, 250 V	X
Han® 144 DD 2 x 72 Kontakte + 2 x PE 10 A, 250 V	X
Han® 216 DD 2 x 108 Kontakte + 2 x PE 10 A, 250 V	X

Tabelle 7.3:
Kontaktanordnung: Varianten der Baureihe DD

Baureihe Han E®

Han® 10 E, 10 Kontakte + PE, 16 A, 500 V

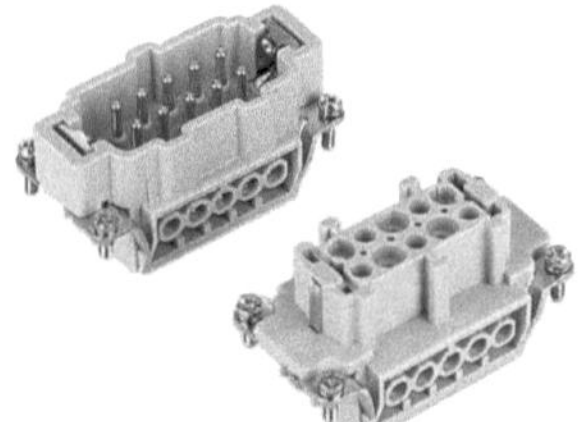

Bild 7.84: Han® 10 E
Schraubanschluss

M = Male
= Stiftkontakt
F = Female
= Buchsenkontakt

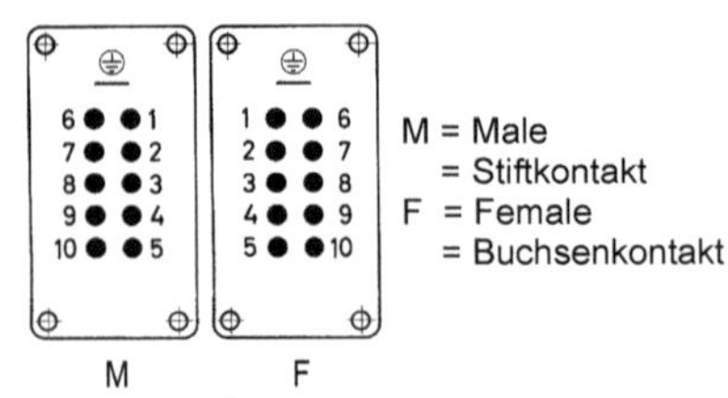

Bild 7.85: Han® 10 E
Kontaktanordnung Ansicht Anschlussseite

Bestückung	Anschlussart			
	Schraubanschluss mit Drahtschutz	Käfigzugfeder	Käfigzugfeder 2 Anschlüsse pro Kontakt	Crimpanschluss
Han® 6 E 6 Kontakte + PE 16 A, 500 V	X	X	X	X
Han® 10 E 10 Kontakte + PE 16 A, 500 V	X	X	X	X
Han® 16 E 16 Kontakte + PE 16 A, 500 V	X	X	X	X
Han® 24 E 24 Kontakte + PE 16 A, 500 V	X	X	X	X
Han® 32 E 2x16 Kontakte + 2xPE, 16 A, 500 V	X	X	X	X
Han® 48 E 2x24 Kontakte + 2xPE, 16 A, 500 V	X	X	X	X

Tabelle 7.4: Kontaktanordnung: Varianten der Baureihe E

Baureihe Han® EE

Han® 10 EE, 10 Kontakte + PE,16 A, 500 V

Bild 7.86: Han® 10 EE

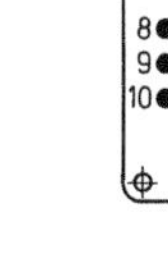

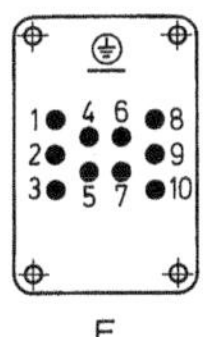

Bild 7.87: Han® 10 EE
Kontaktanordnung Ansicht Anschlussseite

Bestückung	Anschlussart
	Crimpanschluss
Han® 10 EE 10 Kontakte + PE, 16 A, 500 V	X
Han® 18 EE 18 Kontakte + PE, 16 A, 500 V	X
Han® 32 EE 32 Kontakte + PE, 16 A, 500 V	X
Han® 46 EE 46 Kontakte + PE, 16 A, 500 V	X
Han® 64 EE 2 x 32 Kontakte + 2 x PE, 16 A, 500 V	X
Han® 92 EE 2 x 46 Kontakte + 2 x PE, 16 A, 500 V	X

Tabelle 7.5: Kontaktanordnung: Varianten der Baureihe EE

Baureihe Han® Q

Han® Q 5/0, 5 Kontakte + PE, 16 A, 230/400 V

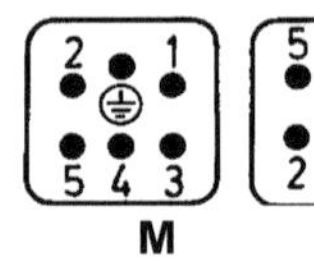

Bild 7.88: Han® Q 5/0

Bild 7.89: Han® Q 5/0
Kontaktanordnung Ansicht Anschlussseite

Han® Q 8/0, 8 Kontakte + PE, 16 A, 500 V

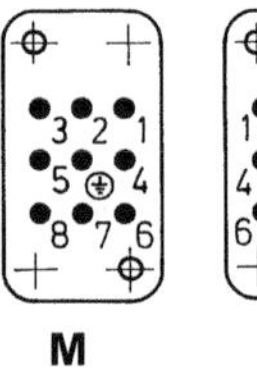

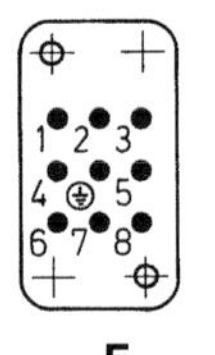

M = Male
= Stiftkontakt
F = Female
= Buchsenkontakt

Bild 7.90: Han® Q 8/0

Bild 7.91: Han® Q 8/0
Kontaktanordnung Ansicht Anschlussseite

7.3.2.2 Monoblock kombiniert

Um Anforderungen an Steckverbinder wirtschaftlicher und einfacher zu erfüllen, wurden Kontakteinsätze mit unterschiedlichen Kontakten entwickelt. So kommen zum Beispiel Kabel mit Einzeladern unterschiedlicher Querschnitte zum Einsatz. Dies hat zur Folge, dass Leiter aus verschiedenen Stromkreisen mit unterschiedlichen Spannungen und Strömen im gleichen Kabel und Steckverbinder geführt werden (Mischbestückung).

Zulassungen und Vorschriften

In *DIN EN 60204-1* und
in *DIN VDE 0100-410*
sind die Bedingungen zum Einsatz von Steckverbindern und Kabeln mit Leitern verschiedener Stromkreise festgelegt.

Kennzeichnung und Typ-Bezeichnung

Typ-Bezeichnung (HARTING)
Han® K 6/12

- Die Werte vor dem Schrägstrich gelten für den Leistungsbereich (Kontakte für höhere Ströme und Spannungen)
- die Werte nach dem Schrägstrich gelten für den Steuerungsbereich (Kontakte für niedrigere Ströme und Spannungen)

Programmübersicht

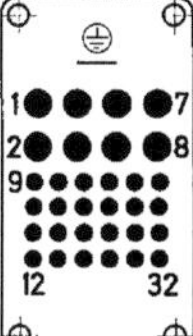

Bild 7.92:
Han® K 8/24
400 V / 250 V
16 A / 10 A
Crimpanschluss
Gehäuse
Han® 10 B

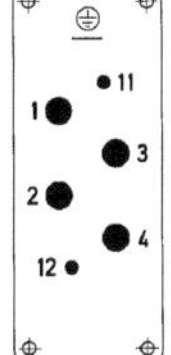

Bild 7.93:
Han® K 4/0+K 4/2
690 V / 400 V
80 A / 10 A
Schrauban-
schluss Gehäuse
Han® 16 B

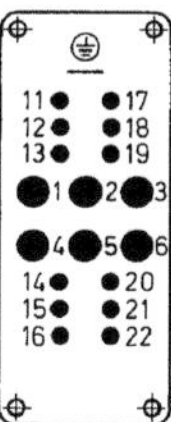

Bild 7.94:
Han® K 6/12
690 V / 400 V
40 A / 10 A
Schrauban-
schluss Gehäuse
Han® 16 B

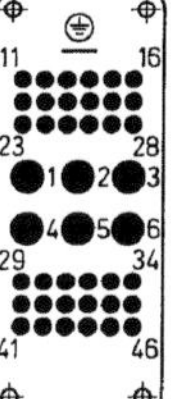

Bild 7.95:
Han® K 6/36
690 V / 250 V
40 A / 10 A
Crimpanschluss
Gehäuse
Han® 16 B

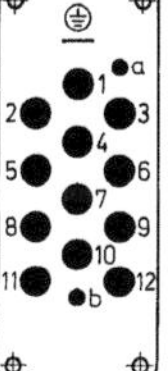

Bild 7.96:
Han® K 12/2
690 V / 250 V
40 A / 10 A
Crimpanschluss
Gehäuse
Han® 16 B

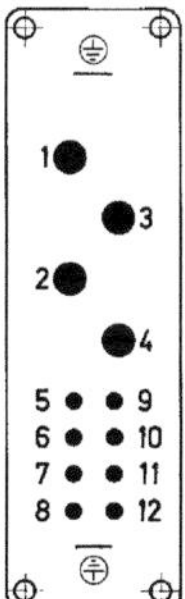

Bild 7.97:
Han® K 4/8
400 V / 400 V
80 A / 16 A
Schrauban-
schluss Gehäuse
Han® 24 B

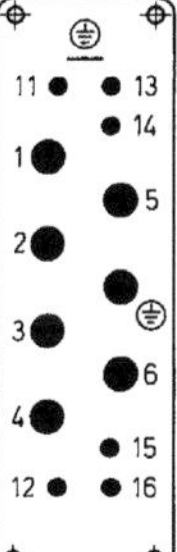

Bild 7.98:
Han® K 6/6
690 V / 400 V
100 A / 16 A
Schraubanschluss
Gehäuse
Han® 24 B

7.3.2.3 Modulares Steckverbinder-System

Im Gegensatz zum Monoblock-Kontakteinsatz ist seit einigen Jahren der modular aufgebaute Kontakteinsatz auf dem Markt. Wie es der Name vermuten lässt, kann der Anwender aus einer Reihe von Basismodulen seinen Kontakteinsatz selbst konfigurieren.

Mechanischer Aufbau

Das System besteht aus *Halterahmen* und *Modulen*. Die Halterahmen gibt es in drei unterschiedlichen Ausführungen:

- **der starre Halterahmen**
  aus Zinkdruckguss, die Module verrasten mit den angespritzten Rasthaken, das Einrasten der Module ist nur polarisiert möglich. Dennoch können auf der gleichen Rahmenseite Stift- und Buchsenmodule kombiniert werden. Die Modulpositionen sind alphabetisch gekennzeichnet. Am Halterahmen ist das Schutzleitersystem angebracht.

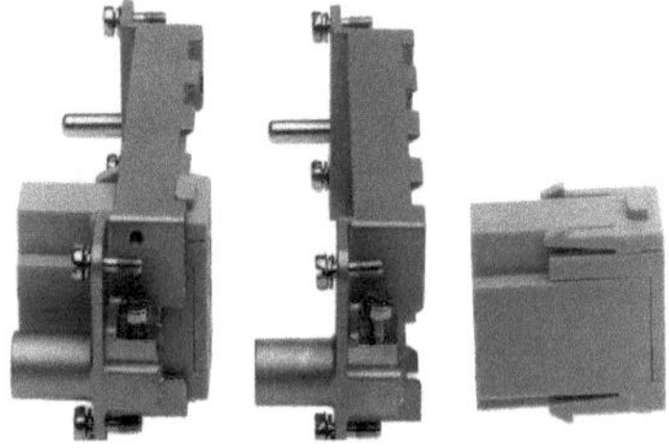

Bild 7.99: Starre Halterahmen

- **der Gelenkrahmen**
  besteht aus zwei Zink-Druckgussteilen, die Verrastung der Module erfolgt in Durchbrüchen am Rahmen über die Kodiernocken der Module, die sonstige Ausführung ist wie bei den starren Halterahmen

Bild 7.100: Gelenkrahmen

- **Baugrößen**
  Die Abmessungen sowie die Befestigungen sind auf die Größen der Standard-Gehäuse abgestimmt. Die Halterahmen für mehrere Module auf die Baureihe B, der Halterahmen für 1 Modul auf die Baureihe 10 A.

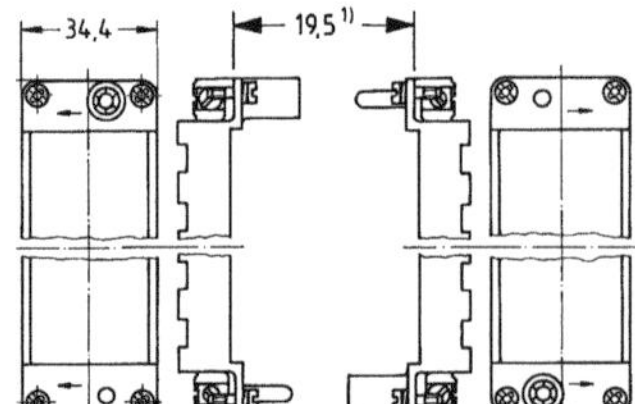

Baugröße	AnzahlModule
10 A	1
6 B	2
10 B	3
16 B	4
24 B	6

Bild 7.101: Zeichnung starre Halterahmen und Gelenkrahmen

- **Halterahmen für 1 Modul**
  Zweiteiliges Zink-Druckgussteil, die Module werden an den Kodiernocken verrastet, das PE-System ist auch an den Rahmenteilen angebracht.

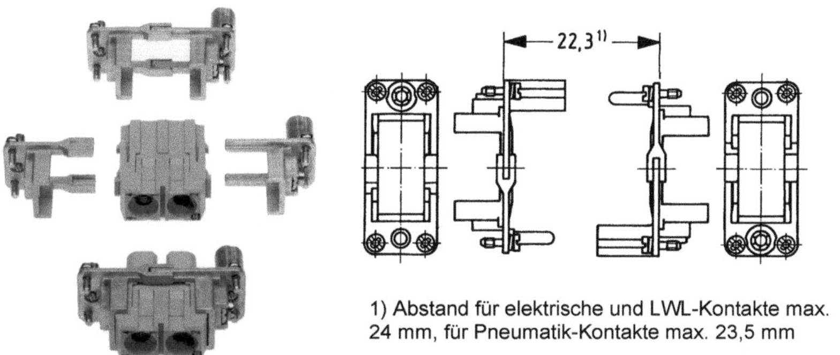

1) Abstand für elektrische und LWL-Kontakte max. 24 mm, für Pneumatik-Kontakte max. 23,5 mm

Bild 7.102: Halterahmen für 1 Modul, Baugröße Han® 10 A

- **Module**
  Zur Aufnahme der Kontakte sind Spritzgussteile aus Polycarbonat, entsprechend den Abmessungen der Kontakte als Einfach- oder Doppelmodule erforderlich. Die Größenbezeichnung bezieht sich auf die Anzahl der benötigten Einrastplätze.

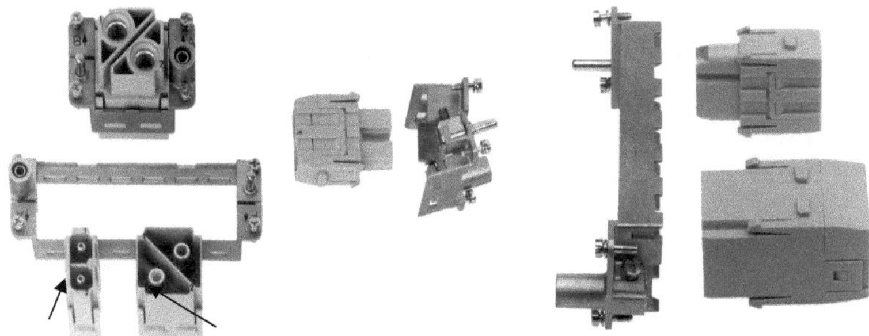

Bild 7.103: Einzelmodul Doppelmodul

Um eine möglichst große Vielfalt von Applikationen zu realisieren, wurden unterschiedliche Module entwickelt. Die eingesetzten Kontakte sind alle Standard-Kontakte aus dem Industrie-Steckverbinder-Programm. Das bedeutet, dass der Anwender keine speziellen Crimpwerkzeuge und Demontagewerkzeuge für Kontakte benötigt.

Alle elektrischen Module sind polarisiert. Eine Fehlsteckung ist also auch mit dem Einzelmodul nicht möglich.

Han® Axialschaub-Modul 100 A

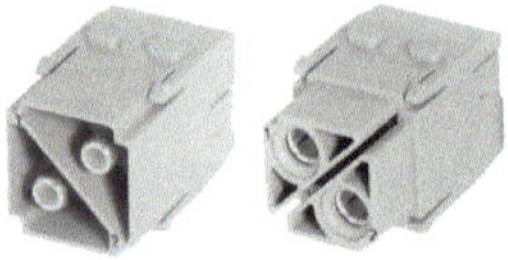

Bild 7.104:
Doppelmodul
2 Kontakte 100 A / 1000 V
Anschluss: 16 – 35 mm² (AWG 5-2)

Han® Axialschaub-Modul 40 A

Bild 7.105:
2 Kontakte 40 A / 1000 V
Anschluss: 2,5 – 10 mm²

Han® C Modul

Bild 7.106:
3 Kontakte 40 A / 690 V
Crimpanschluss: 1,5 – 6 mm² (AWG 16-10)

Han E® Modul

Bild 7.107:
6 Kontakte 16 A / 500 V
Crimpanschluss: 0,5 – 4 mm² (AWG 20-12)
→LWL-Kontakt 1 mm Kunststoff-Faser (POF)

Han® EE Modul

Bild 7.108:
8 Kontakte 16 A / 400 V
Crimpanschluss: 0,5 – 4 mm² (AWG 20-12)
LWL-Kontakt 1 mm Kunststoff-Faser (POF)

Han® ES-Modul

Bild 7.109:
5 Kontakte 16 A / 400 V
Käfigzugfederanschluss:
0,14 – 2,5 mm² (AWG 26-14)

Han DD® Modul

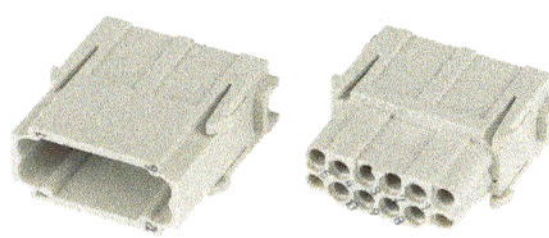

Bild 7.110:
12 Kontakte 10 A / 250 V
Crimpanschluss: 0,14 – 2,5 mm²
(AWG 26-14)
LWL-Kontakt 1 mm Kunststoff-Faser (POF)

Han® High Density Modul

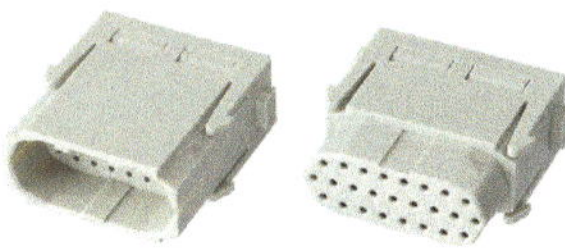

Bild 7.111:
25 Kontakte 5 A / 50 V
Crimpanschluss: 0,09 – 0,5 mm²
(AWG 28-20)

Han® Multikontakt Modul

Bild 7.112:
4 Kontaktkammern
- Koaxialkontakte 50 Ohm / 70 Ohm
- Hochspannungskontakte
- LWL-Kontakte für GI- oder Kunststoff-Faser

Han® SC Modul

Bild 7.113:
4 Kontaktkammern
LWL-Kontakte Typ SC für
GI-Fasern

Han® Pneumatik Module

Bild 7.114:
3 Kontakte,
Stift- und Buchsenmodul
sind identisch

Bild 7.115:
2 Kontakte
Stift- und Buchsenmodul
sind identisch

Han-Quintax®

Bild 7.116:
Han-Quintax®

Das Han-Quintax®-Modul wurde speziell zur Übertragung sehr empfindlicher Signale in rauer Industrieumgebung entwickelt. Das System ermöglicht es, den Schirm unabhängig vom Gehäusepotential zu führen. Ist dies nicht notwendig, so stellt die Metallausführung die elektrische Verbindung von der Schirmauflage zum Gehäuse (PE) her.

Bild 7.117:
Quintax Modul
Jedes Han-Quintax®-Modul kann 2 Quintax-Kontakte aufnehmen.

Jeder Han-Quintax®-Kontakt nimmt 4 Kontakte + Schirmung auf.

Bild 7.118:
Quintax-K-Kontakt
(Kupferlegierung)
für Kabel-Ø 3-9,5 mm
für 4 Crimpkontakte

Bild 7.119:
Quintax-Z-Kontakt
(Zinklegierung)
für Kabel-Ø 3-9,5 mm
für 4 Crimpkontakte

Han®-Coax

Bild 7.120:
Koaxialer Steckverbinder

Passend zu dem Doppelmodul (von Han-Quintax®) gibt es einen Han® Koaxialkontakt. Er besteht aus einer zweiteiligen Schirmhülse, einem Isolier-körper und einem Han D® Crimpkontakt.

Bild 7.121: Coax Doppelmodul

Bild 7.122: Han®-Coax Kontakt

Han®-Coax Kontakt mit Crimpkontakt, geeignet für Kabel von 3 – 9,5 mm Durchmesser.

Modular Hybrid

Mit dem Han-Modular®-System lassen sich hybride Steckverbinder kombinieren. Das heißt in einem Steckverbinder werden verschiedene Medien (Luft-Elektrik-Licht) passiv steckbar gemacht. Mit dem ebenfalls modular aufgebauten Steckverbinder Han-Brid® (Abkürzung für Hybrid) wurde ein Gerät sehr kleiner Bauform entwickelt.

Han-Brid® LWL

Bild 7.123:
Hybrid-Feldbus-Steckverbinder
mit LWL-Sender und -Empfänger
mit 4 elektrischen Kontakten 10 A
+ Option für PE

Gehäuse
- Han® 3 A Gehäuse (Tüllengehäuse mit eingeklebter Dichtung)
- Kunststoffausführung
- Metallausführung
- EMV Gehäuse: - Schutzart IP 65
  - Schutzart IP 67
- Han® HPR (druckdicht, EMV-sicher): Schutzart IP 68

Elektrische Elemente
- Isolierkörper für 5 Han D® Stift- und Buchsenkontakte kombinierbar mit LWL-Sender und -Empfänger oder mit LWL-Stiftkontakten
- Han D® Stift und Buchse sind Standard Crimpkontakte
- Bemessungsstrom: 10 A
- Bemessungsspannung: 24 V
- Leiterquerschnitt: 0,14 – 2,5 mm²

Optische Elemente
- Han-Brid® ist geeignet für die Aufnahme von allen Agilent Versatile Link (Horizontal Package) Sendern und Empfängern:
  - Datenraten: Standard 12MBit/s
  - geeignet für alle gängigen Feldbussysteme

- Kontakteinsatz bietet Aufnahmen für Hewlett Packard Kontakte, geeignet für die Fasertypen POF und HCS® (HCS® ist eingetragenes Warenzeichen der SpecTran Corporation)

Optionen
- Großes Spektrum elektrischer Steckverbindereinsätze für vorgenanntes Gehäuseprogamm standardmäßig verfügbar
- Han-Brid® rein elektrisch ausrüstbar. Busleitung von Versorgungsleitungen abgeschirmt.

Kontakteinsätze: mögliche Kombinationen

Bild 7.124:
LWL-bu
+ Han®-D sti

Bild 7.125:
LWL-sti
+ Han®-D bu

Bild 7.126:
LWL-bu
+ Han®-D bu

Bild 7.127:
LWL-sti
+ Han®-D sti

Allgemeine Beschreibung
Das optische Modul ist die aktive Schnittstelle auf der Geräteseite beim Einsatz des Hybrid-Feldbussteckverbinders Han-Brid®. Der mechanische Aufbau erlaubt die direkte Aufnahme in die elektrischen Kontakteinsätze und wird in diesen sicher fixiert. Unter Verwendung von handelsüblichen Hybridkabeln ermöglicht dieses Steck-

verbinderkonzept kostengünstige und zuverlässige Verbindungen in Bereichen mit rauen Umgebungsbedingungen.

Han-Brid® Cu

Bild 7.128:
Hybrid-Feldbus-Steckverbinder für geschirmte Zweidrahtleitungen mit 4 elektrischen Kontakten 10 A + Option für PE

Gehäuse
- Han® 3 A Gehäuse (Tüllengehäuse mit eingeklebter Dichtung)
- Kunststoffausführung
- Metallausführung
- EMV Gehäuse:- Schutzart IP 65
  - Schutzart IP 67
- Han® HPR (druckdicht, EMV-sicher): Schutzart IP 68

Versorgungsspannung
- Isolierkörper für 5 Han D® Stift- oder Buchsenkontakte kombinierbar mit elektrischem oder optischem Busanschluss
- Han D® Stift und Buchse sind Standard Crimpkontakte
- Bemessungsstrom: 10 A
- Bemessungsspannung: 24 V
- Leiterquerschnitt: 0,14 – 2,5 mm²

Busanschluss
- Anschlussmöglichkeit für geschirmte Zweidrahtleitungen
- Isolierkörper für 2 Han D® Stift- oder Buchsenkontakte
- Großflächige Schirmanbindung
- Schirmübergabe mittels Schirmblech und -federn
- Geräteseitiger Anschluss erfolgt über eine Leiterplatte, die als Modulleiterplatte oder Teil der Geräteleiterplatte ausgeführt werden kann

Busabschluss
- Aktiver Busabschluss-Steckverbinder in Stiftausführung
- Standard Han® 3 A Gehäuse
- Versorgung des Abschlussnetzwerks über die elektrischen Kontakte von Han-Brid®
- Integrierte, galvanisch getrennte DC/DC-Wandlung 24V/ 5V

Kontakteinsätze: mögliche Kombinationen

Bild 7.129:
Han-Brid® Cu sti
+Han-D® sti

Bild 7.130:
Han-Brid® Cu bu
+Han-D® bu

Bild 7.131:
Han-Brid® Cu bu
+Han-D® bu

Bild 7.132:
Han-Brid® Cu sti
+Han-D® sti

Anschlussverteiler
In den Anfangsjahren der Industrie-Steckverbinder wurden diese als *zusätzliche* Schnittstelle eingeplant und montiert. Die Verdrahtung des Schaltschrankes bzw. die Verkabelung der Anlage stellt sich wie folgt dar:

Schaltschrank
- Von den *Geräten* auf der Montageplatte ging die Verdrahtung zu einer *Klemmenleiste*
- Von der *Klemmenleiste* zum *Steckverbinder* in der Schaltschrankaußenwand

Anlage (Klemmenkasten)
- Vom Steckverbinder in der Klemmenkastenaußenwand zu einer Klemmenleiste
- Von der Klemmenleiste über die Verschraubung zu den einzelnen Feldgeräten (Ventile, Endschalter, Motoren)

Verbindung
- Mit einem Kabel, welches an beiden Seiten auf Steckverbinder geführt ist, wurde die Verbindung zwischen Schaltschrank und Klemmenkasten hergestellt.

Bei kritischer Betrachtung stellt sich heraus, dass in unserem Beispiel zwei Schnittstellen zuviel sind. Die Klemmleiste erscheint auf den ersten Blick unnötig. Diese dient jedoch als Messmöglichkeit. Die Steckverbinder sind als lösbare Verbindung ebenfalls wichtig. Um nun die Schnittstellen auf die tatsächlich benötigte Zahl zu-

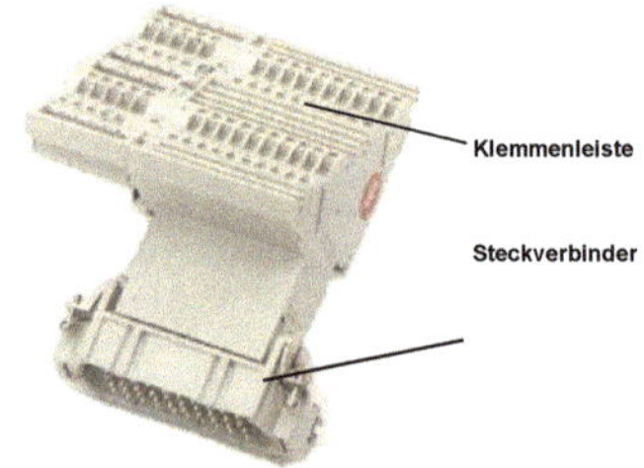

Bild 7.133: Anschlussverteiler

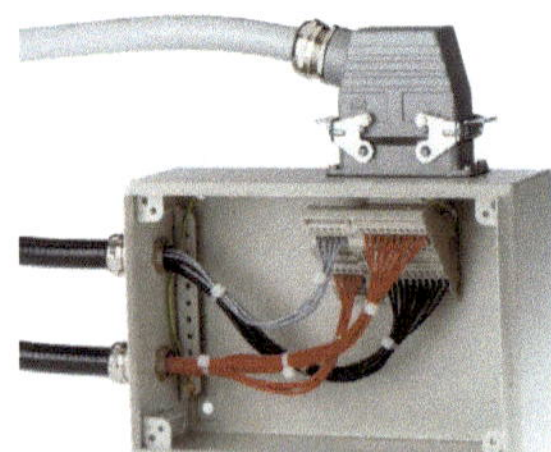

Bild 7.134: Anschlussverteiler Applikation

rückzuführen, unter Beibehaltung der Funktionen, wurde der sogenannte *Anschlussverteiler* entwickelt. Das gleiche Bauteil wird in anderen Publikationen auch *Klemmenadapter* oder *Durchführungs-Steckverbinder* genannt. Es stellt die Kombination aus *Steckverbinder* und *Klemmenleiste* dar.

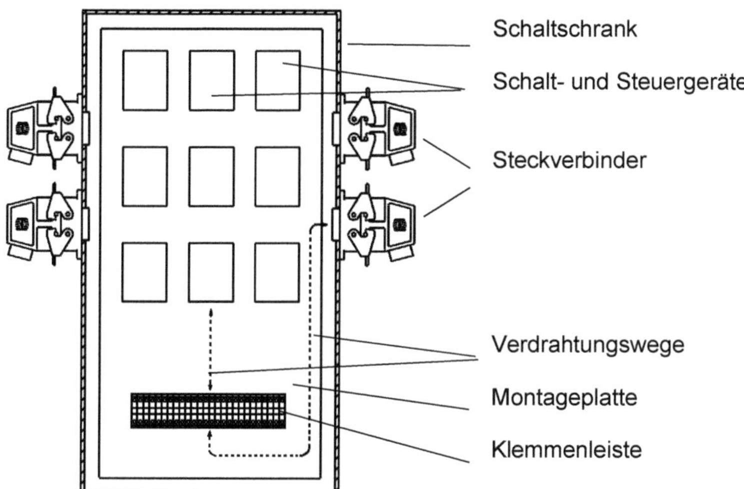

Bild 7.135: Verdrahtung ohne Anschlussverteiler

Bei Verdrahtungen *mit* Anschlussverteiler fällt die Klemmenleiste weg. Die Verbindungen gehen von der Klemmenseite des Anschlussverteilers direkt zu den Geräten auf der Montageplatte. Die Schnittstelle nach außen bleibt der Steckverbinder.

Han® Anschlussverteiler 10 Ampere

Zur rationellen platzsparenden Verdrahtung von Steuerleitungen wurden die Han D® Anschlussverteiler entwickelt. Diese Geräte bieten auf engstem Raum Anschlussklemmen für 40 bzw. 64 Leiter.

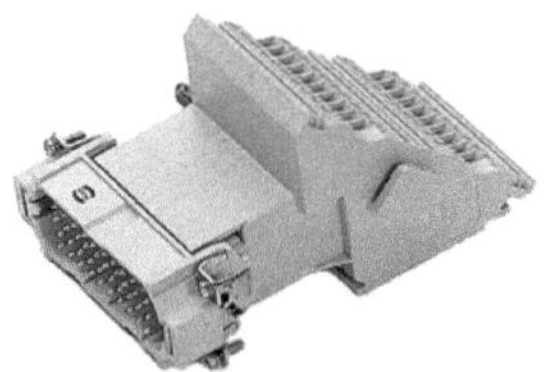

Bild 7.136: Han® 40 D AV mit Schraubanschluss, bestückt mit 40 Kontakten 10 A, Stift oder Buchse

Gegenstecker: Han® 40 D mit Crimpanschluss

Han® 64 D AV
mit Schraubanschluss bestückt mit 64 Kontakten 10 A, Stift oder Buchse, Gegenstecker: Han® 64 D mit Crimpanschluss

Anordnungen im Schaltschrank
Die Anschlussverteiler sind für „linke“ und „rechte“ Anordnung lieferbar, so dass in beiden Einbaufällen die PE-Klemme und die Anschlussklemme für Kontakt Nr. 1 „oben“ zugänglich sind.

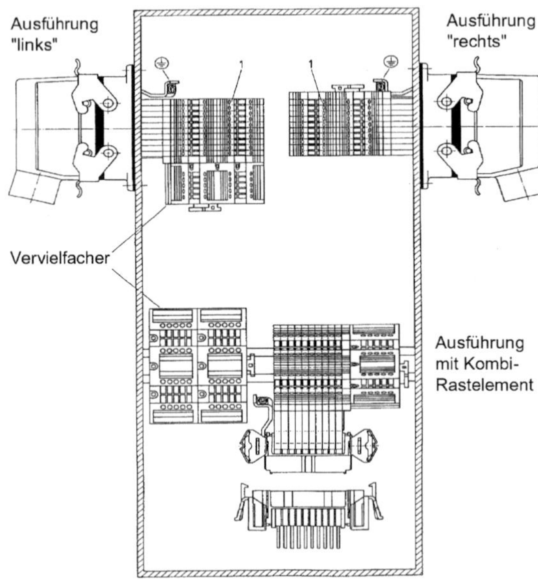

Schaltschrankanwendung für „linke“ oder „rechte“ Schrankseite, deshalb gleiche Systemkabel

Schaltschrankinnenanwendung auf Norm-Tragschienen in Verbindung mit Han-Snap®

Vervielfacher rastbar auf Norm-Tragschienen oder anreihbar an Anschlussverteiler Han D® AV

Bild 7.137: Linke und rechte Ausführung

Montage des Anschlussverteilers
Einfädeln vom Schrankinnern aus in das Standard-Anbaugehäuse. Deshalb kann vorkonfektioniert werden.

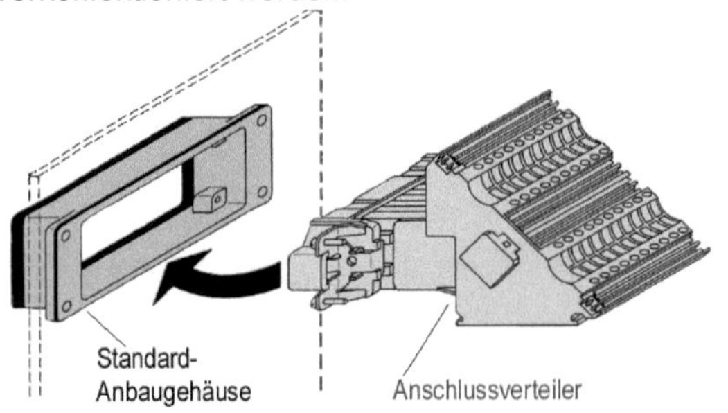

Bild 7.138: Montage des Anschlussverteilers

Han D® AV Vervielfacher

Zur Potentialvervielfachung wurde ein entsprechendes Bauteil entwickelt. Verwendung findet es vornehmlich in Klemmenkästen.

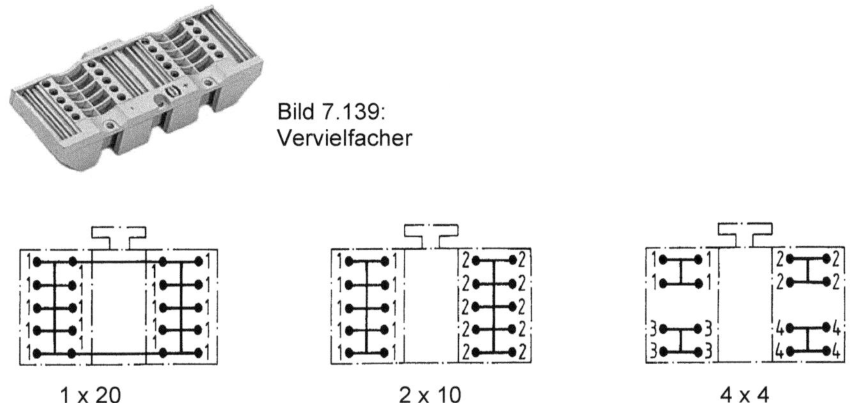

Bild 7.139: Vervielfacher

Bild 7.140: Klemmstellen: Schraubanschluss 0,2 – 2,5 mm², AWG 24 – 14

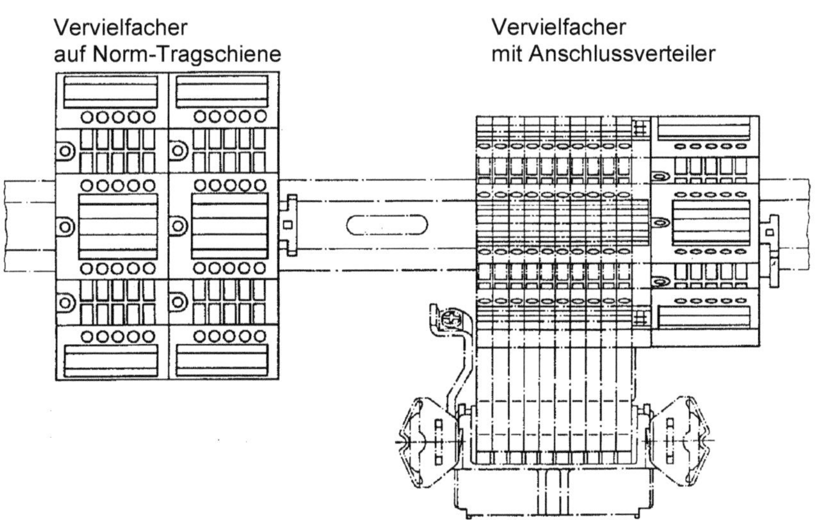

Bild 7.141: Montage Vervielfacher

Leiterplattenadapter
Zur rationellen Verdrahtung von Baugruppen und Geräten mit Leiterplatten werden entsprechende Adapter zur direkten Anbindung von Industrie-Steckverbindern benötigt. Sowohl Steuersignale als auch Leistungsausgänge können ohne Zwischenverdrahtung direkt abgegriffen werden.

Bei der Anordnung der Adapter ist darauf zu achten, dass keine Steck- und Ziehkräfte auf die Verbindung zur Leiterplatte kommen.

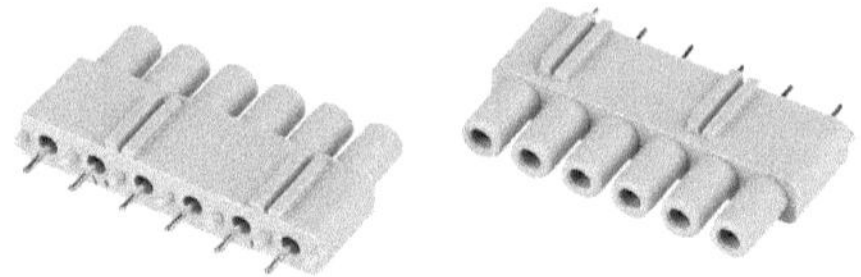

Bild 7.142: Leiterplattenadapter Han DD

Der Leiterplattenadapter ist verwendbar in Kombination mit den Steckverbinder-Einsätzen:
- Han DD® Modul
- Han® K 8 / 24
- Han® K 6 / 36
- Han® 24, 42, 72 und 108 DD

Die Leiterplattenstärke kann bis zu 2,4 mm betragen.

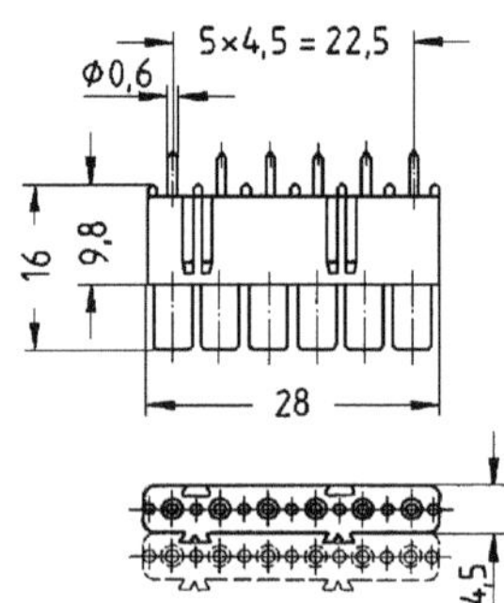

Bild 7.143 : Leiterplattenadapter Han DD®

Applikation
Der Leiterplattenadapter wird verwendet für Steuerungs- und Datenleitungen als direkte Verbindung zwischen Leiterplatte und Steckverbinder.

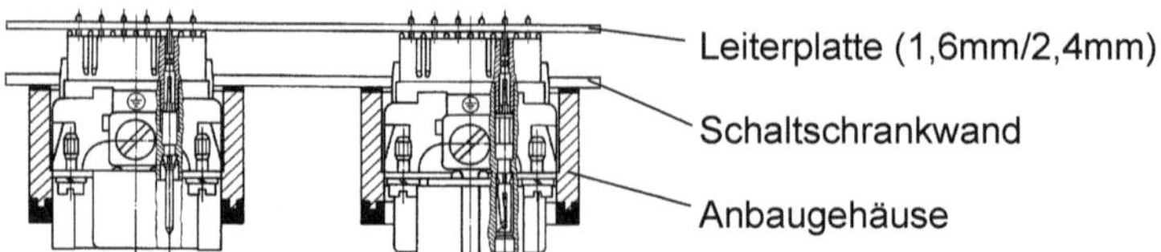

Bild 7.144: Zeichnung montierter Leiterplattenadapter

Leiterplattenadapter Han® Q 5/0

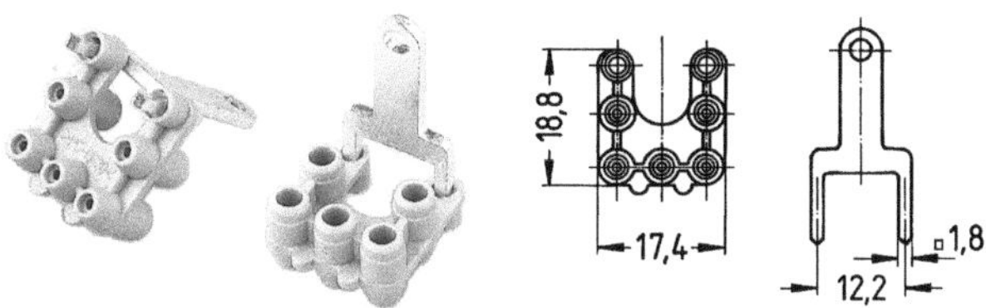

Bild 7.145: Leiterplattenadapter Han® Q 5/0

Der Adapter ist für den Einsatz mit dem Han® Q 5/0 konzipiert. Zur Übertragung des PE ist ein spezielles Teil notwendig.

Applikation

Der Leiterplattenadapter ermöglicht die Verbindung eines Steckverbinders Han® Q 5/0 mit einer Leiterplatte. Dabei werden die 5 Kontakte und der PE in die Leiterplatte eingelötet.

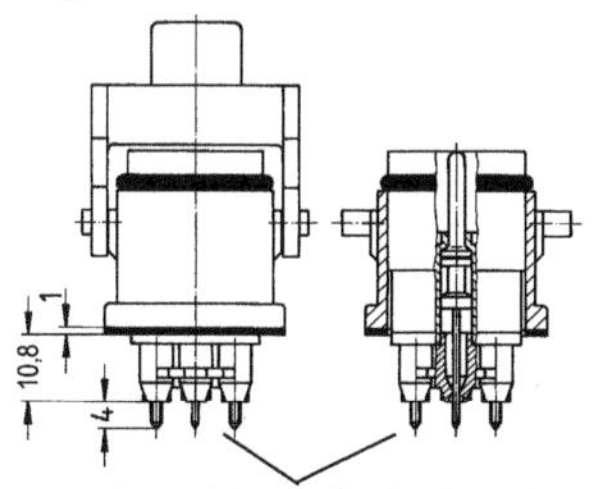

Anschluss für Leiterplatte

Bild 7.146:
Montage mit Han® 3 A Gehäuse

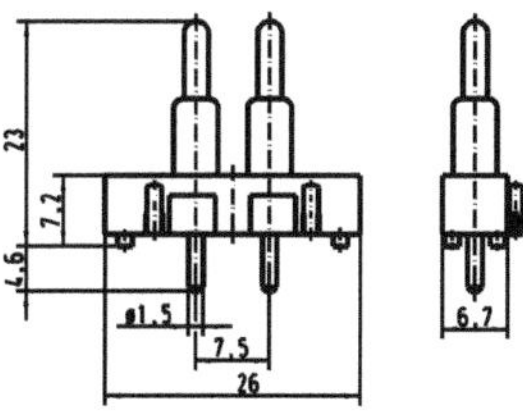

Bild 7.147:
Einlötadapter für Baureihe Han E®

Polarisation

Durch die symmetrische Anordnung der Kontakte bei den meisten Kontakteinsätzen besteht die Möglichkeit, diese um 180° verdreht zu stecken. Dies muss jedoch auf jeden Fall vermieden bzw. zwingend verhindert werden. Die Prüfung auf Unverwechselbarkeit ist in der *DIN IEC 512, Teil 7, §7* festgelegt. Die anzuwendenden Prüfkräfte sind nur für die in der *DIN EN 175 301-801/1999* genormten Steckverbinder festgelegt.

Han® 15 D= 225 N Baugröße 10 A
Han® 25 D= 225 N Baugröße 16 A
Han® 40 D= 300 N Baugröße 16 B
Han® 64 D= 450 N Baugröße 24 B

Für alle anderen Steckverbinder-Kontakteinsätze wird die Prüfkraft entsprechend der Baugröße hiervon abgeleitet.

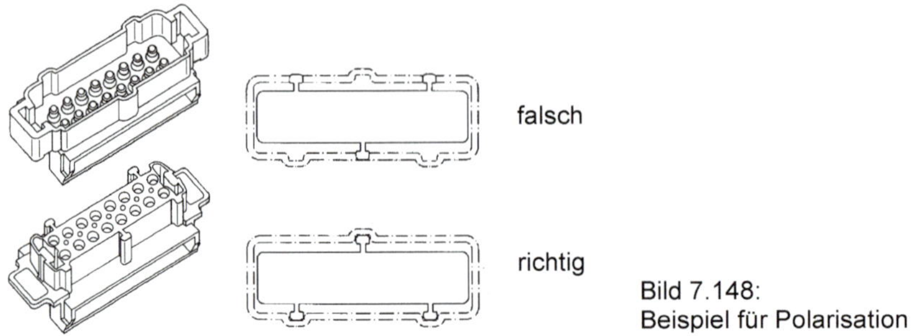

Bild 7.148:
Beispiel für Polarisation

7.4 Anschlussarten

Zur Auswahl der optimalen Anschlusstechnik sollten folgende Überlegungen angestellt werden. Aufbau und Querschnitt des Leiters, Ort der Verarbeitung und Verfügbarkeit der Werkzeuge.

7.4.1 Schraubanschluss

In der *DIN EN 60999* „Verbindungsmaterial“ sind die Sicherheitsanforderungen für Schraubklemmstellen und schraubenlose Klemmstellen für elektrische Kupferleiter festgelegt.

Bild 7.149:
Schraubanschluss

Buchsenklemme
Es handelt sich hierbei um eine Schraubklemmstelle, bei der der Leiter in eine Bohrung oder einen Hohlraum eingeführt wird. Der Kontaktdruck wird direkt durch den Schaft der Schraube ausgeübt oder durch ein Zwischenstück übertragen. Alle Kontakte mit konventionellem Schraubanschluss fallen unter diese Rubrik.

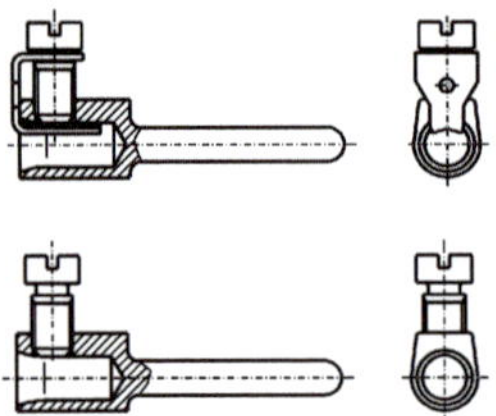

Bild 7.150:
Schraubanschluss mit und ohne Drahtschutz

Kopfkontaktklemme

Es handelt sich hierbei um eine Schraubklemmstelle, bei der der Leiter unter den Kopf der Schraube geklemmt wird.

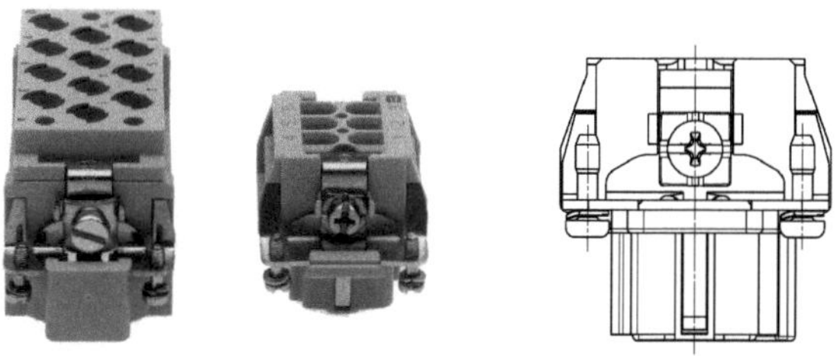

Bild 7.151: Kopfkontaktklemme (PE-Anschluss)

Axialschraubklemme

Um größere Querschnitte ohne Spezialwerkzeuge platzsparend anzuschließen, wurde der Axialschraubanschluss entwickelt. Er ist nur für fein- und feinstdrähtige Leiter geeignet.

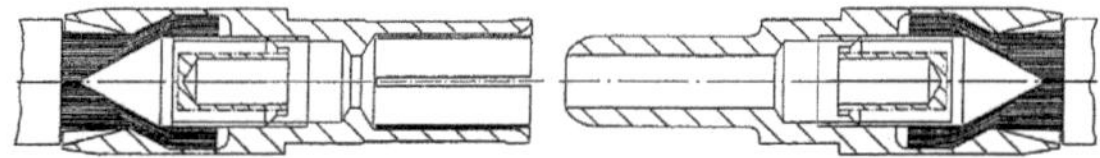

Bild 7.152: Schematische Darstellung des Axialschraubanschlusses

Montagefolge:

a) Leiter abisolieren (Länge beachten)
b) Leiter in Kontaktkammer einschieben bis die Isolation anliegt
c) Leiter in Position halten und von der Steckseite mit Sechskant-Schlüssel anziehen bis zu dem in der Montageanleitung festgelegten Anzugsmoment.

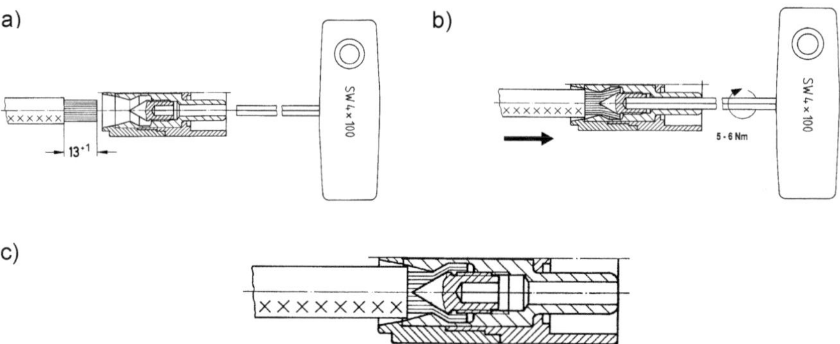

Bild 7.153: Montageanleitung für Axialschraubkontakt

7.4.2 Käfigzugfederanschluss

Hierbei handelt es sich um eine Anschlussart, bei der die Klemmung des Leiters über Federkraft erfolgt. Der gravierendste Vorteil dieses Anschlusses ist die ständig auf die Kontaktstelle wirkende Federkraft.

Die grundsätzlichen Bedingungen für den Aufbau und die Prüfungen der Federklemmen sind in *DIN EN 60 999* festgehalten.

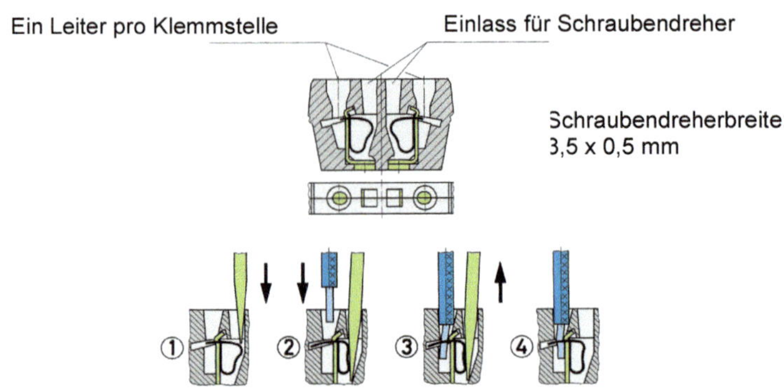

Bild 7.154: Schematische Darstellung des Käfigzugfederanschlusses

7.4.3 Crimpanschluss

Unter dem Oberbegriff „lötfreie elektrische Verbindungen" fallen auch die Crimpverbindungen.

Die allgemeinen Anforderungen und Prüfverfahren sind in der *DIN EN 60352-2* festgelegt. Ziel ist es dabei, mit entsprechenden Hilfsmitteln (Handcrimpzangen, Crimpautomaten) lötfreie elektrische Verbindungen herzustellen, die festgelegte mechanische, elektrische und klimatische Bedingungen erfüllen.

Mit dem Crimpanschluss lassen sich rationelle Verbindungen herstellen mit reproduzierbaren elektrischen und mechanischen Werten. Die Verarbeitung erfolgt mit voll- oder halbautomatischen Crimpmaschinen oder Hand-Crimpwerkzeugen. Die Leiterflexibilität bleibt auch hinter der Crimpung erhalten. Zudem ist die Fertigung leicht zu überwachen.

Diesen Vorteilen stehen nur wenige Nachteile gegenüber. Die Verbindung ist nicht wieder lösbar und zu ihrer Herstellung ist ein Spezialwerkzeug erforderlich.

Offene Crimpung
Die Crimphülse, d. h. der Crimpbereich des Anschlussteiles ist vor dem Crimpen offen.

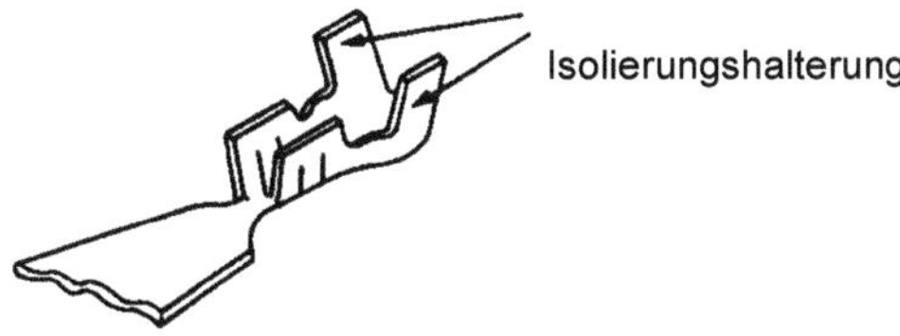

Bild 7.155: offene Crimpung

Als Crimpbereich bezeichnet man die Position, in der die Crimpverbindung durch Druckverformung der Hülse um den Leiter ausgeführt wird.

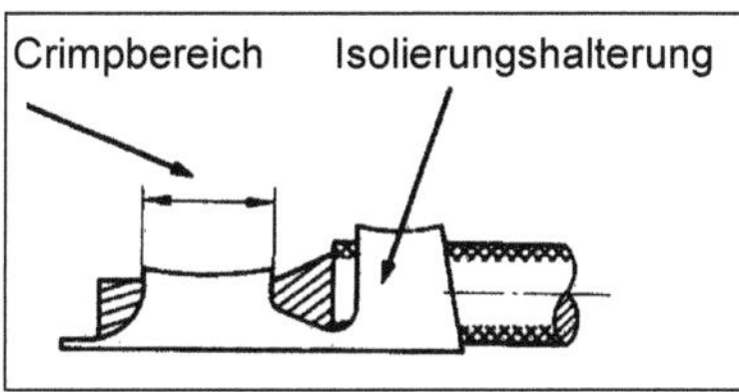

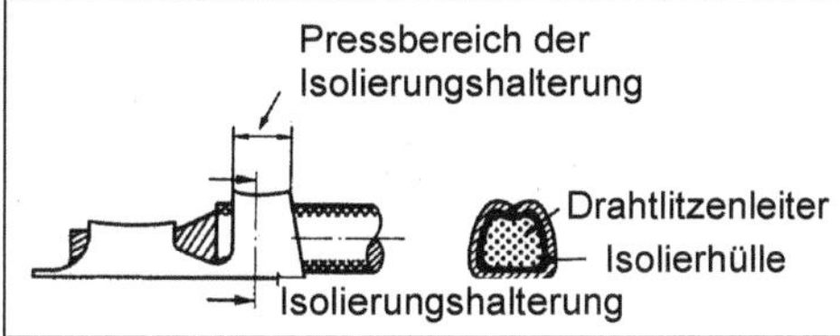

Bild 7.156: offene Crimpung

Geschlossene Crimpung
Der Crimpbereich ist als geschlossene Hülse ausgeführt. Der Leiter muss durch die Öffnung eingeführt werden.

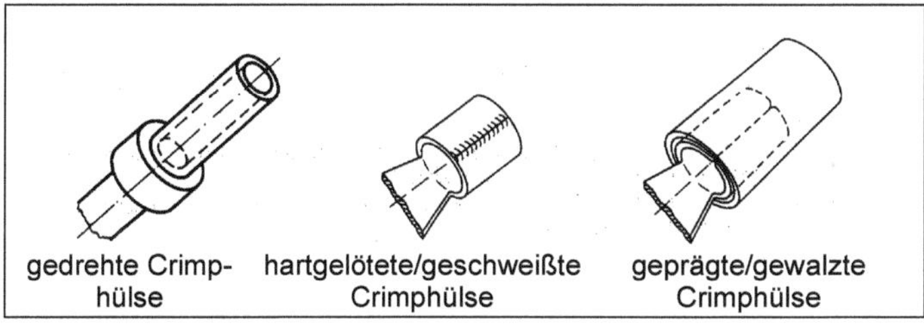

Bild 7.157: geschlossene Crimpung

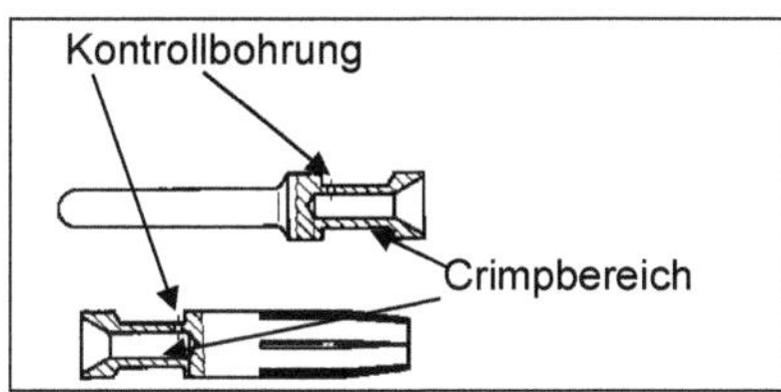

Bild 7.158: gedrehte Crimpkontakte

Werkstoffe
Crimphülsen und Crimpkontakte müssen aus Kupfer oder Kupferlegierungen mit mindestens 60% Kupfergehalt hergestellt werden. Die Vickers-Härte darf 220 HV5 nicht überschreiten. Dies ist wichtig, um eine Rissbildung im Crimpbereich zu vermeiden.

Crimpwerkzeuge allgemein

Der Arbeitsablauf der Crimpwerkzeuge und das richtige Formen des Crimps sollen ohne Beschädigung der Crimphülse oder des zu crimpenden Bauelements erfolgen. Um eine gute und zuverlässige Crimpverbindung zu erhalten, ist üblicherweise ein Crimpwerkzeug mit einer Auslösesperre erforderlich. Der Crimpvorgang wird am besten in einem Schritt durchgeführt. Nacharbeit mit zusätzlichen Schritten ist zu vermeiden. Auswechselbare Teile des Werkzeugs, wie Crimpprofile und Positionsvorrichtungen, sind so auszulegen, dass sie nur lagerichtig im Werkzeug angebracht werden können. Werkzeuge haben Einrichtungen, die eine richtige Lage der Crimphülsen und Drähte während des Crimpvorgangs sicherstellen.

Crimpzangen und Crimpautomaten für Kontakte

Bezeichnung	Foto	Crimpbild	Leiterquerschnitt	AWG
Crimpzange			0,14 – 1,5 mm² 0,5 – 2,5 mm²	26 – 16 20 – 14
Service-Crimpzange			0,14 – 1,5 mm² 0,5 – 2,5 mm²	26 – 16 20 – 14
Vierkerb-crimpzange	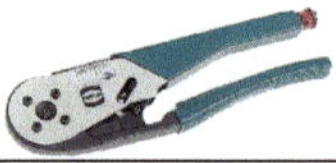		0,37 – 2,5 mm² 0,5 – 4 mm²	22 – 14 20 – 12
Crimpzange			4 – 6 mm²	12 – 10
Pneumatik Crimpzange			0,37 mm² 0,5 – 1 mm² 1,5 + 2,5 mm² 4 mm² 6 mm²	22 20- 18 16 + 14 12 10
Crimpzange			für LWL-Kontakte, 1mm POF Lehrdorne zum Einstellen der Crimptiefe der Fasercrimpung auf Steckerspitze	
Crimpzange			für LWL-Kontakte (1 mm POF)	

Bild 7.159 – 7.172: Crimpzangen

Bezeichnung	Foto	Crimpbild	Leiterquerschnitt	AWG
Crimphalb-automat	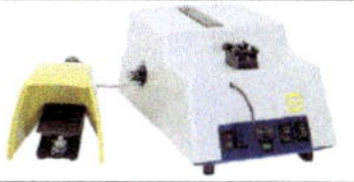		0,14 – 1,5 mm² 0,5 – 2,5 mm²	26 – 16 20 – 14

Bild 7.173 + 7.174: Crimp-Halbautomat

Halbautomat für Netz-Betrieb 230 V, 50 Hz. Bedienung über Fußschalter. Der Crimpkontakt mit eingestecktem Leitungsende wird von Hand zugeführt.

Bezeichnung	Foto	Crimpbild	Leiterquerschnitt	AWG
Elektro-hydraulischer Crimphalb-automat			0,14 – 1,5 mm² 0,5 – 2,5 mm² 0,5 – 1,5 mm² 2,5 – 4,0 mm² 1,5 – 2,5 mm² 4,0 – 6,0 mm²	26 – 16 20 – 14 20 – 16 14 – 12 16 – 14 12 – 10

Bild 7.175 + 7.176: Crimp-Halbautomat

Halbautomat für Netz-Betrieb 230 V, 50 Hz über Netzadapter sowie Batteriebetrieb. Der Crimpkontakt mit eingestecktem Leitungsende wird von Hand zugeführt.

Bezeichnung	Foto	Crimpbild	Leiterquerschnitt	AWG
Crimpautomat TK	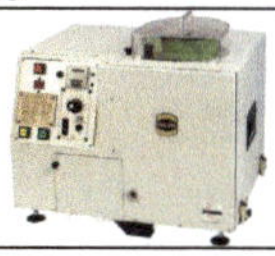		2,5 – 4,0 mm²	24 – 12

Bild 7.177 + 7.178: Crimpautomat

Der Automat wird elektro-pneumatisch betrieben.
Netzanschluss: 230 V, 50 Hz.
Druckluftanschluss: 6 bar

Die Kontakte werden über einen Sortiertopf automatisch zugeführt. Das Leitungsende wird von Hand eingeführt, automatisch abisoliert und mit einem Crimpkontakt bestückt.

Litzenleiter – Massivleiter
In der Regel werden bei Crimpverbindungen Litzenleiter verwendet. Die Oberfläche der Einzeldrähte kann blank, verzinnt oder versilbert sein. Sollen runde Massivleiter gecrimpt werden, so muss dies im Einzelfall geprüft werden. Die Norm

sagt aus, dass hierfür nur Leiter mit einem Durchmesser von 0,25 mm bis 3,6 mm verwendet werden sollen.

Crimpen von mehreren Drähten in einer Crimphülse
Es ist grundsätzlich zulässig, mehrere Drähte in einer Crimphülse zu crimpen. Um eine sichere Verbindung herzustellen, müssen einige Punkte beachtet werden:

- die Eignung der Drahtkombination in Bezug auf Material und Oberfläche
- der Aufnahmedurchmesser in der Crimphülse muss zum Summenquerschnitt der Leiter passen.
- die Anforderung an die Zugfestigkeit und den Übergangswiderstand der Verbindung muss gegeben sein.

7.4.4 Einpressverbindung

Die Einpresstechnik kommt bei Industrie-Steckverbindern nur selten zur Anwendung. An Schnittstellen zur Übertragung von Steuerungssignalen auf Leiterplatten kann die Einpresstechnik eine wirtschaftliche Lösung darstellen. Bei der Auslegung der Einpresszone ist zu beachten, dass die Steck- und Ziehkräfte beim Betätigen der Steckvorrichtung entsprechend aufgenommen werden. Die allgemeinen Anforderungen sowie Prüfverfahren für Einpressverbindungen sind in der *DIN EN 60352-5* festgelegt.

7.4.5 Wickelanschluss

Zur vollständigen Darstellung der Anschlussarten sollte auch kurz über die Wickelverbindung gesprochen werden.

Im Bereich der Industriesteckverbinder spielt diese Anschlusstechnik eine untergeordnete Rolle. Der Grund dafür ist, dass nur ein sehr begrenzter Querschnittsbereich damit verarbeitet werden kann. Die benötigten Spezialwerkzeuge sind ein weiterer Hinderungsgrund. Die allgemeinen Anforderungen sowie die Prüfverfahren sind in der *DIN EN 60352-1* festgelegt.

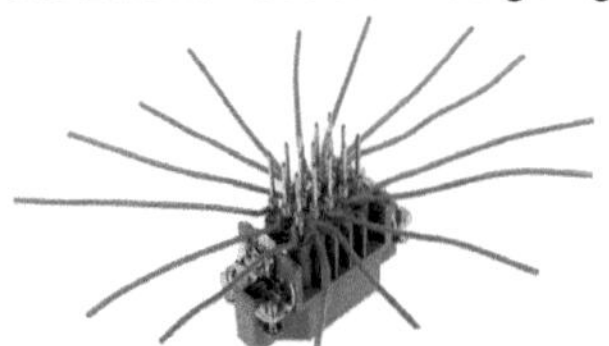

Bild 7.179: Steckverbinder mit Wickelanschluss

7.4.6 Schneidkemmanschluss

Als Schneidklemmverbindung bezeichnet man eine lötfreie elektrische Verbindung, die durch Eindrücken eines einzelnen Drahtes in einen hierfür ausgeführten

Schlitz in einer Klemme hergestellt wird. Dabei verdrängen die Flanken der Schneidklemme die Isolierung des Leiters. Der Massivleiter bzw. die Einzeldrähte des Litzenleiters werden verformt, dadurch wird eine gasdichte Verbindung hergestellt. Die Isolierung muss also vor dem Einführen des Leiters nicht entfernt werden.

Folgende Fachausdrücke für *Schneidklemme* sind im technischen Sprachgebrauch üblich:

ID-Klemme = **I**nsulation **D**isplacement (s. *DIN EN 60352-3 + 4*)
IPCD = **I**nsulation **P**iercing **C**onnecting **D**evice

Die allgemeinen Anforderungen sowie die Prüfverfahren sind in *DIN EN 60352-3+4* und *DIN EN 60998-2-3* festgelegt.

Bei Industrie-Steckverbindern kommen Schneidklemmanschlüsse sehr selten zum Einsatz. Der Grund hierfür ist sicher der Umstand, dass jedem Drahtquerschnitt eine bestimmte Schneidklemmabmessung zugeordnet ist. Da die Schneidklemme in der Regel fest in den Isolierkörper eingebaut ist, würde dies eine enorme Ausweitung der Varianten nach sich ziehen.

7.4.7 *HARAX®* Schneidklemmanschluss

HARAX® ist der Markenname für eine von HARTING entwickelte, leicht zu handhabende Schneidklemmanschlusstechnik. Nach dem Entfernen des Kabelaußenmantels werden alle Einzeladern (im folgenden Fall 4) in einem Arbeitsgang angeschlossen. Für die gesamte Handhabung werden keine Spezialwerkzeuge benötigt.

Beispiel: Han® 3A mit *HARAX®* Anschlusstechnik.

- Aderquerschnitt 0,75 – 1,5 mm²
- Kabelaußendurchmesser 6,0 – 9,0 mm
- Aderdurchmesser ≤ 2,8 mm
- Einzeldrahtdurchmesser ≥ 0,2 mm
- Aderisolationsmaterial PVC
- Schutzart IP 65
- Bemessungsstrom 10 A
- Bemessungsspannung 230/400 V 4kV 3
- max. Anzugsmoment 8,0 Nm

Montageanleitung

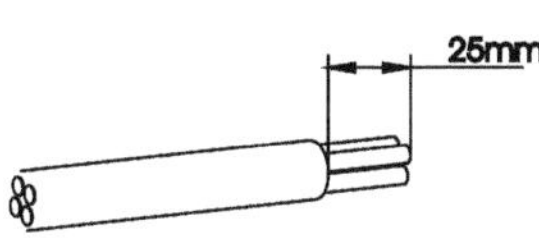

Bild 7.180: Kabelmantel entfernen

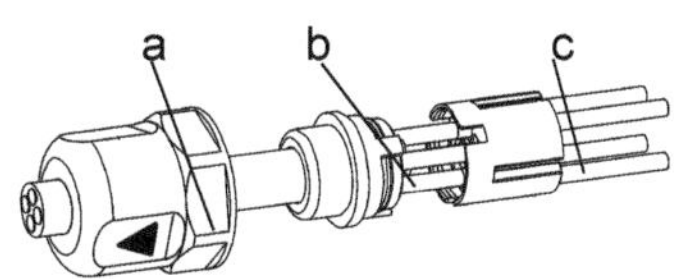

Bild 7.181: HARAX®-Elemente aufsetzen
a = Überwurfmutter, b = Dichteinsatz,
c = Spleißring

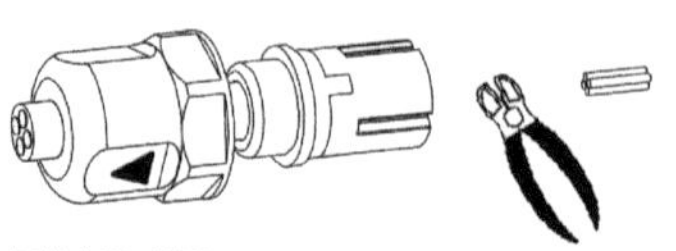

Bild 7.182:
Dichteinsatz und Spleißring verrasten, Aderenden abschneiden

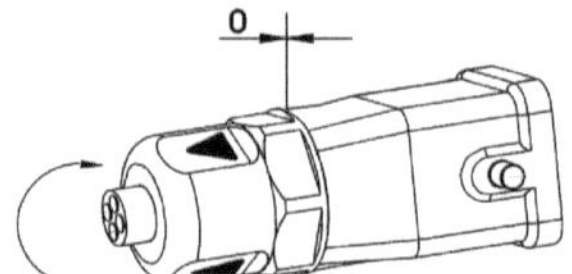

Bild 7.183: Die Überwurfmutter bis zum Eingreifen der Rastnasen verschrauben

7.4.8 Flachsteckanschluss

In der Kraftfahrzeug-Industrie, aber auch in der Elektroindustrie allgemein, hat sich der Flachsteckanschluss als kostengünstige einfache Verbindung gut eingeführt. Die Abmessungen und Ausführungen der Steckhülsen und Flachsteckverbinder sind in der *DIN EN 61210* festgelegt.

Der Anschluss ist nicht für ein häufiges Stecken und Lösen ausgelegt. Es können jedoch 10–20 Steckungen ohne Beeinträchtigung der Funktion durchgeführt werden. Die Flachsteckverbinder sind in der Regel Bestandteil von Schalter, Relais usw. Flachsteckverbindungen haben eine große Kontaktsicherheit und geringe Übergangswiderstände. Bei Industrie-Steckverbindern findet der Flachsteckanschluss kaum Verwendung.

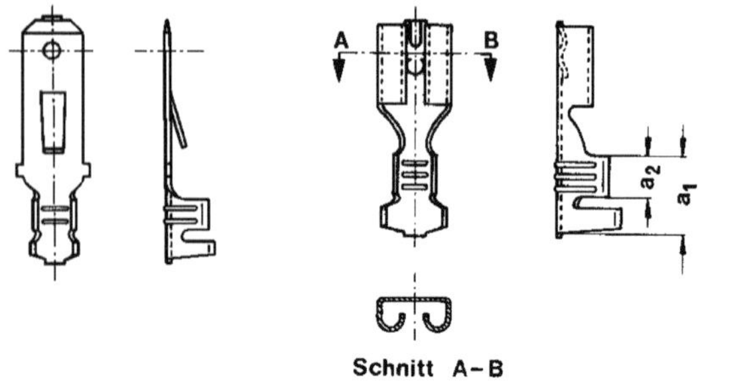

Bild 7.184:
Flachstecker und Flachsteckhülsen mit Crimpanschluss

7.4.9 Werkstoffe

Zur Herstellung von Industrie-Steckverbindern werden nur wenige verschiedene Werkstoffe eingesetzt.

Werkstoffe zur Fertigung von Gehäusen
Je nach Einsatzort und Umweltbelastung werden Steckverbinder-Gehäuse aus Metall oder Kunststoff hergestellt.

Kunststoff

Wenn es die mechanischen Belastungen sowie die Umweltbedingungen zulassen, kommen Kunststoffe als Gehäuse-Material zum Einsatz. Es handelt sich dabei um Thermoplaste (Plastomere) oder Duroplaste (Duromere).

Die Vorteile der Kunststoffgehäuse sind:
- günstige Herstellkosten
- keine Nachbearbeitung notwendig
- keine Oberflächenbehandlung
- Vollisolierung – keine PE-Anbindung an das Gehäuse notwendig
- deutlich niedrigeres Gewicht

Nachteilig wirkt sich aus:
- hoher Aufwand bei EMV-gerechter Ausführung (z. B.: Metallisierung)
- UV-Beständigkeit nur mit besonderen Werkstoffen gewährleistet
- Beständigkeit gegen Säuren und Laugen nur mit bestimmten Werkstoffen zu erreichen

Beispiel:

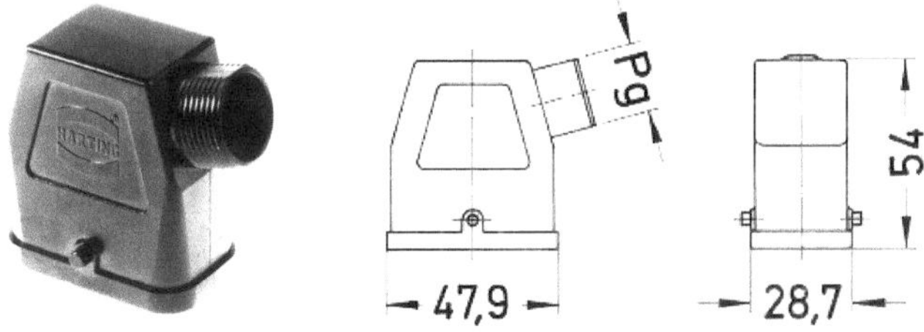

Bild 7.185: Han® Q 8/0 Tüllengehäuse mit Kabelverschraubung aus Polycarbonat

Metall

Für Industrie-Steckverbinder ist Metall der am häufigsten eingesetzte Gehäusewerkstoff. In erster Linie kommen Aluminium-Legierungen zum Einsatz. Die Gehäuseteile werden meistens im Druckgussverfahren hergestellt. Der Vorteil hierbei ist, dass die fertigen Teile kaum nachgearbeitet werden müssen. Hingegen ist die erforderliche Investition für die Formen hoch.

Werden nur kleinere Stückzahlen benötigt, ist es oft wirtschaftlicher diese als Sandguss- oder Kokillengussteile herzustellen. Hierbei ist die Investition gering, jedoch der Teilepreis hoch, da in der Regel viel Nacharbeit notwendig ist. Gehäuse mit einem sogenannten Hinterschnitt, lassen sich normalerweise nur als Sandgussteil herstellen. Es gibt allerdings auch die Möglichkeit, das Werkzeug mit einem Spreizkern auszurüsten. Das ist nur bei sehr hohen Stückzahlen wirtschaftlich zu vertreten.

Beispiel:

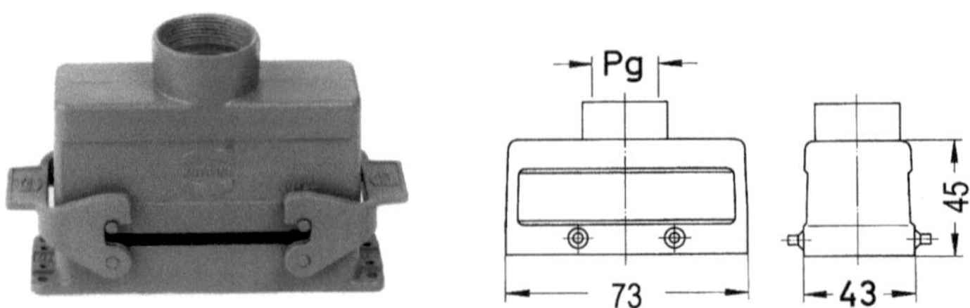

Bild 7.186: Gehäuse und Anbaugehäuse Han® B mit 2 Bügeln
Druckgussteil aus Alu-Legierung

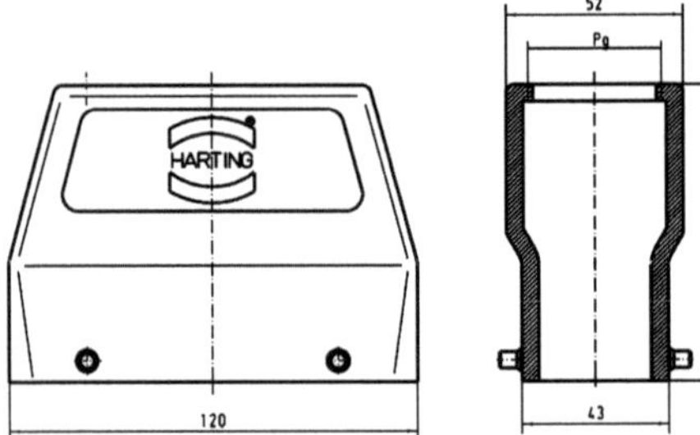

Bild 7.187:
Gehäuse Han® B mit Hinterschnitt,
Sandgussteil aus Alu-Legierung

Kleine Gehäuse mit dünnen Wandstärken und filigranen Konturen werden als Zink-Druckgussteile hergestellt. Bei diesem Verfahren sind auch sehr enge Toleranzen sicher einzuhalten.

Beispiel:

Bild 7.188: Han® 3 HPR: Tüllengehäuse und Anbaugehäus,
gerade und gewinkelt, Zink-Druckgussteile

Oberfläche

Alle Steckverbindergehäuse, die aus Metall hergestellt sind, erhalten normalerweise einen Oberflächenschutz. Je nach Einsatzort und Funktion der Gehäuse kommen unterschiedliche Oberflächenbehandlungen zum Einsatz. Die gebräuchlichsten sollen hier dargestellt werden.

– Lackierung
Die vorbereiteten Gehäuseteile werden durch Aufsprühen mit einer Grundierung versehen. Darauf wird dann ebenfalls im Sprühverfahren die eigentliche Lackschicht aufgebracht. Bei diesem Verfahren geht eine große Menge des Lackes verloren. Die Anteile, welche nicht auf dem Werkstück gebunden werden, müssen durch geeignete Maßnahmen aufgenommen werden. Dies geschieht durch Absaugen mit Filtern oder durch Wasserwände. Diese Lackteile können weder genutzt noch recycelt werden. Eine entsprechende Entsorgung ist teuer und nicht gerade umweltfreundlich.

– Pulverbeschichtung
Bei diesem Verfahren wird Kunststoffpulver elektrostatisch auf die Gehäuseoberfläche aufgebracht. Nach dem Aushärten in einer Trockenzone bildet sich eine gleichmäßige Schicht auf dem Werkstück. Das überschüssige Pulver kann zu 100% der Anlage wieder zugeführt werden. Diese Beschichtung bietet einen optimalen Schutz und ist äußerst widerstandsfähig auch gegen mechanische Belastung. Durch die gleichmäßige Schicht sehen die Gehäuse zudem noch sehr gut aus.

– Chrom
Für Gehäuse, die gute EMV-Eigenschaften haben sollen, ist eine elektrisch leitende Oberfläche erforderlich. Bei Zink-Druckgussgehäusen kleinerer Bauform wird die Oberfläche zuerst verkupfert und dann matt verchromt. Dadurch entsteht eine sehr widerstandsfähige und elektrisch leitende Schicht. Optisch sind diese Gehäuse sehr ansprechend. Aus Kostengründen wird diese Oberflächenbehandlung jedoch nur bei kleinen Gehäusen vorgenommen.

Werkstoffe zur Fertigung von Kontakteinsätzen

In den letzten 30 Jahren wird zur Herstellung von Isolierkörpern fast ausschließlich Kunststoff verwendet. Die Keramik-Werkstoffe wurden dadurch fast völlig ersetzt. Die Kontakte der Industrie-Steckverbinder bestehen in der Regel aus Kupferlegierungen (Messing) mit geeigneten Oberflächen.

Kontaktwerkstoffe
Die Kontakte für Industrie-Steckverbinder werden fast ausschließlich aus Kupferlegierungen (Messing) hergestellt. Der Kontaktwerkstoff muss den unterschiedlichsten Anforderungen gerecht werden.

Hier einige Gesichtspunkte zu den Eigenschaften:
- gute elektrische Leitfähigkeit
- mechanische Festigkeit (Abriebfestigkeit)
- gute Federeigenschaften (Kontaktbuchse)
- gute Bearbeitbarkeit (Herstellung)
- gute Verarbeitbarkeit (z. B.: Crimpen)
- resistent gegen Umwelteinflüsse

Mit einer geeigneten Messinglegierung lassen sich fast alle vorgenannten Bedingungen recht gut erfüllen. Korrosion verhindert die Gebrauchsfähigkeit von Kontakten über lange Zeiträume. Der Schutz gegen Umwelteinflüsse kann nur durch eine zusätzliche Oberflächenbehandlung erreicht werden.

Kontaktoberflächen

Die folgenden Punkte bestimmen die Auswahl des Oberflächenüberzuges:

- Eigenschaften des Kontaktwerkstoffes
- Umgebungsbedingungen (z. B.: Feuchte, aggressive Atmosphäre, usw.)
- Steckhäufigkeit
- wirtschaftliche Herstellbarkeit

Warum ist der Schutz der Oberfläche wichtig? Die Güte der Kontaktstelle wird durch einen kleinen, möglichst gleichbleibenden Durchgangswiderstand entscheidend beeinflusst. Dieser Durchgangswiderstand ist von verschiedenen Faktoren abhängig:

- glatte Oberfläche
- ausreichender Kontaktdruck
- frei von störenden Oxygenschichten

Bei der Kontaktoberfläche muss der Kompromiss zwischen Funktion und Wirtschaftlichkeit (Herstellungskosten) gefunden werden. Der Kontaktdruck hat einen maßgebenden Anteil an der Lebensdauer und der Handhabbarkeit der Kontakte. Bei einem vielpoligen Steckverbinder können die Steck- und Ziehkräfte so hoch werden, dass sie von Hand nicht mehr betätigt werden können.

Für die Oberflächenbeschichtung haben sich bei Industrie-Steckverbindern die nachfolgenden Verfahren bewährt.

– Silber

Silber hat eine sehr gute Leitfähigkeit, besser als Gold. Auf der Oberfläche bildet sich sehr leicht eine bräunliche Sulfidschicht. Die Kontakte werden mit einer Schichtdicke von 3 µm bis 5 µm Silber beschichtet. Silber stellt eine mäßige Diffusionsschranke her. Zur Passivierung werden die Teile in eine Emulsion auf wässriger Basis getaucht. Dadurch wird das Entstehen der Sulfidschicht verhindert. In fast allen Anwendungen für Industrie-Steckverbinder ist dieser Oberflächenschutz ausreichend.

– Gold

Die anspruchsvollsten Oberflächen werden durch Vergolden erreicht. Auf die Messingkontakte wird zuerst eine 3 µm starke Nickelschicht (Diffusionsschranke), dann eine 2 µm starke Goldschicht im Kontaktbereich aufgebracht

Dieser Oberflächenschutz wird dort eingesetzt, wo mit aggressivem Umwelteinfluss zu rechnen ist. Obwohl Gold eine deutlich schlechtere elektrische Leitfähigkeit hat als Silber, wird es vor allen Dingen wegen des gleichbleibenden Durchgangswiderstandes in speziellen Anwendungen eingesetzt. Besonders bei kleinen Strömen und kleinen Spannungen kann das sehr wichtig sein.

– Nickel
Zum Schutz großflächiger Teile, z. B. Erdungsbleche, wird eine 5 µm starke Nickelschicht aufgebracht. Auch hier spielt der schlechtere Leitwert wegen der geringen Schichtdicke eine untergeordnete Rolle.

7.5 Konfektionierung

Zum Anschluss von Industrie-Steckverbindern werden je nach Anschlussart Standard- bzw. Spezialwerkzeuge benötigt. Es sind auch eine Reihe von Vorschriften und Regeln zu beachten. Aus diesem Grund dürfen diese Geräte nur von unterwiesenem Fachpersonal verarbeitet werden.

Im folgenden Kapitel soll nun auf die wichtigsten Regeln und Werkzeuge hingewiesen werden.

7.5.1 Werkzeuge

Abisolierwerkzeuge
Zuerst muss der äußere Mantel des Kabels auf eine bestimmte Länge entfernt werden. Dies geschieht mit einer hierfür geeigneten Abisolierzange. Ist ein PE mitanzuschließen, werden die stromführenden Adern gekürzt. Damit wird gewährleistet, dass bei einem Abreißen des Kabels der PE erst als letzter reißt. Diese Maßnahme ist zwingend notwendig.

Bild 7.190: Abisolierzange

Als nächstes werden die einzelnen Adern auf die vorgeschriebene Länge abisoliert. Auch hierzu gibt es spezielle Zangen, die bei korrekter Handhabung eine Verletzung der Leiter verhindern. Die Abisolierlänge ist entsprechend dem Querschnitt und der Anschlussart an der Zange einstellbar.

Bild 7.191: Abisolierte und vercrimpte Adern. PE-Leiter ist länger als die stromführenden Kabel.

Anschlusswerkzeuge
Je nach Anschlussart werden verschiedene Standard-Werkzeuge benötigt.
- Schraubendreher für Schlitzschrauben
- Schraubendreher für Kreuzschlitzschrauben
- Innensechskantschlüssel

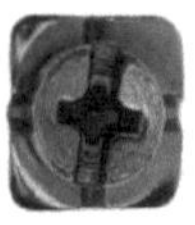

Bild 7.192:
Schlitzschraube, ±Schraube, Innensechskantschraube

7.5.2 Montagehinweise und Kennwerte

Schraubanschluss
Schraubklemmen werden nach *EN 60999 / VDE 0609* bemessen. Ihre Dimensionen, Anzugs- und Prüfmomente sind nachstehender Tabelle der VDE-Vorschrift zu entnehmen.

Leiterquerschnitt (mm²)	1	1,5	2,5	4	6	10
Schraubengewinde	M 2,6	M 3	M 3	M 3,5	M 4	M 4
Prüfdrehmoment (Ncm)	40	50	50	80	120	120

Die einschlägigen Bestimmungen sagen, dass bei
- *Klemmen mit Drahtschutz*
  außer dem Abisolieren, kein besonderes Herrichten der Leiter-enden notwendig ist. Dies ist gültig für die Baureihen Han E®, Han® HsB, Han Hv E®, Han® K 6/12
- *Klemmen ohne Drahtschutz*
  eine Aderendhülse zu verwenden ist. Dies ist gültig für die Baureihen Han® K 4/x, Han A®, Staf

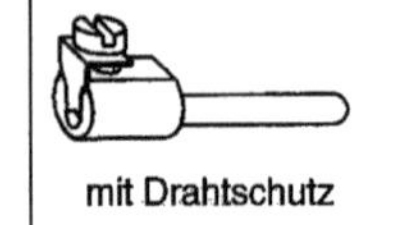

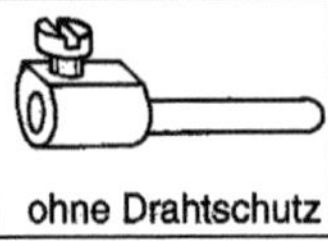

Bild 7.193 + 7.194:
Schraubanschlüsse

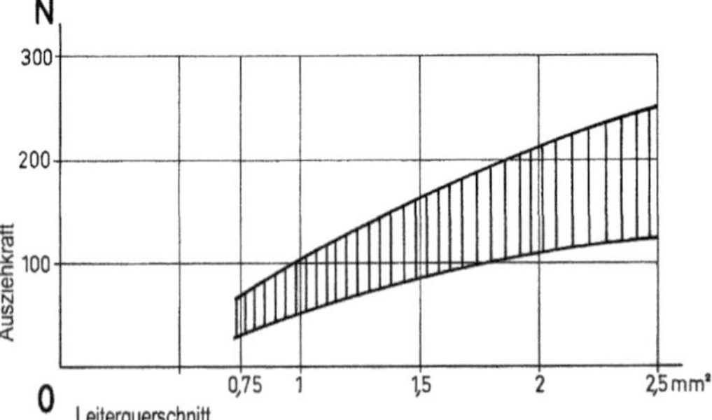

Bild 7.195:
Ausziehkräfte (Klemmschraube: M 3, Prüfdrehmoment: 50 Ncm)
Ausziehkraft der Leiter

Das Diagramm in Bild 7.195 zeigt den Streubereich der Ausziehkräfte der Leiter aus der Schraubverbindung eines Kontaktelementes mit Drahtschutz. In Bild 7.196 sind die Kontakteinsätze mit den dazu passenden Leitern und den entsprechenden Abisolierlängen aufgeführt

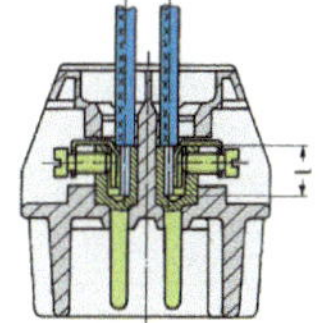

Kontakteinsätze	max. Leiterquerschnitt mm²	max. Leiterquerschnitt AWG	Abisolierlänge l (mm)
Han® 3A, Han® 4A	2,5	14	4,5
Han E®, Han® K, Han A®, Han HvE®	2,5	14	7
Han® HsB	6,0	10	11,5
Staf	1,5	16	4
Han® K 4/x (80 A)	16	5	14

Bild 7.196: Schematische Darstellung des Schraubanschlusses

Axialschraubanschluss

Diese Anschlusstechnik vereint die Vorzüge von Schraub- und Crimpverbindungen.

- Geringer Platzbedarf
- Einfache Handhabung
- Keine Sonderwerkzeuge

Der Axialschraubanschluss ist geeignet für fein- und feinstdrähtige Litzenleiter – siehe Daten in Bild 7.201b.

	40 A				100 A		
Leiterquerschnitt (mm ²)	2,5	4	6	10	16	25	35
Leiterquerschnitt (AWG)	14	12	10	7	5	3	2
Anzugsmoment (Ncm)	100	100	100	100	500	600	600
Auszugskraft (N)	>100	>100	>200	>300	>1000	>1000	>1000
Auszugskraft (N) gemäß Anforderung EN 60 999	50	60	80	90	100	135	190
Abisolierlänge	8 – 9 mm				13 – 14 mm		

Bild 7.197: Schematische Darstellung des Schraubanschlusses

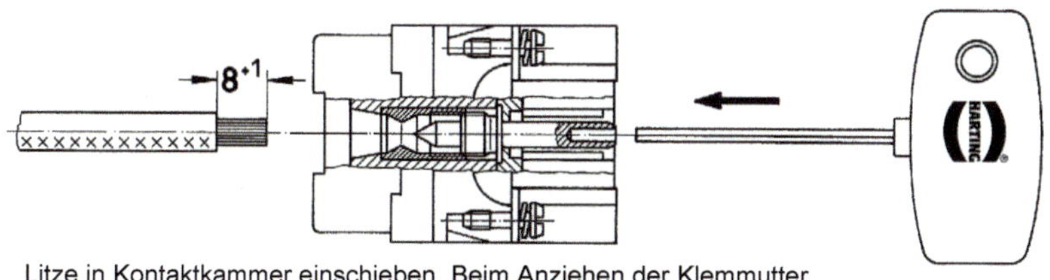

Bild 7.198: Schematische Darstellung des Axialschraubanschlusses

Empfohlene Anzugsmomente und Schraubendreherklingen

Schraubengröße	Steckverbinder Typ	Ø Anzugsmoment* [Nm]	Ø Anzugsmoment* [lbft]	empfohlene Schraubendreherklinge
M 3	Schraubklemmen Han® 3A, 4A, Q 5/0	0,25	0,20	0,4 x 2,5
M 3	Schraubklemmen Han® 10 – 32 A	0,50	0,40	0,5 x 3,5 oder Kreuzschlitz Größe 1
M 3	Schraubklemmen Han E®, HvE® Befestigungsschrauben, alle Größen Führungsstifte + -Buchsen	0,50	0,40	0,5 x 3,5
M 4	PE-Klemmen Han A®, E®, D®, DD® PE-Klemmen Han® K 8/24	1,20	0,90	0,5 x 3,5 oder Kreuzschlitz Größe 1+2
M 4	Schraubklemmen Han® HsB	1,20	0,90	0,8 x 4,5
M 5	PE-Klemmen Han® HsB HsC (K 12/2), K4/x, K 6/12	2,00	1,40	0,8 x 4,5 1,2 x 8
M 6	Schraubklemmen Han® K 4/x (80 A)	1,20	0,90	0,8 x 4,5
-	Schraubklemmen Han® K 6/12 (40 A)	1,20	0,90	Innensechskant 2 mm
M 8	Schraubklemmen Han® K 6/6 (100 A)	6,0 – 6,5	4,30	Innensechskant 4 mm

Bild 7.199: Anzugsmomente nach *DIN EN 60999**)

Eine Erhöhung der Anzugsmomente führt zu keiner wesentlichen Verbesserung der Kontaktwiderstände. Die Drehmomente wurden so ermittelt, dass optimale mechanische, thermische und elektrische Verhältnisse vorliegen. Bei wesentlicher Überschreitung der empfohlenen Werte können im Extremfall Leiter oder Anschluss beschädigt werden.

Käfigzugfederanschluss
Diese Verbindungstechnik erfordert geringen Bedienungs- und Werkzeugaufwand und ist zudem von hoher Funktionssicherheit gekennzeichnet

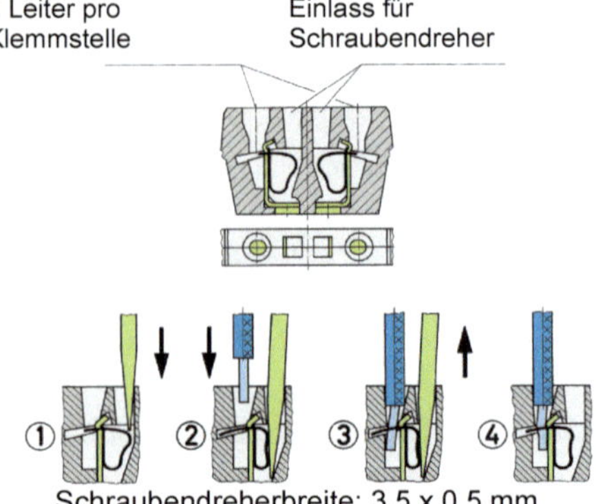

Bild 7.200:
Schematische Darstellung des Käfigzufederanschlusses

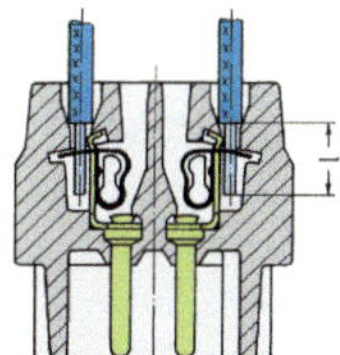

Kontakteinsätze	max. Leiterquerschnitt		Abisolierlänge
	mm²	AWG	l (mm)
Han® ES, Han® Hv ES	0,14 – 2,5	26 – 14	9 ... 11

Bild 7.201: Querschnitte für Käfigfederanschluss

Crimpanschluss

Die folgenden Bauformen sind für die Crimptechnik in Verbindung mit Litzenquerschnitten entsprechend nachfolgender Tabelle ausgelegt:

Han DD®
Han D®
R 15
Han-Modular® (10 A)
Han E®
Han A®
Han® Hv E

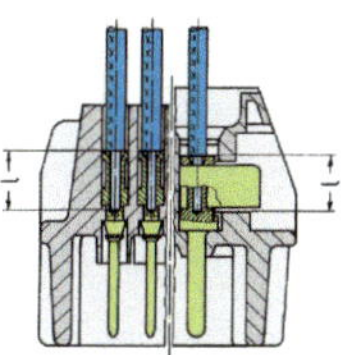

Bild 7.202: *Crimpanschlusstechnik*

Litzenquerschnitt		Anschluss-bohrung	Abisolierlänge l (mm)		
mm²	AWG	Ø mm	Han DD® Han D® R 15 Han-Modular® (10 A)	Han E® Han A® Han® Hv E	Han® C
0,14 ... 0,37	26 – 22	0,9	8	–	–
0,5	20	0,15	8	7,5	–
0,75	18	0,3	8	7,5	–
1	18	1,45	8	7,5	–
1,5	16	1,75	8	7,5	9
2,5	14	2,25	6	7,5	9
4	12	2,85	–	7,5	9,6
6	10	3,5	–	–	9,6

Bild 7.203: *Anschlussdaten für Stecker nach* Bild *7.202*

Die folgenden Bauformen sind für die Crimptechnik in Verbindung mit Litzenquerschnitten entsprechend Tabelle auf der nächsten Seite ausgelegt:

Han® EE
Han-Modular® (16 A)
Han-Com® (40 A)
Han-Modular® (40 A)

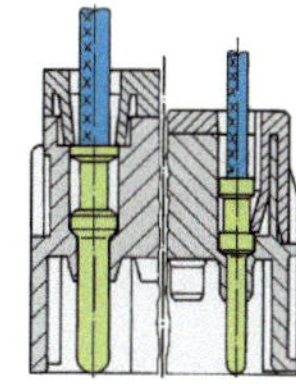

Bild 7.204: *Crimpanschlusstechnik*

Litzenquerschnitt		Anschluss-bohrung	Abisolierlänge l (mm)	
mm²	AWG	Ø mm	Han-Com® (40 A) Han-Modular® (40 A)	Han® EE Han-Modular® (16 A)
0,5	20	1,15	–	7,5
0,75	18	1,3	–	7,5
1	18	1,45	–	7,5
1,5	16	1,75	9	7,5
2,5	14	2,25	9	7,5
4	12	2,85	9,5	7,5
6	10	3,5	9,5	–

Bild 7.205: *Anschlussdaten für Stecker nach* Bild 7.204

Werkzeuge für Crimpanschlüsse sind in Bild 7.159 – 7.172 dargestellt.

7.6. Hinweise auf Normen und Vorschriften

DIN EN 50 024
DIN EN 50 035
DIN EN 60 352 1-5
DIN EN 60 715
DIN EN 60 999
DIN EN 175 301 - 801

DIN IEC 512

IEC 112

VDE 0100 Teil 410
VDE 0100 Teil 540 / IEC 60 364 T5/T4
VDE 0110 / IEC 60 664-1
VDE 0470 / DIN EN 60 529
VDE 0627 / DIN EN 61 984
VDE 0870

7.7 Nachwort

Die vorliegenden Ausführungen über Industrie-Steckverbinder erheben nicht den Anspruch auf Vollständigkeit. Es handelt sich um eine Zusammenfassung der wichtigsten Merkmale dieser Produktgruppe.

Die angeführten Normen und Vorschriften entsprechen dem Stand von Juni 2004 und bedürfen einer ständigen Kontrolle auf Aktualität. Diese Abhandlung wurde mit fachlicher Unterstützung der HARTING Electric GmbH & Co. KG erstellt.

8 Aspekte zur Elektromagnetischen Verträglichkeit von Steckverbindern (EMV und EMI)

Peter Pauli

8.1 Einleitung

Der durchschnittliche Anwender von Steckverbindern macht sich oft gar keine Gedanken über das meist nebensächlich erscheinende Gebilde, bestehend aus Stecker und Gegenstecker, aus Stift und Buchse, aus Steckerleisten oder aus einem Paar von Stirnkontakten. Ein Steckerpaar soll zueinander passen, es soll sich gut miteinander verbinden lassen und nicht gleich wieder lockern. Und ein anmontiertes Kabel soll sich nicht so leicht aus dem Stecker herausreißen lassen, wenn man an ihm zieht.

Der Fachmann allerdings weiß, welche speziellen Forderungen an Steckverbinder gestellt werden können:

- Strom- und Spannungsbelastbarkeit sowie
- Korrosionsbeständigkeit müssen gewährleistet werden.
- Im Kfz-Bereich und bei verschiedenen anderen Anwendungen müssen die Steckverbinder auch während einer Schockbelastung ihre Kontakteigenschaften beibehalten.
- Im medizintechnischen Bereich müssen die Steckverbinder u.U. sogar sterilisierbar sein.
- In der Hochfrequenztechnik muss die „Steckerimpedanz" mit der Impedanz der angeschlossenen Kabel übereinstimmen, damit z. B. ein Koaxialsteckerpaar reflexionsfrei in eine Koaxialleitung eingefügt werden kann usw.

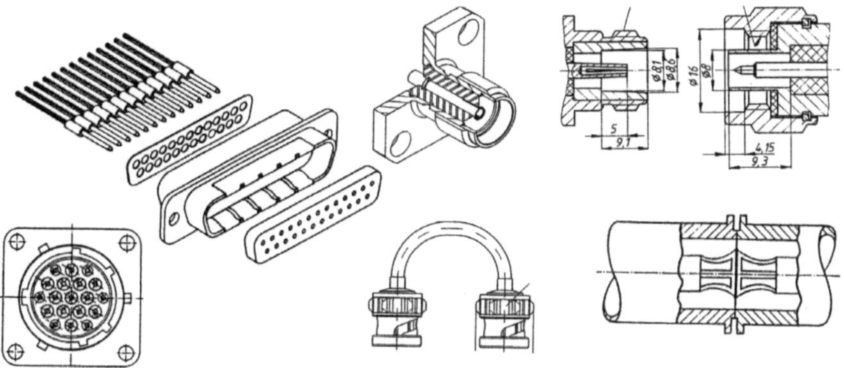

Bild 8.1: Beispiele für verschiedenartige Steckverbinder [1]

Erst Ende des vergangenen Jahrhunderts trat durch die Nutzung von immer höheren Frequenzen, von immer mehr Kanälen in der Kommunikationstechnik auf den verschiedensten Trägerfrequenzen und durch den Einsatz von immer empfindlicheren Empfängern das Problem der *Elektromagnetischen Verträglichkeit* elektronischer Geräte und Systeme massiv in den Vordergrund. In EMV-Konzepten konnten Steckverbinder nicht mehr vernachlässigt werden.

Es gibt genügend Anwendungen, bei denen Störungen beim Betrieb elektrischer Anlagen oder z. B. bei der Nachrichten- bzw. Datenübertragung absolut unerwünscht und sogar verboten sind. Um dieses Problem zu bewältigen, wurden internationale und nationale Normen und Vorschriften erlassen, die zur Herstellung elektromagnetischer Verträglichkeit beitragen sollten.

Es ist hilfreich, in dem seit 25.1.2000 geltenden *„Gesetz über Elektromagnetische Verträglichkeit von Geräten" (EMVG)* nachzuschlagen, wie dort im § 2, Nr. 9 die „EMV" definiert wird:

Im Sinne dieses Gesetzes ist elektromagnetische Verträglichkeit die Fähigkeit eines Gerätes,

- *in der elektromagnetischen Umwelt zufriedenstellend zu arbeiten,*
- *ohne dabei selbst elektromagnetische Störungen zu verursachen, die für andere in dieser Umwelt vorhandenen Geräte unannehmbar wären.*

Hier werden deutlich zwei Aspekte gleichrangig angesprochen:
- Die Immissionsempfindlichkeit eines Gerätes und die Forderung nach sicherer Funktion und
- die Emissionsarmut eines Gerätes und somit die Forderung an ein Gerät, selber keine Störungen in seiner Umgebung zu verursachen.

Dabei ist die Nachhaltigkeit der EMV mit den Begriffen *zufriedenstellend arbeiten* und keine *unannehmbaren Störungen* zu verursachen nicht allzu klar umrissen und interpretationsbedürftig.

Darüber hinaus erfährt man aus dem EMVG auch, dass Steckverbinder (genauso wie Leitungen und andere passive Bauteile) nicht Gegenstand dieses Gesetzes sind.

Deshalb sollen in diesem Beitrag alle Eigenschaften und Eigenheiten von Steckverbindern untersucht werden, die bei schon bei ihrer Konstruktion und später bei ihrem Einsatz dazu führen, dass Geräte und Anlagen, in denen sie eingesetzt werden, EMV-gerecht arbeiten und dass durch die Steckverbinder selbst keine zusätzlichen elektromagnetischen Beeinträchtigungen hervorgerufen werden.

In Normen und Gesetzen findet man bezüglich EMV- und EMI-Verhalten von Steckverbindern meistens nur spärliche Informationen.

8.2 EMV-Probleme im Zusammenhang mit Steckverbindern

Die Praxis zeigt, dass bei Steckverbindern im Hinblick auf die EMV folgende besondere, manchmal unerwartete Probleme auftauchen können:

- Die *Schirmdämpfung* eines Steckverbinders kann so gering sein, dass durch seine *Undichtigkeit* unerwünschte und manchmal störende Emissionen in die Umgebung gelangen. Diese Erscheinung kann natürlich auch in umgekehrter Richtung stattfinden und genauso unerwünscht sein, wenn störende Signale oder Energien von außen durch undichte Steckverbinder in ein sonst geschirmtes System eindringen. Dabei ist noch zwischen NF- und HF-Signalen und elektrischen oder magnetischen Einstreuungen zu unterscheiden.

- Es tritt das sogenannte *Moding* auf, das bei allen Steckern mit metallischen Gehäusen durch das Entstehen anderer Wellentypen (als dem gewünschten TEM-Mode) plötzlich unerwartete frequenzabhängige Zusatzdämpfungen hervorruft und bei dem durch andere Ausbreitungsgeschwindigkeit des unerwünschten Modes eine Signalverzerrung entstehen kann.

- Bei der Verwendung von falschen Steckermaterialien kann es bei der Übertragung mehrerer Nachrichtenkanäle zu *Intermodulationseffekten* kommen, die systemimmanente Störungen im eigenen Nachrichtensystem hervorrufen (typisches Problem bei den Antennenanlagen in den Basisstationen der Mobilfunksysteme des D- und E-Netzes bzw. beim UMTS).

Diese drei Effekte – *Schirmdämpfung, Moding und Intermodulation* – werden auf den folgenden Seiten näher behandelt. Es gibt jedoch noch einige weitere EMV-Probleme, die mit Steckverbindern zusammenhängen können. Weil diese aber nur in Sonderfällen von Bedeutung sind, werden sie in diesem Rahmen nicht näher erläutert. Es handelt sich um folgende Beispiele:

- Für die Übertragung von äußerst hohen Leistungen wird manchmal (vor allem in der Radartechnik) eine Druckgasbefüllung (u.a. mit SF_6) vorgesehen. Hier spielt die zusätzlicheDichtigkeit der Steckverbinder bezüglich des Überdrucks eine wichtige Rolle.

- Bei hochpräzisen Messungen mit Vektoriellen Netzwerkanalysatoren, bei denen bei der Kalibrierung der genaue Phasenabgleich eine Rolle spielt, sollten Steckverbinder oder Messkabel mit Teflondielektrikum nur mit Vorbehalt eingesetzt werden, da das Teflon beim Überschreiten einer Temperatur von ca. 24^0 Celsius den Wert seiner Dielektrizitätszahl ε_r verändert und damit für das Signal eine andere Fortpflanzungsgeschwindigkeit bietet. Dieser sogenannte *Teflonsprung* macht die Phasenkalibrierung zunichte. Dies ist zwar kein typisches EMV-Problem, es ist aber dennoch wichtig beim Einsatz von Steckverbindern.

- Man kann Steckverbinder aber auch nützlich modifizieren und damit ein ganz anderes EMV-Problem lösen: Durch Einbau von EM-Überspannungsschutzmaßnahmen in den Stecker können z. B. empfindliche Empfangsanlagen vor den Folgen eines

Blitzeinschlages oder eines anderen elektromagnetischen Pulses (EMP) geschützt werden.

- Genauso kann man aber auch in Steckverbindern EMV-reduzierende (HF)-Filter unterbringen.

8.3 Die Schirmdämpfung von Steckverbindern

Sämtliche grundlegenden Erläuterungen in diesem Abschnitt gelten nicht nur für Steckverbinder, sondern auch für die Schirmungseigenschaften der an die Stecker angeschlossenen Kabel oder für die Gehäuse, an die z. B. Steckverbinder mit Flanschanschlüssen anmontiert sein können.

8.3.1 Messgrößen zur Beschreibung der Schirmwirkung

8.3.1.1 Der Schirmfaktor

Um die Wirksamkeit einer Schirmung zu beschreiben, gibt man mit dem Schirmfaktor z. B. das Verhältnis zwischen ungedämpfter und durch den Schirm gedämpfter Feldstärke an. Dabei ist zwischen elektrischer und magnetischer Schirmwirkung – vor allem im Niederfrequenzbereich und bei Gleichfeldern – deutlich zu unterscheiden.

Schirmfaktor S

elektrisch

$$S_{el} = \frac{E_0}{E_1} \quad (1)$$

magnetisch

$$S_{magn} = \frac{H_0}{H_1} \quad (2)$$

mit E_0 und H_0 als ungedämpfte Feldstärken und E_1 und H_1 als gedämpfte Feldstärken.

8.3.1.2 Die Schirmdämpfung a_s

Vor allem bei sehr großen Schirmungswerten empfiehlt es sich, wie auch in anderen Gebieten der Elektrotechnik, auf ein logarithmisches Maß überzugehen und somit die Schirmdämpfung in Dezibel anzugeben. So definiert man die

elektrische Schirmdämpfung zu

$$a_{Sel} = 20 \lg \frac{E_0}{E_1} \quad (3)$$

und die

magnetische Schirmdämpfung zu

$$a_{Smagn} = 20 \lg \frac{H_0}{H_1} \quad (4)$$

In allen Fällen hängt es vom Ort der ausgehenden *Störung* ab, welche Größe den Index „0“ und den Index „1“ erhält. Quillt störende Leistung aus dem Inneren eines Koaxialsystems nach außen, so werden die internen elektrischen Größen im Kabel den Index „0“ erhalten und die außen messbaren Größen den Index „1“. Das Szenario kann aber auch umgekehrt sein.

Die Verknüpfung zwischen den beiden Begriffen erfolgt über die Gleichung:

$$a_S = 20 \lg S \qquad (5)$$

Vor allem bei Gleichfeldern und bei niedrigen Frequenzen (f < 30 kHz) ist häufig

$$a_{Sel} \neq a_{Smagn}$$

So gibt es Leitungs- und Stecker-Schirme z. B. aus Kupfer oder Aluminium, die bei NF eine sehr gute elektrische Schirmdämpfung von 80 - 120 dB aufweisen, die aber ein NF-Magnetfeld nur mit 0 - 6 dB dämpfen! Bei höheren Frequenzen (schon ab 500 kHz aufwärts) können die gleichen (nichtmagnetischen) Materialien Werte bei a_{Sel} von 100 – 140 dB und bei a_{Smagn} Werte von ca. 20 – 100 dB annehmen, da dies durch den Skin-Effekt bewirkt wird.

8.3.1.3 Kopplungsimpedanz bzw. Transferimpedanz

Stellt man sich bei einem sonst geschlossenen Koaxialsystem (mit Kabel und eingefügtem Steckerpaar, beidseitig angepasst belastet) vor, dass von irgendeiner (Stör-) Quelle ein Strom i_0 auf dem Außenleiter induziert wird, so könnte bei weniger guter Schirmung im Inneren des Systems eine Spannung u_1 zwischen Innen- und Außenleiter der Koaxialanordnung gemessen werden, die von dem auf dem Außenleiter fließenden Strom verursacht wurde. Bild 8.2 veranschaulicht den Vorgang:

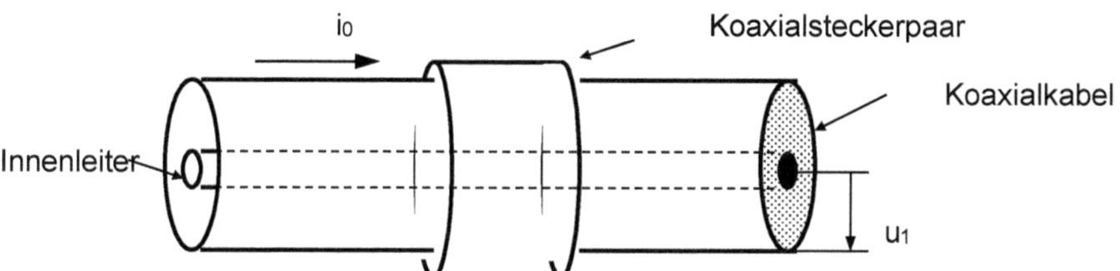

Bild 8.2: Erläuterung der Kopplungsimpedanz

Das Verhältnis zwischen *eingekoppelter* Spannung und dem verursachenden Strom kann als Widerstandswert interpretiert werden, der als Kopplungswiderstand R_K bezeichnet wird.

$$R_k = \frac{u_1}{i_0} \qquad (6)$$

Dieser Wert wird als komplexe Größe („Kopplungsimpedanz“) betrachtet, wenn die eingekoppelte Spannung nicht gleichphasig zum verursachenden Strom entsteht.

Der Kopplungswiderstand wird überwiegend bei Gleichfeldern, bei NF und bei Wechselstromgrößen bis in den VHF-Bereich verwendet. Bei der Abschirmung von noch höherfrequenten Signalen wird die Datenbuch-Angabe der Schirmdämpfung von Steckverbindern in Dezibel bevorzugt.

8.3.2 Physikalische Grundlagen zur Schirmwirkung

8.3.2.1 Abschirmung elektrischer Felder

Da elektrische Feldlinien als sogen. Quellenfelder auf elektrischen Ladungen entspringen und enden können, gelingt es, mit rundum geschlossenen metallischen Behältern mit genügend großer Metallschichtdicke (beginnend bei einigen µm und egal aus welchem Metall) den umschlossenen Raum sowohl für elektrische Gleichfelder als auch für nieder- und hochfrequente Wechselfelder feldfrei zu machen. Bild 8.3 zeigt die Zone, die innerhalb des Schutzschirmes frei von elektrischen Feldern ist.

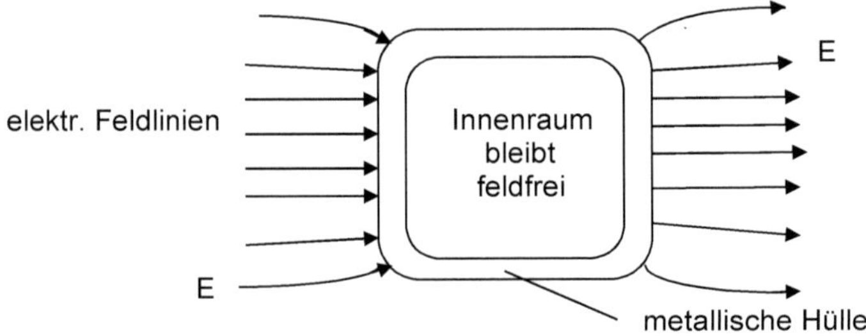

Bild 8.3: Abschirmung eines elektrischen Feldes [2]

Bei allen Kabelschirmen und damit ebenso bei Koaxialleitungen gilt das Prinzip auch umgekehrt: Entspringen die elektrischen Feldstärken wie in der Momentaufnahme in Bild 8.4 z. B. auf dem Innenleiter des Koaxialkabels- oder Steckers so enden sie auf der Innenseite des Außenleiters.
Solange keine Schlitze, Löcher oder sonstigen Beschädigungen des Außenleiters vorliegen, kann man eine hochgradige perfekte Abschirmung der E-Felder erwarten (a_S > 100 dB).

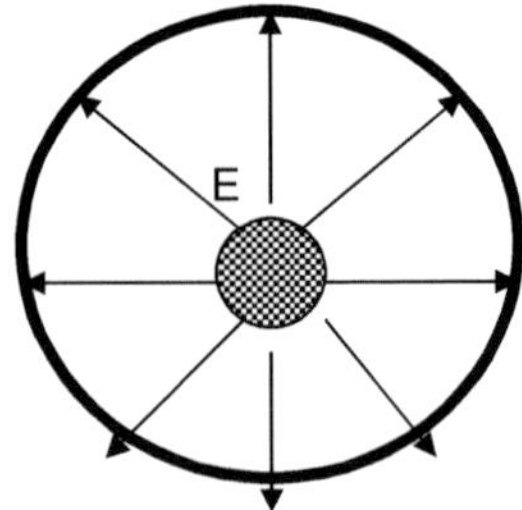

Bild 8.4: Elektrische Feldlinien in einem Koaxial-Stecker

Nur ein zu schütteres Geflecht eines Kabelschirmes, Löcher, Schnitte oder andere Unterbrechungen der Metallhaut sowie schlecht montierte Stecker führen dazu, dass elektrische Feldstärken aus dem koaxialen System nach außen dringen können. Macht man das mit Absicht, erhält man *strahlende* Koaxialkabel, wie sie z. B. in einem U- und S-Bahn-Tunnel zur Kommunikation mit dem Zugführer oder in einem Autobahntunnel zur Übertragung des Verkehrsfunksenders auf UKW für die Kraftfahrer verwendet werden.

8.3.2.2 Abschirmung magnetischer Felder

Für magnetische Gleichfelder und für niederfrequente Wechselfelder (f < 5 kHz) hängt die magnetische Schirmwirkung von der Wandstärke, der Schirmoberfläche, der geometrischen Anordnung *und vor allem von der Permeabilitätszahl* μ_r des Schirmmaterials ab.

Da die magnetischen Feldlinien als Wirbelfeld keine Unterbrechung zulassen, muss man sie um den zu schützenden Bereich herumlenken, wie in Bild 8.5 schematisch an einem Rohr angedeutet. Dabei bestimmt der Unterschied im magnetischen Widerstand zwischen der direkten, kürzesten Verbindung durch Luft gegenüber der etwas längeren Strecke in der Kugelwand den Grad der Abschirmung. Ein Schirmmaterial mit möglichst großer relativer Permeabilität μ_r wird den magnetischen Fluss besonders gut aufnehmen und weiterleiten.

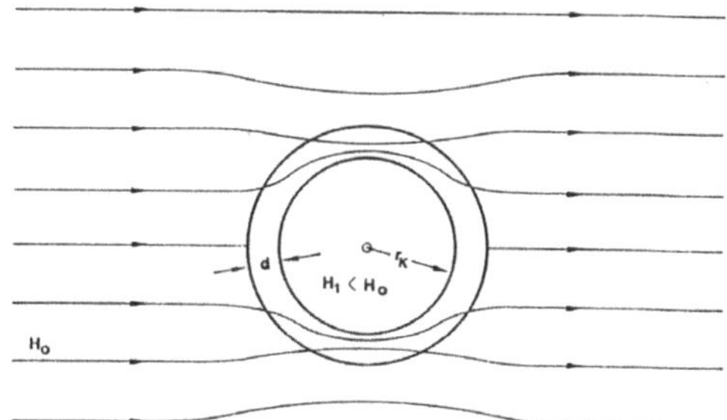

Bild 8.5: Magnetfeldlinien in der Wand eines Rohres mit einer Permeabilität $\mu_r > 1$ [2]

Für ein dünnwandiges Rohr kann die magnetostatische Schirmdämpfung, d. h. eine Dämpfung, gültig für magnetische Gleichfelder, nachfolgender Gleichung ermittelt werden:

$$a_{Rohr} = 20 \cdot \log\left[1 + 0{,}5 \cdot \frac{\mu_r \cdot d_{Rohr}}{r_{Rohr}}\right] \quad in \quad dB \tag{7}$$

Aus dieser Formel kann man für die Praxis zur Abschirmung niederfrequenter magnetischer Wechselfelder 3 wichtige Informationen entnehmen:

Für gute Abschirmung von Magnetfeldern muss das Schirmwandmaterial und damit bei Koaxialsystemen der Außenleiter

- eine möglichst große Permeabilität besitzen und
- es soll möglichst dickwandig sein.

- Außerdem sind kleine Volumina besser abschirmbar als große (r_{Rohr} soll möglichst klein gehalten werden, dann wird die Abschirmung entsprechend größer).

Um es deutlich hervorzuheben: *Koaxialstecker und Kabel mit einem Außenleiter aus Kupfer, Silber, Aluminium oder Messing schirmen niederfrequente Magnetfelder (16,6 Hz, 50Hz, 60Hz oder 400Hz) überhaupt nicht ab. Man muss Werkstoffe mit $\mu_r >> 1$ verwenden.*

Will man *niederfrequente* Magnetfelder von Leitungen fernhalten, muss man tatsächlich an die *magnetische Schirmfähigkeit* des Schutzschirmes denken. So kann man Koaxialkabel mit eingelegtem Mumetall-Band (Bild 8.6) einsetzen oder z. B. Datenleitungen mit einer Manschette aus Mumetall-Blech nachträglich ummanteln und diese dann mit einer Gummimanschette mit Zip-Verschluss fixieren, wie im Bild 8.7 gezeigt. Koaxiale Steckverbinder benötigen hierfür einen Außenleiter aus Stahl oder Sub-D-Steckerhauben brauchen eine Mumetall-Einlage.

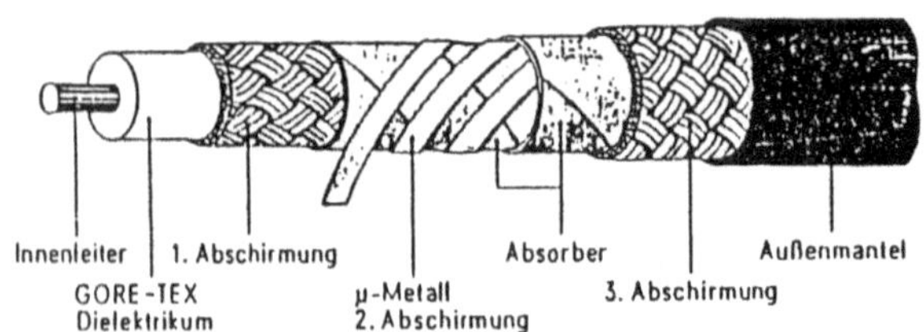

Bild 8.6: Magnetisch geschirmtes Koaxialkabel mit eingearbeiteten Mumetallbändern [3]

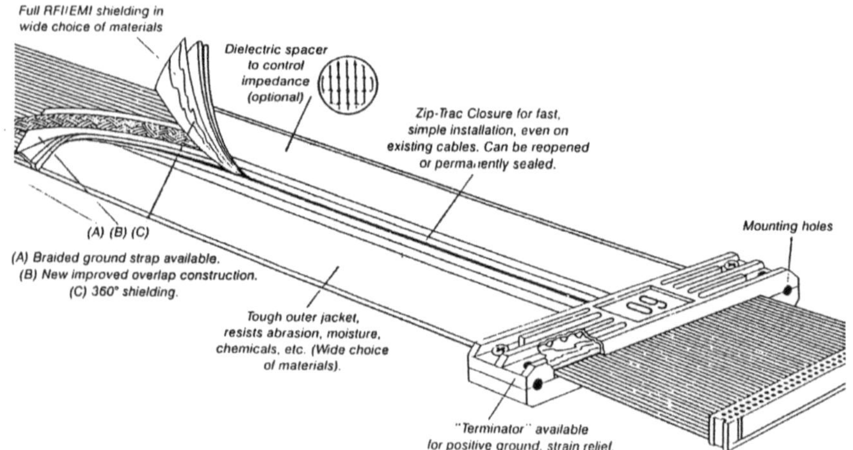

Bild 8.7: Mumetallmanschette zum nachträglichen Schirmen empfindlicher Datenleitungen [4]

8.3.2.3 Der Skin-Effekt

Im Hochfrequenzbereich spielt die physikalische Erscheinung des *Skin-Effekts* eine große Rolle auch für die Abschirmung. Hierbei tritt das Phänomen auf, dass Hochfrequenzströme durch Induktionswirkung an die Oberfläche (= Skin, Haut) eines Leiters gedrängt werden. Mit der Stromverdrängung findet gleichzeitig eine Verdrängung der magnetischen Wechselfelder an die *Oberfläche* statt, ein Vorgang der *wie eine Abschirmung auf das Magnetfeld* wirkt. Die Bilder 8 a-d veranschaulichen das Zustandekommen des Skin-Effekts in einem zylindrischen Leiter.

Der eingespeiste Wechsel-Strom erzeugt ein Magnetfeld, das sich zeitlich genauso, wenn auch phasenverschoben, ändert wie der Primärstrom. Wird ein elektrischer Leiter von den sich ändernden Magnetfeldern durchdrungen, induzieren diese neue sekundäre Ströme im Leiter (Bild 8.8c).

Bei vorzeichenrichtiger Superposition des Primärstroms mit den *Sekundärströmen* ergibt sich eine Stromdichte-Verteilung abhängig von der Frequenz, wie in Bild 8.8 d dargestellt. Der Skin-Effekt trägt dazu bei, dass auch Steckverbinder oder Kabelschirme aus Kupfer, Silber oder Aluminium magnetische Wechselfelder bereits ab dem unteren MHz-Bereich sehr gut abschirmen. Mumetall oder Eisen als Schirmmaterial ist dann für die Magnetfeld-Abschirmung dann nicht mehr nötig.

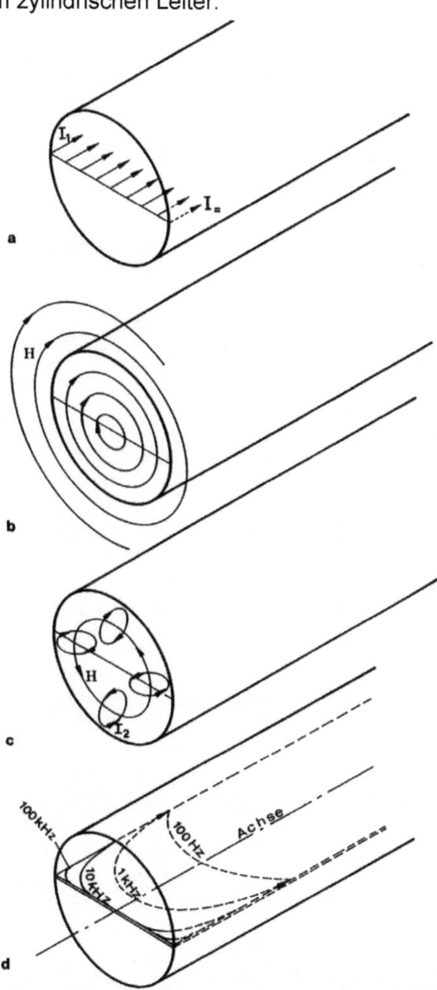

Bild 8.8 a-d: (von oben nach unten)
Zur Erläuterung des
Skin-Effekts [5]

8.3.3 Messverfahren zur Ermittlung der Schirmung von Steckverbindern (RF-leakage)

Messung der Steckerschirmung in einem Triaxial-Messgefäß

Zur Ermittlung der HF-Dichtigkeit von Koaxialsteckerpaaren oder Kabelstücken wurde schon im Jahr 1954 in der MIL-Standard 39 012 das in Bild 8.9 dargestellte Messgefäß vorgeschlagen. Der Prüfling wurde zur Erzielung möglichst guter Resultate sorgfältig an Semi-Rigid-Leitungen angelötet und wie unten gezeigt, in das triaxiale Messgefäß eingefügt. Ist der Stecker für eine Montage mit Geflecht-Schirmen vorgesehen, werden bei der Messung natürlich auch Qualität der Crimpverbindung und Kabeldichtigkeit in das Messergebnis eingehen.

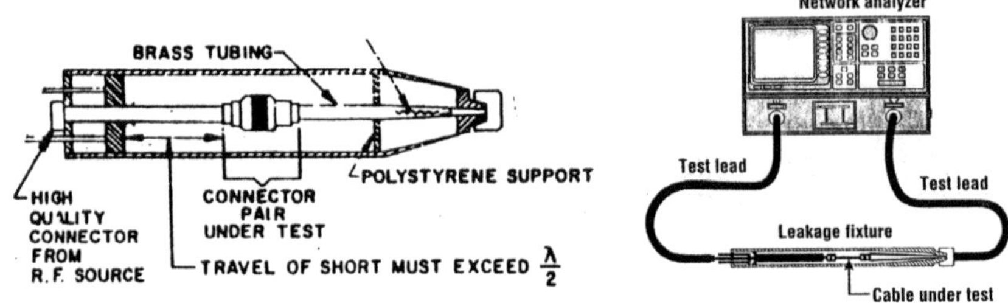

Bild 8.9: Triaxiales Messgefäß zur Ermittlung der Schirmdämpfung von Koaxialsteckern (MIL-STD 39 012) [&]

Speist man ein Mess-Signal (von links) in das Innere des Prüflings und war dieser 100%ig dicht, verschwindet die Leistung in dem eingebauten 50-Ohm-Widerstand. Am rechten koaxialen Ausgang des äußeren Systems kann keine Leistung festgestellt werden. Besteht eine Undichtigkeit im Bereich des Prüflings, gibt der Pegelunterschied zwischen der links eingespeisten und rechts nachweisbaren Leistung die sogen. *HF-Schirmdämpfung* des Steckerpaares an. Heute ist dieses Verfahren in der EN DIN IEC 61196-1 (1997) zu finden

Wenn die (halbe) Wellenlänge der Messfrequenz in die Größenordnung der Länge der Messanordnung gerät, treten Resonanzen zwischen den Stirnseiten des Gefäßes auf, welche das Resultat beeinflussen und welche ohne Korrekturmaßnahmen nicht verwertet werden können. Deshalb beschränkt dieser Effekt Messungen ohne Korrekturmaßnahmen auf Frequenzen von unterhalb 3 GHz. Bei hoher Stecker-Schirmdämpfung muss dieses Verfahren eine große Messdynamik aufweisen. Die eingespeiste Leistung wird durch die Belastbarkeit des messobjektbedingten kleinen 50-Ohm-Widerstandes begrenzt. Kurzfristig sind hier vielleicht 1 W (+30 dBm) möglich.

Besitzt der Prüfling nun eine Schirmwirkung von z. B. 120 dB, so muss der Empfänger Leistungen von –90 dBm anzeigen. Herkömmliche Leistungsmesser sind hierbei überfordert; ihre Grenzempfindlichkeit liegt bei ca. –70 dBm. Heute können moderne Spektrumanalysatoren oder selektive Messempfänger allerdings Pegel bis ca. –130 dBm anzeigen und lassen Schirmdämpfungsmessungen bis weit in den 100dB-Bereich zu.

Viele Steckverbinder müssen auch militärischen Qualitätsanforderungen genügen. Für Deutschland hat man sich dabei nach den sogenannten Verteidigungs-Geräte-Normen (VG-Normen) zu richten.

In der VG 95373-40 (v. 1997) ist als Messanordnung KS 01 B ein Messverfahren für geschirmte Steckverbinder beschrieben, das auf der gleichen Triaxialgefäß-Messung wie die MIL STD 39 012 aufbaut.

Bild 8.10 zeigt die Messanordnung.

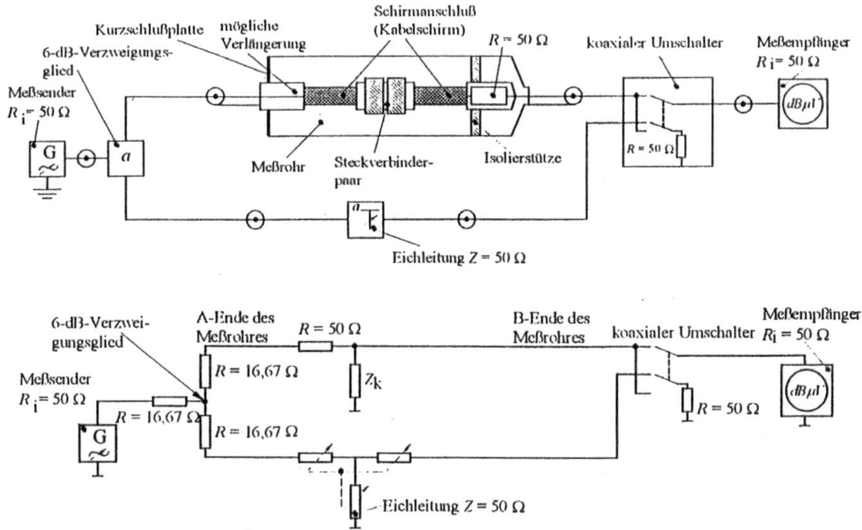

Bild 8.10: Messung der HF-Schirmdämpfung eines Steckverbinders nach VG-Norm und Ersatzschaltbild [7]

Diese Messanordnung kann auch so modifiziert werden, dass z. B. flache mehrpolige NF-Stecker als Prüfling eingefügt werden können (Bild 8.11).

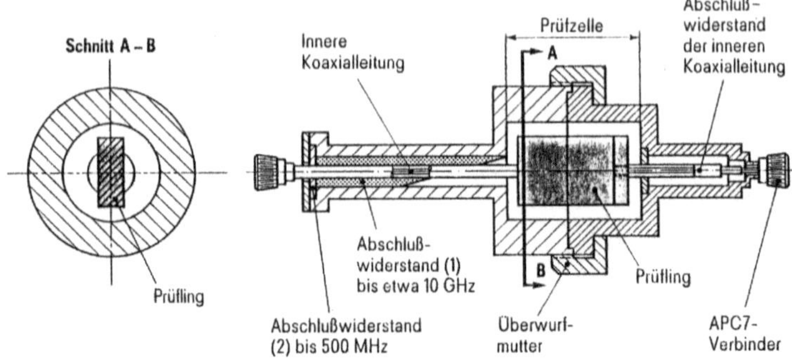

Bild 8.11: Schnittdarstellung einer triaxialen Messvorrichtung für geschirmte NF-Steckverbinder [8]

Messung der Schirmdämpfung von Steckverbindern (und Kabeln) durch Bestrahlung *von außen*

Eine aufwendige, aber praxisbezogene Messung wird in Bild 8.12 dargestellt.

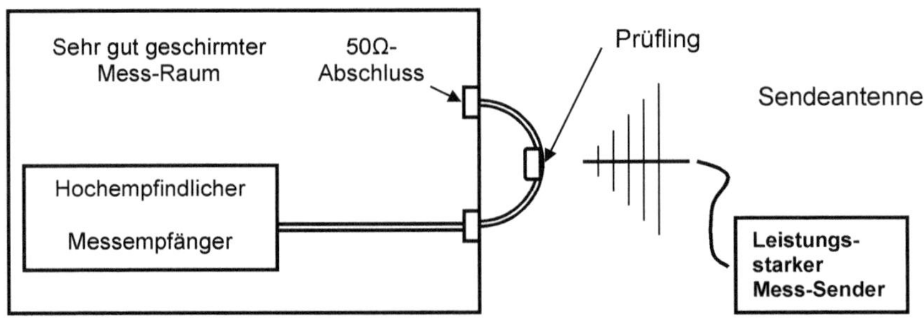

Bild 8.12: Messung der Schirmdämpfung eines Kabels und Steckverbinders mit Hilfe einer Messkabine.

Diese Messung setzt natürlich einen sehr gut geschirmten Messraum voraus. Man kann den Messaufbau sehr gut kalibrieren, indem man eine erste Messung mit einem Verbindungskabel (ohne Prüfling) vornimmt, dessen Schirmdämpfung bekannt ist. Solche Kabel gibt es z. B. bei HP mit garantierter Schirmdämpfung a_s > 120 dB. Wird dann ein anderes Kabel oder ein Steckverbinder (anmontiert in ein hochdichtes Kabel) in die Messung eingefügt, erkennt man evtl. Schwächen der Schirmdämpfung durch direkten Vergleich.

Den Schirmdämpfungsverlauf eines EMV-geschützten Daten-Steckverbinders in Abhängigkeit von der Frequenz zeigt Bild 8.13. Während der Messung wurde eine Stecker-Buchse-Verbindung quasi wie der Innenleiter einer Koaxialanordnung mit dem Signal beschickt.

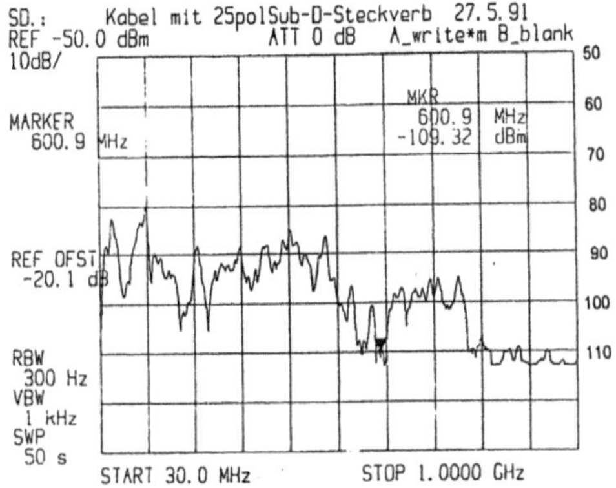

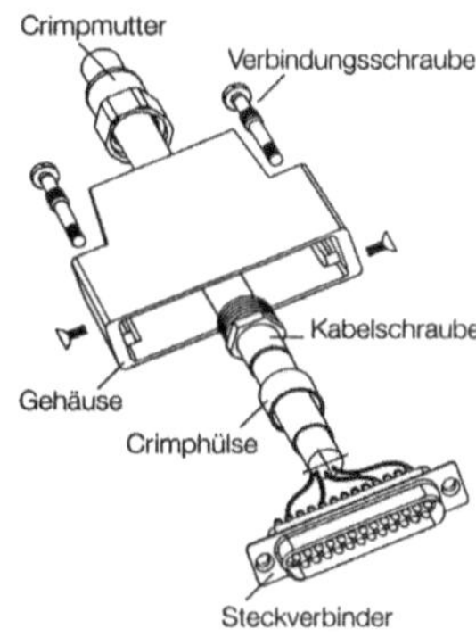

Bild 8.13:
Schirmdämpfungswerte eines D-SUB-Steckers von 30 MHz – 1000 MHz [9]

Messung der Kopplungsimpedanz mit dem Speisedraht-Verfahren
(wire injection method)

Wie schon in Abschnitt 8.3.1 erläutert, beschreibt die Kopplungsimpedanz bzw. der Kopplungswiderstand ebenfalls die Schirmdämpfungseigenschaften eines Steckverbinders oder eines geschirmten Kabels. In der EN DIN IEC 61196-1 (1997) ist das Speisedraht-Verfahren zur Messung des Kopplungswiderstandes sehr ausführlich beschrieben. Es wird dort im Frequenzbereich von wenigen kHz bis 3 GHz gegebenenfalls bis 10 GHz empfohlen. Bild 8.14 zeigt den schematischen Aufbau für die Kopplungswiderstandsmessung eines Koaxialkabels. Bei Kabeln wird der Messwert in Ohm/Meter angegeben.

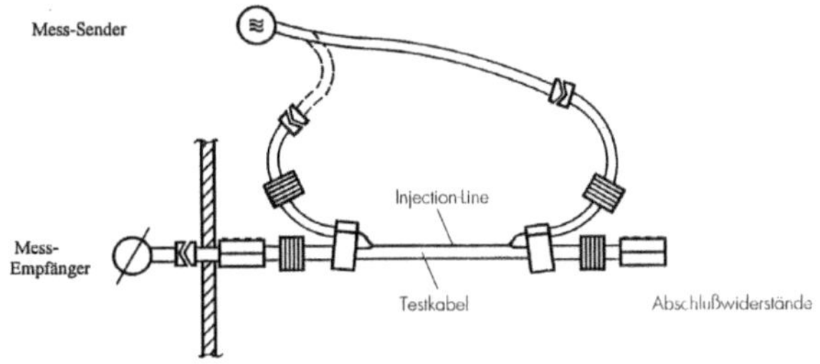

Bild 8.14:
Schematischer Aufbau eines EMV-Messplatzes nach der Line-Injection-Methode [10]

Bild 8.15 zeigt die Modifikation des Speisedraht-Verfahrens zur Messung der Kopplungsimpedanz eines Koaxialsteckerpaares.

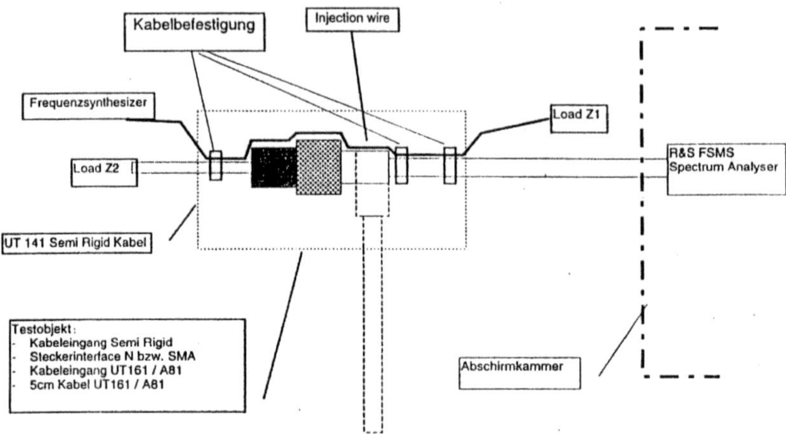

Bild 8.15: Wire-Injection-Methode zur Ermittlung des Kopplungswiderstandes eines Koaxialsteckerpaares [11]

Eine einfache Methode zur Abschätzung des Kopplungswiderstandes zeigt Bild 8.16. Verwendet man für die U-förmige Leitung ein Semi-Rigid-Kabel (mit a_S > 120 dB und fügt einen Steckverbinder als Messobjekt ein (mit a_S < 110 dB), so wird man im Ergebnis den Kopplungswiderstand bzw. die Schirmdämpfung des Steckverbinders erhalten.

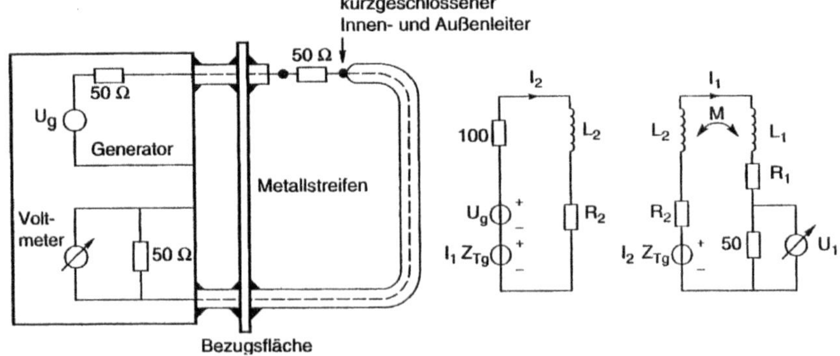

Bild 8.16: Messaufbau für eine einfache Schätzung der Kopplungsimpedanz [12]

Bild 8.17 zeigt den Zusammenhang zwischen Kopplungsimpedanz und Schirmdämpfung anhand einiger Werte für Koaxialkabel. Man sieht beispielsweise, dass bei ei-

nem Kabelstück ein Kopplungswiderstand von 1 mΩ/m einer Schirmdämpfung von 100 dB entspricht.
Fazit: Sehr kleine Kopplungswiderstände bedeuten sehr hohe Schirmdämpfung.

Grob angenähert kann man a_s aus $R_{koppl.}$ errechnen:

$$a_S = 36\,dB - 20 \cdot \log R_{koppl.} \qquad (8)$$

Wobei die 36 dB teils geschätzt sind, teils auf Erfahrungswerten beruhen.

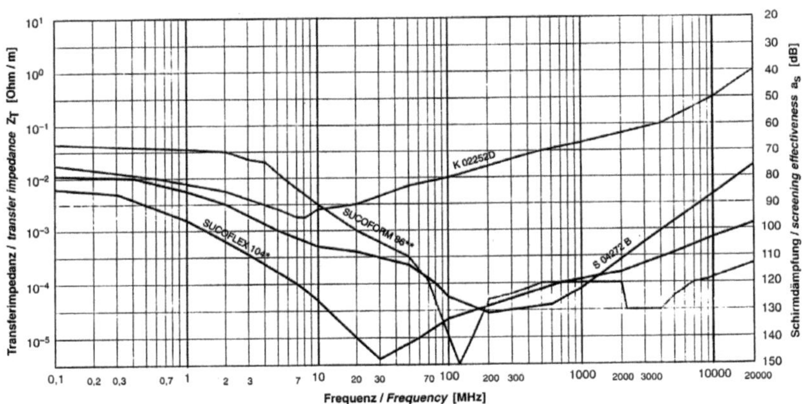

Bild 8. 17: Schirmdämpfung und Kopplungsimpedanz einiger hochdämpfender Koaxialkabel [13]

8.4 Modingeffekte bei Steckverbindern

Die moderne Kommunikations- und HF-Technik weitet ihre Trägerfrequenzen immer mehr in den GHz-Bereich aus. Beispielsweise alte SHF-Kabel mit N-Steckern waren noch für 8 GHz bis 10 GHz konstruiert, danach sind schrittweise Kabel mit N-Steckersystemen für 12 und 18 GHz auf den Markt gekommen.

Der SMA-Stecker, ursprünglich für Anwendungen bis 18 GHz vorgesehen, wird jetzt sogar bis 25 GHz bzw. 26,5 GHz eingesetzt. Ein V-Stecker kann bis 75 GHz, ein W-Stecker bis 110 GHz eingesetzt werden.

Sie alle erfüllen ihre Aufgabe in Anlagen für Erzeugung und Verarbeitung großer Nachrichtenmengen auf hohen Trägerfrequenzen, in Ortungssystemen mit höchster Auflösung und in allen mikrowellenmesstechnischen Aufbauten, die breitbandig in Koaxialtechnik erstellt werden müssen. Der Anwender von HF-Leitungen weiß, dass auf einer Koaxialleitung die elektrischen und magnetischen Feldlinien nur in rein transversaler Form als TEM-Welle (transverse electric magnetic type) vorliegen dürfen, um alle Vorzüge der breitbandigen Signalübertragung zu gewährleisten. Steigert man jedoch bei vorgegebenem Kabel- oder Steckerdurchmesser die Frequenz, so können ab einem bestimmten Wert höhere Wellentypen mit magnetischen oder elektrischen Längskomponenten (Bild 8.18) entstehen.

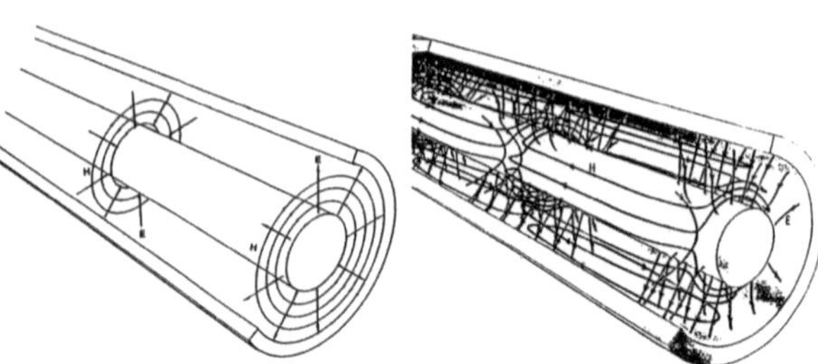

Bild 8.18: Feldverteilung bei einer TEM-Welle (links) und einer H_{11}-Welle [14]

Zuerst erscheint mit longitudinalen H-Feldstärken der H_{11}-Typ oberhalb der Frequenz

$$f_{11} \approx \frac{2 \cdot c_0}{\pi \cdots (D + d)} , \qquad (9)$$

später mit longitudinalen E-Feldstärken der E_{01}-Typ ab der Frequenz

$$f_{01} \approx \frac{c_0}{(D - d)} \qquad (10)$$

Bild 8.19 zeigt die Durchmesserverhältnisse und die Frequenzen, bei denen das H_{11} - Moding entstehen kann sowie die empfohlenen tatsächlichen Einsatzbereiche verschiedener Koaxial-Stecker.

Innendurchmesser des Koaxial-Außenleiters	Theoret. Frequenzgrenze für den Beginn des H_{11} - Modes	Max. Einsatzfrequenz des Koaxialsystems	Entsprechende Koaxial-Steckertypen
21,00 mm	6,5 GHz	5,0 GHz	Dezifix B
16,00 mm	8,5 GHz	6,0 GHz	DIN 7/16
15,00 mm	9,0 GHz	8,0 GHz	GR 874
14,29 mm *	9,5 GHz	8,5 GHz	GR 900
7,00 mm *	19,4 GHz	18,0 GHz	APC 7, N- , Prezifix A
4,88 mm	28,0 GHz	18,0 GHz	TNC, BNC (4 GHz)
4,40 mm	30,0 GHz	18,0 GHz	DIN 1,4/4,4 (Siemens)
3,50 mm *	38,8 GHz	33,0 GHz	APC3,5 ,OSM, SMA
2,92 mm *	46,5 GHz	40,0 GHz	K, KMC-SL, PkZ
2,40 mm *	56,5 GHz	50,0 GHz	OS 50, 2,4mm-Stecker
1,85 mm *	73,3 GHz	65,0 GHz	V-Stecker
1,00 mm *	135,7 GHz	110,0 GHz	W-Stecker

Bild 8.19: Übersicht über Koaxialstecker und ihre Moding-Frequenzgrenzen; IEEE-Std 287, Part I u. II v. 1989

Das Moding stört das eindeutige Übertragungsverhalten der Koaxialleitung. Es ist messtechnisch bei seinem Auftreten *nicht mit jedem* der nach MIL oder DIN vorgeschlagenen Messverfahren zu erfassen.

Neben dem allgemeinen Wunsch nach Bauteilminiaturisierung ist deshalb aus Gleichung (9) ein ganz konkreter hochfrequenztechnischer Grund erkennbar: Wegen des Moding-Problems *muß* der Durchmesser von Koaxialbauelementen bei Anwendung im hohen GHz-Bereich auf ein Maximalmaß begrenzt werden. Das führt im Prinzip zu *kleinen* Kabel- und Steckerabmessungen, wenn sehr hohe Frequenzen transportiert werden sollen (Bild 8.19). Ausnahmsweise können auch sogenannte *Modenfilter* eingefügt werden.

Zahlreiche andere Gründe sprechen bei der Kabeloptimierung für die Wahl eines größeren Durchmessers:

- Geringere Dämpfung bei der Übertragung über große Reichweiten, da $\alpha \approx 1/D$
- Bessere Spannungsfestigkeit bei starken Leistungen von Groß-Sendern und hohen Pulsamplituden bei Radar oder für ECM und ECCM-Aufgaben, da $E_{max} \approx D/d$
- In hochdynamischen Messaufbauten (z. B. HF-Dichtigkeitsmessungen, bei der schon in der Messanordnung mit hoher Generatorleistung eingespeist werden muss, da $P_{max} \approx D/d$

Diese Aufzählung lässt erkennen, dass vor jeder Steckerkonstruktion und Kabelauswahl Optimierungsgrundlagen ermittelt und mit geeigneten Messverfahren nachgeprüft werden müssen. *Das gilt gegebenenfalls auch für nichtkoaxiale Steckverbinder mit großem Gehäusevolumen!*

8.5 Intermodulationseffekte, hervorgerufen durch Steckverbinder

8.5.1 Einführung und Definitionen

Das derzeit aktuellste Problem bei der Intermodulationsfestigkeit von Stecker- und Kabelverbindungen taucht im Mobilfunkbetrieb bei den Basisstationen des D-Netzes auf.

Von Intermodulation spricht man, wenn durch zwei (legal) vorhandene Signale, die in einem Nachrichtensystem über Baugruppen mit nichtlinearer Übertragungseigenschaft laufen, durch den unten beschriebenen Mechanismus ganz neue Frequenzen entstehen, die im eigenen System oder in anderen Nachrichtensystemen z.T. erheblich stören können. Bislang traten derartige Intermodulationseffekte in nichtlinearen Halbleiterschaltungen oder an anderen elektronischen Baugruppen auf.

Seit Einführung der Mobilfunktechnik, bei der mit mehreren Sendekanälen (á 10W – 20W) auf verschiedenen Frequenzen die Teilnehmer über eine Antenne der Basisstation versorgt werden, hat man festgestellt, dass Intermodulationserscheinungen in den sonst harmlos erscheinenden in der Antennenzuleitung verwendeten Steckverbindern entstanden sind.

Nach Analyse des Problems fand man den Grund für diese Erscheinung. Ursprünglich besaßen die hochwertigen in den Basisstationen verwendeten Koaxialsteckverbinder des Typs DIN 7/16 im Außenleiter Teile aus Edelstahl oder aus Legierungen mit $\mu_r > 1$. Durch die bei 20 W HF-Leistung transportierten Wandströme in dem Koaxialsystem wurden (im Metall des Steckeraußenleiters) Magnetfelder induziert, die aufgrund ihrer Stärke den magnetischen Fluss in die Sättigung brachten (Hystereseschleife). Somit war hier der nichtlineare Effekt entstanden, den man bei schwächeren HF-Leistungen und bei Übertragung von nur einem Kanal nie als Störung empfand.

Zunächst werden Teile der vorbeitransportierten Sendefrequenzen in ihrer Frequenz *verdoppelt*, teilweise sogar *verdreifacht*. Dann entstehen zusammen mit den originalen Frequenzen alle möglichen *Summen und Differenzfrequenzen*, die man *Intermodulationsprodukte* nennt und nach einem gewissen Schema nummeriert.

An folgendem Zahlenbeispiel für eine D-Netz-Station soll die durch Intermodulation in einem Steckverbinder entstandene Störung erläutert werden:
Wenn im *Sende-Frequenzbereich* einer Basisstation (die Down-Link-Frequenzen liegen zwischen 935 MHz und 960 MHz) auf zwei Kanälen mit den Frequenzen f_1 und f_2 gleichzeitig gesendet wird, können die dann entstehenden Intermodulationsprodukte 3.Ordnung in den D-Netz-*Empfangs-Frequenzbereich* (Up-Link-Frequenzen liegen zwischen 890 MHz und 915 MHz) fallen und dort den Empfang bestimmter einzelner Kanäle stören.

Es werden zunächst, bedingt durch die Nichtlinearität, f_1 und f_2 verdoppelt zu $2 \cdot f_1$ und $2 \cdot f_2$, gegebenenfalls sogar auch verdreifacht zu $3f_1$ und $3 \cdot f_2$.

Dann entstehen an der Nichtlinearität nachfolgenden Gleichungen die nachfolgend aufgeführten Mischprodukte:

$2 \cdot f_1 \pm f_2$ und $2 \cdot f_2 \pm f_1$, sowie gegebenenfalls
$3 \cdot f_1 \pm 2 \cdot f_2$ und $3 \cdot f_2 \pm 2 \cdot f_1$.

Während die Summen nicht in den Infarkte kommenden Empfangsfrequenzbereich zwischen 890 MHz und 915 MHz fallen und die Resultate mit der Frequenzverdreifachung meist nicht mehr nachweisbar sind, fallen die Intermodulationsprodukte 3. Ordnung ins Gewicht. Meist werden sie zur Bewertung der Intermodulation herangezogen. Für Messungen wird ihr Pegelabstand in Bezug auf die Senderpegel (carrier) der beiden Mutterfrequenzen als sogenannter *dBc-Wert* ermittelt.

Zahlenbeispiel:

Wählt man als Mutterfrequenzen: $f_1 = 935$ MHz und $f_2 = 960$ MHz,
so entstehen: $2 \cdot f_1 = 1870$ MHz und $2 \cdot f_2 = 1920$ MHz.

Die IM-Produkte 3.Ordnung liegen bei: $2 \cdot f_1 - f_2$ = 1870 - 960 MHz = 910 MHz
und bei $2 \cdot f_2 - f_1$ = 1920 - 935 MHz = 985 MHz.

Wie man sieht, fällt das Intermodulationsprodukt IM_3 = 910 MHz genau noch in den D-Netz Empfangsfrequenzbereich und kann dort, wenn es einen vom D-Netz-Systembetreiber zu spezifizierenden Pegel übersteigt, für einen auf dieser Frequenz gerade eingehenden Anruf eines mobilen Teilnehmers starke Störungen hervorrufen. Deshalb verlangt der Systembetreiber für 7/16 DIN-Koaxialstecker seiner Basisstations-Antennenanlagen Intermodulationsabstände von z. B. > 150 dBc. Das heißt, dass die entstandenen Intermodulationsprodukte mehr als 150 dB unter den üblichen Sendepegeln von z. B. 10W (= +40 dBm) liegen müssen. Sie müssen also schwächer als –110 dBm sein.

Um diese Intermodulationsstörungen zu vermeiden, müssen also intermodulationsarme Steckverbinder verwendet werden. Sie enthalten in keinem Fall mehr eisenhaltige oder andere magnetisch wirksame Werkstoffe.

Die gleichen Vorgänge und Probleme treten auch im E- und beim UMTS-Netz auf und sind auch dort zu vermeiden. Inwieweit sie bei anderen Funkdiensten oder Steckverbinderanwendungen zu beachten sind, hängt von der jeweiligen Situation ab.

Um einen Eindruck zu vermitteln, welch großen messtechnischen Aufwand ein Steckverbinderhersteller bei der Kontrolle der Produktqualität zu treiben hat, soll abschließend noch im folgenden Abschnitt Messgeräte und Messanordnung das Messverfahren zur Bestimmung des Intermodulationsabstandes von Koaxialsteckverbindern erläutert werden.

8.5.2 Messgeräte und Messanordnung

Für die Durchführung dieser im Englischen auch *Two Tone Measurement* genannten Intermodulations-Messmethode benötigt man folgende Messausstattung:

- 2 Signalquellen (z. B.: Synthesizer der Fa. WORK, Typ SSG 3M von 10 kHz - 2,6 GHz)
- 2 Verstärker (z. B.: A-Klasse-Verstärker der Fa. Densitron, Typ DMS 7026 mit P_{out} bis 50W)
- 1 Leistungskombiner zur Zusammenschaltung der beiden Signalleistungen
- 1 Bandfilter für die Sendefrequenzen
- 1 Sende-Empfangs-Weiche (Diplexer)
- 1 Bandfilter für das entstandene Intermodulationsprodukt
- 1 Spektrumanalysator mit sehr hoher Dynamik, z. B. Typ FSEA, Rohde & Schwarz, 10 Hz - 3,5 GHz, IM-Messdynamik bis ca. 165 dBc)
- 1 Cable-Load, d. h. der Stecker als Prüfling soll auf seiner Ausgangsseite nicht mit einem *kurzen* Stück Kabel + weiterem Stecker + Abschlusswiderstand abgeschlossen werden, die auch intermodulieren könnten, sondern mit einem *unendlich* langen Koaxialkabel, in dem sich die Mess-Signale *totlaufen*. In der Praxis wählt man dieses Kabel so lang, daß auf dem Hin- und Herweg über 40 dB Dämpfung auftreten.

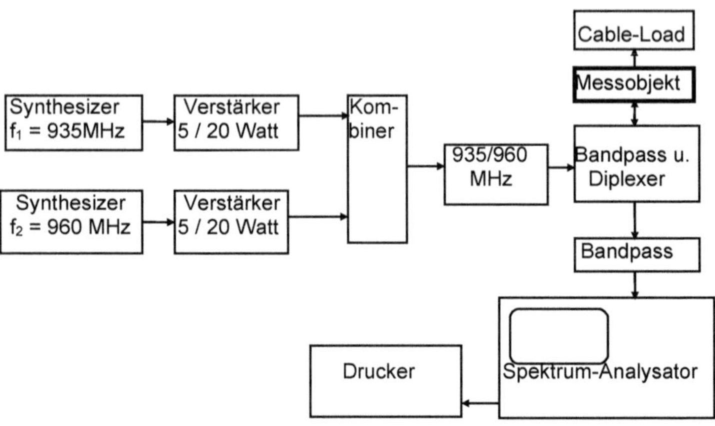

Bild 8.20: Messaufbau für Intermodulationsmessung [15]

Die Leistung der Mess-Signale wird bei den Messungen auf je 20 Watt, bei vielen Messungen aber auf wirklichkeitsnähere 2 x 5 Watt eingestellt.

8.6 Zusammenfassung

In diesem Abschnitt konnte sicher nur ein sehr kleiner Teil jener Probleme behandelt werden, die einen Entwickler und später den Anwender von Steckverbindern möglicherweise tangieren. Für viele Spezifikationen und Qualifikationen von Steckverbindern gibt es zahlreiche Normen und Vorschriften, die bei der Konstruktion und Inbetriebnahme zu beachten sind. Folgende Einrichtungen bzw. Quellen

DIN	Deutsches Institut für Normung e.V.)
IEC	International Electrotechnical Commission
CECC	Cenelec Electronic Components Commitee, wobei Cenelec abgeleitet ist von „Comité Européen de Normalisation Electrotechnique“
MIL	Military Specification, herausgegeben vom U.S. Government,Department of Defense

nennen nur einen Teil der zahlreichen nationalen und internationalen Institute, Kommissionen oder Dienststellen, die mit ihren Forderungen und Vorschriften bei der Qualifikation von elektrotechnischen Bauteilen zu berücksichtigen sind. Dennoch repräsentieren sie für den europäischen Hersteller und Anwender von Steckverbindern, Hochfrequenz-Koaxialsteckern und Kabeln die bedeutendsten Quellen, nach deren Vorschriften Messungen und Spezifikationen durchzuführen sind:

DIN 47 275	HF-Steckverbindungen
IEC 169-1	Radio-frequency connectors
EN DIN IEC 61196-1	Radio-frequency cables, Part 1 Generic specification, test methods

CECC 22000	Fachgrundspezifikationen:HF-Koaxial-Steckverbinder,
MIL-C-39012	General specification for coaxial RF-connectors
MIL-C-17F	General specification for flexible and semirigid RF-cables
VG 95214-11	Messverfahren KS 11 B, Kopplungswiderstand

Diese Quellen enthalten die wichtigsten Anforderungen und Prüfungen, die im Rahmen einer Steckverbinderqualifikation beachtet werden müssen. Wenn auch viele Hinweise und Messaufbauten in den o.a. Vorschriften vorgegeben sind, tauchen für den Konstrukteur und Messingenieur immer dann zusätzliche Probleme auf, wenn er vor Situationen steht, die in den o.a. Vorschriften nicht vorgesehen sind. Zu diesen Problemen sollte dieser Vortrag einige Hinweise geben, mit denen man derartige Probleme besser erkennen, analysieren und vielleicht auch lösen kann.

8.7 Literaturangaben

[1] Firmenunterlagen Amphenol, IMS Connector Systems, Rosenberger, Spinner, Spectrum Control GmbH, Cannon Electric GmbH

[2] Pauli, P., Moldan, D.: Schirmung elektromagnetischer Wellen im persönlichen Umfeld Bayer. Landesamt für Umweltschutz, München / Augsburg 2004

[3] Firmenunterlagen Gore & Associates GmbH

[4] Firmenunterlagen Magnetic Shield Corp.

[5] Pauli, P.: Schirmungsprobleme, EMV-Seminar an der TAE, Esslingen / Ostfildern, 2003

[6] Firmenunterlagen Hewlett & Packard/Agilent + MIL STD 39 012

[7] Goedbloed, J.: EMV – Analyse und Behebung von Störproblemen, Pflaum-Verlag, München, 1997

[8] Fritsche, H.-A.: Siemens Components 23, Heft 6, München, 1985

[9] Firmenunterlagen Siemens Components 31, München, 1994

[10] Firmenunterlagen Gore & Associates GmbH, Pleinfeld, 1991

[11] Entsfellner, Chr.: Elektronik-Praxis, Nr. 19, 1994

[12] Firmenunterlagen Suhner

[13] siehe [7]

[14] Pauli, P.: Probleme der Mikrowellenmesstechnik, Seminar an der TAE HF- und Mikrowellentechnik, Teil A, Ostfildern 2004

[15] Pauli, P.: MIL-, EN- und DIN/VDE-Qualifikation von Koaxialsteckern, Seminar an der TAE über Hochfrequenz- und Mikrowellenmeßtechnik, Teil B, Ostfildern, 2003

[16] Keiser, B.: Principles of Electromagnetic Compatibility, Artech House, Norwood, MA, 1987

9 Qualifizierung von Steckverbindern

Tilman Heinisch

9.1 Nachweis der Eignung eines Stecksystems für das vorgesehene Einsatzprofil

Um die Eignung eines bestimmten Steckverbinder-Systems für ein definiertes Einsatzprofil nachzuweisen, ist die Durchführung von Qualifikationsuntersuchungen unumgänglich. Ziel einer solchen Untersuchung ist es, die Funktionsfähigkeit des Steckkontaktes einschließlich seiner Anbindung an die zu steckende Baugruppe oder Komponente über die zu erwartende Lebensdauer zu überprüfen. Durch geeignete mechanische, klimatische und elektrische Tests wird versucht, die Belastungen, die im späteren Einsatz auf die Komponente zukommen, in geraffter und standardisierter Form zu simulieren. Dabei muss bedacht werden, dass verschärfte klimatische und mechanische Bedingungen nicht ausschließlich im Betrieb auftreten können, sondern auch während der Lagerung und des Transportes.

9.2 Anforderungen an Steckverbinder

Genauso vielfältig wie die Einsatzgebiete von Steckverbindern und die sich daraus ergebende Vielzahl an Bauformen sind auch die Anforderungen, die an einen Stecker gestellt werden. Je nachdem, ob beispielsweise eine hohe Steckzyklenzahl, die Beständigkeit gegen besonders extreme Klimate oder die Strombelastbarkeit von besonderer Bedeutung ist, variieren auch die Prüfsequenzen und Schärfegrade in den einzelnen Standards. Sieht man von herstellerspezifischen Pflichtenheften einmal ab, so schreiben die klassischen Standards auch keine Fertigungsparameter wie Kontaktmaterial, Kontaktkraft oder Oberflächen-Schichtdicke vor. Im Wesentlichen bleibt es dem Komponenten-Hersteller überlassen, mit welchen konstruktiven und technologischen Methoden er die geforderten Eigenschaften erreicht. Grundsätzlich sind die meisten Prüfprogramme so aufgebaut, dass die *Kontaktzuverlässigkeit* in jedem Stadium der Einsatzdauer nachzuweisen ist, also

- Im Neuzustand
- Nach Steckzyklen (z. B. 50, 250 oder 500)
- Nach mechanischer Belastung (nach Stecken und Ziehen, nach Biegen)
- Nach Belastung durch Hitze, Kälte, Feuchte
- Nach Exposition in korrosiver Atmosphäre (Schadgas)
- Während und nach mechanischer Belastung (Vibration und Schock)
- Nach elektrischer Belastung
- Nach Einwirkung von Staub
- Gegebenenfalls kann auch die Widerstandsfähigkeit gegen Feuer und Schimmel, ja sogar gegen den Befall durch Ungeziefer Bestandteil eines Anforderungskataloges sein.

Bei HF-Applikationen (> 155 Mb/s) muss zusätzlich das Übertragungsverhalten hochfrequenter Signale berücksichtigt werden.

9.3 Wer führt Qualifizierungstests durch?

Grundsätzlich können die für eine Qualifizierung notwendigen Tests vom Hersteller selbst vorgenommen werden. In der Praxis jedoch stößt dieses Konzept an seine Grenzen, da nicht jede Firma über kostenintensives Test-Equipment wie Schadgas- und Klimakammern oder Schock- und Vibrationseinrichtungen verfügt. Zudem akzeptiert nicht jeder Kunde vorbehaltlos Prüfberichte, die der Bauteil-Lieferant selbst erstellt hat.

In der Vergangenheit war es deshalb üblich, dass die Anwender selbst – beispielsweise Automobil-Hersteller oder Telekommunikations-Firmen – die zugekauften Komponenten qualifiziert haben.

Da aber die Verantwortung für die Produkt-Qualität mehr und mehr auf die Zulieferer abgeschoben wird, gleichzeitig aber das Urteil einer neutralen Stelle gefragt ist, werden Bauteil-Qualifikationen heute mehrheitlich von unabhängigen Prüfinstituten durchgeführt, die von den Herstellern beauftragt werden.

Voraussetzung für die internationale Anerkennung der Prüfprotokolle ist eine Akkreditierung nach IEC 17 025. Diese Norm definiert die „allgemeinen Anforderungen an die Kompetenz von Prüf- und Kallibrierlaboratorien“ und hat damit die DIN EN 45 001 abgelöst. Wesentlicher Unterschied der IEC 17 025 zur Vorgängernorm ist, dass nun auch die Anforderungen der ISO-9001/9002 miteingearbeitet worden sind. Zudem berücksichtigt die IEC 17 025 die Anforderungen des ISO Guide 25, der im amerikanischen Raum den Akkreditierungs-Standard für Prüf- und Kallibrierlaboratorien darstellt [2].

9.4 Normen und Standards

Basierend auf *der* klassischen Steckverbindernorm, der DIN 41 612 (wenn man heute von *DIN-Steckverbindern* spricht, ist diese Bauform im 2,54 mm-Raster gemeint), sind auch heute die klassischen Normen aufgebaut: Sämtliche Prüflinge werden in Gruppen – also Prüflose – eingeteilt, die nach einer Ausgangsmessung verschiedenen Prüfsequenzen unterworfen werden.

Tabelle 9.1 zeigt die typische Prüfabfolge für ein Rückwand/Baugruppe-Stecksystem nach IEC 61 076-4-1xx.

Standards der IEC-Familie kommen vor allem in Europa zur Anwendung. In den USA dagegen wird zumeist eine Qualifizierung gemäß dem Telcordia-Standard (vormals Bellcore) GR-1217-CORE zur Bedingung gemacht. Diese Norm ähnelt inhaltlich den IECs, ist aber allgemeiner gehalten und nicht auf eine bestimmte Bauform beschränkt. Auch die Philosophie in Bezug auf die Anforderungen differiert etwas von der IEC. Die GR-1217 nämlich schreibt einige konstruktive und technologische

Merkmale wie die Kontaktkraft oder die Schichtdicke der Edelmetall-Auflage vor, verweist aber parallel dazu auf eine Art Hintertür für den Fall, dass die Vorgaben nicht eingehalten werden: Dann nämlich – und hier schließt sich der Kreis zur IEC – kann die Zuverlässigkeit über ein umfangreiches Prüfprogramm (den sogenannten *environmental key tests* nachgewiesen werden. Sinnvollerweise verlangt die GR-1217 die Auswertung einiger hundert Kontakte. Tabelle 9.2 zeigt beispielhaft einen Vergleich der wichtigsten Anforderungen von GR-1217 und IEC 61 076-4-104.

Testgruppe	Prüfung	Kriterium	Spezifikation
P	Abmessungen, Masse Elektrische Kennwerte	Durchgangswiderstand Isolationswiderstand Spannungsfestigkeit	Max 25 mΩ - 45 mΩ Min. 5000 MΩ 750 V r.m.s.
A	Steck- und Ziehkräfte Einzelziehkraft Lötbarkeit Haltekraft im Einsatz Vibration, 10 Hz – 2000 Hz Schock,50 g Rascher Temperaturwechsel, -55 °C/+125 °C Klimafolge (Trockene Wärme, Kälte, Feuchte Wärme zyklisch)	Kontaktunterbrechung Kontaktunterbrechung Durchgangswiderstand Isolationswiderstand Spannungsfestigkeit	<1 µ s <1 µ s Max 30 mΩ - 50 mΩ Min. 1000 MΩ 750 V r.m.s.
B	Steckzyklen (500, 250 oder 50) Schadgas (Cl_2, NO_2, H_2S, SO_2,, 4 bzw. 10 Tage)	Durchgangswiderstand Isolationswiderstand Spannungsfestigkeit	Max 30 mΩ - 50 mΩ Min. 1000 MΩ 750 V r.m.s.
C	Feuchte Wärme konstant, 40 °C/93 % r.F. 56 oder 21 Tage)	Durchgangswiderstand Isolationswiderstand Spannungsfestigkeit	Max 30 mΩ - 50 mΩ Min. 1000 MΩ 750 V r.m.s.
D	Steckzyklen (250, 125 oder 250) Temperatur + Strom, 70 °C/1 A 1000h	Durchgangswiderstand Isolationswiderstand Spannungsfestigkeit	Max 30 mΩ - 50 mΩ Min. 1000 MΩ 750 V r.m.s.
E	Mechanische Belastbarkeit Brennbarkeit	Visuell	5 N/ 10 N UL V 0
F	Beständigkeit gegen Chemikalien	Nicht festgelegt	

Tabelle 9.1: Prüfsequenz gemäß IEC 61076-4-1xx

Prüfung	IEC 61076-4-104	GR-1217-CORE	
		„Indoor"	„Outdoor"
Vibration	20 g, 3 x 2 h	10 g, 3 x 2 h	
Schocken	50 g	30 g	
Rascher Temperaturwechsel	-55 °C/+ 125 °C, 5x	-	
Feuchte zyklisch	25 °C/55 °C, 6x	25 °C/65 °C, 50x	5 °C/85 °C, 50x
Langzeitlagerung	-	85 °C/500 h	105 °C/1000 h
Steckzyklen	250	200	200
Schadgas	4-K, 10 Tage (IEC 68-2-60, Meth.4) NO_2: 200 ppb Cl_2: 10 ppb H_2S: 10 ppb SO_2: 200 ppb 25 °C/75 % r.F.	4-K, 10 Tage NO_2: 200 ppb Cl_2: 10 ppb H_2S: 10 ppb SO_2: 100 ppb 30 °C/70 % r.F.	4-K, 20 Tage NO_2: 200 ppb Cl_2: 20 ppb H_2S: 100 ppb SO_2: 200 ppb 30 °C/70 % r.F.
Maximaler Widerstandsanstieg	5 mΩ	5 mΩ / 10 mΩ / 50 mΩ in Abhängigkeit der Losgröße	
Bestaubung	-	Staub mit Baumwolle + Ruß	

Tabelle 9.2: Vergleich zwischen IEC 61076-4-104 und Telcordia GR-1217-CORE

9.5 Qualifikation, Re-Qualifikation, Stichprobe

Eine Voll-Qualifikation nach einer Bauartspezifikation wie beispielsweise der IEC 61076-4-1xx stellt die Grundvoraussetzung für die Zulassung bei einem Anwender dar. Darüber hinaus kann – da die Bauart-Norm zu diesem Thema wenig aussagt – in speziellen Liefervereinbarungen ein regelmäßiges Monitoring bzw. die Durchführung von Re-Qualifikationen vereinbart werden. Bei der *Siemens AG* beispielsweise regelt die Siemens-Norm SN 72 500, Teil 5, wann re-qualifiziert werden muss. Dabei wird weniger auf das Einhalten fester Intervalle geachtet, vielmehr ist definiert, welche Änderungen bei Konstruktion oder Fertigung eine Re-Qualifikation erforderlich machen. Qualifizierungspflichtige *major changes* beziehen sich auf:

Abmessungen des Bauteiles
Kennzeichnung, Beschriftung, äußeres Erscheinungsbild
Gehäuse- und andere Materialien, Befestigungs- und Kontaktierungsverfahren
Material und Schichtaufbau der Oberfläche von Anschlüssen und Kontakten
Herstellorte
Funktion (z. B. Kontaktprinzip), elektrische, mechanische Daten einschließlich dynamischer und typischer Werte oder Klimaklassen
Thermische und mechanische Eigenschaften (z. B. Verarbeitungseignung, automatische Verarbeitung, Löt- oder Reinigungsverfahren)
Änderung von Werkzeugen oder Fertigungsmittel
Qualität und Zuverlässigkeit
Material- und Prozessabläufe, die die Funktion des Bauteiles beeinflussen können.

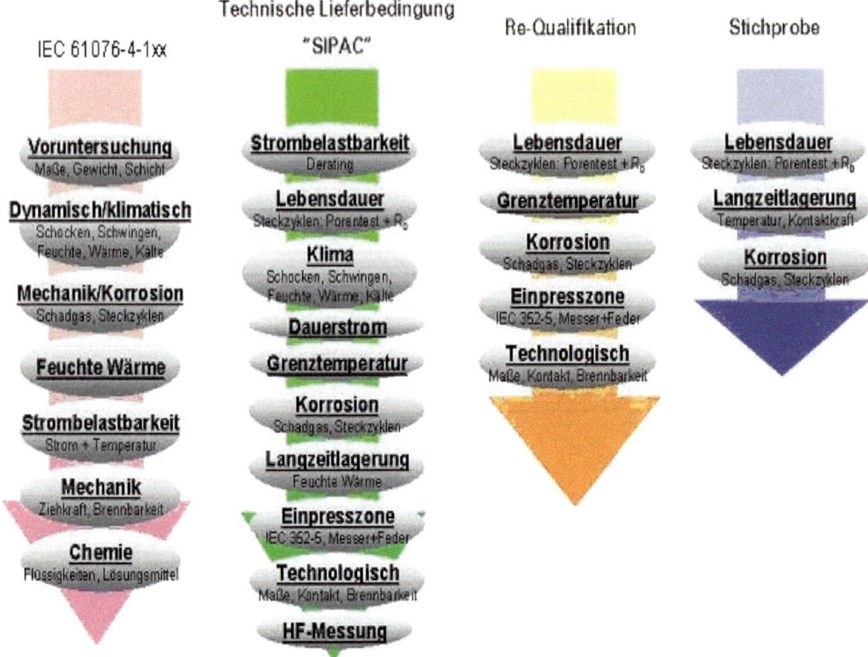

Bild 9.1: Qualifikation, Re-Qualifikation und Stichprobe bei Siemens ICN

9.6 Schwachstellen und Fehler

Der Begriff *Kontaktzuverlässigkeit* beschreibt einen stabilen und niederohmigen Signalfluss. Deshalb ist die Messung des *Durchgangswiderstandes* auch das bestimmende Element während eines Prüfablaufes. Üblicherweise wird ein maximaler Anfangswert (z. B. 20 mΩ) definiert, der sich während und nach der Beaufschlagung mit den einzelnen Beanspruchungen um nicht mehr als 5 mΩ ändern darf. Die Messung des Durchgangswiderstandes erfolgt gemäß IEC 60 512-2 nach der sogenannten Vierdrahtmethode, wobei die Messspannung auf maximal 20 mV und der Messstrom auf maximal 100 mA begrenzt werden, um ein Durchschlagen (*Fritten*) eventuell vorhandener Fremdschichten zu vermeiden.

Bild 9.2 zeigt den schematischen Messaufbau und gleichzeitig die Grenzen der Aussagekraft der Durchgangswiderstandsmessung: sollte – beispielsweise durch Korrosion – eine der beiden Flächen des gesteckten Kontaktes geschädigt (also hochohmig) sein, lässt sich dies über den Widerstandswert praktisch nicht feststellen. Erst bei einer Schädigung über den gesamten Kontaktbereich steigt auch der Widerstandswert deutlich an.

9.6.1 Fehlerquelle Einpresszone

Der in Bild 9.2 dargestellte Messaufbau zeigt auch, dass die Messung die äußeren Anschlusspunkte der beiden Steckerhälften miteinschließt; beim abgebildeten Beispiel könnte es sich um eine Einpressverbindung handeln. Beim Einpressen wird der Kontakt in ein durchmetallisiertes Loch der Leiterplatte gesteckt, wobei der Lochdurchmesser etwas kleiner ist, als der (verdickte) Kontakt des Kontaktes. In der Regel ist dieser Einpressbereich elastisch ausgeführt, so dass er sich beim Einführen in das Leiterplattenloch verformt und durch den daraus resultierenden Anpressdruck eine gasdichte, niederohmige Verbindung zwischen Kontaktstift und Lochmetallisierung schafft. Für eine optimale und zuverlässige Einpressverbindung ist es notwendig, dass die Abmessung und Ausformung der Einpresszone auf das Leiterplattenloch abgestimmt sind.

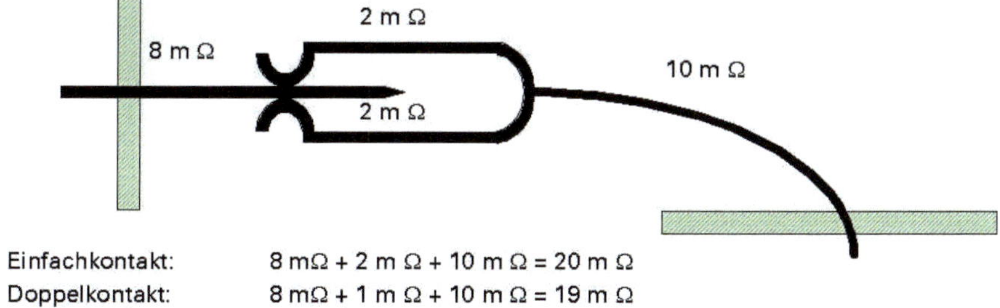

Bild 9.2: Messung des Durchgangswiderstandes

Die mechanischen und elektrischen Anforderungen, die an eine Einpressverbindung gestellt werden, sind in der IEC 60 352 Teil 5, hinterlegt. Im Gegensatz zur Vergangenheit enthält diese Norm nun – zumindest für Standard-Applikationen, die auf der durchgesteckten Rückseite keine mechanische Belastung erfahren – keine Angaben zur Mindesthaltekraft mehr (die Kraft, die aufgewendet werden muss, um einen eingepressten Kontakt aus dem Leiterplattenloch zu drücken oder zu ziehen). Analog zu den eingangs erwähnten Stecker-Normen ist auch für Einpressverbindungen die Zuverlässigkeit über elektrische Kenngrößen definiert. Schlüsselgröße ist auch hier der Durchgangswiderstand: er darf sich im Verlauf von Klimalagerungen, Temperaturschocks, Schadgaseinwirkung und Vibration praktisch nicht ändern. Wird der Übergangswiderstand normgerecht am Einzelkontakt gemessen (Vierdrahtmethode, Bild 9.3) liegen die typischen Werte deutlich unter 1 mΩ. Messungen am Einzelkontakt beschreibt die IEC 60 352-5 in den Prüfgruppen AP (Einpresskräfte, Schliffe), BP (Ein- und Auspresskräfte, Austauschbarkeit) und CP (Widerstandsmessung vor und nach Klimaprüfung und Schadgaslagerung). Die Prüfgruppe DP schließlich (Vibration, Klima, Widerstandsmessung, Schliffe) bezieht sich auf das komplette Bauteil und wird deshalb auch im Rahmen der Bauelemente-Qualifizierung und nicht am Einzelkontakt abgearbeitet.

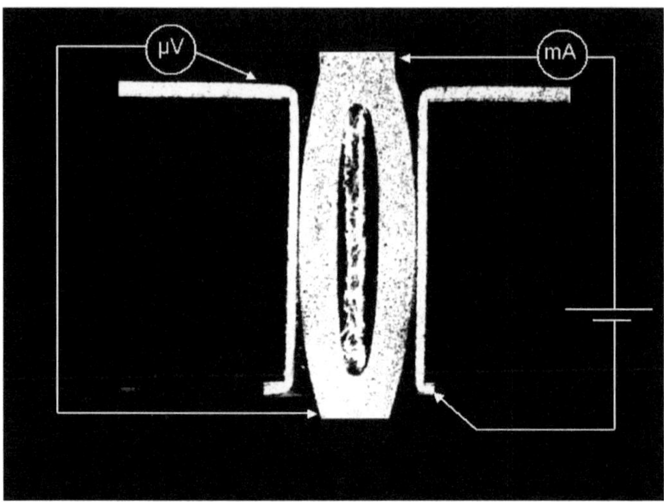

Bild 9.3: Messung des Durchgangswiderstandes einer Einpressverbindung

Neben den Anforderungen beschreibt die IEC 60 352-5 auch die Abmessungen der Einpresszone und die des gebohrten und des fertig metallisierten Leiterplattenloches. Für die klassische galvanische Metallisierung der Leiterplattenlöcher (SnPb über Cu) ergeben die vorgeschriebenen Bohrlochdurchmesser in Kombination mit den Soll-Schichtdicken für Cu und SnPb einen Endlochdurchmesser, der sich innerhalb der spezifizierten Toleranz (beispielsweise von 0,94 mm bis 1,09 mm beim nominalen 1,0 mm-Loch) bewegt. Problematisch könnte es nun bei der bleifreien Verzinnung werden: würde man Reinzinn-Schichten galvanisch abscheiden, wäre das zu erwartende Aufwachsen von Zinn-Whiskern ein enormes Risiko. Chemisch (also außenstromlos) abgeschiedene Zinn-Schichten schließen nach bisherigem Erfahrungsstand dieses Risiko zwar aus, limitieren jedoch die mögliche Schichtstärke auf etwa 1 µm. Konventionelle SnPb-Schichten dagegen bewegen sich zwischen 5 µm und 15 µm. Bei Ausnutzung aller zulässigen Toleranzen (maximaler Bohrdurchmesser, minimale Dicke der Kupfer-Zwischenschicht) kann es nun passieren, dass ein normgerecht gefertigtes 1,0 mm-Loch einen Durchmesser von 1,12 mm aufweist und damit 0,03 mm über dem spezifizierten Maximal-Durchmesser liegt.

Verzinnt wird auch der Einpresskontakt selbst: zum einen, um über das (noch) zulegierte Blei die Einpresskräfte zu reduzieren, zum anderen, damit mit der Zinnoberfläche des Leiterplattenloches eine gasdichte Kaltverschweißung entsteht. Wird auf der Stiftseite nun zu viel Zinn aufgebracht, können beim Einpressen Zinn-Späne entstehen, die im schlimmsten Fall ähnlich wie Whisker zu Kurzschlüssen zwischen Kontakten führen können (Bild 9. 4).

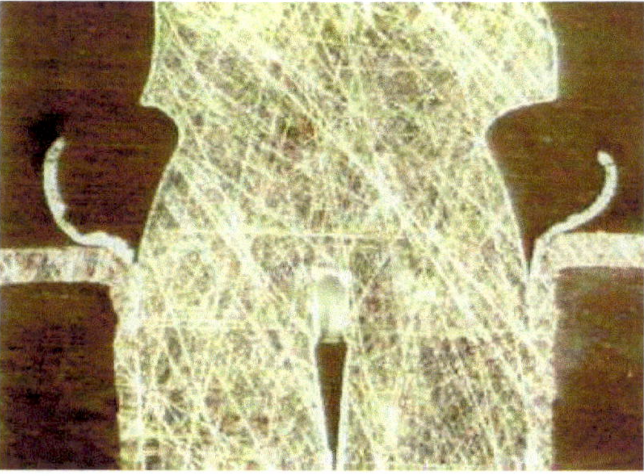

Bild 9.4: Zinn-Späne beim Einpressen

Auch eine fehlerhaft gestanzte Einpresszone kann Ursache für massive Ausfälle sein: Bild 9.5 zeigt den Nachbau eines Billig-Herstellers im Vergleich mit der Original-Einpresszone (Bild 9.6). Ein überstehender Grat sorgte hier für eine Beschädigung praktisch aller Kontaktlöcher (Bild 9.7).

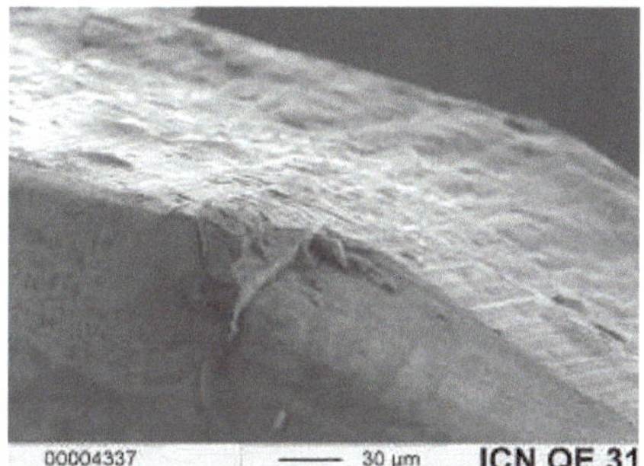

Bild 9.5: Stanzgrat im Einpressbereich

Bild 9.6: Gut verrundeter Einpressbereich

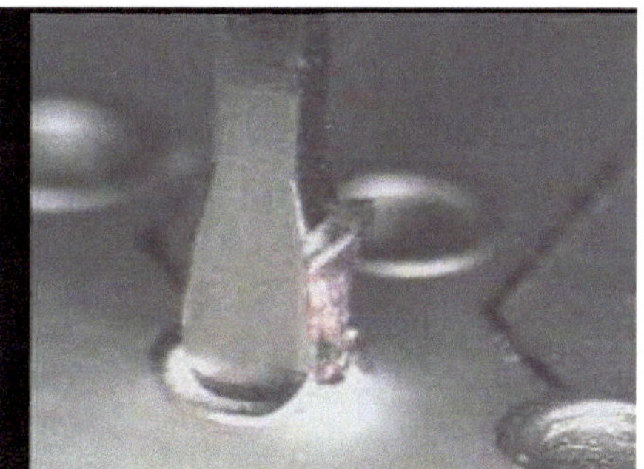

Bild 9.7:
Durch Einpressen beschädigtes Kontaktloch

9.6.2 Fehlerquellen bei anderen Anschlusstechniken

Stecker werden nicht nur in Leiterplatten eingepresst, sondern auch ein- bzw. aufgelötet (SMT). Auch hier können im Zusammenspiel zwischen Konstruktion und Fertigungstechnik potentielle Zuverlässigkeits-Risiken generiert werden.

Ähnliches gilt für die restlichen (neben dem Einpressen) lötfreien Verbindungstechniken, wie sie in IEC 60 352 definiert sind: beim Crimpen beispielsweise kann das Verhältnis zwischen Crimphülse und Anschlussdraht falsch gewählt sein, oder das Crimp-Werkzeug ist fehlerhaft. Auch bei Schneidklemmverbindungen müssen die Dimensionen und die Verarbeitungstechnik optimiert sein.

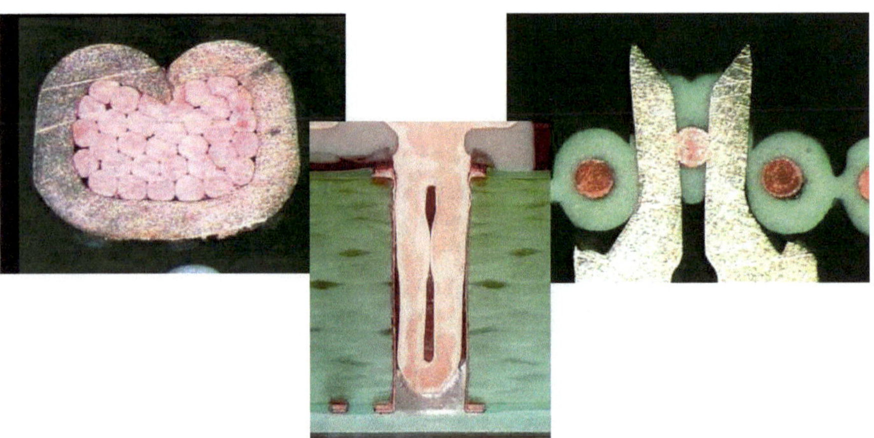

Bild 9.8: Lötfreie Anschlusstechniken nach IEC 600352
v.l.n.r: Crimpen, Einpressen, Schneid-Klemm

Zur schnellen Überprüfung dieser Anschlusstechniken gibt es – ungeachtet der später in diesem Kapitel aufgeführten Prüfmethoden – geeignete Testverfahren, die nicht in jedem Fall der Norm entsprechen, deren Vorteil aber im relativ begrenzten Aufwand liegt:

Optische Inspektion
Leider wird oftmals unterschätzt, welche Fehler bereits beim Betrachten unter einer Stereolupe ausfindig gemacht werden können. Überstehende Stanzgrat oder auch abweichende Maße können sich meist ohne besonderen Aufwand feststellen lassen.

Schliffbilder
Bei Einpresskontakten lässt sich im Schliff erkennen, ob die Lochmetallisierung beschädigt oder Innenlagen verformt werden („Düseneffekt"). Bei Schneidklemm- und Crimpverbindungen lässt sich abschätzen, ob die Kontaktflächen vernünftig aneinandergepresst sind.

Auszugs- bzw. Auspresskräfte
Sowohl bei gelöteten als auch bei lötfrei konfektionierten Anschlüssen lassen sich durch Abreisen (Crimp), Ausziehen- oder drücken (Einpresskontakte) oder Abscheren (SMD) Rückschlüsse auf die Kontakt-Stabilität ziehen, sofern entsprechende Erfahrungswerte vorliegen.

Temperaturschock
Bei dieser (in IEC 60 069 Teil 2-14, Prüfung Na beschriebenen) Belastung wird der Prüfling rasch (i. d. R. wird die Überführungsdauer t_2 < 10 s gewählt) zyklisch von einer niedrigen (z. B. – 40 °C) nach einer hohen (z. B. +85 °C) Beanspruchungstemperatur überführt. Diese Prüfung ist zwar in den meisten Bauartspezifikationen vorgesehen, allerdings zumeist mit einer eher unkritischen Zyklenzahl von 5 oder 10. Als Zuverlässigkeitstest hat sich eine Zyklenzahl von > 100 bewährt, wobei für die meist kleinen Bauteile eine Verweilzeit von 15 min pro Temperatur ausreichend ist.

Durchgangswiderstand
Die Messung des Durchgangswiderstandes an einer ausreichend gewählten Anzahl von Kontakten dient der Kontrolle, ob die Temperatur-Schockprüfung Wirkung gezeigt hat – also ob die unterschiedlichen Ausdehnungskoeffizienten der eingesetzten Materialien zur Lockerung oder zum Bruch einzelner Kontaktstellen geführt haben.

9.6.3 Fehler im Steckbereich

Betrachtet man an einem Stecksystem den eigentlichen Kontaktbereich, also den Punkt, wo das zu übertragende Signal vom Kontaktmesser auf die Feder übergeht, so sind es im Wesentlichen zwei Aspekte, die für einen stabilen Signalfluss verantwortlich sind [1]:

- Eine belagfreie, homogene Edelmetall-Oberfläche mit niedrigem Kontaktwiderstand
- Eine ausreichend hohe Kontaktkraft

Beide Größen, sowohl die Schichtdicken der verwendeten Edelmetallauflagen, als auch die Kontaktkräfte, haben sich in den letzten Jahren nach unten bewegt, wobei auch eine gewisse Abhängigkeit zwischen beiden Parametern besteht: Niedrige Kontaktkräfte mit geringeren Verschleiß-Eigenschaften haben reduzierte Edelmetall-Oberflächen erst möglich gemacht.

Vom Standpunkt der Holmschen Kontakt-Theorie aus wäre eine hohe Kontaktkraft natürlich wünschenswert, weil mit zunehmender Anpressung der Kontaktwiderstand sinkt und eventuell vorhandene Fremdschichten durchdrückt oder zur Seite geschoben werden. Allerdings ist in den letzten Jahren die Packungsdichte von Baugruppen und damit die der Steckverbinder ständig angestiegen (Bild 9.9).

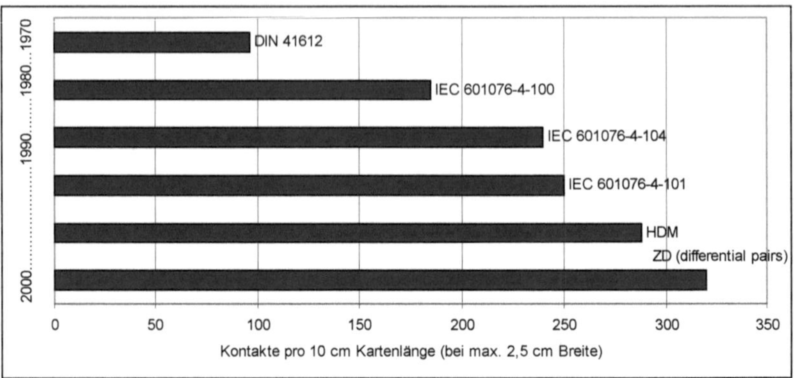

Bild 9.9: Entwicklung der Packungsdichte auf Steckverbindern 1970 bis 2000

Um die so bestückten Baugruppen mit hohen Polzahlen noch handhaben zu können, mussten die Steck- und Ziehkräfte und damit die Einzelkontaktkräfte reduziert werden. Übliche Kontaktkräfte liegen bei vergoldeten Telekom-Steckern im Bereich von 50 cN bis 100 cN. Steckverbinder im Automotive-Bereich dagegen, deren Polzahl ebenso begrenzt ist wie die zu erwartende Anzahl von Steckzyklen über die Lebensdauer und die zumeist mit Zinn bzw. Zinn/Blei beschichtet sind, benötigen Kontaktkräfte > 200 cN [3].

Beim Herantasten an die vom Standpunkt der Zuverlässigkeit noch vertretbare Untergrenze für die Kontaktkraft muss auch bedacht werden, dass Kontaktfedern über die Lebensdauer je nach Werkstoff um 10 % - 15 % relaxieren. Dennoch ist, wie eingangs erwähnt, eine Begrenzung der Kontaktkraft im Auge zu behalten: zum einen, um die hochpolig bestückten Baugruppen noch steckbar zu gestalten, zum anderen, um den Verschleiß der Edelmetall-Oberflächen zu unterbinden.

Die Mehrheit der in der Kommunikations- und Datentechnik eingesetzten Stecker sind mit Gold oder Palladium (PdNi) beschichtet. Warum? Die niedrigen Spannungen und Ströme erfordern eine edle und porendichte Oberfläche, die nicht anfällig ist für das Aufwachsen von Deckschichten. Zudem darf die Oberfläche bei Bewegung der Kontakte (beispielsweise während des Transportes) nicht zur Reibkorrosion neigen.

Der Einsatz von Edelmetallen stellt einen erheblichen Anteil an den Gesamtkosten eines Steckers dar: Bei einem 96poligen Pin-Stecker der Baureihe 61 076-4-104 beispielsweise schwankte der Kostenanteil für Edelmetall in den Jahren 2000 bis 2003 zwischen 8 % und 20 %, je nach eingesetztem Edelmetall (Au oder PdNi) und Rohstoffpreis; besonders das in den letzten Jahren stark favorisierte Palladium unterlag Preisschwankungen von mehreren hundert Prozent [4].

Modifikationen an der Kontaktoberfläche sind grundsätzlich ein naheliegendes Instrument, um die Fertigungskosten zu optimieren: So waren Anfang der Neunziger

Jahre durchaus noch Gold-Schichten mit 2,5 µm bis 3 µm üblich, heute dagegen wird zumeist mit 1,3 µm oder sogar mit 0,8 µm vergoldet. Nicht jedem Hersteller gelingt es, diese Schichten noch porenfrei abzuscheiden. Die Edelmetall-Schichtdicke alleine liefert noch keine Aussage über die Güte der Oberfläche – die muss über eine Qualifizierung nachgewiesen werden. Parallel zur Reduzierung der Gold-Schichten gab und gibt es auch Anstrengungen, andere Schichtsysteme zu etablieren. Schon Ende der achtziger Jahre wurde von *Siemens* die Einführung von Palladium-Nickel (mit 0,1 µm Flash-Gold) favorisiert. Exorbitant ansteigende Palladium-Preise im Jahr 2000 haben diese Oberfläche wieder etwas in den Hintergrund gedrängt.

Auch mit Nicht-Edelmetallen konnten in jüngster Zeit vielversprechende Ergebnisse erzielt werden. So gelang es beispielsweise, Steckverbinder mit Nickel-Phosphor („amorphes Nickel") zu beschichten (auch hier mit 0,1 µm Flash-Gold) und ein Prüfprogramm nach Telcordia GR-1217-CORE erfolgreich zu absolvieren [4].

Um Edelmetall-Oberflächen, die zumeist auf Nickel abgeschieden werden, auf die Schnelle hinsichtlich der Porendichtigkeit überprüfen zu können, bedient man sich verschiedener chemischer bzw. elektrochemischer Tests. Beim DMG-Test *(Bild 9.10)* beispielsweise wird der Prüfling in einer Dimethylglyoxim-Lösung bei 1,5 V anodisiert. Ist die Edelmetall-Auflage porig oder beschädigt, reagieren die Nickel-Kationen mit dem DMG zu roten, nadelförmigen Kristallen, die sich bei 20facher Vergrößerung im Lichtmikroskop leicht auswerten lassen.

Bei Kontaktoberflächen, die nicht auf Nickel-Zwischenschichten aufgebaut sind, versagt der DMG-Test allerdings. So finden heute verstärkt (vor allem bei Koaxial-Steckverbindern) alternative Kontaktoberflächen wie Nickel-Phosphor mit Flashgold ihre Anwendung. Natürlich kann ein Flashgold-Überzug nicht porenfrei sein; vielmehr kommt es darauf an, dass die Nickel-Phosphor-Legierung korrosionsbeständig ist. Dieser Nachweis kann mit einem HNO_3-Test erbracht werden: Dabei wird in einem Exsikkator der Prüfling über einem Schälchen, das mit 65%iger Salpetersäure gefüllt ist, platziert. Die sich einstellende NO_x-Atmosphäre greift eine möglicherweise fehlerhafte NiP-Oberfläche innerhalb von zwei Stunden auf vergleichbare Weise an, wie dies bei einem weit aufwändigeren Schadgastest der Fall wäre.

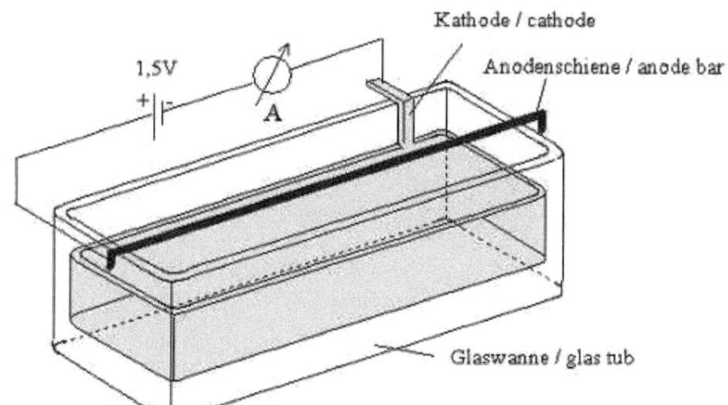

Bild 9.10:
Porentest mit DMG

Neben der Schichttechnolgie ist auch die Kontaktgeometrie von entscheidender Bedeutung: nur wenn der Grundwerkstoff frei von übermäßigen Rauhigkeiten oder Stanzgrate ist, kann ein verschleißarmes Stecken gelingen. Bild 9.11 zeigt die unterschiedliche Ausprägung von Kontaktmessern von unterschiedlichen Herstellern. Die linke, gut verrundete, Bauform konnte ohne Durchrieb gegen Federn, die mit 0,8 µm Gold beschichtet waren, gesteckt werden. Die andere, scharfkantige, Version dagegen verursachte Durchriebe, auf mit 2 µm vergoldeten Federn, und führte deshalb zu Ausfällen nach Auslagerung im Schadgas

Bild 9.11: Kontaktmesser des 2.0 mm Systems in unterschiedlicher Qualität

9.7 Prüfmethoden

Im Folgenden eine kurze Übersicht klassischer Prüfungen, wie sie in Bauart-Spezifikationen und Pflichtenheften auftauchen.

9.7.1 Vibration

Die Schwingbelastungen, die auf ein Bauteil oder System im Betrieb einwirken, können höchst unterschiedlich sein: Auf Kfz-Komponenten beispielsweise wirken über die gesamte Lebensdauer immer wieder Erschütterungen ein. Bild 9.12 zeigt den Versuchsaufbau für die Schwingprüfung an einem Kfz-Stecker. Durch Drehen des aufgespannten Würfels können alle drei Raumachsen belastet werden. Entsprechende Prüfanlagen lassen auch zu, dass Schwingprüfungen bei wechselnden Temperaturen (beispielsweise von –40 °C bis 120 °C) durchgeführt werden (*Thermo-Vibro*).

Bei dem abgebildeten Beispiel wird gleichzeitig auch eine typische Ausfallursache erkennbar: verzinnte Kontaktoberflächen, die sich bei Vibration zueinander bewegen können, werden aufgrund von Reibkorrosion hochohmig und fallen aus. Unterbunden werden kann dies durch erhöhte Kontaktkräfte oder feste Verriegelungen am Steckergehäuse, die keine Relativbewegung der Steckpartner zulassen.

Im Gegensatz zum Automotive-Bereich mag man Komponenten der Vermittlungs- oder der Datentechnik im ersten Augenblick nicht mit extremen Schwingbelastungen in Verbindung bringen, stehen hier die Systeme doch typischerweise in klimatisierten Innenräumen. Hier steht nicht die Belastung im Betrieb, sondern die während des Transportes im Vordergrund. Man stelle sich nur ein Vermittlungssystem vor, dass mit gesteckten Baugruppen über tausende von Kilometern transportiert wird. So gesehen wird es etwas verständlicher, dass Telekom-Steckverbinder laut IEC üblicherweise mit bis zu 20 g / 2000 Hz belastet werden.

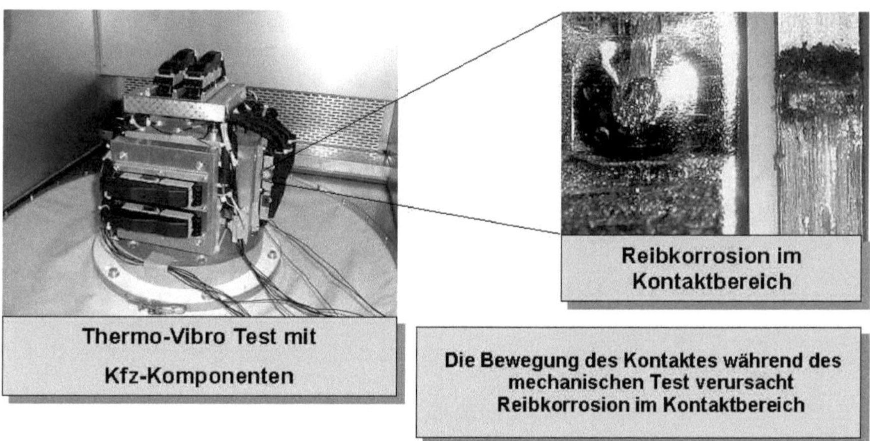

Bild 9.12: Aufbau eines Vibrationstestes mit Schadens-Beispiel

9.7.2 Schockprüfung

Ebenfalls auf Beanspruchungen, wie sie während des Transportes auftreten können, zielt die Schockprüfung ab. Prinzipiell wird der gleiche Prüfaufbau wie bei der Vibrationsprüfung verwendet, oftmals (je nach Masse und Beschleunigung) auch das gleiche Equipment. Beschrieben wird die Durchführung von Schocktests in IEC 60 068-2-27. Bei einem typischen Schocktest für Steckverbinder wird der Impuls halbsinusförmig aufgebracht, bei einer Beschleunigung von 50 g und einer Dauer von 11 ms. Die Prüfung wird in sechs Richtungen (jeweils + und – in jeder der drei Raumachsen) durchgeführt, üblich sind fünf Schocks pro Richtung.

9.7.3 Kontaktunterbrechung

Während der mechanischen Beanspruchung durch Vibration und Schock können die Kontakte auf Veränderungen des Widerstandes oder auf Unterbrechungen hin überwacht werden. Bild 9.13 zeigt den Aufbau, wie die normative Anforderung nach Nachweis von Kontaktunterbrechungen von 1 µs oder mehr erfüllt werden kann. Ein Error Detektor vergleicht dabei ständig das eingespeiste Bitmuster mit dem tatsächlich ankommenden Signal und zählt eventuelle Abweichungen. Ob die getriggerte

Störung tatsächlich eine Unterbrechung war, oder nur durch Störungen im Netz (zum Beispiel durch das Einschalten einer Klimakammer verursacht) induziert war, lässt sich durch ein zwischengeschaltetes Oszilloskop feststellen.

Im praktischen Versuch jedoch lassen sich die in der Norm aufgeführten Unterbrechungen von extrem kurzer Dauer kaum nachbilden; die dazu erforderlichen Beschleunigungen werden wegen den geringen Massen der Kontaktfedern und den üblichen Kontaktkräften nicht erreicht. Und sollte ein Kontakt tatsächlich störanfällig sein – sei es nun wegen zu geringer Kontaktkräfte oder mechanischem oder korrosivem Verschleiß der Oberfläche – so zeigt sich diese Störung nicht in einer einmaligen kurzen Unterbrechung, sondern in Form wiederholter und länger anhaltender *Aussetzer*, die sich auch sehr gut durch das Mitschreiben des Durchgangswiderstandes dokumentieren lassen.

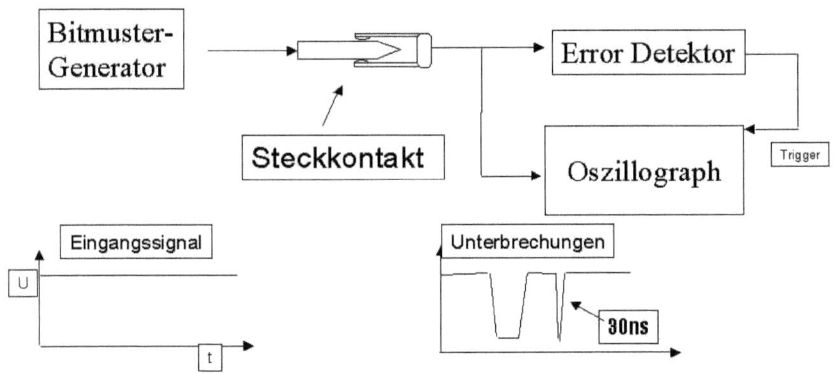

Bild 9.13: Messaufbau zum Erfassen von Kontaktunterbrechungen

9.7.4 Spannungsfestigkeit

Ermittelt wird die Spannung, bei der zwischen zwei Kontakten ein Durchschlagen erfolgt. Möglich ist eine Messung mit Gleich- oder mit Wechselspannung, wobei diese Spannung bei der Prüfung von Null aus ansteigt. Bei Steckverbindern der Vermittlungs- und Datentechnik wird häufig eine Spannungsfestigkeit von 750 V (AC) gefordert, wobei diese Spannung über 60 s aufrechterhalten wird.

Einbrüche bei der Spannungsfestigkeit können Hinweise auf konstruktive Mängel (falsch dimensionierte Luft- und Kriechstrecken, falsche Werkstoffauswahl), schlechte Verarbeitung (Verletzung von Adernisolierungen durch Konfektionierung) oder das Vorhandensein von Fremdkörpern (beispielsweise durch Stecken abgeriebene Gold-Flitter) liefern.

9.7.5 Isolationswiderstand

Eng verwandt mit der Prüfung der Spannungsfestigkeit ist die Messung des Isolationswiderstandes. Gemessen wird hier vorzugsweise mit einer Gleichspannung von 100 V, wobei auf eine konstante, nicht zu hohe, Luftfeuchte zu achten ist. Ganz entscheidend nach einer Lagerung in feuchtem Klima ist auch, ob der Prüfling sofort oder etwa erst nach einer Verweildauer von zwei Stunden in Normalklima vermessen wird. Typische Werte für den Isolationswiderstand liegen im Giga-Ohm-Bereich. Wie bei der Spannungsfestigkeit sind auch für die Messung des Isolationswiderstandes die Prüfverfahren und –bedingungen in der IEC 60 512-2 erläutert.

9.7.6 Wärme, Kälte, Feuchte Wärme

Die Prüfung *Trockene Wärme* erfolgt nach IEC 60 068-2-2, Prüfgruppe B. Bei Steckverbindern schreiben die gängigen Bauart-IECs relativ kurze Auslagerungen (16 h) bei 125 °C vor. Die amerikanische GR-1217-CORE dagegen fordert echte Langzeitlagerungen mit 85 °C/500 h für Einsatzfälle in geschützten Innenräumen und 105 °C/1000h bei Outdoor-Applikationen.

Die Kälteprüfung, ebenfalls Bestandteil der *Klimafolge* der IEC, wird üblicherweise bei –40 °C für zwei Stunden durchgeführt (IEC 60 068-2-1).

Zur Durchführung der Prüfung *Feuchte Wärme, konstant* nach IEC 60 068-2-56 ist ein Klimaschrank erforderlich. Vorgesehen ist eine Lufttemperatur von 40 °C und eine relative Feuchte von 93 %. Die Prüfdauer ist mit 10, 21 oder 56 Tagen angegeben. Teilweise wird bei Steckverbindern gefordert, dass zwischen allen Kontakten eine Polarisationsspannung (60 V) angelegt wird. Kontaktoberflächen aus Silber aber auch aus Zinn-Blei-Legierungen (überstehende Einpresszonen) könnten so zur Migration und der Ausbildung von Dendriten angeregt werden (Kurzschlussgefahr). Bei Gold-Oberflächen jedoch sind solche Effekte nicht zu erwarten, da Gold nicht zur Abgabe von Ionen neigt.

9.7.7 Strombelastbarkeit / Derating

Nicht nur bei Steckverbindern, die extrem hohe Ströme übertragen sollen, sondern auch bei dicht gepackten Steckern, die in Systemgehäusen unter Umständen einer erhöhten Umgebungstemperatur ausgesetzt sind, spielt die Strombelastbarkeit eine wichtige Rolle.

Das Erfassen sogenannter Derating-Kurven ist in IEC 60 512-5-2 beschrieben. Bild 9.14 zeigt eine solche Kurve am Beispiel eines PC-Steckers.

Abzulesen ist aus diesem Diagramm, bei welcher Umgebungstemperatur zwischen 0 °C und der Bauteil-Grenztemperatur von 125 °C welcher Strom übertragen werden kann. Um eine solche Kurve zu erzeugen, wird in einer geschlossenen Prüfkammer der Strom über den Stecker stufenweise erhöht. Möglichst nahe an die eigentliche Kontaktstellen werden kleine Thermoelemente platziert, ein weiteres Thermoelement erfasst die Temperatur innerhalb der Prüfkammer, die natürlich aufgrund der Abwärme des Prüflings etwas ansteigt. Die Strom-Belastung wird immer dann erhöht, wenn die Temperatur konstant bleibt; bei einem kleinen Stecker alle 15 Minuten. Die für jede mögliche Umgebungstemperatur zulässige Strombelastung erhält man nun, indem man für jeden Strom die sich einstellende *Übertemperatur* von der Grenztemperatur (hier 125 °C) abzieht. Die *Übertemperatur* ist diejenige Temperaturdifferenz, um die die Bauteiltemperatur die sich einstellende Temperatur in der Prüfkammer übersteigt.

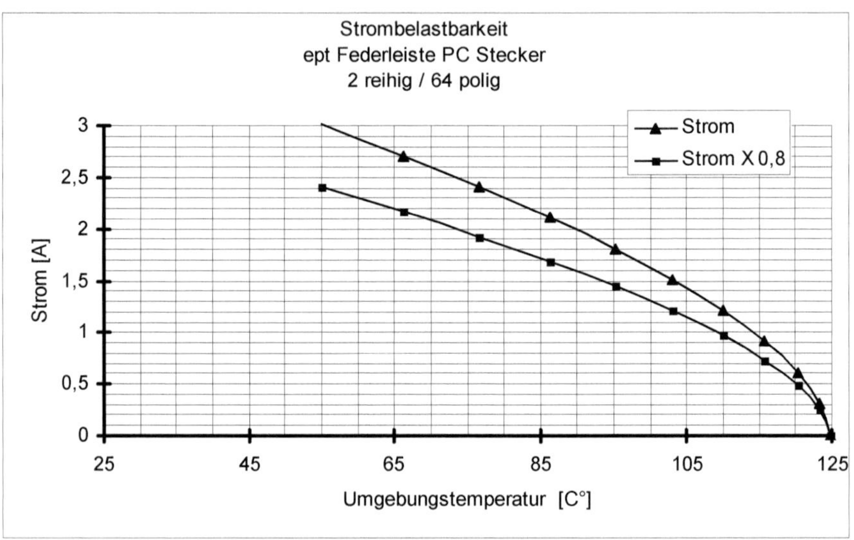

Bild 9.14: Derating-Kurve am Beispiel eines PC-Stecker

9.7.8 Industrieklima / Schadgas

Bei den üblichen Schadgas-Prüfungen wird der Prüfling mit einem Einzelgas oder mit einem Gemisch aus mehreren Gasen konfrontiert. Die bedeutendsten Gase hinsichtlich der Gefährdung von technischen Produkten sind Schwefeldioxid (SO_2), Schwefelwasserstoff (H_2S), Chlor (Cl_2), Stickstoffdioxid (NO_2) und Ozon (O_3), wobei letzteres in der Steckverbinder-Erprobung keine Rolle spielt.

In einigen Bauartspezifikationen und Pflichtenheften finden sich heute noch Einzelgasprüfungen mit relativ hohen Konzentrationen an SO_2 oder H_2S, die singulär oder auch sequentiell durchgeführt werden. Die hohen Konzentrationen erlauben zwar eine vergleichende Abschätzung potentieller Schadensrisiken, lassen aber praktische Rückschlüsse auf die Lebensdauer nicht zu. Fällt ein derart gestresstes Bauteil bei der abschließenden Messung durch, so sagt dies nicht zwangsläufig etwas über eine Nicht-Eignung im Feld aus.

Näher an der Praxis orientieren sich da die Mehrkomponentenschadgasprüfungen und dabei vor allem die Viergasprüfung, die sich seit den achtziger Jahren immer mehr durchgesetzt hat. Dass es so lange gedauert hat, bis diese Prüfung zum gängigsten Standard aufgestiegen ist liegt weniger an der grundsätzlichen Akzeptanz, sondern vielmehr an der handwerklichen Schwierigkeit, die das gleichzeitige Dosieren und Messen von vier Gasen mit sich bringt.

Bild 9.15: Anlage zur Vier-Komponenten-Schadgasprüfung mit Analytik, Dosiereinrichtung und Prüfkammer (v.l.n.r.)

Sämtliche Mischgasprüfungen sind in IEC 60 068-2-60 aufgeführt, wobei die Methode 4 den bevorzugten Viergastest beschreibt.

Immer wieder wurde in der Vergangenheit versucht, über die Prüfdauer Aussagen über die tatsächlich erzielbare Lebensdauer des Bauteils machen zu können. Solche Vorhersagen sind natürlich nahezu unmöglich, weil die tatsächliche atmosphärische Belastung von Standort zu Standort (beispielsweise Küstennähe, Industrieumgebung, dünn besiedelte Gebiete im Landesinneren, Innenräume) stark schwanken kann. Ein Praxiswert, der sich über die Jahre etabliert hat, ist eine Prüfdauer von 10 Tagen für Komponenten, die in geschützten Innenräumen mindestens 10 bis 15 Jahre lang zuverlässig arbeiten sollen.

Steckverbinder werden vor und nach der Schadgasprüfung durch mehrmaliges Stecken und Ziehen zusätzlich belastet. Ob diese mechanische Prüfung die Kontakte geschädigt hat (durch aufgewachsene Korrosionsprodukte, die auf freigelegtem Nickel oder Kupfer aufgewachsen sind) kann durch Messung des Durchgangswiderstandes nachgewiesen werden – geringe Messspannungen (< 20 mV) vorausgesetzt, kann sich der Durchgangswiderstand durch aufgewachsene Fremdschichten von wenigen mΩ auf einige kΩ erhöhen.

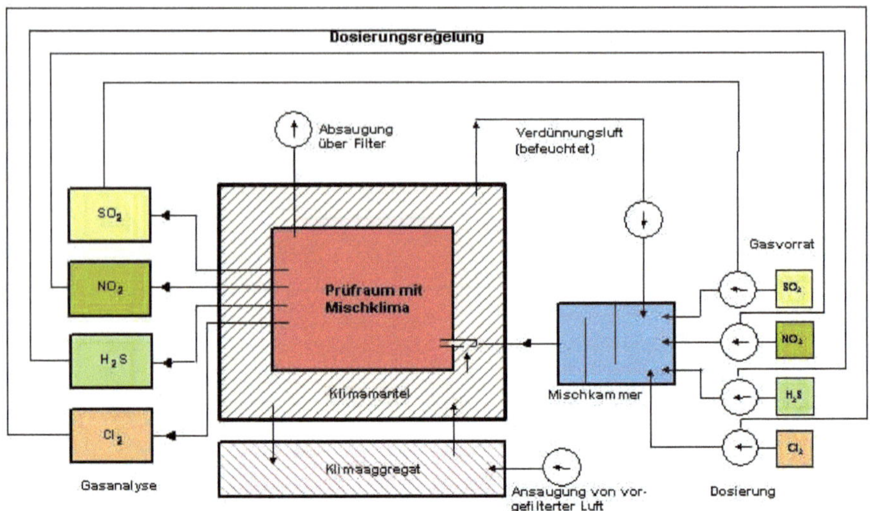

Bild 9.16: Schematischer Aufbau der 4-Komponenten Schadgasanlage

9.8 Literatur

[1] Holm, R.: Electric Contacts – theory and applications / 4th edition. Springer-Verlag, Berlin, Heidelberg, New York, 2000

[2] Vogl, G.: Umweltsimulation für Produkte. Vogel Verlag Würzburg, 1999

[3] Frentzel, K., Metzger, R.: Investigation of contact reliability under real-life conditions. Siemens AG, München, 2000

[4] Götz, W., Heinisch, T., Leyendecker, K.: Steckverbinder: Hohe Zuverlässigkeit bei reduziertem Edelmetalleinsatz. Galvanotechnik, Leuze-Verlag, Saulgau, 09/2003

10 Kundenspezifische Steckverbinder – eine besondere Herausforderung

Georg Staperfeld, Joachim Belz

10.1 Einleitung

Der Anteil kundenspezifischer Steckverbinder nimmt trotz verstärkter Standardisierung und Normung weltweit stetig zu. Trends wie E-Mobilität, Energiewende, globale Vernetzung, Sicherheitsbedarf oder moderne Diagnose- und Therapieverfahren in der Medizintechnik eröffnen neue, miteinander verbundene Technologiefelder und erhöhen den Bedarf an individuellen Steckverbinderlösungen. Gerade in der Medizintechnik, der Mess- und Prüftechnik, der Militär- und Sicherheitstechnik oder der Automobiltechnik werden besonders hohe Anforderungen an die Steckverbindungssysteme gestellt, die häufig nur durch kundenspezifische Lösungen erfüllt werden können. So stehen sich der Wunsch nach Standardisierung, d. h. nach „Multi-Sourcing“ und niedrigen Preisen und die applikationsspezifische Notwendigkeit einer Sonderlösung nicht selten gegenüber, wobei sich Wunsch und Notwendigkeit nicht a priori gegenseitig ausschließen.

Die unternehmerische Spitzenleistung eines Steckverbinderherstellers zeigt sich in seiner Umsetzungskompetenz, d. h. in der Fähigkeit, ein neues Produkt unter technischen, zeitlichen und wirtschaftlichen Gesichtspunkten auf den spezifischen Einsatzfall hin zu entwickeln und effizient zu fertigen. Grundlage dafür ist die von gegenseitigem Vertrauen geprägte Zusammenarbeit mit dem Kunden.

Die wesentlichen kundenseitigen Motive für maßgeschneiderte Lösungen lassen sich wie folgt umreißen:

Funktionalität:
Die am Markt verfügbaren Standardprodukte erfüllen nicht immer die spezifischen Anforderungen des Kunden. Oder sie erfüllen neben den geforderten Eigenschaften auch weitere, nicht benötigte Funktionen und sind daher überdimensioniert. Funktionalitäten können bei maßgeschneiderten Lösungen auf bestimmte Ziele hin optimiert werden, was beispielsweise in der Militär- und Sicherheitstechnik häufig von besonderer Bedeutung ist. Insbesondere wenn unterschiedlichste Daten, Signale und Spannungen mit nur einem Steckverbinder, d. h. in einem Gehäuse, übertragen werden müssen, sind kundenspezifische Lösungen gefragt. Das gilt auch für den Einsatz ganz spezieller Kabel, die nicht mit Standardsteckverbindern konfektioniert werden können.

Design:
Der Steckverbinder wird entsprechend dem Kundenwunsch und der Einbausituation zu seinem Gerät passend designt. Dabei wird auch die Größe, die Wertigkeit (Haptik) und die Bedienbarkeit mit einbezogen. Gerade in der Medizintechnik ist dies ein wichtiger Aspekt, wenn die Verbindungstechnik beispielsweise für den Patienten sichtbar ist.

Exklusivität:
Kundenspezifische Komponenten sind ein Differenzierungsmerkmal, mit dem sich der Kunde einen zeitlichen Wettbewerbsvorsprung für sein Produkt verschaffen oder auch sein Wartungs- und Ersatzteilgeschäft absichern kann.

Kosten:
Ein kundenspezifisches Produkt hat exakt die Funktionalität, die der Kunde benötigt und für die er bereit ist, einen angemessenen Preis zu zahlen. Er zahlt nicht für Spezifikationen, die er in seiner Anwendung nicht benötigt. Freilich erfordern kundenspezifische Steckverbinder eine hochflexible Fertigung, die eine Kostenoptimierung des Produktes, die bekanntlich in der Entwicklung beginnen muss, erlaubt.

10.2 Produktkategorien Märkte mit besonderen Anforderungen

Zu unterscheiden sind folgende Produktkategorien:

Standardprodukte:
Steckverbindungen, die durch eine Norm oder einen Industriestandard beschrieben sind, z. B. USB oder RJ45 Steckverbinder oder Steckverbinder nach DIN 41612, DIN 41651, etc. (Bild 10.1). Hierzu gibt es weltweit eine Vielzahl von Herstellern. Hinter Standardprodukten dieser Art stehen häufig Volumenmärkte wie die Telekommunikation, weiße Ware, braune Ware, etc.

Bild 10.1:
DVI-Stecker links und D-Sub Steckverbinder rechts

Design-In-Produkte:
Nicht genormte, nicht standardisierte, aber am Markt vielfach gebräuchliche Produkte, die an die Bedürfnisse und Anforderungen des Kunden angepasst und hierfür abgewandelt werden können. Hierzu gehören z. B. die Push-Pull Rundsteckverbinder wie ODU MINI-SNAP (Bild 10.2) oder modulare Rechtecksteckverbinder wie ODU-MAC. Für ein und dieselbe Verbindungsaufgabe existieren in der Regel unterschied-

liche Lösungen von verschiedenen Herstellern. Über den Design-In Prozess kann sich der einzelne Hersteller für seine Variante häufig einen Wettbewerbsvorteil verschaffen (Reduzierung von Austauschbarkeit).

Bild 10.2: Polzahl-modifizierter Push-Pull Steckverbinder

Kundenspezifische Steckverbinder:
Für eine Vielzahl spezifischer Anforderungen gibt es keine am Markt verfügbaren Steckverbinder. Funktionalitäten, Spezifikationen sowie Größe, Bedienbarkeit und Haptik müssen in diesen Fällen exakt auf die Anwendung zugeschnitten werden. Gleichzeitig kann der Steckverbinder in das Gesamterscheinungsbild des Kundengerätes ein-designt werden (Bild 10.3). Es darf nicht unerwähnt bleiben, dass die mit einer Sonderentwicklung einhergehenden Kosten für Konstruktion, Prototypen, Prüfungen, Werkzeuge und Rüstkosten i.d.R. vom Kunden getragen werden müssen und nicht vom Hersteller auf „den Markt“ umgelegt werden können.

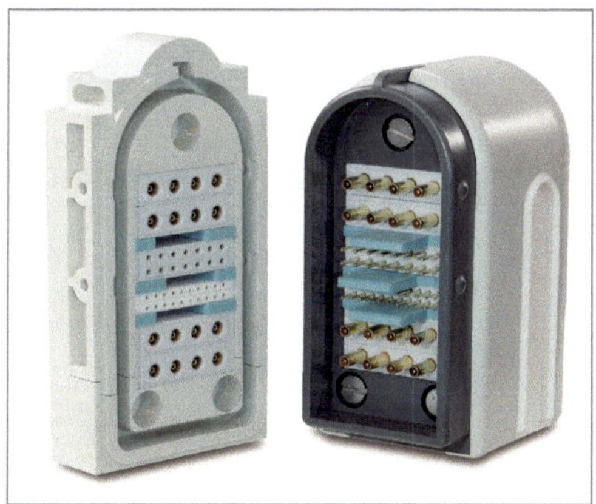

Bild 10.3:
MRI-Steckverbinder von ODU

10.3 Märkte und Steckverbinder in der Anwendung mit ihren besonderen Anforderungen

Im Folgenden werden einige Beispiele kundenspezifischer Steckverbinder vorgestellt.

***Anforderungen in der Medizintechnik*:**
sterilisierbar, autoklavierbar, einfachste Bedienung, amagnetisch, ansprechendes Design, permanente Leistungsfähigkeit und höchster Ausfallschutz – Beispiele:

Bild 10.4: ODU-MAC

Bild 10.5: ODU MEDI-SNAP

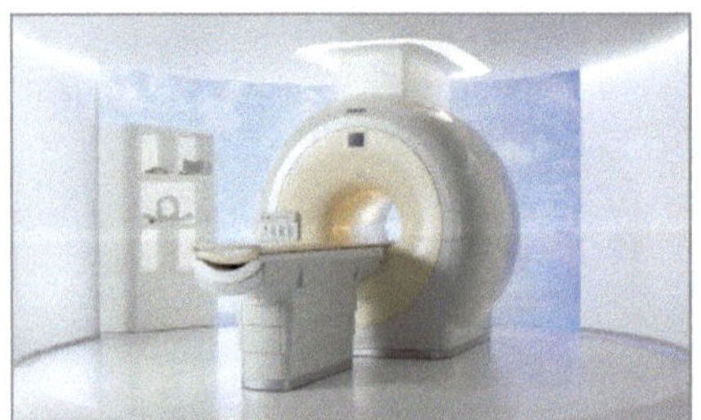

Bild 10.6: MRI

Bild 10.7: ODU MINI-SNAP für ein Gerät zur mechanischen Herzunterstützung

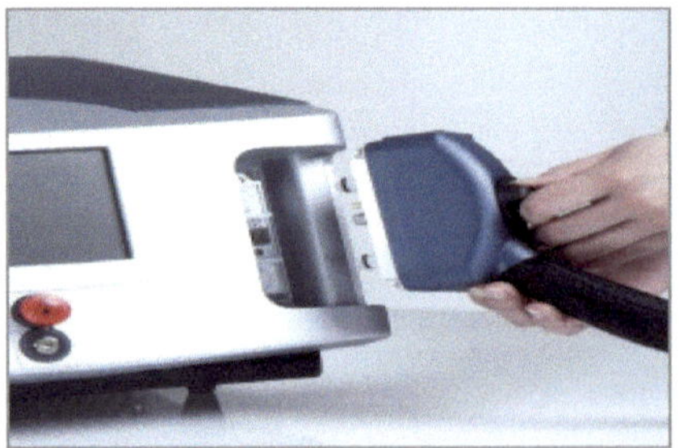

Bild 10.8: ODU-MAC in einem dermatologischen Laser

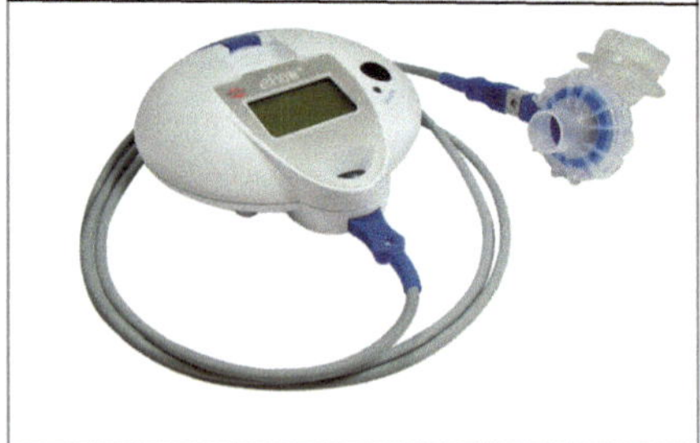

Bild 10.9: kundenspezifische Systemlösung in hermaphroditischer Bauweise für ein Inhalationsgerät

***Anforderungen in der Mess- und Prüftechnik*:**
höchste Steckzyklen, geringe und konstante Übergangswiderstände, fehlspannungsfrei, ultrahochvakuumfest, hochspannungsfest, Datenübertragung – Beispiele:

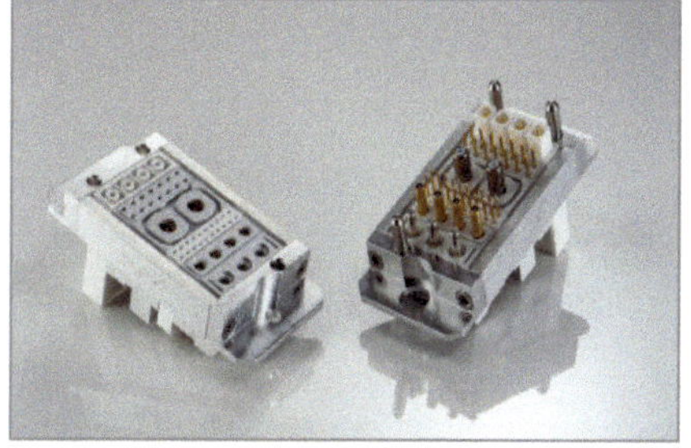

Bild 10.10: ODU-MAC

Bild 10.11: ODU MINI-SNAP

Bild 10.12: Rauchgasanalysegerät

Bild 10.13: Wägezelle

Bild 10.14: Hybrideinsatz des ODU MINI-SNAP

***Anforderungen in der Militär- und Sicherheitstechnik*:**
robust, Datenübertragung (USB 3.0, Ethernet), hohe IP-Schutzklasse, druckfest, schmutzresistent, zuverlässig, leicht, gut handhabbar – Beispiele:

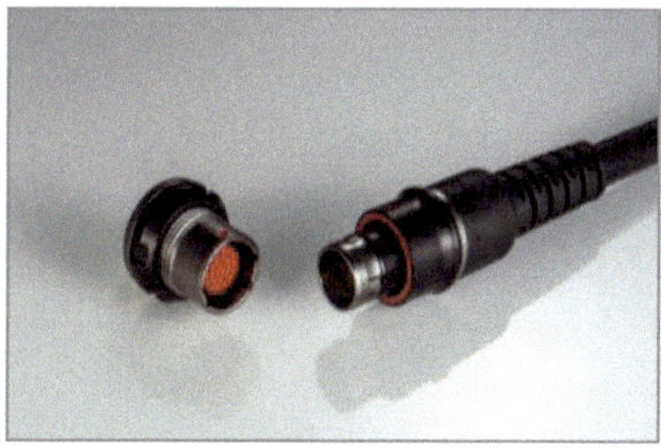

Bild 10.15: ODU AMC Push-Pull

Bild 10.16: ODU AMC in militärischen Kommunikationssystemen

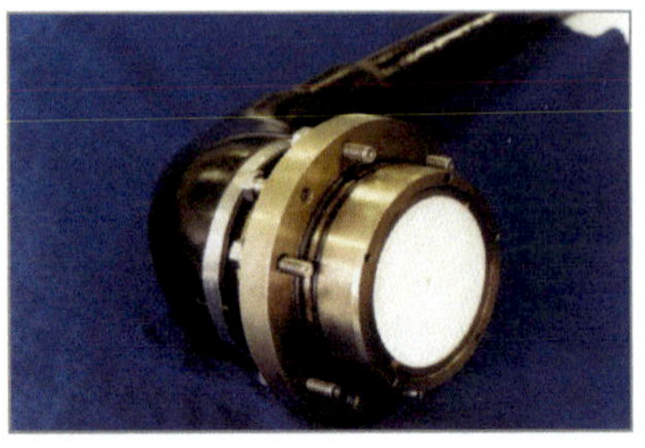

Bild 10.17: U-Boot Steckverbinder

Bild 10.18: ODU AMC HD

Anforderungen in der Energietechnik:
dauerhaft hochspannungsfest (teilentladungsfrei), beständig gegen UV- und Höhenstrahlung sowie Ozon, hohe Ströme, geringer Übergangswiderstand, vibrationssicher – Beispiele:

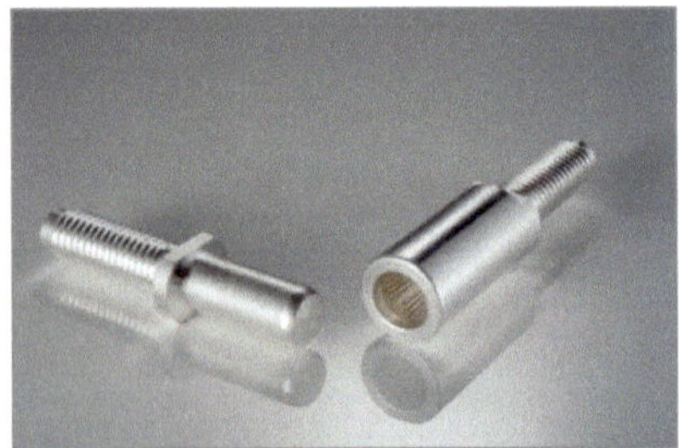

Bild 10.19: ODU LAMTAC

Bild 10.20: Entwicklung eines Steckverbinders für die Anwendung in einer Fusionsanlage

Bild 10.21: Steckverbindungssystem für einen PV-Wechselrichter

Bild 10.22: ODU SPC 16

Anforderungen im Bereich Automotive:
robust gegen Umweltbedingungen, hohe Ströme, vibrationsbeständig, hohe Steckzyklen, medienresistent, geringes Gewicht – Beispiele:

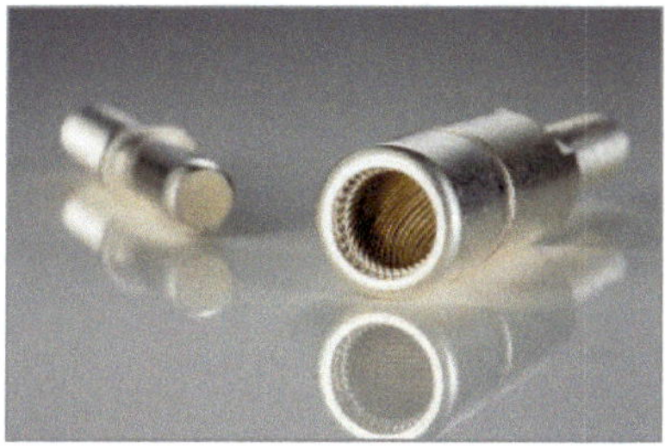

Bild 10.23: ODU SPRINGTAC von Elektrofahrzeugen

Bild 10.24: Ladesteckerkontakte zum Aufladen

***Anforderungen in der Bahn- und Verkehrstechnik*:**
robust, vibrationsbeständig, hohe Ströme, Datenübertragung, hohe Steckzyklen Beispiel:

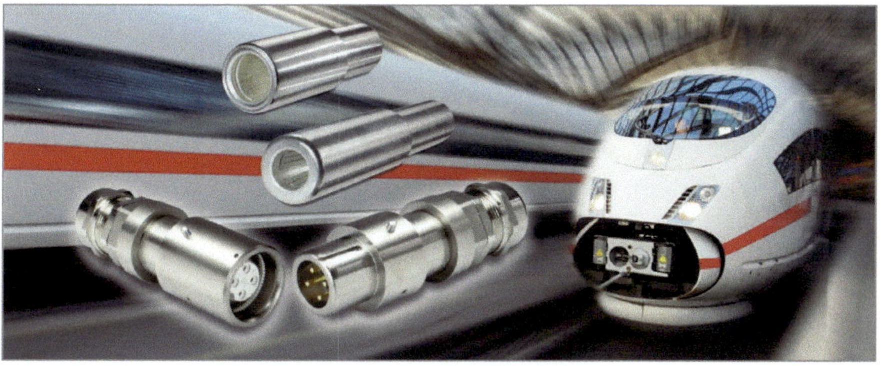

Bild 10.25: Energie- und Datensteckverbinder für Kupplungssysteme der Bahntechnik

Anforderungen von Spezialanwendungen:

a. ***Öl- und Gasindustrie (Pipeline-Inspektionsanlagen / Molch)***:
Kontaktbelegung auf engstem Raum bei hohen Datenraten, besondere Kontaktqualität, schock- und vibrationsfest, druckdicht bis 100 bar, sehr geringe Toleranzen und eine extreme Einbaugenauigkeit, meerwasserbeständig – Beispiele:

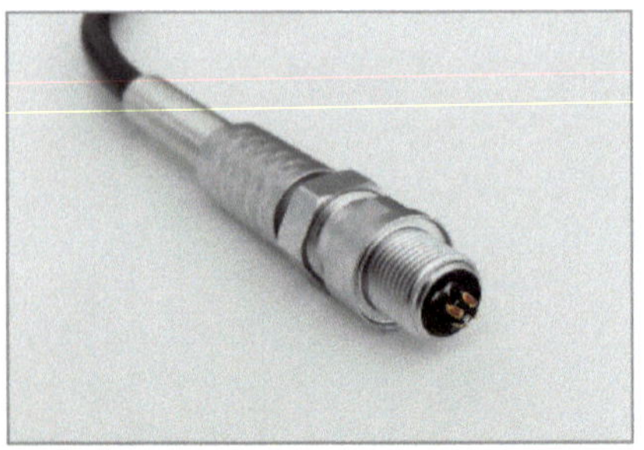

Bild 10.26: ODU MINI-SNAP ODU Steckverbindungen

Bild 10.27: Ein Pipeline-Inspektionssystem mit für Taucher – sehr robust

b. *Haushaltsgeräte:*

robust, zuverlässig, sichere Übertragung sensibler Daten, spülmaschinenbeständig, hohe Steckzyklen, dicht nach IP 67, temperaturbeständig von - 30°C bis +160°C – Beispiel:

Bild 10.28: Kundenspezifische Steckverbindung für ein Haushaltsgerät

10.4 Der Entwicklungsprozess von kundenspezifischen Steckverbindern und seine Entwicklungswerkzeuge

10.4.1 Kundenkontakt

Bei der Auswahl eines Entwicklungspartners für Steckverbinder sind dessen Reputation hinsichtlich Fachkompetenz, Verlässlichkeit und seine Flexibilität für unkonventionelle Lösungen entscheidende Merkmale. Kontinuität und Erscheinungsbild im Markt prägen gleichsam die Vertrauensbildung und damit die Entscheidungsbasis beim Kunden. Zu Beginn eines jeden Entwicklungsprozesses steht die Aufnahme des Kundenkontaktes durch den Vertriebsmitarbeiter. Er sorgt dafür, dass das Verhältnis zum Kunden durch Vertrauen und Kompetenz geprägt ist. Im Fall einer kundenspezifischen Lösung muss der Steckverbinderhersteller die Anforderungen, die Anwendung, den Einsatzort und damit ein Stück weit das Gesamtgerät des Kunden mit seinen Funktionen verstanden haben. Der Kunde lässt ihn somit „bis neben sein Reißbrett" und erhält im Gegenzug eine anwendungstechnische Beratung, an deren Ende eine erste Konzeptidee steht.

10.4.2 Konzept- und Angebotsphase

In der Konzept- und Angebotsphase wird zusammen mit den Entwicklungs- und Konstruktionsabteilungen des Herstellers und des Kunden das Lastenheft erarbeitet. Dies würde in sich keine Besonderheit darstellen, wenn nicht schon zu diesem frühen Zeitpunkt der Projektleiter und der Konstruktionsverantwortliche eingebunden wären. Die speziellen Anforderungen des Kunden müssen umfänglich und frühestmöglich verstanden werden, damit das Projekt für alle Beteiligten zum Erfolg wird. Wenn möglich dienen bereits hier erste 3D-CAD Entwürfe oder auch Musterteile aus dem 3D-Drucker der Absicherung des Konzeptes.

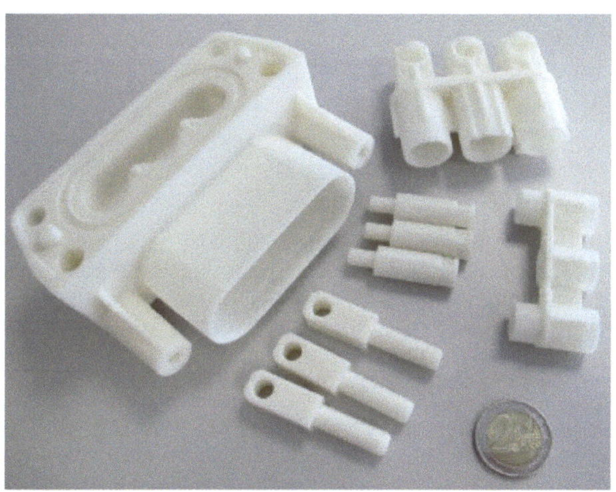

Bild 10.29: Musterteile aus dem 3D-Drucker

Auf dieser Grundlage wird aus dem Lasten- das Pflichtenheft erarbeitet und nach einem intensiven Beratungsgespräch mit dem Kunden zur Freigabe in einem Dokument zusammengefasst. Der Weg zur eigentlichen Konzeptphase, in welcher der Fokus auf der technischen Machbarkeit und fertigungstechnischen Herstellbarkeit des besprochenen Produktes liegt, ist damit frei.

Hier ist zu klären, an welcher Stelle nicht marktübliche bzw. Sonderlösungen gefunden werden müssen, um die zugesicherten Funktionen abbilden zu können.
Bestandteil dieses Konzeptes sind auch Überlegungen zu serienbegleitenden Sonderprüfungen, wie z. B. Helium-Leckraten für Ultra-Hochvakuum oder eine Hochdruckprüfung für Unterwasseranwendungen.
Mit dem vorhandenen Erfahrungsschatz werden frühzeitig die geeigneten Materialien ausgewählt oder die Verfügbarkeit von geeigneten Sonderwerkstoffen geprüft, da diese einen großen Einfluss auf die Produkteigenschaften und die Herstellbarkeit haben.
Um die Hauptfunktionen und die wesentlichen geometrischen Eigenschaften abzusichern, werden erste Simulationsrechnungen durchgeführt. Mittels 3D-Modellen und Rapid Prototyping wird gezeigt, dass Design, Handhabung und Bauraum zum Gerät des Kunden passen. Diese Modelle dienen gleichzeitig zur Vorstellung von A-Mustern beim Kunden.
Anhand des erarbeiteten Konzeptes werden dem Kunden die speziellen Lösungsansätze zur technischen Machbarkeit und zur wirtschaftlichen Herstellbarkeit neben einer Abschätzung zur Zeitplanung erläutert. Soweit der Kunde davon überzeugt ist, dass das vorgestellte Konzept zielführend ist, erfolgt ein „Konzept-Freeze".

10.4.3 Produktentwicklungsphase

Auf Basis des freigegebenen „Konzept-Freeze" kann die Entwicklung des Steckverbinders im Detail aufgenommen werden. Langjährige Erfahrungswerte treffen neben dem Wissen zum Produkt und den Produktionsverfahren auf hohe Praxis- und Anwendungsorientierung. Ausgehend von dem in der Konzeptphase erstellten 3D-CAD-Model wird der Lösungsvorschlag weiter ausgearbeitet, verfeinert und mit Blick auf die Herstellbarkeit detailliert. Hierauf wird am Beispiel des Moldflow-Prozesses genauer eingegangen.

Entwicklungsprozess bis zum Design-Freeze am Beispiel von Kunststoffspritzteilen für Steckverbinder

Ein guter Entwicklungsprozess für Spritzgussteile vereint Gespür für Konzeption und Konstruktion der Bauteile und Werkzeuge mit der Nutzung moderner Möglichkeiten. Der Verknüpfung zwischen Erfahrung, Simulation und Messtechnik kommt im Verbund mit der Konstruktion und der Fertigung eine besondere Bedeutung zu. Auf der Basis von Grundlagenwissen und Laborergebnissen lässt sich quasi ein physikalisches Modell entwerfen, auf dem sich die aussagesichere Simulation gründet.

Bei Spritzgussteilen kommen die Vorteile einer Prozesssimulation in besonderer Weise zum Tragen, denn praktische Versuche erfordern die Fertigung und Änderung teurer Werkzeuge. So erhält man vor der Erstellung des Werkzeugs bereits ein optimales Konzept, das heißt eine ausreichend gute Bauteilgeometrie in Kombination mit prozesssicheren und kostengünstigen Fertigungsmethoden.

Optimierungsschleifen werden weitgehend in den digitalen Designabschnitt verlagert, bevor die Umsetzung in Hardware erfolgt.

Beispielsweise kann eine Füllsimulation erstellt werden, um das Fließverhalten der Schmelze vorherzusagen. Das Füllverhalten hängt nicht nur von der Bauteilgeometrie, den Prozessparametern und dem Material ab, sondern wird auch maßgeblich vom Angusssystem und dessen Position beeinflusst. Von den Materialexperten wird ein den Bauteilanforderungen entsprechend passendes Material definiert und geprüft, ob die notwendigen Materialparameter für die Simulation zur Verfügung stehen. Gleichzeitig wird von der Werkzeugkonstruktion auf Basis langjähriger Erfahrung ein geeignetes Angusssystem gewählt und der Aufbau des Simulationsmodells entsprechend angepasst. Die Füllsimulation zeigt dann, ob das Konzept tragfähig und prozesssicher ist und liefert Ansatzpunkte für Verbesserungen.

Die wichtigsten Erkenntnisse können aus dem Füllbild erschlossen werden. Mit dem nötigen Wissen zum Verhalten der einzelnen Materialien können Bereiche identifiziert werden, die für die Bildung von Einfallstellen oder Lunkern gefährdet sind. Genauso werden die Lage und Art von Bindenähten oder die Ausrichtung von faserförmigen Füllstoffen erkennbar und können entsprechend optimiert werden.

Aufbauend auf die Füllsimulation lassen sich wichtige Einflussparameter wie Faserorientierung und Lage der Bindenähte direkt in die nachgelagerte mechanische FEM-Simulation einlesen. Dazu wird die Lösungsdatei aus der Füllsimulation ohne Informationsverlust in die Multiphysik-FEM überführt und dort weiterverarbeitet. Auf diesem Weg lässt sich eine solide und belastbare Bauteilauslegung realisieren.

Bei der Anwendung der FEM spielen die Eingabeparameter eine entscheidende Rolle für die Verlässlichkeit. Die Weiterverarbeitung der Daten zur Faserorientierung aus der Füllsimulation in einer mechanischen FEM-Analyse beispielsweise erfordert auch die entsprechenden werkstofftechnischen Grundlagenuntersuchungen zu den anisotropen Kennwerten der Materialien. Falls dieses Verhalten in Abhängigkeit von Alterung oder bestimmten Temperaturen bewertet werden soll, müssen auch hierfür die entsprechenden Grundlagenuntersuchungen am Material durchgeführt werden.

Neben sauberen, detaillierten technischen Grundlagen und einem breiten Erfahrungsschatz stellt die Entwicklung kundenspezifischer Produkte auch Ansprüche an die Entwickler selbst. Sie müssen ein ausgeprägtes Maß an Kreativität bei der Lösungsfindung zeigen und aus der Vielzahl der verfügbaren Methoden und Vorgehensweisen immer wieder neue Wege erkennen und beschreiten, da nur selten Standards existieren. Eine gute kommunikative Vernetzung, kurze interne Wege und eine unkomplizierte, flexible Projektstruktur machen dies möglich.

Bild 10.30: Spritzwerkzeug bei ODU

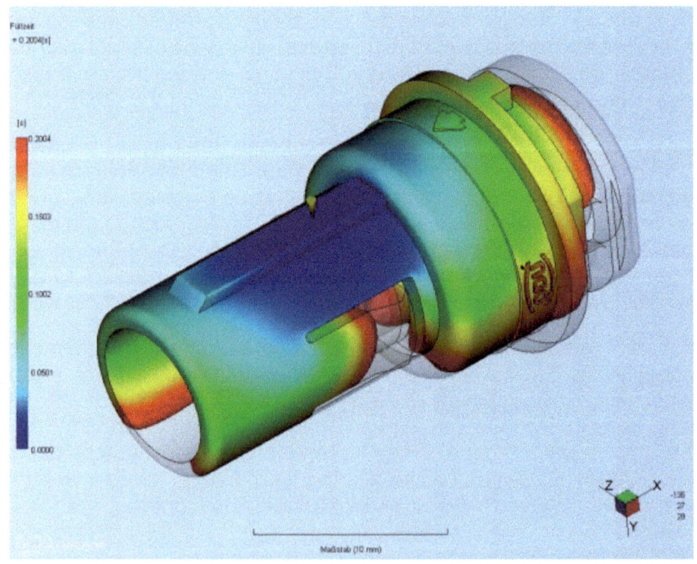

Bild 10.31: Moldflow-Simulation: Momentaufnahme eines Füllvorganges

Eng verzahnt ist die Konstruktion mit der Entwicklung. Dort, wo bereits in der Machbarkeitsbetrachtung Grenzen zur Herstellbarkeit oder den Funktionen aufgezeigt wurden, wird die Entwicklung eingebunden. Entsprechend der spezifischen Aufgabe rekrutiert sich das Projektteam. Die Projektarbeit ist auf eine zielorientierte, pragmatische Lösung ausgerichtet, fest eingebettet in den vorgegebenen zeitlichen Rahmen. Ergänzt durch Recherche, externe Vernetzung und Versuche erarbeitet das Projektteam seine Lösung. Das Prüflabor wird durch die Konstruktion bereits zu einem sehr frühen Zeitpunkt mit einbezogen.

Zum einen besteht die Aufgabe des Prüflabors darin, den spezifischen, mit dem Pflichtenheft abgeglichenen Prüfablaufplan zur Qualifizierungs- und Freigabeprüfung zu fixieren und umzusetzen. Zum anderen lässt die Konstruktion wie auch die Entwicklung bereits erste Funktionsmerkmale und die Handhabbarkeit anhand von A-Mustern abprüfen, um Schwachpunkte aufzudecken und frühzeitig konstruktive Verbesserungsvorschläge erarbeiten zu können. Die A-Muster sind typischerweise Rapid-Prototyping-Teile.

Eine weitere bedeutende Stütze ist die vollständige Integration eines Werkzeugbaues mit hochmoderner Ausstattung in den Entwicklungsprozess. Die vernetzte digitale Einbindung und Durchgängigkeit des Werkzeugbaus ergeben schnelle Reaktionszeiten. Ein Maschinenpark mit Drahtschneidanlagen, HSC-Fräsmaschinen, CNC-Drehmaschinen usw. bietet eine Vielfalt von Fertigungsverfahren bei gleichzeitig höchster Präzision. Die Vielseitigkeit der einzelnen Gerätschaften, wie beispielsweise einer 5-Achs-Fräsmaschine, eröffnet weitere Freiheitsgrade bei der Herstellung von Bauteilen.

Bild 10.32: Hochpräzisions-Drahtschneiden

Bild 10.33: 5-Achs-Fräsmaschine

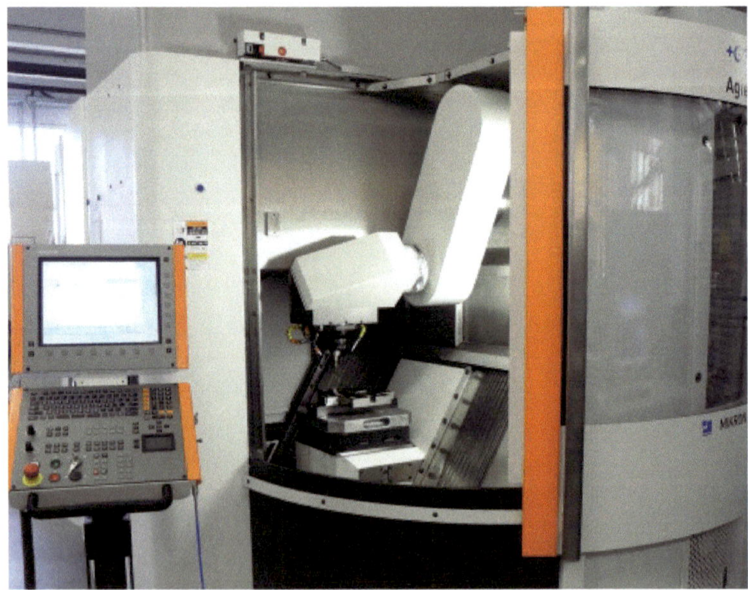

Bild 10.34: HSC (High Speed Cutting) Fräse

Alle gewonnenen Erkenntnisse aus dem Musterbau werden als Verbesserungspotential der Konstruktion reflektiert. Als Ergebnis des bisherigen Konstruktionsprozesses wird das Design-Freeze zur Vorstellung beim Kunden erstellt. Nach erfolgter Freigabe des Designs beginnt die Detailkonstruktion mit Überführung in die Vorserie, die Nullserie und schließlich die Serie selbst. Während dieser Prozessschritte erhält der Kunde die notwendige Transparenz und mögliche Einflussnahme durch ständige Rückkopplung.

10.5 Werkzeuge und Netzwerke in der Konstruktion und Fertigung

Hohe Serviceorientierung und vorbildliche Kommunikationsstruktur spiegeln sich unter anderem im Zusammenwirken von Entwicklung, Konstruktion und Produktion wider. Die Entwicklung mit ihren integralen Segmenten Prüflabor und Simulationsrechnung stellen wir im Folgenden näher vor.

10.5.1 Entwicklungskompetenz

Die Entwicklung zeichnet sich durch eine Bündelung von hoher Fachkompetenz und umfangreicher Erfahrung aus. Sie erarbeitet strukturiert und zielorientiert Grundlagen elektrischer Verbindungstechnik. Damit kann auf neue technische Herausforderungen flexibel und zeitnah reagiert werden. Eng vernetzt mit Labor und FEM-Simulation wirkt die Entwicklung quasi wie ein „Beschleuniger" für die applikationsbezogene Lösung. Ihre kurzen Wege zur Konstruktion und Produktion und eine vorbildliche Kommunikationsstruktur sorgen für Termintreue und zielorientierte Umsetzung von besonderen Kundenanforderungen.

Einige Beispiele für die Aufgaben der Entwicklungsabteilung sind:

Materialeinsatz: Mit den zunehmend steigenden Anforderungen an die Steckverbinder steigt auch deren Entwicklungsaufwand. Ein Beispiel für komplexe Aufgaben ist die Auswahl von hochleitfähigen Werkstoffen für den Einsatz bei Dauergebrauchstemperaturen von über 200°C. Ein weiteres typisches Beispiel ist der vollständig nichtmagnetische Steckverbinder. Dabei bezieht sich die Auswahl auf nichtmagnetische Materialien für die Kontakte und Halterungssysteme sowie auf die galvanischen Oberflächen.

Kontakt- und Anschlusstechnologie: Mit Spezialwissen unterstützt die Entwicklung die Auslegung des Bauteils und schafft die Kontakttechnologien von morgen. Ebenso begleitet sie die Validierung neuer Anschlusstechnologien für zuverlässige, langzeitstabile Verbindungen bei anspruchsvollen Einsatz- und Umgebungsbedingungen. Beispiele hierzu sind Steckverbinder für den Leichtbaubereich, für den Einbau im Motorraum oder für hohe Ströme in Verbindung mit höchsten Steckzyklen.

Vergüsse, Umspritzungen und Kunststoffe: Das Hauptaugenmerk liegt auf der Teileauslegung für eine hohe Verlässlichkeit während der gesamten Lebensdauer des Steckverbinders. Ein weiteres Fachgebiet bilden Vergüsse in hochspannungsfesten oder vakuumdichten Systemen, bei denen die Herausforderung in der

Haftung, in der Blasenfreiheit sowie in der richtigen Dimensionierung der Spaltmaße liegt.
Gegenstand der Untersuchung von Kunststoffen ist z. B. die Einsetzbarkeit in medienbeständigen und autoklavierbaren Anwendungen für Medizinprodukte.

Leistungs- und Datenübertragung, Signalintegrität und EMV: Umfangreiche Grundlagenentwicklungen zur Signalintegrität und Hochfrequenztechnik, ausgerichtet auf Bussysteme wie HDMI, USB und Ethernet, ermöglichen die Entwicklung von Datenbussstecksystemen in Kombination mit den besonderen Eigenschaften von Steckverbindern. Ein Ergebnis kann ein hermetisch dichter Steckverbinder mit geringer Einbaugröße für besonders raue Anwendungen, kombiniert mit den strengen Anforderungen einer sicheren Gigabit-Ethernet Übertragung, sein.

10.5.2 Finite-Elemente-Methode FEM-Simulation

Am Beispiel „Entwicklungsprozess Kunststoffspritzteile“ wurde bereits ein weiteres starkes Werkzeug erläutert, das zur Minimierung der Iterationsschleifen in der Konstruktion eingesetzt wird, die FEM-Berechnung. Durch sie werden wesentliche Funktionsmerkmale bestimmt und qualitativ wie quantitativ bewertet. Diese sind vor allem mechanische Stabilität, Stromtragfähigkeit, Steck- und Ziehkräfte, Kontaktdrücke, Relaxations- und Materialermüdungsverhalten sowie Stromdichte und Feldverteilung. Dabei liegt die Betonung auf Prognosesicherheit und Zuverlässigkeit der gerechneten Aussagen.
Der Kunde kann so bereits in einem frühen Stadium über die Machbarkeit oder die Lösungskonzepte fachbezogen informiert werden.

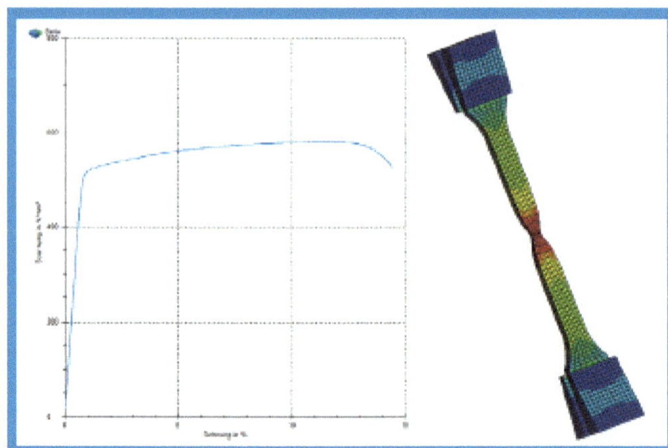

Bild 10.35: Spannungs-Dehnungskurven sind wesentliche Eingabeparameter zur zuverlässigen Simulationsberechnung.

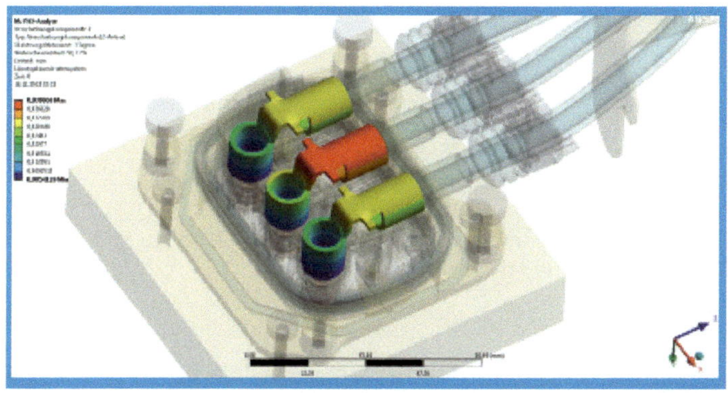

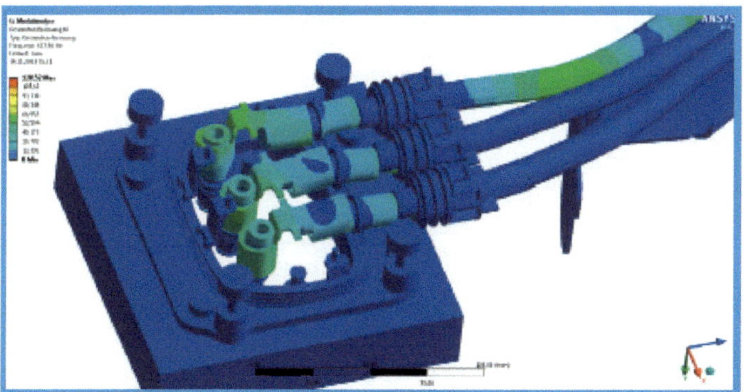

Bild 10.36 und 10.37: FEM-Simulation der Schwingungsfestigkeit

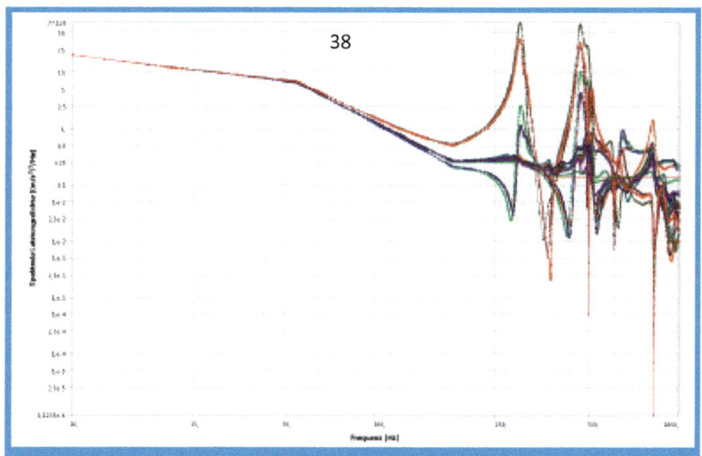

Bild 10.38: Resonanzfälle als Ergebnis der Simulation

10.5.3 Prüflabor

Die Hauptaufgaben lassen sich in folgende Bereiche gliedern:

- Entwicklungsbegleitende Prüfungen für die Konstruktion

- Freigabeprüfungen zur Absicherung der Funktion, des Konstruktionskonzeptes und der Fertigungsqualität

- Ermittlung von Materialkennwerten für Datenbanken zur Unterstützung der FEM-Simulation und der Entwicklung

- Grundlagenuntersuchungen

Das Prüflabor reflektiert kundenspezifische Produkte mit seinen Anwendungen bzw. Einsatzmöglichkeiten beim Kunden. Kundenspezifische Steckverbinder haben zum Großteil anwendungsspezifische Eigenschaften und Besonderheiten und müssen extremen Einflüssen standhalten. Dieser Umstand verlangt auch die Ausstattung des Labors mit nicht alltäglichen Prüfmöglichkeiten.

Die Absicherung der elektrischen und mechanischen Eigenschaften und der Funktionen des Steckverbindersystems sowie die Grenzen des Gesamtsystems erfolgen auf der Grundlage des entsprechenden Lastenheftes bzw. des daraus abgeleiteten Pflichtenheftes. Prüfgeräte oder -aufbauten, die nicht am Markt erhältlich sind, werden im eigenen Hause entwickelt. Der Einsatz von kalibrierten Messgeräten, geschultem Personal mit ausgeprägten Fachkenntnissen und festgelegten Prüfabläufen garantiert ein nachvollziehbares und rückverfolgbares Prüfwesen.

Mechanische Tests und Oberflächenprüfung
Steckverbinder für hohe Steckzyklen stellen eine besondere Herausforderung dar. In der Mess- und Prüftechnik ist hier die Rede von 10.000 bis 100.000 oder auch bis zu 1 Million Steckzyklen. Zur Überprüfung ist es wichtig, kleinste Kräfte und Kontaktwiderstände während des Steckvorganges kontinuierlich aufzuzeichnen, den Verschleiß und den Reibbeiwert zu kontrollieren und die Oberfläche nach klimatischer Belastung zu beurteilen.

Reibkorrosionen können bei Mikrobewegungen entstehen, die durch Vibrationen erzeugt werden. Sie verursachen erhöhte Kontaktwiderstände. Für diesen Zweck sind Prüfgeräte notwendig, mit deren Hilfe Reibwege von 10 bis 100 µm nachgestellt werden können.

Die Oberfläche dient dem Verschleiß- und Korrosionsschutz und stellt die elektrische Kontaktgabe sicher. Daher ist die Auswahl der Oberflächenmaterialien von großer Bedeutung.

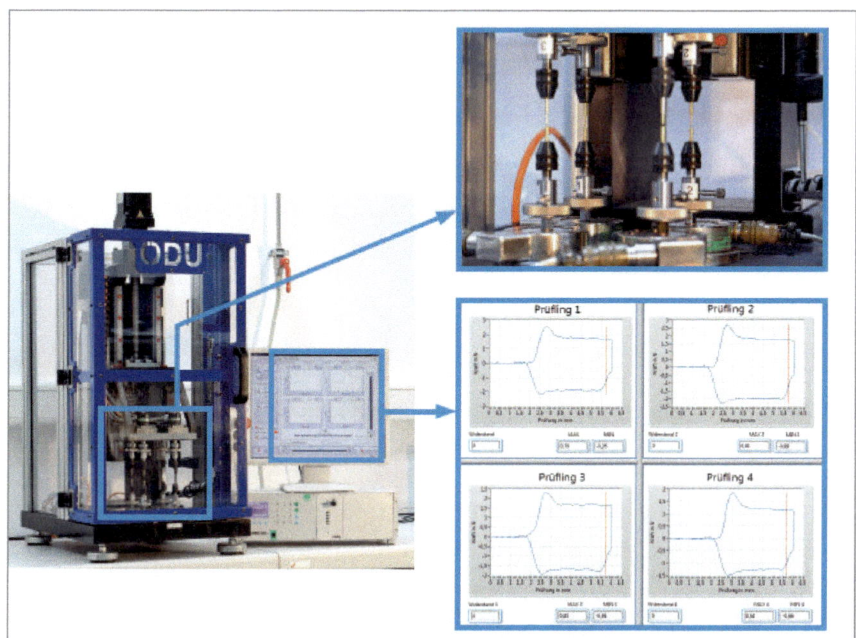

Bild 10.39: Der Steckzyklentest zeichnet den Durchgangswiderstand und die Steck- und Ziehkräfte zu jedem Vorgang parallel auf

Elektrische Prüfungen

In der Kombination mit hohen Steckzyklen und niedrigen Steckkräften sind besondere Kontaktkonzepte für Signale, kleinste Messströme und Energieübertragung erforderlich. Für letzteres werden Stromtragfähigkeitsmessplätze für besonders hohe Ströme benötigt. Neben der Hochspannungsprüfung ist die Teilentladungsprüfung ein entscheidendes Mosaiksteinchen zur Überprüfung der dauerhaften Hochspannungsfähigkeit eines Steckverbinders. Dauerhaft anliegende Hochspannungen zwischen den Kontakten können zu einer Schädigung des Isolierkörpers führen, in dem sich sogenannte „Trees“ ausbilden (siehe Bild 10.42). Das könnte bei Nichtbeachtung wiederum zum Ausfall des Gesamtsystems führen. Hier wird der Einsatz eines Prüfstandes zur Teilentladung notwendig. Damit kann die Langzeitstabilität eines Hochspannungssteckverbinders sichergestellt werden.

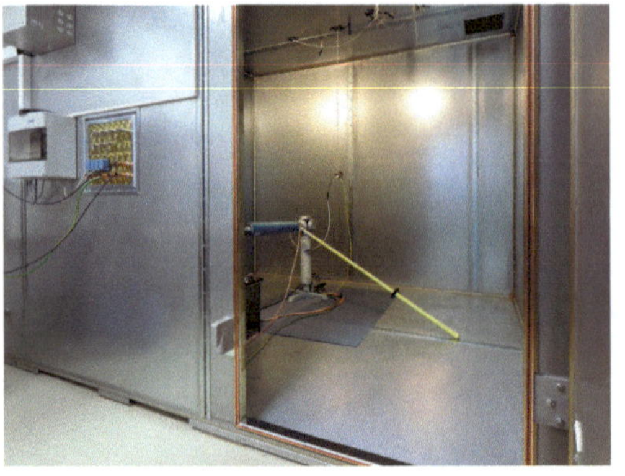
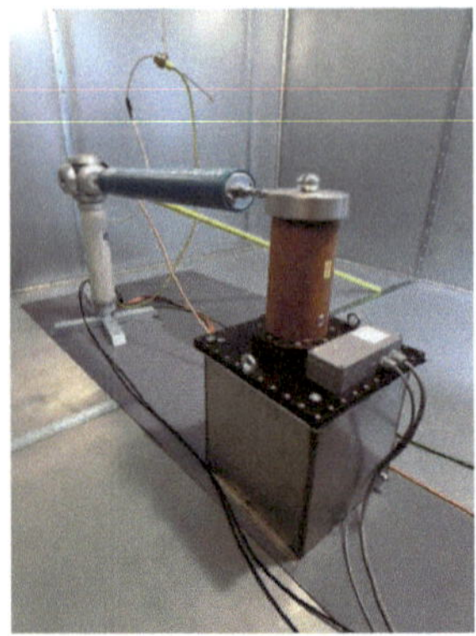

Bild 10.40: Prüfeinrichtung zur Teilentladungsprüfung

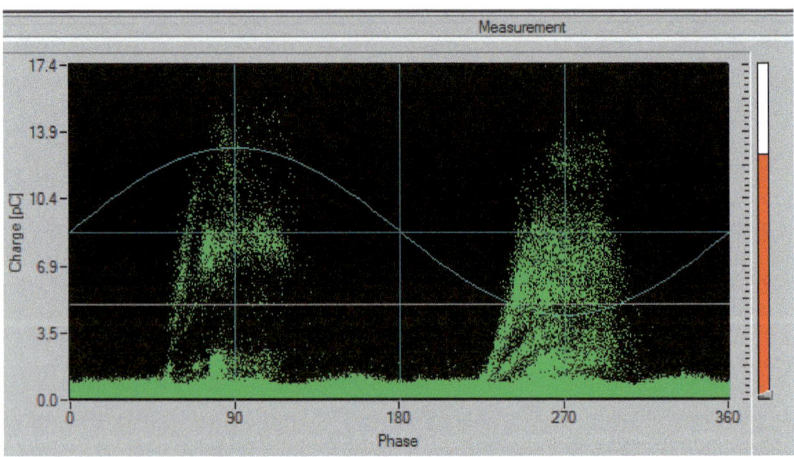

Bild 10.41: Die Messkurve zu oben genannter Prüfung lässt in der Entwicklungsphase Rückschlüsse auf Fehlerquellen im Isolierkörper zu

Bild 10.42: Typische Auswirkungen im Isolierkörper bei falscher Auslegung des Steckverbinders: sogenannte „Trees“

Für Datenbusanwendungen werden Netzwerkanalysatoren für die Messung von Durchgangsdämpfung, Reflektionsdämpfung, Impedanz- bzw. TDR-Messungen (Zeitbereichsreflektometrie) eingesetzt. Hier kann die Signalintegrität und das Hochfrequenzverhalten an Koaxial- oder auch an elektronischen Steckverbindern messtechnisch abgesichert werden. Die Messungen dienen dabei der Abstützung und Ergänzung der Simulationsrechnungen, die kundenprojektbezogen direkt in die Konstruktion des Bauteiles einfließen.

Bei der Messung der EMV-Festigkeit (EMV = Elektromagnetische Verträglichkeit) wird grundsätzlich zwischen der Messung des Kopplungswiderstandes im unteren Frequenzbereich und der Schirmdämpfung für höhere Frequenzen unterschieden. Beides lässt sich normgerecht mit der Triaxialmessmethode abbilden. EMV-Festigkeit eines Steckverbinders bedeutet, dass aus dem Gehäuse austretende elektromagnetische Störsignale gemessen und deren möglicher Einfluss auf umgebende Systeme anhand der gängigen Normen bewertet wird. Des Weiteren wird darauf geachtet, dass keine strahlungs- oder leitungsgebundenen elektromagnetischen Störungen das Signalübertragungsverhalten im Produkt beeinflussen. Auf der Grundlage von Normen wird bewertet, ob die Datenübertragung beeinträchtigt wird oder nicht.

Material

Für die Beurteilung von Materialien und Oberflächenvergütungen ist ein Werkstoffkundelabor eine unabdingbare Voraussetzung. Mit Hilfe von mechanischen Prüfmethoden, chemischen Analysen und auch Schliffpräparation wird hier die Gebrauchsfähigkeit von Oberflächen und Materialien beurteilt. Die gewonnenen Daten fließen alle in eine Materialdatenbank ein, deren Inhalte dann für zukünftige Anwendungen zur Verfügung stehen.

Bild 10.43: Messung der Materialdaten von Kunststoffen und Metallen unter anderem zur Verwendung in der FEM-Datenbank

Besondere Anforderungen für den Chemiebereich eines Labors entstehen aus der Medienbeständigkeit und Autoklavierbarkeit, die sich z. B. aus der Medizingeräteverordnung IEC 13485 ergeben.

Die Simulation von Umweltbedingungen erfordert den Zugriff auf einen umfangreichen Gerätepool. Dazu zählen verschiedene Kälte-, Wärme- und feuchte Wärme-Kammern. Die Überprüfung der Seewasserbeständigkeit erfolgt in einer Salzsprühkammer. In einzelnen Einrichtungen werden Oberflächen auf ihre Gebrauchsfähigkeit in rauen Umgebungsbedingungen getestet, wie zum Beispiel im Bereich Off-Shore oder Militär. Konfektionierte Steckverbindungssysteme für den Einsatz in Wasserkraftwerken oder im Tiefseebereich müssen absolute Dichtigkeit aufweisen. Für die Überprüfung und den Nachweis sind Hochdruckkammern bis über 100 bar notwendig. Für Applikationen im Hochvakuum werden Helium-Leckraten-Prüfeinrichtungen im Labor und im Fertigungsbereich eingesetzt, um die Gasdichtigkeit von Steckverbindern nachzuweisen.

Bild 10.44: Helium-Leckraten-Prüfgerät: Überprüfung der Hochvakuumtauglichkeit

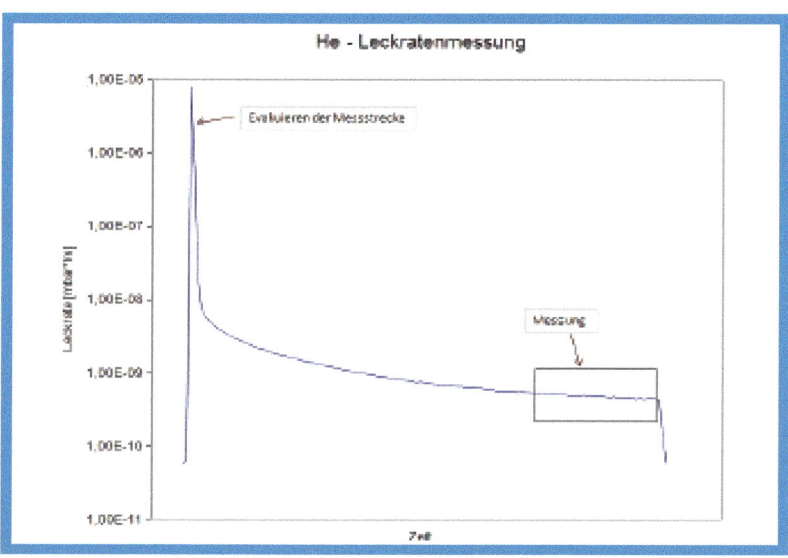

Bild 10.45: Zeitlicher Verlauf einer Helium-Leckratenmessung

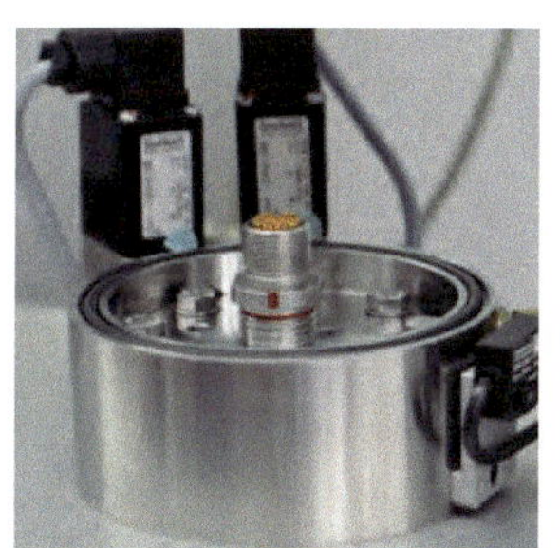

Bild 10.46: Der automatisierte Prüfplatz erlaubt die serienmäßige Überprüfung in der Fertigung.

Fazit zum Entwicklungsprozess

Prüflabor, Simulationsrechnung und Entwicklung bilden eine effiziente Synergie. Sie sind eng mit der Produktion und der Konstruktion vernetzt. Dies ermöglicht eine termingerechte Übergabe der applikationsspezifischen Anwendung als passgenaues und zuverlässiges Produkt an den Kunden. Langjährige Erfahrung und höchste Fachkompetenz im Zusammenspiel mit maximaler Flexibilität ermöglichen Lösungen für besondere technische Herausforderungen und sorgen für eine größtmögliche Kundenzufriedenheit.

10.6 Die Zusammenarbeit bei der Entwicklung kundenspezifischer Steckverbinder

Ein Steckverbinderhersteller, der kundenspezifische Produkte am Markt anbieten will, muss bestimmte interne Voraussetzungen sicherstellen. Wesentliche Merkmale sind zunächst einmal die Flexibilität, mit der er sich auf neue Anforderungen einstellt und die Bereitschaft, unkonventionelle Lösungen zielorientiert anzustreben. Weiterhin ist es die Kommunikationsstruktur, sie hat, unterfüttert durch ein vorzeigbares Wissensmanagement, maßgebliche Gewichtung und unterstreicht auch die interne Flexibilität beim Zusammenfinden von Teams für spezielle Lösungen.

Zudem ist eine große Datenbasis – kombiniert mit Erfahrungswerten – wichtig, an der das Wissen des Unternehmens letztendlich festgemacht wird. Wissen bedeutet aber auch Wissensträger zu haben und diese besonders durch Identifikation langfristig ans Unternehmen zu binden. In diesem Zusammenhang ist die Gestaltung des Arbeitsumfeldes und der dort vorherrschenden Atmosphäre nicht ohne Bedeutung. Nach außen hin ist das Image, aber mehr noch die Reputation, ausschlaggebend. Berechenbarkeit, Verlässlichkeit und Kontinuität des Unternehmens sind entscheidende Werte für eine intakte Vertrauensbasis zum Kunden hin.
Kauft ein Unternehmen Handelsware, so sucht es im Allgemeinen zwei Anbieter aus. Das dient dem Preisvergleich und auch der Absicherung der Lieferfähigkeit. Im Falle eines kundenspezifischen Produktes ist dies ungleich schwerer zu gewährleisten, denn eine Parallelentwicklung kann merkliche Mehrkosten verursachen. Diesen Weg zu beschreiten macht unter Risikogesichtspunkten Sinn, wenn eine technische Lösung als schwer erreichbar gilt. Grundsätzlich geht der Lieferant ein kommerzielles und technisches, der Kunde ein zeitliches und kommerzielles Risiko ein. Ist der Hersteller von kundenspezifischen Steckverbindern Alleinlieferant, kommt ihm eine besondere Verantwortung zu. Wenn entsprechend vereinbart, steht es seinem Kunden frei, die Entwicklung abzukaufen. Er kann weitere Unternehmen mit der Produktion beauftragen, wenn es ihm nur um die Absicherung der Lieferfähigkeit geht. Hierbei dürfen die Güte, die Qualität, der gegebenenfalls spezialisierte Fertigungsprozess oder Sonderprüfungen innerhalb der Fertigungskette bei der Auswahl der externen Lieferanten nicht ausgeklammert werden.
Wichtig ist es, die technische Machbarkeit zusammen mit einer Abschätzung der Kosten und des zeitlichen Rahmens dem Kunden gegenüber zu einem möglichst frühen Zeitpunkt kommunizieren zu können. Dieses setzt, neben den bereits genannten strukturellen Voraussetzungen und Erfahrungswerten im Zusammenhang mit dem speziellen Firmenknowhow, den wirksamen Einsatz der im vorhergehenden Kapitel genannten Konstruktionswerkzeuge zum richtigen Zeitpunkt voraus.

Die zum Entwicklungsprozess geschilderte Transparenz gegenüber dem Kunden ermöglicht diesem die permanente Einsicht und Eingriffsmöglichkeit. Denn während des gesamten Prozesses steht natürlich er, der Kunde mit seinem Produktwunsch, im Mittelpunkt.

11 Theorie und Kenngrößen koaxialer Verbindungen

Bernd Rosenberger

11.1 Einführung und Begriffserläuterungen

Mit dem Aufkommen der Lichtwellenleiterübertragung Ende der 70 er Jahre schien der koaxialen Verbindungs- und Übertragungstechnik ein mächtiger Konkurrent zu erwachsen. Inzwischen jedoch hat sich gezeigt, dass gerade durch die LWL-Technik ein Inovationsschub (Systeme und Übertragungsverfahren) stattfand, der wiederum zu einem steigenden Bedarf an Koax-Steckverbindern führte. Die Entwicklungen auf dem Kommunikationsgebiet – von den mobilen Systemen bis hin zur Satellitentechnik – ließen eine Reihe neuer Bauformen entstehen – sowohl Standards als auch applikationsspezische Entwicklungen. Die Forderungen an die Übertragungseigenschaften wurden in immer höhere Frequenzbereiche getrieben.

Die folgenden Begriffserläuterungen dienen dem besseren Verständnis der koaxialen Steckverbinder.

Wellenleiter

Jede Grenzfläche zwischen zwei verschiedenen Medien lässt sich zur Führung einer elektromagnetischen Welle benutzen, wobei sich die mit der Welle übertragene Energie im gesamten elektromagnetischen Feld und damit im Wesentlichen außerhalb der gut leitfähigen metallischen Leiter befindet.
Die benötigten Feldgrößen sind mittels der Maxwell'schen Gleichungen gut berechenbar.

Wellenleiter-Typen: a) geschlossene Wellenleiter, von idealen Leitern allseitig umschlossen (Hohlleiter, Koaxialleitung,)
Sonderfall: LWL große Unterschiede im Brechungsindex der benutzten Materialien

b) offene Wellenleiter mit großem Feldanteil in der Umgebung des Wellenleiters (Microstrip, Coplanar, Paralleldraht)

Beispiel: Hohlrohr – keine Übertragung von Gleichstrom möglich, aber Licht! Es kann eine Grenzfrequenz definiert werden, ein Hohlleiter besitzt Hochpasscharakter

Wellenlänge

Als Wellenlänge bezeichnet man die örtliche Periodenlänge einer Schwingung.

$$\lambda = \frac{2\pi}{\beta}$$ mit β .... Phasenkonstante $\beta \approx \omega\sqrt{L'C'}$

$$\lambda = \frac{c_0}{f}$$ mit $c_0 = \frac{1}{\sqrt{\varepsilon_0\mu_0}} = 2{,}997925*10^8 m/s$ Lichtgeschwindigkeit im Vakuum.

Feldwellenwiderstand

Der Feldwellenwiderstand stellt bei einer ebenen Welle das Verhältnis von elektrischer zu magnetischer Feldstärke im Vakuum dar.

$$Z_0 = \sqrt{\frac{\mu_0}{\varepsilon_0}} \approx 377\Omega$$

gibt den sogenannten Feldwellenwiderstand des freien Raumes an.

Skineffekt

Wechselströme erfüllen den Leiterquerschnitt nicht gleichmäßig, sie werden durch Induktionswirkung im Leiter zur Oberfläche hin verdrängt, wobei diese Stromverdrängung mit wachsender Frequenz zunimmt. Die Widerstandsdämpfung einer Übertragungsleitung wird demzufolge mit wachsender Frequenz durch einen zusätzlichen Anteil erhöht, der auf den Skineffekt zurückzuführen ist.

Das Eindringmaß (äquivalente Dicke der Schicht, in der die Stromleitung stattfindet)

$$\delta = \frac{1}{\sqrt{f\pi\sigma\mu_0\mu_r}}$$

σ ... Leitfähigkeit des eingesetzten Leiter materials

$\sigma_{Ag} = 62 * 10^{6}$ S/m

mit f ... Frequenz

$\sigma_{Cu} = 58 * 10^{6}$ S/m

$\mu_0 = 1{,}256\ 10^{-6}$ Vs / Am

μ_r ... relative Permeabilitätskonstante

Dielektrizitätskonstante

Die Dielektrizitätskonstante beschreibt das Verhalten des betreffenden Materials in elektrischen Feldern. Für Vakuum als Isolierstoff gilt die absolute Dielektrizitätskonstante $\varepsilon_0 = 8{,}8542 * 10^{12}$ As/Vm und für praktisch einsetzbare Materialien muss die relative Dielektrizitätskonstante ε_r des jeweiligen Materials beachtet werden:

Luft	$\varepsilon_r = 1{,}0006$	
Polystyrol	$\varepsilon_r \approx 2{,}56$	(frequenzabhängig)
PTFE	$\varepsilon_r \approx 2{,}04$	(frequenzabhängig)

Hohlleiter

Hohleiter sind Hohlrohre mit verschiedener möglicher Geometrie mit elektrisch leitenden Wänden, in denen sich elektromagnetische Wellen in axialer Richtung ausbreiten können. Die Übertragungseigenschaften eines Hohlleiters sind mit einem Hochpass vergleichbar: Bei Frequenzen, die oberhalb einer von der Hohlleitergeometrie abhängigen Grenzfrequenz liegen, breitet sich die elektromagnetische Welle in Längsrichtung aus, bei Frequenzen unterhalb der Grenzfrequenz stellt die Welle in Längsrichtung ein aperiodisch gedämpftes Feld dar. Der Eindeutigkeitsbereich eines Hohlleiters gibt den Frequenzbereich an, für den es im Hohlleiter nur eine ausbreitungsfähige Welle gibt. Auch in der Koaxialleitung sind (meist unerwünschte) Hohlleiterwellen anregbar und ausbreitungsfähig, bei der Dimensionierung der Koaxialleitung ist der geometrisch bestimmte Eindeutigkeitsbereich zu beachten.

TEM-Welle: Transversal-Elektro-Magnetische Wellen besitzen elektrische und magnetische Feldkomponenten, die nur in einer Ebene transversal (senkrecht) zur Ausbreitungsrichtung liegen, es existieren keine Komponenten in Ausbreitungsrichtung. Die auf Doppelleitungen (z. B. Koaxialleitung) ausbreitungsfähigen Grundwellen sind vom Typ TEM

11.2 Koaxiale Leitungen

11.2.1. Grundlagen zur Theorie

Doppelleitung oder Lecherleitung

Die am häufigsten benutzte Form der elektrischen Leitung ist die Doppelleitung oder Lecherleitung, die aus zwei voneinander isolierten Einzelleitern besteht. Dabei kann die technische Ausführungsform sehr verschiedenartig sein, sie reicht von der Paralleldrahtleitung bis zur konzentrisch aufgebauten Koaxialleitung. Der am häufigsten auftretende Wellentyp auf einer Doppelleitung ist die TEM-Welle (auch Lecherwelle), die nur transversale elektrische bzw. magnetische Feldstärkekomponenten, aber keine in Ausbreitungsrichtung besitzt. Die Ausbreitung dieses Wellentyps auf der Leitung ist bei beliebigen Wellenlängen möglich. Daneben können sich bei genügend hohen Frequenzen auch spezielle Hohlleiterwellen vom E- oder H-Typ ausbreiten und den eigentlichen Grundtyp TEM-Welle störend beeinflussen.

Die Doppelleitung (Bild 11.1) wird gekennzeichnet durch ihre charakteristischen Kenngrößen – die Leitungskonstanten. Dabei unterscheidet man die als primäre Leitungskonstanten bezeichneten Leitungsbeläge (Kapazitätsbelag C', Induktivitätsbelag L', Widerstandsbelag R' und Leitwertsbelag G') und die als sekundäre Leitungskonstanten bezeichneten Größen Wellenwiderstand Z und Ausbreitungskonstante γ. R' und G' sind bei der normalerweise angewandten verlustarmen Doppelleitung klein und es gilt ganz allgemein

$$R' \ll \omega L' \quad \text{und} \quad G' \ll \omega C' \,,$$

so dass sich für den Wellenwiderstand eine reelle frequenzunabhängige Größe Z_0 ergibt, nur noch von den geometrischen Abmessungen der Leitung und vom eingesetzten Dielektrikum abhängig ist, so dass praktische Ausführungen von Doppelleitungen und Bauteile daraus recht einfach dimensioniert werden können.

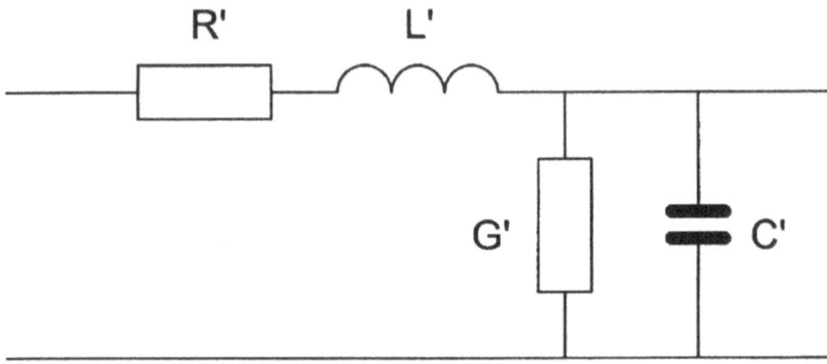

Bild 11.1: Leitungsersatzschaltbild

Die Leitungsbeläge beschreiben die elektrischen Eigenschaften einer Leitung, sie stellen die auf die Leitungslänge bezogenen Werte der Schaltelemente des Leitungsersatzschaltbildes dar:

Widerstandsbelag R'

auf die Längeneinheit bezogener ohmscher Leitungswiderstand für Hin- und Rückleitung gemeinsam unter Berücksichtigung des Skineffektes,

Induktivitätsbelag L'

auf die Längeneinheit bezogene Induktivität der Hin- und Rückleitung,

Leitwertsbelag G'

auf die Längeneinheit bezogener Querleitwert zwischen Hin- und Rückleitung,

Kapazitätsbelag C'

auf die Längeneinheit bezogene Querkapazität zwischen Hin- und Rückleitung.

Unter Anwendung der Leitungsbeläge lässt sich für die Doppelleitung der Verlauf von Strom und Spannung auf der Leitung als Funktion der Leitungskonstanten (Wellenwiderstand und Ausbreitungskonstante) sowie der Frequenz und der Leitungslänge berechnen.

11.2.2 Kenngrößen koaxialer Leitungen

Wellenwiderstand

Für die Doppelleitung gilt $Z_L = \sqrt{\frac{R'+j\omega L'}{G'+j\omega C'}}$

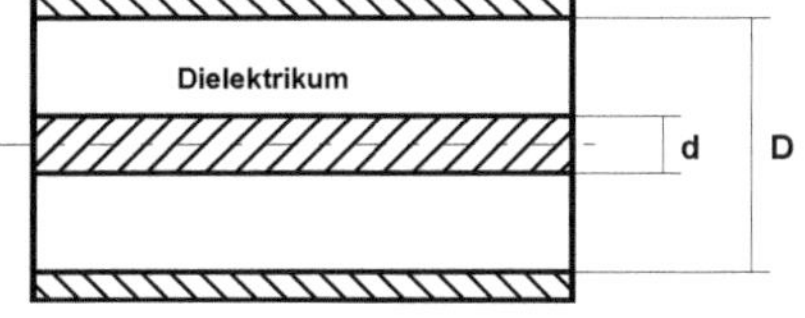

Ist diese Leitung verlustarm (R'<<ωL' und G'<<ωC'), koaxial mit Außenleiter-Durchmesser D und Innenleiter-Durchmesser d sowie Isolierkörper mit ε_r, so kann der Wellenwiderstand der Leitung mit

$$Z_L = \frac{Z_o}{2\pi}\frac{1}{\sqrt{\varepsilon_r}}\ln\frac{D}{d} \qquad Z_L / \Omega = \frac{60}{\sqrt{\varepsilon_r}}\ln\frac{D}{d}.$$

und die Ausbreitungskonstante γ mit

$$\gamma = \sqrt{(R'+j\omega L')*(G'+j\omega C')} = \alpha + j\beta$$ berechnet werden.

(Dämpfungskonstante α und Phasenkonstante β)

Die Dämpfungskonstante ist gleich Null bei verlustlosen Leitungen, d. h. bei Leitungen, bei denen der Widerstandsbelag R' und der Leitwertsbelag G' gleich Null sind.

Für relativ verlustarme Leitungen mit G' << ωC' und R' << ωL' gilt

$$\alpha \approx \frac{R'}{2Z_L} + \frac{G' Z_L}{2}$$

für die Dämpfungskonstante eine reelle, nur von den Leitungsparametern abhängige Größe.

Die Gesamtdämpfung kann sich damit aus folgenden Faktoren zusammensetzen:

1. *Widerstandsverluste in den Leitern (Skineffekt !)*
2. *Ableitungsverluste im Dielektrikum (Verlustfaktor des Isolierstoffes)*
3. *Hystereseverluste (Materialeigenschaften)*
4. *Reflexionsverluste*
5. *Verluste durch Abstrahlung*

Für relativ verlustarme Leitungen mit G' << ωC' und R' << ωL') gilt: $\beta = \omega\sqrt{L'C'}$,

für die Phasenkonstante eine reelle, nur von den Leitungsparametern und der Frequenz abhängige Größe.

Induktivitätsbelag L' und Kapazitätsbelag C' berechnen sich für verlustarme koaxiale Leitungen mit einem Innenleiter-Durchmesser gleich d und einem Außenleiter-Durchmesser gleich D sowie $\mu = \mu_0$ zu:

$$L' = \frac{\mu_o}{2\pi}\ln\frac{D}{d} \qquad C' = \frac{2\pi\varepsilon_o\varepsilon_r}{\ln\frac{D}{d}}$$

Hohlleiter mit kreisringförmigem Querschnitt – Die Koaxialleitung

Als Hohlleiter nur sehr geringe Bedeutung, wichtig aber zur Berechnung des Eindeutigkeitsbereichs der Koaxialleitung entsprechender geometrischer Größe.

Als Eindeutigkeitsbereich der Koaxialleitung ist der Frequenzbereich definiert, in dem nur die TEM_{00} -Welle ausbreitungsfähig und für die Ausbreitungsparameter verantwortlich ist. Am hochfrequenten Ende dieses Eindeutigkeitsbereiches existiert eine Grenzfrequenz, oberhalb der zusätzlich verschiedene Wellentypen vom Hohlleitermodus (E- oder H-Moden) angeregt werden können (z. B. durch Leitungsdiskontinuitäten), die zu Unregelmäßigkeiten führen können. Sie kann berechnet werden zu *Spezialfall Koaxialleitung:*

$$f_G = \frac{2c}{\pi\sqrt{\varepsilon_r}} * \frac{1}{D+d}$$

mit ε_r ... relative Dielektrizitätskonstante des Isolators

c ... Lichtgeschwindigkeit

d, D ... Durchmesser von Innen- und Außenleiter

Als Näherung zur Ermittlung der Grenzwellenlänge λ_c kann für d/D > 0,2 (D Durchmesser des Außenleiters und d Durchmesser des Innenleiters der Koaxialleitung) angegeben werden

$$\lambda_c \approx \frac{\pi}{2}(d+D)$$ für die H_{11} - Welle

$$\lambda_c \approx (D-d)$$ für die E_{01} - Welle

Praktische Beispiele sind

Koaxialquerschnitt 3/7	(N-Connector)	$f_c \approx 19$ GHz
Koaxialquerschnitt 7/16	(7/16-Connector)	$f_c \approx 8{,}3$ GHz

11.2.3. Leitungen mit Reflexionen

Der Abschlusswiderstand einer Leitung bestimmt die Strom- und Spannungsverteilung auf dieser Leitung. Nur bei exakter Gleichheit von Abschlusswiderstand und Wellenwiderstand wird es zu einer vollständigen Leistungsübertragung vom Eingang zum Ausgang der Leitung kommen. Praktisch wird immer eine Differenz der beiden Widerstandswerte vorliegen. In diesem Fall werden Reflexionen auftreten, die die Übertragung negativ beeinflussen. Der somit für jede Stelle der Leitung, bestimmbare „Reflexionsfaktor" ist sowohl vom Verhältnis Wellenwiderstand zu Abschlusswiderstand als auch von der jeweiligen Stelle auf der Leitung sowie der betrachteten Frequenz abhängig. Dabei wird der Betrag des Reflexionsfaktors nur vom Widerstandsverhältnis beeinflusst, seine Phasenlage wird jedoch von der Länge bis zum Leitungsende und von der Frequenz bestimmt.

Eine Leitung besitzt also Transformationseigenschaften, d. h. der Abschlusswiderstand bezogen auf den Wellenwiderstand der Leitung am Leitungsende wird in einen bestimmten, von Leitungslänge und Frequenz abhängigen Eingangswiderstand am Anfang der Leitung transformiert. Der Eingangswiderstand ist damit sowohl von den Parametern der Leitung (Wellenwiderstand und Ausbreitungskonstante) als auch von der Leitungslänge und vom Widerstand, mit dem das Ende der Leitung abgeschlossen ist, abhängig.

Diese Eigenschaft wird benutzt, um mit derartigen Leitungsabschnitten Schaltelemente wie Induktivitäten, Kapazitäten oder Resonatoren zu erzeugen.

Beispiele:

Leitungslänge $\lambda/4$:	Transformation eines beliebigen Abschlusswiderstandes in seinen Kehrwert (z. B. Kurzschluss in Leerlauf und umgekehrt)
Leitungslänge $n * \lambda/2$:	Transformation eines beliebigen Abschlusswiderstandes an den Eingang (z. B. Kurzschluss in Kurzschluss, Leerlauf in Leerlauf Serienresonanz bei Kurzschluss, Parallelresonanz bei Leerlauf am Ende)
Leitungslänge $(4n + 1) * \lambda/8$:	Induktivität bei Kurzschluss, Kapazität bei Leerlauf am Ende
Leitungslänge $(4n + 3) * \lambda/8$:	Induktivität bei Leerlauf, Kapazität bei Kurzschluss am Ende

Unterscheidet sich der Widerstand, mit dem eine Leitung abgeschlossen ist, vom Wellenwiderstand dieser Leitung, so ist diese Leitung fehlangepasst. Durch Fehlanpassung werden Reflexionen und damit Verluste hervorgerufen, die im allgemeinen unerwünscht sind. Fehlanpassungen werden bei koaxialen Steckverbindungen durch Abweichung der Fertigungsmaße von den theoretischen Entwurfsmaßen (Toleranzen) sowie von nicht genau bekannten Materialkennwerten der eingesetzten dielektrischen Materialien hervorgerufen.

Die Größe der Fehlanpassung wird durch den Reflexionsfaktor gekennzeichnet.

Ist weder am Anfang noch am Ende der Leitung ein idealer Abschluss ohne jede Reflexion vorhanden, so werden die sich auf dem Leitungssystem ausbreitenden Wellen sowohl am Eingang als auch dem Ausgang reflektiert, dadurch breiten sich zusätzlich neue reflektierte Wellen aus, die sich den primären Wellen überlagern. Durch fortlaufende neue Reflexionen entsteht schließlich eine resultierende, vielfach reflektierte Welle.

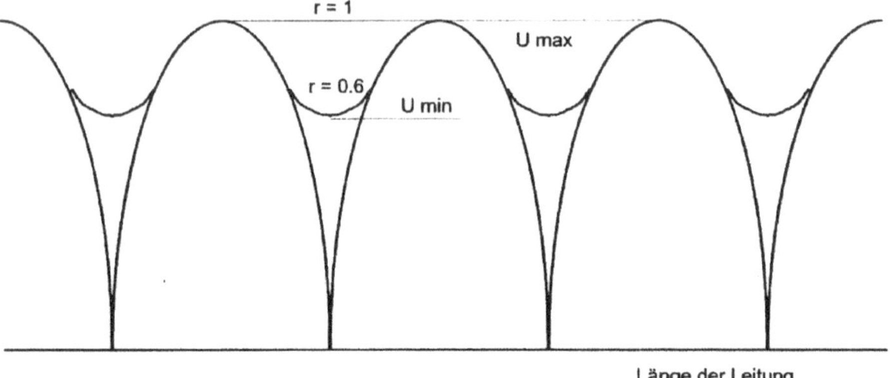

Bild 11.2: Spannungsverlauf auf einer reflexionsbehafteten Leitung für Totalreflexion (r=1) und Reflexionsfaktor r = 0,6

Eine Möglichkeit zur anschaulichen Darstellung und Messung besteht mittels Messleitung: Dabei wird ein Stück der jeweils betrachteten Übertragungsleitung (z. B. Hohlleiter oder Koaxialleitung) mit einem Längsschlitz versehen, auf dem die Feldverteilung entlang der Leitung mit einer Sonde möglichst belastungsarm abgetastet wird.

Das als Abschlusswiderstand der Messleitung angebrachte und fehlangepasste Messobjekt, z. B. ein Stück einer Koaxialleitung mit unbekanntem Wellenwiderstand, verursacht auf der Messleitung eine stehende Welle, aus deren Maximal- und Minimalamplitude der Reflexionsfaktor des Messobjekts ermittelt werden kann (Bild 11.2).

Als komplexer Reflexionsfaktor wird das Verhältnis der rücklaufenden ,d. h. der am Verbraucher reflektierten Spannung zur hinlaufenden , d. h. vom Generator gelieferten Spannung, am Leitungsabschluss, dem Abschlusswiderstand, definiert. In gleicher Weise ist eine Definition über die hin- und rücklaufenden Ströme möglich.

Der Reflexionsfaktor ist somit über die Beziehung

$$r = \frac{(Z - Z_0)}{(Z + Z_0)}$$

mit dem (komplexen) Wellenwiderstand der Leitung Z_0 und dem (komplexen) Abschlusswiderstand Z verbunden.

Die Rückflussdämpfung (oder auch Reflexionsdämpfung) ist das logarithmische Maß des Reflexionsfaktors $a_r = -20\log(r)$.

Als Welligkeit oder Stehwellen-Verhältnis (VSWR) s (mit $1 \leq s \leq \infty$) ist das Verhältnis der Beträge der größten und der kleinsten Spannung auf einer verlustlosen Leitung zu verstehen. Der reziproke Wert der Welligkeit wird als Anpassungsfaktor m (mit $0 \leq m \leq 1$) bezeichnet.

$$s = \frac{(1+|r|)}{(1-|r|)} \quad \text{und} \quad m = \frac{(1-|r|)}{(1+|r|)}$$

Beispiel: Reflexionsfaktor bei Kopplung eines 50 Ω- mit einem 75 Ω- Steckverbinder, was sich bei vielen Steckverbindern, z. B. BNC, sowohl gewollt als auch ergeben kann:

$$r = \frac{(75-50)}{(75+50)} = 0{,}2$$

$a_r = 14$ dB $s = 1{,}5$ $m = 0.67$

11.3 Koaxiale Kabel

11.3.1 Anforderungen und Kenngrößen

Koaxialkabel finden Anwendung in großem Umfang in der Elektrotechnik, sie werden u.a. in der Funktechnik, der Nachrichtenübertragung, in der Mess- und Datentechnik oder allgemein überall dort eingesetzt, wo höhere Anforderungen an Übertragungsgüte oder Abschirmung gestellt werden.

Je nach Einsatzfall werden unterschiedliche Forderungen an das Kabel gestellt, die von besonders guter HF-Dichtigkeit über besondere thermische Eigenschaften bis zur Eignung für Mikrowellenübertragung reichen können.

Allgemeine Anforderungen

hohe Phasenlinearität über einen breiten Frequenzbereich
geringer Reflexionsfaktor
geringe Dämpfung
gute elektrische Dichtigkeit
geringe Temperaturabhängigkeit
große Flexibilität
Schutz gegen Feuchtigkeit von außen

Kenngrößen

Wellenwiderstand

$$Z = \frac{60}{\sqrt{\varepsilon_r}} * \ln\left(\frac{D}{d}\right) \qquad [\Omega]$$

mit

ε_r : Dielektrizitätskonstante des Kabel-Dielektrikums (z. B. PE, PTFE)

D : Durchmesser über Dielektrikum

d : Innenleiter-Durchmesser

Kapazität

$$C = \frac{24{,}1 * \varepsilon_r}{\log\left(\frac{D}{d}\right)} \qquad [pF / m]$$

Dämpfung

$\alpha = \alpha_l + \alpha_q$

mit

α_l : Längsdämpfung, durch frequenzabhängige Widerstandsverluste (Skineffekt) in Innen- und Außenleiter

α_q : Querdämpfung, verursacht durch dielektrische Verluste

Längsdämpfung

$$\alpha_l = \frac{\pi\sqrt{\varepsilon_r} * \delta * 10^5}{\lambda / cm * D \ln\frac{D}{d}}\left(1 + \frac{D}{d}\right) * 8.686 \qquad [dB / km]$$

mit $\delta = \delta_i = \delta_a$ Eindringtiefe am Innen- und Außenleiter

$$\delta = \frac{1}{\sqrt{f\pi\sigma\mu_0\mu_r}}$$

mit f = Frequenz

σ = Leitfähigkeit des Leitermaterials

$\sigma_{Ag} = 62 * 10^6$ S/m

$\sigma_{Cu} = 58 * 10^6$ S/m

$\mu_0 = 1{,}256\ 10^{-6}$ Vs / Am

μ_r = relative Permeabilitätskonstante

Querdämpfung

$$\alpha_q = \frac{10^5 * \pi}{\lambda / cm} * \tan\delta_v * 8.686 \qquad [dB / km]$$

mit $\tan\delta_v$ Verlustfaktor des Isoliermaterials

Laufzeit

$$\tau_r = 3{,}333 * \sqrt{\varepsilon_r} \qquad [ns / m]$$

Verkürzungsfaktor

$$V / \% = \frac{1}{\sqrt{\varepsilon_r}} * 100\%$$

Die Konstruktion des Außenleiters bei Koaxialkabeln ist für den Grad der Abschirmung verantwortlich, ihre Dichtigkeit, d. h. der Grad der Abstrahlung der über das Koaxialkabel geführten elektromagnetischen Welle durch den Außenleiter, wird durch den Kopplungswiderstand (oder die Transferimpedanz) beschrieben.

Bei Koaxialkabeln ist die Angabe des spezifischen Kopplungswiderstandes, d. h. Kopplungswiderstand pro Kabellänge sinnvoll. Ein hochfrequentes System, bestehend aus Kabeln und den entsprechenden Steckverbindern, ist um so dichter, je kleiner der Kopplungswiderstand des Systems oder der Einzelkomponenten bei vergleichbarer Frequenz ist. Die Anschlussstellen der Steckverbinder an das Koaxialkabel geben zusätzliche Kopplungswiderstände, die näherungsweise proportional zur Frequenz ansteigen, auf ihre einwandfreie und induktionsarme Gestaltung muss besonderer Wert gelegt werden.

Elektro-Magnetische Verträglichkeit (EMV)beschreibt den Grad des Schutzes eines elektrischen Systems gegen Einflüsse von außen oder den Grad der Beeinflussung anderer elektrischer Systeme durch dieses System.

11.3.2 Optimaler Wellenwiderstand

Für einen gegebenen Außenleiter-Durchmesser der Koaxialleitung existiert ein optimaler Wellenwiderstand für eine minimale Leitungsdämpfung, für eine maximale Spannungsfestigkeit und für eine maximal übertragbare Leistung:

minimale Dämpfung

$$Z_{Lopt} = \frac{76{,}71}{\sqrt{\varepsilon_r}} \qquad [\Omega]$$

Spannungskabel $$Z_{L\,opt} = \frac{60}{\sqrt{\varepsilon_r}} \quad [\Omega]$$

Leistungskabel $$Z_{L\,opt} = \frac{30}{\sqrt{\varepsilon_r}} \quad [\Omega]$$

11.3.3 Kabelaufbau

Flexible Koaxialkabel für unterschiedliche Einsatzfrequenzbereiche besitzen einen metallischen Volldraht oder eine Litze aus mehreren dünnen Metalldrähten, meist Kupfer, als Innenleiter. Der Volldraht-Innenleiter wird bei dämpfungsärmeren, der verlitzte Innenleiter bei flexibleren Kabeln eingesetzt.

Als Außenleiter wird ein Geflecht aus metallischen Drähten benutzt, wobei die Geflechtweite für den Bedeckungsgrad und damit für die Schirmwirkung des Kabels verantwortlich ist. Bei besonderen Forderungen an die Abschirmung sind auch zwei oder mehrere Geflechtlagen übereinander üblich, zur Verbesserung der magnetischen Abschirmung auch Folienlagen aus ferromagnetischen Materialien.

Der Innenleiter wird im Außenleiter durch ein dielektrisches Material geführt, wobei die unterschiedlichsten Materialien und Konstruktionen genutzt werde. Häufig eingesetzte Materialien sind dabei PE, FEP und PTFE, letzteres auch in mikroporöser Ausführung mit Lufteinschlüssen. Konstruktiv wird die Führung des Innenleiters durch volle oder teilweise Ausfüllung des Zwischenraumes mit Isoliermaterial gewährleistet (teilweise: verschieden geformte einzelne Scheiben oder Perlen mit bestimmten Abständen, gewendelte Streifen und andere Möglichkeiten).

Bei Kabeln, die zur Übertragung höherer Leistungen bestimmt sind, ist für die Ableitung der entstehenden Verlustwärme zu sorgen.

Semi-Rigid-Kabel (halbstarre Kabel) bestehen aus einem nahtlos gezogenen metallischen Außenleiterrohr (Material: z. B. Kupfer, Aluminium oder Edelstahl mit oder ohne zusätzlicher Metallisierung auf der äußeren Oberfläche), einem metallischen, bei den Standardausführungen meist aus Kupfer bestehenden Volldraht-Innenleiter, und einem dielektrischen Material zur Isolation und Führung des Innenleiters im Außenleiter.

Es kann leicht bearbeitet, z. B. gebogen, und mit Steckverbindern versehen werden (gelötet, geklemmt), ohne dass die elektrischen Kennwerte verschlechtert werden. Derartige Kabel zeichnen sich durch nahezu perfekte Abschirmung (> 130 dB), geringe Reflexionen bis zu sehr hohen Frequenzen und relativ geringe Dämpfung sowie Konstanz der elektrischen Kennwerte über einen großen Temperaturbereich aus.

Anwendung finden derartige SR-Kabel z. B. in modularen Mikrowellensystemen oder Computernetzen hoher Übertragungsraten als Verbindungsleitungen, aber auch bei besonderen Anforderungen an Abschirmung oder als Leitungs-Bauelement in Verstärkern, Oszillatoren und auf Leiterplatten.

Flexible Mikrowellenkabel benötigen als Dielektrikum ein Isoliermaterial, welches eine sehr niedrige Dielektrizitätskonstante und einen geringen dielektrischen Verlustfaktor besitzt, denn nur dann können die wichtigen elektrischen Kabelkennwerte Dämpfung und Phasenstabilität die gewünschten Werte annehmen.

Der Innenleiter besteht aus einem versilberten Kupfer-Volldraht für geringste Dämpfung oder aus verfitzten dünnen Kupferdrähten für Kabel mit höherer Flexibilität. Als Außenleiter und Primärabschirmung wird eine versilberte Kupferfolie mit großer Überlappung (ca. 40%) gewickelt, die auch bei Biegung eine nahezu konstante Abschirmwirkung garantiert. Darüber wird zur Erhöhung der Schirmung und zur Verbesserung der Zugfestigkeit ein Geflecht aus versilberten Kupferdrähten angebracht.

Ein Isolierstoff-Außenmantel dient als mechanischer Schutz sowie als Schutz gegen Umweltbeeinflussungen (z. B. chemische und klimatische Einflüsse).

11.4 Koaxiale Steckverbinder

11.4.1 Aufbau koaxialer Steckverbinder

Eine koaxiale Steckverbindung soll eine möglichst konstante, zuverlässige und reflexionsarme Verbindung zweier Leitungen gleichen Wellenwiderstandes herstellen. Sie muss sich möglichst einfach stecken und lösen lassen, soll gute elektrische Übertragungseigenschaften besitzen und gegenüber elektromagnetischen Störfeldern weitgehend unempfindlich sein. Der Wellenwiderstand der Steckverbindung kann den Wellenwiderständen der unterschiedlichen Kabel sehr gut angepasst werden.

Besonders bei hohen Frequenzen ist auf die richtige Führung des Stromes in den Kontakten zu achten, da dieser nur auf den Leiteroberflächen fließt (Skineffekt) und möglichst kurze und konstante Wege haben soll.

Die Leitung muss auch innerhalb der Steckverbindung homogen sein und den gleichen Wellenwiderstand wie die angeschlossenen Leitungen bzw. Kabel haben. Sprünge in den Leiterdurchmessern sind zu vermeiden oder zu minimieren, bestimmte Fehler sind aber wegen der mechanischen Toleranzen nicht zu umgehen. Sie können u.U. durch entsprechende Maßnahmen wenigstens für eingeschränkte Frequenzbereiche kompensiert werden.

Es können zwei grundsätzliche Steckverbinderarten unterschieden werden:

- die polarisierte Steckverbindung, wobei der eine Teil einen Steckerstift-Kontakt und der andere Teil einen Buchsenkontakt besitzt, und
- die nichtpolarisierte Steckverbindung, wobei die zu verbindenden Steckverbindungsteile im Allgemeinen symmetrisch gestaltet sind und der Kontakt am Innen- und Außenleiter durch Stirnkontakt erreicht wird.

Der Innenleiter wird meist durch eine dielektrische Stütze im Außenleiter gehalten, die Konstruktion dieser Stütze beeinflusst stark das Reflexionsverhalten der Steckverbindung.

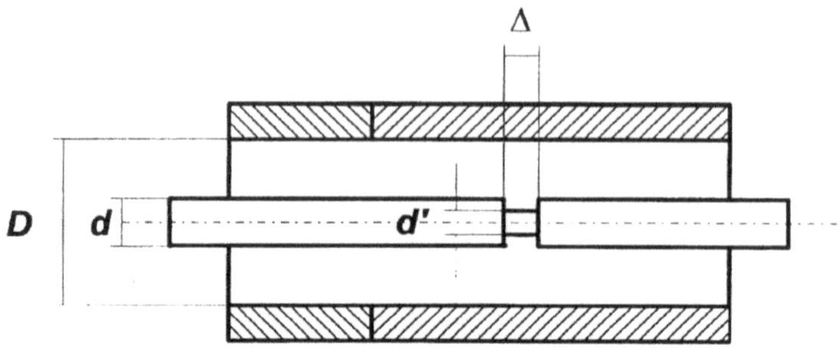

D = Durchmesser des Außenleiters der Koaxialleitung
d = Durchmesser des Innenleiters der Koaxialleitung
d' = Durchmesser des Steckerstiftes des Steckverbinders
Δ = konstruktiv erforderliches Versatzmaß der Innenleiter-Kontaktstelle der Steckverbindung bei Stirnkontakt der Außenleiter

Bild 11.3: Aufbau eines Koax-Steckverbinders

11.4.2 Kabelbefestigung, Kabelhaltekraft

Zum Anschluss des Steckverbinders (Kabelbefestigung) an das vorgesehene Kabel sind verschiedene Möglichkeiten vorgesehen, wobei die gewählte Anschlussart die konstruktive Ausführung des Steckverbinders wesentlich mitbestimmt.

Es werden unterschieden

Kabelbefestigung in Schraub-Klemm-Technik
Kabelbefestigung in Voll-Crimp-Technik
Kabelbefestigung in Löt-Crimp-Technik
Kabelbefestigung in Löt-Technik (Semi-Rigid-Kabel).

a) Schraub-Klemm-Befestigung

Der Innenleiter des Steckverbinders wird mit dem Innenleiter des vorbereiteten Koaxialkabels verlötet, der Schirm des Kabels über eine Klemmkonus-Schraubpressung mit dem Steckverbinderkörper verbunden. Der Mantel des Kabels wird durch eine Gummidichtung festgehalten.

Vorteile: Die Verbindungsart ist zuverlässig und in bestimmten Grenzen feuchtigkeitsdicht, die Einzelteile des Steckverbinders sind wieder verwendbar. Die Bearbeitung kann auch unter Feldbedingungen erfolgen, es sind keine Spezialwerkzeuge erforderlich, ausreichend sind einfache Maulschlüssel.

b) Voll-Crimp-Befestigung

Der Innenleiter des Steckverbinders wird mit seinem rohrförmigen Teil auf den Innenleiter des vorbereiteten Koaxialkabels aufgeschoben und danach wird dieses rohrförmige Teil definiert mittels eines speziellen angepassten Werkzeuges so verformt, dass eine Pressverbindung zwischen den beiden Teilen entsteht. Anschließend wird das so vorbereitete Kabel in den Steckverbinderkörper eingedrückt. Der Schirm des Kabels liegt auf der Crimptülle des Körpers auf und wird durch Anpressen der Crimphülse fest mit diesem verbunden.

Vorteile: Kostengünstige Variante für große Stückzahlen, sie liefert sehr gleichmäßige Kabelanschlüsse. Die Kabelfesthaltekraft erreicht hohe Werte, im Normalfall reißt das Kabel vor der Lösung der Crimpverbindung.

Nachteile: Die Einzelteile des Steckverbinders sind nicht wieder verwendbar, zur Verarbeitung werden spezielle Werkzeuge benötigt.

c) Löt-Crimp-Befestigung

Im Unterschied zur Befestigungsart b) werden die Innenleiter von Kabel und Steckverbinder verlötet.

d) Löt-Befestigung

Diese Anschlussart ist bei der Konfektionierung von halbstarren Kabeln (Semi-Rigid-Kabel) üblich.

Es existieren zwei Möglichkeiten: Bei der ersten wird Innenleiter und Gehäuse des Steckverbinders mit Innenleiter bzw. Außenleiter des Kabels verlötet, bei der zweiten wird der Innenleiter des Kabels gleichzeitig als Steckverbinder-Innenleiter mitbenutzt und nur ein spezieller Außenleiterkörper wird mit dem Kabelmantel verlötet. Die zweite Variante ist auf SMA-Steckverbinder beschränkt.

Bei der Verarbeitung ist besonders auf Einhaltung der für das eingesetzte Isolationsmaterial zulässigen Maximaltemperatur zu achten.

Kabelhaltekraft: Die Konstruktion der Kabelfesthaltung ist so ausgeführt, dass ihre Haltekraft auf jeden Fall die Zugfestigkeit, die vom Aufbau des Kabels abhängig ist, übersteigt. Diese Zugfestigkeit entspricht den einschlägigen Normen (z. B. CECC 22 000) und wird vom Hersteller des Kabels spezifiziert.

Im Normalfall ist die Konstruktion des Steckverbinders so ausgelegt, dass vor dem Nachgeben der Kabelfesthaltung zuerst das Kabel selbst reißt.

10.4.3 Innenleiter-Festhaltung

Der Innenleiter kann im Koaxial-Steckverbinder auf zwei verschiedene Arten angeordnet sein: loser Innenleiter-Kontakt: Der Innenleiterkontakt wird bei der Konfektionierung auf den Innenleiter des Kabels geschoben und mit diesem verbunden (Lötung oder Crimpung). Anschließend wird diese Verbindungsstelle in die Isolierstütze des Steckverbinders eingeschoben. Derartige Kontakte vermeiden Durchmessersprünge am Innenleiter und erlauben damit eine reflexionsarme Konstruktion.

festgehaltener Innenleiter: Der Innenleiterkontakt besitzt eine Verdickung und wird mittels einer zweigeteilten Isolierstütze axial im Steckverbinderkörper festgehalten. Der Innenleitersprung wird elektrisch kompensiert, so dass der Einfluss auf den Reflexionsfaktor gering bleibt. Derartige Kontakte besitzen den Vorteil der präzisen mechanischen Positionierung auch bei extremer thermischer oder mechanischer Belastung des Steckverbinders.

11.4.4 Steckverbinder für Leiterplatten

Im Gesamtsortiment ist eine Vielzahl von Steckverbindern für den Einsatz auf Leiterplatten vorhanden, wobei sich die Auswahl vor allem auf solche Steckverbinderserien konzentriert, die von ihrer Größe und ihrer Masse her für derartige Anwendungen geeignet erscheinen.

Es existieren Bauformen für Stecker und Kuppler in gerader und winkliger Ausführung mit verschiedenen Rastermaßen und unterschiedlicher Anzahl von Kontaktstiften, die Kontaktierung zur Leiterplatte kann mittels Löt- oder Einpresstechnik erfolgen.

Einpresstechnik ist eine elektrisch und mechanisch saubere Verbindungsmethode ohne Lötung, wobei unterschiedlich gestaltete, meist elastisch verformbare Kontaktstifte in die metallisierten Bohrungen der Leiterplatte eingepresst werden. An den Berührungsstellen zwischen den Einpresszonen der Kontaktstifte und den Metallwänden der Bohrungen entstehen bei richtig aufeinander abgestimmter Dimensionierung von Einpressbereich des Kontaktstiftes und Einpressloch elektrisch hochwertige und sehr zuverlässige sowie außerdem gasdichte Verbindungen. Diese lötfreie Verbindungsart vermeidet thermische Belastung der Leiterplatte und Bauelemente sowie Kontaktverunreinigungen durch Lötchemikalien, sie ist reparaturfreundlich und bei Fehlbestückung unkritisch. Deshalb und wegen einer Vielzahl anderer Gründe stellt sich die Einpresstechnik als kostengünstige Lösung für Massenfertigung dar.

10.4.5 Steckverbinder für Semi-Rigid-Kabel

Semi-Rigid-Kabel (SR-Kabel) werden in großem Umfang im Frequenzbereich von ca. 0,5 bis etwa 100 GHz eingesetzt, für Frequenzen oberhalb etwa 50 GHz stellen sie die z.Z. einzig sinnvolle Kabelverbindungsmöglichkeit dar.

Sie bestehen aus einem rohrförmigen metallischen Außenleiter (verschiedene Metalle mit verschiedenen Oberflächen sind möglich), einem Isolator (meist PTFE) und einem metallischen Innenleiter (verschiedene Ausführungen sind möglich). Die Geometrie des Kabels kann bei der Herstellung gut kontrolliert werden, so dass die elektrischen Kenngrößen des Kabels hohen Anforderungen gerecht werden können.

Steckverbinder für SR-Kabel sind in Serien, die für den Einsatz im Mikrowellenbereich geeignet sind, meist in folgenden Ausführungsformen verfügbar:

in Klemmtechnik: Steckverbinder besitzt festgehaltenen Innenleiter, der mit dem Kabelinnenleiter verlötet wird, der Außenleiter wird mittels einer Spannzangen-Konstruktion geklemmt.

in Löttechnik: Steckverbinder besitzt festgehaltenen Innenleiter, der mit dem Kabelinnenleiter verlötet wird, der Außenleiter des Steckers wird auf dem Kabelmantel verlötet.

Für verschiedene SR-Kabel, bei denen der Durchmesser des Kabelinnenleiters mit dem Durchmesser des Innenleiters der anzuschließenden Steckverbindung übereinstimmt (z. B. UT 141-A mit SMA-Anschluss), existiert eine einfache aber elektrisch sehr gute Variante: Auf den Außenleiter des SR-Kabels wird eine Armatur aufgelötet, die nur zur Halterung der Überwurfmutter des Steckverbinders dient. Als Innenleiter dient der des SR-Kabels und der Außenleiterkontakt wird an der Stirn des SR-Kabels hergestellt. Die so realisierte Steckverbindung kommt also ohne zusätzliche Leitungs-Stoßstelle im montierten Steckverbinder aus.

11.4.6 Schutzgrad (nach DIN 40050)

Die Schutzarten werden durch ein Kurzzeichen aus den zwei Kennbuchstaben IP (International Protection) und drei Kennziffern für die Schutzgrade zusammensetzt.

Erste Kennziffer (0 bis 6)

Schutz von Personen gegen Berühren von betriebsmäßig unter Spannung stehenden Teilen oder gegen Annähern an solche Teile sowie gegen Berühren sich bewegender Teile innerhalb von Betriebsmitteln (Gehäusen) und Schutz der Betriebsmittel gegen Eindringen von festen Fremdkörpern (Berührungs- und Fremdkörperschutz).

Beispiel: 5 Schutz gegen schädliche Staubablagerungen. Das Eindringen von Staub ist nicht vollkommen verhindert; aber der Staub darf nicht in solchen Mengen einadrigen, dass die Arbeitsweise des Betriebsmittels beeinträchtigt wird (staubgeschützt).
Vollständiger Berührungsschutz

6 Schutz gegen Eindringen von Staub (staubdicht).
Vollständiger Berührungsschutz

Zweite Kennziffer (0 bis 8)

Schutzgrade gegen schädliches Eindringen von Wasser (Wasserschutz)

Beispiel: 4 Schutz gegen Wasser, das aus allen Richtungen gegen das Betriebsmittel (Gehäuse) spritzt.

Es darf keine schädliche Wirkung haben (Spritzwasser).

5 Schutz gegen einen Wasserstrahl aus einer Düse, der aus allen Richtungen gegen das Betriebsmittel (Gehäuse) gerichtet wird. Es darf keine schädliche Wirkung haben (Spritzwasser).

8 Das Betriebsmittel (Gehäuse) ist geeignet zum dauernden Untertauchen in Wasser bei Bedingungen, die durch den Hersteller zu beschreiben sind (Untertauchen).

Dritte Kennziffer (0 bis 9)

Schutzgrade gegen mechanische Belastung (mechanischer Schutz)

Beispiel: 3 Schutz gegen mechanische Schocks mit Schock-Energie 0,5 Joule (Hammer mit 250 g aus 20 cm Höhe)

9 Schutz gegen mechanische Schocks mit Schock-Energie 20 Joule (Hammer mit 5 kg aus 40 cm Höhe)

11.5 Zusammenfassung

Unter der Vielzahl physikalisch und technisch möglicher Ausführungen stellen koaxiale Leitungen, Hohlleiter und Lichtwellenleiter die gegenwärtig am meisten benutzten Formen von Wellenleitern zur Übertragung elektrischer Signale dar, wobei die Auswahl des Wellenleitertyps vom jeweiligen Anwendungsfall und vor allem auch von der benutzten Frequenz stark beeinflusst wird.

Für einen großen Frequenzbereich, der vom Gleichstrom bis hoch in das Mikrowellenfrequenzgebiet reicht, finden koaxiale Leitungstechniken bevorzugt für unterschiedlichste Einsatzfälle Anwendung.

Koaxiale Leitungen werden z. B. in niederfrequenten Bereichen oder bei Gleichstrom überall dort benutzt, wo ein besonderer Wert auf gute Abschirmung gelegt wird, und sie finden breite Anwendung im gesamten Bereich der Nachrichtentechnik mit besonderer Betonung der Funktechnik und der Übertragungstechnik mit zunehmender Erhöhung der benutzten Frequenzen.

Jede Anwendungsform koaxialer Leitungstechnik benötigt zur Verbindung einzelner Leitungsabschnitte oder einzelner Baugruppen koaxiale Steckverbinder, die sowohl für die benutzte Koaxialleitung als auch für den jeweiligen Anwendungsfall geeignet sein müssen. Daraus ergibt sich, dass auch in Zukunft sowohl neue Typen koaxialer Steckverbinder entstehen müssen als auch eine Weiterentwicklung der bestehenden Typen mit dem Ziel der Verbesserung der elektrischen Kennwerte und/oder der kostengünstigeren Herstellung erfolgen muss.

Ein besonderer Schwerpunkt bei der elektrischen und mechanischen Weiterentwicklung liegt dabei in der Verkleinerung der geometrischen Abmessungen der Steckverbinder mit den Zielen Erhöhung der möglichen Packungsdichte und Erhöhung der übertragbaren Frequenz.

12 Zukünftige Anforderungen an die Eigenschaften und Verfügbarkeit von Steckverbindern

Helmut Katzier

12.1 Einleitung

Die Anforderungen an die elektrischen, thermomechanischen und Material-Eigenschaften, sowie an die Verfügbarkeit und die Kosten von Steckverbindern werden in der Zukunft durch unterschiedlichste Entwicklungen bestimmt. Die elektrischen Anforderungen werden im Wesentlichen durch die rasante Entwicklung im Bereich der Chiptechnologie getrieben. Zunehmende Standardisierungen im Bereich der elektrischen Schnittstellen, Komponenten und sogar von Teilsystemen haben ebenfalls großen Einfluss auf die Performance und die Verfügbarkeit von Steckverbindern. Darüber hinaus gibt es durch die Forderungen der Gesetzgebung und des Marktes nach umweltfreundlichen Produkten ebenfalls neue Anforderungen an die Materialien und die Qualifizierung von Steckverbindern. Im Folgenden werden einige dieser Anforderungen dargestellt

12.2 Anforderungen im Bereich der Telekommunikation

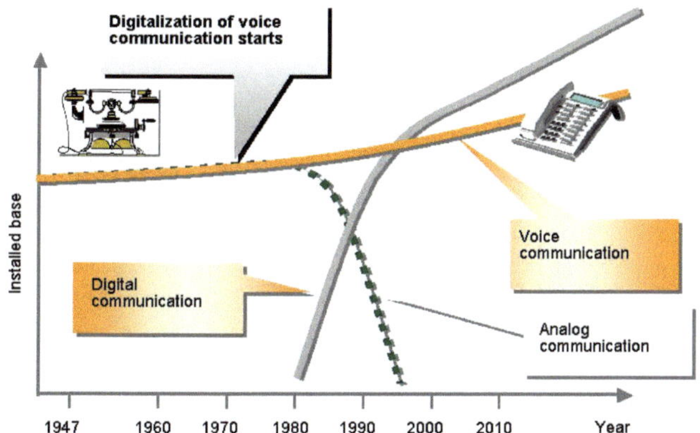

Bild 12.1: Installierte Geräte für analoge und digitale Kommunikation

In Bild 12.1 wird die zeitliche Entwicklung der Anzahl der installierten Geräte für die analoge Sprachübertragung, der digitalen Sprachübertragung und der digitalen Datenübertragung dargestellt. Die Anzahl der Analoggeräte ist, beginnend Ende der achtziger Jahre, dramatisch zurückgegangen. Demgegenüber ist es nicht nur zu einem Anwachsen der digitalen Sprachübertragung gekommen, sondern gleichzeitig erhöhte sich der Bedarf für die digitale Datenübertragung enorm. Im Jahre 2000 existierten erstmals mehr Geräte zur Übertragung von Daten als zur Sprachübertragung.

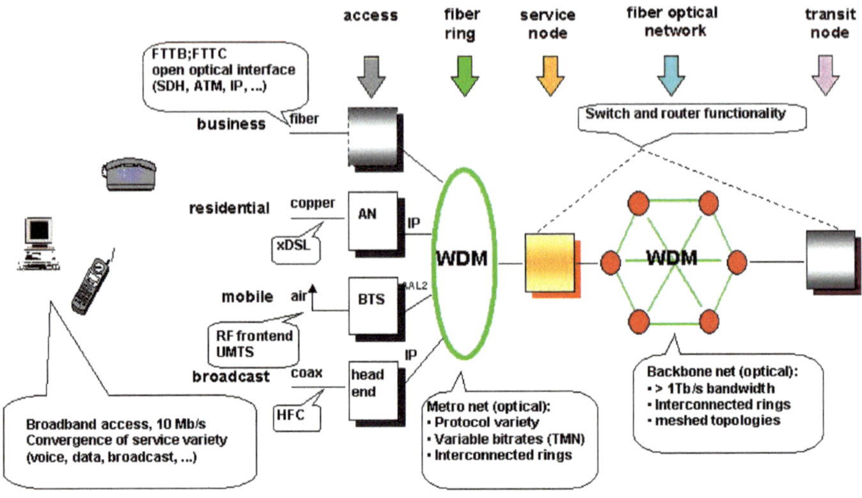

Bild 12.2: Prinzipieller Aufbau von Telekommunikationsnetzen

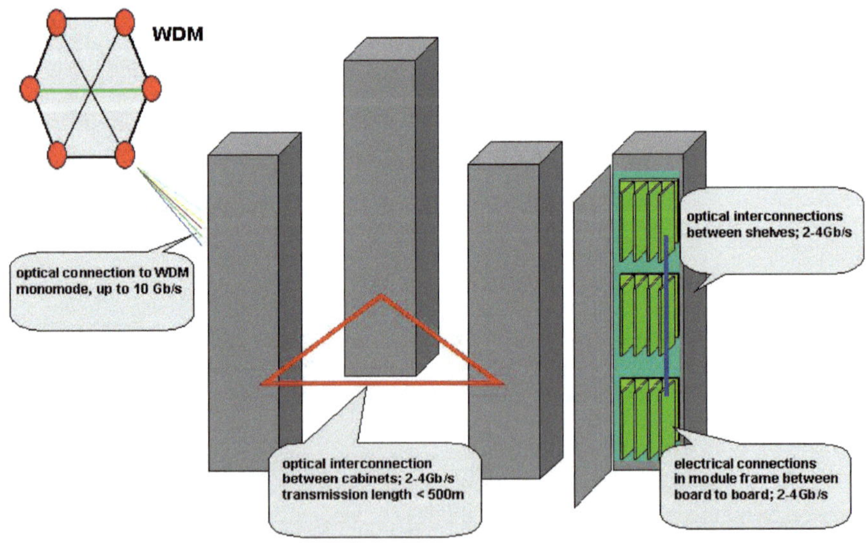

Bild 12.3: Einsatzbereiche der optischen und elektrischen Verbindungstechnik

Die Telekommunikationsnetzwerke (Bild 12.2) werden auch weiterhin hybrid aufgebaut sein und unterschiedliche Technologien einsetzen. Zentraler Bereich der Netze sind optische WDM-Netzwerke zur weltweiten und lokalen Vernetzung. Die Aufspaltung in verschiedene Technologien erfolgt erst bei dem Teilnehmer, bedingt durch seine jeweiligen Anforderungen. Im Business-Bereich erfolgt die Übertragung bis zum Kunden aufgrund des hohen Datendurchsatzes über die Glasfaser-Technologie. Haushalte werden auch bei relativ hohen Datenraten mit Kupferleitungen angebunden, Audio- und Video-Übertragungen erfolgen mittels Koaxialkabel und bei der Mobilkommunikation ist Luft das Übertragungsmedium.

Wie bereits erwähnt, erfolgt die Weitverkehrsübertragung über optische WDM-Netze (Bild 12.3). Die Optische Übertragung wird auch bis hin zu diversen Gestellschränken, zwischen weit auseinanderstehenden Gestellschränken (500 m) und sogar innerhalb von größeren Gestellschränken eingesetzt (Bild 12.4).

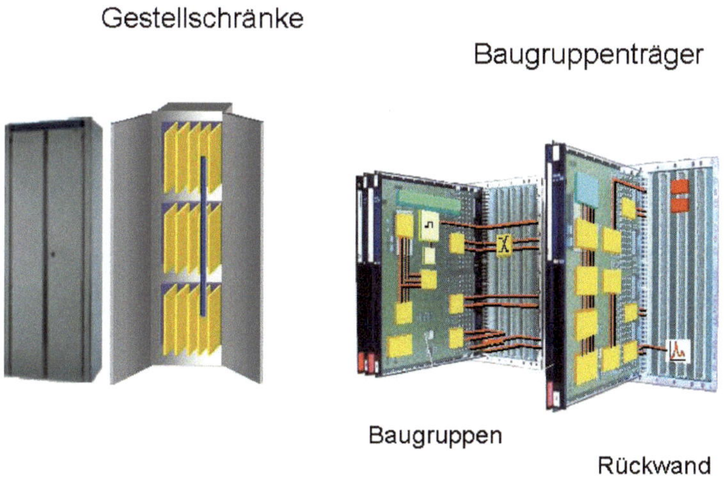

Gestellschränke

Baugruppenträger

Baugruppen

Rückwand

Bild 12.4: Aufbautechnik in der Telekommunikation

Systeme der Telekommunikation werden nach wie vor in Gestellschränken aufgebaut. Innerhalb der Gestellschränke dominiert auch heute noch die klassische Aufbautechnik mit Baugruppenträgern, die aus Rückwänden und mehreren gesteckten Baugruppen bestehen.

Die Übertragung über die Rückwand und die Baugruppe wird auch noch in den nächsten Jahren weiter elektrisch und nicht optisch erfolgen.

12.2.1 Chip-Technologie

Integrierte Schaltungen in CMOS-Technologie findet man heute in allen modernen digitalen elektronischen Systemen. Mit jeder neuen CMOS-Generation verkleinert sich die Strukturgröße, d. h. der Flächenbedarf eines einzelnen Transistors. So wird ca. alle 2 bis 2,5 Jahre mit jeder neuen Prozessgeneration der Flächenbedarf einer gegebenen Struktur um ca. 30% verringert. Innerhalb der nächsten 10 Jahre werden Strukturgrößen von 0,05µm erreicht werden (siehe Bild 12.2).

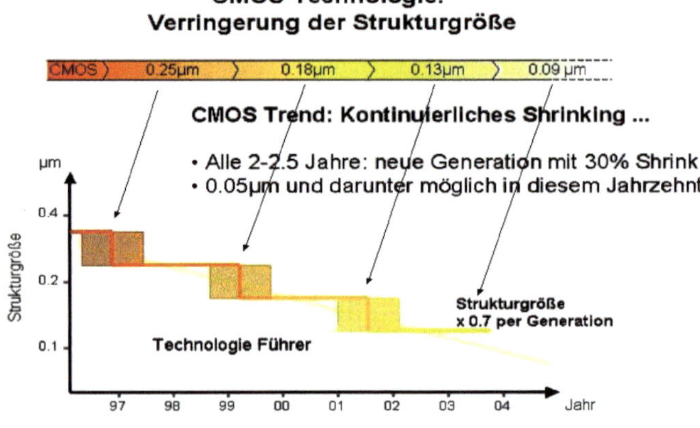

Bild 12.5: Verringerung der Strukturgröße der CMOS-Technologie

Diese Gesetzmäßigkeit hatte Gordon Moores (Mitbegründer und heutiger Ehrenvorsitzender von Intel) bereits 1965 erstmals postuliert (Mooresches Gesetz). Vor kurzem berichtete Gordon Moore in einem Eröffnungsvortrag der International Solid-State Circuits Conference (ISSCC 2002), dass die exponentielle Entwicklung in der Halbleitertechnologie wohl noch ein Jahrzehnt anhalten wird. Die Herstellkosten der Transistoren sind seit 1965 ebenso schnell gesunken, wie sich die Anzahl der Transistoren pro Chip vergrößert hat. So komme heute ein Transistor im Durchschnitt so teuer wie ein gedruckter Buchstabe in der New York Times [1]. Dieser rapide Kostenverfall ist ein entscheidender Unterschied der CMOS-Technologie gegenüber anderen Chip-Technologien.

Die rasante Entwicklung im Bereich der CMOS-Technologie hat gravierende Einflüsse auf die Aufbau- und Verbindungstechnik, d. h. Chip-Gehäuse, Leiterplattentechnologie, Kabel und natürlich auch auf die Steckverbinder (Bild 12.6). Durch die kleineren Strukturgrößen verringern sich die parasitären Kapazitäten der integrierten Schaltungen. Dadurch können digitale elektronische Systeme mit immer höheren Datenraten arbeiten und immer mehr Informationen pro Verbindungsstrecke übertragen.

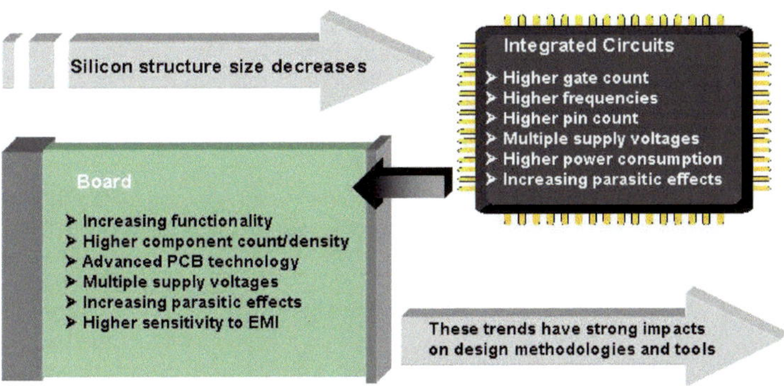

Bild 12.6: Einfluss der Chiptechnologie auf die Aufbau- und Verbindungstechnik

Darüber hinaus ergibt sich trotz steigender Datenrate aufgrund des zu erwartenden Bedarfs an Datendurchfluss gleichzeitig auch eine erhebliche Steigerung der Signaldichte in den Systemen.

Beide Entwicklungen – weiteres Shrinking in der Chiptechnologie und höhere Signaldichte – haben unter anderem folgende Auswirkungen auf elektronische Systeme:

- Hochfrequenzsignale mit Datenraten > 2.5Gbps
- Mehrere unterschiedliche, niedrige Spannungsversorgungen
- Sehr viele gleichzeitig schaltende Transistoren
- Chip-Gehäuse und Baugruppenstecker mit sehr vielen Anschlüssen und kleinem Pinabstand
- Sehr hohe Empfindlichkeiten hinsichtlich der gegenseitigen Störungen der Signale
- Sehr hohe Dichte der Energiezufuhr und Energieabfuhr

Verschiedene Hersteller von Telekommunikationssystemen arbeiten heute bereits an der Realisierung von komplexen Systemen mit Datenraten von 2.5Gbps [2]. Für Telekommunikationssysteme mit Datenraten von 10Gbps existieren bereits praxisnahe Demonstratoren [3].

Die Chip-Technologien bestimmen und treiben die Anforderungen bezüglich elektrischer Performance und Signaldichte an die Aufbau- und Verbindungstechnik und somit an die Steckverbinder in elektronischen Systemen!

12.2.2 Elektrische Anforderungen

Viele elektronische Systeme, insbesondere im Bereich der Telekommunikation, werden nach wie vor in Gestellschränken aufgebaut. Innerhalb der Gestellschränke dominiert auch heute noch die klassische Aufbautechnik mit Baugruppenträgern, die aus Rückwänden und mehreren gesteckten Baugruppen bestehen (siehe Bild 12.7).

Bild 12.7: Typischer Baugruppenträger eines Telekommunikationssystems.

In den Baugruppenträgern kommunizieren die einzelnen integrierten Schaltungen auf den Leiterplatten mittels digitaler Übertragung über die Rückwand miteinander. Dabei können Verbindungslängen bis zu 1.5m auftreten. Bei hohen Übertragungsraten und kurzen Pegelübergangszeiten der Signale sind dabei die Wellenlängen der zu berücksichtigenden Spektralanteile der digitalen Signale um ein Vielfaches kleiner als die Abmessungen des Gesamtsystems.

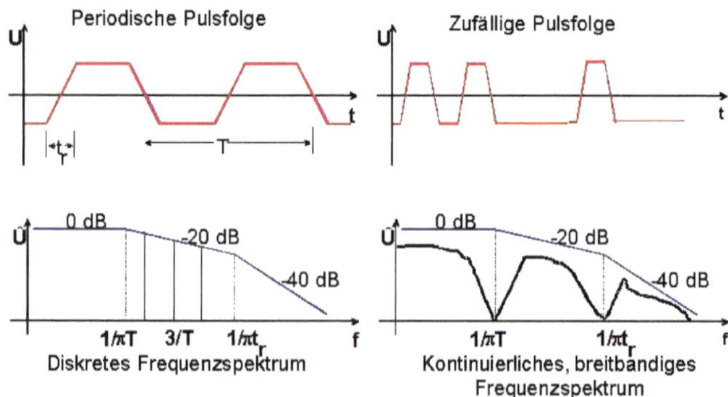

Bild 12.8: Diskretes Frequenzspektrum eine Pulsfolge und kontinuierliches, breitbandiges Frequenzspektrum einer zufälligen Pulsfolge.

Bild 12.8 zeigt die prinzipielle Darstellung der Übertragungssignale im Zeit- und Frequenzbereich einer idealen Pulsfolge. Entscheidend für die Hochfrequenzanforderungen an die Übertragungsstrecke ist die Lage der Eckfrequenz bei $f=1/\pi tr$. Diese Eckfrequenz wird durch die Größe der Pegelübergangszeit t_r der digitalen Signale bestimmt.

In einem realen System treten die Pulse jedoch nicht periodisch, sondern zufällig auf. Analysiert man eine solche realistische Pulsfolge, so zeigt sich, dass sämtliche Frequenzanteile nahezu mit gleicher Amplitude bis zu einer oberen Grenzfrequenz sicher übertragen werden müssen. Es ist daher eine breitbandige Übertragung von sehr niedrigen bis zu sehr hohen Frequenzen erforderlich. Für ein 10Gbps-System müssen daher Frequenzen von sehr niedrigen Frequenzen bis zu mindestens 10GHz sicher übertragen werden.

Bei der Entwicklung von elektronischen Systemen mit serieller high speed Datenübertragung müssen eine Reihe von elektrischen Herausforderungen bewältigt werden:

- Gewährleistung der erforderlichen Signalintegrität
- Minimierung des Übersprechens
- Minimierung des Schaltgeräusches
- Unterdrückung von störenden Resonanzen
- Minimierung der Ein- und Ausstrahlung
- Gewährleistung maximaler Stromzuführung auf kleinem Raum

Signalintegrität:
Durch Reflexionen, Dämpfungen und Dispersionseinflüsse wird die Kurvenform des Sendesignals verändert. Diese Veränderungen dürfen nicht dazu führen, dass der Empfängerbaustein das Signal nicht mehr erkennen kann. Die einzelnen Aufbau- und Verbindungselemente und ihre Zusammenschaltung müssen so gestaltet sein, dass eine einwandfreie Erkennung des Signals im Empfängerbaustein gewährleistet ist. Dies bedeutet für die Steckverbinder, dass ihr Impedanzprofil möglichst den jeweils geforderten Impedanzwerten (meist 50Ω für single ended Betrieb und 100Ω für differenziellen Betrieb) entspricht. Dabei genügt es jedoch nicht, wenn die Steckerhersteller den inneren Aufbau ihres Steckverbinders impedanzrichtig konstruieren. Vielmehr muss bei dem elektrischen Design des Steckverbinders der Einfluss der jeweiligen Anschlussbereiche auf den Impedanzverlauf des Steckers berücksichtigt werden.

Bei Baugruppensteckern mit Einpress-Technologie ist dies besonders schwierig, da der Impedanzverlauf von den Lagenzahlen der Leiterplatten abhängig ist. Die Lagenzahlen der Leiterplatten ändern sich jedoch je nach Anwendung. Es ist also für den Steckerhersteller praktisch nicht möglich einen Einpress-Stecker mit optimalem Impedanzprofil für alle Applikationen herzustellen. Durch die unvermeidlichen Kapazitäten der Einpressbohrungen wird das Impedanzprofil mehr oder weniger zu niedrigeren Werten verändert. Es ist daher völlig falsch, wenn ein Steckerhersteller seinen Stecker genau auf die geforderte System-Impedanz (z.B. 100Ω) optimiert. Bild 12.8 zeigt das Impedanzprofil eines Einpress-Steckers mit 100Ω für Leiterplatten mit unterschiedlichen Lagenanzahl. Je nach Flankensteilheit der elektrischen Signale ergibt sich ein mittlerer Impedanzverlauf, der deutlich von den geforderten 100Ω abweicht (rechtes Bild in Bild 12.8).

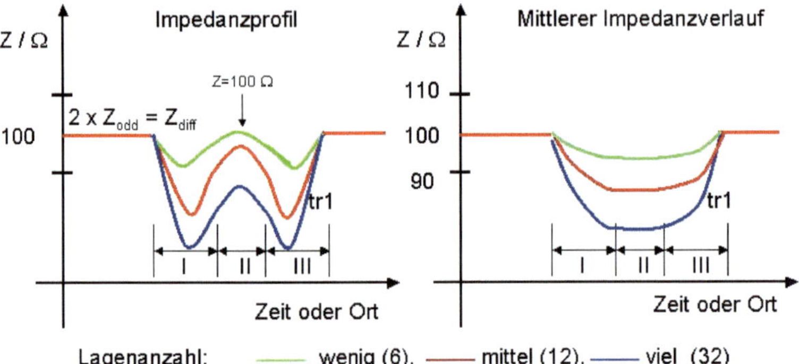

Bild 12.9: Impedanzverlauf eines Einpress-Steckers mit einer internen Impedanz von 100Ω.
I,III: Einpress-Bereiche in den Leiterplatten, II: innerer Bereich des Steckers

Der Steckverbinderhersteller sollte daher den inneren Bereich des Steckverbinders etwas hochohmiger gestallten als die erforderliche Impedanz, so dass im Mittel das Impedanzprofil von Einpress-Bereichen und innerem Aufbau bei der geforderten Impedanz liegt (siehe Bild 12.10).

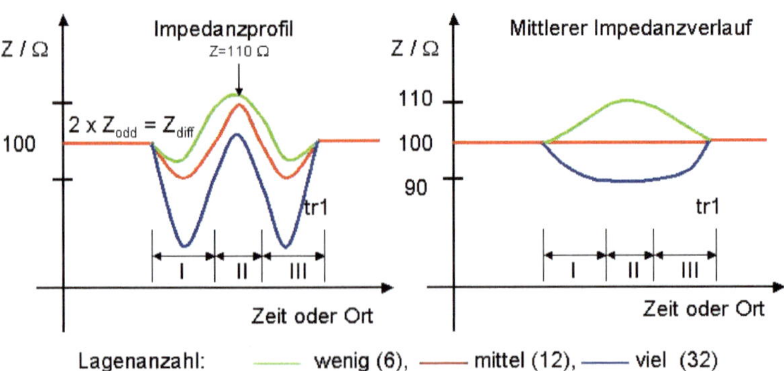

Bild 12.10: Impedanzverlauf eines Einpress-Steckers mit einer internen Impedanz von 110Ω.
I,III: Einpress-Bereiche in den Leiterplatten,
II: innerer Bereich des Steckers.

Bei dem Einsatz von Baugruppensteckern mit SMT-Anschlusstechnik muss der Anwender durch den Einsatz geeigneter Leiterplattentechnologie (µVias, back-drilling) dafür Sorge tragen, dass der Impedanzverlauf möglichst optimal gestaltet wird.

Übersprechen:
Aufgrund der hohen Signaldichte können sich die unterschiedlichen Signale durch elektromagnetische Verkopplungen gegenseitig stören. Diese Störungen können ebenfalls dazu führen, dass im Empfängerbaustein die Signale nicht eindeutig identifiziert werden können. Bei High-Speed-Anwendungen müssen die Signale innerhalb des Steckverbinders durch Schirmbleche voneinander entkoppelt werden. Insbesondere bei hohen Datenraten (z.B. 10Gbps) müssen diese Schirmbleche sehr sorgfältig ausgeführt werden und optimal mit den Masseanschlüssen auf den Leiterplatten verbunden werden.

Schaltgeräusch:
In komplexen elektronischen Systemen sind im Allgemeinen sehr viele Funktionen gleichzeitig im Betrieb, so dass sehr viele Transistoren gleichzeitig schalten. Dadurch kommt es zu Veränderungen der Versorgungsspannungen und zu Störungen der Masseanbindungen. Dies kann wiederum zu Störungen sowohl des Senders als auch des Empfängers führen. Für das elektrische Design von Steckverbindern bedeutet dies, dass genügend viele Massenanschlüsse vorhanden sind und diese auch optimal, möglichst mittels Einpress- oder THR-Stiften mit der Leiterplatte verbunden werden.

Resonanzen:
Wie bereits erwähnt, müssen die elektrischen Signale über eine große Weglänge breitbandig übertragen werden. Da die Wellenlänge der Signale wesentlich kleiner ist als die Länge der Übertragungsstrecke können bei kleinsten Störungen auf der Übertragungsstrecke Resonanzen angeregt werden. Diese Resonanzen können im Extremfall die Übertragung des kompletten Signals verhindern. Erschwerend kommt hinzu, dass diese Resonanzen auch vom Betriebszustand des Systems abhängig sind und eventuell nur sporadisch auftreten können. Solche Resonanzen können durch die Steckverbinder ebenfalls verursacht werden. Zu ihrer Vermeidung sind ausreichende Masseanschlüsse der Steckverbinder und gute Schirmung erforderlich.

Ein- und Abstrahlung:
Elektronische Systeme können durch die Einstrahlung von elektromagnetischen Feldern erheblich gestört werden. Dabei gibt es Störungen durch Einstrahlungen von außen und Störungen innerhalb eines Systems, zum Beispiel zwischen benachbarten Baugruppen. Gleichsam können elektromagnetische Felder ausgestrahlt werden. Für diese elektromagnetischen Emissionen müssen bestimmte Grenzwerte eingehalten werden.

Beide Effekte haben umso größeren Einfluss je höher die Betriebsfrequenz des Systems ist. Durch umfangreiche Schirmungsmaßnahmen können die Störungen durch Ein- und Abstrahlung zwar theoretisch gänzlich unterdrückt werden, dem stehen aber die Anforderungen der Entwärmung und der hohe Kostendruck moderner Systeme entgegen. Auch im Falle der elektromagnetischen Strahlung sind für Baugruppenstecker solide Schirmungen und optimale Massenanbindungen entscheidend. Allerdings sind auch hier kostengünstige Lösungen erforderlich.

Stromzuführung:
Aufgrund der großen Signal- und Funktionsdichte auf den Baugruppen stellt die Stromzuführung auf die einzelnen Baugruppen ebenfalls ein großes Problem dar. In heutigen Systemen müssen auf einer Baugruppe auf einer sehr kleinen Fläche Stromstärken >40A zugeführt und verteilt werden. In zukünftigen Systemen ist mit Strömen bis zu 100A zu rechnen!

12.3 Einfluss der Leiterplattentechnologie

Steckverbinder werden vielfach mit Leiterplatten kontaktiert. Die Entwicklungen in der Leiterplattentechnologie und in der Steckertechnologie müssen sich gegenseitig ergänzen, so dass beide Bauelemente optimal zueinander passen. In der Leiterplattentechnologie erfolgte in den letzten Jahren eine rasante technologische Entwicklung.

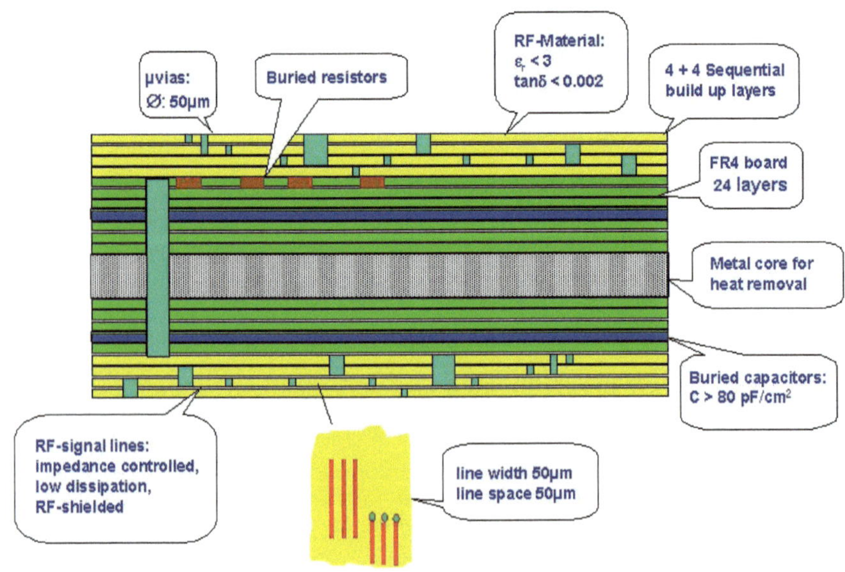

Bild 12.11: High Desity Interconnect (HDI) Leiterplattentechnologie

Die HDI (high density interconnect) Leiterplatten finden sich heute in vielen elektronischen Systemen. Wesentliche Merkmale der HDI-Leiterplatten sind:

- Laser gebohrte µVias zur Vergrößerung der Verdrahtungsdichte, Verdrahtung von hochpoligen Gehäusen und zur Verbesserung der elektrischen Eigenschaften. Die µVias können heute weltweit zuverlässig und kostengünstig hergestellt werden. Dabei sind jeweils zwei µVia-Lagen auf der Ober- und Unterseite der Leiterplatte standardmäßig herstellbar.
- Neue Materialien mit besseren thermomechanischen, Hochfrequenz- und Umwelt-Eigenschaften.
- Feinststrukturierungen mit sehr kleinen Abmessungen, die mittels Laserstrukturierung aufgebracht werden
- Integrierte Bauelemente (Widerstände, Kondensatoren) innerhalb der Leiterplatte, die zu einer Erhöhung der Verdrahtungsdichte und zur Verbesserung der elektrischen Eigenschaften führen.
- Leiterplatten mit integrierten Metallflächen zur besseren Wärmeverteilung.

Eine wesentliche Komponente der HDI-Leiterplatten sind die lasergebohrten µVias. Bei einem optimalen Einsatz dieser Technologie können die Systemkosten von komplexen Leiterplatten erheblich reduziert werden. Bild 12.12 zeigt einen Größenvergleich zwischen standardmäßig gebohrten Durchkontaktierungen und µVias.

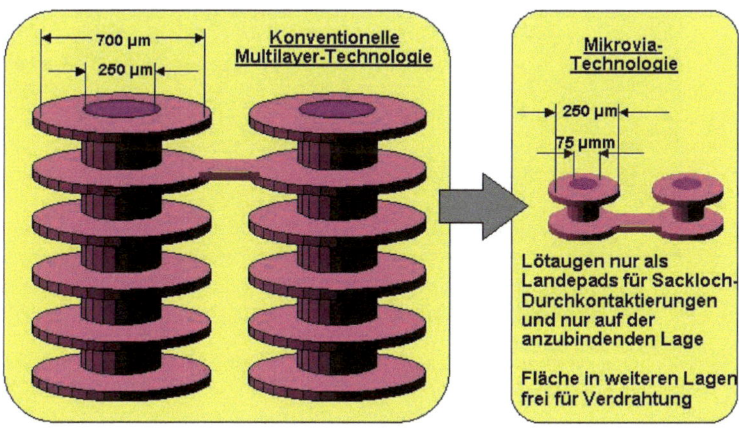

Bild 12.12: Größenvergleich zwischen mechanisch gebohrten Vias und laser-gebohrten µVias.

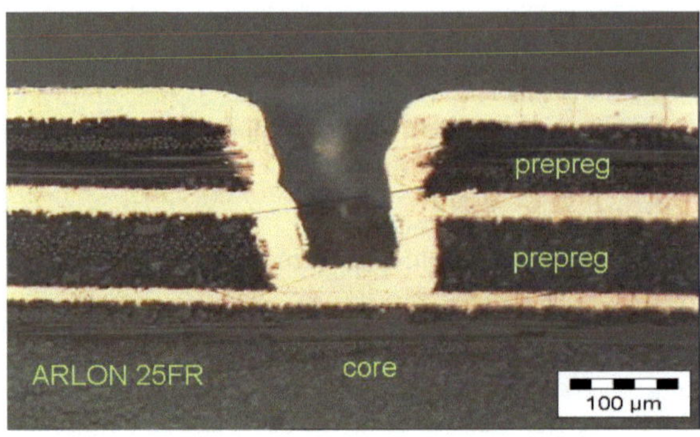

Bild 12.13: Schliffbild einer µVia (PPC) über zwei Verdrahtungsebenen

Leiterplatten mit 2 + 2 µVia-Lagen können heute zuverlässig hergestellt werden. Bild 12.13 zeigt hierzu ein Schliffbild einer µVia über zwei Verdrahtungsebenen. Der Bohrdurchmesser solcher µVias beträgt liegt heute zwischen 75µm bis 100µm. Solche Bohrungen können mit mechanischen Bohrern nicht mehr kostengünstig hergestellt werden.

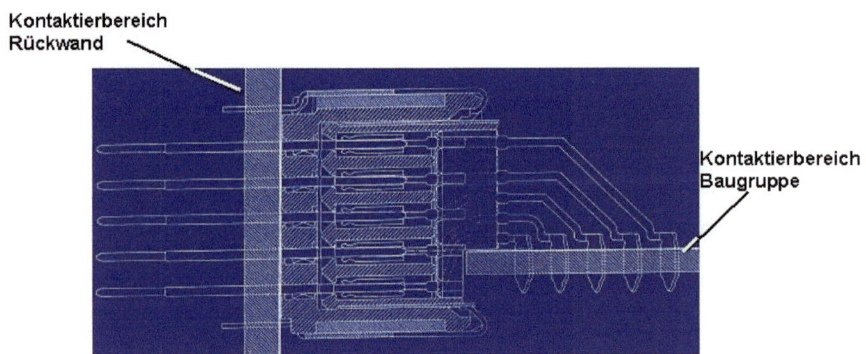

Kontaktierbereiche in den Leiterplatten & innerer Aufbau des Steckverbinders bestimmen das elektrische Verhalten

Bild 12.14: Querschnitt eines Einpress-Steckers mit den Kontaktierbereichen

Vielfach werden Baugruppensteckverbinder mittels Einpresstechnik mit den Leiterplatten verbunden. Bild 12.14 zeigt den Querschnitt eines typischen Einpress-Steckers mit den Kontaktierbereichen in der Rückwand und in der Leiterplatte. Die Kontaktierbereiche bestimmen wesentlich das elektrische Verhalten des Gesamtsystems *Steckverbinder und Leiterplatte*.

Typischer Aufbau von THT-Kontakten

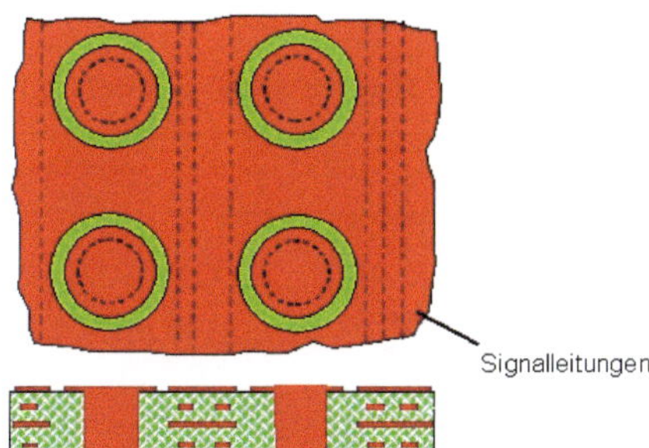

Im Kontaktierbereich des Steckers werden für impedanzrichtige Leitungen zur Abschirmung Metallflächen benötigt

Bild 12.15:
Prinzipieller Aufbau des Kontaktierbereiches in Leiterplatten

Bild 12.15 zeigt den Prinzipiellen Aufbau eines Kontaktierbereiches in den Leiterplatten. Da im Allgemeinen die Einpress-Stifte in einem sehr engem Raster (z.B. 2mm) beieinander liegen und zusätzlich aus elektrischen Gründen Masseebenen und Massepins erforderlich sind ergeben sich für die elektrischen Signale störende Kapazitäten zwischen den Signalleitungen und den Masseverbindungen.

Elektrische Ersatzschaltung des Kontaktierbereiches einer HF-Kammer

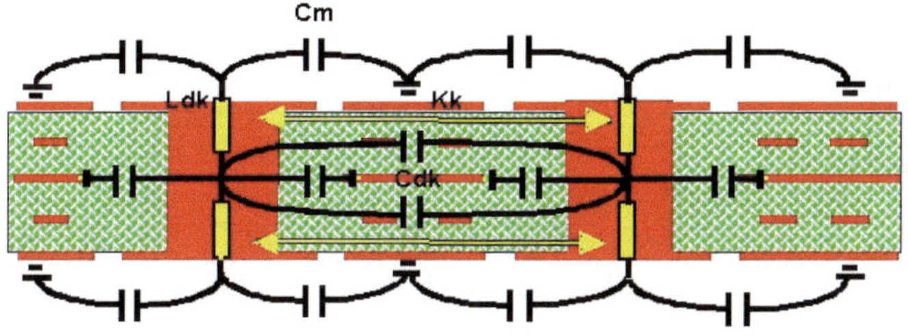

Elektrische Ersatzschaltungselemente des Kontaktierbereiches:
Ldk: Eigeninduktivität **Kk: induktiver Koppelfaktor**
Cm: Massekapazität **Cdk: Koppelkapazität**

Bild 12.16: Elektrische Ersatzschaltung des Kontaktierbereiches in Leiterplatten

Bild 12.16 zeigt hierzu die prinzipielle Ersatzschaltung eines Kontaktierbereiches mit den eingezeichneten Eigeninduktivitäten, Massekapazitäten, Eigeninduktivitäten und Koppelinduktivitäten. Je enger das Pinraster des Steckverbinders beieinander liegt desto größer und störender werden die Kapazitäten. Gleichzeitig steigen die Kapazitäten auch mit der Anzahl der Lagen der Leiterplatte kontinuierlich an (Bild 12.17).

Massekapazitäten bestimmen das elektrische Verhalten !

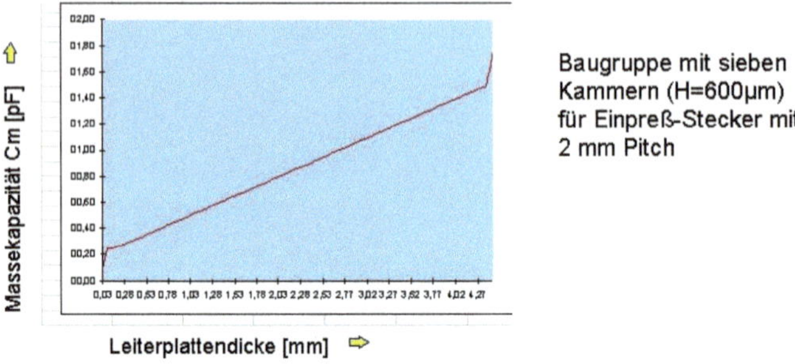

Bild 12.17: Verlauf der Massekapazität in Abhängigkeit der Lagenanzahl der Leiterplatte

Bei Hochlagen- Multilayern können Kapazitäten von mehreren pF entstehen. Diese Kapazitäten beeinflussen das Übertragungsverhalten der elektrischen Signale ganz erheblich.

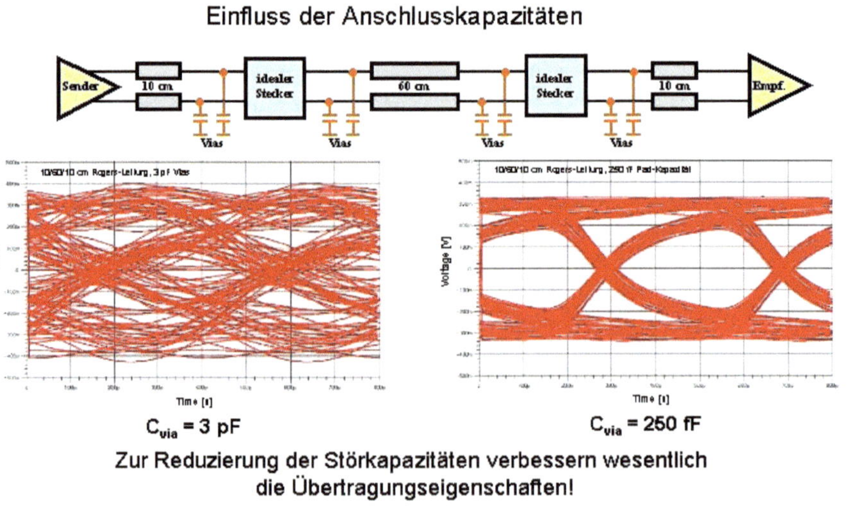

Einfluss der Anschlusskapazitäten

Sender — 10 cm — idealer Stecker — 60 cm — idealer Stecker — 10 cm — Empf.

Vias

C_{via} = 3 pF

C_{via} = 250 fF

Zur Reduzierung der Störkapazitäten verbessern wesentlich die Übertragungseigenschaften!

Bild 12.18: Simulierte Augendiagramme bei unterschiedlichen Kapazitäten

Bild 12.18 zeigt den Einfluss der Kapazitäten am Beispiel von simulierten Augendiagrammen einer typischen Übertragungsstrecke zwischen zwei integrierten Schaltkreisen, die über zwei Einpress-Steckern und einer Rückwand miteinander verbunden sind. Für sämtliche Übertragungskomponenten (I/O-Zellen, Chip-Gehäuse, Leitungen in den Leiterplatten, Durchkontaktierungen) wurden zuverlässige Simulations-Modelle verwendet. Die Übertragung erfolgte über eine 1 m lange Verbindung in dem HF-Material Rogers RO4350® bei einer Datenrate von 2.5 Gbps. Zum Vergleich wurden Simulationen mit Durchkontaktierungskapazitäten C = 3 pF und C = 250 fF durchgeführt.

Während bei einer Kapazität von C = 3 pF keine Übertragung mehr möglich ist, können bei C = 250 fF die Signale eindeutig empfangen werden.

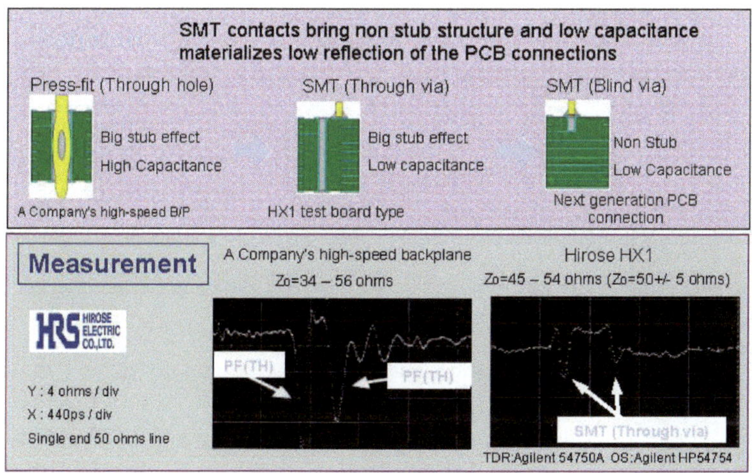

Bild 12.19: Impedanzprofile bei unterschiedlichen Kontaktierungen

Der Einfluss der Kapazitäten lässt sich auch anhand von TDR-Messungen deutlich erkennen. Bild 12.19 zeigt hierzu TDR-Messungen von Kontaktierbereichen mit Einpress-Steckern und SMT-Steckern auf sogenannten Blind-Vias der Unterschied in den Impedanzprofilen ist deutlich zu erkennen.

Es gibt mittlerweile mehrerer Möglichkeiten die Kapazitäten in den Leiterplatten zu reduzieren. Eine Möglichkeit stellt das „back drilling" dar. Hierbei werden von dem Leiterplattenhersteller – vor dem Einpressen des Steckers – die Kupferhülsen in den Durchkontaktierungen bis zu einer genau festgelegten Länge durch mechanisches

Beim dem back drilling werden von dem Leiterplattenhersteller die Kupferhülsen der Durchkontaktierungen bis zu einer genau definierten Tiefe durch mechanisches Bohren entfernt.

Schliffbild von Durchkontaktierungen mit back drilling (TYCO)

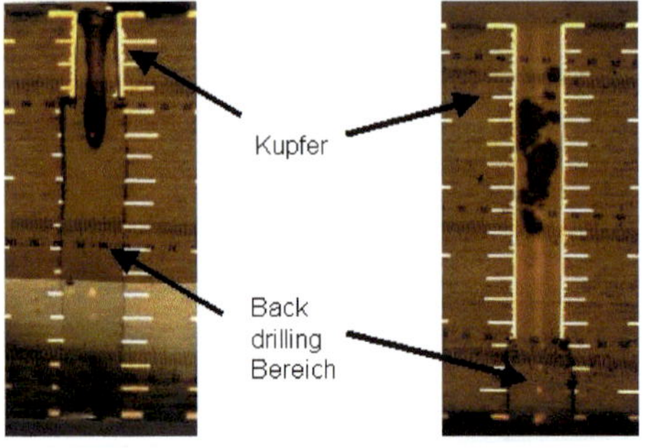

Für Leiterplatten mit back drilling ist bei den Leiterplatten-herstellern ein neuer Qualifizierungsprozeß erforderlich!

Bild 12.20: Back drilling der Durchkontaktierungen in Leiterplatten

Einpress-Stecker in einer Durchkontaktierung mit back drilling (Tyco)

- **Einpress-Stecker in Bohrungen mit back drilling müssen den Qualifizierungsanforderungen des Anwenders gerecht werden!!**
- **Durch die Länge des Einpress-Pins werden die Möglichkeiten der Kapazitätsreduzierung eingeschränkt!**

Bild 12.21: Back drilling und Einpress-Stifte

Bohren entfernt. Dieser Prozess wird heute schon in einigen Systemen eingesetzt. Dabei ist allerdings unbedingt darauf zu achten, dass die von dem Anwender geforderten Anforderungen an die Zuverlässigkeit und Lebensdauer der elektrischen Verbindung eingehalten werden müssen.

In die „back drilling“ Bohrungen können Einpress-Stifte gesteckt werden. Dabei ist allerdings darauf zu Achten, dass die restlichen Kupferhülsen beim Einpressen nicht beschädigt werden. Darüber hinaus ist auch bei dieser Technologie darauf zu achten, dass die von dem Anwender geforderten Anforderungen an die Zuverlässigkeit und Lebensdauer der elektrischen Verbindung gewährleistet sind.

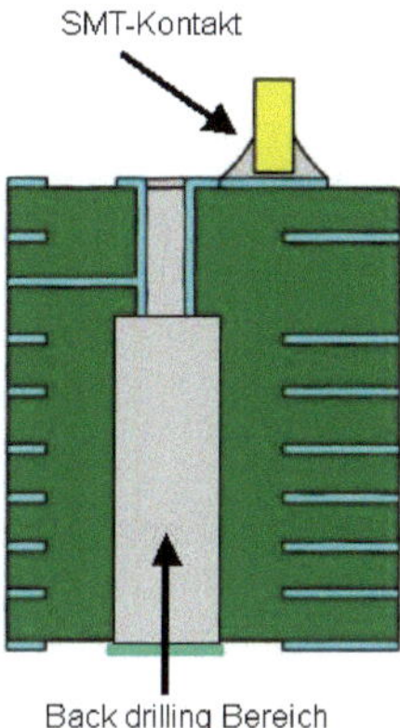

Der Einsatz von SMT-Steckern und back drilling erlaubt eine bessere Reduzierung der störenden Kapazitäten!

Baugruppen Stecker mit SMT-Kontakten

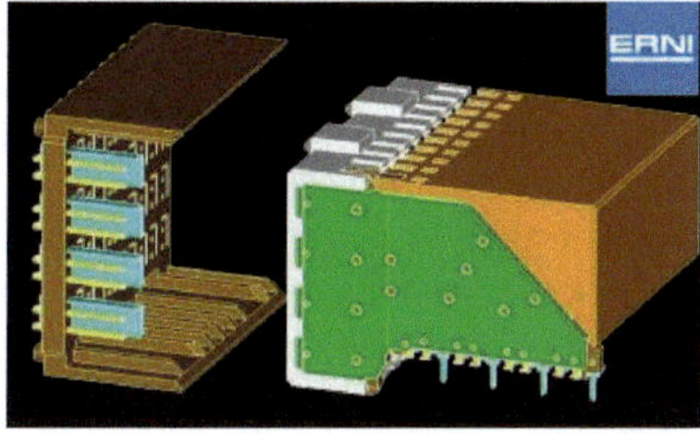

Bild 12.22: Back drilling und SMT-Kontakte

Die Einpress-Pins benötigen zur sicheren Kontaktierung eine Kupferhülse mit einer Länge von ca. 2mm. Damit werden die Möglichkeiten zur Reduzierung der Kapazitäten und der Verdrahtung in der Leiterplatte erheblich eingeschränkt. Eine bessere Möglichkeit stellt die Verbindung von back drilling und SMT-Kontakten dar. Dabei wird der Steckerkontakt auf der Oberfläche mittels SMT-Technologie kontaktiert. Die Kupferhülse kann dann bis kurz vor der Verdrahtung der kritischen Leitung entfernt werden. Steckverbinder mit SMT-Kontakten für die Signalleitungen und Pin-in-Paste Kontakten für die Versorgungsebenen befinden sich bereits auf dem Markt oder sind zurzeit in der Entwicklung.

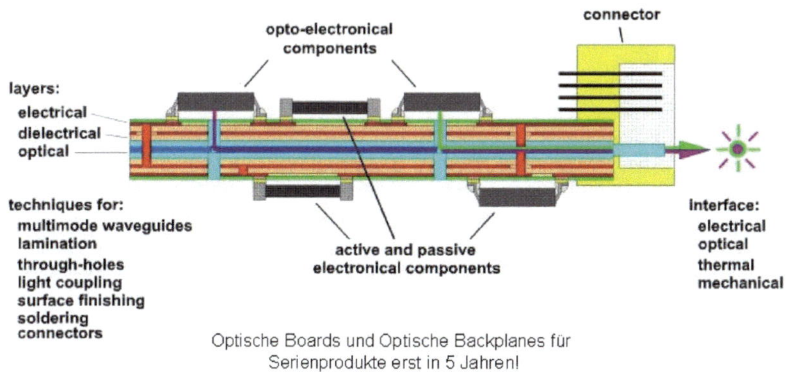

Bild 12.23: Multifunktionale Leiterplatte

In Zusammenhang mit der Leiterplattentechnologie wird oft der Einsatz von optischen Komponenten innerhalb der Leiterplatte diskutiert. Zur Realisierung von solchen „multifunktionalen Leiterplatten“ gibt es zahlreiche Aktivitäten, bei denen Forschungsinstitute, Systemhäuser und PCB-Hersteller zusammenarbeiten. Allgemeiner Konsens ist, dass in der Telekommunikation optische Übertragung auf Baugruppenebene frühestens in fünf Jahren eingesetzt wird. Die Frage, ob elektrische oder optische Übertragung auf den Baugruppen realisiert wird, wird ausschließlich durch die Kosten entschieden.

12.4 Standardisierung elektronischer Komponenten

In der Vergangenheit wurden bei der Entwicklung von elektronischen Systemen in großem Umfang proprietäre Lösungen bei aktiven und passiven Bauelementen verwendet. Dies geschah hauptsächlich, um die Leistungsfähigkeit des jeweiligen Systems von den der Konkurrenzprodukte zu unterscheiden. Teilweise wurden sogar passive Einzelkomponenten wie Widerstände, Spulen usw. speziell für ein neues System hergestellt. Auch im Bereich der Steckverbinder gab und gibt es sehr viele kunden- oder gar projektspezifische Lösungen.

Insbesondere durch den hohen Kostendruck moderner Systeme werden in zunehmendem Maße nur noch Standardbauelemente eingesetzt. Heute gibt es noch zwei wesentliche, produktspezifische Komponenten in den elektronischen Systemen:
die Leiterplatten und kundenspezifische integrierte Schaltkreise (ASICs).

Aber auch im Bereich der ASICs gibt es eine Entwicklung hin zu standardisierten *anwendungsspezifischen* integrierten Bausteinen (ASSPs). Im Wesentlichen gibt es drei Bereiche der Standardisierung von elektronischen Komponenten:

- Elektrische Schnittstellen
- Integrierte Schaltkreise
- Teilsysteme

Elektrische Schnittstellen:
Die Kommunikation zwischen integrierten Schaltungen erfolgt über serielle oder parallele elektrische Verbindungen. Mittlerweile gibt es eine Fülle von unterschiedlichen Bussen und seriellen Verbindungen. Insbesondere bei den schnellen seriellen Verbindungsverfahren kommen immer neue Varianten (InfiniBand, HyperTransport, Rapid IO, PCI Express usw.) auf den Markt [4,5]. Durch die ständig steigenden Übertragungsraten und die andauernde Verkleinerung der Bauelemente gibt es einen Trend weg von den parallelen Bussen hin zu der seriellen Übertragung [6].

Integrierte Schaltkreis:
Das Herzstück der meisten komplexen elektronischen Systemen sind die ASICs, das heißt anwendungsspezifische integrierte Bausteine, mit deren Hilfe die Systemhäuser ihre speziellen Anforderungen und Performance der Systeme realisieren können. Diese ASICs sind gezielt auf eine bestimmte Anwendung zu geschnitten. Somit handelt es sich hierbei um eine proprietäre Komponente des Systems. Solche Kom-

ponenten sind natürlich entsprechend teuer und erfordern einen nicht unerheblichen zeitlichen und kostenmäßigen Entwicklungsaufwand.

In den letzten Jahren haben sogenannte standardisierte „anwendungsspezifische" integrierten Bausteinen (ASSPs) weiter an Bedeutung gewonnen. Solche ASSPs decken hinsichtlich ihrer Eigenschaften ein bestimmtes Marktsegment ab und sind für mehr als einen Anwender zugeschnitten. ASSPs können gegenüber klassischen ASICs deutlich geringere Entwicklungszeiten und geringere Kosten aufweisen. Allerdings können im Allgemeinen keine kundenspezifischen Eigenschaften oder Alleinstellungsmerkmale realisiert werden [7].

Bild 12.6 zeigt hierzu einen ASSP von der Firma BroadCom. Es handelt sich dabei um einen OC-192/STM-64 SERDES-Baustein mit Datenraten der I/O-Zellen von ca. 10Gbps.

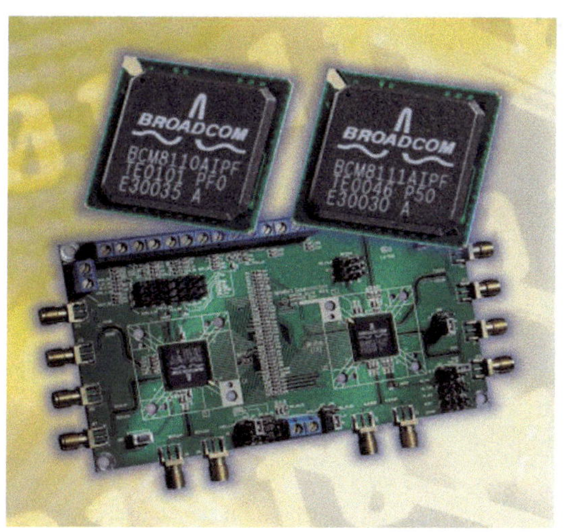

Bild 12.24: OC-192/STM-64 Transceiver ASSP von der Firma BroadCom

Teilsysteme:
Mittlerweile gibt es Initiativen, auch komplette Teilsysteme zu standardisieren. Ein typisches Beispiel sind die Aktivitäten zur „Advanced Telecommunications Computing Architecture" (ATCA) [8]. Dabei wurde eine neue Telecom-Systemplattform definiert, welcher die PICMG® 3.0 (PCI Industrial Computer Manufacturers Group) zugrunde liegt. Sub-Spezifikationen wie PICMG® 3.1 für Ethernet, PICMG® 3.2 für Infiniband, PICMG® 3.3 für StarFabric und PICMG® 3.4 für PCI Express ergänzen diese Spezifikation.

Die Standardisierung beeinflusst aber auch den mechanischen Aufbau und einige Elemente der Aufbau- und Verbindungstechnik, dabei insbesondere die Baugruppensteckverbinder. Bild 12.7 zeigt eine komplette Systemplattform (Shelf) wie sie zum Beispiel von der Firma ERNI für moderne Telekommunikations-Architekturen zur Verfügung gestellt wird.

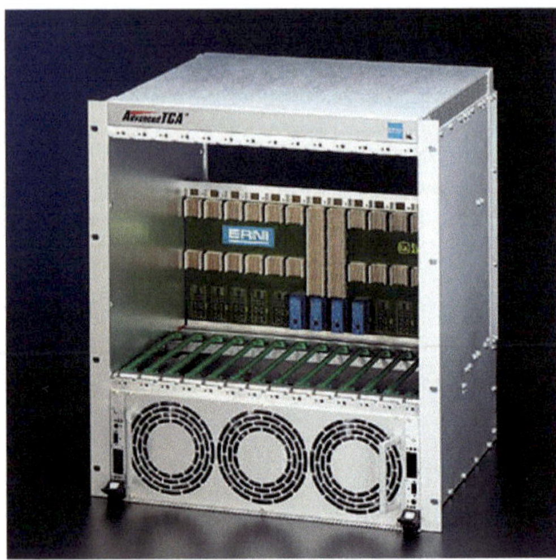

Bild 12.25: ATCA Shelf mit Backplane, Baugruppen, Baugruppenstecker und Lüftereinschüben

Solche standardisierten Teilsysteme bieten den Kunden folgende wesentliche Vorteile:

- Erhebliche Reduzierung der Entwicklungszeiten
- Reduzierte Kosten
- Hohe Verfügbarkeit und
- Second Source für die Systemkomponenten

Die Entwicklungen im Bereich der Standardisierung von elektronischen Komponenten werden in den nächsten Jahren sicherlich noch weiter gehen. Für einen Steckverbinderhersteller reicht es daher nicht mehr aus sich nur um die mechanischen und elektrischen Eigenschaften der Stecker zu kümmern. Vielmehr müssen auch die Entwicklungen im Bereich der Standardisierung im Auge behalten werden und gegebenenfalls eine aktive Beteiligung bei den Standardisierungen erfolgen.

12.5 Umweltfreundliche Produkte

Schon seit einigen Jahren gibt es weltweit Bestrebungen, die Anforderungen im Bereich der Schadstoffe und der Entsorgung von elektronischen Produkten zu verstärken. Die Forderung nach umweltfreundlichen Produkten bezogen sich zunächst auf Produkten aus dem Comsumer-Bereich (Handys, Kameras usw.). Mittlerweile sind

auch komplexe elektronische Systeme davon betroffen. Zurzeit werden diese Aktivitäten durch den japanischen Markt getrieben. Aber auch auf dem europäischen Markt werden in zunehmendem Maße komplexe umweltfreundliche Systeme angeboten. So bietet zum Beispiel Fujitsu-Siemens einen „grünen" PC [9] an.
Die Umweltanforderungen werden von zwei Faktoren getrieben:

1. Restriktionen durch die jeweiligen Gesetzgebungen und
2. Anforderungen durch den Markt.

Dabei können die Kundenforderungen nach umweltfreundlichen Produkten wesentlich schärfer und schneller erfolgen als die Gesetzgebung.

Im Plenum des Europäischen Parlamentes wurde bereits über die Richtlinien für Elektronik Altgeräte WEEE (Waste Electrical and Electronic Equipment) und zur Beschränkung bestimmter Inhaltsstoffe ROHS (Restriction of the use of certain hazardous substances in electrical and electronic equipment) abgestimmt. Die Regelungen treten voraussichtlich Mitte 2006 in Kraft. Die Richtlinien gelten für alle Produkte, die ab dem in Krafttreten der Gesetze auf dem europäischen Markt verkauft werden – also auch für heute schon fertig entwickelten Produkte. Für einige Produkte (z.B. Telekommunikationssysteme) gibt es eine Übergangsfrist bis 2010. Die Kundenforderungen nach umweltfreundlichen Systemen werden aber auch in diesen Marktsegmenten wesentlich früher erfolgen.

Die Stoffrestriktionen der ROHS betreffen folgende Stoffe: Blei Pb, Quecksilber Hg, Cadmium Cd, sechswertiges Chrom Cr (VI), polybromierte Biphenyle PBB und polybromierte Diphenylether PBBE. Tetra BisPhenolA (TBBA), welches sich hauptsächlich als Flammhemmer in den Leiterplatten befindet, ist (noch) nicht betroffen.

Eine Realisierung von elektronischen Systemen, die 0% der in ROHS angegebenen Schadstoffe enthalten, ist nicht möglich. Es müssen daher verbindliche Grenzwerte definiert werden. Die EU-Gesetzgebung hat bisher noch keine Grenzwerte festgelegt. Für die Grenzwerte werden zurzeit internationale Normen benutzt, z.B. JPCA-ES-01-1999 (Definition für Blei 0.1 wt%). Bauelemente-Hersteller (z.B. Infineon) geben ebenfalls Grenzwerte vor, orientieren sich aber ebenfalls an bereits bestehende Normen.

Vielfach werden auch sogenannte *bleiarme* Produkte angeboten. Dabei handelt es sich um Systeme, die zwar bleifrei gelötet wurden, aber weiterhin bleihaltige Bauelemente besitzen. Solche Systeme erfüllen die gesetzlichen Forderungen natürlich nicht.

Die ROHS-Bestimmungen gelten für komplette Systeme, d. h. alle Komponenten des Systems müssen den Umweltanforderungen gerecht werden.

Eine wesentliche Forderung der Gesetzgebung ist das bleifreie Löten. Beim bleifreien Löten werden andere Lötprofile benötigt und es entstehen höhere Löttemperaturen, längere Lötzeiten und kleinere Prozess-Fenster. Sämtliche Komponenten, die durch den bleifreien Lötprozess belastet werden, müssen den erhöhten Anforderungen gerecht werden. Es genügt also nicht, ein halogenfreies und bleifreies Bauelement anzubieten, das Bauelement muss auch entsprechend den neuen Verarbeitungsprozessen qualifiziert sein!

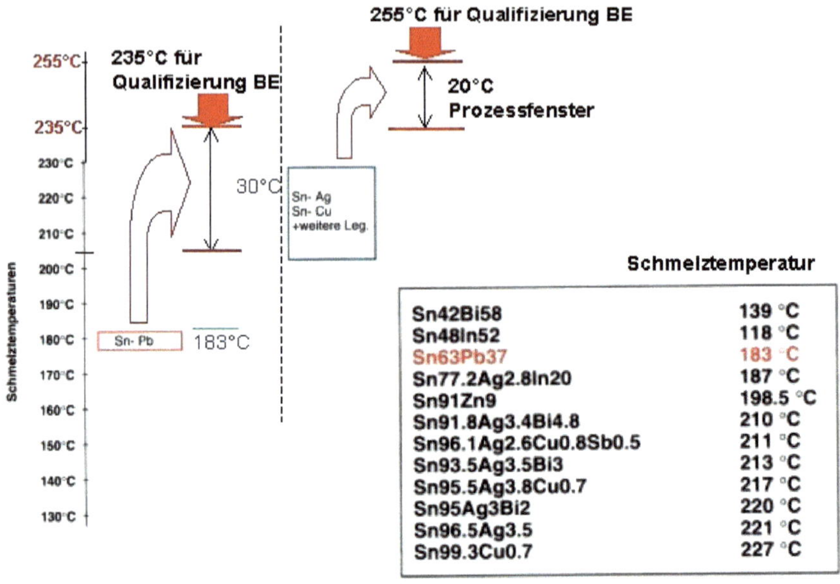

Bild 12.26: Höhere Löttemperaturen und kleinere Prozess-Fenster beim bleifreien Löten

Neben den technischen Herausforderungen erfordert die Umsetzung der Umweltverordnungen auch enorme Anstrengungen im Bereich der Logistik und der Verfügbarkeit von umweltgerechten Komponenten. So muss in einer Übergangszeit eine Mischbestückung mit herkömmlichen und neuen, umweltgerechten Bauelementen erfolgen, was sowohl von der Verarbeitung als auch der Logistik in den Werken eine große Herausforderung darstellt.

Eine weitere wichtige Herausforderung stellt auch die Umstellung von bereits fertig entwickelten Produkten dar. Durch die Umstellung auf halogenfreie und bleifreie Systeme darf für die Systemhäuser kein zusätzlicher Entwicklungsaufwand entstehen. Die Einpress-Zonen oder SMT-Pads von Steckern dürfen sich daher bei der Umstellung auf bleifrei und halogenfrei nicht verändern.

12.6 Zusammenarbeit im Hardware-Entwicklungsprozess

Zukünftige Systeme stellen nicht nur neue Herausforderungen an die Hardware-Technologien, sondern erfordern auch ein Umdenken beim Hardware-Entwicklungsprozess.

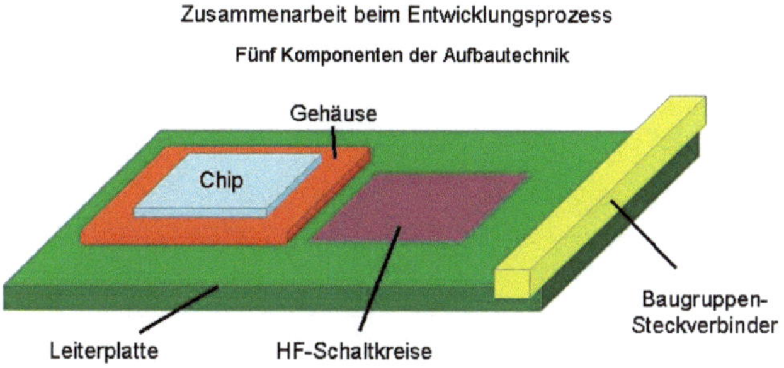

Bild 12.27: Fünf wesentliche Komponenten der Aufbautechnik

Grundsätzlich können folgende fünf Hardware-Komponenten in einem elektronischen System unterschieden werden:

- Chips
- Gehäuse
- HF-Schaltungen
- Baugruppen-Steckverbinder
- Leiterplatte

Dabei stellt die Chip-Technologie der treibende Faktor für die Aufbau- und Verbindungstechnik dar. In dem Moment, in dem High-speed-Chips auf dem Markt erhältlich sind, werden diese auch von den Entwicklern eingesetzt, unabhängig davon, welche Anforderungen an die Aufbau- und Verbindungstechnik daraus resultieren. Es ist nicht zu erwarten, dass die Chip-Entwickler Anforderungen der Aufbau- und Verbindungstechnik bei dem Design der Chips berücksichtigen!

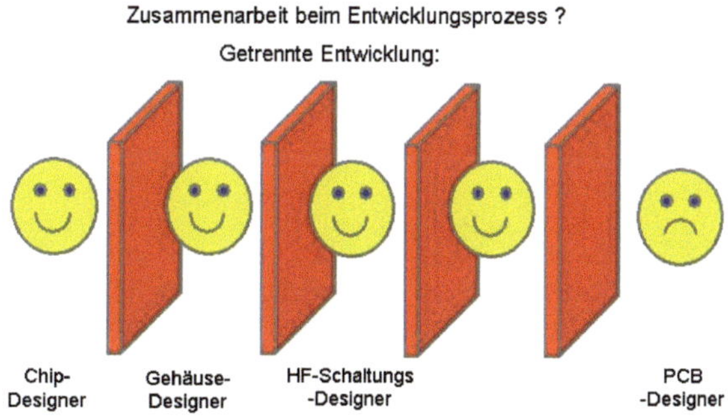

Bild 12.28: Mangelnde Zusammenarbeit beim Hardware-Entwicklungsprozess

Vielfach ist es heute leider immer noch so, dass sich die HF-Schaltungsentwickler, die Gehäusehersteller und die Steckerhersteller nur an ihren ureigensten Problemstellungen orientieren. Gehäuse und Stecker werden z.B. meist unter mechanischen Gesichtspunkten entwickelt. Die Leiterplatte ist mittlerweile die letzte produktspezifische Hardware-Komponente im Entwicklungsprozess. Dies bedeutet, dass die Leiterplatte sämtliche Anforderungen der übrigen Hardware-Komponenten auffangen muss.

Zu Realisierung moderner Systeme ist – vor allem auch hinsichtlich der Realisierung von kostengünstigen Lösungen – eine enge und frühzeitige Zusammenarbeit aller Beteiligten unabdingbar! Grundsätzlich können folgende Optimierungspotenziale bei den einzelnen Hardware-Komponenten genutzt werden:

Chip-Technologie:
- I/O-Zellen-Design
- Kompensation von Verzerrungen auf dem Übertragungsweg durch pre-emphasis oder equalizing
- Masse- und Versorgungsanbindungen im Chip
- Anschlussgeometrien und deren Verteilungen

Gehäuse:
- Elektrisches Design
- Abblockungsmaßnahmen
- Masse- und Versorgungsanbindungen im Gehäuse
- Anschlussgeometrien und deren Verteilungen

HF-Schaltungen auf der Leiterplatte:
- Kompensation von Verzerrungen auf dem Übertragungsweg
- HF-Schaltungsdesign
- Anschlussgeometrien und deren Verteilungen

Steckverbinder:
- Elektrisches-Design
- Masse- und Versorgungsanbindungen im Stecker
- Anschlussgeometrien und deren Verteilungen

Leiterplatte:
- Elektrisches-Design
- Materialien
- Strukturierungen

Für eine erfolgreiche Realisierung von modernen elektronischen Systemen ist eine frühzeitige, enge Zusammenarbeit zwischen dem Systemintegrator und den Lieferanten unabdingbar!

12.7 Zusammenfassung

Die unterschiedlichen Entwicklungen im Bereich der elektronischen Systeme stellen unterschiedlichste Anforderungen an moderne Steckverbinder.
Elektrische Anforderungen:

- Die Chip-Technologie treibt die Steckertechnologie,
- Optimale elektrische Eigenschaften hinsichtlich Impedanzen, Übersprechen und Schirmungen sind erforderlich,
- Trotz höherer Übertragungsgeschwindigkeiten wird auch eine höhere Signaldichte gefordert.

Die Leiterplattentechnologie hat in den letzten Jahren eine rasante Entwicklung genommen. HDI-Leiterplatten mit μVias sind vielfach im Einsatz.

- Die Entwicklungen im Bereich der Steckverbindertechnologien muss optimal mit denen in der Leiterplattentechnologie zusammenpassen.

Standardisierte Komponenten, die Teil einer standardisierten Familie (z.B. 2 mm-hartmetrische Steckverbinder) sind, werden von den Kunden gegenüber Einzellösungen bevorzugt.
Standardisierung von elektrischen Schnittstellen und Systemen:

- Standardisierte Komponenten, die Teil einer standardisierten
- Familie (z.B. 2 mm-hartmetrische Steckverbinder) sind, werden
- von den Kunden gegenüber Einzellösungen bevorzugt.

Umweltfreundliche Produkte:

- Verfügbarkeit von halogenfreien und bleifreien Steckverbindern,
- Verarbeitbarkeit in bleifreien Prozessen,
- Qualifizierung entsprechend der neuen Umweltanforderungen.

Zusammenarbeit im Hardware Entwicklungsprozess:

- Für eine erfolgreiche Realisierung von modernen elektronischen Systemen ist eine frühzeitige, enge Zusammenarbeit zwischen dem Systemintegrator und den Lieferanten unabdingbar!
- Für eine erfolgreiche Realisierung von modernen elektronischen Systemen ist eine frühzeitige, enge Zusammenarbeit zwischen dem Systemintegrator und den Lieferanten unabdingbar.

Da in allen Bereichen der elektronischen Systeme ein enormer Kostendruck vorliegt, ist es selbstverständlich, dass die Kosten der Steckverbinder ein entscheidendes Kriterium bei der Auswahl eines Lieferanten sind.

12.8 Literaturhinweise

[1] G. Moore: Eröffnungsvortrag auf der ISSCC 2002.

[2] H. Katzier, R. Reischl, A. Trutschel-Stefan, U. Brand, W. König und R. Ganß: Demonstrator for Transmission via Backplane in CMOS-Technologie at Datarates of 2.5Gbps and Higher; DesignCon, Santa Clara, 29.1.2001-1.2.2001.

[3] H. Katzier, R. Reischl, A. Trutschel-Stefan, U. Brand, W. König und R. Ganß: Demonstrator for Transmission via Backplane in CMOS-Technologie at Datarates of 10Gbps; DesignCon, Santa Clara, 28.1.2002-31.1.2002.

[4] H. Strass: Seriell auf der Überholspur?; IEE 47, Nr. 11, S. 32-35, 2002.

[5] C. Windeck: Flotte Bahnen – Schnelle serielle Verbindungsverfahren; c`t Heft 2 S.88 – 92, 2003.

[6] H. Strass: Tendenzen der Bus Entwicklung; Elektronik-Spiegel, Nr. 20, S. 18, 2002.

[7] XILINX: Programmierbare ASSP-Lösungen verändern die ASIC-Landschaft; elektronik industrie, 3-2000, S. 28-30.

[8] B. Eifer: Differenzielle Steckverbinder für ATCA; Elektronik Nr. 6, S. 64-67, 2003.

[9] Fujitsu-Siemens: Das erste grüne Motherboard ist blau; Elektronik Nr. 11, S. 26 – 24, 2002.

13 Elektrische Kontakte in der Praxis

Helmar Ulbricht

13.1 Anforderungen an elektrische Kontakte

Die drei Grundforderungen, die unter Zuverlässigkeitsgesichtspunkten an Steckverbindungen gestellt werden, nämlich dass

- der „Kontakt" stabil sein muss;
- dieser „Zustand" sich während der vorgesehenen Betriebszeit nicht ändern darf und
- keine „Kontakte" zu benachbarten Stromkreisen entstehen dürfen;

sind zwar schnell formuliert; in der Praxis wird ihre Realisierung jedoch durch viele Einflussgrößen behindert.

13.2 Ursachen von Kontaktproblemen

Bild 13.1 zeigt, dass die Ursachen für Kontaktstörungen sowohl beim Hersteller von Kontaktbauelementen bzw. der Kontakthalbzeuge wie beim Anwender (Verarbeiter) liegen können. Sie lassen sich im Wesentlichen in vier Gruppen einteilen:

- Konstruktionsfehler
- Fertigungsfehler
- Anwenderfehler
- Fremdschichten

13.2.1 Konstruktionsfehler

Zu dieser Gruppe der Fehlerursachen gehören z. B. – *ungeeignete Kontakt- und Kontaktträgerwerkstoffe.* – Ein „stabiler Kontakt" wird in erster Linie vom Zustand der Oberflächen der sich berührenden Kontaktstücke bestimmt. Die Gestaltung der Kontaktelemente ist daher – in Verbindung mit der Auswahl geeigneter Werkstoffe für den Kontaktträger und den Kontaktbereich – ein wesentlicher Punkt einer Steckverbinder-Konstruktion. Wesentlich für die Zuverlässigkeit eines Kontaktes ist aber nicht nur die Dicke der Kontaktschicht und die in ihr enthaltenen Legierungsbestandteile, sondern auch das Material darunter und der an den Kontaktbereich angrenzende Werkstoff. Befindet sich z. B. unter einem Goldüberzug ein silber- oder kupferhaltiges Material, dann muss damit gerechnet werden, dass aus Poren oder Rissen in der Goldschicht Sulfid „ausblüht", dass im Laufe der Zeit die Kontaktoberfläche überwandert – Bild 13.2 zeigt ein Beispiel. Verhindern kann man diesen Effekt entweder durch eine ausreichend dicke und damit poren- und rissfreie Goldschicht oder – bei geringeren Schichtstärken des Goldes – durch eine Nickelzwischenschicht, die als Diffusionssperre wirkt und verhindert, dass Bestandteile des Kontaktuntergrundes durch den Goldüberzug diffundieren und dort Oxid- oder Sulfidschichten bilden. Ähnlich verhält es sich beim Übergang

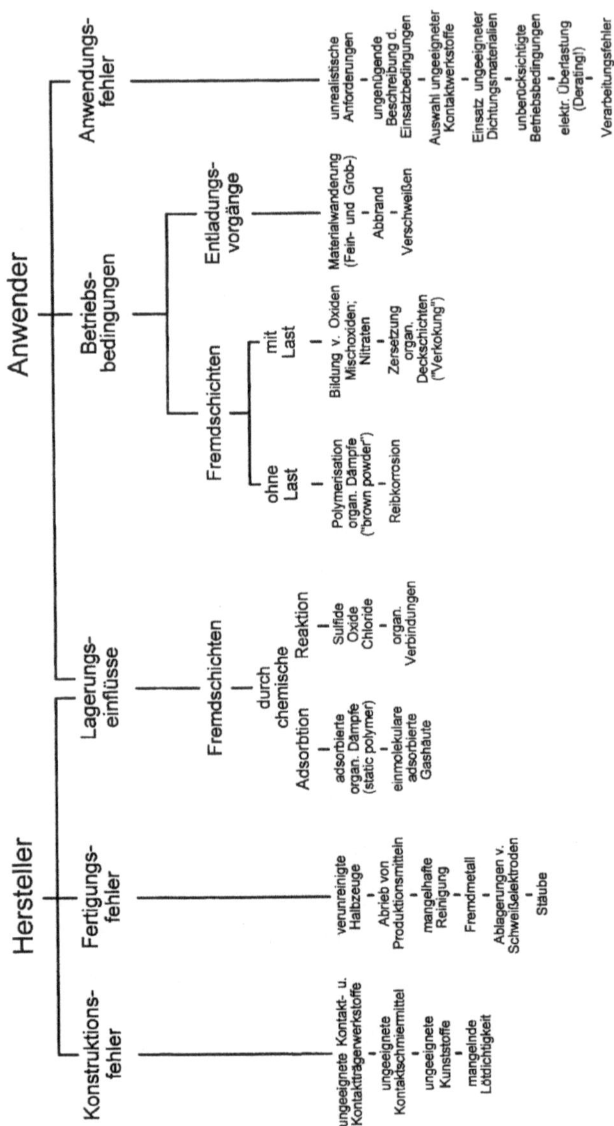

Bild 13.1: Ursachen für Kontaktstörungen

Kontaktträger – Goldschicht. Untersuchungen haben gezeigt, dass auch Kupfer bzw. kupferhaltige Werkstoffe (Messing; Federbronzen) Sulfidschichten bilden, die ebenfalls über angrenzende Goldschichten wandern können. Bild 13.3 zeigt eine solche Kupfersulfidwanderung über eine galvanisch abgeschiedene Goldschicht mit 0,5% Co. Der Untergrund und der angrenzende Werkstoff bestand aus einer galvanisch abgeschiedenen Kupferschicht auf einem Glasfaser-Epoxid-Träger. Obwohl Kupfersulfid wesentlich langsamer als Silbersulfid über angrenzende Goldflächen wandert bzw. die Wanderung erst verzögert einsetzt, darf dieser Effekt bei der Beurteilung des Systems Kontakt – Kontaktträger nicht vernachlässigt werden. Neben dem Kontaktuntergrund und dem Kontaktträger können aber auch Legierungszusätze von Silber und/oder Unedelmetallen in der Goldschicht selbst die Ursache von Sulfidschichten sein. Die Fremdschichtbildung ist dabei umso ausgeprägter je höher der Anteil dieser Legierungszusätze ist.

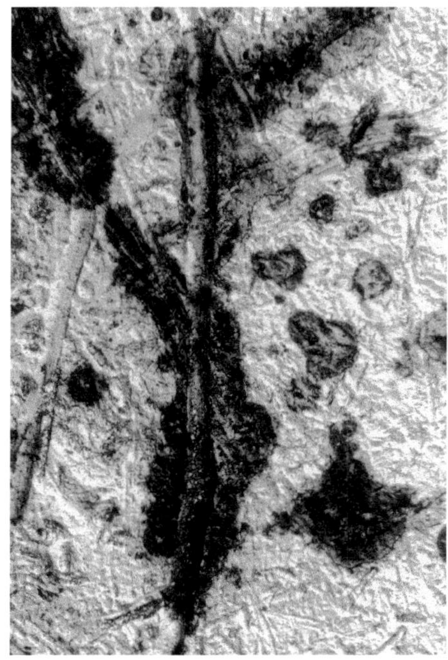
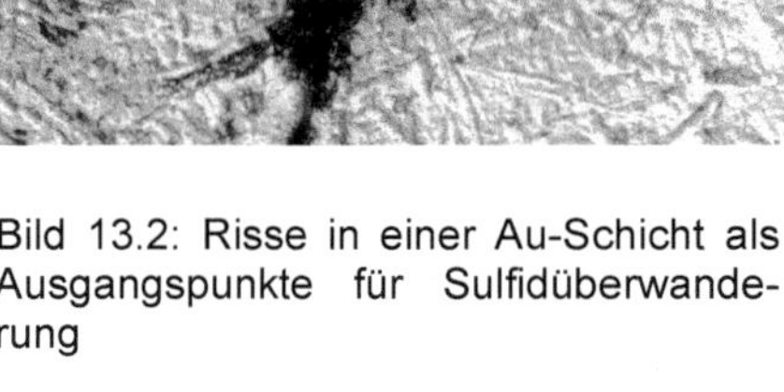

Bild 13.2: Risse in einer Au-Schicht als Ausgangspunkte für Sulfidüberwanderung

Bild 13.3: Offene Kante eines Kontaktsystems Cu-Untergrund / Au-Beschichtung als Ausgangspunkt für Sulfidüberwanderung

Ein weiterer kritischer Punkt bei der Materialauswahl ist *Zinn als Kontaktwerkstoff.* Einmal weil beim Einsatz von Reinzinn mit Whiskern gerechnet werden muss – darunter versteht man faden- oder haarförmige metallische Gebilde, die unter bestimmten Voraussetzungen an metallischen Oberflächen entstehen können (Bild 13.4 und Bild 13.5).

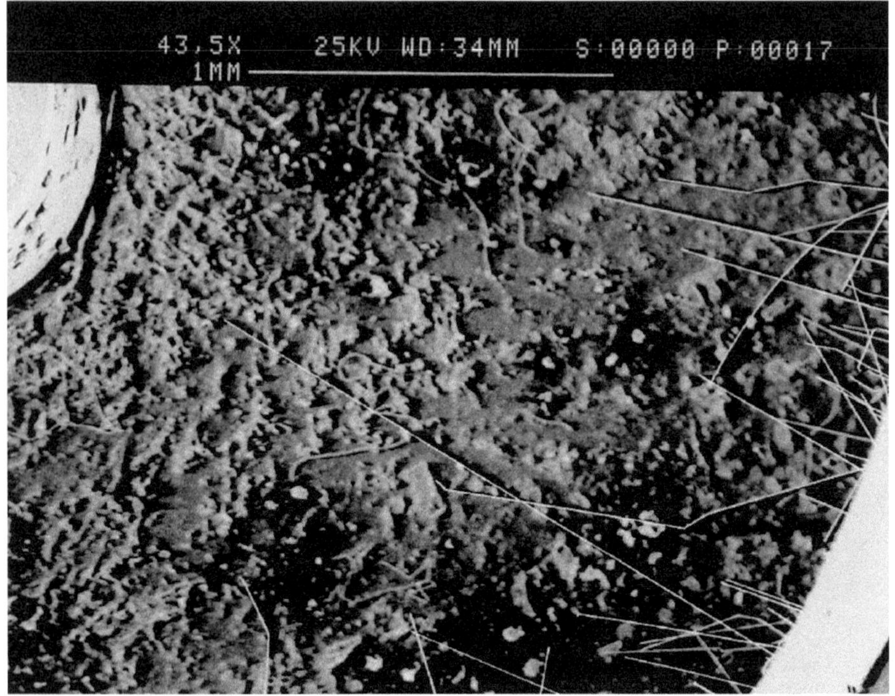

Bild 13.4: Zinnwhisker zwischen Innen- und Außenleiter im Anschlussbereich eines BNC-Steckers

Dieser Effekt ist seit 1946 bekannt; die haarförmigen Einkristalle mit Durchmessern von 1 bis 5 µm und unregelmäßiger Länge wachsen nach einer gewissen Latenzzeit, besonders aus galvanisch abgeschiedenen Zinnschichten spontan heraus und zeichnen sich durch hohe Festigkeitswerte aus – Bild 13.6 zeigt die Spitze eines solchen Zinnwhiskers. Der Entstehungsmechanismus ist bis heute noch nicht völlig geklärt. Vermutlich sind äußere und/oder innere Spannungen in der Schicht die auslösende Ursache. Whisker verringern nicht nur die Zuverlässigkeit elektronischer Geräte, wenn sie benachbarte auf verschiedenem Potential liegende Leiter überbrücken, sie sind auch häufig in Ursache für spontanes Fehlverhalten elektronischer Baugruppen hoher Packungsdichte wenn abgebrochene Whisker im Gerät „vagabundieren" und spontane Kurzschlüsse zwischen Anschlüssen der verschiedensten Bauelemente verursachen. Aber auch in Starkstromanlagen wurden Kurzschlüsse an verzinnten Kabelschuhen beobachtet, die als Folge des hohen Anpressdruckes

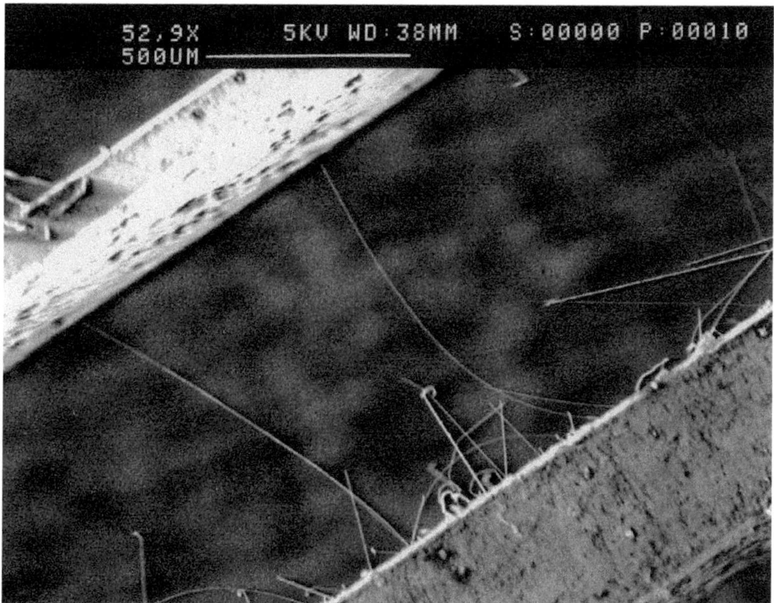

Bild 13.5: Zinnwhisker zwischen zwei Kontaktfedern

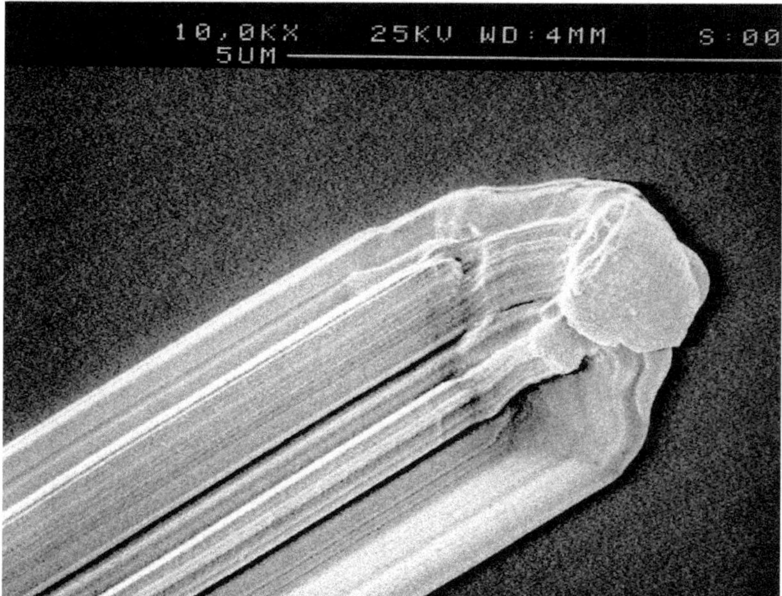

Bild 13.6: Spitze eines Zinnwhiskers mit einem Durchmesser von ca. 2 µm

beim Anziehen der Klemmen entstanden sind. Der augenblickliche Kenntnisstand über Zinnwhisker lässt sich wie folgt zusammenfassen:

- Zinnschichten, die zusätzlich mindestens 5 % Pb enthalten, zeigen ebenso wie „feuerverzinnte" Oberflächen kein Whiskerwachstum.
- Die umgebende Atmosphäre hat keinen Einfluss auf die Whiskerbildung.
- Dünne Isolierstoffschichten – wie z. B. Lötstoppmasken – können von Whiskern durchstoßen werden.
- Durch eine 3stündige Wärmebehandlung bei 140 °C lassen sich die inneren Spannungen in der Schicht zwar abbauen, dadurch verlängert sich aber lediglich die Latenzzeit; dieses Verfahren ist daher kein wirksames Mittel gegen Whiskerbildung.
- Das Whiskerwachstum hängt stark vom Glanzzusatz des galvanischen Bades und von den abgeschiedenen Schichtdicken ab.
- Bei zinkhaltigen Trägerwerkstoffen (Messing) ist eine Nickelzwischenschicht von 2 µm Dicke unbedingt zu empfehlen.

Zum anderen ist bei Zinnkontakten – wie bei allen unedlen Kontaktwerkstoffe – mit *Reibkorrosion* zu rechnen – s. unter „Fremdschichten".

Ein weiterer besonders kritischer Punkt ist der Einsatz von Messing. Bei Kontaktelementen aus diesem Werkstoff muss immer dann, wenn die Teile unter mechanischer Spannung stehen und sich Ammoniak in der umgebenden Atmosphäre befindet, mit *Spannungsrisskorrosion* gerechnet werden, die zum Bruch des Trägermaterials führt. Besonders spektakuläre Ausfälle dieser Art traten in einer elektronischen Kirchenorgel auf, in der Steckverbindern eingebaut waren, die aus Messing gestanzte und anschließend versilberte Kontaktfedern enthielten. Als Ausfallursache wurde Salmiak-Geist ermittelt, der mehrfach dazu verwendet wurde, um schwer entfernbare Flecken vom Steinfußboden der Kirche zu beseitigen. Die geringe Konzentration an NH_3 in dem nicht gelüfteten Raum reichte aus, um an den Kontaktfedern, die unter mechanischer Spannung standen, trotz der galvanischen Versilberung Spannungsrisskorrosion auszulösen. Ähnliche Ausfälle wurden auch an Messingfedern beobachtet, die in einem Raum eingesetzt waren, in dem Ammoniakdämpfe aus Düngemitteln (Hühnermist) auftraten.

Mangelnde *Temperaturbeständigkeit des Federwerkstoffs* ist ebenfalls ein erhebliches Zuverlässigkeitsrisiko für federnde Kontaktelemente. Neben Federbiegegrenze und Biegewechselfestigkeit ist insbesondere das Relaxationsverhalten des Federwerkstoffes bedeutsam. Mit Relaxation bezeichnet man den Abbau eines Spannungszustandes unter äußerer Last. Dieser Spannungsabbau nimmt mit steigender Temperatur und Höhe der Ausgangsspannung zu. Da mit sinkender Restspannung aber auch der Kontaktdruck abnimmt, sind z. B. Zinnbronzen lediglich bis zu einer Temperatur von ca. 85 °C einsetzbar, während CuNi3Si1Mg und CuCrSiTi noch bei deutlich höheren Temperaturen eine hinreichende Kontaktsicherheit bieten.

Eine weitere potentielle Fehlerquelle können auch *ungeeignete Kontaktschmiermittel* sein. Kontaktöle oder sog. Kontaktpflegemittel werden häufig zur Schmierung von Gleit- und Steckkontakten eingesetzt. Durch richtig dosiert aufgebrachtes Kontaktöl lässt sich der Reibungskoeffizient zwischen den Kontaktpartnern deutliche reduzieren

und damit der mechanische Verschleiß herabsetzen. Da ein dünner Ölfilm die Kontaktgabe ruhender Kontakte nicht beeinträchtigt und zusätzlich eine gewisse passivierende Wirkung ausübt, wird auch der Kontaktwiderstand stabilisiert und damit die Zuverlässigkeit der Kontaktgabe erhöht.
Synthetische Kontaktöle können jedoch Spannungsrisskorrosion auslösen, wenn sie mit Kunststoffen in Berührung kommen, die unter mechanischen Spannungen stehen. Besonders gefährlich sind Silikonöle, die sehr oberflächenaktiv sind und auf weit entfernte Kontaktflächen anderer Bauelemente „kriechen“ und dort Kontaktausfälle durch Bildung von SiO_2 verursachen können, wenn unter Funkenbildung geschaltet wird.

Unter den Begriff ***„ungeeignete Kunststoffe“*** fallen alle Isolierwerkstoffe, bei denen an den Gleitflächen der Fangbereiche von Gehäuse- oder Stiftführungen Abrieb entsteht, der beim Steckvorgang in den Kontaktbereich gelangen kann. Aber auch die Oberflächenspannung gegenüber hochaktivierten Flussmitteln ist ebenso bei der Wahl der Kunststoffe zu berücksichtigen wie deren Beständigkeit gegen handelsübliche Fluss- und Reinigungsmittel.

Bild 13.7: Beispiel für eine undichte Anschlussdurchführung

Eine sehr heimtückische Ursache für Kontaktfehler ist *mangelnde Lötdichtigkeit* – heimtückisch deshalb, weil die Bauelemente-Ausfälle nicht immer unmittelbar nach dem Lötprozess auftreten, sondern erst sehr viel später – oft erst nach einigen Jahren. Das Flussmittel, das entweder beim Löten entlang der Anschlüsse hochgestiegen und in die Kontaktzone eingedrungen ist, über die Gasphase dorthin gelangte oder in großer Verdünnung als eingetrockneter Rückstand von Reinigungsmittel-Spritzern auf den Kontaktfedern landete, wird bei den ersten Betätigungen noch als relativ weiche

Masse aus dem Kontaktbereich herausgeschoben, die jedoch im Laufe der Zeit aushärtet und versprödet. Bei späteren Betätigungen können dann aber einzelne gelöste harte Flussmittelpartikel in die Kontaktbahn gedrückt werden. Bild 13.7 zeigt, wie durch eine geschrumpfte Vergussmasse im Bereich einer Anschlussdurchführung ein Haarspalt entstanden ist, der durch seine Kapillarwirkung Flussmittel oder Reinigungsmittel mit darin gelösten Flussmittelresten förmlich „hineinsaugt", die dann als Fremdkörper oder isolierender Film Störungen verursachen – s. Bild 13.8.

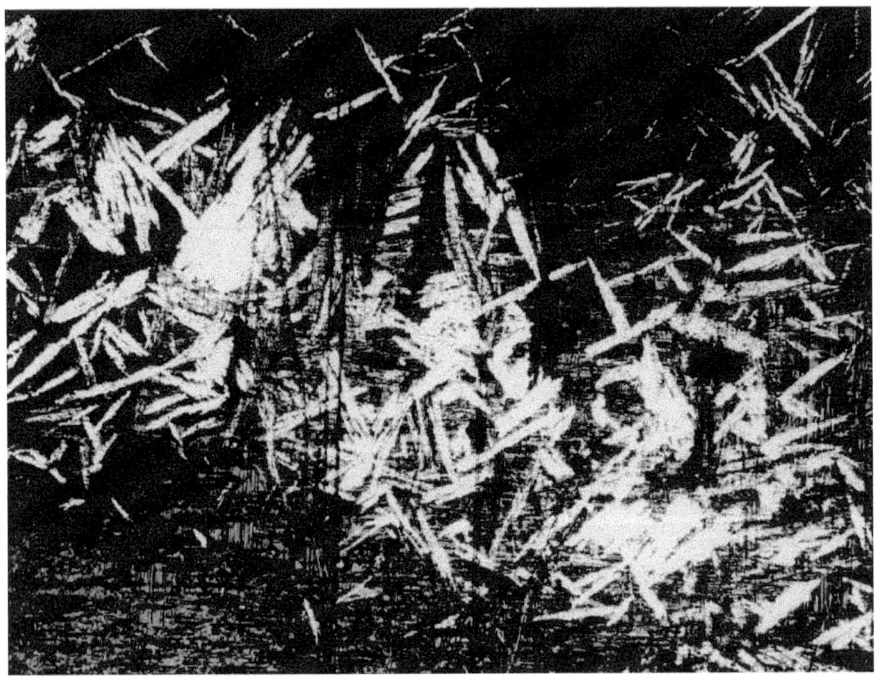

Bild 13.8: Flussmittelrückstände auf einem Kontakt – Auflicht-Dunkelfeldbeleuchtung V: 50x

13.2.2 Fertigungsfehler

Dazu gehören z. B.:

Oberflächenverunreinigungen des angelieferten Halbzeugs mit Fremdmetallpartikeln, die bei der Fertigung von Bimetallen oder beim Transport solcher Kontaktteile als Schüttgut auf die Kontaktflächen übertragen worden sind;

Verunreinigungen, die während der Fertigung der Kontaktstücke durch unzweckmäßige Fertigungsverfahren entstehen – wie in die Kontaktoberfläche eingeprägte Reste von Schleif- oder Poliermitteln. Bei der Herstellung von Kontaktteilen wie Nieten, Plättchen usw. lassen sich prozessbedingt Grate nicht vermeiden, die dann anschließend durch Gleitschleifen mit Hilfe von Schleifmitteln mechanisch beseitigt werden. Bei diesem Vorgang können harte, isolierende Schleifmittelreste in die weiche Kontaktschicht eingedrückt werden;

metallischer Abrieb von Werkzeugen: die Verunreinigungen können bei der Weiterverarbeitung, z. B. in einer Vibratorzuführung auf die Kontaktoberfläche gelangen und beim folgenden Arbeitsschritt in die Kontaktoberfläche eingepresst werden; aber auch durch Nietwerkzeuge kann metallischer Abrieb auf Kontaktoberflächen übertragen werden – s. Bild 13.9;

Bild 13.9: Ag-Partikel auf einer Au-Oberfläche als Ausgangspunkt für Sulfidüberwanderung

mangelhafte Reinigung vor Zwischenglühungen, so dass bei einer nachfolgenden Verformung verkokte Schmiermittelrückstände in die Oberfläche eingepresst werden;

Fremdmetalle, wie das leicht verdampfende Zink, das sich die in einem verunreinigten Glühofen, in dem zuvor Messingteile behandelt wurden, auf Goldoberflächen niederschlägt;

Ablagerungen von Schweißelektroden – Kontaktprofile werden häufig durch Widerstandsschweißen auf entsprechende Trägerteile aufgebracht. Dabei kann Material der unedlen Elektrode beim Schweißvorgang auf die Kontaktfläche übertragen werden, was zu erhöhten Kontaktwiderständen führt. Dies ist vor allem bei Kontakten mit dünner Goldauflage kritisch. Zur Beseitigung dieses Problems müssen Elektrodenform und Kontaktprofil so aufeinander abgestimmt sein, dass beim Schweißvorgang die Elektrode den Bereich der eigentlichen Kontaktgabe nicht berührt und

Stäube der verschiedensten Art von benachbarten Fertigungsbereichen.

13.2.3 Anwenderfehler

Genauso häufig wie Entwurfs- und Fertigungsfehler, die den Herstellern von Kontakt-Bauelementen anzulasten sind, sind auch die Fehler, die von Bauelementeanwendern (Verarbeitern) verursacht werden, nämlich rund 50%! Zu den typischen Anwenderfehlern zählen:

unrealistische Anforderungen an Durchgangswiderstand; Isolationswiderstand; Lebensdauer (Steckzyklen);

ungenügende Beschreibung der Einsatzbedingungen – mit der Folge einer falschen Beratung durch den Steckerhersteller;

Auswahl ungeeigneter Kontaktwerkstoffe z. B. aus Kostengründen oder fehlender Sachkenntnis;

Einsatz ungeeigneter Dichtungsmaterialien – z. B. wenn rußhaltige Werkstoffe (Schwefelausscheidungen!) zur Abdichtung von Steckverbindern verwendet werden;

keine Berücksichtigung der Betriebsbedingungen – wie elektrische Überlastung (Derating); mechanische Beanspruchungen (Reibkorrosion); klimatische Beanspruchungen (Korrosion); Schadstoffe (Fremdschichten) und

Verarbeitungsfehler – falschbemessene Lochdurchmesser bei Durchsteck-Bauelementen oder zu geringe Padgröße bei SMT-Ausführungen; thermische Überlastung beim Löten; fehlende Abdeckung beim Löten offener Steckverbinder (Flussmittelpartikel); ungeeignetes Waschverfahren für Flachbaugruppen (verschleppte Flussmittelreste, Kontaktbefettung!)

13.2.4 Fremdschichten

Der größte Teil von Kontaktaktausfällen wird jedoch durch Fremdschichten verursacht, die durch Einwirkung der Umgebungsatmosphäre während der Lagerung – beim Bauelementehersteller und/oder -anwender – entstehen oder sich im Betrieb bilden. Meistens handelt es sich dabei um anorganisch-chemische Schichten wie Oxide, Sulfide, Chloride, die durch chemische Reaktion des Kontaktmaterials mit aggressiven Bestandteilen der umgebenden Atmosphäre oder in gekapselten Geräten in dem sich einstellenden „Kleinklima“ entstehen, das durch gasförmige organische Komponenten angereichert ist. Bei den üblichen Lager- und Betriebsbedingungen bestimmen adsorbierte Wasserhäute auf der Kontaktoberfläche den Ablauf der elektrochemischen Prozesse ganz wesentlich. Auch das „Anlaufen“ von Werkstoffen durch Handschweiß ist eine elektrochemische Reaktion. Organisch-chemischen Fremdschichten bilden sich dagegen in der Regel durch Adsorption organischer Dämpfe aus der Umgebung, die schon am offenen Kontakt durch statische Polymerisation oder durch einen chemischen Angriff als Folge eines Zersetzungsvorgangs störenden Deckschichten bilden (static polymer) können. Kommt noch eine reibende mechanische Beanspruchung hinzu, dann entstehen bei Werkstoffen der Platinreihe (Ir, Pd, Pt, Rh, Ru) – ohne elektrische Belastung – durch Reibungspolymerisation (Brown-Powder-Effekt) oder bei unedlen Materialien durch Oxidation (fretting corrosion) dicke nichtleitende Beläge.

Reibkorrosion wird im Wesentlichen durch zwei Einflüsse ausgelöst:

a. Temperaturwechsel – die Reibfrequenz ist in diesem Fall sehr niedrig (<0,01 Hz). Aufgrund unterschiedlicher thermischer Ausdehnungskoeffizienten der verschiedenen Werkstoffe und/oder innerer mechanischen Spannungen (z. B. in Isolierteilen) kommt es bei Temperaturänderungen zu sehr langsam ablaufenden geringen Relativbewegungen zwischen den Kontaktteilen.

b. Mechanische Schwingungen – hierbei ist die Reibfrequenz wesentlich höher (>10 Hz). Die Kontaktbewegungen werden durch mechanische Schwingungen ausgelöst, die z. B. von Lüftern oder Netztransformatoren auf Gehäuseteile übertragen werden oder durch Stöße, die Leiterplatten mit den darauf befindlichen Bauelementen zu gedämpften Schwingungen in ihrer jeweiligen Eigenresonanz anregen.

In beiden Fällen können Reibwege von wenigen µm bis zu mehreren 100 µm auftreten. Als Folge der Gleitbewegungen zwischen den beiden Reibpartnern treten Scher- und Normalkräfte auf. Die als Reibungswärme freigesetzte mechanische Energie wiederum begünstigt Reaktionen der Kontaktoberflächen und der daraus herausgerissenen Partikel mit Bestandteilen der umgebenden Luft. Dabei werden auch tribochemische Prozesse ausgelöst, deren Auswirkungen – speziell bei unedlen Werkstoffen – als Reibkorrosion (fretting corrosion) bekannt sind. Die ständig neu entstehenden Partikel, die sehr schnell oxidieren, werden dann im Laufe der Zeit in die Kontaktoberfläche hineingewalzt und verursachen dadurch einen stetigen Anstieg des Kontaktwiderstandes. Mit Hilfe einer Vorrichtung, wie sie in Bild 13.10 dargestellt ist, kann dieses Verhalten für unterschiedliche Werkstoffkombinationen und Kontaktformen, bei verschiedenen Kontaktkräften simuliert und untersucht werden.

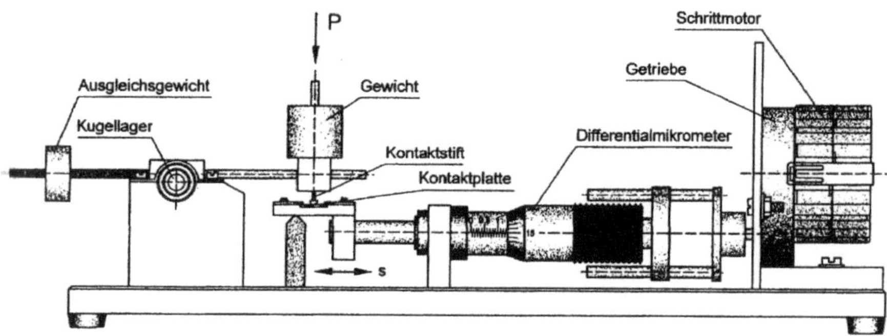

Bild 13.10: Beispiel für eine Vorrichtung zur Untersuchung der Reibkorrosionsneigung von Kontaktwerkstoffen

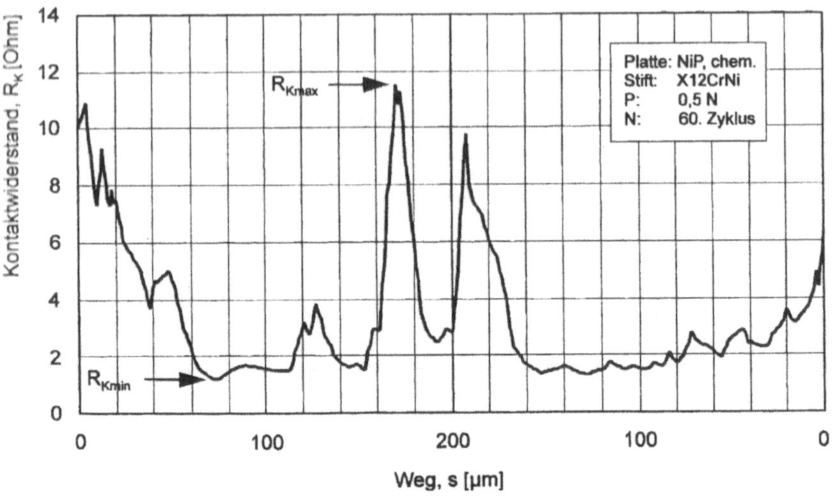

Bild 13.11: Beispiel für die Änderung des Kontaktwiderstandes entlang des Reibweges bei einem Reibzyklus

Bild 13.11 zeigt an einem Beispiel, wie sich der Kontaktwiderstand entlang des Reibweges ändert; besonders stark ist der Anstieg an den Umkehrpunkten, weil sich an diesen Stellen der gebildete Abrieb zuerst ablagert. Mit zunehmender Zahl der Reibzyklen steigt der Kontaktwiderstand an diesen Umkehrpunkten an aber auch entlang des Reibweges nimmt er stetig zu – Bild 13.12. In den Bildern 13a und 13b sind die oxidierten Unedelmetall-Ablagerungen in der Reibbahn deutlich zu erkennen.

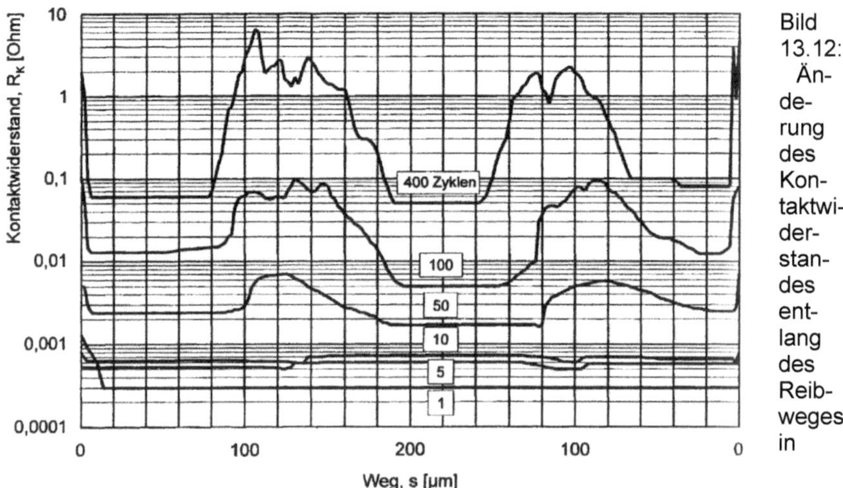

Bild 13.12: Änderung des Kontaktwiderstandes entlang des Reibweges in Abhängigkeit von der Zahl der Reibzyklen

Wertet man die maximal aufgetretenen Werte in Abhängigkeit von der Anzahl der Reibzyklen aus, dann lässt sich daran die Reibkorrosionsneigung eines Werkstoffs oder einer Werkstoffpaarung beurteilen – Bild 13.14 und Bild 13.15.

13.3 Schadgasprüfungen

Die ständige Miniaturisierung und Weiterentwicklung der Schaltungstechnologien in der Elektronik mit ihren gestiegenen Qualitätsanforderungen an elektromechanische Bauelemente einerseits und die zunehmende Luftverschmutzung mit aggressiven Schadgasen andererseits führten dazu, dass Kontakthersteller und Anwender bereits Ende der 50er Jahre begannen, die Korrosionseffekte an Kontaktteilen verstärkt zu untersuchen und Prüfverfahren zu entwickeln, um bereits unter Laborbedingungen Aussagen über das Verhalten und die Lebensdauer von Kontaktwerkstoffen, Kontakthalbzeugen und Kontaktbauteilen zu erhalten. Eine Möglichkeit dazu bieten beschleunigte Korrosionsprüfungen, mit deren Hilfe Werkstoffe sorgfältig ausgewählte werden können und sich so der Einfluss von Fremdschichten weitgehend verhindern lässt.

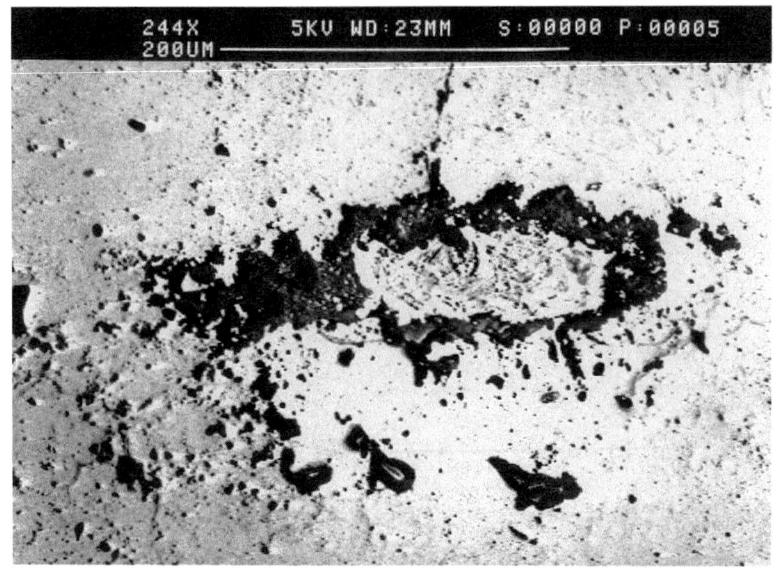

a.

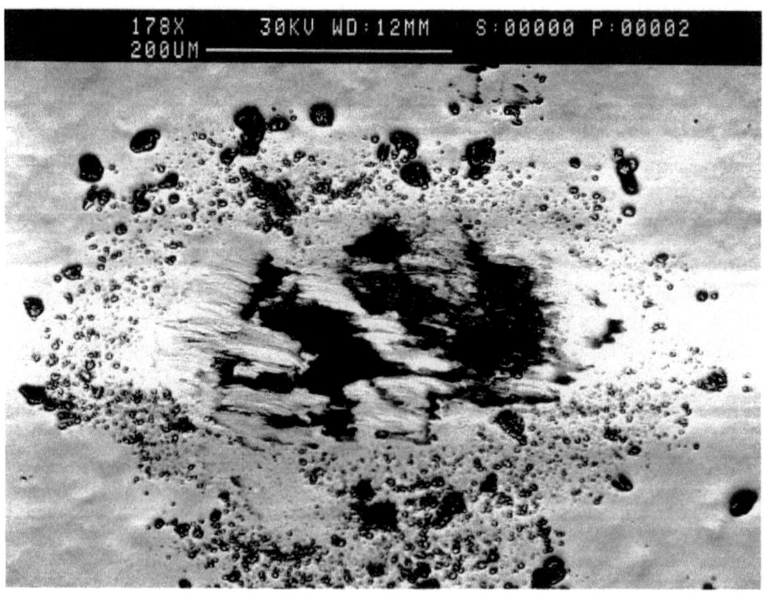

b.

Bild 13.13: Beispiele für Reibspuren nach Abbruch einer Prüfung
a. NiP, chem. Platte nach 7000 Zyklen (Stift: Au; P: 0,2 N)
b. Au Platte nach 6850 Zyklen (Stift: SnPb; P: 0,2 N)

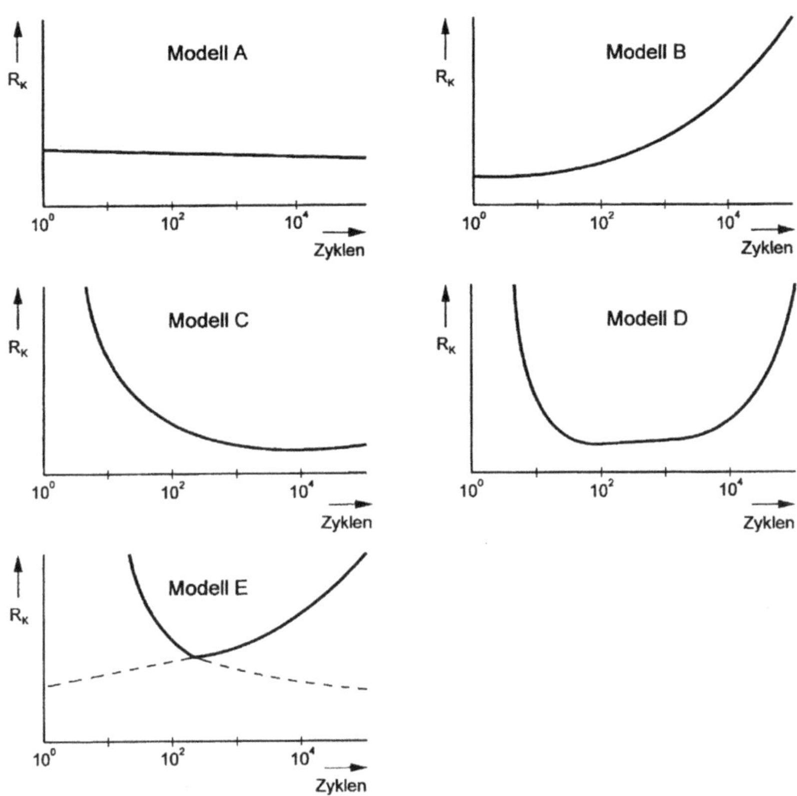

Bild 13.14: Typische Reibkorrosionsmodelle

Die Ziele, die mit solchen Prüfungen werden sollten, waren:

- Prüfung der Qualität von Kontaktbeschichtungen;
- Vergleichende Untersuchung verschiedener Kontaktmaterialien, Veredlungsverfahren und Kontaktausführungen sowie
- Vorhersage der Lebensdauer von Kontaktbauteile, die in korrosiver Umgebung eingesetzt werden.

Zurzeit lassen sich mit einiger Sicherheit nur die beiden ersten Ziele realisieren. Dem Fernziel, durch einfache Tests die korrosiven Beanspruchungen realer Industrieatmosphären zuverlässig zu simulieren und akzeptable Zeitrafferfaktoren für quantitative Vorhersagen zu erhalten, ist man aber ein beachtliches Stück nähergekommen.

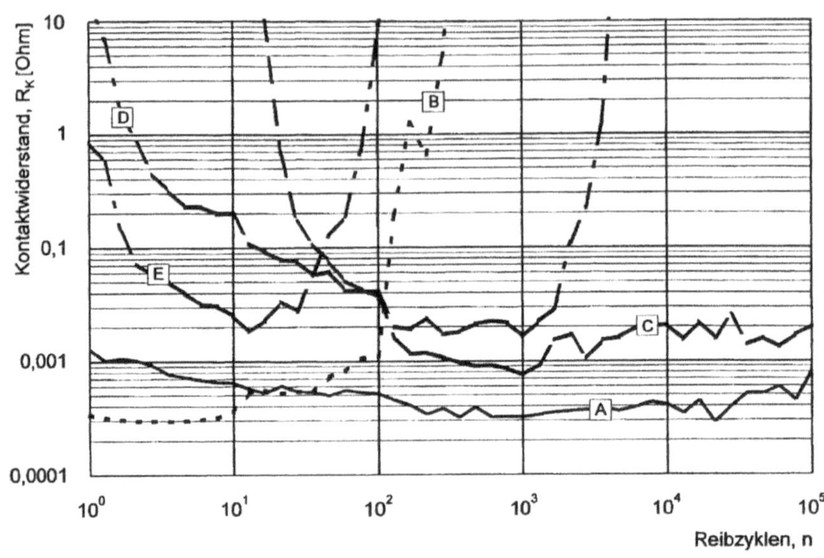

Bild 13.15: Beispiele realer Werkstoffkombinationen (Platte-Stift) für die Reibkorrosionsmodelle

A: Au-Au; P: 0,5 N
B : SnPb-CuNiZn ; P : 0,5 N
C : Au-CuSnZn ; P : 0,1 N
D : NiP, chem.-Au ; P : 0,2 N
E : Al, Blech-CuNiZn ; P : 0,5 N

	SO_2	H_2S	NO_2	Cl_2	NH_3
Mittelwert	0,04	0,01	0,1	0,005	0,2
Maximalwert	0,22	0,4	1,0	-	0,2
MAK-Wert	2,0	10,0	5,0	0,5	50
Lebensgefahr	400	700	200	3	5000

Tabelle 13.1: Schadgaskonzentrationen in Industriegebieten

Die Zahl der korrosiven Gase in Industrieatmosphären und ihre gegenseitige Beeinflussung sowie ihre Reaktionen auf Kontaktoberflächen unter den verschiedensten Temperatur- und Feuchtebedingungen ist sehr komplex, was es sehr schwierig macht, sinnvolle Prüfatmosphären für beschleunigte Labortests festzulegen. In Tabelle 13.1

sind einige typische Werte für Schadgase in der Luft angegeben. Aufgrund der Erfahrungen, die bei der Entwicklung und Erprobung von Korrosionstests für Kontakte gemacht wurden, lassen sich folgende grundlegende Forderungen zusammenstellen:

- Die Prüfung muss in strömender Atmosphäre unter festgelegten und kontrollierten Bedingungen für Temperatur; Feuchte; Durchflussrate sowie Art und Konzentration der Schadgase erfolgen.
- Die Bedingungen müssen so gewählt werden, dass die Kinetik der Anlaufreaktionen mit den tatsächlichen Verhältnissen in Industrieatmosphären vergleichbar ist.
- Bei der Prüfung darf keine Betauung auftreten.
- Die Prüfschärfe ist so festzulegen, dass bewährte Kontaktkombinationen oder -bauteile nicht zerstörend geprüft werden.
- Die Angabe von Beschleunigungsfaktoren setzt voraus, dass die Beanspruchung bei der Prüfung mit der in einer Industrieatmosphäre quantitativ vergleichbar ist.

13.3.1 Entwicklung der Korrosionstests

In Tabelle 13.2 sind verschiedene der erprobten Labortests zusammengestellt, von denen in der Zwischenzeit auch einige genormt wurden. Während die Beanspruchungen durch „Trockene Wärme“ eigentlich keine echten Korrosionstests sind, sondern lediglich Aufschluss über das Diffusionsverhalten von geschichteten Kontaktwerkstoffen geben und die Prüfung „Feuchte Wärme, konstant“ lediglich der Vollständigkeit halber aufgeführt ist und bei den Einkomponententests festgestellt wurde, dass sie entweder nicht praxisgerecht waren oder eine zu lange Prüfdauer erforderten. Erst als Prüfatmosphären mit möglichst vielen kontaktschädlichen Gasen führten zu praxisnäheren Ergebnissen. Da die Morphologie und damit auch die mechanischen Eigenschaften der Fremdschichten ganz wesentlich von der Wachstumsgeschwindigkeit abhängen, liegen die Schadstoffkonzentrationen dieser Tests teilweise im ppb-Bereich, um die realen Bedingungen von Industrieatmosphären so gut wie möglich zu simulieren.

Eine besondere Stellung unter den Schadgas-Korrosionstests nimmt der Porentests ein, der als Universaltest mit hoher SO_2-Test Konzentration und Luftfeuchte durchgeführt wird und gegenüber elektrolytischen und elektrographischen Porentests den Vorteil bietet, dass der Schärfegrad durch einfache Konzentrationsänderung des Schadgases in einem weiten Bereich reproduzierbar einstellbar ist. Da die Anzahl der sichtbar gemachten Poren aber vom Schärfegrad des Tests abhängt – s. Bild 13.16, ist es unbedingt erforderlich in den Spezifikationen nicht nur die zulässige Anzahl von Poren pro Flächeneinheit festzulegen, sondern auch die Testbedingungen sehr genau zu beschreiben. Ganz allgemein ist zu den Porentests zu bemerken, dass man damit zwar ein Qualitätsmerkmal von Kontaktschichten prüfen kann, dass aber die Anzahl der Poren pro Flächeneinheit in der Regel keinen Rückschluss auf das Kontaktverhalten und die Zuverlässigkeit der geprüften Bauteile zulässt.

Test	Schadgase [ppm]				Temperatur [°C]	rel. Feuchte [%]	Dauer	Bemerkung
	H_2S	SO_2	NO_2	Cl_2				
Trockene Wärme Schnelltest Langzeittest					 >250 100	 <<10 <<10	 1...5 min 1000 h	 DIN 40 046, T. 4
Feuchte Wärme					40	92	4...56 d	DIN 40 046, T. 5
Einkomponententests	0,1 1 	 10 >150			25 25 25 25	75 75 75 75	1...21 d 1...21 d 1...21 d 1...6 d	 DIN 40 046, T. 37 DIN 40 047, T. 36 Porentest
Zweikomponententests	0,002...0,2 0,5	0,2...0,5 1			25 25	75 75	1...21 d 1...21 d	BOE-Test [1)] Frankreich (IEC)
Dreikomponententests	0,5...2 0,02...0,2	1...5 	0,5...2 0,2	 0,2	25 25	75 75	1...6 d 1...21 d	Deutschland (IEC)
Vierkomponententests	<0,1	<0,2	<0,2	<0,03	25	75	1...10 d	Battelle-Institut (USA)

[1)] Business Office Test

Tabelle 13.2: Entwicklung der Korrosionstests

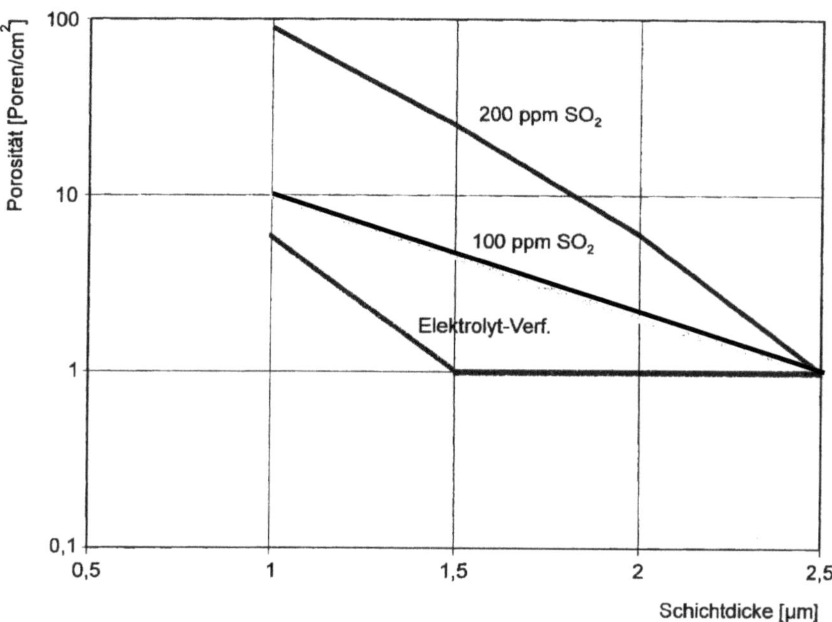

Bild 13.16: Porentest – Einfluss der Prüfbedingungen

In die Kategorie Korrosionstest mit hohen SO_2-Anteilen fällt auch der Kesternich-Test, der für die Prüfung von Oberflächenbeschichtungen in der Kfz-Technik entwickelt und dort erfolgreich eingesetzt wurde. Da keine genormten Korrosionstests für elektrische Kontakte existierten, wurde er lange Zeit auch dafür eingesetzt.

Methode	Schadgas-Konzentration				Temp. / rel. Feuchte
	H_2S	SO_2	NO_2	Cl_2	
1	0,10	0,5			25°C / 75%
2	0,01	0,2		0,01	30°C / 70%
3	0,01		0,2	0,02	30°C / 75%
4	0,01	0,2	0,2	0,01	25°C / 75%

Tabelle 13.3: Genormte Schadgasprüfverfahren nach EN 60068-2-60

Da die für diesen Test vorgeschriebenen SO_2-Konzentrationen mit mehr als 600 ppm bei Kontaktbauelementen aber unrealistische Ergebnisse liefert, ist er ist nicht in Tabelle 13.2 aufgeführt; hierfür sollten nur die erprobten und in Tabelle 13.3 zusammengestellten Schadgastests verwendet werden, die auch in der IEC-Publikation und EN 60068-2-60 genormt sind. Der Schärfegrad der Prüfung wird durch die Beanspruchungsdauer geregelt, die 4, 10 oder 21 Tage betragen kann.

13.3.2 Der Aufbau von Schadgas-Prüfeinrichtungen

Die Prüftechniken sind im Laufe der letzten Jahre so weit entwickelt worden, dass heute bei der Dosierung der Schadgase und beim Aufbau geeigneter Prüfeinrichtung keine Probleme bestehen. Das Grundprinzip einer Schadgastestanlage ist in Bild 17 dargestellt.

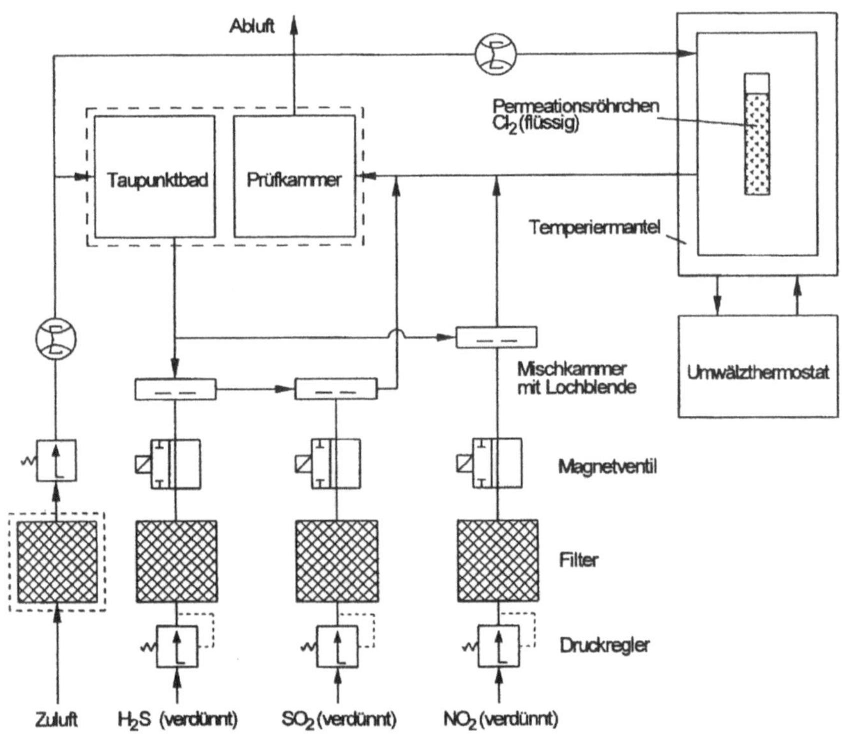

Bild 13.17: Schematischer Aufbau einer Mehrkomponenten-Schadgasprüfeinrichtung

Die Testatmosphäre, die aus sorgfältig getrockneter und gereinigter Luft besteht, wird zunächst genau temperiert und befeuchtet; danach werden ihr ein oder mehrere Schadgase in der gewünschten Konzentration mit Hilfe von Dosierpumpen, Masseflussreglern, kritische Lochblenden oder Permeationsröhrchen zugemischt. Die so entstandene Schadgasatmosphäre strömt dann durch einen korrosionsbeständigen Behälter, in dem sich die Prüflinge befinden. Als Werkstoffe für solche Schadgas-Einrichtungen haben sich neben rostfreiem Stahl insbesondere Glas, PTFE und Acrylglas bewährt. Bild 13.18 zeigt die Ausführung eines serienmäßigen Korrosionsprüfschranks.

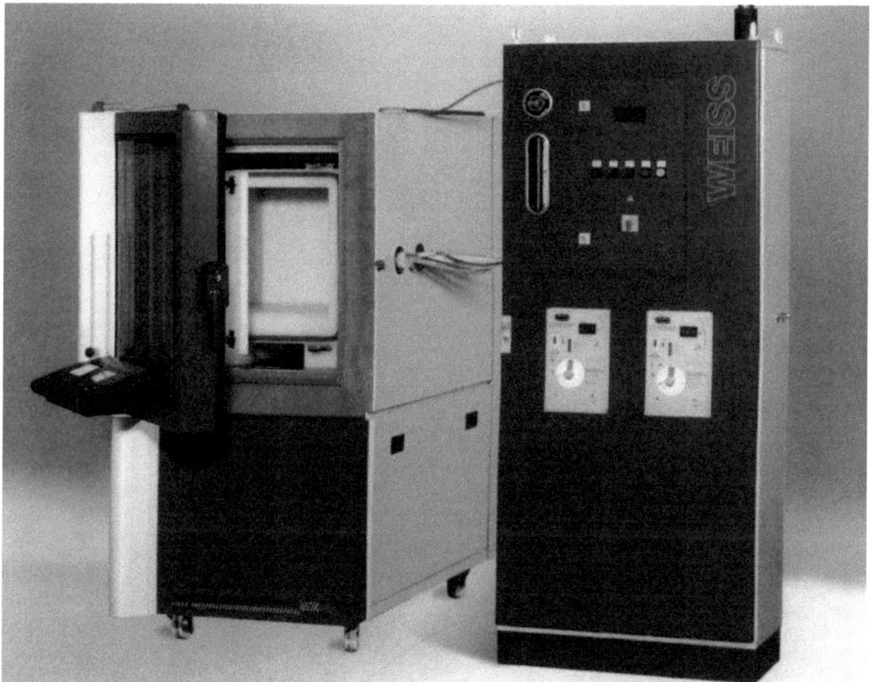

Bild 13.18: Serienmäßige Ausführung eines Schadgas-Prüfschranks (Fa. Weiss)

Der Aufwand für Schadstoffprüfungen, die den o.a. Anforderungen genügen, ist außerordentlich hoch und „rechnet" sich daher nur für große Firmen oder spezielle Prüflabors, die einen ausreichend großen Kundenkreis haben, für den sie solche Prüfungen regelmäßig durchführen. Wenn es aber nur darum geht, das Verhalten von Kontaktbauelementen in korrosiver Umgebung abzuschätzen im Vergleich zu Bauelementen, deren Verhalten im praktischen Betrieb bekannt ist, dann lässt sich das auch mit wesentlich geringerem Aufwand mit einer Einrichtung realisieren, wie sie in Bild 13.19 dargestellt ist. Die wesentlichen Merkmale dieser Prüfeinrichtung sind:

- Einem Trägergasstrom (gefilterte Raumluft) von etwa 300 l/h wird in einem Exsikkator Schadgas (H_2S und/oder SO_2) zugeführt und dann durch eine temperierbare Prüfkammer geleitet.
- Zur Dosierung der Schadgase wird die Diffusion von Gasen durch Polyäthylen ausgenutzt.
- Die Schadgase werden in einer Polyäthylen-Flasche erzeugt:
  - H_2S durch Dissoziation einer leicht angesäuerten wässrigen Lösung Thioacetamid
  - SO_2 durch Dissoziation einer wässrigen Lösung Natriumpyrosulfit.
- Die Prüfdauer beträgt 1000 h.

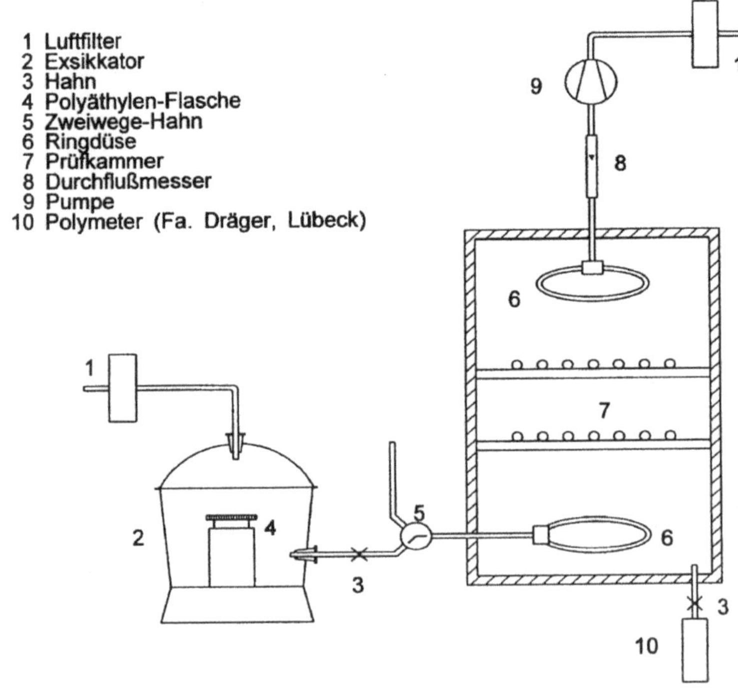

Bild 13.19: Einfache Ausführung einer Einrichtung für vergleichende Schadgasprüfungen

13.3.3 Beispiele für Ergebnisse von Korrosionsprüfungen

Ein typisches Beispiel für die Anwendung von Schadgasprüfungen ist der Ersatz teurer Goldbeschichtungen von Steckverbindern durch preisgünstigere oder verschleißbeständigere Werkstoffe bzw. Materialkombinationen. Um die Zuverlässigkeit auch nach längeren Lagerzeiten und Steckbeanspruchungen zu gewährleisten, muss die Korrosionsbeständigkeit dieser Materialien mit den hochkarätigen Goldwerkstoffen vergleichbar sein.

Nachdem in einem ersten Schritt zunächst verschiedene Werkstoffe unter metallurgischen und technologischen Gesichtspunkten ausgewählt wurden, folgte anschließend eine Schadgasprüfung in verschiedenen korrosiven Atmosphären an Plättchenproben. Der Korrosionsgrad wurde durch Messung des Kontaktwiderstandes gegen einen sauberen Kontaktstift mit Hilfe einer speziellen Apparatur bestimmt. Aber auch ein modifizierter Mikrohärteprüfer, der anstelle des Prüfdiamanten einen Kontaktniet enthält, wie es in Bild 13.20 dargestellt ist, lässt sich dafür verwenden.

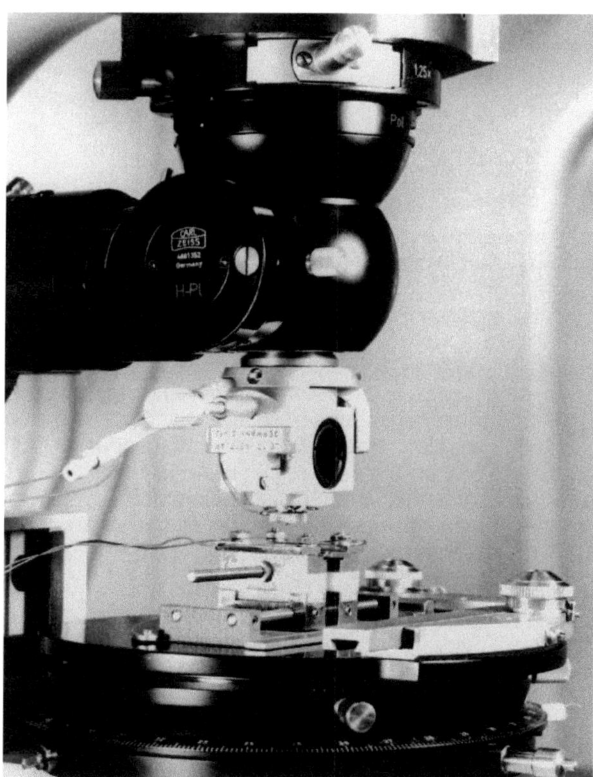

Bild 13.20: Modifizierter Mikrohärteprüfer zur Abtastung metallischer Oberflächen nach Schadgasprüfungen

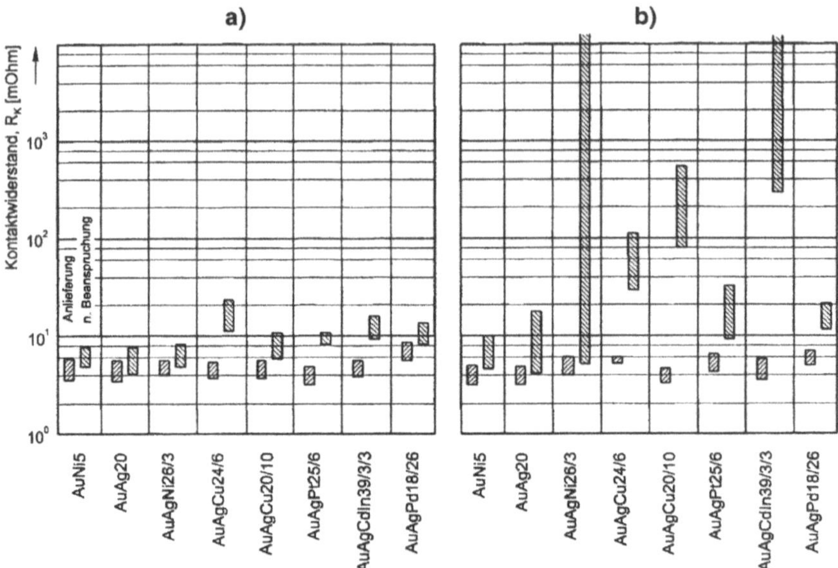

Bild 13.21: Korrosionsverhalten von Au-Werkstoffen in verschiedenen Prüfatmosphären nach einer Beanspruchungsdauer von 10 Tagen
a. 1 ppm H_2S, 25 °C; 75% rel. Feuchte
b. je 0,2 ppm H_2S, SO_2, NO_2, 25 °C; 75% rel. Feuchte

In dieser Phase der Untersuchungen wurden sowohl Ein- als auch Mehrkomponententests eingesetzt. Wie aus Bild 13.21 sehr eindrucksvoll hervorgehen, lieferte der scharfe Korrosionstest mit 3 Schadgaskomponenten – besonders bei den hochkarätigen Au-Werkstoffen – bereits nach der relativ kurzen Beanspruchungsdauer von 10 Tagen aussagekräftigere Ergebnisse hinsichtlich der Korrosionsbeständigkeit der getesteten Materialien. Im Gegensatz dazu verhielten sich beim Einkomponententest mit 1 ppm H_2S alle Kontaktmaterialien nahezu gleichwertig. Erst bei einer Prüfdauer von 21 oder gar 42 Tagen sind die Ergebnisse aussagekräftiger.

Ein weiteres Problemfeld ist die Überwanderung von Edelmetallfläche durch Fremdschichten, für die neben Luftfeuchte und Temperatur vor allem Schadgase in der umgebenden Luft verantwortlich sind. Wie sehr die Ergebnisse einer Schadgasprüfung von den Versuchsbedingungen abhängen zeigt Bild 13.22 sehr deutlich. Während die wanderungsfreudigen Sulfide vorzugsweise von H_2S und SO_2 gebildet werden, erhöht bereits eine geringe Chlorkonzentrationen im ppb-Bereich die Überwanderungsgeschwindigkeit ganz drastisch; dagegen verzögern Stickoxide durch eine passivierende Kupferoxidation zunächst den Überwanderungsprozess. Bild 13.22 zeigt aber auch, dass alle Tests nach einer entsprechenden Beanspruchungsdauer vergleichbare Ergebnisse liefern.

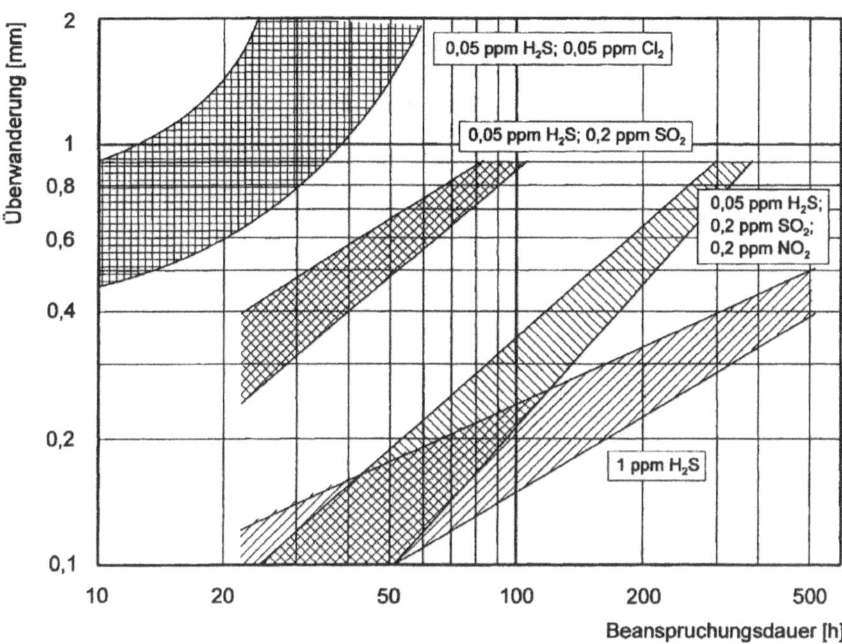

Bild 13.22: Abhängigkeit der Überwanderungsgeschwindigkeit von der Prüfatmosphäre

Bei dieser Gelegenheit muss nochmals betont werden, dass Schadgasprüfungen nur ein Hilfsmittel sind, die gröbsten Fehler beim Einsatz von elektrischen Kontakten in aggressiven Atmosphären zu vermeiden und große Zeitraffungsfaktoren nicht erreichbar sind, da die Morphologie der Fremdschichten von der Art der Schadstoffe, ihren Konzentrationen und Wechselwirkungen untereinander sowie von den Bestandteilen des jeweiligen Kontaktwerkstoffes bestimmt wird. Aufschluss über die Richtigkeit der Werkstoffauswahl kann letztlich nur die Auswertung der Einsatzerfahrungen unter Betriebsbedingungen liefern.

13.4 Literaturverzeichnis

[1] Abbott, W.H.: Recent Studies of Tarnish Film Creep.
9. Intern. Tagung über elektr. Kontakte, Chicago (1978)

[2] Ambier, J; Perdigon, P: Fretting Corrosion of Separable Electrical Contacts.
.12. Intern. Tagung über elektrische Kontakte, Chicago 1984

[3] Antler, M.: Tribology of Metal Coatings for Electrical Contacts.
Thin Solid Films, 84 (1981), S. 245-256

[4] Antler, M., Drozdowicz, M.: Fretting Corrosion of Gold Plated Connector Contacts. Proc. Conf. Wear of Mat., San Fransisco, 1981

[5] Antler, M.: Fretting Corrosion of Solder-Coated Electrical Contacts. IEEE Trans., CHMT, 7 (1984)

[6] Antler, M.: Electrical Effects of Fretting Connector Contact Materials: A Rewiev. Wear, 106 (1985), S. 5-33

[7] Antler, M.: Sliding Studies of New Connector Contact Lubricants. IEEE Transactions on Components, Hybrids and Manufacturing Technology, Vol. 10, Nr. 1, March 1987, S. 24-31

[8] Antler, M.: Electronic Connector Contact Lubricants: The Polyether Fluids. IEEE Transactions on Components, Hybrids and Manufacturing Technology, Vol. 10, Nr. 1, March 1987, S. 32-41

[9] Antler, M.: The Tribology of Contact Finishes for Conectors: Mechanism of Friction and Wear. Plating & Surf. Finishing, (1988), October,S. 46-53

[10] Antler, M.: The Tribology of Contact Finishes for Electronic Connectors: The Effect of Underplate, Topography and Lubrication. Plating & Surf. Finishing, (1988), November, S. 28-32

[11] Baumann, W.: A Study of the Frictional Wear and Contact Resistance, Performance of Tin Alloy Coatings. Thin Solid Films 105 (1983), S. 305-318

[12] Becker, H.: Erarbeitung der Analysenmethodik zur Untersuchung korrosiver und tribomechanischer Anlaufreaktionen an metallischem Werkstoff. Forschungsbericht, T 80-170 der Fa. Heraeus, Hanau 1980)

[13] Castel, Ph.; Henet, A.; Carballeira, A.: Fretting-Corrosion in Low-Level Electrical Contacts: A Quantitave Analysis of the Significant Variables. 12. Intern. Tagung über elektrische Kontakte, Chicago 1984

[14] Degener, W.: Untersuchungen zum Kontaktverhalten galvanisch abgeschiedner Zinn- und Zinnlegierungsschichten. Dissertation A, TU Karl-Marx-Stadt, 1987

[15] Draxler, H.: Produktionsverunreinigungen bei Relais und ihre Auswirkungen auf das Kontaktverhalten. VDE-Fachbericht 38 (1987), S. 47-58.

[16] Gerber, T.: Umweltbedingte Einflüsse auf Schwachstromkontakte. Techn. Mitt. PTT, 8 (1966), S.3-9.

[17] Häßler, A., Stange, H.W.: Niedertemperaturdiffusion in geschlossenen Kontakten. Nachrichtentechnik Elektronik, 29(1979), H. 9, S. 365-368

[18] Horn, J.; Degener, W.; Richter, W.; Fiedler, G.: A device for studying the influence of tribo-mechanical an tribochemical phenomena on separable contacts and its use in testing tin-lead contact finishes. 11. Intern. Tagung über elektrische Kontakte, Berlin 1982

[19] Horn, J.; von Zinn Hecht, G.: Anforderungen an die Kontaktkonstruktion beim Einsatz als Kontaktwerkstoff. VII Kontakttagung 1987 in: Wissenschaftliche Tagungen der TU Karl-Marx- Stadt 2/87, S. 132-137

[20] Hecht, G.; Degner, W.: Tribologisches Verhalten unterschiedlicher Schichtwerk stoffe auf Steckverbinderkontakten. Galvanotechnik 82(1991), Nr. 12, S. 4202-4207

[21] Hecht, G.; Degner, W.: Galvanisch abgeschiedene Legierungsschichten aus unedlen Metallen als Werkstoff für Schwachstromkontate. Galvanotechnik 83(1992), Nr. 11, S. 3739-3747

[22] Hellerich, W.; Harsch, G.; Haenle, S.: Werkstoff-Führer Kunststoffe Carl Hanser Verlag, München, Wien, (1979)

[23] Ireland, T.P.; Stannet, N.A.; Campbell, D.S.: Fretting corrosion of tin contacts. Trans IMF, 67(1989), S.127-130

[24] Karpel, S.: Zinn und Zinnlegierungen für Steckverbindungen Zinn und Verwendung (1985) 146, S 1-4

[25] Keil, A.; Merl,W.A.; Vinaricky, E.: Elektrische Kontakte und ihre Werkstoffe. Springer Verlag, Berlin, Heidelberg, Tokyo, New York, (1984)

[26] Knoblauch, G. u.15 Mitautoren: Steckverbinder – Systemkonzepte und Technologien. Kontakt & Studium, Bd. 558 1. Aufl., expert-verlag, Renningen Malmsheim 1998

[27] v. Kronenfels, W.: Deckschichtbildung an plattierten Goldkontakten unter Schwefeleinwirkung. 5. Intern. Tagung über elektr. Kontakte, München (1970)

[28] Lee, A.: Fretting Corrosion of Tin-Plated Copper Alloy. IEEE Trans. CHMT 19(1987) 1, S. 63-67

[29] Meyer, C.-L.: Werkstoffeffekte an Schwachstromkontakten. Elektro-Welt (1964), H.1/2/3, S. 7-9 u. 30-32

[30] Meyer, C.-L.: Umwelteinflüsse auf elektrische Kontakte. VDE-Fachbericht 38 (1987), S. 37-46.

[31] Meyer, U.: Über das Korrosionsverhalten galvanischer Edelmetallüberzüge. Metalloberfläche, 28(1974), H. 2, S. 59-63

[32] Richter, G.: Untersuchung mechanischer und korrosiver Einflüsse auf das Verhalten von Schwachstromkontakten mit Unedel-metallbeschichtungen. Dissertation A. TU Karl-Marx-Stadt, 1985

[33] Schmitt-Brücken, H. Untersuchung über die Bildung von Silbersulfid, das Aufkriechen dieses Sulfides auf Gold und über Versuche zur Behinderung dieser Vorgänge. Metalloberfläche, 28(1974), H. 10, S. 373-382 u. H. 11, S. 429-434

[34] Schniewind, B.-J.: Schadgasprüfeinrichtungen Jahrestagung d. Ges. f. Umweltsimulation, 10./11. März 1988, Pfinztal

[35] Schröder, K.-H. u.a: Werkstoffe für elektrische Kontakte und ihre Anwendung. Kontakt & Studium, Bd. 366, 2. Aufl., expert verlag, Renningen-Malmsheim, 1997

[36] Souter, J. W.: The Fretting Wear of Electrodeposited contact coatings. Staunton, W. Trans IMF 66 (1988), S. 8-14

[37] Tierney, V.: The Nature and Rate of Creepage of Copper Sulfid Tarnish Films over Gold Surfaces. 9. Intern. Tagung über elektr. Kontakte, Chicago (1978)

[38] Ulbricht, H.: Der Einfluß des Kontaktträger-Werkstoffes auf die Zuverlässigkeit von Kontaktbauelementen. Feinwerktechnik & Meßtechnik, 88(1980), H. 1, S. 21-27

[40] Ulbricht, H.: Löt- und Waschdichtigkeit elektro-mechanischer Bauelemente. Feinwerktechnik & Meßtechnik, 96(1988), H. 11, S. 469-472

[41] Ulbricht, H.: Prüfen der Löt- und Waschdichtigkeit elektro-mechanischer Bauelemente. Feinwerktechnik & Meßtechnik, 97(1989), H. 3, S. 103-105

[42] Ulbricht, H.: Wie Reibkorrosion die EMV beeinflusst. F&M, Feinwerktechnik, Mikrotechnik, Mikroelektronik, 106 (1998), Nr. 4, S. 218-223

[43] Ulbricht, H.: Ein Beitrag zum Reibkorrosionsverhalten von Unedelmetall-Schichten. Galvanotechnik, 90(1999), Nr. 2, S. 342-349

[44] Ulbricht, H.: Reibkorrosion unedler Kontaktwerkstoffe. F&M, Feinwerktechnik, Mikrotechnik, Mikroelektronik, 107 (1999), Nr. 11, S.50-56

[45] Whitley, J.H.: Investigation of Fretting Corrosion Phenomena in Electric Contacts. 8. Intern. Tagung über elektr. Kontakte, Tokio, 1976

[46] Whitley, J.H.: Steckverbinder: Gold oder Zinn?

Weitere Literatur:
Schäfer, E. : Zuverlässigkeit, Verfügbarkeit und Sicherheit in der Elektronik, Vogel-Verlag, Würzburg, 1979

14 Qualifizierung von Steckverbindern – aus Anwendersicht

Helmar Ulbricht

14.1 Von der Qualitätssicherung zur Qualitätsverbesserung

Ausgehend von den schlechten Erfahrungen mit der Qualität ihrer Militär-Elektronik im Koreakrieg entwickelten die Amerikaner Ende der 50er Jahre die „AQL-Strategie“ (AQL = **A**cceptable **Q**uality **L**evel). Sie basierte auf statistischen Grundlagen und berücksichtigte die Erfahrung, dass aufgrund der 4M (**M**ensch – **M**ethode – **M**aschine – **M**aterial) kein Produkt fehlerfrei ist. Das Ziel war also:

So viel Qualität wie nötig
mit so wenig Aufwand wie möglich

zu erreichen.

Die daraus entwickelte Technik der Qualitätssicherung führte langfristig jedoch nur dazu, dass die Qualität der Produkte auf einem Status Quo – einem vorgegebenen Niveau verharrte. Als sich dann in den 80er Jahren die Produktionsmethode von der „Fertigung auf Lager“ zur „Just-in-time“-Fertigung wandelte, stellte man sehr schnell fest, dass jeder Fehler eine gravierende Störung im Arbeitsablauf bedeutet. Hinzu kam noch der besonders gravierende Nachteil der „AQL-Strategie“, dass der Prüfumfang der sehr lieferantenfreundlichen Stichprobenpläne von der Lieferlosgröße abhängt. Da sie so angelegt sind, dass die Prüflose in 95% der Fälle angenommen werden (minimiertes Lieferantenrisiko), steigt bei kleiner werdenden Losgrößen der Anteil fehlerhafter Exemplare in den angenommenen Lieferungen. Bild 14.1 und Tabelle 14.1 verdeutlichen dieses Verhalten am Beispiel eines AQL von 0,65. Eine mögliche Abhilfe wäre, den AQL nach einem noch vertretbaren Anteil fehlerhafter Elemente in den angenommenen Losen festzulegen; dies führt jedoch sehr schnell zu extrem niedrigen AQL-Werten mit sehr großen Stichproben und damit praktisch zur Stückprüfung. [1]

Fazit: AQL-Vereinbarungen sind bei „Just-in-time“-Fertigungen nicht praktikabel!

Fehler jeglicher Art – falsch bestelltes oder fehlerhaftes Material; Ausschuss; Nacharbeit; Kulanz- und Garantieleistungen etc. – sind aber nicht nur „Störungen“ im Ablauf einer „Just-in-time“-Fertigung; sie erhöhen auch die Kosten eines Produktes, ohne dessen Wert zu steigern.

Sie sind daher „Verschwendung“, denn sie schmälern den Gewinn eines Unternehmens. Das neue Ziel musste daher sein, Fehler zu vermeiden, denn das dient der *Gewinnoptimierung* und letztendlich auch der *Qualitätsverbesserung* von Produkten. Aus dieser Erkenntnis heraus entwickelten die Japaner den „Kaizen“-Gedanken („Mach es gleich richtig!“) und sie legten besonderen Wert darauf, die Ursache jedes aufgetretenen Fehlers sofort zu ermitteln und durch entsprechende Maßnahmen sicherzustellen, dass er in Zukunft nicht wieder auftreten kann. Ganz besonders wichtig für den finanziellen Gewinn ist dabei, dass ein Fehler zum frühest möglichen Zeitpunkt erkannt wird, da nach der „Zehner-Regel“ die

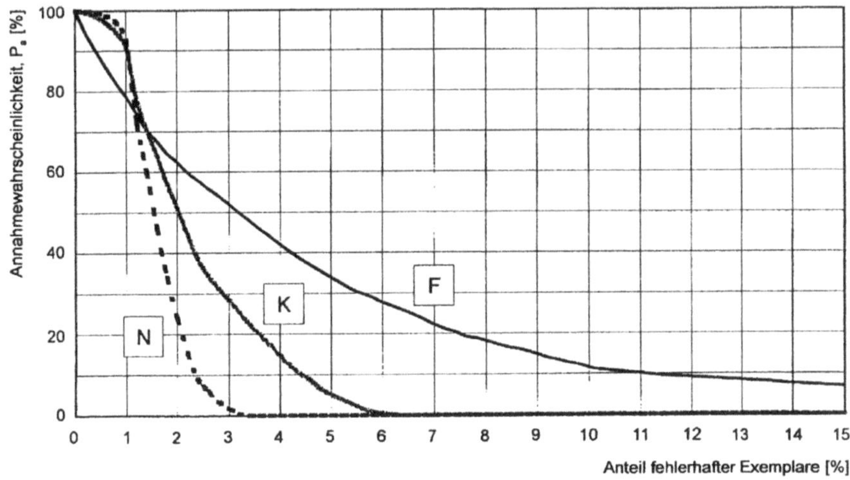

Bild 14.1: Annahmekennlinien für einen AQL von 0,65 (F; K und N sind die Kennbuchstaben für den Stichprobenumfang – s. a. Tabelle 14.1)

Losgröße, N	Kenn-buchstabe	Stichprobe, n	c/a[1]	Anteil fehlerhafter Exemplare in 10% der angenommenen Lose
100	F	20	0/1	>11%
1000	K	125	2/3	>4,2%
100 000	N	800	7/8	>2,3%

Tabelle 14.1: Zusammenhang von Losgröße, Stichprobenumfang und Anteil fehlerhafter Exemplare bei einem AQL von 0,65

Fehlerbehebungskosten jeweils um den Faktor 10 steigen, wenn der Mangel in der jeweils nächsthöheren Phase der Produktentstehung abgestellt werden muss.

Beispiel für die „Zehner-Regel“ – Fehlerbehebungskosten

in der Planungsphase: 1.- €
in der Arbeitsplanung: 10.- €
in der Produktion: 100.- €
als Garantiefall beim Kunden: 1000.- € (ohne Imageverlust)

Wird diese Methode konsequent angewendet, dann ergibt sich daraus neben einer Minimierung der Störungen im Fertigungsablauf und der Fehlerkosten auch eine „permanente Qualitätsverbesserung" der Produkte.

Diese Denkweise der *„permanenten Qualitätsverbesserung"* hat sich dann auch bei den Vätern der ISO 9000ff durchgesetzt und da sie aber aus Erfahrung wussten, dass dazu reine „Absichtserklärungen" nicht ausreichen; denn Qualität bekommt man weder als Bauelementehersteller noch als -anwender durch eine Zertifizierung geschenkt, haben sie zur Erreichung dieses Ziels eine Vielzahl von Aktivitäten empfohlen wie z. B.:

- Freigabe (Qualifizierung) und Spezifizierung von Materialien, Bauelementen, Baugruppen und Hilfsstoffen;
- Freigabe (Qualifizierung) bei Ersatz;
- Festlegung notwendiger Eingangsprüfungen und der Prüfpläne;
- Pflege von Spezifikationen, Prüfanweisungen und -verfahren;
- Durchführung von Ausfall (Fehler-)analysen;
- Erstellung von Prüfberichten;
- Abschluss von ppm-Vereinbarungen;
- Unterstützung der Entwicklung beim Einsatz von Bauelementen
- Unterstützung der Fertigung bei der Verarbeitung und der Logistik (Lieferantenbeurteilung)

Eine der wichtigsten Maßnahmen ist die Qualifizierung von Bauelementen vor dem Einsatz!

14.2 Qualifizierung von Bauelementen

Ziel der Qualifizierung von Bauelementen ist, die Wahrscheinlichkeit ungeeignete Bauelemente einzusetzen zu minimieren. Dies muss anwendungsbezogen geschehen; da ein Bauelement, das in einer bestimmten Anwendung ständig Probleme bereitet unter anderen Einsatzbedingungen einwandfrei funktionieren kann! Weitere Ziele der Qualifizierung sind die Beurteilung der Qualität und der Anwendungsgrenzen unter den vorgesehenen Einsatzbedingungen und die Berücksichtigung der Einsatzerfahrungen mit Bauelementen gleicher oder ähnlicher Technologie. Zusätzlich lässt sich die Abhängigkeit von einem Hersteller durch Auswahl geeigneter Zweifabrikate verhindern und die Typenvielfalt begrenzen.

elektronischen Messgeräten, dann muss damit gerechnet werden, dass bei einem jährlichen Wie bereits gezeigt wurde, hat der Einsatz von Steckverbindungen ständig zugenommen. Dieses Wachstum ist z.T. darauf zurückzuführen, dass sich die Elektronik in zunehmenden Maße neue Einsatzgebiete im Automobilbau oder in Haushaltsgeräten erobert – so enthält z. B. ein vollausgestatteter BMW der 7er Reihe rd. 2950 Steckverbindungen –; aber auch in klassischen elektronischen Geräten und Anlagen wächst die Anzahl der Steckverbindungen ständig. Wurden z. B. in einem alten Hebdrehwähler-Amt für 10.000 Teilnehmer etwa 50.000 Steckverbindungen benötigt, so stieg diese Zahl in einer EWS-D-Anlage für die gleiche Teilnehmerzahl durch den Einsatz von Leiterplatten und Rückwandverdrahtungsplatinen auf 1,2 Millionen. Dagegen nehmen sich die 1300 Steckverbindungen, die durchschnittlich in modernen Messgeräten der Kommunikationstechnik eingesetzt werden, eher bescheiden aus. Diese Zahlen zeigen aber, dass mit dem zunehmenden Einsatz von Steckverbindungen auch die Anforderungen an diese Bauelemente steigen mussten, wenn die Zuverlässigkeit der Geräte und Anlagen nicht schlechter werden sollte. Um eine hohe Zuverlässigkeit elektronischer Einrichtungen mit sehr vielen Steckverbindungen zu erreichen, muss daher durch geeignete Maßnahmen sichergestellt werden, dass sich

Einsatz- bzw. Steckverbinderart	Ausfallrate [fit][1)]
Telefonsysteme (Europa u. USA)	0,2...7
Nachrichtentechnische Geräte auf Schiffen (indirekte Steckverbinder)	3
direkte Steckverbinder (z.B. PC)	10
Sn-Steckverbinder (Konsumelektronik)	1000

Tabelle 14.2: Beispiele für Ausfallraten von Steckverbindern

[1)] 1 fit = 1 x 10^{-9}/h

der Kontaktwiderstand nicht nur im Neuzustand im „stabilen Bereich" befindet, sondern dass er auch während der erwarteten Lebensdauer dort bleibt. Ein Problem dabei ist die Beurteilung der Zuverlässigkeit im Rahmen einer Qualifizierung. Mit welchen Ausfallraten in der Praxis gerechnet werden muss, ist in Tabelle 14.2 zusammengestellt. Die Angaben sind jedoch mit Vorsicht zu betrachten, da Steckerfehler sehr schwierig eindeutig zu verifizieren sind. Unabhängig davon wird von Steckverbindern, die in der Vermittlungstechnik eingesetzt werden, eine Ausfallrate von 0,3 fit (**f**ailures **i**n **t**ime) erwartet – 1 fit bedeutet, dass nur ein Ausfall pro 10^9 Betriebsstunden auftreten darf – . Für das bereits erwähnten EWS-D-Amt mit 10.000 Teilnehmern heißt das, dass in einem Jahr höchstens 4 Fehler durch Steckverbindungen verursacht werden dürfen. Fordert man die gleiche Ausfallrate auch für Steckverbindungen in Produktionsvolumen von etwa 10.000 Geräten ca. 3 Geräte pro Jahr durch fehlerhafte Steckverbindungen ausfallen.

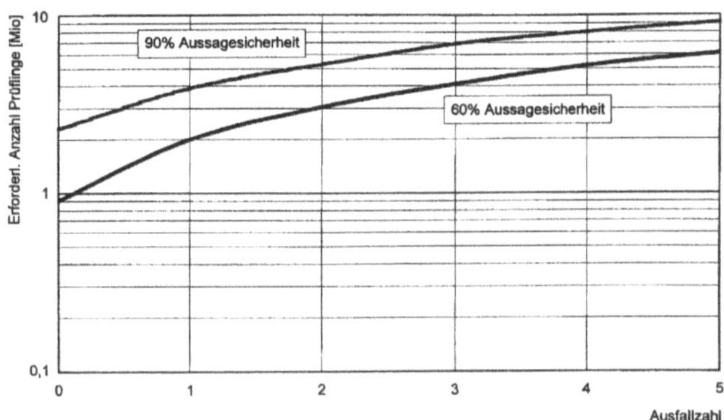

Bild 14.2: Erforderliche Anzahl von Prüflingen zum Nachweis einer Ausfallrate von 1 fit n. MIL-STD-690 bei einer Versuchsdauer von 1000 h

Um eine Ausfallrate von 1 fit im Rahmen eines Dauerversuches über 1000 Stunden zu ermitteln, werden nach MIL-STD-690 bei einem zulässigen Ausfall und einer Aussagewahrscheinlichkeit von nur 60% 2.022.000 Steckverbindungen benötigt; bei 90% Aussagewahrscheinlichkeit erhöht sich diese Zahl auf 3.890.000! – s.a. Bild 14.2. Würde man eine solche Prüfung z. B. mit 96poligen Steckverbindern durchführen, dann wären dafür im ersten Fall mehr als 21.000 Prüflinge erforderlich; im zweiten Fall sogar mehr als 41.000 ! Diese Zahlen zeigen sehr deutlich, dass sich die Ausfallraten von Steckverbindungen im Rahmen einer Qualifizierung weder von einem Hersteller noch Anwender nachweisen lassen. Da man aber andererseits auch nicht erst die Kundenerfahrungen abwarten kann, um festzustellen, ob man nun zuverlässige oder weniger zuverlässige Steckverbinder eingesetzt hat, muss das Restrisiko *vor* dem Einsatz durch geeignete Strategien und sinnvolle Prüfungen so klein wie möglich gehalten werden.

Aussage darüber ermöglichen sollen, ob ein Bauelement unter den Bedingungen funktionieren wird, die durch den geplanten Einsatz vorgegeben sind. Es hat daher wenig Sinn, komplette Prüfprogramme, die in irgendwelchen Normen festgelegt sind, kritiklos „abzuarbeiten"; man sollte vielmehr nur die genormten Prüfungen oder Prüffolgen auswählen, die für die vorgesehene Anwendung wichtig sind und diese – wo es notwendig ist – durch eigene praxisnahe Prüfungen Wichtigstes Hilfsmittel für eine Qualifizierung ist der Beurteilungsplan. Sind Prüfungen darin nicht zu vermeiden, dann sollte man als Bauelementeanwender bei der Festlegung des Prüfumfangs nie vergessen, dass Prüfungen kein Selbstzweck sind, sondern dass sie eine ergänzen.

14.2.1 Elemente eines Beurteilungsplans (Rahmen)

Ausgehend von den Erfahrungen, die man in der Vergangenheit mit vergleichbaren Produkten gemacht hat, sollten bei der Beurteilung möglichst alle Merkmale und Beanspruchungen berücksichtigt werden, die für den vorgesehen Einsatz der Endprodukte und den dabei auftretenden Umgebungsbedingungen wesentlich sind. Dabei hat es sich als zweckmäßig erwiesen, die Beurteilungskriterien in Merkmalsgruppen zusammenzufassen:

- Produktmerkmale
- Funktionsmerkmale
- Verarbeitbarkeitsmerkmale
- Merkmale des Betriebsverhaltens

Jeder dieser Merkmalsgruppen können nun – je nachdem, welche Forderungen an den Steckverbinder gestellt werden – bestimmte Merkmale zugeordnet werden; dabei kann man zwischen Beurteilungsmerkmalen – das sind Merkmale, die zwar für die Beurteilung eines Produktes wesentlich sind, die aber nicht unbedingt durch eine Prüfung bestimmt oder nachgewiesen werden müssen – und Prüfmerkmalen unterscheiden. Die folgenden Aufzählungen sind mit Sicherheit nicht vollständig; sie sollen nur beispielhaft zeigen, welche Merkmale bei der Freigabe von Steckverbindern zu überprüfen sind, wenn sie in elektronischen Geräten und Anlagen hoher Zuverlässigkeit eingesetzt werden sollen.

14.2.1.1 Produktmerkmale

In dieser Gruppe sind die Merkmale zusammengefasst, die der Hersteller aufgrund seiner Werkstoffauswahl und der eingesetzten Technologie dem Produkt als eine der Grundlagen für dessen späteres Verhalten mit auf den Weg gibt. Dazu gehören z. B.:

– verwendete Werkstoffe
  - Gehäusewerkstoff
  - Kontaktträgerwerkstoff
  - Federwerkstoff
  - Kontaktwerkstoff

– Oberflächen
  - Werkstoffübergänge im Kontaktbereich
  - Porosität des Kontaktwerkstoffes
  - Verunreinigungen
  - Befettung der Kontakte

– Verarbeitung
  - optisches Aussehen des Gehäuses
  - opt. Aussehen der Kontakt- u. Anschlussteile
  - Ausführung innerer Verbindungen

– Schichtaufbau
  - im Kontaktbereich
  - im Anschlussbereich

14.2.1.2 Funktionsmerkmale

Diese Gruppe umfasst Merkmale, die für die Bedienung und Funktion wesentlich sind; das sind z. B.:

– mechan. Funktionsmerkmale
  - Abmessungen u. Toleranzen
  - Leiterplattenlayout
  - Unverwechselbarkeit
  - Kreuzbarkeit
  - Betätigungskräfte
  - Kraft-Weg-Verhalten
  - Kontaktkraft
  - Stoßspannungsfestigkeit
  - Kriech- u. Luftstrecken

– elektr. Funktionsmerkmale
  - Nennspannung
  - Nennstrom
  - elektr. Belastbarkeit
  - Derating
  - Durchgangswiderstand
  - Isolationswiderstand
  - Spannungsfestigkeit

Verarbeitbarkeitsmerkmale

Dieser Gruppe enthält alle Merkmale, die besonders wichtig für die Weiterverarbeitung sind – wie Handhabung, Montage und Anschließbarkeit:

– Handhabungsmerkmale
  - Verpackung (Handling)
  - Bestückbarkeit (automatisch)
  - mechan. Festigkeit d. Anschlüsse

– Montagemerkmale
  - max. zul. Anzugsmoment(e) von Befestigungsmitteln

– Anschließbarkeit
  - Schrauben
  - Crimpen
  - Wrapen
  - Einpressen
  - Schneidklemmen
    - Anschlagwerkzeug
    - Gabel-/Leitergeometrie
    - Schlaglänge (Litze)
    - Teilungsfehler (Leiter; Armatur)
  - Schweißen
  - Löten
    - Lötbarkeit
    - Lötwärmebeständigkeit
    - Beständigkeit gegen Flussmittel
    - Flussmitteldichtheit
    - Waschbarkeit
    - Beständigkeit gegen Reinigungsmittel
    - Zeitstandfestigkeit (SMD)

Bei der Anschließbarkeit sind hier – aus Gründen der Übersichtlichkeit – nur für die Untergruppen „Schneidklemmen“ und „Löten“ die erforderlichen Beurteilungsmerkmale aufgeführt; entsprechend sind bei den anderen Anschlussarten die jeweiligen Merkmale auszuwählen. Für Crimp-Verbindungen sind z. B. in [13] eine Reihe von Hinweisen enthalten.

14.2.1.3 Merkmale des Betriebsverhaltens

Dieser Komplex teilt sich im Wesentlichen in zwei Teile auf, wobei im ersten – wie in den vorangegangenen Gruppen – am Ende nur Merkmale aufgeführt sind, während im zweiten Teil stichwortartig nur Einflussgrößen aufgezählt sind, die im Laufe der Betriebszeit auf die verschiedensten Merkmale – auf deren vollständige Aufzählung aus Gründen der Übersichtlichkeit an dieser Stelle ebenfalls verzichtet wird – einwirken und diese verändern können.

– Einsatzmerkmale
  - Lager- u. Transporttemperaturbereich
  - Betriebstemperaturbereich
  - zul. Feuchtebeanspruchung
  - mechanische Lebensdauer
  - elektrische Lebensdauer
  - Brennbarkeit

– Einflussgrößen während des Betriebs
  - mechanische Beanspruchungen
    - Schwingen,
    - Stoßen,
    - Beschleunigung
  - elektrische Beanspruchungen
    - elektrische Dauerlast (Derating!)
  - klimatische Beanspruchungen
    - Betauung
    - Temperaturwechsel (Reibkorrosion)
    - Unterdruck
    - Sand und Staub
    - Schimmelwachstum
    - Schadgase

14.3 Beurteilungen und Prüfungen

Die Erläuterung aller Beurteilungen und Prüfungen, die bei einer Qualifizierung von Steckverbindern durchgeführt werden müssen, würde weit über den Rahmen dieses Beitrages hinausgehen; daher werden im folgenden nur die Beurteilungsmethoden und Prüfungen beschrieben, die nicht in einschlägigen Normen festgelegt sind oder bei denen besondere Dinge zu beachten sind.

14.3.1 Sichtprüfung

Diese – oft vernachlässigte – Untersuchungsmethode, sollte eigentlich am Anfang einer jeden Qualifizierung stehen, da sich mit ihr sehr viele Merkmale beurteilen lassen, die für die Zuverlässigkeit des freizugebenden Bauelementes wichtig sind. Als Werkzeug benötigt man dazu – im einfachsten Fall eine beleuchtete Großfeldlupe; erst für umfangreichere Beurteilungen oder Ausfallanalysen sind zusätzliche optische Geräte erforderlich – wie ein Makroskop oder Stereomikroskop, das Vergrößerungen bis etwa 50fach erlaubt, ein gut ausgerüstetes Auflicht-Mikroskop mit einem Vergrößerungsbereich von 50 bis etwa 1200-fach sowie – nach Möglichkeit – ein Rasterelektronenmikroskop (REM), das aufgrund seiner großen Tiefenschärfe auch hervorragend für Untersuchungen im Makro-Bereich geeignet ist.

Im Rahmen einer Sichtprüfung sollte auf folgende Punkte besonders geachtet werden:

- Optisches Aussehen des Gehäuses oder des Isolierkörpers (Einfallsstellen, Lunker, Fließlinien);

- Optisches Aussehen der Kontaktteile – wie Entgratung, Rauhigkeit (Bild 14.3), Werkstoffübergänge im Kontaktbereich (Ausgangspunkt für Überwanderung durch Sulfidschichten), offene Schnittkanten, Beschichtungsfehler, Verunreinigungen (organischer und metallischer Art – wie Partikel von Unedelmetallen oder Silber, Poren (hierfür ist ebenso wie für das Erkennen metallischer Verunreinigungen eine Vorbehandlung durch eine Auslagerung in einer aggressiven Atmosphäre notwendig) usw.
- Überprüfung von Schneidklemmverbindungen (am Querschliff oder am kompletten Bauelement nach Ablösen der PVC-Isolierung mit Tertrahydrofuran) – siehe Bild 14.4 und Bild 14.5.

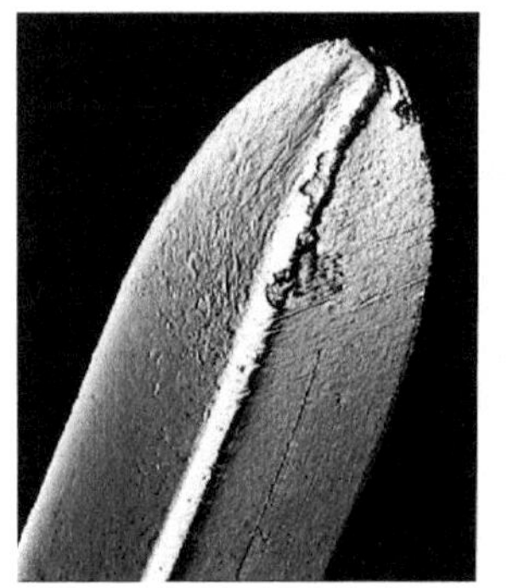
a.

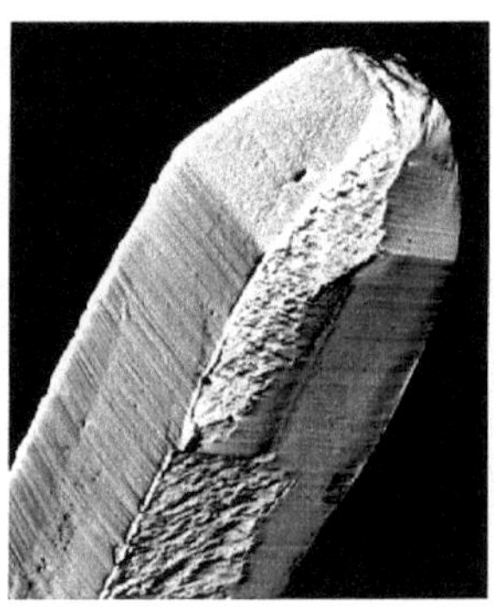
b.

c.

Bild 14.3: Beispiele für unterschiedliche Oberflächenqualität von Kontaktstiften
a. noch akzeptabel
b. unakzeptabel
c. unbrauchbar

a.

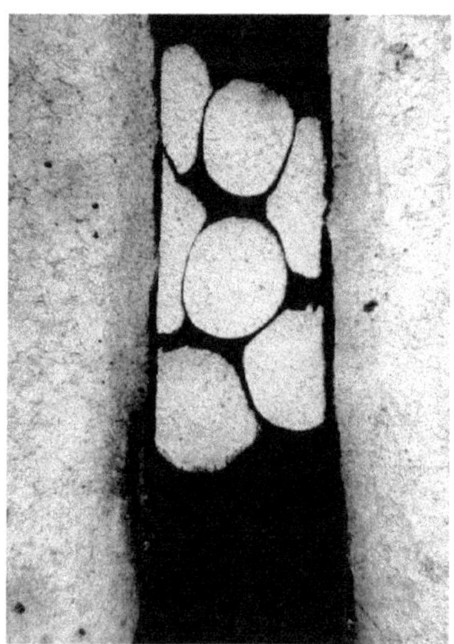

b.

Bild 14.4: Optische Beurteilungsmöglichkeit anhand von Querschliffen; das Beispiel zeigt Schneidklemmverbindungen
a. sehr gute Verbindung b. nicht akzeptable Verbindung

Bild 14.5: Der Grund für die Ablehnung der Verbindung nach Bild 14.4b ist erst nach dem Ablösen der PVC-Isolation mit Tetrahydrofuran in der Totalansicht zu erkennen.

14.3.2 Kontaktwerkstoff

In der Norm DIN 41 612, T.5 wurde der Versuch unternommen, den Kontaktwerkstoff offen zu lassen und die Steckverbinder nur Anforderungsstufen mit unterschiedlichen Prüfprogrammen und Anforderungen zuzuordnen; d. h., es sollte unwichtig sein, welcher Kontaktwerkstoff verwendet wird – er konnte sogar von Lieferung zu Lieferung wechseln! –, entscheidend wäre nur, dass die Anforderungen der jeweiligen Stufe erfüllt würden. Die Anforderungsstufe 1 mit einem erweiterten Prüfprogramm war im wesentlichen für militärische Ausführungen vorgesehen, während die Stufe 2 mit reduzierten Anforderungen den professionellen Bereich abdecken sollte und die Anforderungsstufe 3 mit stark abgemagerten Prüfprogramm – um es vorsichtig auszudrücken – für Steckverbinder des Konsumbereichs gelten sollte.

Eine solche „Anforderungsstufen-Philosophie" mag für Hersteller von Steckverbindern durchaus nützlich sein; die Anwender haben aber sehr oft das Problem, dass Steckverbinder der gleichen Bauform aus den verschiedensten Lieferungen und von unterschiedlichen Herstellern nicht nur gepaart werden sondern auch noch funktionieren müssen. D. h., die Anforderungsstufen müssten auch für alle denkbaren Kombinationen von Kontaktwerkstoffen gelten – wie Gold/Kobalt gegen Zinn/Blei; Zinn-Nickel gegen Silber oder Silber/Palladium, hauchvergoldet gegen Palladium/Nickel, befettet oder unbefettet um nur einige Beispiele zu nennen. Da dies mit Sicherheit nicht immer funktionieren wird und die Norm diesen Fall auch nicht vorsieht, werden in den Liefervorschriften vieler namhafter Anwender weiterhin Kontaktwerkstoff sowie Schichtaufbau und Schichtdicken im Kontaktbereich vorgeschrieben.

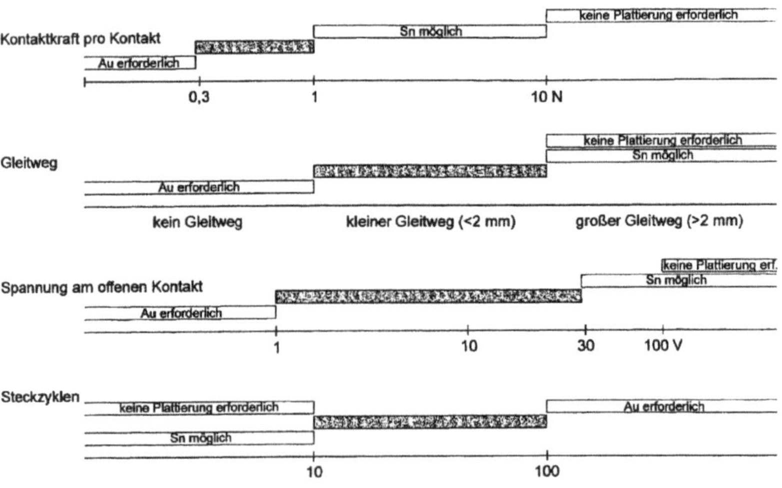

Bild 14.6: Einsatzkriterien für Zinn als Kontaktwerkstoff

Der Kontaktwerkstoff ist ein typisches Beurteilungsmerkmal, das nicht durch eine Prüfung nachgewiesen werden muss; es genügt die Information durch den Stecker-Hersteller. Ist der Werkstoff bekannt, dann kann man als Anwender – wenn Erfahrungen mit anderen Bauelementen vergleichbarer Technologie vorliegen – in Verbindung mit einigen anderen Merkmalen – wie Schichtaufbau, Schichtstärken, Kontaktkraft, geforderte Steckzyklen, Umgebungseinflüsse usw. – die Zuverlässigkeit grob abschätzen. Das Beispiel in Bild 14.6 zeigt, wie die Einsatzmöglichkeit von Zinn als Kontaktwerkstoff beurteilt werden kann. Auf die Kenntnis dieses wichtigen Merkmals sollte man daher als Anwender nicht ohne Not verzichten.

14.3.3 Schichtaufbau/Schichtdickenmessungen

Für die Dickenmessung dünner Schichten, wie sie auf Kontaktteilen in Steckverbindern vorkommen, gibt es verschiedene sehr elegante Methoden – wie das Beta-Rückstreu-Verfahren und das Röntgenfluoreszenz-Verfahren, um nur zwei Beispiele zu nennen –, die aber den Nachteil haben, dass eine Reihe von Parametern (wie Anzahl der Schichten sowie deren genaue Zusammensetzung, Dichte, Dickenbereich usw.) bekannt sein müssen, um sie anwenden zu können und die daher nur beim Steckverbinder-Hersteller sinnvoll eingesetzt werden können. Bei unbekannten Schichtsystemen bleibt eigentlich nur die klassische Schliffmethode übrig.

Da das Auflösungsvermögen von Lichtmikroskopen etwa bei 300 nm oder 0,3 µm endet; die Schichtdicken von Kontaktwerkstoffen aber teilweise deutlich darunter liegen, muss man sich entweder mit extrem flachen Schrägschliffen behelfen, bei denen der Schnittwinkel dann sehr genau bestimmt werden muss oder die Schichtdicke mit Hilfe der sog. Radialschliffmethode bestimmen [17], bei der die in einen Halter eingespannte Probe gegen einen rotierenden Zylinder gedrückt wird, der mit Diamantstaub beschichtet ist. Da der Durchmesser des Zylinders sehr groß gegen die Dicke der zu messenden Schicht ist, wird diese extrem flach angeschliffen Aus den Werten des inneren und äußeren Durchmessers des Anschliffs, die sich unter einem normalen Lichtmikroskop ausmessen lassen, kann dann die Schichtdicke ermittelt werden. Schichtdicken bis etwa 0,2 µm bzw. 200 nm lassen sich mit dieser Methode noch sicher bestimmen. Entsprechende Geräte werden von den Firmen H. Fischer und KITEC angeboten.

Dünnere Schichten lassen sich sehr elegant mit Hilfe eines Rasterelektronenmikroskopes (REM) ausmessen. Besonders vorteilhaft ist es, wenn dabei ein Röntgen-Spektrometer (EDX) zur Verfügung steht, mit dem sich anhand eines Element-Verteilungsbildes nicht nur die Dicke der einzelnen Schichten, sondern auch deren Zusammensetzung bestimmen lässt.

14.3.4 Kontaktkraftmessung

Ein wichtiges Kriterium für die Funktionssicherheit von Steckverbindungen ist die Konstanz des Kontaktwiderstandes unter Betriebsbedingungen. Wie im Vortrag „Kontakttheorie“ bereits gezeigt, hängt die Größe des Kontaktwiderstandes ganz wesentlich vom Kontaktdruck ab, da dieser aber nicht ohne weiteres gemessen werden kann, wird in der Regel die Kontaktkraft bestimmt. Besonders kritisch sind Steckverbinder mit kleinen Kontaktkräften, da bei ihnen schon ein geringer Abfall der Kraft eine erhebliche Verschlechterung des Kontaktwiderstandes verursachen kann. Zu hohe Kontaktkräfte führen andererseits zu erhöhtem Abrieb im Kontaktbereich, als Folge davon kann sich dann der Kontaktwiderstand durch einsetzende Korrosion erhöhen. Zu hohe Kontaktkräfte wirken sich aber auch nachteilig – besonders bei hochpoligen Ausführungen – auf die Gesamtsteck- und -ziehkraft aus. Daraus ergibt sich, dass für jeden Steckverbinder ein spezifischer, von konstruktiven und physikalischen Faktoren bestimmter Bereich der Kontaktkraft eingehalten werden muss, wenn Funktionsstörungen vermieden werden sollen.

Die Hauptprobleme bei der Messung von Kontaktkräften in Steckverbindern sind die schwere Zugänglichkeit der Messstelle, die Forderung nach einer wegfreien statischen Messung der kleinen Kräfte (im Bereich von 0,3-5 N) sowie die geringen Kontaktöffnungen (d: 0,5-1 mm).
Aus diesem Grunde wird die Kontaktkraft häufig indirekt mit Hilfe einer Lehre, die den Kontaktstift nachbilden soll, über die Messung der Ziehkraft bestimmt, da diese über den Reibungskoeffizienten μ mit der Kontaktkraft verkoppelt ist. Nachteilig ist bei dieser Messung, dass der Reibungskoeffizient von den Oberflächeneigenschaften der Feder und des Messdorns abhängt. Diese können stark streuen, so dass präzise Messergebnisse mit diesem Verfahren kaum zu erhalten sind. In welchem Bereich die Reibungskoeffizienten von Kontaktwerkstoffen liegen können, ist in Tabelle 14.3 zusammengestellt.

Werkstoffpaarung	μ
AgPd + Au, diff. – Pd + 0,3 μm Au, rein, geschmiert	0,2
AgPd + Au, diff. – Pd + 0,3 μm Au, rein, ungeschmiert	1,3
AgPd + Au, diff. – Pd + 0,3 μm AuCo, rein, geschmiert	0,2
AgPd + Au, diff. – Pd + 0,3 μm AuCo, rein, ungeschmiert	0,6
Au, 18 Kt – Au, rein	0,12
Au, 18 Kt – AuCuCd	0,25
Au, 18 Kt – Glanzgold	0,58
5 μm Au, rein auf Cu – 5 μm Au, rein auf Cu	1,2...2,0
5 μm AuCo 98/2 auf Cu – 5 μm AuCo 98/2 auf Cu	0,5
1 μm Au, rein auf 5 μm Ni – 1 μm Au, rein auf 5 μm Ni	0,8
1 μm AuCo 98/2 auf 5 μm Ni – 1 μm AuCo 98/2 auf 5 μm Ni	0,4

Tabelle 14.3: Reibungskoeffizienten verschiedener Werkstoffpaarungen

Seit einiger Zeit sind jedoch Sensoren verfügbar, mit denen die Kontaktkraft von Einzel- als auch von Doppelkontakten direkt gemessen werden kann. Bild 14.7 zeigt das Messprinzip und schematisch die Ausführung eines solchen Sensors. Über eine geteilte Messspitze gelangt die Kontaktkraft F verstärkt durch ein Hebelsystem mit dem Übersetzungsverhältnis a/b auf eine Messfeder, deren Dehnung der zu messenden Kontaktkraft proportional ist. Der Sensor wird von Hand in die jeweilige Kontaktstelle des zu prüfenden Steckverbinders eingeführt, während eine Auswerteelektronik die Kontaktkraft unmittelbar in Newton digital anzeigt. Aufgrund des geringen Gewichts des Sensors von nur wenigen Gramm ist das Messergebnis von der Lage des Prüflings nahezu unabhängig. Dadurch lassen sich auch Kontaktkräfte von Steckverbindern überprüfen, die bereits in Geräten eingebaut sind. Die Messunsicherheit beträgt 1%; die Steifigkeit der Messfühler im Kraftangriffspunkt liegt bei etwa 5 μm/N. In Relation zu den Federkonstanten der Kontaktfedern kann damit von einer quasi wegfreien Kraftmessung gesprochen werden [5];[6];[18]. Entsprechende Geräte werden von den Firmen Siemens und Piezo-Messtechnik, Dr. Nier angeboten.

Die Entwicklung solcher Sensoren für die direkte Messung von Kontaktkräften in Steckverbindern hat auch in der Norm DIN 41 640-80 Prüfung A: „Kontaktkraft, federnde weibliche Kontakte" ihren Niederschlag gefunden, in der die Verwendung solcher Sensoren vorgeschrieben ist und bei der IEC eingebracht wurde, um die IEC-Publ. 60512-8 Prüfung 16e: „Einzelziehkraft mit Lehre (federnde Kontakte)" und die inhaltsgleiche EN DIN 60512-8 abzulösen.

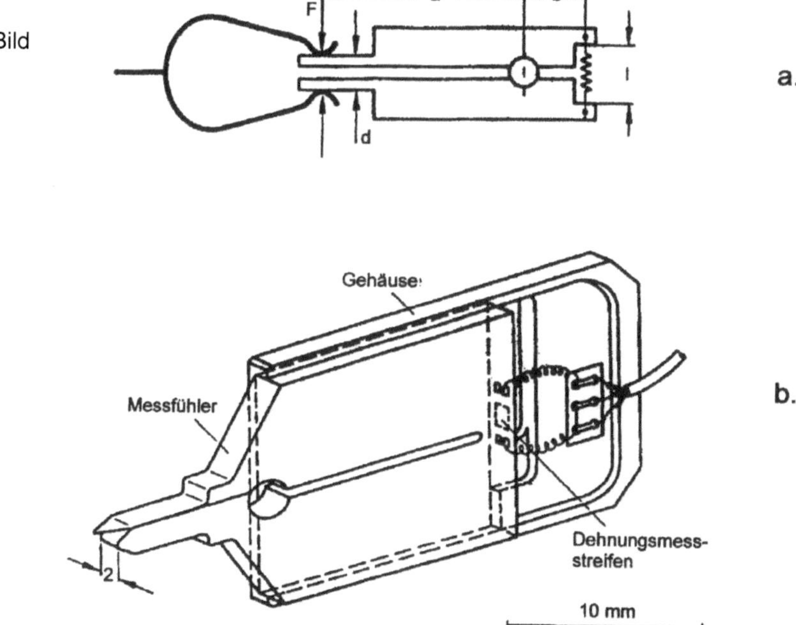

Bild 14.7: Direkte Messung der Kontaktkraft in Steckverbindern
a. Messprinzip
b. Schematische Darstellung eines Sensors

14.3.5 Flussmitteldichtheit

Aus der Gruppe der Merkmale, die für die Verarbeitbarkeit von Steckverbindern wesentlich sind – vor allen Dingen dann, wenn die Leiterplatten nach dem Löten nicht gewaschen werden –, ist die Flussmitteldichtheit wohl die wichtigste. Bild 14.8 vermittelt schematisch einen Eindruck von den Reaktionen, die an der Oberfläche einer Leiterplattendurchführung beim Löten auftreten. Steckverbinder sind von Haus aus halboffene Ausführungen, bei denen Flussmittel während des Lötvorganges nicht nur entlang der Anschlussdurchführungen in den Kontaktbereich gelangen kann sondern auch durch die Stecköffnungen, wenn diese nicht ausreichend abgedichtet sind. Eigene Untersuchungen haben ergeben, dass Flussmittelpartikel, die beim Fluxen durch zerplatzende Schaumbläschen an die Umgebung abgegeben werden, noch in einem Abstand von 60 cm auf der Leiterplatten-Oberseite niedergehen. Bild 14.9 zeigt an einem Beispiel den Einfluss solcher Flussmittelpartikel auf den Durchgangswiderstand von Steckverbindungen [23]; [24].

Gab es in der Vergangenheit noch Schwierigkeiten dadurch, dass keine einheitlichen Methoden zur Beurteilung der Lötdichtigkeit zur Verfügung standen, so hat sich dies in der Zwischenzeit geändert. Mit der IEC-Publ. 60512-12-6, bzw. DIN EN 60512 12-6, Prüfung 12f: „Dichtigkeit gegen Fluss- und Reinigungsmittel bei maschinellem Löten", ist es Herstellern wie Anwendern möglich, dieses Merkmal mit einem genormten Verfahren zu überprüfen. Da das in die Prüflinge eingedrungene Flussmittel nicht immer durch Messen der elektrischen Kennwerte nachgewiesen werden kann, wurde vorgeschrieben, die Prüflinge nach der Abschlussmessung zu öffnen, um optisch festzustellen, ob Flussmittel in den Kontaktraum eingedrungen ist. Dabei hat es sich als zweckmäßig erwiesen, wenn das zur Prüfung verwendete Flussmittel eingefärbt wird. Folgende Färbemittel und Konzentrationen, die die Flussmitteleigenschaften nicht beeinflussen, haben sich in der Praxis bewährt:

- Brillantblau: 1,4 g/l
- Malachitgrün: 2,6 g/l
- Fuchsin: 1,0 g/l

Mit dieser Methode können Flussmittelpartikel in den meisten Fällen identifiziert werden. In Bild 14.10 ist deutlich zu erkennen, wie Flussmittel an den Gehäusetrennstellen und den Stecköffnungen ausgetreten ist. Weitere Methoden zum Nachweis von Flussmittelrückständen sind:

- Betrachtung der Prüflinge bei Dunkelfeldbeleuchtung oder im polarisierten Licht;
- Fluoreszenz-Mikroskopie;
- der „Kaltron-Test";
- Rückstreuelektronen-Abbildung im REM oder die
- FTIR-Spektroskopie in Verbindung mit einem Infrarot-Messmikroskop.

Die Anforderungen an die Flussmitteldichtheit von Steckverbindern werden in der nächsten Zeit noch ganz erheblich steigen, da in zunehmenden Maße feststoffarme Flussmittel verwendet werden, die zum Binden von Aktivatoren und Stabilisatoren Lackzusätze enthalten. Diese Lackzusätze lassen sich mit herkömmlichen Reinigungsmitteln, die z.Zt. zum Waschen von Flachbaugruppen nach dem Löten verwendet werden, nicht entfernen.

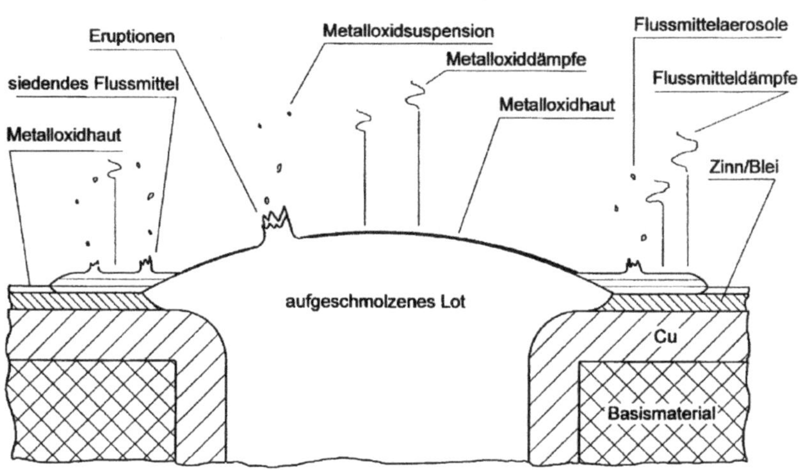

Bild 14.8: Schematische Darstellung der Reaktionen beim Löten an der Oberfläche einer LP-Durchplattierung

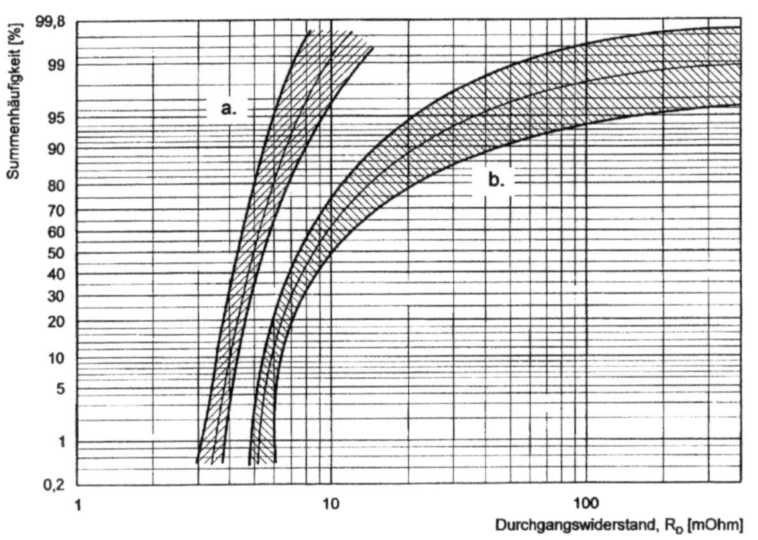

Bild 14.9: Beispiel für den Einfluss von Flussmittelpartikel auf den Durchgangswiderstand von Steckverbindern
a. Steckverbinder beim Fluxen abgedeckt
b. Steckverbinder beim Fluxen offen

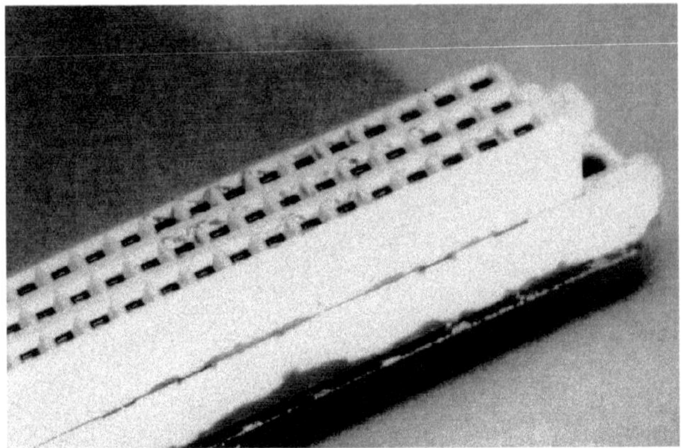

Bild 14.10: An den Gehäusetrennstellen und den Stecköffnungen ausgetretenes Flussmittel

14.3.6 Waschbarkeit

Obwohl ganz allgemein die Tendenz dahin geht, den Waschvorgang aus Umweltschutzgründen nach dem Löten entfallen zu lassen, kann auf die Überprüfung der Waschbarkeit z. Zt. noch nicht verzichtet werden, da Leiterplatten immer noch in großem Umfang aus den verschiedensten Gründen gewaschen werden müssen. Unter dem Oberbegriff „Waschbarkeit" sind hier zwei Merkmale zusammengefasst, die jeweils für sich zu überprüfen sind; das ist einmal die Waschbarkeit selbst und zum anderen die Beständigkeit der Bauelemente gegen die verwendeten Reinigungsmittel.

Bei der Frage nach der Waschbarkeit muss zunächst geklärt werden, ob der zu prüfende Steckverbinder überhaupt gewaschen werden darf bzw. mit welchen Konsequenzen gerechnet werden muss, wenn er gewaschen wird. Dieser Punkt ist besonders bei Ausführungen mit befetteten Kontaktoberflächen wichtig (s. Beurteilungsmerkmal „Befettung der Kontakte"!).

Werden solche Steckverbinder trotzdem gewaschen, dann müssen sie anschließend nachgefettet werden; wie das zu geschehen hat, ist mit dem jeweiligen Hersteller abzusprechen, oder es muss mit einer erheblichen Reduzierung der Steckzyklen-Zahl gerechnet werden. Hinzu kommt noch, dass sich die Zuverlässigkeit ebenfalls ganz wesentlich verschlechtern kann, wenn der auf unedlen oder stark porigen Kontaktoberflächen passivierend wirkende Schmiermittelfilm fehlt und sich Fremdschichten unbehindert oder ausbreiten bilden können.

Besonders problematisch wird der Waschprozess jedoch, wenn das Reinigungsmedium mit darin gelösten Flussmittelrückständen in Kontaktbereiche gelangt und dort eintrocknet. In welchem Maße dadurch der Kontaktwiderstand beeinflusst wird, zeigt Bild 14.11 sehr anschaulich.

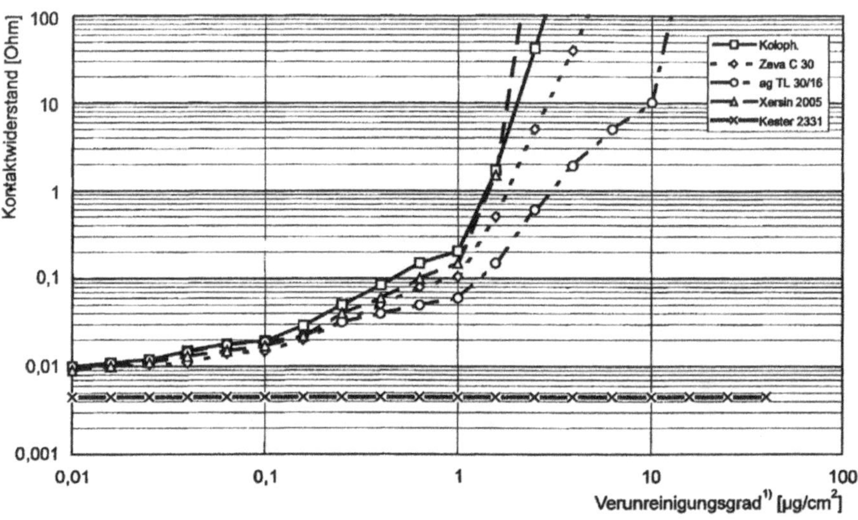

Bild 14.11: Einfluss von Flussmittelrückständen in Reinigungsmedien auf den Kontaktwiderstand

Die Beständigkeit gegen Reinigungsmittel ist der andere wichtige Punkt. Da die Steckverbinder Hersteller unmöglich alle angewendeten Reinigungsmittel – von den verschiedensten azeotropen Lösungsmittelmischungen über wässerige Lösungen mit ph-Werten von 11 oder größer bis hin zu firmenspezifischen „Kompositionen" – auf die Verträglichkeit mit ihren Produkten hin überprüfen können, ist es Aufgabe des Anwenders, dies zu tun. Die Prüfung sollte so praxisnah wie möglich durchgeführt werden; d. h. es sollten dabei die tatsächlich verwendeten Reinigungsmittel benutzt werden aber auch die übrigen Randbedingungen wie Temperatur, Beanspruchungsdauer usw. sollten der Praxis entsprechen. Zu beachten ist, dass der Angriff von azeotropen Mischungen auf einen Kunststoff völlig anders sein kann als von den einzelnen Komponenten allein und dass ein Kunststoff, der gegen ein Lösungsmittel beständig ist, sich sehr schnell auflösen kann, wenn zusätzlich Ultraschall einwirkt.

14.3.7 Temperaturschock (SMD)

Die Forderung nach immer höherer Packungsdichte elektrischer Funktionen auf gedruckten Schaltungen führte zur Entwicklung der oberflächenmontierbaren Bauelemente (SMD, **S**urface **M**ounted **D**evices,). Mit der daraus resultierenden Verkleinerung der Anschlussabmessungen wird aber das Verhältnis von Lotoberfläche zu Lotvolumen jeder Lötstelle ungünstiger und der Einfluss von Grenzflächenreaktionen auf das

Gefüge der Verbindung nimmt zu. Hinzu kommt, dass die Zeitstandfestigkeit von mechanisch belasteten Weichlotverbindungen praktisch Null ist.

Aufgrund der unterschiedlichen thermischen Ausdehnungskoeffizienten vom Basismaterial für gedruckte Schaltungen und den Werkstoffen oberflächenmontierbarer Steckverbinder (Isolierkörper, Anschlüsse) treten bei schwankender Umgebungstemperatur – vor allen Dingen bei sehr starren Anschlüssen – in den Lötstellen Scherspannungen auf, die im Laufe der Zeit zu Mikrorissen – wie das Beispiel in Bild 14.12 zeigt – oder gar zur Unterbrechung der Lötstelle führen können.

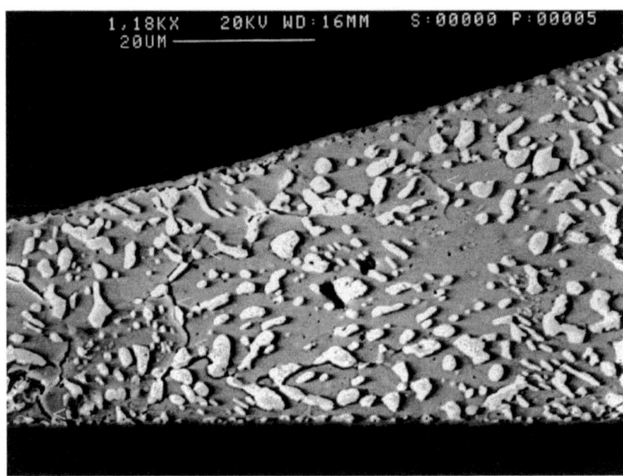

Bild 14.12:

Mikrorisse in einer Lötstelle nach Temperaturschock-Beanspruchung

Durch eine Temperaturschock-Prüfung lässt sich die Zuverlässigkeit der Lötstellen überprüfen, die nicht nur von den Verarbeitungsparametern abhängt, sondern die durch verschiedene Merkmale der Bauelementeanschlüsse (z. B. nichtbenetzbare offene Schnittkanten) bestimmt wird. Es ist nicht Ziel dieser Prüfung, tatsächlich vorkommende Umwelteinflüsse nachzubilden; es soll lediglich in einem zeitraffenden Test die Auswirkung mechanischer Spannungen in den Lötstellen überprüft werden! Wie eine solche Prüfung durchgeführt wird, ist in MIL-STD 202 F beschrieben; es können jedoch auch davon abweichende Bedingungen gewählt werden, wenn dafür eine andere sinnvolle Anzahl der Schockzyklen festgelegt wird. Für SMT-Leiterplatten in nachrichtentechnischen Messgeräten haben sich folgende Prüfbedingungen bewährt:

- Temperierung der Prüflinge durch eine Flüssigkeit;
- wechselweises Umpumpen der Flüssigkeit in den isolierten Probenraum;
- untere Temperatur -40 °C; obere Temperatur +100 °C;
- Verweildauer bei jeder Temperatur 30 Minuten;
- 500 Schockzyklen (ohne Bruch einer Lötstelle)

Wie eine solche Prüfeinrichtung aussehen kann, ist am Beispiel in Bild 14.13 schematisch dargestellt.

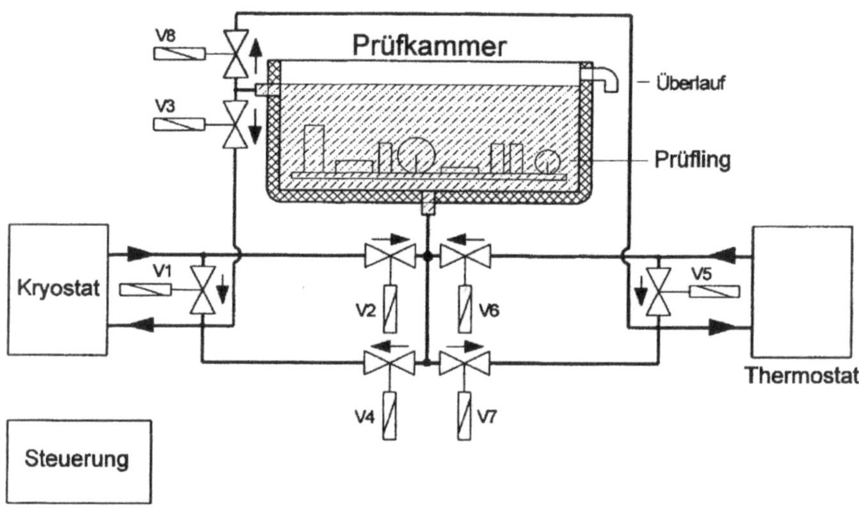

Bild 14.13: Schematischer Aufbau einer Temperaturschock-Prüfeinrichtung

Eine andere Möglichkeit, die Zuverlässigkeit des Systems „Anschluss-Lot – Lotpad" zu überprüfen, ist der Biegetest. Dabei ist jedoch zu beachten, dass die Ausfallmechanismen bei beiden Prüfungen völlig unterschiedlich sind. Während bei der Temperaturwechselprüfung die Wärmeausdehnung und -zusammenziehung des Lotes selbst den Ausfallmechanismus ganz wesentlich bestimmt, fehlt diese zyklische thermische Beanspruchung der Lötstelle beim Biegetest völlig; sie wird bei dieser Prüfung ausschließlich durch die Zugbelastungen und der daraus resultierenden Kriechdehnung beansprucht. Dies kann zu völlig falschen Aussagen über die Zeitstandfestigkeit von Lötstellen führen vor allen Dingen dann, wenn im Anschlusssystem Materialien mit stark abweichenden Ausdehnungskoeffizienten beteiligt sind [9]; [10].

14.3.8 Überprüfung des Betriebsverhaltens durch eine Klimafolge

Um das Langzeitverhalten von elektrischen Kontakten im Betrieb abzuschätzen, hat sich in der Praxis einen Prüffolge bewährt, die in dieser Form nicht genormt ist. Nach der Messung der Durchgangswiderstände im Anlieferungszustand folgt eine thermische Wechselbeanspruchung durch 20 Temperaturwechsel zwischen -40 °C...+70 °C mit einer Verweildauer von jeweils 2 h bei den Endtemperaturen. Anschließend werden wieder die Durchgangswiderstände gemessen. Danach folgt eine durch eine 4 Tage Lagerung in „Feuchter Wärme, konstant" (+40 °C, 93% rel. F.) mit anschließender Messung der Durchgangswiderstände. Den Abschluss bildet eine Lagerung in einer „Industrieatmosphäre" (Schadgasprüfung) – z. B. über 1000 h; 25 °C; 75% rel. Feuchte und 1ppm H_2S. Während dieser Beanspruchung werden die Durchgangswiderstände der Prüflinge 1 mal/Woche gemessen. Die Ergebnisse einer solchen Prüffolge zeigt Bild 14.14 am Beispiel von Schneidklemmverbindung.

14.3.9 Reibkorrosion

Bei der thermisch bedingten Reibkorrosion kommt es aufgrund unterschiedlicher thermischer Ausdehnungskoeffizienten der verschiedenen Werkstoffe bei Temperaturänderungen zu sehr langsam ablaufenden geringen Relativbewegungen zwischen den Kontaktteilen – genaugenommen muss auch die Steckverbinderhalterung (Leiterplatte, Führungsleisten, Verriegelungsmechanismus usw.) in diese Betrachtung mit einbezogen werden.

Durch eine Temperaturwechselprüfung mit langsamen Übergängen zwischen den Endtemperaturen lässt sich Reibkorrosion auch an Fertigprodukten nachweisen. Bild 14.15 zeigt ein mögliches Temperaturprofil für eine Prüfung mit niedriger Reibfrequenz, mit der 68polige PLCC-Fassungen überprüft wurden. Für jeden Versuch standen 3 Fassungen mit PLCC-Dummy's zur Verfügung, die oben aufgeschliffen wurden, um die Anschlüsse im Plastikkörper zu kontaktieren. Die Durchgangswiderstände wurden nach jeweils 100 Temperaturzyklen gemessen. Die Ergebnisse dieser Untersuchung sind in Bild 14.16 dargestellt.

14.4 Ablauf einer Bauelementequalifizierung

Der Rahmen-Beurteilungsplan bildet zunächst die Grundlage für die Qualifizierung, für die sich ein Ablauf nach Bild 14.17 als zweckmäßig erwiesen hat. In einer Beratungsphase, die dem eigentliche Zulassungsantrag für den Einsatz eines neuen Bauelementes vorgeschaltet ist, wird mit dem „Kunden“ im Haus abgeklärt, warum und wie (Klärung der Einsatzbedingungen) das neue Bauelement eingesetzt werden soll, warum bereits vorhandene Bauelemente nicht verwendet werden können und welche Anforderungen an die einzelnen Merkmale des neuen Bauelementes gestellt werden. Bei dieser Gelegenheit wird bereits abgeschätzt, ob die geforderten oder erwarteten Eigenschaften überhaupt realisiert werden können.

Zusammen mit den anwendungsspezifischen Merkmalen ergibt der Rahmen-Beurteilungsplan den endgültigen Beurteilungsplan für das einzusetzende Bauelement; wird dieser mit den Anforderungen ergänzt, dann entsteht am Ende der Beratungsphase das Pflichtenheft, das dann auch die Basis für eine Qualitätsvereinbarung mit dem Lieferanten sein kann. Danach folgt die Bedarfsermittlung für den Entwicklungs- und Fertigungsbedarf; in dieser Phase wird ebenfalls geprüft, ob das Bauelement eventuell auch in anderen Entwicklungen eingesetzt werden kann und wie der Markttrend für dieses Bauelementes ist (Zukunftsaussichten, Lieferbarkeit, Normungsbestrebungen usw.). Nach der Typen- und Herstellerauswahl wird dann geklärt, ob es mehrere Hersteller gibt und ob deren Produkte mechanisch und elektrisch voll austauschbar sind.

Je nach Ausgang dieser Vorprüfung verzweigt sich der weitere Ablauf der Zulassungsroutine. Sind mehrere Hersteller vorhanden oder in absehbarer Zeit zu erwarten und sind die Bauelemente voll austauschbar, wird anschließend überprüft, welchen Einfluss auf die Zuverlässigkeit des zu entwickelnden Gerätes das freizugebende Bauelement hat. Ist der Einfluss klein, wird eine Kurzbeurteilung durchgeführt; ist der Einfluss auf die Zuverlässigkeit dagegen groß, hängt die Zulassung vom Ergebnis einer Untersuchung ab, in der besonders kritische Merkmale und Eigenschaften des neuen Bauelementes untersucht werden.

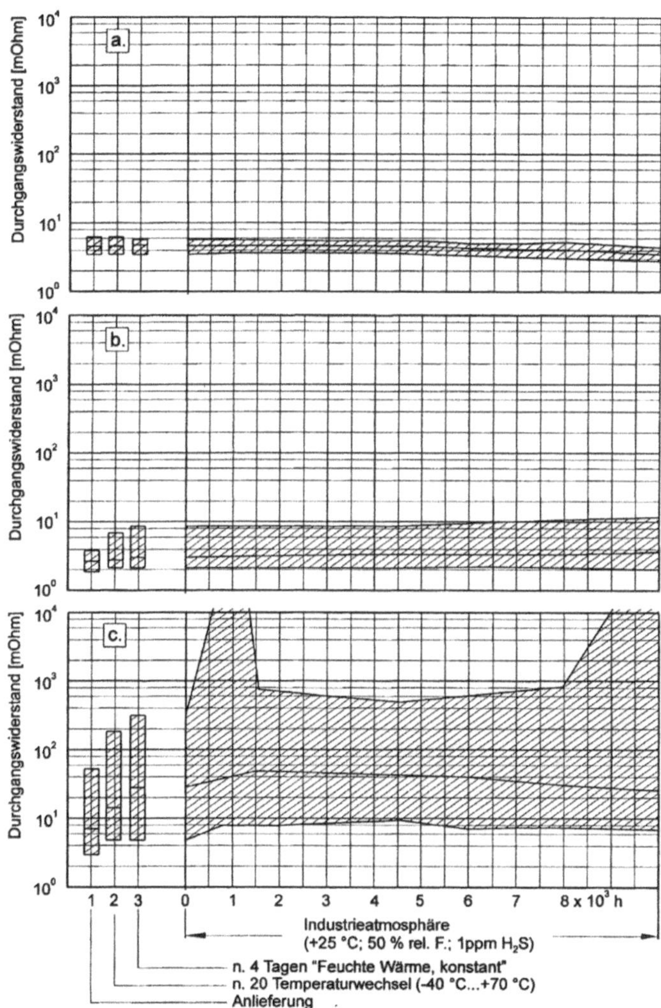

Bild 14.14: Beispiel für die Überprüfung des Betriebsverhaltens von SKL-Verbindungen verschiedener Hersteller durch eine Klimafolge
a. sehr gut
b. noch akzeptabel
c. unbrauchbar

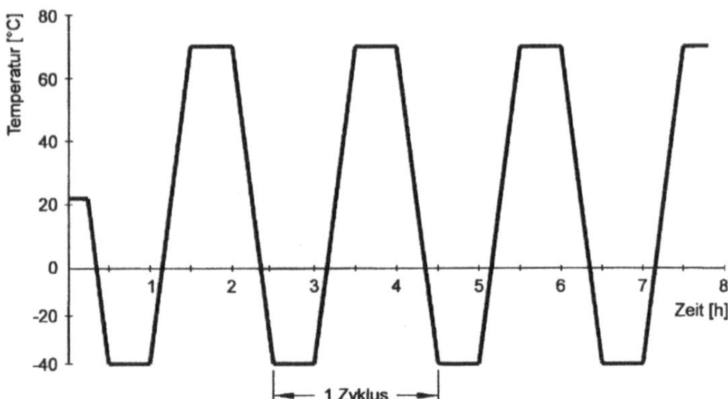

Bild 14.15: Temperatur-Profil für eine Reibkorrosionsprüfung an Bauelementen

Ergibt die erste Bedingung, dass nur ein Hersteller vorhanden ist oder die Bauelemente mehrerer Lieferanten nicht kompatibel sind, dann wird mit dem hausinternen „Kunden" geklärt, ob andere Anforderungen oder Lösungen möglich sind. Ist dies der Fall, dann beginnt die Typen und Herstellerauswahl erneut; im anderen Fall wird der Einfluss auf die Zuverlässigkeit des Gerätes festgestellt. Ist sie klein und die Zuverlässigkeit des Herstellers bekannt und gut, wird eine Kurzbeurteilung durchgeführt; bestehen dagegen Zweifel an der Zuverlässigkeit des Herstellers, wird der Einsatz des Bauelementes abgelehnt. Großer Einfluss auf die Zuverlässigkeit des Gerätes und gute Zuverlässigkeit des Herstellers, führen dann zu einer Untersuchung. Ist dagegen die Zuverlässigkeit des Herstellers unbekannt oder fraglich, dann wird der Einsatz des Bauelementes ebenfalls abgelehnt.

Ist das Ergebnis einer Untersuchung positiv, dann erfolgt – in der Regel – eine allgemeinen Freigabe des betreffenden Bauelementes; das positive Ergebnis einer Kurzbeurteilung führt dagegen lediglich zu einer anwendungsgebundenen Zulassung; d. h. für jede neue Anwendung muss die Prozedur der Qualifizierung wiederholt werden, da es nur so möglich ist, den Überblick über verschiedene Einsatzarten und Anforderungen zu behalten und die Einsatzerfahrungen gezielt zu sammeln. Erst wenn im Einsatz keine Probleme aufgetreten sind, kann auch ein anwendungsgebunden zugelassenes Bauelement für den allgemeinen Einsatz freigegeben werden. Bei negativen Einsatzerfahrungen erfolgt eine Sperrung des Bauelementes und es muss für den Einsatz, für den es anwendungsgebunden freigegeben wurde, in Zusammenarbeit mit dem Entwickler ein Ersatz-Bauelement oder eine Ersatzlösung gefunden werden. Sinngemäß führt ein negativer Ausgang einer Kurzbeurteilung oder Untersuchung zur Ablehnung des Bauelementes.

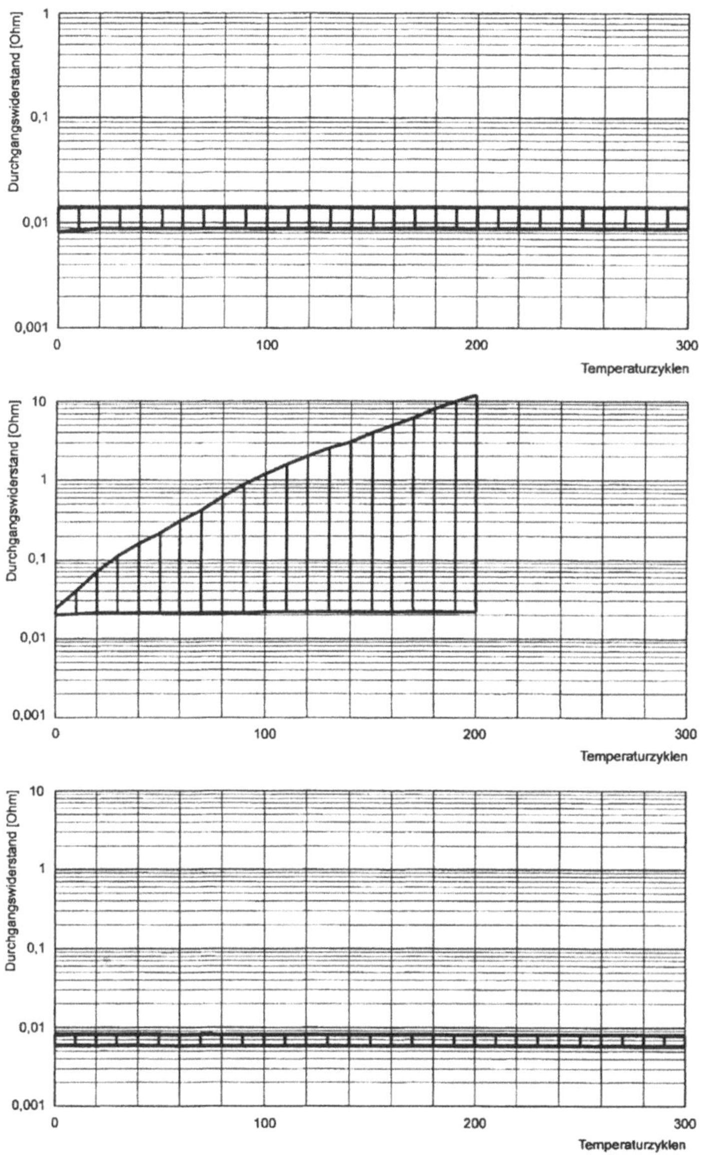

Bild 14.16: Beispiele für Reibkorrosionsprüfungen an PLCC-Steckverbindern

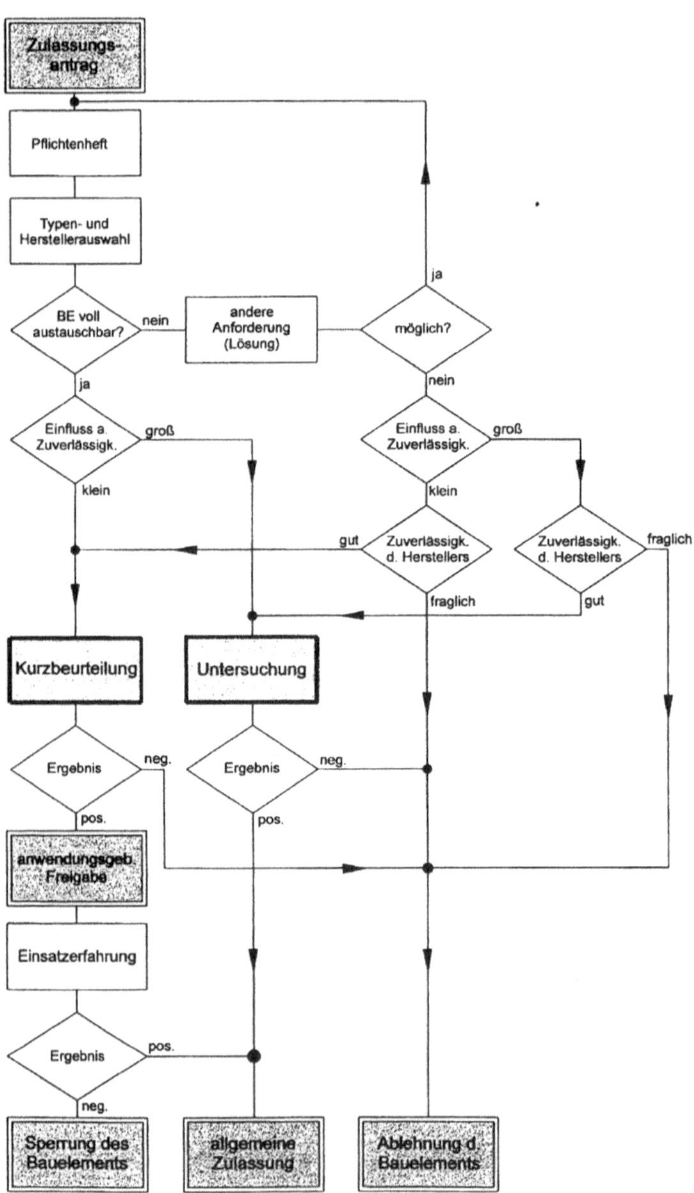

Bild 14.17: Ablauf einer Bauelemente-Qualifizierung

Besonders zu erwähnen ist, dass bei dieser Art der Qualifizierung, Kurzbeurteilung und Freigabeuntersuchung gleichberechtigt nebeneinander stehen; welche der beiden Methoden angewendet wird, ergibt sich im wesentlichen aus dem Einfluss des Bauelementes auf die Zuverlässigkeit des zu entwickelnden Gerätes und/oder den Erfahrungen mit dem jeweiligen Bauelementehersteller. Mit dieser zweigleisigen Art der Bauelementezulassung erreicht man einerseits, dass nicht jedes Bauelement, das neu eingesetzt werden soll, mit großem Kostenaufwand untersucht werden muss; andererseits wird aber die Wahrscheinlichkeit, ein ungeeignetes oder unzuverlässiges Bauelement einzusetzen – mit einem gewissen Restrisiko – minimiert. Dieses Restrisiko wird dabei um so kleiner, je größer das Know-how der Mitarbeiter ist, die solche Kurzbeurteilungen durchführen. Außerdem kann mit dieser Methode der größte Teil der neu einzusetzenden Bauelemente bereits innerhalb kurzer Zeit freigegeben werden – erfahrungsgemäß reichen dafür im Durchschnitt drei Arbeitstage.

Organisatorische Voraussetzungen

Damit die erforderlichen Qualitätsregelkreise im Sinne eines „kundenorientierten dynamischen Qualitätsmanagements" („Kaizen") [14]; [21] schnell und effektiv wirksam werden, ist es zweckmäßig, die wichtigsten Aktivitäten, die vor und nach der Qualifizierung notwendig sind, in einer Organisationseinheit zusammenzufassen wie es Bild 14.18 zeigt. Damit diese Regelkreise auch funktionieren ist es besonders wichtig, durch geeignete organisatorische und motivierende Maßnahmen sicherzustellen, dass sie auch genutzt werden.

Die Beratungsphase des Bauelementekunden im Hause (des Entwicklers) und die Bauelemente-Qualifikation zehren dabei von dem „Know-how", das im Rahmen der Ausfallanalysen erarbeitet und angesammelt wurde; d. h.: die Bauelemente-Qualifikation kann langfristig nur dann erfolgreich sein, wenn das „Know-how" ständig aktualisiert wird. In diesem Zusammenhang soll nicht unerwähnt bleiben, dass rund 50% der Beanstandungen von Bauelementen nicht auf das Konto des Bauelementeherstellers gehen, sondern vom Anwender verursacht wurden, wie eigene Untersuchungen aber auch die anderer Bauelemente-Anwender gezeigt haben.

Ausfallanalysen werden in der Regel vom Fertigungsbereich beantragt mit dem Ziel, die Gründe für Schwierigkeiten im Fertigungsablauf oder für Bauelemente-Ausfälle zu ermitteln, **bevor** die Geräte an Kunden ausgeliefert werden; oder vom Vertrieb bzw. Kundendienst, um die Ursache von Ausfällen beim Kunden zu klären, d. h.: **nachdem** die Geräte bereits ausgeliefert waren. Ziel aller Qualitätsverbesserungsmaßnahmen muss es daher sein, den Anteil dieser Aufträge so klein wie möglich zu halten.

Je nachdem welches Ergebnis eine Ausfallanalyse ergibt, werden Aktionen bei der Stelle ausgelöst, die für den Ausfall verantwortlich ist und/oder die am wirkungsvollsten die Ursache beheben kann. Verarbeitungsfehler müssen von der zuständigen Fertigungsstelle abgestellt werden; bisher unbekannte Fehler werden in den Beurteilungskatalog für zukünftige Bauelemente-Qualifikationen aufgenommen, u.U. muss auch die Prüfplanung für die Wareneingangsprüfung geändert oder ergänzt werden. Ist falscher Einsatz die Ausfallursache, dann ist es Aufgabe des Geräteentwicklers, dafür zu sorgen, dass die Einsatzbedingungen geändert werden und bei einem Herstellerfehler wird der jeweilige Bauelementehersteller über die festgestellte Ausfallursache informiert und aufgefordert diese umgehend abzustellen. Ist der Hersteller dazu nicht bereit oder in der Lage, dann kann das dazu führen, dass er gesperrt wird – dies ist nur möglich, wenn ein kompatibles Zweitfabrikat vorhanden ist! Anderenfalls muss die Prüfplanung für die Wareneingangsprüfung geändert oder ergänzt werden.

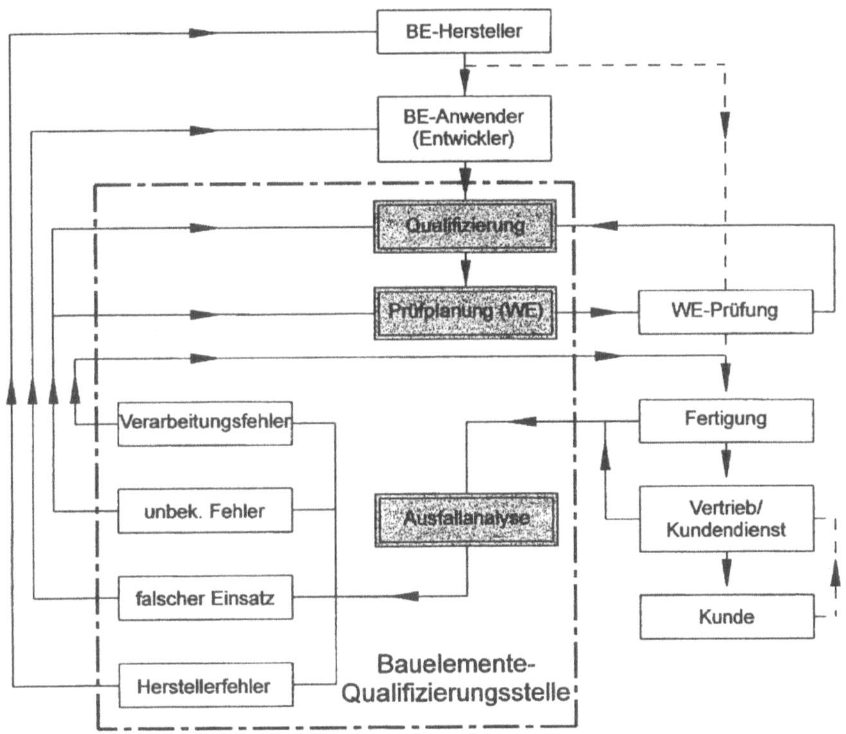

Bild 14.18: Einbindung einer Qualifizierungsstelle in den betrieblichen Informationsfluss

Besonders wichtig ist in diesem Zusammenhang die Rückkopplung der Ergebnisse, die bei der Wareneingangsprüfung von Bauelementen gewonnen werden, an die Stelle, die für Bauelemente-Qualifikationen zuständig ist. Da dort zweckmäßigerweise auch die Prüfplanung für die Wareneingangsprüfung gemacht wird, beeinflusst dieser Informationsfluss unmittelbar den Aufwand, der bei der Wareneingangsprüfung erforderlich ist. Diese Abhängigkeiten zeigen, dass der Aufwand für Ausfallanalysen steigt, wenn notwendige Wareneingangsprüfungen aus Kostengründen entfallen oder stark reduziert werden, außerdem steigen auch die Kosten für die Fehlerbeseitigung – s. „Zehner-Regel". Bei fehlender Wareneingangsprüfung muss der Fertigungsbereich sehr viel intensiver in den Prozess der Bauelemente-Qualifizierung eingebunden werden; wird dies versäumt, dann steigen die Ausfälle beim Kunden und das Ziel, die Anzahl der Ausfälle dort so klein wie möglich zu halten, wird nicht erreicht.

14.4.1 Flankierende Maßnahmen

Da eine Bauelemente-Qualifizierung – unabhängig davon, ob sie aufgrund einer Untersuchung oder Kurzbeurteilung erfolgt – keine 100%ige Absicherung gegen fehlerhafte Lieferungen ist, sind verschiedene begleitende Aktivitäten erforderlich, um die Qualität der Produkte nicht nur zu sichern, sondern im Sinne von „Kaizen" ständig zu verbessern.

Weil es in der Regel billiger ist, grobe Fehler am Anfang einer Fertigungskette zu erkennen als kurz vor der Auslieferung des Endprodukts an den Kunden – s. „Zehner-Regel", ist die *Wareneingangsprüfung* eine Maßnahmen, auf die nicht in jedem Fall verzichtet werden kann – trotz „ship-to-stock-Vereinbarungen, Verlagerung von Qualitätssicherungsmaßnahmen auf die Lieferanten durch *Qualitätsvereinbarungen*. Da die Prüfplanung für die Wareneingangsprüfung in Zusammenhang mit der Bauelemente-Qualifikation gemacht wird, ist die Rückkopplung der Ergebnisse, die bei der Wareneingangsprüfung gewonnen werden, besonders wichtig, denn diese Informationen sind ebenso wie die *Lieferantenbeurteilung* die Basis für die permanente Überprüfung und *Pflege der Prüfpläne*, die unmittelbar den Aufwand beeinflussen, der bei der Wareneingangsprüfung erforderlich ist.

Als besonders kritisch erweisen sich in diesem Zusammenhang immer wieder sog. „Änderungen, die dem technischen Fortschritt dienen". Um solche Änderungen rechtzeitig zu erkennen und Gewissheit über die Gleichmäßigkeit der Lieferqualität zu erhalten, ist es zweckmäßig – falls keine anderen aussagekräftigen Datenquellen zur Verfügung stehen – mindestens einmal im Jahr – bei sehr großen Stückzahlen und/oder kritischen Anwendungen zweimal im Jahr – eine Requalifikation der freigegebenen Bauelemente durchzuführen, bei der besonders kritische Parameter unter immer gleichen Bedingungen überprüft werden.

Ein weiteres wichtiges Element zur Verbesserung der Qualität von Bauelementen ist die systematische *Auswertung der Ausfälle im Fertigungsablauf*. Dies setzt allerdings voraus, dass alle Ausfälle in geeigneter Form erfasst, die beanstandeten Bauelemente an einer zentralen Stelle gesammelt und die Informationen in einer Datenbank gespeichert werden, auf die die auswertende Stelle für notwendige Ausfallanalysen einen Zugriff haben muss. Auf diese Weise können nicht nur recht einfach Ausfallschwerpunkte nach Gerätetyp, Ausfallort (im Gerät) und Fehlerart festgestellt und abgestellt werden. Mit solchen Auswertungen schafft man außerdem die Grundlage für den Abschluss von *ppm-Vereinbarungen*.

Von Fall zu Fall oder „aus aktuellem Anlass" kann es sinnvoll sein, ein *Produkt-Audit* bei einem Hersteller durchzuführen, z. B. um den Aufwand für eine Qualifizierung zu reduzieren oder um zusätzliche Informationen über besonders kritische Merkmale zu bekommen, die dann in der Liefervorschrift besonders berücksichtigt werden oder die mit Hilfe einer Wareneingangsprüfung beobachtet werden müssen, um katastrophale Störungen im Fertigungsablauf zu verhindern Ein solches Produkt-Audit muss gut vorbereitet werden; es kann auch sinnvoll sein, bei dieser Gelegenheit an gezielten Beispielen die Wirksamkeit der Qualitätssicherungsmaßnahmen des Zulieferers zu überprüfen. Dies bedeutet aber, dass Produkt-Audits nicht von Kaufleuten oder sonstigen „Schreibtischtätern" durchgeführt werden sollten, sondern von besonders erfahrenen Bauelementetestern, die auch ausreichende Erfahrungen über die Fertigungsmethoden von Bauelementen haben und die bei einem Produkt-Audit förmlich „riechen", wo sich potentielle Fehlerquellen befinden. Da der Aufwand für Produkt-Audits sehr hoch ist, muss stets kritisch abgewogen werden, ob er auch gerechtfertigt ist.

Vollständigkeitshalber muss an dieser Stelle noch einmal darauf hingewiesen werden, dass die sorgfältige Pflege der internen Anforderungsprofile und Listen der Qualifizierungsmerkmale nicht vernachlässigt werden darf, da sie die Grundlage für eine wirksame und effektive Bauelemente-Qualifikation sind.

14.5 Ausblick und Zusammenfassung

Welche Entwicklungen uns die Zukunft auf dem Gebiet der Steckverbinder bescheren wird, lässt sich zurzeit nur schwer abschätzen. Schneidklemmverbinder mit 1,27 mm-Raster und einer Kabelteilung von 0,635 mm sind ebenso wie SMT-Steckverbinder mit einem Anschlussraster von 0,8 mm und 0,5 mm „Stand der Technik" – s. Bild 14.19; Pläne für Ausführungen mit 0,3 mm Teilung liegen in den Schubladen vieler Hersteller bereit – es fehlt jedoch die Nachfrage, da es noch Schwierigkeiten bereitet, solche Bauteile zu verarbeiten. Fest steht jedenfalls, dass als Folge der immer kleiner und komplexer werdenden integrierten Schaltkreise auch in der Aufbau- und Verbindungstechnik neue Lösungen gesucht werden müssen. Die Verbindung eines fingernagelgroßen Chips mit seiner Umgebung über Drähte, Leiterbahnen und Steckverbindungen erfordert heute noch einen zehn- bis hundertfachen Platzbedarf gegenüber dem des Chips selbst. Wie das Beispiel der Mikrostecker-Arrays in *LIGA*-Technik zeigt, sind in dieser Technik durchaus Steckersysteme mit 10.000 Anschlüssen pro cm² realisierbar. Angesichts solcher Entwicklungen wird aber deutlich, dass Anwender nicht warten können, bis von den dafür zuständigen Normengremien geeignete Prüfverfahren und Prüfpläne verabschiedet werden, sondern dass eigene Kreativität gefordert ist, um beim Einsatz völlig neuer Produkte rechtzeitig die Anwendungsgrenzen und damit das Zuverlässigkeitsrisiko zu erkennen und die Verarbeitungstechniken zu lernen.

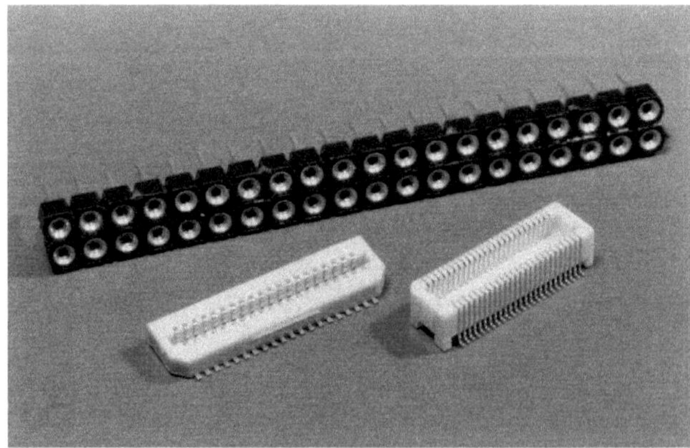

Bild 14.19: Größenvergleich 40-poliger Steckerleisten, hinten: 2,54 mm-Teilung, Durchstecktechnik vorne links: 0,8 mm-Teilung, SMT-Ausführung vorne rechts: 0,5 mm-Teilung (Werkbild Matsushita)

Ziel dieses Beitrages war es, den Anwendern Mut zu machen, vor eigenen Lösungen nicht zurückzuschrecken und – wenn es zur Klärung anwendungsspezifischer Probleme notwendig ist – auch eigene Prüfmethoden zu entwickeln. Die Kompetenz, die man dabei erwirbt, ist die beste Basis für eine erfolgreiche Zusammenarbeit mit den Herstellern im Sinne eines „kundenorientierten dynamischen Qualitätsmanagements".

14.6 Literaturverzeichnis

[1] Becker, P.; Gottschalk, A.; Ulbricht, H.: Qualität und Zuverlässigkeit elektronischer Bauelemente und Geräte Band 325 Kontakt & Studium, expert verlag, Renningen-Malmsheim 1995

[2] Becker, P.: Prozessorientiertes Qualitätsmanagement Band 619 Kontakt & Studium, expert verlag, Renningen-Malmsheim 2000

[3] Beer, D.; Holste, D.; Anforderungen und technische Lösungen bei Steckverbindern. etz, 113(1992), H.1, S.26-3

[4] Bongardt, J.: Wie zuverlässig sind Steckverbinder aus faserverstärktem Kunststoff? Feinwerktechnik & Meßtechnik 100(1992), H.5, S.199-201

[5] Doemens, G.: Messung von Kontaktkräften in Steckverbindern. Siemens Forsch.- u. Entwickl.-Ber., Bd.5, (1976), Nr.1, S.28-32

[6] Doemens, G.; Schlenker: Sensoren für die Kontaktkraftmessung in Steckverbindern: Feinwerktechnik & Messtechnik 90(1982), H.2, S.73-75

[7] Dornbach, F.; Meyer, A.: Hochdruckgebiet Kundenzufriedenheit. Qualität & Zuverlässigkeit, 44(1999), H.4, S. 426-434

[8] Faber, W.: Konstruktionsmerkmale zuverlässiger Steckverbinder. 2. Seminar über Kontaktverhalten u. Schalten, Karlsruhe 1973.

[9] Gabor, H.: Bewertung von Schädigungen an Lötverbindungen der oberflächenmontierten Bauelemente bei einem Temperaturschocktest. DVS-Schrift 102, S.180-183

[10] Häussler, G.; Hieber, H.:Zuverlässigkeit von Weichlötverbindungen. Qualität & Zuverlässigkeit, 31(1986), H.5, S.194-196

[11] Hagenbuch, E.: Auftrag, Aufgaben und Arbeitsweise eines Qualitätsprüflabors für elektrische Bauelemente. radio mentor electronics, 39(1973), H. 5, S. 195-200 u. H. 6, S. 248-252

[12] Heidenreich, U; Oser, E.: Effektives Qualitätsmanagement, Qualität und Zuverlässigkeit, 38(1993), H. 2, S. 83-86

[13] Kempf, R.J.: How to Recognize a Good Conductor Crimp. Electronic Design, (1991), 28. März, S.89-92

[14] Korn, G.: Auf dem Wege zum produktiven qualitätsorientierten Unternehmen. Qualität & Zuverlässigkeit, 38(1993), H. 5, S. 275-277

[15] Masing, W.: Handbuch Qualitätsmanagement. 3. Aufl. (1994), Carl Hanser Verlag, München, Wien

[16] Murr, A.; Schön, A.: Prüfen von Steckern in der Nachrichtentechnik. 7. Seminar über Kontaktverhalten u. Schalten, Karlsruhe, 1983

[17] NN: Radialschliff-Schichtdickenmessung. productronic, (1989), H.6, S.21

[18] NN: Kontaktkraftsensor in Miniaturausführung. Unterlagen der Fa. Piezo-Meßtechnik, Dr. Nier GmbH & Co KG

[19] Polz, I.: Vom Sockel geholt - Anforderungen und Qualifikationen für IC-Fassungen. Elektronik Praxis, (1991), H.5, S.66-72

[20] Schön, A.E.: Qualifikation von Bauteilen mit Steckkontakten. Feinwerktechnik & Messtechnik, 98(1990), H.3, S.103-107

[21] Stern, Chr. J.: Kundenorientiert mit dynamischem Qualitätsmanagement. Qualität & Zuverlässigkeit, 38(1993), H.11

[22] Ulbricht, H.: Löt- und Waschdichtigkeit elektromechanischer Bauelemente. Feinwerktechnik & Messtechnik, 96(1988), H.11, S.469-472

[23] Ulbricht, H.: Prüfen der Löt- und Waschdichtigkeit elektro-mechanischer Bauelemente. Feinwerktechnik & Messtechnik, 97(1989), H.3, S.103-105

[24] DIN EN 60512 Elektrisch-mechanische Bauelemente für elektronische Einrichtungen, Mess- und Prüfverfahren.

15 Oberflächenbearbeitung von Kontaktwerkstoffen

Joachim Bischoff, Thomas Frey

15.1 Galvanotechnik – Definition und Bedeutung

Definition

Die Deutsche Gesellschaft für Galvanotechnik und Oberflächentechnik in Düsseldorf hat den Begriff Galvanotechnik wie folgt definiert:

Die Galvanotechnik umfasst als ein Teilgebiet der industriellen Praxis:

a) Die Technologie der elektrochemischen Metallabscheidung und Auflösung, mit und ohne äußere Stromquelle,

b) die Veränderung der Oberflächeneigenschaften von Metallen und intermetallischen festen Stoffen, mittels elektrischer, chemischer oder thermischer Verfahren (Phospatieren, chemisches Glänzen, Metallfärben, Anodisieren, Passivieren, Dispersionsschichten u.a.),

c) die Abscheidung nichtmetallischer Stoffe (elektrophoretrische Emaillierung und Lackierung)

d) die Herstellung von Formteilen (Galvanoplastik, Formteilätzen).

Zu diesen Verfahren zählt auch die Vorbehandlung durch Schleifen, Polieren, Reinigen, Beizen, ferner die Behandlung und Verwendung von Frisch- und Abwasser einschließlich der Rückgewinnung der darin enthaltenen Stoffe, die Absaugung sowie die Toxikologie der Verfahren. Die Kurzfassung der Definition lautet:

Chemische und/oder elektrochemische Oberflächenveredelung fester Stoffe zum Korrosionsschutz und/oder zur dekorativen bzw. funktionellen Anwendung.

Historie und Bedeutung der Galvanotechnik

Die Ursprünge der Galvanotechnik reichen mehr als 2000 Jahre zurück. Bei Ausgrabungen in Bagdad sollen Geräte gefunden worden sein, die für die Anwendung galvanischer Verfahren schon Jahrhunderte vor unserer Zeitrechnung zu sprechen scheinen. Die Gold- und Silberschmiede der alten Parther waren danach schon in der Lage, mit Hilfe galvanischer Batterien Metallüberzüge herzustellen. Diese Errungenschaften waren jedoch Jahrhunderte lang in Vergessenheit geraten.

Erst mit Luigi Galvani (1737-1798), er führte den Froschschenkelversuch durch, wurden die elektrischen Kräfte aufs Neue entdeckt (Galvanotechnik). Und Volta erfand dann um 1800 die Voltasch´sche Säule zur Erzeugung von Strom.

1801 hatte Wollaston entdeckt, dass ein Stück Silber, das mit einem Stück Zink verbunden war und in eine Kupfersulfatlösung tauchte, sich mit einer festhaftenden Kupferschicht überzieht.

Cruikshank hatte 1801 Lösungen von Salzen der Schwermetalle elektrolysiert und festgestellt, dass die Metalle am negativen Pol abgeschieden werden.

1830 entstanden die ersten galvanischen Betriebe

1838/1839 wurde die Kupfergalvanisierung und Galvanoplastik fast gleichzeitig von Maurice Hartmann und Jacobi, C.J. Jordan und Thomas Spencer angewandt.

Jedoch erst zu Anfang des 20. Jahrhunderts wurden in erheblichem Umfang billige Schmuckwaren durch Tauchvergoldung hergestellt.

Zu Beginn des elektronischen Zeitalters erwachte erneut das Interesse an der Gold-Galvanisierung bei Technologen und Wissenschaftlern. Es entstand eine Nachfrage nach dicken, glatten Goldabscheidungen. Dabei sollte der Prozess exakt und reproduzierbar ablaufen. Um diese Ergebnisse zu erreichen, wurden in den 40er Jahren chemische und elektrische Prüfmethoden zur Steuerung der galvanischen Vergoldungsverfahren entwickelt.

In den 50er Jahren wurde auf die schon früher bekannten Elektrolyte und Techniken zurückgegriffen, um dicke gleichförmige und feinkörnige Goldschichten abzuscheiden.

In den 60er Jahren wurden saure Gold- und Goldlegierungselektrolyte entwickelt. Die damit erzeugten Schichten wiesen besondere physikalische Eigenschaften wie Duktilität, Korrosions- und Abriebbeständigkeit, Reinheit usw. auf.

In den 70er Jahren begann eine zukunftsweisende chemische und technologische Neuentwicklung. Es wurden Anlagen entworfen und gebaut, die für die kontinuierliche Draht- und Bandvergoldung und die Selektivvergoldung geeignet waren. Dadurch konnten große Goldmengen eingespart werden. Viele elektronische Kontaktelemente, die früher trommelvergoldet wurden, konnten jetzt aus bandgalvanisierten Blechen gestanzt werden [1].

Mit Beginn des neuen Jahrtausends stiegen die Kosten für die Edelmetalle sukzessive an. Dies forderte zum einen die Weiterentwicklung der selektiven Beschichtungen sowie deren Werkzeuge. Zum anderen erfolgte eine Reduktion der Edelmetallschichten, im Speziellen der Goldschichten. Auch die Selektivbeschichtung von Einzelteilen wurde weiter fokussiert.

Die fortschreitende Entwicklung in der Elektronik mit sehr geringen Spannungen und Strömen stellten immer höhere Ansprüche an die Übergangswiderstände und Korrosionsfestigkeit der Bauteile.

Da ein Einsatz der massiven Metalle auf keinen Fall in Frage kam war die Galvanotechnik der geeignete Weg die entsprechenden Werkstoffe bereitzustellen. Vor allem die Edelmetallüberzüge sind auf Grund Ihrer Eigenschaften in der Elektronik nicht zu ersetzen. Nahezu sämtliche in der Elektronik eingesetzten Bauteile, wie z. B. Steckverbinder, Leiterplatten, Schalter, durchlaufen einen Galvanikprozess. Der steigende Bedarf der Elektronik- und Automobilindustrie an veredelten Bauteilen hat der Galvanikindustrie in den letzten 30 Jahren zu einer rasanten Entwicklung verholfen.

15.2 Grundlagen der Galvanik und Elektrochemie

Gesetzmäßigkeiten

Ein einfaches Beispiel, den Reaktionsmechanismus der Tauchbäder zu erklären, ist der Vorgang, der abläuft, wenn man einen Eisennagel in eine saure Kupfersulfatlösung taucht:

$$Cu^{2+} + Fe \rightarrow Cu^{0} + Fe^{2+}$$

Der Verlauf der Reaktion erklärt sich aus dem unterschiedlichen elektrochemischen Potential der Metalle. Je negativer (unedler) ein Metall ist, desto größer wird dessen Bestreben sein, Ionen zu bilden. Im vorliegenden Beispiel bedeutet dies, dass der Eisennagel mit einer dünnen Kupferschicht überzogen wird.

Im galvanischen Prozess laufen schematisch die folgenden Reaktionen ab:

Kathode:	$Me^{2+} + 2e^-$	->	Me
	$2\,H_2O + 2e^-$	->	$H_2 + 2\,OH^-$
Anode (löslich):	Me	->	$Me^{2+} + 2e^-$
	$2\,H_2O$	->	$O_2 + 4H^+ + 4e^-$

Der Anteil der Elektronen, der für die Wasserstoff- und Sauerstofferzeugung eingesetzt wird, bestimmt die Stromausbeute des Verfahrens.

Laut dem 1.Faradaygesetz ist die Masse des abgeschiedenen Metalls proportional zu der geflossenen Strommenge ($m = k * I * t$).

Unter Einbeziehung der molaren Masse des Metalls, sowie deren Ladungszahl ergibt sich die Beziehung:

$$m = (M * I * t) / (26{,}8 * z)$$

Die Stromausbeute wird definiert als experimentell erhaltene Stoffmenge geteilt durch die theoretisch abscheidbare Stoffmenge. Entsprechend dem Faraday-Gesetz ergeben sich für die einzelnen Metalle für die jeweiligen Ladungszahlen verschiedene Abscheidungsäquivalente, siehe Tabelle 15.1. [2]

Metall	Chemisches Zeichen	Ladungszahl	Abscheide-Äquivalent g/Ah
Gold	Au	1	7,3490
Gold	Au	3	2,4497
Kupfer	Cu	1	2,3707
Kupfer	Cu	2	1,1854
Nickel	Ni	2	1,0954
Silber	Ag	1	4,0247
Zinn	Sn	2	2,2142
Zinn	Sn	4	1,1071

Tabelle 15.1: Abscheideäquivalente verschiedener Metalle in Abhängigkeit der Ladungszahl

Einflüsse

In der praktischen Galvanotechnik wird die galvanische Abscheidung von zahlreichen Parametern beeinflusst wie Zusammensetzung des Elektrolyten, sowie Temperatur, Stromdichte, Spannung, Badumwälzung, Geometrie des Teiles, Anordnung von Anode zu Kathode und deren Verhältnis zueinander. Dies ist beim Bau der Galvanikanlagen von entscheidender Bedeutung.

Der Elektrolyt erhält alle für die Abscheidung notwendigen Chemikalien in der entsprechenden Zusammensetzung. Unter anderem ist der Metallgehalt, organische Bestandteile, pH-Wert und die richtige Temperatur des Elektrolyten dabei wichtig.

Die Geschwindigkeit der Abscheidung kann über die Stromdichte (=Stromstärke pro Beschichtungsfläche in A/dm^2) geregelt werden (Faraday). Allerdings ist die maximale Stromdichte begrenzt durch die anderen Parameter. Die Spannung ergibt sich aus dem angelegten Strom und dem elektrischen Gesamtwiderstandes des Systems.

Die Badumwälzung beeinflusst die Abscheidung, insbesondere die maximale Stromdichte.
Durch die Geometrie des Teiles ist die Verteilung der Schicht weitgehend vorbestimmt. Die Anordnung von Anode und Kathode wirkt sich ebenfalls auf die Schichtverteilung aus.

Grenzen galvanischer Prozesse

Die galvanische Abscheidung ist immer von vielen Parametern bestimmt, die sich mehr oder weniger stark auf die Abscheidung auswirken. Die Geschwindigkeit und damit die Produktivität des Verfahrens werden von der maximalen Stromdichte bestimmt. Diese kann nicht beliebig erhöht werden. Qualitätseinbußen der galvanischen Schicht sind die Folge.

Die Schichtverteilung ist im Wesentlichen durch die Geometrie des Teiles vorgegeben. An Stellen, die elektrisch abgeschirmt sind, und demzufolge die örtliche Stromdichte niedrig ist, findet die galvanische Abscheidung nur vermindert statt.

15.3 Voraussetzungen für ein Beschichtungssystem

15.3.1 Voraussetzung an die Konstruktion und Werkstoffauswahl

Auf Grund der vielfältigen Faktoren, die ein beschichtetes Bauteil beeinflussen (Grundwerkstoff, Form, Beschichtungsverfahren, Überzugseigenschaften), sollten schon in der Planungsphase die Grundsätze der Galvanotechnik berücksichtigt werden. Die Erfahrung hat gezeigt, dass oft die mechanischen Belange vom Rohmaterial bis hin zum fertigen Bauteil fertig geplant und festgelegt werden, ohne dass der Galvaniseur einbezogen wurde. Dieser erhält dann eine fertige Zeichnung und hat im Allgemeinen keinerlei Einfluss mehr auf die Gestaltung des zu galvanisierenden Teiles.
Der Galvanikbetrieb sollte, wenn im eigenen Haus keine Fachleute zur Verfügung stehen, rechtzeitig mit in die Planung einbezogen werden. Oft sind es Kleinigkeiten im Design der Produkte, die zu erheblichen Kostenreduzierungen und stabileren Prozessen führen, weil die Form und das Material den galvanotechnischen Belangen besser angepasst sind.

Bei der Konstruktion eines Bauteiles sollten aus der Sicht der Galvanik, die in Tabelle 15.2 aufgeführten Punkte und Anforderungen erfasst werden.

Anforderungen	im Hinblick auf:
Mechanische und physikalische Eigenschaften der Grundwerkstoffe	Oberflächenbeschaffenheit Geometrie Verformbarkeit *(Festigkeit, Federeigenschaft, Formtreue)* Korrosionsbeständigkeit Leitfähigkeit (bedingt)
Mechanische und physikalische Eigenschaften der Überzugsmetalle	Glanzgrat Farbe, Aussehen Härte Verschleißschutz Korrosionsbeständigkeit Definierter Reibwiderstand Elektrische Leitfähigkeit (bedingt) Definierter Kontaktübergangswiderstand Lötbarkeit magnetische Eigenschaften
Wechselwirkung der Schicht- und Grundwerkstoffkombination	Verformbarkeit Korrosionsfestigkeit Verschleiß
Festlegungen der mechanischen und physikalischen Anforderungen an das Bauteil	Lebensdauer Häufigkeit der Schalt- oder Steckzyklen Umgebungsbedingungen *(Temperatur, Feuchte, Schadgas)*
Abschätzung der Gesamtkosten	Materialbeschaffung Verformung (Stanzen, Drehen, usw.) Oberflächenbearbeitung Bauteilefertigung (bestücken, umspritzen, prüfen)
Vergleich der Wirtschaftlichkeit alternativer Verfahren	Vorfertigung Oberflächenbearbeitung Endfertigung

Tabelle 15.2: Planung der Anforderungen in der Konstruktionsphase

Erfahrungsgemäß wird dem Punkt Wirtschaftlichkeit alternativer Verfahren zu wenig Augenmerk hinsichtlich der Oberflächenbearbeitung geschenkt. Es sind oft die galvanotechnischen Verfahren, die bei ungünstiger Konstruktion ein Bauteil wegen zusätzlichem Prozessaufwand erheblich verteuern können.

15.3.2 Mechanische und physikalische Eigenschaften der Grundwerkstoffe/Überzugsmetalle

15.3.2.1 Anforderungen an den Grundwerkstoff

Bevor man die Galvanisierverfahren auswählt, ist es wichtig, zunächst die Einflüsse des Grundmaterials zu betrachten.

Oberflächenbeschaffenheit
Die Oberflächenbeschaffenheit kann schon entscheidenden Einfluss auf die Galvanisierbarkeit haben und zu späteren Oberflächenfehlern führen. Die Oberflächenbeschaffenheit des Grundmaterials ist durch das Herstellverfahren und das Verarbeitungsverfahren gegeben. Fehler im Herstellprozess können zu Inhomogenität der Oberfläche führen (Lunker, Materialüberlappungen, Einschlüsse, Kerben). Diese werden ergänzt durch schwer entfernbare Öle und Fette, Oxydhaut, Walzhaut, Rückstände durch Lötprozesse, Glasstrahlen.

Zusätzlich sollten die Oberflächen frei sein von Silizium, Aluminium und Erdalkalifettseifen (Fette zum Einfahren von Neuwerkzeugen). Eingesetzte Stanzöle müssen mit wässrigen Reinigern entfernbar sein. Ein möglichst geringer Befettungsgrad ist von Vorteil.

Geometrie
Bei der Geometrie der Teile sind insbesondere folgende Punkte zu berücksichtigen:

– *Befestigungs- u. Kontaktierungsmöglichkeit bei Einzelteilen*
Bei Gestellware muss der Strom über direkte Kontaktierung auf die Teile übertragen werden. Es sollten die Möglichkeit bestehen die Bauteile so aufzuhängen, dass die Kontaktierungsstellen nicht im Bereich der wesentlichen Flächen liegen, da an diesen Stellen die Schicht zwangsläufig nicht geschlossen ist.

– *Transportmöglichkeit beim Band*
Ein Band sollte einen durchgehenden stabilen Trägerstreifen und die Teile ausreichende Stabilität besitzen

– *Spülbarkeit / Elektrolytaustausch*
Fehlende Spülbohrungen bei Sacklöchern, Faltungen mit Spalt, unzugängliche Hohlräume führen zu Elektrolytverschleppung und Galvanikrückständen in den Hohlräumen, Beschichtung in den Innenbereichen ist nicht oder nur schlecht möglich. Bei flacher Geometrie der Teile besteht zusätzlich die Gefahr des Zusammenklebens der Flächen. Probleme sind dabei nach einiger Zeit die Verunreinigung der Galvanikbäder und die Ausblühung der Salze im Bauteil. Beispiele sind Buchsen ohne Spülbohrung,

Teile, die zusammenkleben oder zusammenstecken, zusammengedrückte Kontaktfedern.

– *Empfindlichkeit gegenüber mechanischer Beschädigung*
Bei ungünstiger Geometrie können sich Teile verhaken, verklumpen, ineinanderstecken und trotz geringem Eigengewicht durch die Hebelwirkung verbiegen.
Bei Bändern können Probleme beim Anlagendurchlauf von der Abhaspelung bis zur Aufhaspelung auftreten (Führungen, Kontaktierungen, Werkzeuge, Umlenkungen) Besonders gefährdet sind herausstehende Teile, zu dünne Sollbruchstellen oder zu locker im Trägerband sitzende Teile.

– *Schichtverteilung auf den zu beschichtenden Flächen*
Auf Grund der physikalischen Gegebenheiten der Stromverteilung und Einflüssen durch den Elektrolyten ergeben sich bei ungünstiger Geometrie sehr große Schichtdickenschwankungen auf dem Bauteil. Dies kann in gewissem Maße durch technische Maßnahmen verbessert, jedoch nicht aufgehoben werden. Allgemein ist die Kathodenstromdichte und somit die Dicke des Niederschlags an Ecken, Kanten und hervorspringenden Flächen oder Punkten höher, in Vertiefungen, engen Winkeln sowie in mittleren Zonen großer Flächen niedriger als die rechnerisch zu erwartende Schichtstärke [3].

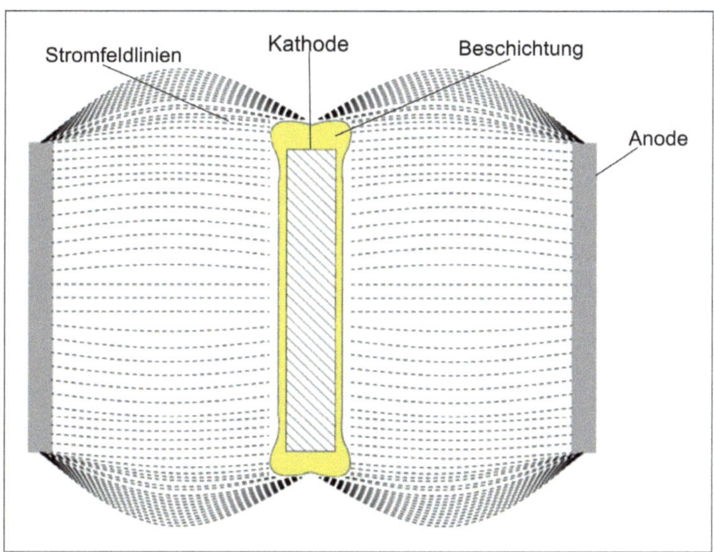

Bild 15.1: Schematische Darstellung des „Hundeknochen“-Effektes

Bild 15.1 zeigt schematisch die Verdichtung der Stromfeldlinien und damit die Erhöhung der Stromdichte auf den Ecken eines Werkstücks. Aus dieser höheren Kathodenstromdichte ergibt sich an diesen Stellen eine verstärkte Metallabscheidung, den sogenannten „Hundeknochen“-Effekt [4]. Dieser Effekt spielt speziell beim Design von

Messer- und Stiftkontakten, Stanzkanten, gebogenen Teilen, Ecken, Kanten, engen Winkeln sowie bei der Wartung der Stanzwerkzeuge eine wichtige Rolle. Um diesen „Hundeknochen"-Effekt zu reduzieren und eine gleichmäßige Abscheidung in engen Winkeln (benachteiligte Zone) zu gewährleisten, sollten Kontaktspitzen, Ecken, Kanten und Winkel möglichst abgerundet ausgeführt werden. Auch schlecht gewartete Stanzwerkzeuge können zu ausgeprägten Stanzkanten führen, die den Aufbau von Metallen an diesen Stellen fördern. Zur Vermeidung sollten Stanzwerkzeuge deshalb regelmäßig gewartet werden. In Bild 15.2 sind einige Beispiele zur Verbesserung der Schichtverteilung und damit auch der Einsparung von Edelmetallen aufgezeigt.

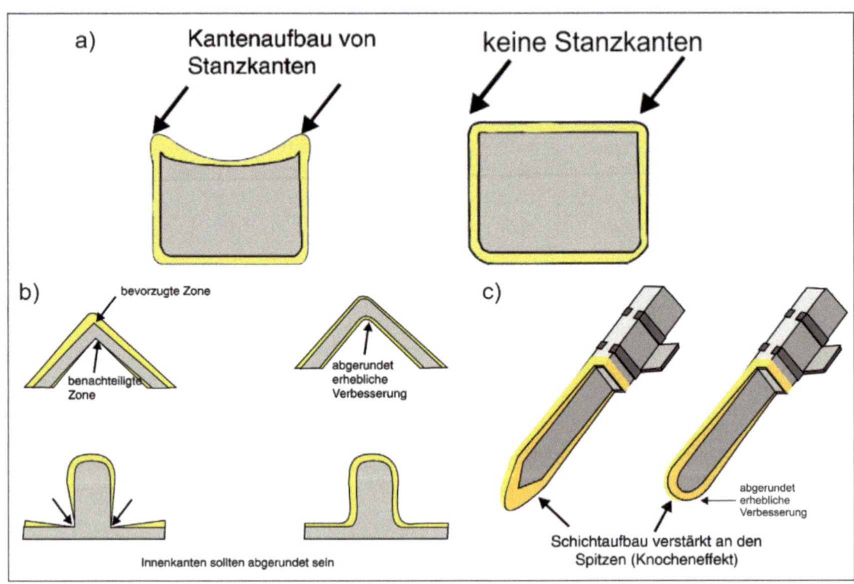

Bild 15.2: Schichtverteilung in Abhängigkeit von der Geometrie
a) Stanzkanten, b) Ecken, Kanten und enge Winkel, c) Kontaktspitze

– *Maßnahmen die Nachteile bei ungünstiger Geometrie verbessern*

Chargengröße reduzieren, Vibratoreinsatz anstatt Trommel, Gestell anstatt Trommel, Laufzeit verlängern, Geometrie der Teile verändern, Spülbohrungen, Verlängerung der Spülprozesse

Am Band: zusätzliche Vorbehandlungen, Blenden, Abdeckwerkzeuge.

Weitere Anforderungen Grundwerkstoffe

Die Eigenschaften der Grundwerkstoffe werden durch die Herstellungs-, Konstruktions- und Einsatzbedingungen noch durch folgende Punkte ergänzt:

- Verformbarkeit (Festigkeit, Federeigenschaft, Formtreue)
- Korrosionsbeständigkeit
- Leitfähigkeit (bedingt)

15.3.2.2 Anforderungen an das Überzugsmetall

Grundsätzlich sind die Eigenschaften der Schichtwerkstoffe durch folgende Punkte geprägt:

1. Die nachfolgende Verarbeitung des Steckverbinders
2. Die Beanspruchung sowie die erforderlichen elektrischen und mechanischen Eigenschaften des Bauteils im verbauten Zustand

Allgemein kann man optische und technische Eigenschaften der Schichtmetalle unterscheiden.

Optische Eigenschaften:
- Glanzgrad
- Farbe
- Aussehen

Technische Eigenschaften:
- Härte
- Verschleißschutz
- Korrosionsbeständigkeit
- Definierter Reibwiderstand
- Elektrische Leitfähigkeit (bedingt)
- Definierter Kontaktübergangswiderstand
- Lötbarkeit
- magnetische Eigenschaften

Ein großer Anteeil der für die Elektronik und Elektrotechnik gewünschten und nötigen Grundeigenschaften wird in erster Linie von der Beschichtung erbracht.

15.4 Wechselwirkung der Schicht- und Grundwerkstoffkombination

Bei der Betrachtung der Grundwerkstoff-Schichtwerkstoffkombinationen ist es notwendig, zunächst einige wichtige Punkte bezüglich der Wechselwirkung der Schichten mit dem Basiswerkstoff herauszuarbeiten.

Wenn man die physikalischen und chemischen Eigenschaften der Grund- und Schichtwerkstoffe einzeln betrachtet, ist man geneigt, den Schichtaufbau einfach nach den gewünschten Anforderungen zusammenzustellen und zu addieren.

Die folgenden Ausführungen zeigen, dass bei der Auswahl eines Beschichtungssystems mehrere weitere Punkte berücksichtigt werden müssen, die für die Qualität und Einsatzfähigkeit eines Bauelementes von entscheidender Bedeutung sind.

15.4.1 Verformbarkeit

Viele Bauteile im Bereich der Steckverbinder werden im Rohzustand oder nach der galvanischen Beschichtung verformt. Beispielsweise das Abwinkeln von Anschlusspfosten, Ausbiegen von Kontaktkuppen, Rollen von Kontaktbuchsen und Steckern.

Findet diese Verformung nach der Galvanik statt, z. B. bei der Veredelung von Vollbändern oder vorgestanzten Bändern, kann es durch die unterschiedliche Verformbarkeit der Grundwerkstoffe und Schichtwerkstoffe zur Rissbildung in der Oberfläche kommen. Im Grenzfall kann sogar bei guter Haftung und hoher Festigkeit des Schichtwerkstoffes das Grundmaterial mit einreißen. Es besteht die Gefahr eines Bruches an den Biegestellen, eines Schwingungsrisses und der Spannungsrisskorrosion an den Federstellen. Kontaktkorrosion kann auftreten durch den Potentialunterschied Grundwerkstoff – Schichtwerkstoff.

Bei galvanischen Schichten kann die hohe Festigkeit und verminderte Biegefähigkeit auch eine Folge von Zugeigenspannungen im Niederschlag sein. Diese hohen Zugeigenspannungen werden durch den Schichtaufbau speziell durch Glanzbildner und ungünstige Abscheidungsbedingungen beeinflusst.
Um bestimmte Niederschlagseigenschaften zu erhalten (Härte, Glanz) ist es jedoch unumgänglich, Zusätze einzusetzen, auch wenn dies eine verminderte Biegefähigkeit zur Folge hat. (z. B. Nickel und Hartgold). Es ist in diesen Fällen sinnvoll, die Biegung an den kritischen Stellen vor der Galvanik vorzunehmen. (Kontaktkuppen, Prägungen)

15.4.2 Korrosion

Die Anfälligkeit oder Beständigkeit eines Metalls ist vom edlen oder unedlen Charakter des Metalls abhängig. Anhand der elektrochemischen Spannungsreihe können wir erkennen, welche Metalle als "edel“ (positives Normalpotential E_0) und welche als "unedel“ (negatives Normalpotential E_0) im elektrochemischen Sinne bezeichnet werden können (Tabelle 15.3). Diese gibt jedoch nicht ausschließlich die Eigenschaften wieder. Auch die Neigung zu reaktionsträgen Oxyden wird die Korrosionsfähigkeit beeinflussen. So ist z. B. Aluminium sehr beständig, obwohl es in der Spannungsreihe weit unter dem Eisen steht.

Korrosion entsteht durch das Bestreben der unedlen Metalle in einen energiearmen Zustand überzugehen, der wesentlich stabiler ist und auch dem ursprünglichen Zustand in der Erdrinde entspricht. Die Korrosion wird extrem beschleunigt durch Bildung eines Lokalelementes beim Zusammenschluss von Metallen mit unterschiedlichem Potential. Durch Feuchtigkeit und Luftschadstoffe entsteht ein Elektrolyt, der einen Elektronenfluss ermöglicht. Dabei geht das unedle Metall als Anode in Lösung, während das edlere Metall kathodisch geschützt ist.

Es gibt bei Überzügen als Korrosionsschutz zwei Möglichkeiten. Die erste ist die Beschichtung des Bauteiles mit einer unedlen Schicht (z. B. Verzinken von Eisen). Die Verzinkung dient als "Opferanode“ zugunsten des Eisens. Der Vorteil besteht darin, dass das Bauteil in seiner Stabilität und Funktion weitgehend erhalten bleibt.

	Metall	E_0(Volt)	
K	Kalium	K/K^+	-2,92
Ca	Kalzium	Ca/Ca^{2+}	-2,76
Na	Natrium	Na/Na^+	-2,71
Mg	Magnesium	Mg/Mg^{+2}	-2,40
Al	Aluminium	Al/Al^{3+}	-1,69
Mn	Mangan	Mn/Mn^{2+}	-1,10
Zn	Zink	Zn/Zn^{2+}	-0,76
Cr	Chrom	Cr/Cr^{2+}	-0,51
Fe	Eisen	Fe/Fe^{2+}	-0,44
Cd	Cadmium	Cd/Cd^{2+}	-0,40
Co	Kobalt	Co/Co^{2+}	-0,29
Ni	Nickel	Ni/Ni^{2+}	-0,25
Sn	Zinn	Sn/Sn^{2+}	-0,16
Pb	Blei	Pb/Pb^{2+}	-0,13
H_2	**Wasserstoff**	**H_2/H_3O^+**	**-0,00**
Cu	Kupfer	Cu/Cu^{2+}	+0,35
Ag	Silber	Ag/Ag^+	+0,81
Hg	Quecksilber	Hg/Hg^{2+}	+0,86
Au	Gold	Au/Au^{3+}	+1,38
Pt	Platin	Pt/Pt^{2+}	+1,60

Tabelle 15.3: Normalpotential einiger Metalle (elektromechanische Spannungsreihe)

Die zweite Möglichkeit: man überzieht ein unedles Metall mit einem edlen Metall. Von Vorteil ist, dass bei dichten Oberflächen keine Korrosion stattfindet – es werden Oberflächen und Bauteil geschützt.
Nachteilig ist jedoch, wenn durch Rissbildung (siehe Punkt 15.4.1) oder Poren im Beschichtungsmetall (Wasserstoffeinschlüsse oder Defekte im Grundwerkstoff wie Lunker oder Überlappungen) Lokalelemente entstehen. Dabei dient dann der Grundwerkstoff als Anode und der Schichtwerkstoff bleibt erhalten. Dies bedeutet, zunächst sieht man keine offensichtliche Korrosionsstelle. Bei fortgeschrittener Korrosion kann allerdings dann das gesamte Bauteil auseinanderbrechen.
Da in der Regel bei elektrischen Kontakten auch niedrige Übergangswiderstände gefordert sind, wird dort die Beschichtung oft mit sehr edlen Metallen wie Gold, Silber oder Palladium ausgeführt. Es ist deshalb sehr wichtig, eine dichte Oberfläche zu erhalten.

15.4.3 Verschleiß, Abrasion

Um bei der mechanischen Beanspruchung der Bauteile den Verschleiß erheblich zu reduzieren (Abrieb), wird ein entsprechend hartes Schichtmaterial aufgebracht. Auch die Eigenschaften Härte und Abriebverhalten sind nur in der Kombination mit einem einwandfreien Basismaterial zu erreichen. So wird z. B. bei sehr weichem Basismaterial und bei ungenügender Schichtstärke des Schichtwerkstoffes, dieser durchgedrückt, und es kommt zu einem sehr hohen Verschleiß.
Bei rauen Oberflächen kann ebenfalls mit gängigen Schichtstärken keine genügende Einebnung erreicht werden. Auch dort wird ein starker abrasiver Verschleiß erfolgen. Dasselbe gilt auch für eine ungünstige Geometrie der Teile wie z. B. scharfe Kanten und schlechte Entgratung.

Es sind bei der Auswahl der Schichtwerkstoff-Grundwerkstoff-Kombination komplexe Zusammenhänge zu berücksichtigen. In bestimmten Fällen ist bei neuen Projekten die endgültige Festlegung erst nach einer Musterbearbeitung und der Durchführung von Testreihen möglich.

15.4.4 Festlegung der Spezifikation und Bestellangaben

Bezüglich der Schichtdickenangaben wird hiermit auf die *DIN 50960* verwiesen.

Teil 1: Enthält im Wesentlichen die Bezeichnungen und Angaben für Spezifikationen und Zeichnungsfestlegungen, sowie Grundwerkstoff/Schichtwerkstoff-Maßangaben in µm und Angaben zur Nachbehandlung.

Teil 2: Gibt eine Richtlinie für die Darstellung der zu beschichtenden Zonen in der Zeichnung wieder. Es ist für die Kalkulation und Prüfplanung sehr wichtig, dass die Flächen klar definiert sind. Es ist zu unterscheiden, ob es sich um eine Funktionsfläche (wesentliche Fläche) handelt, an der die Schichtstärke nach Angabe gefordert ist, oder eine Fläche, die nicht wesentlich ist, jedoch eine Beschichtung aufweisen kann. Oder ob es sich um eine Fläche handelt, die frei sein muss von jeder galvanischen Schicht.

Es sollten auch entsprechende Messstellen angegeben werden – zur besseren Verständigung bezüglich Kalkulation und Prüfplanung.
Neben den Angaben für Grundwerkstoff (auch Bearbeitungszustand) und Schichtwerkstoff mit Angabe der Schichtstärken und Messpunkte sind folgende Informationen für die Galvanik relevant:

- Aussehen - glänzend, matt, gebürstet
- Nachbehandlungen - wie z. B. Anlaufschutz bei Silberteilen (passivieren)
- Wärmebehandlungen - nach der Beschichtung (Temperatur und Zeit)
- Lötfähigkeit - Prüfbedingungen, Haftfestigkeitsprüfung
- Verformung - nach der Beschichtung; mit Winkel und Biegeradius
- Korrosionsbeständigkeit - bzw. Porenprüfung (Prüfverfahren festlegen)
- Wickelsinn - der Spulen bei Bandmaterial

15.5 Schichtwerkstoffe

Nachstehend werden die gebräuchlichsten Überzugsmetalle dargestellt und kurz beschrieben.

Gold
Wegen der hohen Anlauf- und Korrosionsbeständigkeit, der guten elektrischen Leitfähigkeit und des niedrigen Übergangswiderstandes ist Gold ein ideales Kontakt-Material. Bei Steckverbindern, die gleichzeitig eine gute Verschleißeigenschaft haben müssen, wird eine Hartgoldschicht aufgebracht (Legierungsanteil Co oder Ni ca. 0,2 bis 0,3 %).

Auf Grund der Diffusion von Gold in Kupferwerkstoffe (Gold diffundiert bei Zimmertemperatur in ca. 10 Jahren 1µm in die Cu-Schicht) unterlegt man die Vergoldung bei Steckverbindern mit einer Zwischenschicht aus Nickel. Diese Schicht bewirkt gleichzeitig eine bessere Abriebfestigkeit.
Für die Vergoldung von Halbleitern wird Feingold eingesetzt und für bondbare Schichten ultrareines Gold mit einem Goldgehalt von 99,99% ohne jeglichen Zusatz.

Palladium
Durch den in den 80er-Jahren erheblich angestiegenen Goldpreis hat man Ersatzmetalle gesucht, die die Kontakteigenschaften des Goldes zu wesentlich geringeren Kosten erfüllen. Palladium hat auf Grund seiner elektrischen Eigenschaften vor allem als Palladium-Nickellegierung das Gold in vielen Anwendungsfällen ersetzt. Die Eigenschaften von Reinpalladium und Pd/Ni sind im Abriebverhalten jedoch schlechter als Gold. Auf Grund der stärkeren Abrasion wird Palladium und Pd/Ni (80/20) nahezu ausschließlich mit einem zusätzlichen Goldflash (ca. 0,2 µm) eingesetzt. Die Flashvergoldung wirkt dann als Schmiermittel und verhindert den abrasiven Verschleiß.
Palladium-Nickel-Schichten haben gegenüber Reinpalladiumschichten mehrere Vorteile. Neben der Ersparnis an Edelmetall sind Pd/Ni-Schichten weitaus härter und duktiler. Des Weiteren hat Pd/Ni eine höhere Abriebfestigkeit, daher wird die Pd/Ni-Variante mit zusätzlichem Au-Flash allgemein bevorzugt. [5]

Silber
Auf Grund der sehr guten Leitfähigkeit wäre Silber das ideale Kontaktmaterial. Es wird auch bei sehr vielen Kontakten eingesetzt. Die Problematik der Silberschicht liegt in der Neigung zur Sulfidbildung durch in der Luft enthaltenen Schwefelwasserstoff. Ungeschützte Silberoberflächen laufen bei längerer Lagerung schwarz an. Der Übergangswiderstand kann nur durch hohe Steckkräfte überbrückt werden, wodurch die dünne Sulfidschicht durchgedrückt wird.
Die Leitfähigkeit und der Übergangswiderstand werden durch Härtungszusätze wie Antimon und Arsen schlechter. Diese durch Dotierungsmetalle erzeugten Hartsilberschichten werden deshalb nur bedingt eingesetzt. Um auch bei weicheren Silberschichten gute Abriebbeständigkeit und niedrige Steckkräfte zu erhalten, wird die Silberschicht bei der Anwendung im Steckverbinderbereich mit einer Passivierung versehen, die einerseits als Schmiermittel dient und andererseits eine Schutzschicht gegenüber dem Schwefelwasserstoff bildet. Diese Passivierung ist auf Thiolbasis aufgebaut und unter verschiedenen Namen im Handel.
Weitere Passivierungsmöglichkeiten: Aufbringen einer dünnen Rhodiumschicht von 0,2 – 0,5 µm oder anorganische Anlaufschutzsysteme auf Basis von Zinnverbindungen. Chromatierungen wie sie in den 90er Jahren noch üblich waren, werden aufgrund der RoHS-Richtlinien nicht mehr eingesetzt.

Nickel
Nickel wird in der Regel als Korrosionsschutz und Sperrschicht aufgebracht. Die relativ hohe Härte der Nickel-Niederschläge wirkt sich außerdem positiv auf die Verschleißeigenschaften aus. Eine Anwendung direkt als Kontaktmaterial wird nur bei höheren Strömen möglich sein, da das Nickel einen relativ hohen Übergangswiderstand aufweist.
Die Problematik der Nickelschichten liegt in der relativ geringen Bruchdehnung. Es ergeben sich oft Probleme mit der Bildung von Rissen bei Schichten die nachträglich verformt werden. Wenn die Schicht nach der galvanischen Beschichtung verformt wird,

sollten ausschließlich Bäder ohne Glanzzusatz eingesetzt werden. Vorteilhaft ist es, die Vorformung in den qualitätsrelevanten Zonen (Kontaktbereiche) vor der Galvanik vorzunehmen.

Kupfer
Kupfer ist auf Grund seiner guten Leitfähigkeit ein sehr wichtiges Metall für die Elektronik. Galvanisch abgeschiedenes Kupfer wird sehr häufig in der Leiterplattenherstellung für Leiterbahnen und Durchkontaktierungen eingesetzt.
Allerdings überzieht sich das Kupfer sehr schnell mit einer Oxydschicht und wird deshalb im Steckverbinderbereich meistens nur als Zwischenschicht aufgebracht. Kupfer wird als Diffusionssperre benötigt, wenn Bauteile aus zinkhaltigen Grundwerkstoffen bestehen, vor allem wenn bestimmte Anforderungen an die Lötbarkeit gegeben sind. Bei bleihaltigen Drehteilen wird Kupfer ebenfalls häufig als Haftvermittler verwendet.

Zinn
Zinn ist eines der am häufigsten eingesetzten Kontaktmetalle. Vor allem im Automobilbereich wird Zinn sehr häufig verwendet.
Als Löthilfe werden nahezu alle selektiv beschichteten Bänder im Anschlussbereich mit Zinn belegt. Die Beschichtung mit Zinn erlaubt eine sehr schnelle automatische Lötung, da der Schmelzpunkt der galvanisch abgeschiedenen Schicht nahezu dem des Zinnlotes entspricht. Die galvanische Vorverzinnung hat den Vorteil, dass das ablegierte Zinn keine Verunreinigung der Lotbäder verursacht, während dies bei Gold und Silber der Fall ist. Im Steckbereich kann die Zinnschicht nur unter bestimmten Voraussetzungen verwendet werden. Auf Grund der geringen Härte führt das Zinn zu hohen Steckkräften und ist nicht geeignet für hohe Steckzyklenzahl. Eine Verbesserung wird durch Anschmelzen der Schicht erzielt, wobei eine sehr harte intermetallische Phase erzeugt wird, die wiederum eine hohe Härte aufweist. Die Zinnschichtstärke wird bei diesen Teilen so dünn aufgebracht, dass fast nur noch die intermetallische Phase existiert. Das Ergebnis ist eine hohe Abriebfestigkeit.
Aufgrund der RoHS-Richtlinien können Zinn/Blei-Schichten in neuen Steckverbindersystemen trotz ihres Vorteils der Whiskerreduktion nicht mehr eingesetzt werden. Trotzdem finden sie in älteren Produkten aufgrund der Ersatzteilsituation immer noch Anwendung.

15.6 Verfahren zur galvanischen Beschichtung von elektronischen Bauteilen

Bei den Verfahren zur galvanischen Beschichtung von Bauteilen für elektronische Anwendungen unterscheidet man zwischen Einzelteilegalvanik, Schüttgut oder Gestellware. Diese unterscheiden sich wie folgt:

Trommelbearbeitung
Die Einfachste und häufigste Form der Galvanisierung von Schüttgutteilen ist die Galvaniktrommel. Für die Trommelbearbeitung sind alle Teile geeignet, die stabil genug sind, um bei der Trommelbewegung, die zur Durchmischung der Teile und dem Elektrolytaustausch nötig ist, nicht verbiegen und auch nicht zu schwer sind, so dass ein Zerschlagen unmöglich ist.

Die Trommel wird in die Galvanikbäder eingehängt, die Anoden befinden sich als Körbe oder Platten im Galvanikbad. Die Kontaktierung der Teile als Kathode erfolgt über Metallplatten oder Klöppel in der Trommel. Der Elektrolytaustausch erfolgt durch Löcher bzw. Schlitze in der Trommel.

Grundsätzlich müssen für eine optimale Beschichtung gewisse Verfahrensschritte eingehalten werden:

1. Reinigung/Vorbehandlung
2. Beschichtung
3. Nachbehandlung/Heißwasserspüle
4. Trocknung

Tabelle 15.4 zeigt ein Ablaufschema für eine Automatenbearbeitung eines Schüttgutteiles. Bild 15.3 zeigt einen Trommelgalvanik-Automaten.

Verfahren Allgemein	Station Nr.	Verfahren, Medium	Zeit (Minuten)
Reinigung/Vorbehandlung	1	Vorwaschen	3
	2	Abkochentfettung	3
	3	Abkochentfettung	3
	4	Elektrolyt.Entfettung kat.	2
	5	Sparspüle	0,2
	6	Sparspüle	0,2
	7	Fließspüle	0,75
	8	Dekapierung	1,5
	9	Sparspüle	0,2
	10	Sparspüle	0,2
	11	Fließspüle	0,75
Beschichtung	12	Nickelbad	nach Eingabe *
	13	Sparspüle	0,2
	14	Sparspüle	0,2
	15	Fließspüle	0,75
	16	Goldbad	nach Eingabe *
Nachbehandlung/ Heißwasserspüle	17	Sparspüle	0,5
	18	Sparspüle	0,5
	19	Sparspüle	0,5
	20	Fließspüle	0,5
	21	Heißwasserspüle	1
Trocknung	22	Trocknung	nach Eingabe **

* Die Expositionszeit der Vernickelung/Vergoldung wird entsprechend der geforderten Schichtstärke eingegeben.

** Die Trocknungszeit ist abhängig von der Geometrie und der Menge der Teile in der Trommel

Tabelle 15.4: Ablaufschema für eine Automatenbearbeitung eines Schüttgutteiles Beispiel: Nickel und Gold auf einem Buntmetall (Grundwerkstoff)

Bild 15.3:
Trommelgalvanik-Automat

Gestellbearbeitung

Teile, die auf Grund ihrer Größe nicht mehr in der Trommel bearbeitet werden können, werden auf Gestellen (Rahmen) aufgehängt. Das Gestell ist normalerweise kunststoffbeschichtet, damit es nicht mitgalvanisiert wird. Die Kontaktierung erfolgt über die Aufhängungen in Form von Haken oder Klemmen. Die Gestelle werden in die Bäder eingehängt, die Bewegung erfolgt durch die Kathodenstangen, diese werden über einen Exzenter hin- und herbewegt.

Vibro-Plating

Für sehr empfindliche Teile und Teile mit Innenbohrungen werden bevorzugt Vibratoren eingesetzt. Die Vibratoreinheiten (Bild 15.4) können in die normalen Trommelautomaten integriert werden. Die Warenbewegung erfolgt durch Vibration. Die Gewichtsbelastung ist dadurch geringer. Die Vibration bewirkt außerdem einen intensiven Elektrolytaustausch, was sich besonders bei tiefen Bohrungen auswirkt. Die Schichtverteilung wird dadurch besser.

Bild 15.4: Vibro-Plating, links Prinzip, rechts Gerätebeispiel

Selektivbeschichtung von Schüttgutteilen

Bauteile, die nicht in Form von Bändern selektiv bearbeitet werden können, werden in Form von Kämmen oder Einzelteilen auf entsprechende Rahmen (Bild 15.5) aufgenommen und durch eine definierte Eintauchtiefe in die Bäder selektiv beschichtet. Da dieses Verfahren recht aufwendig ist, wird es nur dann eingesetzt, wenn erhebliche Kosten an Edelmetall eingespart werden können wie z. B. bei großen Steckerbuchsen die nur im Innenbereich Gold benötigen. Es ist zum Teil erforderlich an das Teil angepasste Formen und Rahmen zu bauen. Hinzu kommt die zusätzliche Arbeit der Bestückung. Diese erfolgt sehr oft noch von Hand. Aufgrund der stark gestiegenen Edelmetallpreise wird eine selektive Massenbeschichtung von Einzelteilen immer interessanter, so dass sich in der Technik auch halbautomatische und vollautomatische Anlagen etabliert haben. Mit diesen Anlagen können auch kleinere Stecker und Buchsen kostengünstig selektiv beschichtet werden.

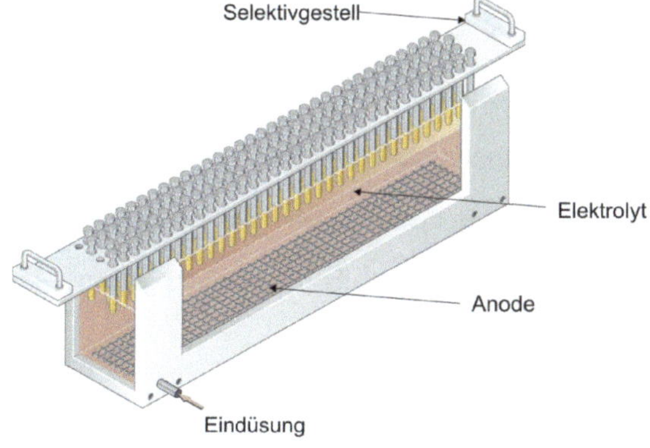

Bild 15.5: Selektivbeschichtung mittels Rahmenaufhängung

15.7 Bandgalvanisierung

15.7.1 Unterschiede und Vorteile gegenüber der Einzelteilegalvanik

Bei der Galvanisierung als Endlosband ist es zunächst erforderlich einige Unterschiede zur klassischen Galvanik hervorzuheben. Auf Grund des ständig wachsenden Bedarfs an Kontakten durch die revolutionäre Entwicklung in der Elektronikindustrie mussten Verfahren entwickelt werden, um die bisherige Methode der Einzelteilegalvanik zu verbessern. Dazu kam der immer häufigere Einsatz von Gold als Kontaktmaterial, das in der Massenteilefertigung bis heute einen erheblichen Kostenfaktor bedeutet.
Dazu kam der Bedarf an unterschiedlichen Oberflächen an ein und demselben Bauteil. So ist es bei der Einzelteilefertigung nur unter hohem Kostenaufwand möglich, z. B. ein Kontaktmesser an der Steckseite mit Gold und an der Anschlussseite mit Zinn zu beschichten.

Die fortschreitende Automatisierung führte ebenso zu dem Bedarf an gut bearbeitbaren Ausgangsmaterialien, die für eine Automatenfertigung bestens geeignet sind. Die Einführung der Bandgalvanisierung hatte folgende Vorteile:

- Transportmöglichkeit und Magazinierung der Massenteile in Form von Spulen, auch relativ empfindliche Teile können gefahrlos transportiert und gelagert werden.

- Endlosbänder bieten Vorteile bei der automatischen Zufuhr und bei der Bestückung.

- Jedes Teil durchläuft zwangsläufig dieselben Prozessbedingungen. Während bei der Einzelteilegalvanik eine wesentlich größere Streuung der Schichtdickenwerte zu erwarten ist, sind die Schichten bei der Bandfertigung unter stabilen Prozessbedingungen konstant.

- Die Einsparung der Edelmetalle durch die Möglichkeit der Selektivbearbeitung.

- Die Lötanschlüsse können vorverzinnt werden. Eine Verunreinigung der Lötbäder mit Silber oder Gold ist dadurch ausgeschlossen.

15.7.2 Aufbau einer Bandgalvanisieranlage

Die Vielfältigkeit des heutigen Bedarfes an Bändern für die Bauteilefertigung erfordert ein Maximum an Flexibilität bei der Konzeption von Bandanlagen. Bild 15.6 zeigt in einer schematischen Darstellung den Aufbau einer Bandgalvanik.

Bild 15.6: Schematische Darstellung des Aufbaus einer Bandanlage

Der beste Fall ist die Anpassung der Bandanlage an ein entsprechendes Produkt. Dies ist jedoch in der Praxis sehr oft nicht möglich, da vor allem im Bereich der Lohngalvanik mit den unterschiedlichsten Produkten zu rechnen ist. Grundsätzlich ist alles technisch zu realisieren, jedoch unter dem Gesichtspunkt Kostenaufwand und Wirtschaftlichkeit oft nicht durchführbar. Hier sei nochmals auf die Themen Qualität der Konstruktion, Beratung durch den Fachmann und Kontrolle der Wirtschaftlichkeit verwiesen.

Den Prozessablauf auf einer Bandanlage zeigt Tabelle 15.5 anhand des Beschichtungsbeispiels vernickeln, vergolden, verzinnen.

Hauptprozess	Teilprozesse	Prozessbeschreibung
1. Abhaspelung	Doppelhaspel mit Tänzersteuerung und Sensorüberwachung	
	Bandspeicher	
2. Vorbehandlung	Ultraschall-Abkochentfettung	Alkalisch wässrige Lösung. Die Vorbehandlung erfolgt im Durchlaufverfahren durch Tauchtiefenregulierung. Die Kontaktierung bei kathodischer und anodischer Entfettung erfolgt über gefederte Rollen.
	Sparspüle	
	Kathodische Entfettung	
	Mediumspüle	
	Anodische Entfettung	
	Sparspüle	
	Kreislaufspüle	
	Dekapierung (Aktivierung)	
3. Vernickelung	Vorvernickeln (Ni-Strike)	Stark saures Ni-Strike-Bad zur Haftvermittlung im Tauchverfahren.
	Vernickeln mit Sulfamatnickelbad	Mehrere Tauchzellen hintereinandergeschaltet; High-Speed-Zellen mit löslichen Nickelanoden (Pellets) in Titankörben; Kontaktierung über gefederte Rollen. Die Nickelzellen können je nach gefordertem Schichtaufbau gesamt oder selektiv über Tauchtiefenregulierung eingestellt werden.
	Sparspülen Kreislaufspülen	
4. Vorvergoldung	Vorgold (Au-Strike)	Vorvergoldung über Tauchzelle. Selektiveinstellung über Tauchtiefenregulierung. Kontaktierung über gefederte Rollen.
5. Hartvergoldung	Vergoldung mit Hartgoldbad AuCo nach MIL G 45204 Typ 1 Grad C	Vergoldung nach Anforderung über Tauchzellen oder Selektivbeschichtungszellen. Bei allen Beschichtungen mehrere Zellen hintereinandergeschaltet. Selektivbeschichtungen können beim Tauchen durch Tauchtiefenregulierung

		eingestellt werden. Kontaktierung über gefederte Rollen. Unlösliche, platinierte Titananoden, Golddosierung über Amperestundenzähler.
	Sparspülen	
	Kreislaufspülen.	
6. Verzinnung	Entgoldung im Sn-Bereich	Goldstripperlösung zur Entfernung von Restgold
	Sparspüle	
	Kreislaufspüle	
	Dekapierung	Methansulfonsäure
	Verzinnung mit Reinzinn	Methansulfonsaurer Sn-High-Speed-Elektrolyt. Selektiveinstellung durch Tauchtiefenregulierung. Lösliche Zinnanoden (Pellets) in Titankörben. Kontaktierung über gefederte Rollen.
	Sparspüle	
	Kreislaufspüle	
7. Endbehandlung	Kreislaufspülen	
	Heißwasserspüle	Entionisiertes Wasser 60 °C.
	Endspüle	Vollentionisiertes Wasser über Leitwertmessgerät überwacht
	Luftabblasung	
	Heißlufttrocknung	Umluft mit ca. 100 - 120 ° C
	Antriebseinheit	Hartgummirollen elektronisch geregelt;
	Zählwerk	Infrarotzählwerk zur Stückzahlermittlung
8. Aufhaspelung	Doppelhaspel mit Tänzersteuerung und Sensorüberwachung	
	Papierabhaspelung	

Tabelle 15.5: Prozessablauf einer Bandanlage
Beispiel: Vernickeln, Vergolden, Verzinnen

15.7.3 Selektives Tauchverfahren

Das Verfahren wird generell eingesetzt in allen Vorbehandlungen und Aktivierungen sowie allen Galvanisierbereichen, die über alle Prozesse gefahren werden.
Selektiv kann durch Tauchtiefenregulierung gefahren werden in der auf Bild 15.7 angedeuteten Form.

Diese Form der Selektivgalvanisierung ist von den Bearbeitungskosten die günstigste Form, da keine zusätzlichen Werkzeugkosten anstehen. Es ist jedoch mit einer Ungenauigkeit zu rechnen durch die Auslaufzone, die bedingt durch die Unruhe des Flüssigkeitsspiegels, ca. 2 mm beträgt. Diese Auslaufzone kann bei Gold erheblich zu Buche schlagen. Bei unedlen Metallen ist jedoch die Genauigkeit ausreichend.
Bei diesem Verfahren gibt es verschiedene Modifikationen mit entsprechenden Blenden und Eindüsungen seitliche Abschirmung und Anodenanordnungen, um das Verfahren der jeweiligen Geometrie der Bauteile anzupassen.

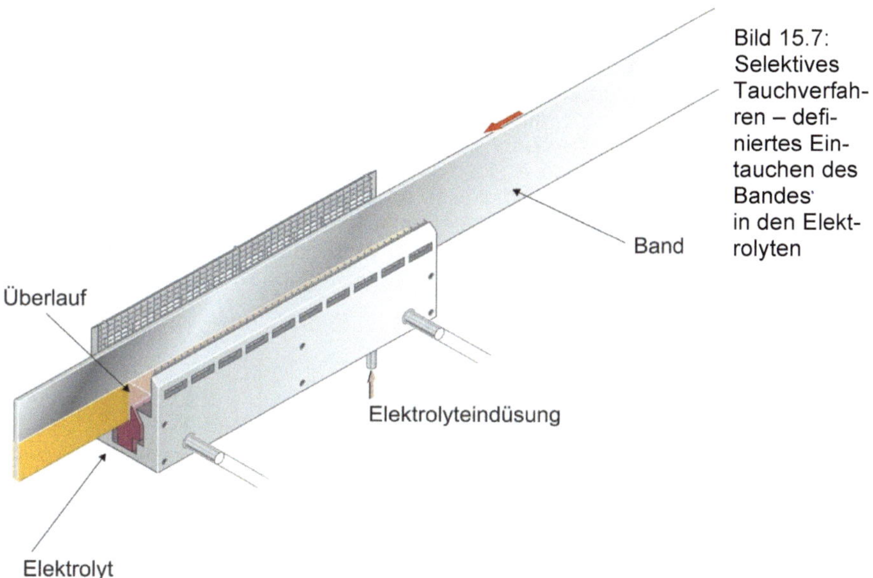

Bild 15.7: Selektives Tauchverfahren – definiertes Eintauchen des Bandes in den Elektrolyten

15.7.4 Selektivrad

Das Selektivrad (Bild 15.8) eignet sich zur Streifenbeschichtung an Vollbändern oder gestanzten Bändern, die allerdings nicht stark profiliert sein sollten.
Es können ein oder mehrere Steifen einseitig aufgebracht werden.

Bild 15.8: Ausführungsbeispiel einer Selektivradzelle in der Bandgalvanik

Bei beidseitiger Beschichtung ist es sinnvoll 2 Räder hintereinanderzuschalten. Im Selektivrad werden die zu beschichtenden Streifen über ein rotierendes Rad (Bild 15.8) geführt, das in einen Elektrolytbehälter eintaucht. Die Positionierung erfolgt über exakt einstellbare Führungsrollen. Die nicht zu veredelnden Zonen werden auf der Rückseite durch eine mehr oder weniger weiche Radauflage (Moosgummi oder ähnliches) abgedeckt und auf der Vorderseite durch justierbare, über Rollen geführte Abdeckriemen maskiert. Durch entsprechende Anodenanordnung und Elektrolyteindüsung können sehr hohe Abscheidungsgeschwindigkeiten erzielt werden. Auf Grund hoher Einstellgenauigkeit ist ein sehr stabiler Prozess erreichbar. In Bild 15.9 wird die Bandführung und Führung der Maskierungsriemen in einem Selektivradmodul schematisch dargestellt.

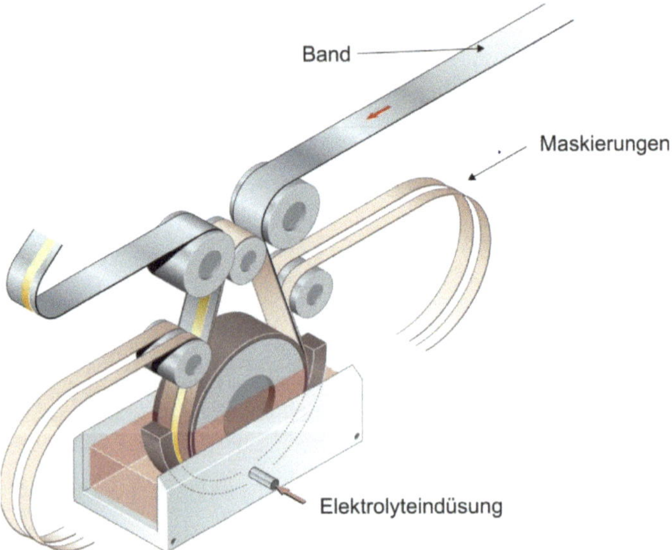

Bild 15.9: Bandführung in einer Selektivrad-Galvanik

15.7.5 Riemenzelle

Die Riemenzelle (Bild 15.10) wird bei der einseitigen oder zweiseitigen Beschichtung von Vollbändern oder nicht allzu stark profilierten gestanzten Bändern eingesetzt.
Das Band läuft vertikal durch zwei mitlaufende Riemen. Die Elektrolyteindüsungen befinden sich zwischen den Antriebsrollen. Die Maskierung erfolgt durch entsprechende Riemenformen. Da es sich um ein nahezu geschlossenes System handelt kann mit starker Andüsung gearbeitet werden. Dadurch sind sehr hohe Abscheidungsgeschwindigkeiten möglich.

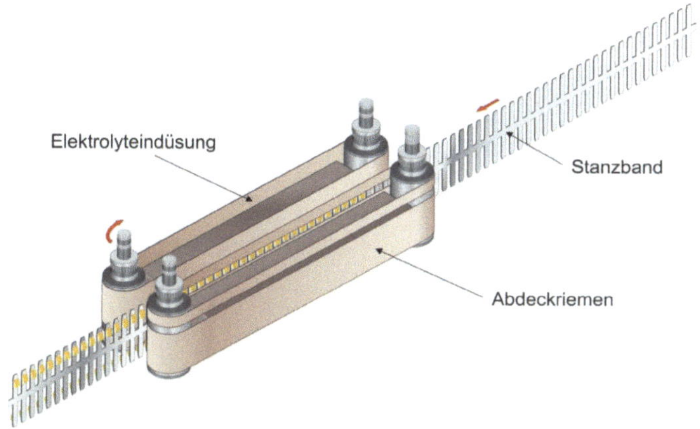

Bild 15.10: Aufbau einer Riemenzelle

15.7.6 Regenbogenzelle (Rainbow Cell)

Die Regenbogenzelle (Bild 15.11) ist geeignet für die einseitige Streifenbeschichtung mit sehr hoher Genauigkeit an Vollbändern. Es können mehrere Streifen nebeneinander abgeschieden werden.

Das Band wird vertikal an einer mit Ausstanzungen versehenen Folie vorbeigezogen. Die Rückseite wird mit Kunststoff abgedeckt. Die Vorderseite läuft an der gespannten Folie vorbei. Die Elektrolyteindüsung wird so angeordnet, dass die freien Stellen optimal umspült werden.

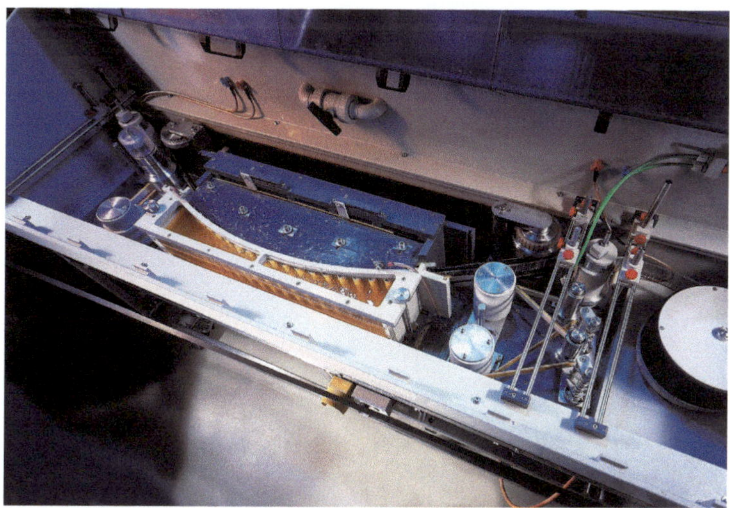

Bild 15.11: Ausführungsform einer Rainbow Cell (Regenbogenzelle)

15.7.7 Selektive Streifenzelle (Central Wave)

Diese Zelle ist geeignet für Streifen im mittleren Bereich der Bänder (gestanzt und ungestanzt), wenn z. B. im Außenbereich schon Beschichtungen erfolgt sind (z. B. zwei Goldstreifen). Die Bezeichnung Central Wave kommt von der Art der Elektrolyteindüsung / Anspritzung. Diese Zelle wird bevorzugt für die Verzinnung eingesetzt. Der Vorteil gegenüber Rad und Riemenzelle besteht darin, dass das schon vergoldete Band nicht mit den Goldoberflächen durch den Zinnelektrolyten gefahren werden muss.

15.7.8 Klebetechnik

Um auf Bändern Streifen nicht beschichteter Zonen zu erhalten, eignet sich am Besten die Klebetechnik. Hierbei werden Endlosklebebänder mit definierter Breite vor der Beschichtung auf die Vorder- und/oder Rückseite des Bandes aufgebracht.
Im Bereich des Klebebandes sollten die Bänder möglichst vollflächig ungestanzt bleiben. Die Galvanisierung erfolgt dann im Tauchverfahren. Am Ende des Prozesses werden die aufgebrachten Klebebänder wieder endlos entfernt.
Häufig wird dieses Verfahren für walzplattierte AlSi-Einlagen verwendet, um diese vor dem chemischen Angriff der Bäder zu schützen. Bild 15.12 zeigt den schematischen Aufbau einer solchen Beklebe- und Abzieheinheit mit Beschichtungszelle in der Mitte.

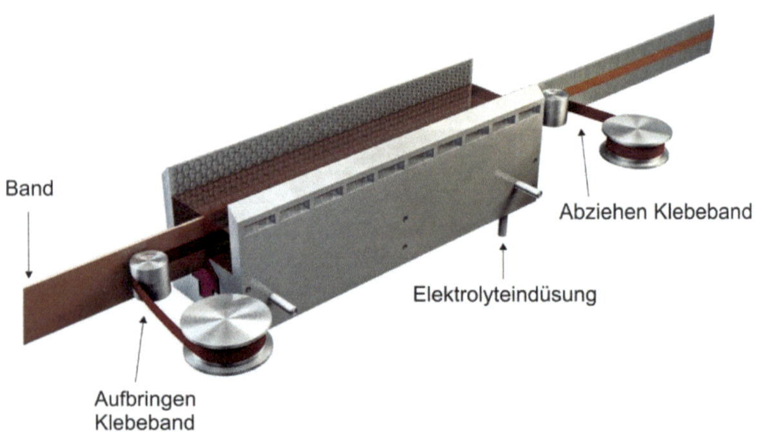

Bild 15.12: Streifenbeschichtung mit der Klebetechnik

15.7.9 Brush-Plating-Verfahren

Die Brush-Technik ist sehr vielseitig einsetzbar. Es können sowohl flache als auch profilierte Kontakte sehr genau beschichtet werden. Die Brush-Technik wird in der Regel nur für die Abscheidung der Edelmetalle Gold und Palladium-Nickel benutzt. Das

Verfahren ist bei profilierten Teilen wesentlich genauer als die Riemen- und Radtechniken, da die Veredelungszone sehr genau eingestellt werden kann.
Bild 15.13 zeigt eine solche Brush-Einheit. Die Veredelungszelle (Bild 15.14) besteht aus einem Brush-Körper (Kunststoff oder Titan), einem Brush-Tuch und der Brush-Führung. Der Körper übernimmt die Elektrolytzuführung, das Tuch wird als Isolator und Elektrolytträger benötigt, die Positionierung übernimmt die Fixierung und Führung des zu beschichtenden Bandes.

Das vorgestanzte Band wird mit der zu veredelnden Zone über das Brush-Tuch, das über den Brush-Körper gespannt ist, geführt. Die kathodische Stromgebung erfolgt über die Brush-Führung, die anodische über den Brush-Körper.
Durch dieses Verfahren lässt sich der Metallauftrag im funktionellen Bereich sehr gezielt abscheiden. Verschiedene Auslegungen der Anodenbreite und Form ermöglichen sehr spezifische Veredelungsvarianten. Durch Anordnung mehrerer Brush-Einheiten hintereinander kann ein genau definiertes Schichtprofil erzeugt werden. Damit verbunden ist eine hohe Edelmetalleinsparung.
Ebenfalls kostengünstig wirken sich die schnellere Rüstzeit und der Verzicht auf speziell angefertigte Abdeckmasken aus.

Bild 15.13: Ausführungsbeispiel einer Brush-Einheit

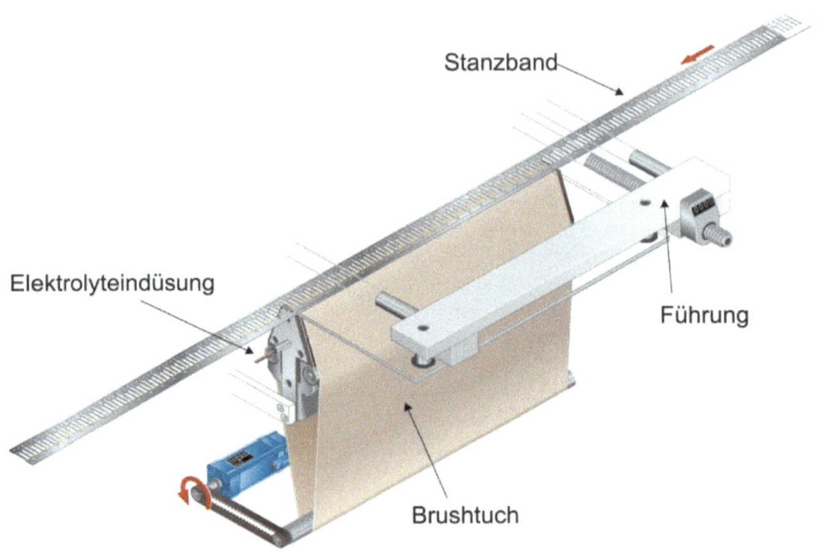

Bild 15.14: Aufbau einer Brush-Einheit

15.7.10 Spot-Technik

Wird eine Beschichtung punktuell und in bestimmtem Abstand benötigt, wie es z. B. bei Lead Frames gefordert wird, setzt man die Spot-Technik ein. Sie ist bereits seit vielen Jahren erfolgreich in der Bandgalvanik im Einsatz [6]. Dabei gilt sie als das präziseste Selektivbeschichtungsverfahren.

Man kann grundsätzlich drei Methoden der Spotbeschichtung unterscheiden:

1. Spotbeschichtung mit Maskenwerkzeugen, die in spezielle Spotbeschichtungszellen eingebaut werden, in denen die selektive Beschichtung stattfindet. Dabei kann die Veredelung mit feststehenden Masken im Stop-and-go-Verfahren oder mit umlaufenden Masken als Radtechnologie oder als modifiziertes Riemenverfahren (horizontal oder vertikal) durchgeführt werden.

2. Spotbeschichtung mit Lacken oder Bedeckungen, die zuerst komplett auf die Bänder aufgebracht werden. Danach erfolgt mit unterschiedlichen Verfahren das Freilegen der zu beschichtenden Zonen. Die Beschichtung wird dann im Tauchverfahren durchgeführt. Die Maskierung wird nach der Beschichtung chemisch entfernt.

3. Eine weitere Variante ist die Beschichtung mit einem der klassischen Verfahren und anschließender Abdeckung der Kontaktzonen und Strippen (Ablösen) des übrigen Bereiches. Dieses Verfahren wird aber nur in Sonderfällen eingesetzt, da

es sehr aufwändig ist und die Betriebskosten auf Grund der Chemikalienentsorgung sehr hoch sind.

Voraussetzung für alle Methoden ist ein gestanztes oder vorgestanztes Band, das zur genauen Positionierung der Beschichtungsflächen als Mindestanforderung Positionierungslöcher haben muss [7].

Als Beispiel für Punkt 1 soll das modifizierte Riemenverfahren dienen, bei dem das Funktionsprinzip ähnlich den vorher angeführten Verfahren ist, allerdings mit dem Unterschied, dass die zu beschichtenden Bänder exakt im Rasterabstand geführt und entsprechend veredelt werden. Für die einseitige Beschichtung wird bevorzugt die horizontale Form eingesetzt, wobei hier das Band auf der Rückseite mit einem weichen Material (Moosgummi) abgedeckt wird und die Beschichtungsseite über eine Maske in Panzerkettenform läuft, an der die entsprechenden Spot-Formen ausgestanzt sind. Der Elektrolyt wird beim Durchlauf durch diese „Löcher" eingedüst. Die Kontaktierung erfolgt über Rollen (Kathode) und platiniertes Titanstreckmetall (Anode). Eine weitere Möglichkeit ergibt sich zur zweiseitigen Spot-Beschichtung aus der vertikal angeordneten Variante (Bild 15.15). Mit dieser Zelle können punktförmige Spots an unterschiedlichen Stellen an Vorder- und Rückseite des Bandes aufgebracht werden.

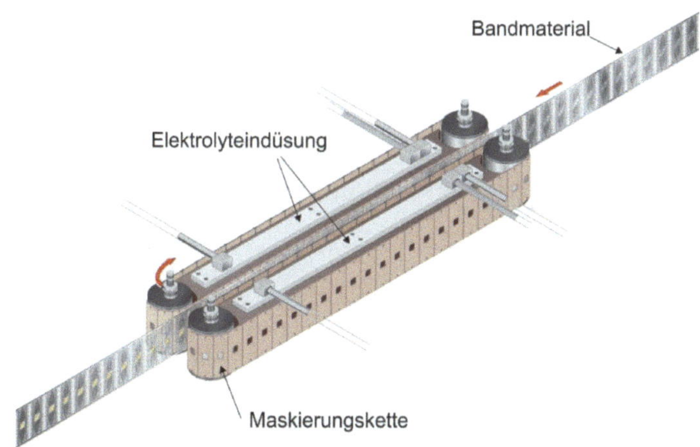

Bild 15.15: Aufbau einer Spoteinheit

Ein Beispiel für Punkt 2 ist ein weiteres Verfahren aus der Technik. Das patentierte „MPP-Verfahren" (Micro Precision Plating), mit dem es sogar möglich ist, ohne hohen Aufwand Edelmetalle an jeder beliebigen Position und in jeglicher Form auf dem Trägermaterial aufzubringen [8]. Im Gegensatz zu den Verfahren mit produktspezifischen Werkzeugen arbeitet die MPP-Technik mit einem Lack, der zuerst komplett auf das Band aufgebracht wird. Danach erfolgt das Freilegen der zu beschichtenden Zonen durch Laserstrukturierung. Die Beschichtung wird dann im Tauchverfahren durchgeführt. Die Maskierung wird nach der Beschichtung chemisch entfernt. In Bild 15.16 wird der schematische Ablauf der Maskierung und Beschichtung dargestellt.

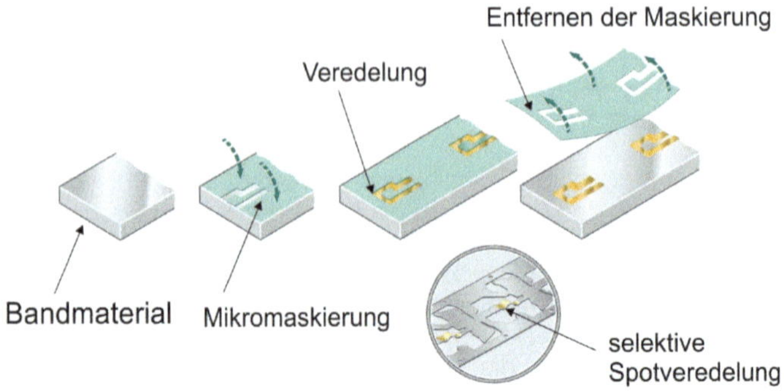

Vergleich konventionelle Beschichtung zur MPP-Spotveredelung

Bild 15.16: Aufbau und Wirkungsweise der MPP-Spotveredelung

15.8 Qualitätskreis für galvanisch beschichtete Bauteile

In Bild 15.17 ist ein Qualitätskreis für einen galvanischen Prozess gezeigt. Jeder Schritt im Gesamtprozess der Herstellung eines qualitativ hochwertigen Produktes in der Galvanotechnik unterliegt Kontrollen und Prozeduren. Jeder Teilprozess bedarf für sich der Optimierung. Dies beginnt bereits bei der Konstruktion. Schon hier sind die Erfahrungen des Galvaniseurs hinsichtlich der Formgebung einzubeziehen. Je später diese Einbeziehung des Galvaniseurs in den Produktentstehungsprozess erfolgt, desto vielfältiger können die zu lösenden Probleme der folgenden Teilprozesse werden. Dies wirkt wieder weiter in Richtung Produktkosten auf Grund verringerter Ausbeute (Qualitätsmängel), späterer Produktausfälle (wegen später erforderlicher Kompromisse in der Kette Konstruktion-Werkstoffauswahl-galvanischer Prozess).
Erst die Qualität aus der Summe der Teilprozesse ergibt die Konstanz des Gesamtprozesses und damit der Produkte. Qualität heißt: Ein den Anforderungen des Kunden entsprechendes Produkt, das sich durch eine hohe Produktgüte und zuverlässige Funktionalität über die Produktlebensdauer auszeichnet und kostengünstig hergestellt werden kann, zu liefern.

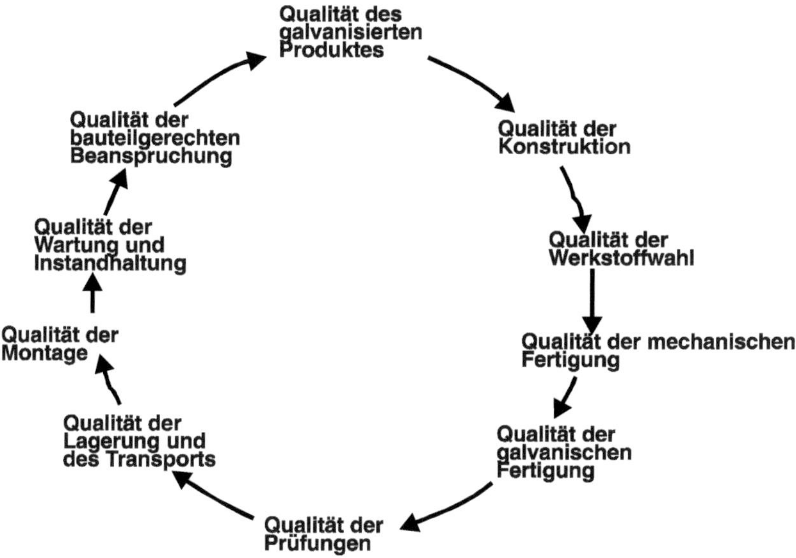

Bild 15.17: Qualitätskreis für galvanische Produkte

15.9 Literatur

[1] Reid Frank H.: Goldie William: Gold als Oberfläche, Eugen G. Leuze Verlag 1982

[2] Tabellen und Betriebsdaten der Galvanotechnik, Eugen G. Leuze Verlag 1970

[3] Internationale Nickel Deutschland GmbH: Broschüre Galvanisiergerechtes Gestalten von Werkstücken, 2. Auflage 1968

[4] Kanani N. Dr. Ing. Dr. habil.: Galvanotechnik Grundlagen, Verfahren, Praxis, 2. erweiterte Auflage, Carl Hanser Verlag 2009

[5] Kaiser H.: Galvanische Abscheidung von Palladium und Palladiumlegierungen, Sonderdruck Galvanotechnik, Heft 7-9, Band 84, Eugen G. Leuze Verlag 1993

[6] IMO Oberflächentechnik GmbH: Galvanische Oberflächen für höchste Ansprüche, WOMag Band 1, 11/2012, WoTech GbR

[7] Tagungsband der GMM-Fachtagung, Elektrische und optische Verbindungs-technik 2013, 4. Symposium Connectors, Lemgo, 1. Veröffentlichung 2013

[8] Kotsias, M.: Europäische Patentschrift Nr. EP 1 409 772 B1, 16.03.2005

16 Technologische Herausforderungen bei Applikationen von Koaxialsteckverbindern

Bernd Rosenberger

Seitdem die drahtlose Kommunikation die Welt erobert hat, ist der Bedarf an Kabeln, elektrischen und optischen Leitungen drastisch angestiegen. Dabei wurden Anforderungen für die notwendigen technischen Parameter in Bezug auf Energieeffizienz, Bandbreite und Signal-Integrity deutlich verschärft. Dies beeinflusst alle Anwendungsfelder für den Einsatz von elektrischen Steckverbindern und den dazugehörigen Kabeln, sei es für die Energieversorgung, den Datentransport oder die Anbindung an Antennenstrukturen und deren Verteilernetzwerk. Die angewendeten Kabel reichen vom einfachen isolierten Draht über wellenwiderstandskontrollierte Kabel bis hin zu geschirmten Energieversorgungsleitungen in alle möglichen Segmente der Industrie. Daraus resultieren höchste Anforderungen an die Energieeffizienz der Systeme inklusive der von Kabeln und Verbindern.

16. 1 Die Herausforderung

Der beste Weg die Zukunft voraus zusagen ist, sie selber zu erfinden [4].

Diese Aussage des Informatikers Alan Keyes ist die Motivation, um in der immer mehr vernetzten Welt Innovation und Nachhaltigkeit miteinander zu verbinden.

Die Entwicklung für den Bedarf an wellenwiderstandskontrollierten Verbindungen in den Bereichen:

1) Kommunikation:
   Bis 2020 wird erwartet, dass jede Person sieben drahtlose Empfangs- und Sendeeinheiten für den persönlichen Kommunikationsbedarf besitzt.
2) Medizin:
   Medizintechnik wird die am zweitschnellsten wachsende Sparte in Bezug auf mobilen Datentransfer sein.
3) Industrie:
   Im Industriellen Anlagenbau wird der Datenverkehr in den kommenden fünf Jahren um 30% pro Jahr ansteigen.
4) Automobil:
   Die Anzahl der vernetzten Autos wird von 8.7 Millionen Fahrzeugen in 2010 auf 23,6 Millionen Fahrzeugen in 2016 ansteigen.
5) Konsumgüter:
   Schon heute treffen 71 % der Kunden von Konsumgütern, Modeartikeln usw. ihre Kaufentscheidung unter Zuhilfenahme des Internets. (Quelle INTEL Inteligent Systems)

Wenn alle diese Vorhersagen Wirklichkeit werden, hat das eine enorme Auswirkung auf die gesamte Netzwerkstruktur, angefangen von den Schaltungen über die Server bis zu den Verkabelungen für Signal und Energieversorgung. Die einzelnen Komponenten dürfen nicht mehr, so wie es in der Vergangenheit noch üblich war, isoliert betrachtet und spezifiziert werden. Sie sind Teil der Funktionalität der Netzwerke.

In Realität bedeuten alle diese Anwendungen ein Anwachsen des mobilen Datendurchsatzes bis 2017 auf 11,2 Exabytes (Exa = 10^{18}). Der mobile Datendurchsatz wächst dabei um das 3-fache gegenüber dem im festen IP-Traffic. [1] Dazu sind neuartige Technologien für die Entwicklung von Kabeln, Kabelassemblies und deren Konstruktionen nötig. Ein wichtiger Baustein, um diese Anforderungen überhaupt zu erfüllen ist die Betrachtung und die Optimierung der Komponenten der Netzwerke in Bezug auf Signal Integrity.

16.2 Signal Integrity

"Es gibt zwei Gruppen von Entwicklern für Hochgeschwindigkeitsnetzwerke und den dazugehörigen Komponenten:

Die einen mit Problemen in der Signal Integrity, die andern, die diese Probleme bekommen werden!"

Dieser Satz von Eric Bogatin [2] zeigt die Dringlichkeit für ein Umdenken in Bezug auf die Definition und die sich daraus ableitenden Entwicklungsschritte für Kabel und elektrische Verbindungselemente aller Art.

Erforderlich macht dies der Anstieg der Taktfrequenzen in digitalen Anwendungen für fast jeden Bereich. Seit 1975 wurde die Taktfrequenz in INTEL Prozessoren praktisch alle zwei Jahre verdoppelt. Die Annahmen der SIA (Semiconductor Industry Association) gehen von einer zu erwartenden Erhöhung der On-Chip Taktfrequenzen auf 40.000 MHz bis 2015 aus. Dies wiederum erfordert eine deutliche Minimierung der Anstiegszeiten. So muss die Anstiegszeit bei einer 40 GHz Taktfrequenz unter 10 ps liegen. Das bedeutet eine große Herausforderung für die Entwicklung und Konstruktion von Kabelnetzwerken, den dazugehörigen Verbindungselementen und den darin verwendeten Materialien, um solche Frequenzen und Anstiegszeiten zu übertragen. In den Zeiten von 10 MHz Taktfrequenz waren die Herausforderungen an die Entwicklungsteams das richtige Routing auf der Leiterplatte zu finden, um so viel als möglich Leitungen und Bauelemente unterzubringen. Die elektrischen Verbindungselemente sind bei solch niedrigen Frequenzen elektrisch praktisch unsichtbar und haben keinen messbaren Einfluss auf die Qualität der Schaltung oder des Netzwerkes. Eine Schaltung mit einer Anstiegszeit von 10 nsec und 10 MHz Taktfrequenz konnte mit parallel geführten isolierten Drähten, shielded- / unshielded twisted-pair-Leitungen, wire-wrap-Stiften, eingepresst in Leiterplatten, und ähnlichen, in der heutigen digitalen Welt undenkbaren Verbindungstechnologien, verdrahtet werden. BUS-Systeme basierend auf diesen Signaleigenschaften waren nahezu immun gegen Störungen und Interferenzen. Der Ablauf für die Entwicklung und die Konstruktion entsprach in etwa diesem Schema: Entwicklung der Schaltung, Integration in ein Gehäuse und zum Schluss: Definition der Schnittstellen nach mechanischen und kostenoptimierten Kriterien.

16.2.1 Definition der Signal Integrity für elektrische Leitungs- und Verbindungssysteme

In den heutigen und zukünftigen Hochgeschwindigkeitsnetzwerken spielen die hochfrequenztechnischen Eigenschaften aller Leitungen eine entscheidende Rolle, um den höchst möglichen Datendurchsatz zu garantieren. Höchste Anforderungen an die Signal Integrity sind die physikalische Basis, um immer größere Datenmengen in sowohl drahtlose als auch leitungsgebundene Netzwerke einzuspeisen.

Signal Integrity (SI) in Leitungen und Verbindern definiert sich aus der Minimierung von Störungen in folgenden Bereichen:

Zeitbereich

Hier sind gemeint: Signallaufzeit und Ausbreitungsgeschwindigkeit und die daraus resultierenden Effekte wie Dispersion, Phasenfehler, Skewing um einige wichtige zu benennen. Eine wichtige Rolle spielen die Auswahl der verwendeten Materialien und höchste Präzision in den mechanischen Abmessungen. Diese Anforderungen gelten nicht nur für die Leitungen, auf denen das Signal sich ausbreitet, sondern auch für die Massestrukturen – auch Return genannt –.

Rauschen

Damit werden alle passiven Effekte beschrieben, die den Signal-Rauschabstand beeinträchtigen und vermindern. Je höher die zu übertragenden Signalfrequenzen, umso kritischer sind

a) Dämpfung auf den Leitungen,

b) multiple Reflexionen verursacht durch Fehlanpassung an den Schnittstellen,

c) Intermodulationsprodukte bei mehreren Trägerfrequenzen, induziert durch Nichtlinearitäten entlang des Signalpfades,

d) Übersprechen als Far-end (FEXT) und Near-end (NEXT) Crosstalk,

e) Änderungen im Ausbreitungsmode, z. B. Übergang vom koaxialen TEM–Mode auf Koplanar-Mode uva..

Kritisch für den Crosstalk ist die Packungsdichte, bzw. der richtige Abstand von signalführenden Leitungen und deren Returnpfad zueinander (Bild 16.2). Schon heute sind Packungsdichten von > 50 Koaxialen Kanälen auf einem Quadratinch, unter höchsten Anforderungen an Signal Integrity auf den einzelnen Kanal in der ATE Welt für IC-Testing üblich (Bild 16.1).

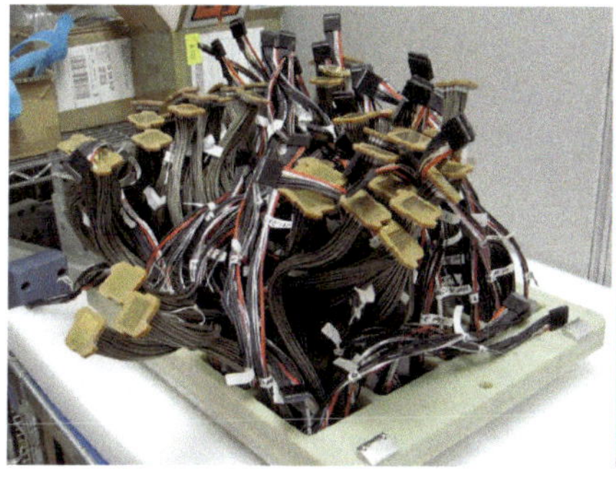

Bild 16.1: Kabelbaum für ein Koaxiales Testsystem

Bild 16.2: Wire-Wrap / Stand 1990 [5]

Die Minimierung dieser typischen Verluste von elektrischen Leitungen sind die dringlichen Aufgaben bei der Entwicklung von Kabel und Verbindungssystemen bezüglich Signal Integrity.

EMI

Mit EMI (Electromagnetic Interference) wird die Kopplung von Signalen aus oder in andere Netzwerke bezeichnet. Leitungen und Verbindungselemente müssen so ausgelegt und konstruiert sein, dass Störungen durch TV, FM-Radio, Mobiltelefone, PCS (Personal Communication Services) die Signalqualität im Netzwerk nicht beeinflussen. Je höher die Frequenzen ansteigen, umso kritischer wird EMI. Umgekehrt muss darauf geachtet werden, dass das Netzwerk keine anderen Systeme stört. Die Optimierung dieser Parameter definiert die Qualität des Signals im Netzwerk, den Störabstand zwischen den Netzwerken und elektromagnetische Interferenzen durch Abstrahlung und der daraus resultierenden Kopplung in und aus dem gesamten System.

Am Beispiel einer Mobilfunkantenne lässt sich die Dringlichkeit von höchster Signal Integrity darstellen:

1 dB Änderung im Antennengewinn bringt eine 15 % Änderung im Datendurchsatz hervor!

Elektrische Bandbreite

Die Effekte, die die Verbesserung der Signal Integrity mit sich bringen, ermöglichen eine deutliche Erhöhung der Bandbreite von Kabeln und anderen elektrischen Leitungen und Verbindungselementen. Derzeit liegt die Grenzfrequenz von kupfergebundenen elektrischen Leitungen bei > 100 GHz. Jedoch ist dabei zu beachten, dass die Verluste in den Leitungen und Verbindern deutlich ansteigen. Dabei gilt die Regel, dass dielektrische Verluste linear mit der Frequenz, Leitungsverluste mit der Quadratwurzel ansteigen. Damit ist die Auswahl von geeigneten Materialien für Kabel und Verbinder deutlich eingeschränkt.

16.2.2 Umsetzung [2]

Die Umsetzung der Erkenntnisse aus der SI-Betrachtung erfordert eine andere Methode bei der Entwicklung und Konfiguration von Bauteilen, Geräten und Netzwerken:

- Erkennen und Verstehen von SI Problemen und deren Mechanismus für die jeweilige Anwendung.
- Umsetzten dieser Erkenntnisse in Aufbauregeln für jede einzelne Anwendung.
- Vorhersagen der erwarteten Ergebnisse durch die Definition von elektrischen Ersatzschaltbildern für jedes einzelne Verbindungselement.
- Simulation auf System- und Komponentenebene schon im frühen Stadium der Entwicklung.
- Einarbeiten von Messergebnissen in die Simulation so früh als möglich. Dies verkürzt die Entwicklungszeit und vermindert die Wiederholungen im Entwicklungsprozess.

Zusammenfassend bedeutet Kontrolle der SI für den Anwender, dass jede elektrische Verbindung als ein schaltungstechnisches Bauelement zu betrachten ist, unabhängig von seiner Länge, Bauform oder seiner Ausbreitungsgeschwindigkeit. Zugleich ist zu beachten, dass das Signal möglichst immer denselben Wellenwiderstand „sieht“. Dies trifft sowohl auf Signalleitungen als auch auf Energieversorgungsleitungen zu.

16. 3 Nachhaltigkeitsbetrachtung für elektrische Verbindungselemente und Kabel

Bedingt durch die in SI beschriebenen Effekte sind alle Kabel zusammen mit deren Verbindern verlustbehaftet. Diese Verluste sind dissipativ und normalerweise durch Erwärmung spürbar. Lediglich die Verluste durch Abstrahlung werden nicht in Wärme umgewandelt. Zusammen mit den Verlustleistungen der aktiven Schaltungen entstehen im System Temperaturen, die Ventilation, Kühlung und Klimatisierung der Umgebung erfordern.

Welchen Einfluss diese thermischen Effekte haben, wird in einer Studie des Borderstep Instituts im Rahmen des Projektes *Adaptive Computing for Green Data Centers* (AC4DC) dargestellt. Gemäß dieser Studie lag der Energieverbrauch der Server und Rechenzentren in Deutschland im Jahr 2012 bei 9,4 Terawattstunden (TWh). Dies entspricht einem Anteil am Stromverbrauch in Deutschland von 1,8 %. Um diesen Strom zu erzeugen, bedarf es fast vier mittelgroßer Kohlekraftwerke. [3]

Diese Daten ergeben einen klaren Auftrag an die Entwickler von Komponenten und Leitungssystemen, die elektrischen Verluste, also die thermischen Verluste, so gering als möglich zu halten. Ein wichtiges Hilfsmittel, um dies auch zu erreichen ist die Anwendung und Beachtung der Regeln für optimale Werte in Bezug auf Signal Integrity.

Diese Umsetzung sei nun am Beispiel der Entwicklung für ein neues koaxiales Stecksystem für Mobilfunkbasisstationen und an einer Grundlagenarbeit für koaxiale Bondverbindungen in einer integrierten Schaltung dargestellt.

16. 4 Das 4.3-10-Koaxial-Steckersystem

Bisher wurden alle koaxialen Stecker, die im Mobilfunk eingesetzt werden aus schon lange verfügbaren Steckerserien ausgewählt und für die entsprechenden Anwendungen optimiert. Jedoch führte das zu Kompromissen zwischen mechanischen und elektrischen Eigenschaften. Die **Serie 7/16** wurde zum Standard für Antenneninstallationen bei den Feederkabeln und Jumperkabeln im Bereich Mobilfunkantennen. Nachteil waren der Kontaktmechanismus des Außenleiters und das damit verbundene hohe Anzugsmoment der Überwurfmutter, um die hohen Anforderungen an Reflexion, Schirmdämpfung und – ganz wichtig – Intermodulationsunterdrückung zu erfüllen. Der hohe Platzbedarf dieser Stecker und die Einschränkungen bei der Auswahl der verwendeten Materialien, bedingt durch diese Anforderungen, haben einen nicht unerheblichen Einfluss auf die Preisgestaltung. Mechanisch kleinere Steckerserien wie **4.1 / 9.5** oder **Serie N** haben ähnliche Einschränkungen. Bedingt durch die Kontaktstruktur ist ein sehr hohes Anzugsmoment nötig, für das diese Interfaces eigentlich nicht ausgelegt wurden. So konnten auch diese Verbinder nur bedingt eingesetzt werden.

Für die Entwicklung des **4.3-10 Systems** haben sich vier Koaxialstecker-Hersteller, zwei Hersteller von Basisstationen und ein Antennen-Hersteller zusammengetan und ein Steckverbindersystem mit diesen folgenden Parametern definiert und diese dann auch in Produkte umgesetzt:

- Sehr niedrige PIM-Werte. Diese werden unabhängig vom Anzugsmoment erreicht.
- Höhere Packungsdichte, 40% kleiner als 7/16, Flanschgröße 25,4 mm wie beim N Stecker
- Eine Buchse für drei unterschiedliche Verbindungssysteme, ohne dass die elektrischen Parameter dabei beeinflusst werden:
  - Schraubverbindung mit Drehmoment
  - Schraubverbindung „fingertight“
  - Quicklock
- Sehr gute Eigenschaften bezüglich Signal Integrity und Nachhaltigkeit.

Bild 16.3: 4.3-10 Koaxialstecker (Fa. Rosenberger)

16.5 Ergebnisse einer Grundlagenstudie bei Rosenberger für eine koaxiale Bondtechnologie innerhalb eines IC Gehäuses

Noch vor einigen Jahren waren wellenwiderstandskontrollierte Verbindungen zwischen Leiterplatten eine große technische Herausforderung bezüglich Signal Integrity und den mechanischen Problemen wegen der Lagetoleranzen der Leiterplatten zueinander. Bedingt durch die immer höheren Anforderungen an Packungsdichte und die damit einhergehende Integration wurden koaxiale Steckverbinder entwickelt, die diese Anforderungen weitgehend erfüllen. Board to Board, Cable to Board und Board to PCB Edge Steckverbinder für Frequenzbereiche bis 100 GHz sind heute Stand der Technik. Erwähnt seien hier die Serien SMP, MiniSMP, MMBX, MBX, P-SMP, W-SMP u.a.

Bei Rosenberger ist es nun gelungen im Rahmen von Grundlagenarbeiten über Integration von koaxialen Strukturen in Anwendungen innerhalb von IC-Gehäusen eine wellenwiderstandskontrollierte Bonding Technologie darzustellen, die dieselben Signal Integrity Anforderungen wie die auf den Leiterplatten erfüllt. In mehreren einfachen QFN-Gehäusen wurden koaxiale Bondverbindungen aufgebaut, mit denen eine Bandbreite von 100 GHz erreicht wurde. In weiteren Versuchen ist es gelungen auf CSP-Basis (Chip Scale Packaging) koaxiale Verbindungen zwischen zwei Keramiksubstraten im Frequenzbereich bis 100 GHz wiederholbar aufzubauen. Hiermit kann in absehbarer Zukunft nun der Signalpfad vom Chip bis zum Endgerät durchgehend koaxial aufgebaut werden. Daraus ergibt sich eine hohe Signal Integrity an jeder Stelle des Übertragungspfades (Bild 16.4 und Bild 16.5).

Bond wire (sim) vs. Coaxial Wire-Bond (actual)

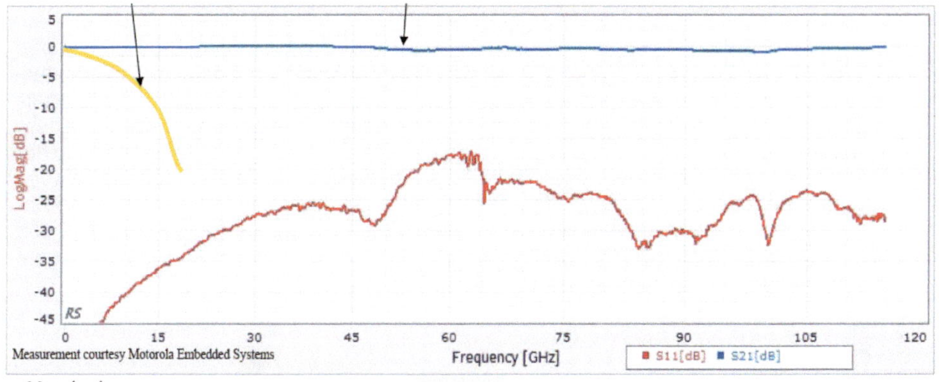

Bild 16.4: Standard Bondverbindung (simuliert) vgl. mit Coaxial Wire-Bond (gemessen), Quelle: Fa. Rosenberger

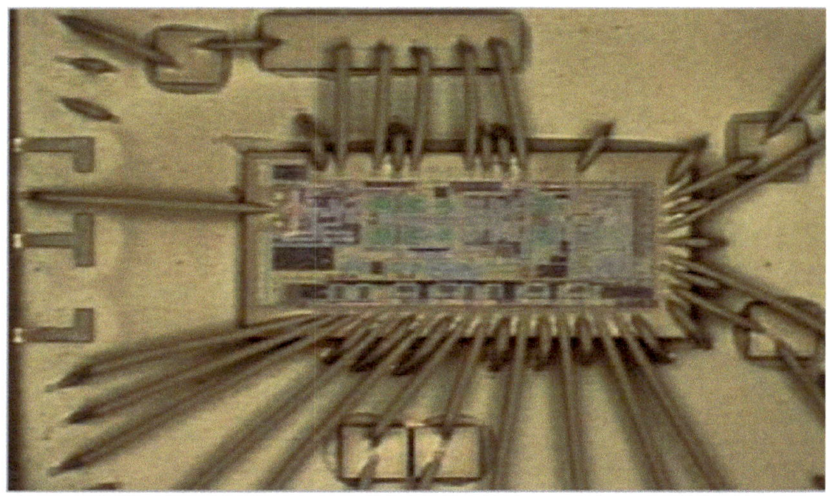

Bild 16.5: Coaxial Wire-Bond

16.6 Integrierte Lösungen von Koaxialsteckverbindern im Automobil FAKRA (FAKRA = Fachkreis Automobil)

Für den Bereich Automotive wurde eine neue Steckerserie entwickelt. Basierend auf der Serie SMB entstand der FAKRA Standard (Bild 16.6). Diese Stecker müssen höchste Anforderungen an Signal Integrity erfüllen. Allein die Pegelunterschiede zwischen Tx und Rx in der Verkabelung für Mobilfunkservices und dem des GPS Signals stellen höchste Anforderungen an die verwendeten Stecker und Kabel. Weitere Anforderungen sind hohe Packungsdichte auf kleinstem Bauraum unter Einhaltung der Parameter von Crosstalk und EMI. Hier müssen die Steckverbinder, Kabel, Signalleitungen, Zündkerzen, Schalteinheiten von Hybridantrieben und Elektroantrieben so integriert werden, dass keine dieser Funktionen durch die anderen gestört werden, was höchste Anforderungen an die Signal Integrity jeder einzelnen Komponente im Übertragungspfad mit sich bringt.

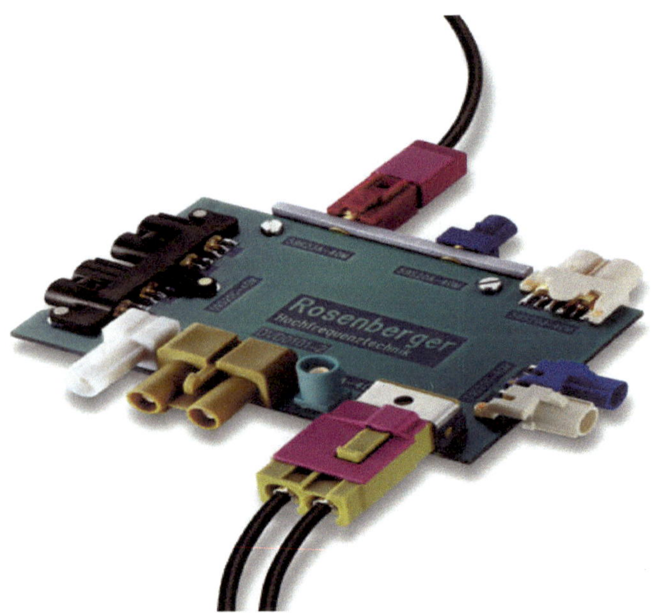

Bild 16.6: FAKRA – Steckverbindungssystem (Quelle Rosenberger

Der Rosenberger FAKRA SMB RF-Steckverbinder wurden speziell für die Anforderungen in der Automobil-Industrie entwickelt. Das ausgereifte Kodierungssystem bietet 13 mechanische und farbliche Kodierungen (A-N), sowie eine Nullkodierung (Z=wasserblau), für moderne Kfz-Anwendungen wie z. B. GPS, Keyless Entry, GSM-Mobilfunkstandard oder HF-Bluetooth-Anwendungen.

Produkte und Eigenschaften:
FAKRA – Steckverbinder entsprechen den Normen ISO 20860-1 & -2 und USCAR 17 & 18
Produkte
FAKRA SMB RF Steckverbinder gemäß
FAKRA SF Connectors (Stamped and Formed = Stanz-Biege-Technologie)

Kabel-Steckverbinder, gerade und gewinkelt
360° drehbare Winkelsteckverbinder
Leiterplatten-Steckverbinder, für „Pin-in-paste"-Lötverfahren und SMD-Typen
Gehäuseeinbau-Steckverbinder
Bauformen, Einfach- und Mehrfach-Steckverbinder, gerade und Winkel-Bauformen
Wasserdichte Steckverbinder

Produkteigenschaften
Standardisierte FAKRA-Einheitskammer für gedrehte und SF-Steckverbinder
Temperaturbereich: -40° C bis +105° C
Hohe Montagesicherheit durch Primär- und Sekundärverriegelung
RoHS-, WEEE-, ELV Konformität

16.7 Literaturverzeichnis

[1] Cisco Visual Networking Index

[2] Bogatin, Eric, Signal Integrity – simplyfied by Eric Bogatin (Prentice Hall modern semiconductor design series)

[3] Hintemann, R.; Fichter K., Rechenzentren in Deutschland

[4] Borderstep Institut, Homepage

[5] Archiv, B. Rosenberger

17 Lichtwellenleiter-Steckverbinder – Funktionsprinzipien und Verarbeitung optischer Steckverbinder

Günter Knoblauch

17.1 Entwicklung und Bedeutung optischer Steckverbinder

Die allgemein bekannten Vorteile der Lichtwellenleitertechnik (LWL-Technik) – große Übertragungsbandbreite, Störsicherheit, Potentialfreiheit u.a. – haben in den letzten 40 Jahren dazu geführt, dass heute in fast allen Bereichen faseroptische Systeme zum Einsatz kommen. Dabei reicht die Bandbreite der Anwendung von der Kommunikationstechnik – als dem in der Vergangenheit treibenden Einsatzbereich – über die industrielle Anwendung (Eisenbahn, Energieversorgung, Prozesssteuerungssysteme), die Datenübertragung in der Medizintechnik bis hin zum militärischen Einsatzbereich. Aber auch – vielleicht weniger spektakulär – in der Unterhaltungselektronik (Home-Entertainment / Videotechnik) bis hin zur Haustechnik (Fiber to the home).
Unterstützt wurde diese Entwicklung durch das Vorliegen einer Vielzahl verabschiedeter Standards im nationalen und internationalen Rahmen für LWL-Komponenten (Steckverbinder, Fasern, Sender und Empfänger) als auch für optische Netze wie z. B. FDDI (Fiber Distributed Data Interface), den ESCON-Standard der IBM bis hin zum künftigen Optischen Ethernet. Dabei spielen optische Steckverbinder eine Schlüsselrolle, da sie die überwiegend optische Schnittstelle zwischen den Systemen bilden.

Wünschenswert wäre gewesen, dass man mit wenigen Steckverbindern alle Anwendungsfälle hätte abdecken können. Die Entwicklung der letzten Jahre hat aber dazu geführt, dass eine Vielzahl optischer Steckverbinder entwickelt und standardisiert wurden.
Die Grundlagen wie auch das Design für die heute international wichtigsten Steckerfamilien wurden u.a. von den Firmen AT&T, Siemens/PKI, NEC, Radiall, Seiko und AMP, erarbeitet und über die Normung zum Standard geführt.

Diese Steckverbinderfamilien weisen teilweise funktional sehr unterschiedliche Konzepte auf und sind dadurch nicht kompatibel. Das führte in der Vergangenheit dazu, dass die optischen Steckverbinder in bestimmten Fällen zum Schlüssel von Firmen- und /oder Landespolitik wurden (keine physikalische Kompatibilität zu anderen Systemherstellern und damit erschwerter Marktzugang). Lieferanten waren gezwungen, Geräte und Systeme mit unterschiedlichen Steckverbindungssystemen auszurüsten, je nachdem, auf welchem Markt und in welchem Land der Einsatz vorgesehen war. Heute ist diese Situation weitgehend entschärft.

Allerdings darf nicht übersehen werden, dass gerade in den letzten 25 Jahren mit dem Ziel der Kostenreduzierung und vereinfachter Verarbeitung bei LWL-Steckverbindern viel geleistet wurde. Neben neuen Lösungen bei den Bauformen – innerhalb schon vorhandener Standards – sind LWL-Steckverbinder auch mit ganz spezifischen Eigenschaften (PC-Design, Rückstreufreiheit, Zentrierfixierung, ...) innerhalb bereits vorhandener Produktfamilien entstanden. Einer Fülle an Adaptern zum Übergang zwischen älteren und neueren oder auch anderen Systemen entstand. Dieser Prozess dauert an.

In den vergangenen Jahren ist die Zahl der Anbieter und Distributoren von Lichtwellenleiter-Steckverbindern weltweit angestiegen. Der Kreis der Hersteller von Steckverbindern sowie von Firmen, die Lichtwellenleiterkabel mit Steckverbindern professionell konfektionieren ist weitaus kleiner. Schlüsselkomponenten wie z. B. die Steckerstifte (Ferrules) und Verbindungselemente (Sleeves) kommen aus der Produktion weniger Hersteller. Die Zahl der Montagesets für die professionelle Feldmontage von LWL-Steckverbindern bis hin zur simplen Steckermontage im Entertainmentbereich ist unübersehbar.

17.2 Aufgabe optischer Steckverbinder im Übertragungssystem

Steckverbindungen in optischen Übertragungswegen dienen dazu, zwei Lichtwellenleiterkomponenten auf einfache und reproduzierbare Weise dämpfungsarm und im Bedarfsfall auch leicht trennbar miteinander zu koppeln. Zu den Komponenten im Sinne dieser Definition zählen neben Leitungen, Filtern und Verzweigern auch die optischen Wandler auf der Sende- und der Empfangsseite.
Abhängig vom Kerndurchmesser der verwendeten Faser und der geforderten Einfügedämpfung der Steckverbindung werden unterschiedliche Anforderungen an die mechanischen Toleranzen der Stecker gestellt.

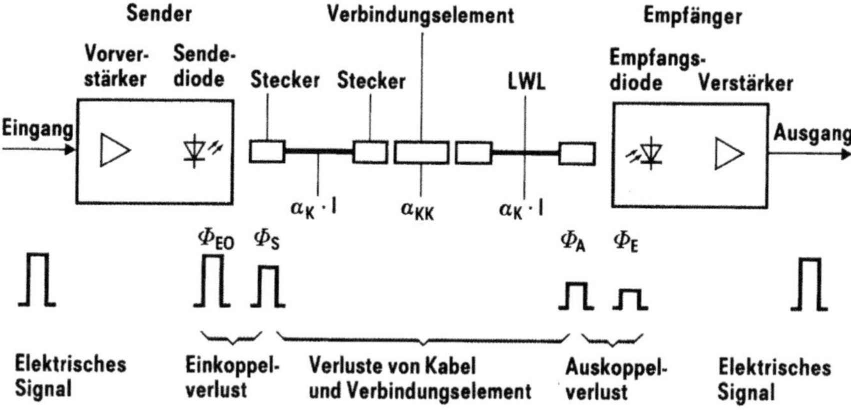

Bild 17.1: Symbolische Darstellung eines optischen Übertragungssystems

Das Bild 17.1 zeigt ein komplettes Übertragungssystem einschließlich der LWL-Steckverbinder. Wir finden den Steckverbinder sowohl am Sender (Schnittstelle elektrisch – optisch), am Empfänger (Schnittstelle optisch – elektrisch) als auch als Verbindungselement zweier LWL-Kabel (Kupplung). Auf die Theorie der optischen Nachrichtenübertragung als auch auf die wellenoptischen Eigenschaften der Faser, Wandler, Verzweiger u. a. wird im Rahmen dieses Beitrages nicht eingegangen (1). Zum besseren Verständnis der Anforderungen an die Steckverbinder ist jedoch die

Kenntnis der heute im Einsatz befindlichen Faserarten und ihrer physikalischen Abmessungen (Faseraufbau) und optischen Übertragungseigenschaften erforderlich. Je nach Einsatzfall wird man wählen zwischen

a) Multimodefasern mit Stufenprofil
b) Multimodefasern mit Gradientenprofil
c) Monomodefaser
d) Faserbündel (Spezialfälle)
e) Plastikfaser (Kurzstreckeneinsatz)

Welche der genannten Fasern aus Bild 17.2 jeweils zum Einsatz kommt, hängt von den Übertragungsparametern (z. B. Datenrate, Wellenlänge) und auch von der Übertragungsstreckenlänge bzw. Netzkonfiguration ab. Die genannten Fasertypen weisen unterschiedliche Kerndurchmesser auf: Monomodefaser mit 6-8 µm, Gradientenfasern mit 50 µm, 62,5 µm und 85 µm. Bei diesen Fasern ist der Außendurchmesser auf 125µm festgelegt. Als Kerndurchmesser wird der aktive Teil der Glasfaser bezeichnet.

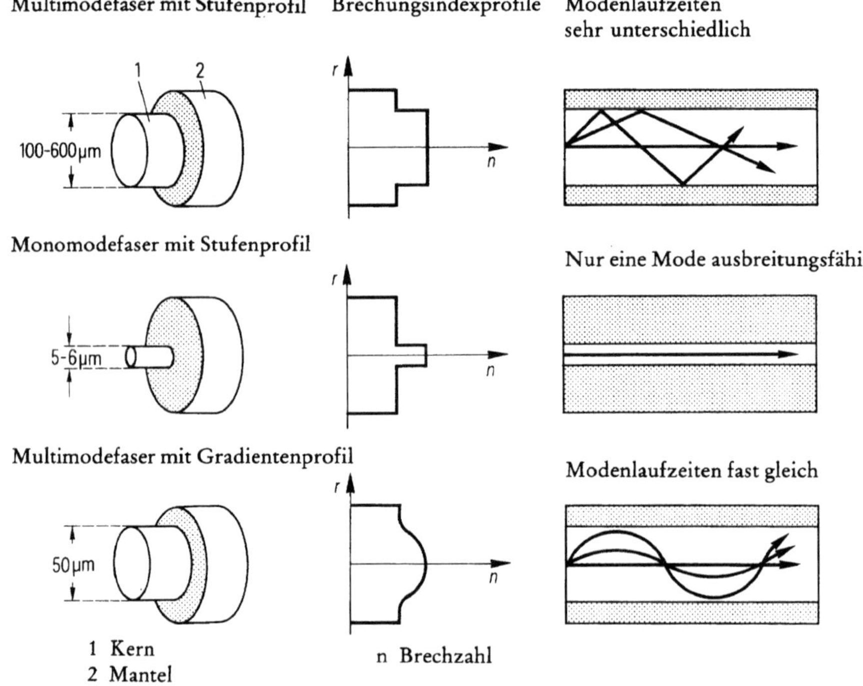

Bild 17.2: Faserprofile und Übertragungseigenschaften von Multimode- und Monomode-Fasern

Daneben gibt es aber noch Sondertypen mit z. B. 100 µm und 200 µm Kerndurchmesser. In diesem Fall liegt – je nach Mantelstärke (Coating) – der Außendurchmesser im

Bereich zwischen 250 - 300µm. Eine Sonderstellung nehmen die Plastikfasern mit einem typischen Faserdurchmesser von etwa 1 mm ein, sie werden hier aber außer Betracht gelassen.
Jeder der genannten Fasertypen hat, was Fertigungsprozesse und Ausbringung betrifft, unterschiedliche Toleranzen (Kernlage, Kerngeometrie, Kerndurchmesser, Toleranzen der numerischen Apertur), die alle auf die Steckverbindung zurückwirken (Dämpfung). Derartige Toleranzen/Fehler können vom Steckverbinder nicht ausgeglichen werden. Je nach Fasertyp sind die mechanischen Anforderungen an den Steckverbinder sehr hoch (Monomodefaser), etwas geringer für Multimodefasern (typischer Kerndurchmesser 50µm) oder auch gering (Plastikfaser mit 1 mm Durchmesser).

Im Folgenden werden Kopplungsprinzipien und Steckverbindersysteme für die heute wichtigsten LWL-Fasern (8/125 µm; 50/125 µm) vorgestellt und Hinweise gegeben, die dem Anwender mehr Sicherheit bei der Auswahl der Komponenten, bei deren Verarbeitung und Prüfung geben sollen.

17.3 Prinzipien trennbarer LWL-Steckverbindungen

Bezüglich ihrer Wirkungsweise lassen sich Steckverbindungen für die optische Signalübertragung in zwei Gruppen unterteilen. Die erste Gruppe beruht auf dem Prinzip der Stirnflächenkopplung Bild 17.3 a-c, die zweite auf dem Prinzip der optischen Abbildung mittels Linsen Bild 17.3. In Bild 17.4 sind praktische Ausführungsmöglichkeiten beider Konzepte gezeigt.

Prinzip der Stirnflächenkopplung
Charakteristisch für die Stirnflächenkopplung ist, dass sich Lichtaustritts- und Empfangsfläche gegenüberstehen. Dabei ist es vom Funktionsprinzip her belanglos, ob als Austrittsfläche die Stirnfläche eines Lichtwellenleiters oder das Fenster einer Emissionsdiode fungiert oder ob die Empfangsfläche die Stirnfläche einer Faser oder die Siliziumoberfläche einer Photodiode ist.

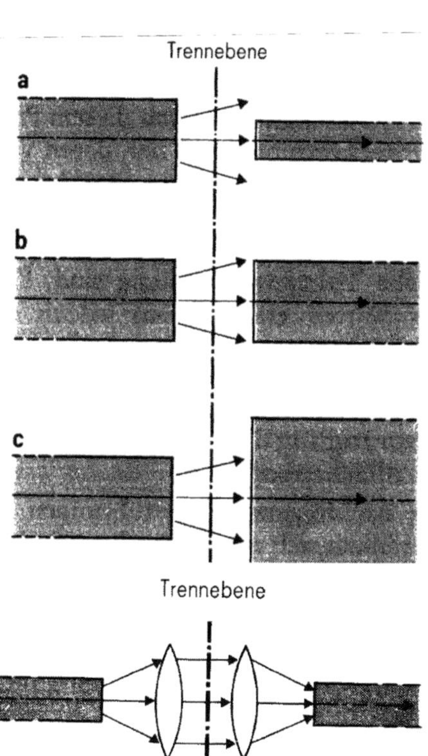

Bild 17.3:
Prinzip der Stirnflächenkopplung im Vergleich zur optischen Abbildung mittels Linsen

Im Fall a ist die Ankopplung einer großen Lichtaustrittsfläche an eine kleine Empfangsfläche gezeigt. Dieser Fall liegt in der Praxis beispielsweise dann vor, wenn Strahlung von einer großflächigen Emissionsdiode in eine dünne Faser eingekoppelt werden soll. Es ist offenkundig, dass hierbei große Verluste auftreten. Im Fall b ist dargestellt, dass Lichtaustritts- und Empfangsfläche gleich groß sind. In der Praxis ist diese Voraussetzung (zumindest theoretisch) dann erfüllt, wenn zwei Fasern gleichen Kerndurchmessers in einer Steckverbindung miteinander gekoppelt sind. Wenn beide Fasern zusätzlich in ihrer numerischen Apertur übereinstimmen, ist der Sonderfall der symmetrischen Stirnflächenkopplung gegeben. Dieser verhält sich „reziprok", d. h. die Einfügungsdämpfung ist in beiden Übertragungsrichtungen gleich. Schließlich zeigt Fall c, wie eine große Empfangsfläche an eine kleine Lichtaustrittsfläche gekoppelt ist. In diesem Fall wird nahezu die gesamte durch die Lichtaustrittsfläche hindurchtretende Strahlung von der Empfangsfläche aufgenommen, wobei die Einfügungsdämpfung niedrig ist. In der Praxis entspricht dies der Ankopplung einer großflächigen Photodiode an eine (relativ) dünne Faser.

Prinzip der Linsenkopplung

Bei der Linsenkopplung verwendet man Kugellinsen oder andere abbildende optische Systeme (z. B. Selfoc-Linsen) zum Koppeln der Lichtaustrittsfläche mit der Empfangsfläche. Es kommen gleichartige Abbildungssysteme zur Anwendung. Die Flächen für Lichtaustritt und Empfang sind gleich groß.

In der Praxis stellt man nach diesem Prinzip Steckverbindungen her, deren Vorzug darin liegt, dass im Steckbereich (symbolisch durch die „Trennebene" dargestellt) zum Teil größere geometrische Toleranzen zulässig sind. Solche Steckverbinder tolerieren auch einen gewissen Verschmutzungsgrad. So führen feinste Staubpartikel nicht zum Ausfall der Strecke, im Gegensatz zur Faserstirnflächenkopplung, bei der ein Staubkörnchen auf einer 8 µm Kernfläche zum Total-Ausfall der Strecke führen kann. Den Vorteilen dieser Linsensteckverbinder steht eine höhere Dämpfung aufgrund der optischen Verluste durch die Abbildungselemente gegenüber.

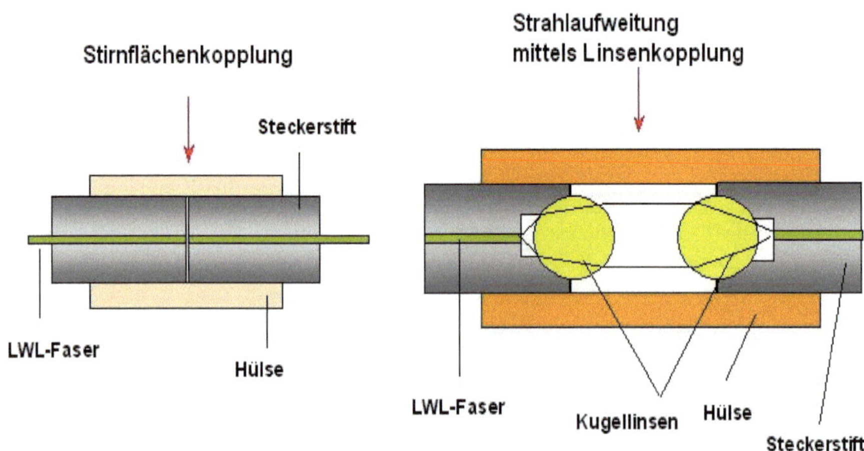

Bild 17.4: Ausführungsbeispiele der Stirnflächenkopplung (links) und der Linsenkopplung (rechts)

Bedeutung der Stirnflächenkopplung
Wie bereits ausgeführt, ist die Stirnflächenkopplung dadurch gekennzeichnet, dass sich

- die beiden Steckerstirnflächen in geringem Abstand und parallel zueinander gegenüber stehen oder
- sich direkt berühren oder auch ein „PC-Design“ (physical contact) aufweisen.

Abgesehen von Sonderfällen, wie der Ankopplung von Halbleiterdioden mit Kugellinsen an Lichtwellenleiter, werden in der Praxis vorzugsweise Steckverbindungen nach dem Prinzip der Stirnflächenkopplung verwendet, wofür vor allem folgende Gründe maßgebend sind:

- Nur nach diesem Prinzip lassen sich Breitbandsteckverbindungen herstellen, d. h. Steckverbindungen, die sowohl im Wellenlängenbereich um 850 nm als auch im Wellenlängenbereich um 1300 nm dämpfungsarm sind.

- Bei der Kopplung von zwei exakt justierten Fasern gleichen Durchmessers kann eine Steckverbindung nach dem Prinzip der Linsenkopplung grundsätzlich keine besseren Ergebnisse (d. h. niedrigere Einfügungsdämpfungen) liefern als eine Steckverbindung nach dem Prinzip der Stirnflächenkopplung. In der Praxis ergeben sich für Steckverbinder mit Linsenkopplung resultierende Verluste, die durch Verluste der abbildenden Systeme sowie durch Reflexionen an den einzelnen Grenzschichten unterschiedlicher Brechungsindizes meist höher sind als beim Steckverbinder mit Stirnflächenkopplung.

- Bei bestimmten Steckverbinderfamilien (PC-Connector) kommt es zu einem physikalischen Stirnflächenkontakt (der Faserkernflächen) – im optischen Sinne zu einem „Ansprengen“ (optisch grenzflächenfreier Übergang) der beiden Faserstirnflächen und damit zu einem Übergang ohne die sonst auftretenden Fresnel-Verluste.

17.4 Einfügungsdämpfung einer Steckverbindung

Grundlagen zum Messverfahren
Zum Beurteilen der übertragungstechnischen Güte einer Steckverbindung betrachtet man deren Einfügungsdämpfung. Das heißt, man ermittelt, um welchen Betrag sich die Dämpfung einer optischen Übertragungsstrecke erhöht, wenn in diese Übertragungsstrecke eine zusätzliche Steckverbindung eingefügt wird.
Dabei ist zu beachten, dass die Einfügungsdämpfung einer Steckverbindung neben den Toleranzen der Steckerteile auch von den Fasertoleranzen abhängt. Dies erschwert die absolute Beurteilung der Qualität eines Steckverbinders.

Um im Wesentlichen nur die Einflüsse der Steckertoleranzen zu erfassen, ist der Hersteller von Steckverbindern daher an einem Messverfahren interessiert, bei dem auf beiden Seiten der Steckverbindung identische Fasern verwendet werden. Der Anwender jedoch ist letztlich an Dämpfungen von Leitungen mit Steckern unter Verwendung »realer« Fasern interessiert und nicht an der Einfügungsdämpfung einer Steckverbindung unter der Annahme idealer, d. h. toleranzfreier Fasern.

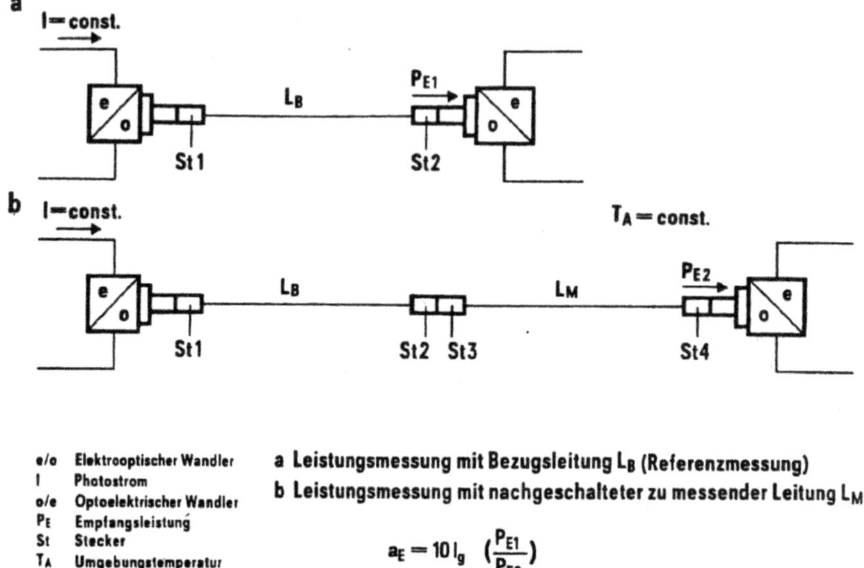

Bild 17.5: Messverfahren zur Bestimmung der Einfügedämpfung an einer kurzen konfektionierten Leitung

Bei einem in dieser Hinsicht praxisnahen Messverfahren wird zunächst über eine mit Steckern versehene Bezugsleitung Bild 17.5 eine Verbindung zwischen den optoelektronischen Wandlern (Sende- und Empfangsdiode) hergestellt. Die Empfangsdiode liefert einen Strom, der der optischen Referenzleistung (PE1) am Empfänger proportional ist. Anschließend fügt man die zu messende Leitung ein; die Empfangsdiode liefert jetzt einen Photostrom, der der reduzierten Leistung (PE2) entspricht. Aus der Beziehung aE = 10 lg (PE1/PE2) lässt sich nun die Einfügungsdämpfung der Steckerpaarung berechnen, sofern folgende Voraussetzung erfüllt ist: Die Faserdämpfung der zu messenden Leitung ist gegenüber der Einfügungsdämpfung der Steckverbindung zu vernachlässigen.

Dem Vorteil einer praxisbezogenen Messung – es lassen sich jetzt konfektionierte, d. h. mit Steckern versehene Leitungen messen – steht als gravierender Nachteil gegenüber, dass die gemessene Einfügungsdämpfung durch Fasertoleranzen erheblich beeinflussbar ist. Bei dem angeführten Messverfahren muss man selbstverständlich auf definierte und reproduzierbare Einkoppelbedingungen achten, ohne die sich keine vergleichbaren Dämpfungsmessungen durchführen lassen.

Da der Anwender letztlich an Dämpfungen von Leitungen mit Steckverbindern interessiert ist und nicht an der Einfügungsdämpfung einer Steckverbindung allein, war es notwendig, entsprechende Messverfahren für die Praxis vorzusehen (IEC 874-1). Bilder 17.6 zeigen die in der Norm festgelegten Prüfverfahren für Steckverbinder, Kupplungen und Pigtails. Die Daten des Normenwerkes sind: DIN EN 60874-1 VDE 0885-874-1:2012-10; Lichtwellenleiter – Verbindungselemente und passive Bauteile –

Steckverbinder für Lichtwellenleiter und Lichtwellenleiterkabel, Teil 1: Fachgrundspezifikation (IEC 60874-1:2011); Deutsche Fassung EN 60874-1:2012, Ausgabedatum: 2012-10. Diese Norm gilt für Lichtwellenleiter-Steckverbindersätze und Einzelbauteile (d. h. Kupplung, Stecker, Buchsen) für sämtliche Bauarten, Größen und Aufbauformen von Fasern und Kabeln.

Messverfahren nach IEC 874-1

Methode 1

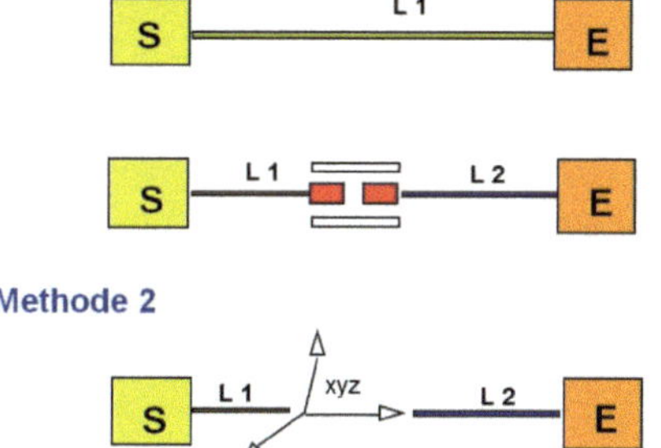

Mit dieser Methode kann die Einfügungsdämpfung einer Kupplungsstelle bestimmt werden. Die Methode ist nicht für Reihenmessungen anwendbar. Zwischen Pegelsender und Meßempfänger wird zunächst die Faser ohne eine Steckverbindung gemessen. Dann wird die Faser durchtrennt, die Steckverbindung montiert und neu gemessen. Die Differenz zwischen den beiden Messungen ist die Einfügungsdämpfung der Steckverbinder.

Die zweite Variante ist von der ersten abgeleitet. Hier erfolgt jedoch die erste Messung nicht mit einer Faser, sondern mit zwei schon getrennten Stücken. Die beiden Enden müssen auf einem Verschiebetisch aufeinander justiert werden. Schon allein deshalb ist diese Methode auch nur unter Laborbedingungen anwendbar.

Bild 17.6a: Messmethoden nach IEC 874-1 für LWL-Steckverbinder

Die Norm DIN EN 60874-1 (VDE 0885-874-1) ist in vier Abschnitte gegliedert. Die Abschnitte 1 (Anwendungsbereich), 2 (Normative Verweisungen) und 3 (Begriffe) enthalten allgemeine Angaben, die diese Fachgrundspezifikation betreffen.
Abschnitt 4 (Anforderungen) enthält alle Anforderungen, die von Steckverbindern erfüllt werden müssen, die in dieser Norm behandelt werden. Dies umfasst die Anforderungen für Klassifizierung, IEC-Spezifikationssystem, Dokumentation, Werkstoffe, Verarbeitungsgüte, Qualität, Betriebsverhalten, Kennzeichnung und Verpackung;
Die Norm richtet sich an Hersteller, Anwender und Prüflabors.

Die Normen der Reihen IEC 61753, IEC 61754 und IEC 61755 basieren auf dieser Norm.

Methode 3

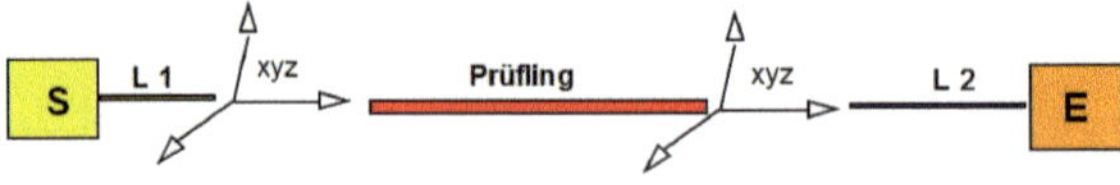

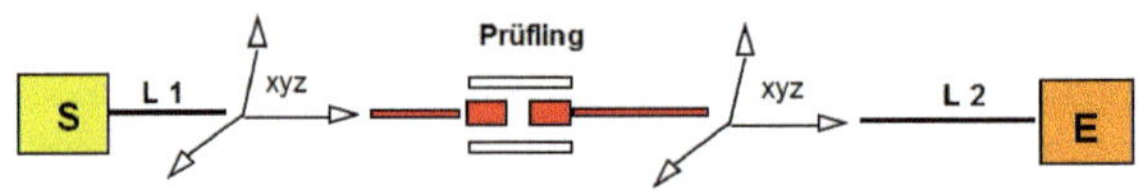

Die dritte in der Norm beschriebene Methode ist insbesondere beim Anfertigen von Pigtails, also Faserstücken, die nur an einem Ende eine Steckerverbindung besitzen, für die Praxis von Bedeutung. Sowohl am Sender, als auch am Meßempfänger werden Meßkabel mit freiem Ende verwendet. Vor der Montage wird die Faser auf dem Verschiebetisch justiert und durchgemessen. Wie bei der ersten Methode können dann die Stecker montiert werden. Der Vorteil gegenüber der ersten Variante: Die Meßkabel mit dem Anschluß an Sender und Empfänger bleiben unversehrt.

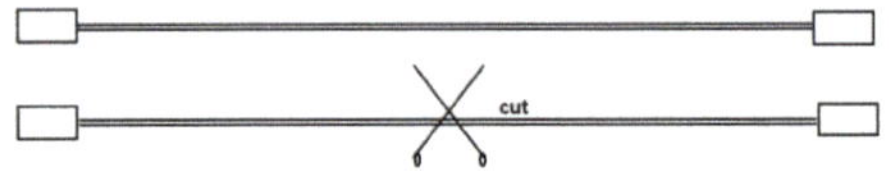

Diese Methode ist nur für Stichproben in der Fertigung interessant. Ein konfektioniertes Kabel mit zwei Steckverbindern wird zerschnitten. Die so entstandenen Pigtails werden wie in Methode 3 beschrieben einzeln gemessen.

Methode 6

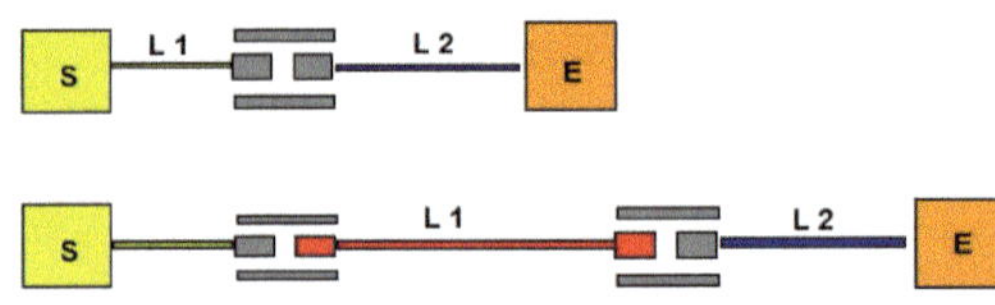

Die Methode 6 ist eine Alternative zu Methode 5. Weil das Kabel nicht zerstört wird, eignet sich diese Methode auch für den Einsatz vor Ort, um ein verlegtes Kabel zu testen. Um genaue Ergebnisse zu erhalten werden an den Meßkabeln sowohl auf Sender-, als auch auf Empfängerseite Bezugs- oder Meßsteckverbinder verwendet. Zunächst wird die Anordnung ohne das zu prüfende Kabel zusammengeschaltet und der Pegel gemessen. Dann wird das Kabel eingefügt und der Pegel erneut gemessen. Die Differenz entspricht wiederum der Einfügungsdämpfung.

Bild 17.6b: Messmethoden nach IEC 874-1 für LWL-Steckverbinder

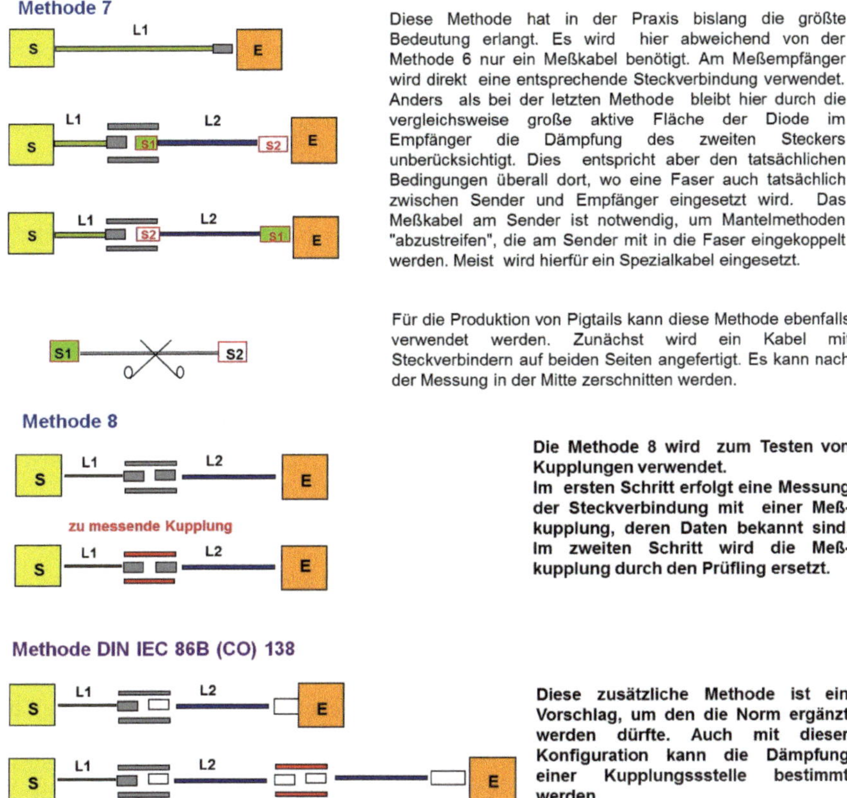

Bild 17.6c: Messmethoden nach IEC 874-1 für LWL-Steckverbinder [1] [2]

Zusammenfassung aus Bild 17.6a – c: Die Methode 7 hat in der Praxis bislang die größte Bedeutung erlangt. Es wird hier nur ein Messkabel benötigt. Am Messempfänger wird durch die vergleichsweise große aktive Fläche der Diode im Empfänger die Dämpfung des zweiten Steckers unberücksichtigt. Dies entspricht den tatsächlichen Bedingungen überall dort, wo eine Faser auch tatsächlich zwischen Sender und Empfänger eingesetzt wird. Für die Produktion von Pigtails kann diese Methode ebenfalls verwendet werden.

[1] Bilder und Kommentierung entstammen dem Produktkatalog LWL-Komponenten 3/90 der Firma Hirschmann entnommen

[2] Siehe auch DIN IEC 86B (CO)8 – Fachgruppenspezifikation für LWL-Steckverbinder, Beuth-Verlag, Berlin

17.5 Einflussgrößen auf die Steckerdämpfung

Wir müssen hier unterscheiden zwischen faserbedingten und mechanischen Toleranzen der Steckverbinder und Verbindungselemente. Die Summierung aller mechanischen Toleranzen im faserrelevanten Führungsbereich einer optischen Steckverbindung drückt sich im absoluten Faserversatz aus. In diese Betrachtung gehen u.U. noch zusätzlich ein: Faserstirnflächenabstand und Faserwinkelfehler.
Wesentlich schwerer erfassbar sind Toleranzen der Faser wie Fasergeometrie, Kerngeometrie, Kerndurchmesser und Toleranzen der numerischen Apertur. Diese Toleranzen können zu Fehlern führen, müssen es aber nicht. Dies hängt im Wesentlichen davon ab, in welcher Richtung das Licht den Steckverbinderübergang passiert (z. B. Übergang von Faser mit kleinerem Durchmesser auf Faser mit größerem Durchmesser oder umgekehrt).

Allerdings hat die Entwicklung der letzten Jahre zu Fasern geführt, die heute selbst sehr hohen Ansprüchen an Profil-, Kern- und äußere Fasergeometrie als auch Toleranzen der numerischen Apertur genügen. Damit werden diese Einflussfaktoren in ihrer Bedeutung geringer.

17.5.1 Allgemeine Einflussgrößen auf die Dämpfung einer Steckverbindung

Die nachfolgend angegebenen Beziehungen gelten exakt nur für Stufenindexfasern; bei Gradientenfasern können sie jedoch als qualitativ gültige Aussagen betrachtet werden.

Axialer Faserversatz
Der axiale Faserversatz ist die kritischste Einflussgröße (Bild 17.7a). So genügt beispielsweise ein axialer (seitlicher) Versatz von etwa 30% (entsprechend 30 µm bei einer Faser mit 100 µm Kerndurchmesser), um allein hierdurch eine Dämpfung von etwa 2 dB zu verursachen. Dieser Versatz kann entstehen durch Geometriefehler der Faser, Bohrungsversatz im Steckerstift und Passungsspiel zwischen Steckerstift und Verbindungselement.

Kippwinkel
Bild 17.7 b zeigt den Einfluss des Kippwinkels zwischen den beiden Faserachsen. Je kleiner die numerische Apertur der beiden Fasern (je stärker also die Bündelung der Strahlung) ist, umso störender macht sich ein gegebener Kippwinkel bemerkbar.

Stirnflächenabstand
Im Bild 17.7 c ist die Abhängigkeit der Dämpfung vom Abstand der beiden Faserstirnflächen dargestellt. Wesentlich ist, dass auch hier die resultierende Dämpfung stark von der numerischen Apertur abhängt. Da letztere für eine gegebene Faser keine Konstante ist, sondern von den Einkoppelbedingungen beeinflusst wird, lässt sich dieser Dämpfungsanteil in gewissen Grenzen manipulieren. Wählt man z. B. die zwischen Sender und Stecker eingefügte Leitung hinreichend lang (z. B. 1 km bei einer 50 µm Faser), so sind die Moden höherer Ordnung durch Absorption weitgehend eliminiert. Die dadurch effektiv kleinere numerische Apertur AN führt zu einer niedrigeren Dämpfung a_d.

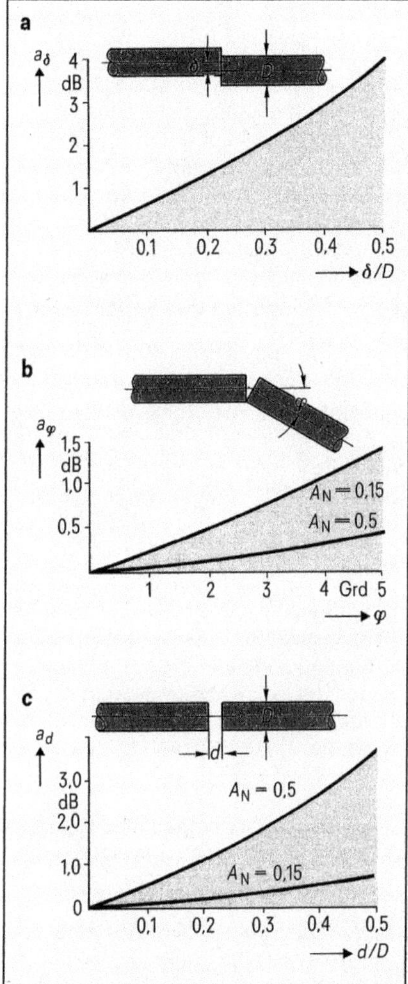

Bild 17.7:
Allgemeine Einflussgrößen auf die Dämpfung einer Steckverbindung

17.5.2 Faserspezifische Einflussgrößen auf die Steckerdämpfung

Nachfolgend werden die durch Fasertoleranzen verursachten Dämpfungseinflüsse einer Steckverbindung analysiert.

Einfluss auf die Steckerdämpfung haben die Toleranzen der numerischen Apertur A_N stets dann, wenn die A_N der sendenden Faser größer ist als die der empfangenden Faser (Bild 17.8 a).

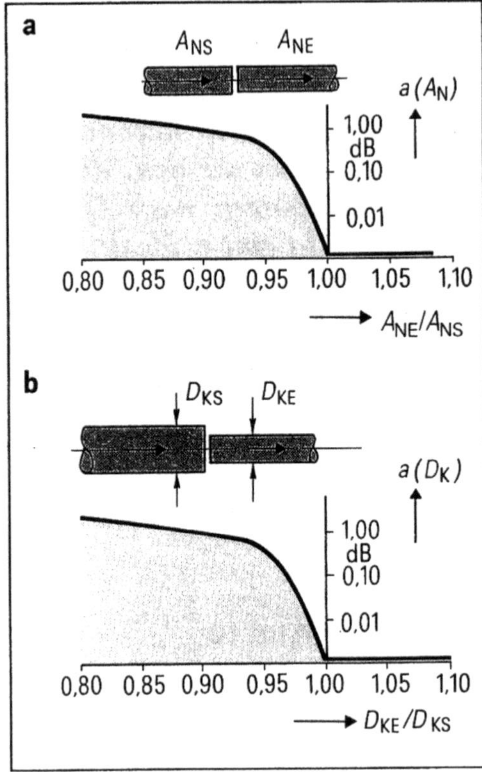

Bild 17.8:
Faserspezifische Einflussgrößen auf die Dämpfung einer Steckverbindung

Einen ähnlichen Einfluss auf die Einfügungsdämpfung haben Kerndurchmessertoleranzen (Bild 17.8 b), wenn der Kerndurchmesser der sendenden Faser größer als der Kerndurchmesser der empfangenden Faser ist. So führen Kerndurchmessertoleranzen von - 5% (beim Übergang auf eine dünnere Faser) bereits zu einer zusätzlichen Dämpfung von etwa 0,8 dB. Derartige Toleranzen können auch bei sogenannten identischen Fasern (d. h. Fasern aus einer Charge) auftreten.

Der Übergang von einer dünneren auf eine dickere Faser ist dagegen prinzipiell unkritisch und wird bei bestimmten Anwendungen gezielt eingesetzt, z. B. beim Ankoppeln der Anschlussfaser eines Lasersenders an die Streckenfaser.

Bei der Faserherstellung wird der Einengung der Fasertoleranzen besondere Bedeutung beigemessen. Trotzdem können z. B. Kernelliptizitätsfehler, Kernindexfehler, Kernexzentrizitäten und Kerninhomogenitäten auftreten. Diese Faserfehler treten u. U. nur in kleinen Bereichen der Faserlänge auf und sind für die Übertragungseigenschaften einer Leitung meist vernachlässigbar (geringe Fehler können u.U. zu einer Modenumschichtung innerhalb der Faser führen – ein positiver Effekt, da dies sich für die Bandbreite der Faser positiv auswirken kann). Wird jedoch eine Steckverbindung unter Verwendung einer Leitung realisiert, die im Steckbereich einen der vorgenannten Fehler aufweist, so wirken sich diese Faserfehler wie eine (schwer erfassbare) flächenmäßige Fehlanpassung aus.

17.5.3 Fresnel-Verluste

Generell ist zu beachten, dass durch Reflexion an den Glas-Luft-Grenzflächen Verluste eintreten, sogenannte Fresnel-Verluste. Diese betragen für die Kombination Faserstirnfläche-Luft-Faserstirnfläche 0,35 dB und sind stets dann anzusetzen, wenn zwischen den Stirnflächen ein Luftspalt auftritt (s. Bilder 17.7 b und c). Durch dielektrische Beschichtung (Vergütung) und/ oder Immersionsflüssigkeit lassen sich die Fresnel-Verluste reduzieren. Da jedoch auch ein Wasserfilm zwischen den Faserstirnflächen die Verluste durch Reflexionen vermindert, muss man die Stirnflächen vor der Messung gründlich reinigen und trocknen (ohne sie dabei zu verkratzen).

17.5.4 Einfluss der Steckerstirnflächenpolitur

Es ist naheliegend, dass die Oberflächenbeschaffenheit der Faserstirnfläche auch Einfluss auf die Einfügungsdämpfung hat. Eine Stirnflächenrauhigkeit schafft nicht nur Absorptionszentren, sondern bewirkt auch eine stärkere Streuung des Lichts. In erster Näherung kann man unterstellen, dass eine Oberflächen-Rauhtiefe einer Faserstirnfläche von 10 µm eine Dämpfung von etwa >0,5 dB bewirkt.

17.5.5 Mechanische Toleranzen Steckerstift – Verbindungselement

Axialer Faserversatz entsteht – abgesehen von der Exzentrizität der Bohrung für die Faser im Steckerstift und Kernlagefehlern der Faser – auch durch Passungsspiel zwischen Steckerstift und Verbindungselement. So reicht allein ein Passungsspiel von 2 µm zwischen Steckerstift und Verbindungselement aus, um bei sonst idealen Verhältnissen eine zusätzliche Dämpfung von 0,2 dB bei einer im Zuge einer 50-µm Gradientenfaser angeordneten Steckverbindung zu verursachen.

Bei unterschiedlichen Werkstoffen für Stift und Verbindungselement (massive Hülse) kommt der Einfluss des Temperaturkoeffizienten bzw. die Temperatur hinzu. Um dem Leser ein Gefühl zu geben, in welchen Größen und Toleranzbereichen gemessen und gearbeitet werden muss, in Bild 17.9 die Spezifikation Messstiftes für den Media Interface Connector

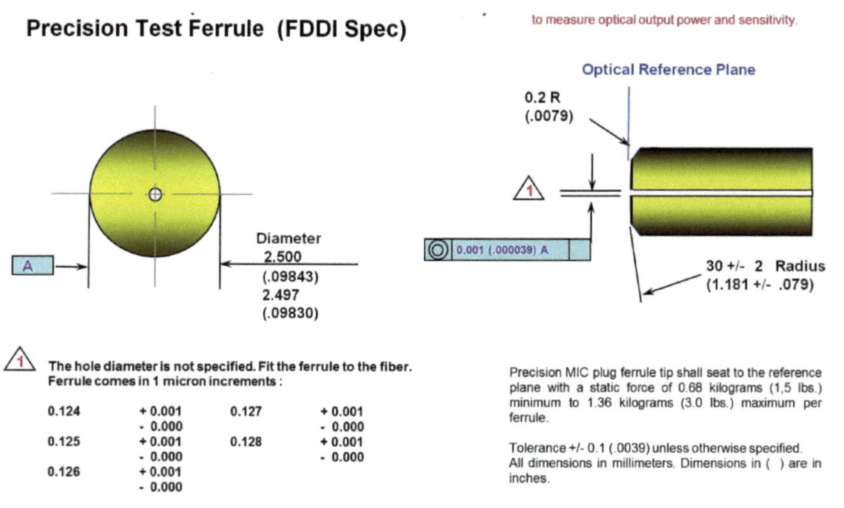

Bild 17.9: Beispiel einer Stiftspezifikation für Messzwecke (FDDI-MIC-Spezifikation)

17.5.6 Koppelverluste bei Faserbündelleitungen

Die Einfügungsdämpfung einer Steckverbindung für Faserbündelleitungen (ca. 100 Fasern im Leitungsdurchmesser von 1mm) wird – unter Vernachlässigung sonstiger Einflüsse – durch die Überlappung von vielen einzelnen sich jeweils gegenüberstehenden Faserstirnflächen bestimmt (Bild 17.10). In der Praxis liegen die Dämpfungswerte für Faserbündel-Steckverbindungen zwischen 0,5 und 3,5 dB. Der Einsatz von Faserbündelleitungen ist auf ganz spezifische Applikationen (Kurzstreckenanwendungen mit dem Hauptziel der galvanischen Entkopplung der verbundenen Systeme in Verbindung mit Störsicherheit) begrenzt.

Es muss an dieser Stelle darauf hingewiesen werden, dass Steckverbinderhersteller in der Regel die Steckverbinder-Einfügungsdämpfungen für »ideale« Fasern angeben.

17.6 Steckverbindermontage

17.6.1 Werksmontage

Für die Montage von Steckverbindern an Lichtwellenleiterkabeln kommt – wenn man von Lösungen nach dem Prinzip der Linsenkopplung absieht – hauptsächlich folgendes Verfahren zur Anwendung: Die Faser wird gebrochen, danach in den Steckerstift eingeführt und anschließend mit Kleber fixiert. Das an der Stirnfläche des Steckerstifts herausragende Faserende wird abgeschliffen und poliert. Bild 17.10 zeigt ein Schleif- und Poliergerät für die Kleinserienfertigung von SM-/MM-Leitungen aus den 90er Jahren. Das Gerät erlaubt die Konfektionierung verschiedenerer Steckerbauformen (Schleifen und Polieren der Steckerstirnfläche) in Kleinserien. Die Technik heutiger Geräte ist im Wesentlichen gleich.

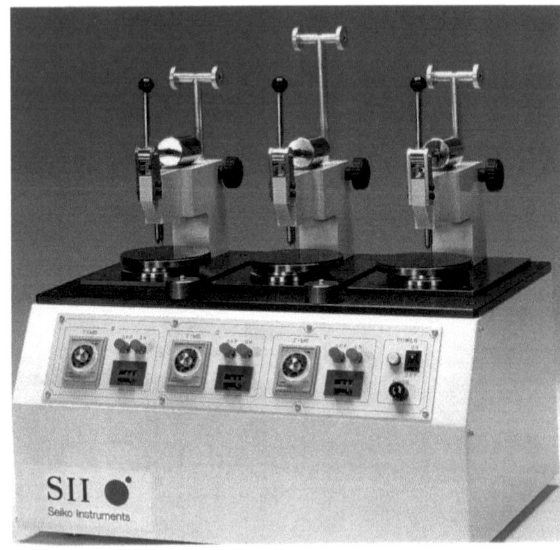

Bild 17.10: Sogenannter Multi Function Polisher der Firma Seiko Instruments aus den 90er Jahren – die Technik ist bis heute unverändert.

Dieses Verfahren – so einfach es in der Beschreibung ist – enthält doch eine Vielzahl von Bedingungen, deren Erfüllung und Einhaltung erst die Qualität einer Steckverbindung und damit auch des Gesamtsystems ausmachen. Die qualitätsbestimmenden Parameter wurden teilweise bereits genannt.

Bild 17.11: Fertigungslinie für LWL-Leitungen nach Kundenspezifikation unter Reinraum Bedingungen (Siemens) (Archiv: G.Knoblauch)

Diese sind:

- Toleranzen des Faserdurchmessers,
- Zentrizität des Faserkerns,
- Faserdurchmesser,
- Symmetriefehler der Faser,
- Abweichungen in der numerischen Apertur.
- Stirnflächenradius
- Schliff und Politur der Steckerstirnfläche
- Vorbereitung der LWL-Faser bzw. des Kabels

Allerdings sind nur ein Teil der Parameter montageabhängig. Auf einige davon wird im Folgenden noch eingegangen werden. Bild 17.11 zeigt eine Fertigungslinie für LWL-Leitungen (DIN-Stecker, ESCON-Stecker, FDDI-Stecker).

17.6.2 Feldmontage

Sind längere Lichtwellenleiterkabel zu verlegen, so wird an den Faserenden, sofern keine vormontierten Stecker mit Anschlussfaser angespleißt werden, der Stecker erst nach Abschluss der Verlegearbeiten vor Ort montiert. Hierzu gibt es Montagesets die alle erforderlichen Werkzeuge zur Kabel- und Faservorbereitung (Abisolierer, Lösungs- und Entfettungsmittel), Messtechnik zum Bestimmen des Faserdurchmessers, Steckerhalter, Schleif- und Poliereinrichtungen, Crimpwerkzeug u. a. enthalten.

Man denke auch an erforderliche Serviceleistungen bei einer Beschädigung der Lichtwellenleiterkabel. Im industriellen Anwendungsbereich werden dann, wenn die Länge noch ausreicht und Spleißen nicht in Betracht kommt, zwei Stecker angebracht, die sich mit einer Steckerkupplung verbinden lassen.

Um auch hier eine relative einfache und kostengünstige Feldmontage zu ermöglichen gibt es die verschiedensten Bauformen und technischen Stecker-Lösungen (Faserklebung mit Thermokleber, UV-härtende Kleber, Crimptechniken, vorkonfektionierte Ferrule u.a). Es sei jedoch darauf hingewiesen, dass dies Lösungen sind, die einfachen Anforderungen an Langzeitstabilität und Betriebssicherheit entsprechen und in der Regel nicht in sicherheitsrelevanten Bereichen zum Einsatz kommen.

Bei fernmeldetechnischen Anlagen wird man überwiegend spleißen, um die Verluste so gering wie möglich zu halten. Die Spleißdämpfung einer Gradientenfaser mit 50/125 µm Faserdurchmesser liegt bei etwa 0,1 dB und damit noch deutlich unter der Dämpfung einer Steckverbindung.

17.6.3 Qualitätssicherung

Die in der Praxis tatsächlich verfügbare Qualität des Steckverbinders (Dämpfung, Funktionssicherheit und Langzeitstabilität) wird durch das Konstruktionsprinzip, die mechanischen Toleranzen des Steckerstift sowie des Verbindungselementes, die Toleranzen der Glasfaser und vor allem durch die Prozessqualität der Verarbeitung bestimmt (Steckermontage).

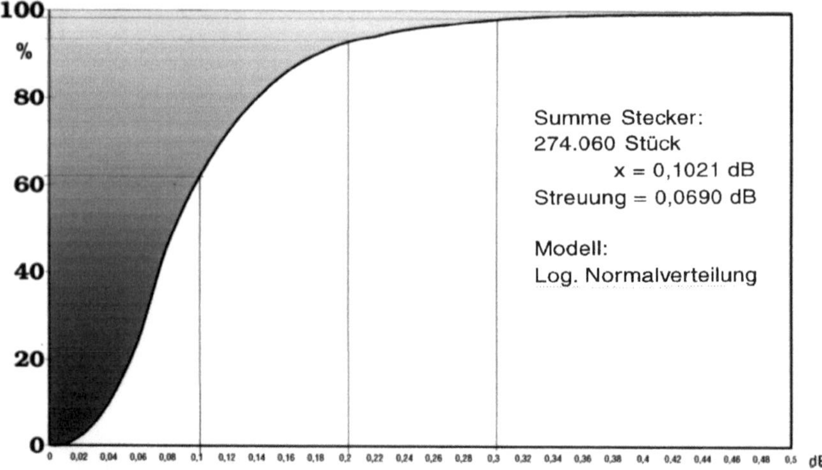

Bild 17.12: Dämpfung des ESCON_Steckverbinder, [3], gemessen über ein Ensemble von 274.060 Stück. Der Wert auf der X-Achse rechts ist 0,5 dB (Archiv: G.Knoblauch)

[3] ESCON (Enterprise Systems Connection) ist ein von IBM entwickeltes und 1987 eingeführtes Kommunikationssystem zum Austausch großer Datenmengen zwischen den Mainframes und angeschlossenen peripheren Geräten mit 200Mb/s Datenrate auf der Basis von Lichtwellenleitern. Escon wurde durch FICON (2 und (Gb/s) abgelöst. Der verwendete LWL-Stecker wurde von SIEMENS in den Jahren 1984-1986 für IBM entwickelt. Er ist ähnlich dem MIC-Stecker ein Duplex-Stecker mit zwei 2,5- mm-Keramikferrulen und besitzt aber im Gegensatz zur starren Abdeck- bzw. Schutzkappe des MIC-Steckers eine bewegliche Schutzkappe.

Die führenden Firmen dieser Branche haben sowohl in die Entwicklung optischer Steckverbinder als auch für deren Qualifikation viel investiert. Die montage- und qualitätssichernden Maßnahmen sind inzwischen so verfeinert, dass selbst bei in großen Stückzahlen gefertigten Losen nur sehr geringe Streuungen (Bild 17.12) in der Steckerdämpfung gemessen werden.

17.7 Montagebedingte Einflussgrößen auf Dämpfung und Qualität der Steckverbinder

17.7.1 Faserdurchmesser, Faserfehler

Toleranzen des Faserdurchmessers bei Einzelfasern lassen sich weitgehend durch entsprechend angepassten Durchmesser der im Steckerstift zur Führung der Einzelfaser befindlichen Präzisionsbohrung ausgleichen. Steckerstifte werden heute von namhaften Herstellern serienmäßig mit einer Genauigkeit von 0,5 µm gleichzeitiger +/- 1 µm-Abstufung des Bohrungsdurchmesser von 125 µm gefertigt.
Größere Fehlanpassungen zwischen Faser und Bohrungsdurchmesser im Steckerstift sind – auf Grund des inzwischen von einigen Faserherstellern sehr engtolerierten Faserdurchmessers (125µm +/- 2µm) – bei vorschriftsgemäßer Verarbeitung heute weitgehend auszuschließen.

17.7.2 Faser- und Kabelpräparation

Große Sorgfalt bei der Montage ist auf die faserschonende Präparation der Faser

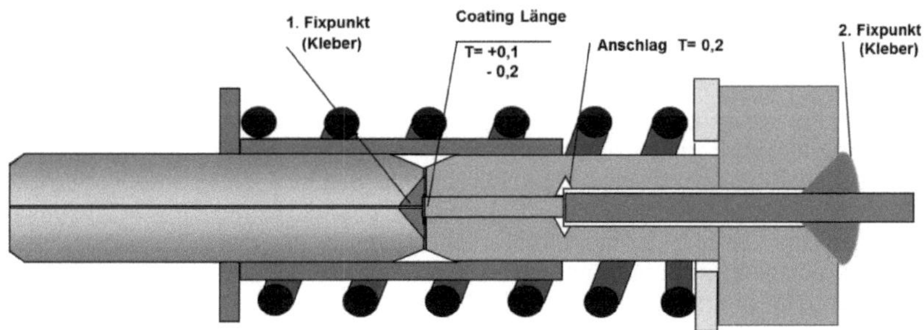

Bild 17.13: Das Schnittbild zeigt die montagekritischen Bereiche des Steckers.

selbst (Ablängen, abgestuftes Entfernen des Primary- und Secondary-Coatings innerhalb enger Toleranzen), auf die Handhabung der Faser beim Einführen der Glasfaser in den Steckerstift sowie auf die Genauigkeit der Kleberdosierung an den internen Verbindungsstellen zu beachten Bild 17.13 zeigt die montagekritischen Bereiche eines Steckverbinders. In Fixpunkt 1 treffen folgende Materialen aufeinander: Ceramic-Ferrule (Zirconium-Keramikhülsen), Glasfaser, Gegenlager (Metall), Coating und Kleber. 6 verschiedene Materialien müssen unter allen (klimatischen) Einsatzbedingungen die Glasfaser möglichst stressfrei fixieren – ein schwer beherrschbares System.

17.7.3 Stirnflächenradius / PC-Design

Legte man in der Anfangsphase der LWL-Steckverbinderentwicklung großes Augenmerk auf „plane" Steckerstirnflächen – teilweise auch auf die Vermeidung eines Stirnflächenkontaktes, um Beschädigungen der Stirnflächen (Zerkratzen, Faserausbrüche durch zu hohen Flächendruck u.a.) zu vermeiden – so werden heute in fast allen Steckverbinderfamilien Steckverbinder mit PC-Design (physical contact) angeboten.

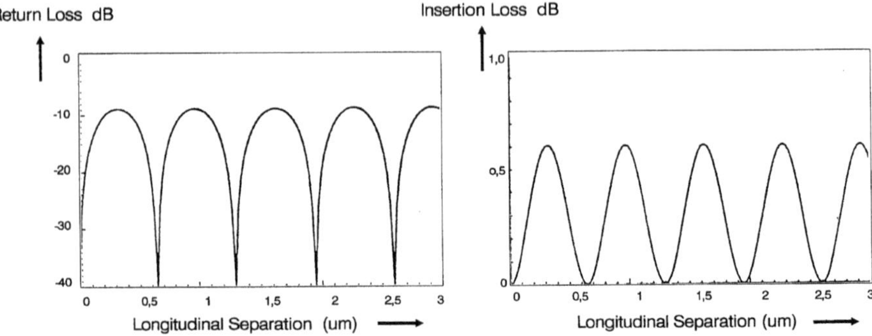

Bild 17.14: Rückstreu- und Einfügeverluste in Abhängigkeit des Luftspaltes zwischen den Steckerstirnflächen (Quelle: Siemens, Archiv G.Knoblauch)

Die Bilder 17.14 und 17.15 zeigen die Rückstreu- und Einfügeverluste bzw. das Dämpfungsverhalten eines MM-Steckverbinders mit planer Steckerstirnfläche bei Variation des Luftspaltes (Airgap) zwischen den beiden Stirnflächen in Abhängigkeit der Parameter Wellenlänge und spektraler Bandbreite des Senders. Es ist erkennbar, dass auf Grund der auftretenden Interferenz (2) beim Vorhandensein eines auch minimalen Luftspaltes und dessen Variation im 0,1 µm-Bereich, erhebliche Veränderungen der Dämpfung und Rückstreuung auftreten. Eine hohe Rückflussdämpfung ist besonders wichtig bei dafür empfindlichen Laser-Sendern.

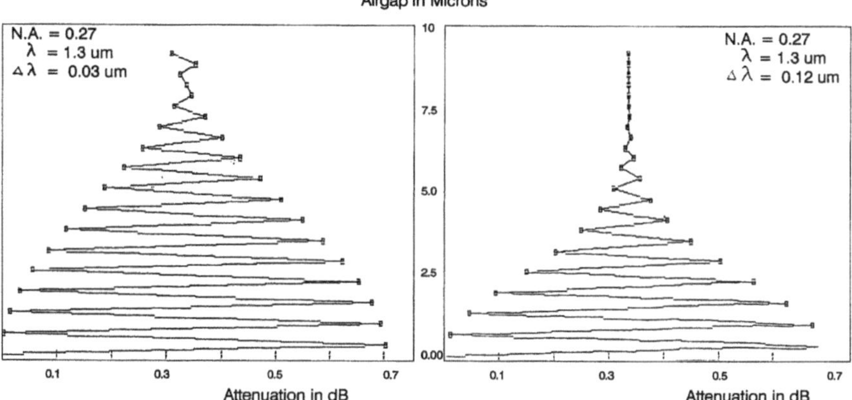

Bild 17.15: Optische Interferenzen bei MM-Steckverbindern (Archiv des Verfassers)

Das PC-Design erfordert den Anschliff eines sehr genau definierten Radius auf der Stirnfläche des Steckerstiftes. Bild 17.16 zeigt das prinzipielle Verfahren des Anschliffs des Stirnflächenradius am Steckerstift (Rohling) sowie den weiteren Verarbeitungsprozess des Schleifens und Polierens. Entscheidend ist – neben der Rotationsbewegung des Steckerstifthalters – die sehr genau einzuhaltende Nachgiebigkeit der Polierunterlage. Bei nicht sachgemäßem Arbeiten – besonders bei Steckerstiften aus „weichem" Material (Neusilber, Stahl, Kunststoff u. ä.) mit planer Endfläche kann es zu Hinterschneidungen (Wegpolieren des weicheren Steckerstiftmaterials und damit Überstehen der Faser) und in der Folge zu Faserendflächenbeschädigungen beim Stecken kommen (3) (4).
Mit diesem Verfahren wird erreicht, dass es bei ordnungsgemäßer Ausführung beim Stecken immer zu einem Stirnflächenkontakt zwischen beiden Steckerstiften kommt und die Fresnel-Dämpfung nicht auftritt.

17.7.4 Schleif- und Polierfehler

Die Dämpfung der Steckverbinder wird außer durch die mechanischen Toleranzen und Faserfehler auch durch mögliche Bearbeitungsfehler bestimmt. Eine gut geschliffene und polierte Faserstirnfläche ist Voraussetzung für geringe Übergangsverluste. Eine mangelhaft bearbeitete Faserstirnfläche (Schliff und Politur) führt an den Unebenheiten zu Verlusten durch Reflexion und Streuung entstehen.

17.8 Bauformen von LWL-Steckverbindern

17.8.1 Ausführungsform für Monomode- und Multimode-Steckverbinder

Eingangs wurde schon darauf hingewiesen, dass mit dem Beginn der LWL-Steckverbinderentwicklung Ende der siebziger Jahre sehr unterschiedliche technische Konzepte entstanden. Jedes dieser Konzepte weist Vorteile sowie auch Nachteile auf. Allen Prinzipien gemeinsam ist, dass die Steckverbinder in optischen Übertragungswegen dazu dienen, zwei Lichtwellenleiterkomponenten auf einfache und reproduzierbare Weise dämpfungsarm und im Bedarfsfalle auch leicht trennbar miteinander zu koppeln.

Der heutige Markt wird von Steckverbindern nach dem Prinzip der Stirnflächenkopplung beherrscht. Hierfür sind vor allem zwei Gründe maßgebend:

a) Nur nach diesem Prinzip lassen sich Breitbandsteckverbindungen, d. h. Steckverbindungen, die sowohl im Wellenlängenbereich um 850 nm als auch im Wellenlängenbereich um 1300 nm dämpfungsarm sind, realisieren.
b) Selbst bei der Kopplung von exakt justierten Fasern gleichen Durchmessers kann eine Steckverbindung nach dem Prinzip der Linsenkopplung grundsätzlich keine besseren Ergebnisse (d. h. niedrigere Einfügungsdämpfungen) als eine Steckverbindung nach dem Prinzip der Stirnflächenkopplung liefern. Im Gegenteil – durch zusätzliche Verluste der abbildenden Systeme sowie durch Reflexionen an den einzelnen Grenzschichten mit unterschiedlichem Brechungsindex – sind die Verluste beim Steckverbinder mit Linsenkopplung meist deutlich höher als beim Steckverbinder mit Stirnflächenkopplung.

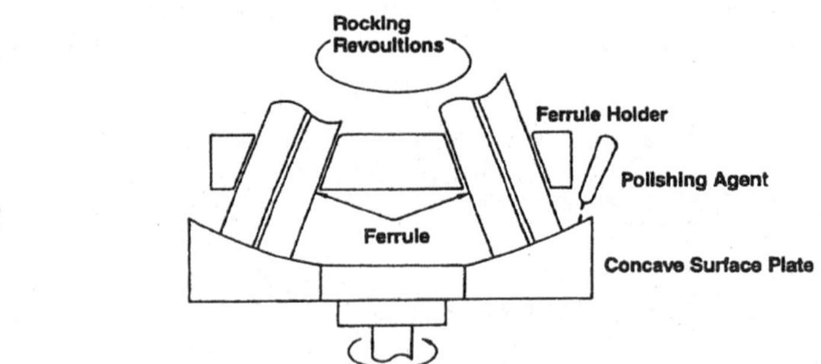

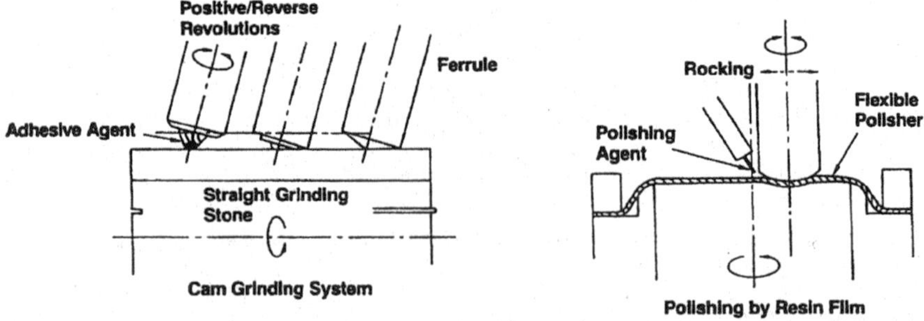

Bild 17.16: Sphärische Schleif-und Poliertechnik für Steckverbinder (Quelle: Seiko Instruments)

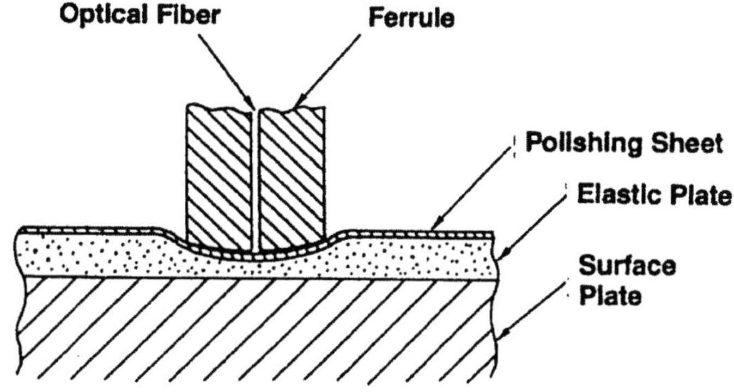

Bild 17.17: Polierprozess für sphärische Steckverbinderstifte (Quelle: Seiko Instruments)

17.8.2 Standardisierte Bauformen

Im Jahre 2016 findet sich fast alles was an Steckverbindern für die optische Nachrichtentechnik seit 1979 entwickelt wurde in irgendwelchen Standards wieder. In Deutschland war es der auch als DIN-Stecker bezeichnete (Bild 17.18) und in den USA der von den Bell-Labs / ATT entwickelte Biconic-Steckverbinder, die den Markt bestimmten. Der Biconic-Steckverbinder hat heute keine Bedeutung mehr. Der ursprüngliche DIN-Steckverbinder wurde in verschiedenen Formen und technisch weiterentwickelt.
Normen DIN (LSA)-Stecker: CECC 86 135-801 (PC Version) & CECC 86 135-802 (APC Version)
IEC 61 754-3 „Fiber optic connector interface-Type LSA connector family“ CECC 86 135-801 (Type LSA)
CECC 86 135-802 (Type LSA-HRL)

Die im Folgenden beschriebenen Steckverbinder sind jedoch hinsichtlich der technologischen Entwicklungen der letzten 30-40 Jahre wichtig für das Verständnis der zu lösenden technischen Anforderungen an eine stabile und mit geringen Verlusten (reproduzierbar) behaftete optische Faserverbindungstechnik.

Die folgende Bauformenbeschreibung enthält keine Wertung über die heutige Bedeutung der beschriebenen Steckverbinder. In der Geschichte der Entwicklung und Marktdurchdringung der LWL-Steckverbinder spielten regionale wirtschaftliche Gegebenheiten bzw. Industriezweige, staatliche Unterstützung für Entwicklungen und Systemprojekte und vor allem der Stand der Telekommunikationsindustrie der einzelnen Länder für die Verbreitung bestimmter Bauformen eine wichtige Rolle.

DIN-Steckverbinder, 2,5 mm (LSA-Stecker)

Wesentliches Merkmal des DIN-Steckverbinders ist der Stiftdurchmesse mit 2,5 mm. Dieser Wert dominiert heute am Weltmarkt bei Steckverbindern nach dem Stift - Buchse Prinzip.

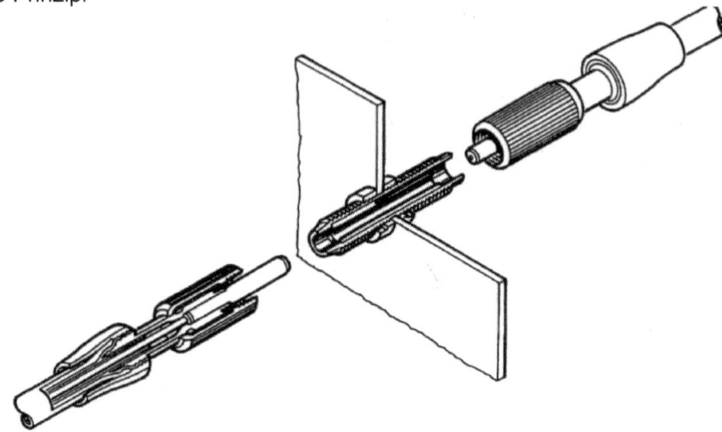

Bild 17.18: LWL-Steckverbinder nach DIN 47256

In Bild 17.18 wird ein Steckverbinder gezeigt (Handsteckverbinder), der für SM-8/125-µm, MM-50/125-µm-Gradientenfasern und Stufenindexfasern (100 µm, 200 µm) entwickelt wurde und der besonders in Deutschland, in einigen nordischen Ländern, in Südafrika und anderen Zielgebieten der deutschen Kommunikationsindustrie (Telekomsysteme) Verbreitung fand. Der Steckerstiftdurchmesser beträgt 2,5 mm und entspricht der DIN 47256. Das Kabel wird im Stecker in der Regel durch Crimpen fixiert.

Dieser DIN-Stecker mit 2,5 mm Steckerstift hat historisch besondere Bedeutung, da hier mit dem gewählten Stiftlänge-zu-Stiftdurchmesser-Verhältnis ein für damalige Zeiten (1980) optimales Maß festgelegt wurde und bis heute Ferrules mit 2,5 mm praktisch Standard sind – unabhängig von der Steckerbauform. Der Steckerstiftdurchmesser 2,5 mm hat sich als Standard weltweit durchgesetzt.
Einsatzgebiete bis heute: Telekommunikation, CATV, LAN, MAN, WAN, Messtechnik, Medizintechnik, Sensorik und Industrie.

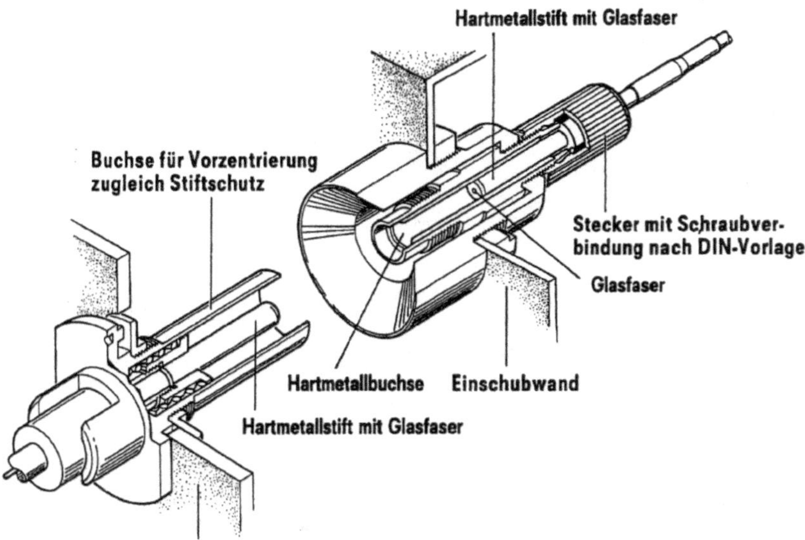

Bild 17.19: SM- und MM-Steckverbinder für Bauweise 7R (in den 70-er Jahren von der Deutschen Post festgelegte Aufbauweise für Gestellwände, Einschubtechnik und Schwenkrahmen) – nicht mehr im Einsatz

Bild 17.19 zeigt die Modifikation für die Gerätetechnik der Bauweise 7R der Deutschen Bundespost. Der Steckverbinder ist konstruktiv so aufgebaut, dass sich Toleranzen durch Versatz zwischen Einschub und Gestell ausgleichen lassen. Um die Präzisionsteile (Stift und Buchse) mit einem Passungsspiel < 1 µm zu schützen und zu entlasten, ist ein Stiftschutz und Einlauftrichter (definierter Fangbereich) vorhanden. Damit ist sichergestellt, dass der schwimmend gelagerte Stecker beim Einschub der Baugruppe in das Gestell ausgerichtet und entlastet wird.
Eine von den mechanischen Komponenten schon sehr kostspielige Aufbautechnik.

Bild 17.20 zeigt eine Bauform, die von PKI (Philips Communications Industry) entwickelt wurde. Sie zeichnet sich durch einen Stift mit ebenfalls 2,5 mm (steckkompatibel zum DIN-Stecker) sowie einen geschlitztem Verbindungselement aus. Entwicklungsziel bei diesem Steckverbinder war es, einfach zu bearbeitendes Stiftmaterial (Acab, Neusilber) und ein toleranzunkritisches, d. h. billiges Verbindungselement (geschlitzte Hülse) zu verwenden. Erst nach dem kraft- und reibfreien Stecken bzw. dem vollständigen Einführen des Steckerstiftes in das Verbindungselement kommt es durch Überdrücken der Kugeln zum Spannen / Klemmen der Verbindungshülse auf dem Steckerstift. Der Einsatz dieses Steckverbinders erfolgte in der Vergangenheit hauptsächlich im Kommunikationsbereich.

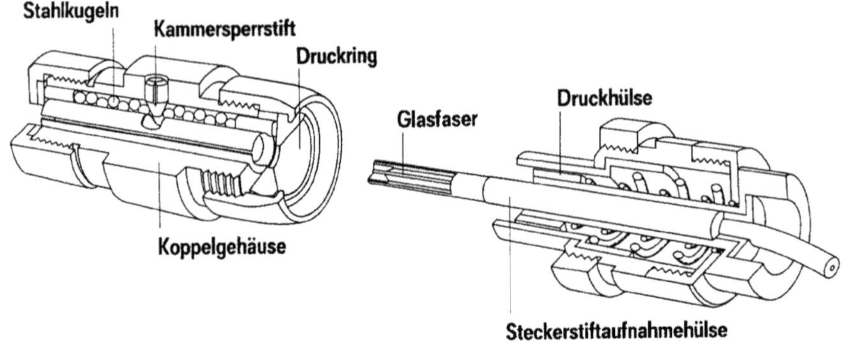

Bild 17.20: LWL-Einschubsteckverbinder von PKI – nicht mehr im Einsatz

Man sieht auch hier bei diesem PKI-Steckverbinder, wie aufwändig die Konstruktion aufgebaut wurde, um sowohl den Anforderungen der Einschubtechnik und reproduzierbar niedriger Stecker dämpfungswerte zu realisieren.

Diese europäischen Entwicklungen – in Frankreich kam noch die Firma Radiall für die französische Kommunikationsindustrie hinzu – waren damals auch aus politischen Gründen wichtig, da die amerikanische Kommunikationsindustrie – und dort besonders die AT&T – auf eine andere Steckertechnik setzten (Biconic-Stecker).

Allen war bewusst: Es handelt sich hier um eine Schnittstelle zwischen Systemtechnik und peripheren Geräten – also einen gewaltigen Markt. Wer die Schnittstelle vorgibt – das war das Systemhaus – bestimmte den Zuliefermarkt auf der Geräteseite.

Dass in dieser Zeit – also nach 1980 – eine Vielfalt von technischen Lösungen auf dem Markt angeboten wurden ist verständlich, da man von einem zu erwartenden sehr *großem* Markt ausging. Darunter waren auch sehr *pfiffige* und technologisch anspruchsvolle Lösungen. Immer ging es darum, möglichst *Null* Faserversatz zwischen den zu koppelnden Fasern zu realisieren. Ob durch nachträgliches „Prägen" der Steckerstirnfläche (z. B. Fa. Diamond, Technik wird bis heute eingesetzt) oder Justierung mittels Micro Kugel (Fa. Radiall, Bild 17.24), in alle Richtungen hin wurde entwickelt.
Viele dieser Firmen beziehungsweise die mit Steckverbindern befassten Bereiche existieren heute nicht mehr bzw. wurden verkauft.
Wenn hier noch auf einige dieser Entwicklungen aus der Entstehungszeit dieser Technologie eingegangen wird, so soll der Leser dafür sensibilisiert werden, dass hinter einem heute so *einfach aussehenden Stecker* gewaltige technologische Basisarbeit steckt.
Um ein Beispiel zu nennen: In die Entwicklung des ESCON-Steckverbinders (einschließlich dessen sehr aufwändiger Qualifikation) hat IBM mehrere Millionen US-Dollar investiert. Die Entwicklung und Qualifikation erfolge als Auftragsentwicklung bei Siemens in München und Berlin (1984-1987). Nachbaurechte gingen dann an AMP und andere Firmen.

FSMA/SMA-Steckverbinder, 3,175 mm

Der SMA-Steckverbinder (Bild 17.21) war in den Jahren 1980-1990 ein sich im industriellen und militärischen Bereich schnell und weit verbreitender Steckverbinder. Dieser Steckverbinder weist gegenüber dem DIN-Pendant ein ungünstigeres Stiftlänge-zu-Stiftdurchmesser-Verhältnis auf; nachteilig ist ebenfalls die Steigung des Gewindes der Überwurfmutter (relativ groß und damit reduzierte Verbindungssicherheit bei vorgegebenem Flächenpressungsdruck). Die Erklärung für den Erfolg muss man in seiner Anlehnung an den Koax-SMA-Steckverbinder sehen – von diesem wurde aus Kostengründen die Überwurfmutter übernommen. Durch die Entwicklung neuer Steckverbinderfamilien ist seine Bedeutung heute gering. Bild 17.21 zeigt DIN- und SMA-Steckverbinder mit ihren wesentlichen Abmessungen im Vergleich.
Normen: CECC 86 104-801.

DIN-Stecker

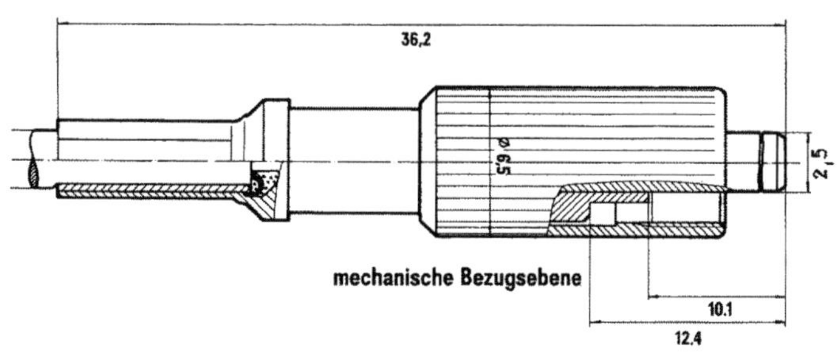

SMA-Stecker

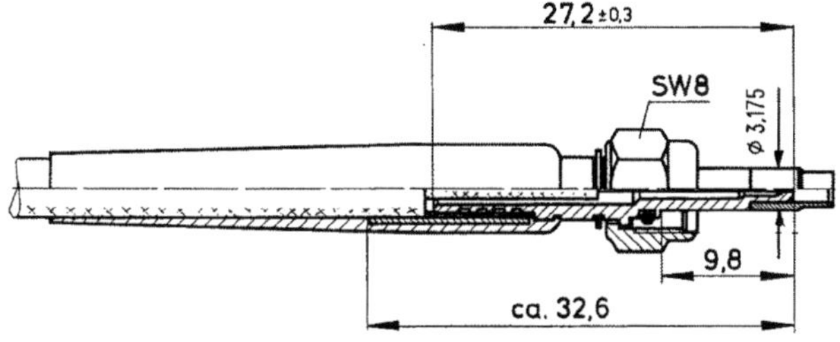

Bild 17.21: DIN / SMA-Steckverbinder im Vergleich (oben DIN, unten SMA)

„Biconic"-Steckverbinder ®

Der in Bild 17.22 gezeigte und von den Bell Labs entwickelte Biconic-Steckverbinder dominierte in den 80-er Jahren den amerikanischen Markt (Telekommunikationstechnik). Die konische Ausführung dieses Steckverbinders führt zur Vermeidung größerer Reibwege – wie sie z. B. beim reinen Stift-Buchse-Prinzip auftreten – und damit zur Vermeidung von teuren Passteilen (Stift-Buchse). Der Steckverbinder wird an das Verbindungselement herangeführt und zentriert sich beim Aufeinandertreffen mit der konischen Auflagefläche des Verbindungselementes. Die Präzision dieses Steckverbin-

ders liegt „nur“ in der exakten zentrischen Einbringung der Glasfaser im Stecker (Materialverbund in Verbindung mit Spritzgießtechnik) – keine kostenintensiven Passteile. Als Material kommt gefüllter Kunststoff zum Einsatz, eine Nachzentrierung durch Schleifen des Außenbereiches des Steckers war vorgesehen. Mit der Forderung nach SM-Tauglichkeit und der damit verbundenen Forderung nach Stirnflächenkontakt (PC-Design) musste er überarbeitet werden. Das PC-Prinzip erfordert sehr hohe Präzision von Konusmaß, Stirnflächenbezugsmaß und Verbindungselement, da in diesem Fall eine „mechanische Überbestimmung“ vorliegt.
In Europa hat dieser Steckverbinder keine Bedeutung erlangt.

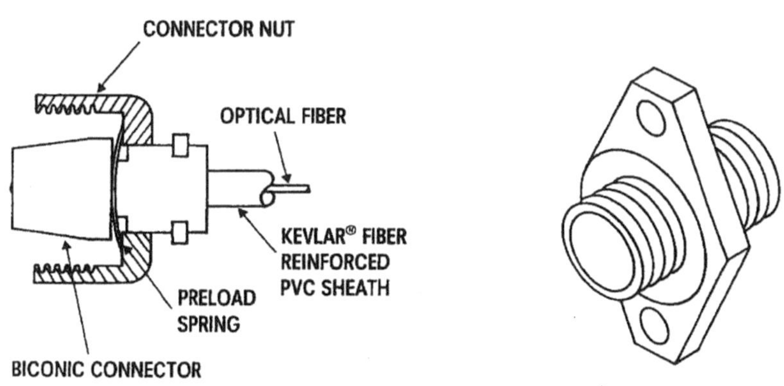

Bild 17.22: Biconic-Steckverbinder – nicht mehr im Einsatz

„ST“-Steckverbinder ®
Die Entwicklung des in Bild 17.23 gezeigten ST-Steckverbinders (ST – straight tip) liegt zeitlich hinter der des Biconic-Steckverbinders. Es galt auch hier, die Forderungen nach kostengünstigen Teilen (Stift, Verbindungselement, Überwurfmutter) zu erfüllen. Die Lösung besteht darin, dass das Verbindungselement (Alignment Sleeve) geschlitzt und zusätzlich schwimmend gelagert ist. Damit wird erreicht, dass Lage- und Durchmessertoleranzen der Steckerstifte weitgehend egalisiert werden. Die Einleitung seitlicher Kräfte sollte möglichst vermieden werden. Das Verriegelungsprinzip (Bajonett) wurde dem BNC-Koaxsystem entlehnt. Der Stiftdurchmesser beträgt 2,5 mm.

„Optoball“ - Steckverbinder ®
Bei diesem Steckverbinder liegt die konisch ausgebildete Fläche der Steckerhülse auf einer als Zentrierelement wirkenden und mit einer Bohrung versehenen Kugel. Der Steckerstift selbst ist im Bereich der Anschlagschulter mechanisch festgelegt. Durch entsprechendes Pressen der Justierkugeln (3 Kugeln im Bereich der Justierzone zentrisch angeordnet erfolgt die Ausrichtung und Fixierung des Steckerstiftes. Die Präzision dieses Steckers wird wesentlich durch die Oberflächenbeschaffenheit

der Auflagefläche Kugel-Steckerhülse und der Langzeitstabilität der Justierelemente (Kugeln) bestimmt. Von Vorteil ist, dass keine Präzisionsteile im Sinne einer Passung benötigt werden. Bild 17.24 zeigt eine komplette Steckverbindung im Schnittbild.

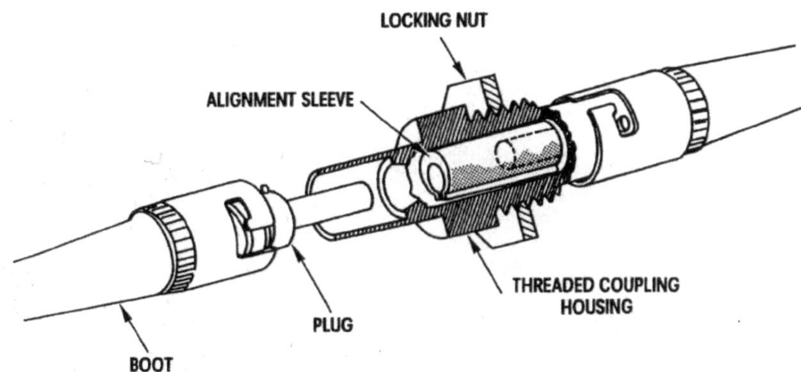

Bild 17.23: ST-Steckverbinder

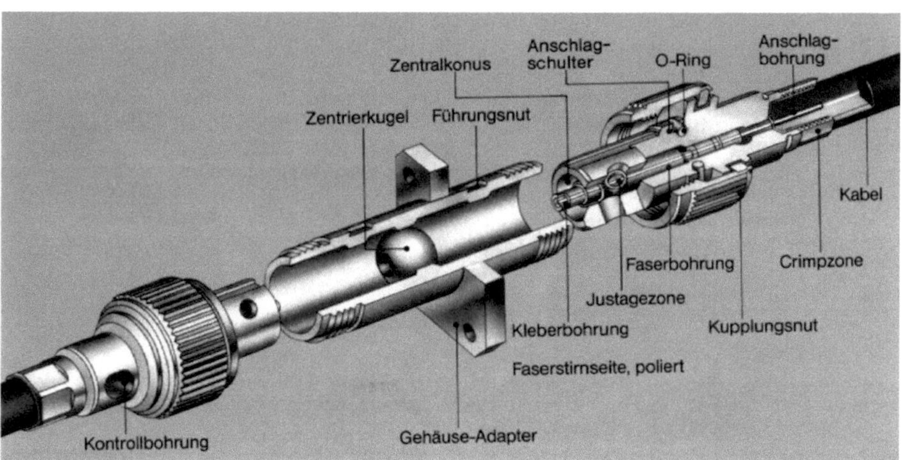

Bild 17.24: Schnittbild des Optoball-Steckverbinder – nicht mehr im Einsatz

FC-Steckverbinder

FC ist die Abkürzung für Fiber Connector. Der FC-Steckverbinder (Bild 17.25) wurde in Japan entwickelt. Besonders die PC-Bauform (PC = physical contact) ist heute weit verbreitet – ganz gleich, in welcher Bauform die Stifte verbaut werden. . Der Steckverbinderstift hat einen Durchmesser von 2,5 mm und ist federnd gelagert. Zusätzlich gibt

es die Möglichkeit der Justage beim Stecken (Einstellen des Dämpfungsminimums) und anschließender Fixierung der Drehsicherung. Es kommen verschiedene Stiftmaterialien zum Einsatz wie z. B. Keramikstift (massiv), Hartmetallstift mit Weichmetalleinsatz, Stahl mit Keramik. Der Aufbau ist mechanisch sehr aufwändig.
Das Einsatzgebiet liegt vor allem Im Kommunikationsbereich.

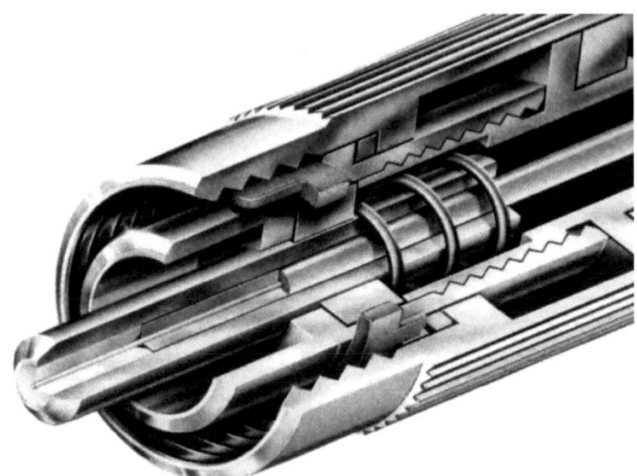

Bild 17.25: FC-Steckverbinder mit PC-Design (Foto Seiko)

Einsatzgebiete bis heute: Telekommunikation, CATV, LAN, MAN, WAN, Messtechnik, Medizintechnik und Industrie.

Normen:
IEC 61754-13,
NTT-FC Norm und CECC 86115
für Single Mode (PC/APC) und Multimode (PC)

SC-Steckverbinder

Der SC-Steckverbinder (SC – subcriber connector) in Bild 17.26 wird – obwohl in Japan entwickelt – in Verbindung mit der Entwicklung des Fiber Channel Standard (IBM) genannt. In diesem Falle waren die Arbeiten für den Fiber Channel Standard die treibende Applikation. Kernstück ist der Keramikstift mit 2,5 mm Durchmesser. Verbindungselement und Gehäuseteile sind aus Kunststoff gefertigt. Die Bauform erlaubt die Aneinanderreihung mehrerer Steckverbinder zum Mehrfachsteckverbinder (Bild 17.27).

Normen: LWL-Steckverbinder nach IEC 61754-4, NTT-SC Norm und CECC 86265 für Single Mode (PC/APC) und Multimode (PC)

Bild 17.26: SC-Steckverbindung – Einzelteilzeichnung einer typischen Konfiguration

Der SC-Duplex-Steckverbinder im Bild 17.27 wird oft in Datennetzwerken eingesetzt

Bild 17.27: SC-Steckverbinder – Konfiguration zum Duplexstecker (Fiber Channel Standard)

Typische Anwendungsfelder für SC, LSH-Steckverbinder

Ende der 90er Jahre begann das Thema Fiber-to-the curb (FTTC) und Fiber-to-the-Home (FTTH) unter Wissenschaftlern immer breiteren Raum in den Diskussionen einzunehmen. FTTC bedeutet Glasfaser bis zum Bordstein bzw. nächster Verteilerkasten und FTTH bedeutet Glasfaseranschluss bis in die Wohnung des Teilnehmers. Diese Diskussion fand bereits zu Zeiten statt, als ein einfacher DSL-Anschluss mit bis zu 16 Mbit/s für viele Nutzer noch ein Wunschtraum war. Es war dies die konsequente gedankliche Weiterführung hin zu den (möglichen) künftigen Applikationen, die auf Grund des zu erwartenden technischen und technologischen Fortschritts bei den Komponenten, der Systemtechnik und vor allem aus dem Übertragungspotential der Glasfasertechnik selbst sich ergeben würden: Verfügbare Bandbreiten bis in den GBit/s Bereich. Biarritz in Frankreich war in den 80er Jahren ein erster Versuch, die Glasfaser bis in die Haushalte zu bringen. Von den etwa 15.000 geplanten Anschlüssen wurden nur wenige tausend Anschlüsse realisiert. Die technischen Probleme bei den Komponenten – u.a. auch bei den Steckverbindern – und deren Kosten waren einfach noch zu groß. Ende 2015 werden in Deutschland vermutlich wenig mehr als 1 % Internetnutzer über derartige High-Speed Anschlüsse verfügen. Im Jahre 2016 sind das Problem nicht mehr fehlende preiswerte Komponenten – wie zum Beispiel die Steckverbinder – es sind die immensen Kosten der aufzubauenden Netzstrukturen (Backbone-Bereich). Sehen wir uns einen für derartige Anwendungen entwickelten Steckverbinder an.

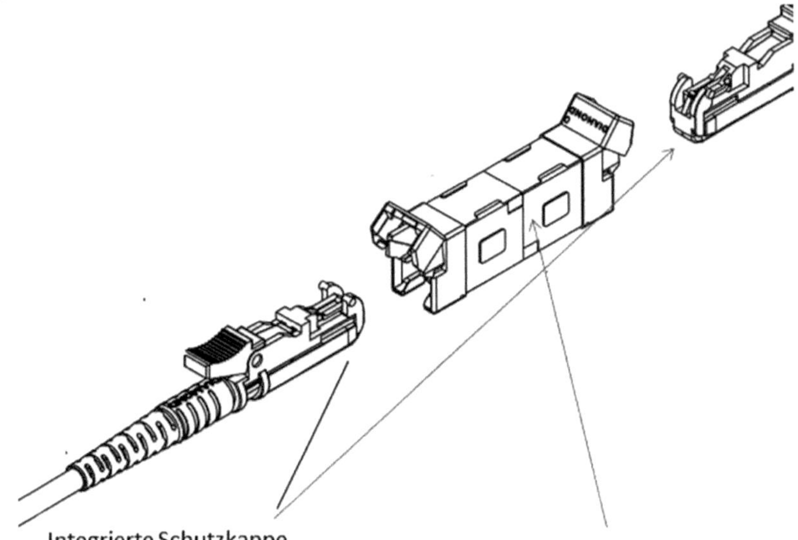

Bild 17.28: *LSH-Steckverbinder (Zeichnung Unterlagen Fa. Diamond)*

LSH-Stecker (E-2000™)
Der LSH-Steckverbinder wird in Metropolitan Area Network (MAN) und Weitverkehrsnetzen (WAN) eingesetzt (Bild 17.28).
E-2000™ ist Markenzeichen der Firma Diamond, die den Steckverbinder auch entwickelt hat. Er wird angeboten mit PC-Design und auch Schräganschliff (8 Grad) für Multi- und Monomode-Fasern. Stiftdurchmesser auch hier 2,5 mm. Werkstoffe Keramik und Verbundmaterialien, damit auch eine Nachprägung zur Kernzentrierung möglich ist. Weit verbreitet in Deutschland.

Dieser Stecker wurde genormt als LSH-Stecker
Standards:
IEC 61 754-15, CECC 86 275-801 (PC version),
CECC 86 275-802 (APC version) & TIA/EIA 604-16 standards

F-3000™ Version (Small-Form-Faktor – mit Stift 1,25 mm)
Telekommunikation, CATV, LAN, Messtechnik, Medizintechnik, Sensorik, Industrie und Fiber-to-the-X (einschließlich FTTC, FTTH, FTTD)

FDDI-Steckverbinder
Die Kooperation einiger amerikanischer Firmen – unter der Federführung von AMP – führte innerhalb weniger Jahre (1984-1986) zu einem Steckverbinder, der standardisiert ist und gleichzeitig in der Applikation FDDI (Fiber Distributed Data Interface) innerhalb kurzer Zeit weltweite Verbreitung fand. Es handelt sich hierbei um einen Duplex-Steckverbinder (siehe Bild 17.29), der, je nachdem an welcher Stelle im FDDI-Ring die Anschaltung erfolgt, kodiert werden kann.

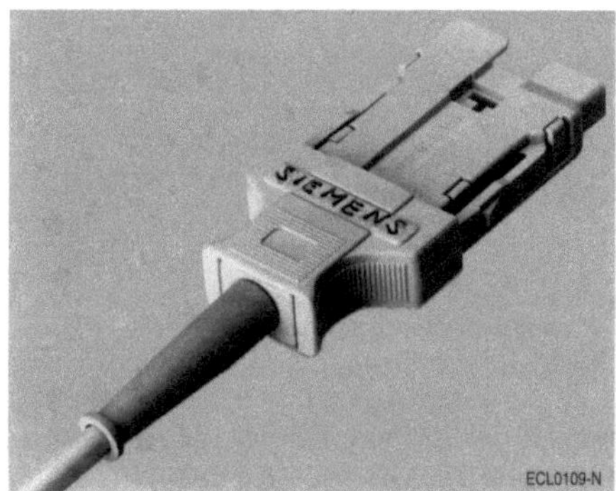

Bild 17.29: Zwei Ausführungsformen des FDDI-Steckverbinders

ESCON-Steckverbinder ®
Der in Bild 17.30 abgebildete ESCON-Steckverbinder ist zwar kein Produkt im Sinne klassischer (internationaler) Normenarbeit, jedoch auf Grund der dahinterstehenden Applikationen (IBM's ESA/390 architecture, ESCON-architecture) ein Weltstandard.
Die Entwicklung des ESCON-Steckverbinders erfolgte 1984-1986 durch Siemens für IBM und lief zeitlich parallel zu den FDDI-Normungsaktivitäten. Ein Versuch mehrerer großer US-Firmen – in der Abschlussphase der FDDI-Standardisierung – den

Bild 17.30: ESCON-Stecker (Archiv: G.Knoblauch)

ESCON-Steckverbinder zugleich als FDDI-Standard vorzusehen, misslang. Damit entstanden zwei sehr ähnliche Duplex-Steckverbinder, deren wesentliches Unterscheidungsmerkmal eigentlich nur im Steckerstirnflächenbereich liegt (FDDI: im Steckerstiftbereich starres Gehäuse, ESCON: Beim Stecken wird der Stiftschutz automatisch zurückgeschoben). Bild 17.31 zeigt sowohl FDDI- als auch ESCON-Steckverbinder als Schnittbild.

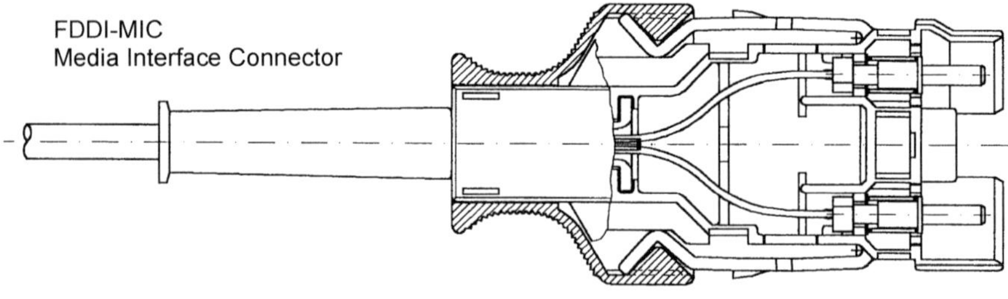

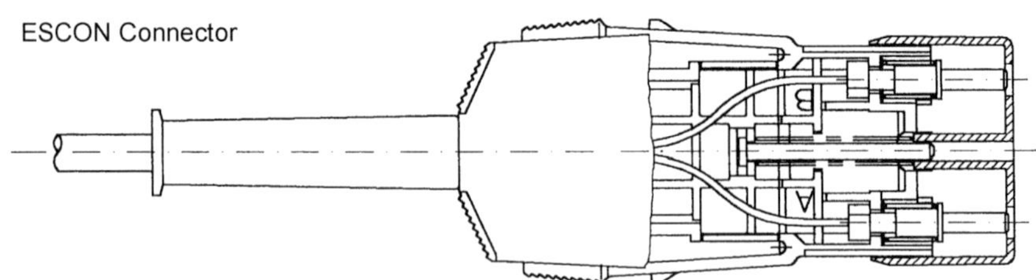

Bild 17.31: Schnittzeichnung von FDDI- und ESCON-Steckverbinder

17.8.3 Spezifische Bauformen aus den Anfänger der LWL-Technik

Aus der Fülle der LWL-Steckverbinder, die keiner internationalen Norm entsprechen, die für ganz spezifische Applikationen entwickelt wurden, oder überwiegend lokale Bedeutung erlangten, sollen einige Beispiele herausgegriffen werden und zumindest erläutert werden.

V-Nut-Steckverbinder

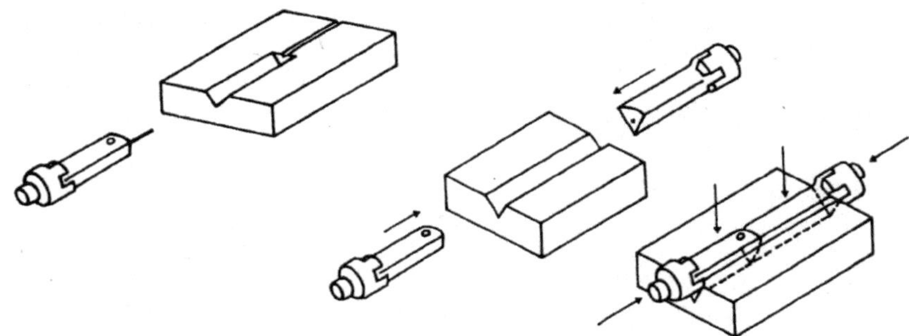

Bild 17.32: Prinzip und Montage des V-Nut-Steckverbinders

Dieser Steckverbinder (Bild 17.32) ist eine französische Entwicklung. Darauf basierende Stecker wurden in größeren Stückzahlen im französischen Videocom-Projekt (Biaritz, faseroptischer Teilnehmeranschluss) eingesetzt. Auch hier bestand das Konzept wieder in der Vermeidung von Präzisionsteilen. Ein mit zwei Flächen versehener Stift (Kunststoff) wird nach dem Prinzip der Lagefixierung durch eine V-Nut aufgebaut. Dabei verwendet man bei der Montage ein „Masterwerkzeug“. Die V-Nut des Masterwerkzeuges nimmt den Steckerstift auf und eine zweite V-Nut die Faser. V-Nut und Fasernut sind präzise aufeinander abgestimmt und bestimmen die künftige Faserlage (Soll-Lage) im Steckerstift. Die Faser wird über die Fasernut im Stift positioniert und mit Kleber (UV-härtend) fixiert.
Das Verbindungselement ist ein Träger, ebenfalls mit V-Nut Die Form des Steckerstiftes garantiert immer gleiche Stiftlage innerhalb einer Stecker-Stecker-Verbindung. Die Fixierung der beiden Stifte erfolgt durch Klemmung in dieser V-Nut.
Eine nennenswerte Verbreitung über Frankreich hinaus ist nicht bekannt.

„Stratos“-Steckverbinder
Dieser von der Firma Stratos, Schweden, entwickelte Steckverbinder ist eine interessante Lösung des Problems von Faserdurchmessertoleranzen. Der Steckverbinder ermöglicht die Aufnahme von Fasern mit sehr unterschiedlichem Durchmesser. Nach dem Einfädeln der Glasfaser in den Steckerstift wird durch Hineindrehen des Druckstückes die Faser durch 3 Kugeln zentrisch positioniert und leicht geklemmt und mit Kleber fixiert. Nach dem Aushärten des Klebers wird stirnseitig der Steckerstift bis über die Mitte des Kugeldurchmessers abgeschliffen. Damit wird erreicht, dass die Faser im Kleber „freisteht“ und später keine Spannungsrisse (Druckpunkte der Stahlkugeln)

auftreten. Das Konusprinzip weist die auch schon beim Biconic-Steckverbinder ausgeführten Vorteile auf.

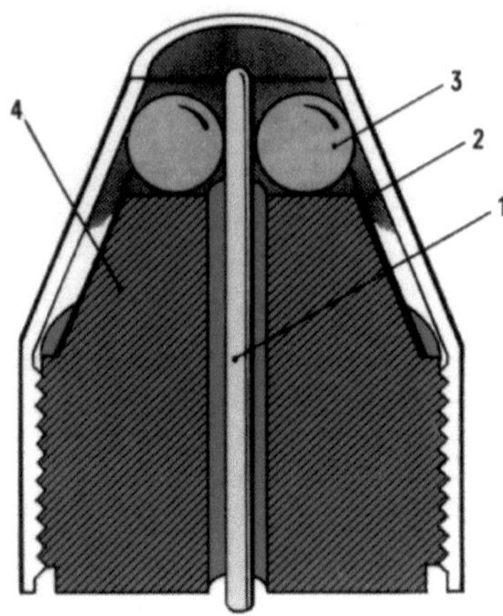

1 Glasfaser
2 Kleber
3 Stahlkugeln
4 Druckstift

Bild 17.33: Optischer Steckverbinder mit Kugelzentrierung (Fa. Stratos)

LAMDEK-Steckverbinder

Dieser Steckverbinder (Bild 17.34) gehört zur Gruppe der Steckverbinder mit optischer Abbildung. Das Prinzip der Strahlaufweitung wird hier mittels einer asphärischen Linse (Reduzierung von Abbildungsfehlern) realisiert. Alle übrigen Elemente – außer der Kabelabfangung – sind aus Kunststoff gefertigt. Als Verbindungselement fungiert der im Bild 17.34 gezeigte Connector Adapter. Die 3 im Adapter befindlichen Kugeln sorgen für die Zentrierung der beiden Steckerhälften. Durch die optischen Grenzflächen weist er jedoch eine Grunddämpfung auf, die auf jeden Fall über den Fresnel-Verlusten liegt. Dieser Nachteil des Steckverbinders wird aufgewogen durch die relative Unempfindlichkeit gegenüber mikroskopischen Verschmutzungen der Steckerstirnfläche (großer aktiver Querschnitt).

Die Firma Lambdek gehörte in den 1980er Jahren zur Eastmann Kodak Gruppe. An diesem Beispiel ist zu sehen, dass mit dem Beginn der Lichtwellentechnologie viele eigentlich branchenfremde Firmen versuchten an den zu erwartend Markt zu partizipieren.

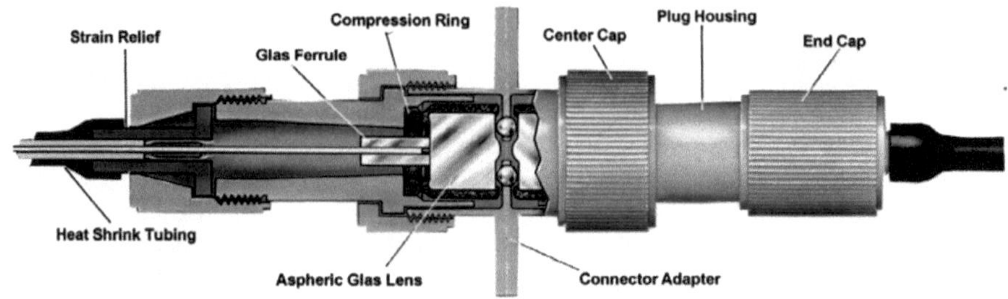

Bild 17.34: Steckverbinder mit optischem Koppelelement (Foto Fa. Lamdek)

Zusammenfassung:

Diese Beispiele sollten zeigen, dass am Beginn der Nachrichtenübertragung über Lichtwellenleiter sehr viele technologisch interessante Produkte am Markt auftauchten und auch wieder verschwanden. Auf dem Feld der Telekommunikation domminierten die großen Konzerne mit den auch von Ihnen selbst entwickelten Steckbindern, da über die optisch-mechanische Schnittstelle (Steckverbinder) der Zuliefermarkt *geregelt* wurde. Der militärische Bereich verwendete andere Lösungen, Bergbau und Verkehrstechnik probierten mit den verschiedensten Konzepten. Der Sektor der industriellen Anwendung kam später hinzu. Hier wurden Faserbündelleitungen (1 mm Bündeldurchmesser) oder auch Plastikfaserleitungen für Kurzstreckenübertragungen (wenige m) eingesetzt.
Viele der angeführten Firmen die Steckverbinder entwickelten gibt es heute nicht mehr. Eine interessante Ausnahme ist die Firma Diamond SA mit Sitz in der Schweiz. Eigentlich Spezialist für Tonabnehmernadeln für Plattenspieler versuchte sie sehr erfolgreich und konsequent ihr Wissen im Umgang mit *harten* Materialen (Diamanten) in der LWL-Steckverbinderentwicklung einzusetzen. Die daraus erwachsene Diamond GmbH bearbeitet heute das gesamte Gebiet der LWL-Steckverbinder.

17.8.4 Besonderheiten bei LWL-Steckverbindern

Laserschutz

Bei LWL-Systemen für die Überbrückung großer Strecken und/oder Übertragungsgeschwindigkeiten >200 MBd kommen Laser zum Einsatz. Da diese im Wellenlängenbereich 1300/1500 nm arbeiten, ist deren Strahlung unsichtbar. Je nach der in der Faser befindlichen Strahlungsleistung kann es zur Gefährdung (Augen) an Austrittsstellen (Steckverbinder) kommen. Die Kennzeichnung der Systeme und deren Handhabung ist durch Vorschriften geregelt – das schließt jedoch nicht aus, dass es im praktischen Einsatz zur Gefährdung von Personen kommt. Man kann dieses Problem durch entsprechende elektronische Überwachungseinrichtungen auf der Sender- und Empfängerseite lösen, was allerdings immer eine intakte zweite Übertragungsstrecke voraussetzt.
Dafür wurden Steckverbinder mit einer Schutzvorrichtung entwickelt, die den Strahlungsaustritt im nicht gesteckten Zustand verhindert, wenn das Verbindungselement auf der Senderseite verbleibt. Erst beim Stecken des Gegensteckers eine im Strahlengang befindliche Klappe ausgelenkt und die optische Verbindung freigegeben.
Bild 17.35 zeigt einen Laserschutz am Steckverbinder für Einsatz unter erschwerten Betriebsbedingungen.
Derartige Lösungen bieten eine höhere Sicherheit – allerdings nur hinsichtlich einer Gefährdung durch Laserlicht am Steckverbinder selbst – das Problem bei Faserbrüchen auf der Strecke bleibt. Allerdings kann man davon ausgehen, dass im letzteren Fall qualifiziertes Personal die Arbeiten durchführt.

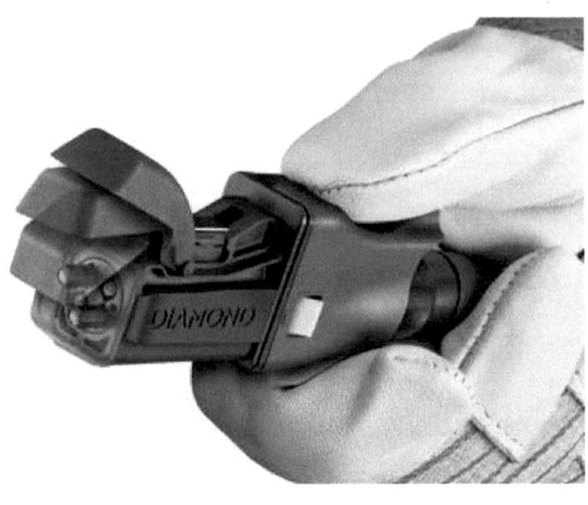

Bild 17.35: LWL-Steckverbinder mit Laserschutz HE-2000™ (Katalog Firma Diamond)

Rückflussdämpfung
In Verbindung mit Lasersystemen besteht sehr oft die Forderung nach einem sogenannten „Low return loss Connector“, d. h. der Steckverbinder soll die an den Grenzflächen Glas-Luft-Glas entstehenden Reflexionen weitgehend unterdrücken, damit die Rückstreuung nicht zu einer Rückwirkung auf den Laser führt. Normalerweise tritt bei Steckverbindern mit PC-Design im Idealfall (optisches Ansprengen der Faserendflächen) keine Rückstreuung auf. Dass dieser Idealfall immer vorliegt, kann nicht vorausgesetzt werden. Man löst dieses Problem, indem an die Steckerstirnfläche ein Winkel von etwa 8° angeschliffen wird (Bild 17.36). Damit wird erreicht, dass auftretende Reflexionen unter dem doppelten Winkel in den Kern zurück und damit gleich in den Mantel der Glasfaser übertreten und als Mantelmoden rasch absorbiert werden.

Wird der Steckverbinder zusätzlich im PC-Design (physischer Kontakt der Steckerstirnfläche) gefertigt, so ist eine Verdrehsicherung erforderlich.

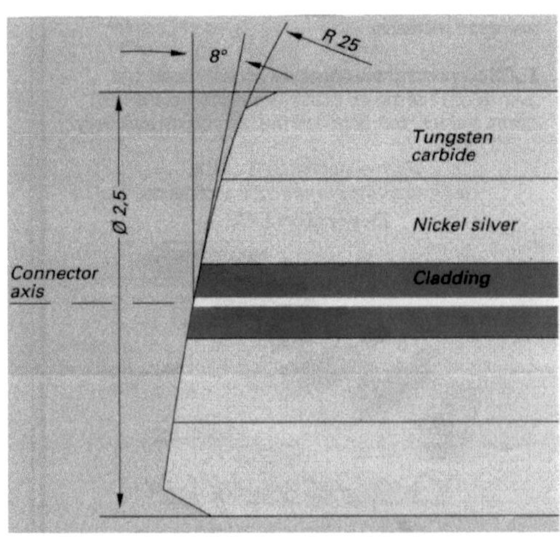

Bild 17.36: Profilbild und Geometrie eines „Low return loss“-Steckverbinders (Quelle: Firma Diamond)

Entlüftung bei LWL-Steckverbindern

Besonders bei SM-Steckverbindern sind die Durchmessertoleranzen von Steckerstift und Buchse sehr klein – sie bewegen sich im Bereich um 1µm. Dies bedeutet, dass beim Vorliegen eines Fettfilmes oder Feuchte (Handschweiß) die Verbindung nicht gesteckt bzw. getrennt werden kann. Da im ersteren Fall das Luftpolster nicht entweichen und im zweiten Fall das beim Ziehen entstehende Vakuum nicht gefüllt werden kann. Aus diesem Grunde muss für eine geeignete Entlüftung entweder im Verbindungselement (Bild 17.37) oder am Steckerstift selbst gesorgt werden. Zum Beispiel in Form einer in den Steckerstift eingeschliffenen Spirale. Die Entlüftung ist nicht ganz unproblematisch, da beim Ziehen des Steckers Schmutz in das Verbindungselement gesaugt werden kann und sich dies im späteren Betrieb nachteilig auf die Verbindungsqualität auswirkt.

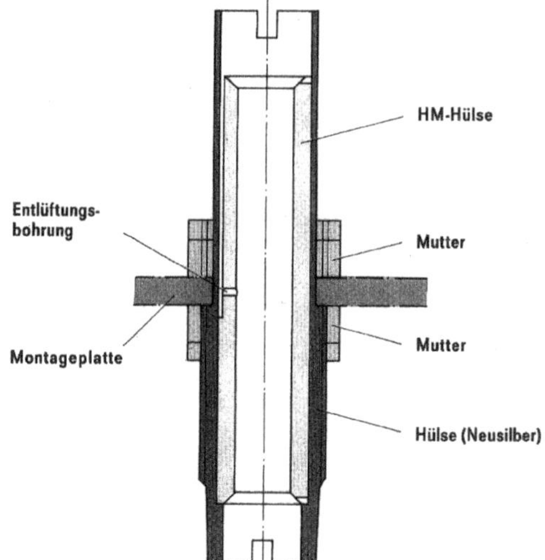

Bild 17.37: Hartmetall Durchführungskupplung für SM-Stecker mit Entlüftung

17.8.5 Steckverbinder für Kunststoffasern und Faserbündelleitungen

Der Vollständigkeit halber soll auf diesen Bereich noch hingewiesen werden. Hier kommt eine Vielzahl von Steckern und Stecker ähnlichen Lösungen zur Anwendung. Da jedoch der Steckverbinder immer im Zusammenhang mit einem Sender bzw. Empfänger zu sehen ist, findet man bei Kunststoffasern vor allem kundenspezifische Lösungen in Verbindung mit preiswerten Sendern und Empfängern für Kurzstreckenübertragung. Bei Faserbündelleitungen kommen überwiegend applikationsspezifische Lösungen zum Einsatz.

Steckverbinder für LWL-Kunststofffasern
Kunststoffasern für faseroptische Übertragung sind schon auf Grund ihrer Dämpfung (40-200 dB/km) nur für den Kurzstreckeneinsatz (2 - 50 m Übertragungsstreckenlänge) geeignet. Ihr Vorteil liegt in ihrem großen Faserdurchmesser (Faserdurchmesser von 1 mm sind der Standard), ihrer sehr einfachen Verarbeitung und ihrer großen numerischen Apertur (es wird viel Licht in die Faser eingekoppelt).

Die Verarbeitung ist denkbar einfach. Das LWL-Kabel (in der Regel besteht das Kabel aus der Faser mit einem darüber befindlichen Coating und einem schwarz eingefärbtem Außenmantel) wird abgeschnitten und in den Steckerstift eingeklebt – bei manchen Steckverbindern auch nur durch Crimpen festgelegt. Anschließend wird die überstehende Faser mit einem heißen Messer/ Werkzeug abgeschnitten. Je nach Qualität des Schneideprozesses und den Einsatzerfordernissen kann eine weitere Endflächenbearbeitung (Schleifen und Polieren) entfallen.

Steckverbinder für LWL-Faserbündel
Der Vorzug von Faserbündeln liegt in ihrem großen Querschnitt (typische Werte liegen bei 100 Einzelfasern und 1mm Bündeldurchmesser) und der großen numerischen Apertur (AN = 0,4 bis 0,6). Faserbündel sind relativ unempfindlich hinsichtlich des Ausfalls einzelner Fasern; selbst wenn sehr viele Fasern gebrochen sind, kann bei entsprechender Auslegung des Gesamtsystems dessen Funktionsfähigkeit erhalten bleiben. Oft ist durch Sichtprüfung der Zustand des Faserbündels erkennbar, da die gebrochenen Fasern als dunkle Punkte im Gesamtbild des Faserquerschnitts erscheinen. In Steckverbindungen für Faserbündelleitungen können Einfügungsdämpfungen bis zu 3,5 dB auftreten, dies ergibt sich schon aus dem Grad der geometrischen Überdeckung. Diese Steckerdämpfung hat jedoch wegen der hohen Eigendämpfung von Faserbündeln (50 bis 700 dB/km) nur einen relativ geringen Einfluss auf die Übertragungsreichweite. Der Einsatz von Faserbündeln beschränkt sich auf Kurzstreckenverbindungen.

17.9 Steckverbinder und Spleißtechnik

Die Spleißtechnik muss der Vollständigkeit halber mit erwähnt werden, da sie eine kostengünstige Verbindungstechnik auf den Glasfaserstrecken darstellt und auch im Geräteanschlussbereich (z. B. Pigtails) zum Einsatz kommt. Lichtwellenleiterkabel werden in der Regel in Längen von wenigen hundert Metern bis zu 2000 m auf Trommel gefertigt. Bei der Verlegung werden diese Kabel mittels Spleißtechnik miteinander verbunden. Ein weiteres Anwendungsfeld der Spleißtechnik ist z. B. das Verbinden eines vielpoligen Streckenkabels in einer Kabelmuffe / Verteiler mit weiterführenden Kabeln (meistens 1-adrig). In all diesen Fällen wird man keine Steckverbinder montieren, da diese Verbindung oft nur einmal durchgeführt wird, und innerhalb der Muffe / des Verteilers nur selten die Notwendigkeit zu einer Änderung besteht.
Als wichtigstes Verfahren ist die Spleißung mittels Lichtbogen zu betrachten. Dabei werden die miteinander zu verbindenden Glasfasern rechnergesteuert zueinander positioniert und anschließend im Lichtbogen verschweißt. Dabei wird während des Verschweißens mittels optischer Kontrolle so nachjustiert, dass eine sehr geringe Dämpfung der Spleißstelle erreicht wird.

Eine weitere Art der Spleiß-Verbindungstechnik besteht darin, dass die Glasfaser z. B. in einer dem Faserdurchmesser angepassten Kapillare auf Stoß gekoppelt wird. Zur Verringerung der Koppelverluste verwendet man ein Index angepasstes Gel, zur Fixierung, zum Beispiel einen UV-härtenden Kleber (Bild 17.38).

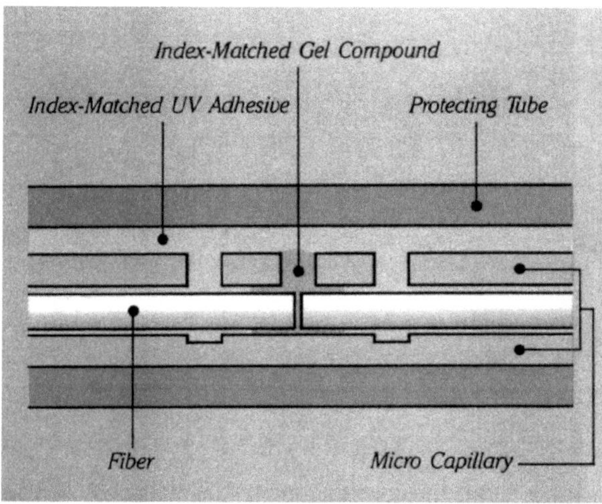

Bild 17.38: UV-Klebespleiß, NEC

Eine weitere Lösung eines trennbaren „Splice Connectors“ zeigt Bild 17.39. In einen Faserträger mit V-Nut wird die Faser eingelegt. Das Material des Faserträgers (Elastomer) sorgt für eine Zentrierung beider Faserenden. Mittels dieses Verfahrens lassen sich Verbindungen mit einer Dämpfung von < 0,3 dB (SM) und einer Rückstreudämpfung von > 40 dB realisieren.

Dieses Verfahren hat den Vorteil, dass es kostengünstig ist, schnell ausgeführt werden kann und dass es sich hierbei um eine lösbare Verbindung handelt. Die Stabilität der Verbindung kann im Vergleich zu einer echten Steckverbindung u. U. niedriger sein, da durch äußere Einflüsse (Temperatur) geringe Verschiebungen der Faser innerhalb der Kapillare auftreten können.

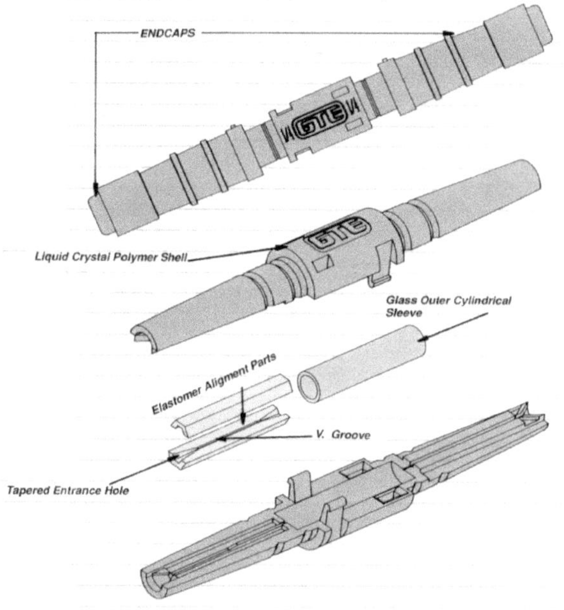

Bild 17.39: Fiber Optic Splice Connector, GTE

Zusammenfassung: Die Klebespleißtechnik der Anfangsjahre entstand, als Fusion Splicer der ersten Generation mit Handjustierung unter dem Mikroskop und Verschweißung mit Gasflamme, in der zweiten Generation schon mittels Lichtbogen und automatischer Justierung, noch 40.000-80.000 $ kosteten. Heute liegen die Preise um 7.000 $. Deswegen haben diese Spleißmittel im professionellen Einsatz nicht mehr die frühere Bedeutung.
Im praktischen Einsatz dagegen sind Lösungen wie zum Beispiel in Bild 17.40 gezeigt, wo das Ferrule (also der Steckerstift) mit einem Faserstück werksseitig vormontiert ist – die Steckerstirnfläche ist geschliffen und poliert – und durch eine mechanisch ausführbare Spleißverbindung innerhalb (!) des Ferrule durch preiswertes Indexmatching (sorgt für gute optische Kopplung) und Kleben oder teureres Fusion Splicing wird die von extern kommende Faser mit dem Steckerstift verbunden. Dieser kann dann in das entsprechende Steckergehäuse eingesetzt werden.

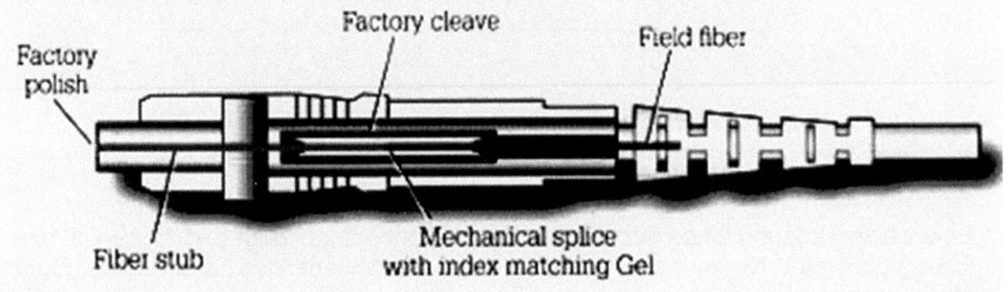

Bild 17.40: Vorgefertigter Splice Connector (Foto Corning)

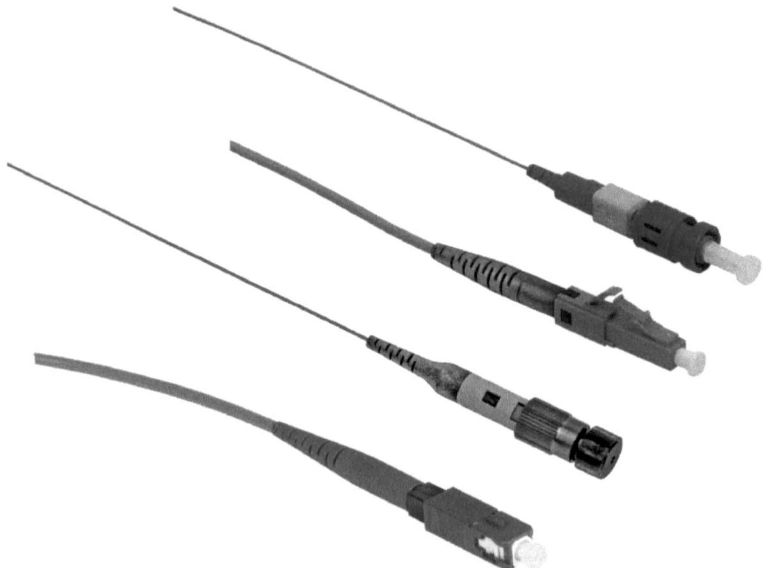

Bild 17.41: Werkseitig fertig monierte „Splice Connectors“ (Foto Firma AFL USA)

In den meisten Fällen kommen heute die in Bild 17.41 gezeigten sogenannten Splice Connectors (LWL-Stecker mit endflächenpoliertem Faserstück) zum Einsatz. Diese oft auch nur als Stecker mit Faser-Pigtails bezeichneten Teile können in Massenfertigung und Werksqualität produziert werden und lassen sich dann kostengünstig (geringer Zeitaufwand vor Ort) z. B. mittels Fusion-Spleißtechnik an die LWL-Leitung / -Kabel montieren.

17.10 LWL-Steckverbinder aus der Sicht des Anwenders

Ganz allgemein kann man sagen, dass aus der Sicht eines Anwenders an Steckverbinder für die optische Signalübertragung stets die gleichen Anforderungen gestellt werden:

- Standardisierte Ausführungen.
- einfache Montage,
- stabile Bauweise,
- geringe Dämpfung,
- reproduzierbare Dämpfungswerte beim wiederholten Stecken,
- Langzeitstabilität
- der Applikation angepasste Handhabung,
- Schutz der Faserendflächen,
- kostengünstiges Produkt

Die vorstehend genannten Forderungen lassen sich – je nach Faserart, Steckerbauform, vorgesehener Applikation – mit unterschiedlichem Aufwand erfüllen.
Die Vielzahl der heute am Markt vorhandenen Bauformen für Lichtwellenleiter Steckverbinder sind das Resultat unterschiedlicher Anforderungen und Schwerpunktsetzung. Der Anwender zieht in Betracht, dass die aktive Einsatzdauer vieler heutiger Geräte auf Grund des schnellen Technologie- und Technikfortschritt nur von relativ kurzer Dauer sein wird. Die Kosten der Verbindungselemente müssen diesen Rechnung tragen.

17.11 Zusammenfassung und Ausblick

Die Risiken für den Anwender liegen heute überwiegend bei der Wahl des für die Applikation richtigen Steckers (Stecker Standard) und bei der Art der Montage. Die Montagequalität ist von entscheidender Bedeutung, bestimmt sie doch weitgehend die Funktionsfähigkeit und Zuverlässigkeit des Gesamtsystems über einen langen Einsatzzeitraum unter möglicherweise klimatisch sehr extremen Einsatzbedingungen.
Wenn man von der grundsätzlich unbefriedigenden Situation einer Vielzahl unterschiedlicher Steckverbinderkonzepte absieht, so kann trotzdem festgestellt werden, dass bezüglich der Standards international viel und gute Arbeit geleistet wurde. Das Stift-Buchse-Prinzip mit Stiftdurchmesser 2,5 mm ist derzeit am weitesten verbreitet. Der physikalische Stirnflächenkontakts (PC-Design) ist Stand der Technik.

Wenn man in Entwicklungsländern – oder in Städten, wo man den Eindruck hat, hier müsste mal etwas getan werden wie in Bild 17.42 – unterwegs ist, so lasse man sich nicht täuschen. In diesem Strippengewirr hängen oft auch schon Lichtwellenleiter-Kabel dazwischen. So gesehen in Delhi im Alten Bazar und in Benaulim / Goa (2014).

Bild 17.42: Dazwischen hängen auch schon LWL-Leitungen (Benaulim/Goa)

Ich sitze dort 2015 bei einem Kaffee und sehe etwa 10 m entfernt ein paar Monteure mit einem kleinen schwarzen Kästchen arbeiten. Und denke, wozu brauchen die bei diesem Strippengewirr ein so großes Multimeter, um eine noch brauchbare Kupferleitung herauszufinden? Also ging ich hin und fand moderne LWL-Spleißtechnik vor. An solchen Orten gibt es keine Notwendigkeit und auch keinen Sinn, eine LWL-Steckverbindung zu setzen. Fällt etwas aus oder herunter, so spleißt man ein Stück Fiber wieder dazwischen.

Bild 17.43: Indische Monteure in Benaulim/Goa beim Spleißen einer LWL-Leitung

Literatur

[1] Prof.Dr.-Ing.Walter Heinlein: „Elemente der faseroptischen Übertragungstechnik", Vorlesungsskript, Universität Saarbrücken,1983

[2] Wagner/Sandahl: Interference-Effects in MM-Connections, Applied Optics, Vol. 21. No.8, Seite 1381 (1982)

[3] Tamulevich, Thomas: Photonics Spectra, October 1984

[3] Fachbeitrag „Direkter Faserkontakt", Design & Elektronik, Ausgabe 7, 29.3.1988, S.138 ff

Ergänzende Literatur

Rosenberger, D. u.a.: Optische Informationsübertragung mit Lichtwellenleitern, Expert Verlag / VDE-Verlag, 1982

Geckeler, S.: Lichtwellenleiter für die optische Nachrichtenübertragung, Springer-Verlag, 1986

Caroll, J.P.: Design Considerations of the expanded Beam Lamdek Single-Mode Connector, FOC/LAN-Proceedings 1985, San Francisco

Nagase,R. et al.: Effect of axial compressive force for connection stability in PC Optical Fiber Connectors, Electronics Letters, 29 th January 1987, Vol.23 No. 3

Eberlein, D. u. a.: Lichtwellenleiter-Technik (Kontakt & Studium) expert verlag, 2018

Stichwortverzeichnis

A

Abisolierlänge......205, 207, 209, 210
Abisolierwerkzeuge......205
Abrasion......387, 389
Abriebverhalten......387, 389
Abscheidung...377, 380, 384, 400, 405
Abschirmung......123, 216, 217, 218, 219, 283, 285, 286, 292, 396
Abschlusswiderstand.... 229, 281, 282, 283
All-Star-Teams......55, 62, 63
Altschuller......57
Andockrahmen......165
Anschlusstechniken......240
Anschlussverteiler...... 162, 186, 187, 188, 189
Antennensteckverbinder......104, 406
AQL-Strategie......347
AQL-Vereinbarungen......347
Ausfallanalyse......371
Ausfallraten......350, 351
Auspresskräfte......237, 241
Außenleiter.... 122, 123, 215, 218, 228, 279, 280, 284, 285, 286, 287, 289, 290, 322
Automobilsteckverbindungen....95, 406
Axialschraubanschluss......193, 207
Axialschraubklemme......193

B

Backplane-Gestaltung......312, 318
Bajonettverriegelung......154
Bandgap-Fasern......33, 85
Base-Station......103, 104
Bauform.....92, 98, 113, 118, 145, 146, 147, 148, 183, 203, 233, 244, 356, 410, 439, 443, 444
Baugruppenträger......298
Bemessungsspannung... 66, 168, 184, 185, 199
Bemessungsstrom... 68, 184, 185, 199
Berührungsschutz......171, 291
Beta-Rückstreu-Verfahren......357
Betauung......166, 335, 353
Betriebstemperaturbereich...... 353
Bindenähte......360
BMK-Baureihe......92, 94
BMK-D......93, 98
Body-Kontakte......94
Bohrlochtoleranzen......129
Bosch Matrix Kontakt......92
Bosch-Sensor-Kontakte......92, 93
Bosch-Steckverbindungen......91
Brainstorming......54, 59, 64
Brush-Technik......400
BSK......92, 93, 94
Busanschluss......185

C

CDMA2000......112, 122
Cenelec Electronic Components Commitee (CECC)......105, 109, 230, 231, 289, 437, 441, 444, 447
Chemische Oberflächenreaktionen.... 8
Codierung......98, 157, 158, 159
Comparative Tracking Index...... 168
Conjoint-Analyse......47, 73
Crimpanschluss.....173, 174, 175, 188, 194, 200, 209
Crimphülse......194, 196, 198, 240, 289
Crimpzange......196

D

Dauererprobung......100
Derating-Kurve......169, 170, 247, 248, 328, 352, 353
Design-in-Produkt......252
Deutsche Elektrotechniker (VDE)... 15, 74, 142, 154, 157, 159, 166, 167, 168, 170, 171, 176, 206, 210, 231, 344, 345, 422, 423, 459
Dichtmethoden......156
Dickenmessung......357
Dielektrizitätskonstante...... 276, 280, 284, 287
Diffusion von Gold......389
DIN-Steckverbinder......233, 438
Diskursives Denken......55
Doppelleitung......277, 278, 279

Drahtschneiderechnik 262
Druckdichtigkeit 156
Drucktechnik-3D 259
D-Sub-Steckverbinder 133, 134, 252
Durchgangswiderstand 204, 234, 237, 241, 250, 269, 328, 352, 360, 361
Durchkontaktierung 132
DWDM-Stecker 74, 88

E

ECOFAST 82, 84
Einkristalle 322
Einpress
- Kontakt 238
- Kräfte 128, 237, 238
- Technik 134, 198, 290, 304
- Verbindung 198, 237, 238

Einpresszone 198, 237, 238, 239
Einsatzmerkmale 353
Elektrochemie 379
Elektrolyt 380, 386, 391, 396, 403
Elektrolytaustausch 382, 390, 391, 392
Elektrolytverschleppung 382
elektromagnetische Störungen 100, 212
Elektromagnetische Verträglichkeit (EMV) 18, 29, 44, 84, 86, 154, 155, 156, 184, 185, 201, 203, 211, 212, 213, 214, 223, 231, 266, 271, 285, 346
EMI-Verhalten 211, 212, 409, 414
EMV-Gehäuse 154
EMV-Probleme 213
EMV-Sicherheit 18, 84, 86
Entfestigungsspannung 11, 13
Erfolgsfaktorenanalyse 47
ESCON-Steckverbinder 416, 431, 432, 440, 447, 448
Ethernet 22, 25, 26, 75, 82, 83, 255, 266, 311, 416

F

Fabrikautomatisierung 22
Faradaygesetz 379
FC-Steckverbinder 443, 444
FDDI-Steckverbinder 416, 429, 431, 447, 448
Fehlanpassungen ... 106, 281, 408, 428
Feldwellenwiderstand 276
Finite-Elemente 266
first-mover advantage 19, 30, 31
Flächenpressung 1, 6, 7
Flachsteckanschluss 200
Flussmittel 131, 325, 352, 360, 362
Flussmitteldichtheit 352, 359, 360
Flussmittelrückstände 328
FMA-These 19
Fremdschichtwiderstand 8, 9, 11, 12, 13
Fresnel-Verluste 421, 428, 450
Fretting Corrosion ... 343, 344, 345, 346
Frittspannung 12, 13
Frittung 12
FTTH 18, 22, 82, 445, 447
Funktionsmerkmale 263, 266, 351, 352

G

Galvanik
- Bäder 382, 391
- Bandgalvanik 394, 397, 402
- Einzelteilegalvanik 390, 394
- Riemenzelle 398, 399, 400
- Selektivbeschichtung 378, 393

Galvanotechnik 250, 344, 345, 346, 377, 378, 379, 380, 381, 404, 405
Gefederter Verriegelungsbügel 152
Gelenkrahmen 178
Generic specification 230
Goldflash 389
Goldschichten 321, 378
Grenzempfindlichkeit 221
GSM (2G) 112, 118, 122, 414

H

Han-Snap 159, 160, 161, 162, 163, 164
Hartgold 386
Hautwiderstand 8
Hersteller von Steckverbindern 21, 27, 86, 356, 417, 421
HF-Schirmdämpfung 220, 221
Hohlleiter 275, 277, 280, 282, 292
Holmschen Kontakt-Theorie 241
Homogenes Feld 167

I

Ideenaustausch 80
Impedanz 106, 117, 211, 271, 299, 300
Impedanzprofile 299, 300
indexgeführte Fasern........................85
Industrieklima 248, 335, 365
Industrie-Steckverbinder 142, 143, 144, 147, 151, 179, 186, 190, 198, 199, 200, 201, 203, 204, 205, 210
Inhomogenes Feld..........................167
Innovationskultur 16, 29, 30, 33, 40, 73
Innovationsmanagement16, 17, 21, 30, 36, 37, 45, 47, 53, 65, 73, 74, 75, 79, 80, 89, 90
Innovationswiderstände.27, 29, 34, 35, 37, 38, 40, 51, 65, 68, 73, 82, 89
intelligente Stecker 29
Intermodulation......107, 108, 115, 116, 121, 213, 227, 228
Intermodulationsmessung...............230
Intermodulationsstörungen 229
IP Klassen-Code.....................110, 111
ISO233, 349, 415
Isolierkörper... 133, 143, 165, 184, 185, 199, 270, 279, 364
Isolierstoffgruppe 168
Isolierstoffgruppen 168

K

Kabelaufbau 107, 286
Kabelbefestigung............................288
Kabelhaltekraft........................288, 289
Kabelkanal..97
Käfigzugfederanschluss..........194, 208
Kaizen-Gedanke.............347, 371, 373
Kälteprüfung 247
Kaltverschweißung 238
Kapazität..................13, 281, 284, 307
Kennbuchstaben....................291, 348
Kennlinien von Kontakten.................10
Kesternich-Test 337
Kfz-Steckverbinder 96
KFZ-Steckverbinder
Kontaktformen 329
Qualifikation........ 230, 231, 235, 236, 371, 373, 374, 376, 433, 440
Klimakammer..................................246
Koax-Bondtechnogie 412
Koax-Steckverbinder 275, 288
Koax-Kenngrößen.......................... 279
Konfektionierung.....205, 246, 289, 430
Kontakt
Anordnung... 2, 10, 13, 172, 173, 174, 175, 176
Ausführungen 333
Druck........7, 108, 116, 192, 204, 324, 357
Einsatz...........162, 163, 165, 178, 184
Kraft... 1, 6, 7, 9, 10, 13, 14, 232, 234, 241, 242, 352, 357, 358, 359
Kraftmessung 357, 375
Oberfläche... 7, 9, 11, 14, 204, 243, 244, 247, 327, 329, 334, 362
Schmiermittel.................................324
Störungen 319, 320
Unterbrechung.......................234, 245
Werkstoffe7, 8, 11, 203, 324, 328, 346
Widerstand .1, 7, 8, 9, 10, 12, 15, 107, 241, 325, 330, 350, 357, 362, 363
Zuverlässigkeit 232, 236
Kopfkontaktklemme 193
Koplanarität 134
Kopplungsimpedanz 215, 223, 224, 225
Kopplungswiderstand 215, 216, 223, 224, 225, 231, 285
Korrosionsbeständigkeit 110, 243, 378, 381
Korrosionsschutz 268, 377, 386, 389
Korrosionstests 337, 342
Kriechstrecke 167, 168
Kriechstrecken 129, 166, 167, 168, 246
Kunststoffe..... 124, 127, 201, 265, 325, 345
Kupferlegierungen 195, 203
Kupfersulfid.................................... 321

L

Längsverriegelung 152, 153
Lanzenkontakte 94
Laserschutz 451, 452
LC-Steckverbinder 78, 79
Lead Frame 402
Lead User Verfahren 80, 81
Lecherleitung 277
Leistungsübertragung 95, 106, 281
Leiterquerschnitt 184, 185, 196, 197, 206, 207, 209, 276
Leitungsersatzschaltbild 278

Lichtwellenleiter (LWL) .. 77, 78, 79, 82, 83, 84, 86, 87, 142, 183, 184, 196, 275, 292, 416, 417, 419, 421, 422, 423, 424, 425, 431, 432, 434, 435, 437, 438, 440, 444, 449, 451, 452, 453, 454, 457, 458, 459
LIGA-Technik 374
Linsenkopplung 420, 421, 430, 436
Liquidus-Temperatur 131
LISCA 121, 123
Litzenleiter 197, 207
Lötdichtigkeit 325, 360
Lotformteile 135
Lötkegel 129, 132
Lötpad 129, 139
Lotpastenkalkulation 129
Lotpastenvolumen 129, 132
Luftfeuchte 247, 335, 342
Luftstrecken 166
Lunker 354, 382, 387
LWL-Steckverbinder 77, 78, 79, 416, 417, 423, 424, 425, 434, 435, 437, 438, 444, 449, 451, 452, 453, 457

M

Magnetfeld-Abschirmung 219
Magnetfelder 218, 228
Magnetfeldlinien 217
magnetischer Felder 217
Margerison-McCann 64
market-pull 26, 28, 30
Markt 16, 18, 19, 25, 26, 28, 29, 30, 31, 32, 43, 44, 47, 48, 49, 50, 53, 65, 66, 72, 76, 77, 79, 81, 82, 83, 85, 86, 87, 88, 89, 91, 94, 112, 116, 178, 225, 251, 252, 253, 259, 268, 274, 309, 310, 313, 315, 416, 436, 437, 440, 441, 450, 451, 457
Markt-Technologie-Portfolio ... 47, 48, 65, 89
Materialauswahl 117, 321
Matrix Kontakt 94
Matrix-Projektmanagement 59, 60
Messleitung 282
Messverfahren 169, 220, 221, 229, 231, 421, 422, 423
Mikrostruktur einer Kontaktoberfläche 3
Mikrowellensystemen 286
MilitaryStandard (MIL) 350, 351
Mindestluftstrecken 167
Miniaturisierung 112, 331
MMBX-Verbinder ... 104, 105, 113, 117, 118, 119, 412
MMCX-Verbinder ... 104, 105, 113, 117, 118
Mobilfunk 103, 105, 109, 115, 118, 120, 123, 411
Moding 213, 226, 227
Modingeffekte 225
Modulare Stecker 81
Modularitätsgrad 81, 83, 84
Moldflow-Simulation 262
Monoblock 172, 176, 178
Monomodefaser 418, 419
Montagemerkmale 352
Motorkabelbaum 97, 99
Motorraum 93, 100, 102, 265
MT-RJ-Stecker 78
Multimodefasern MMF 418, 419
Mumetallmanschette 218

N

Netzwerk 409
Netzwerkanalysatoren 213, 271
Nickel 136, 205, 243, 250, 356, 380, 386, 387, 389, 391, 400, 405
Nickelschichten 389
Normengremien 374
Normierung von Steckern 31
Normierungszeitpunkt 30, 31, 43
Normung 44, 45, 230, 251, 416
Normungspolitik 42, 43, 44
Nullfehlerstrategie 101

O

odd form components 125, 127
one-stop-shopping 23
Optische Inspektion 240
Optische Interferenz 435
Optische Stecker 22, 33, 84, 85, 437

P

Packungsdichte 104, 115, 241, 242, 292, 322, 363, 408, 411, 412, 414
Palladium-Legierungen ... 242, 243, 356, 387, 389, 400, 405
Parallelresonanz 281

Passive Intermodulation........ 107, 108, 109, 119, 122, 124
Pastendurchdruck...........................129
PC-Kabelvernetzung 25
PELV Protective Extra Low Voltage171
Permeabilität μ_r...............217, 218, 228
personal fabrication 82
Phasenstabilität 287
Pin-Durchmesser............................128
Pin-in-Paste-Verfahren 125
POF Plastikfaser....22, 84, 86, 87, 184, 196, 418, 419
Polarisation.....................................191
Poren......................319, 335, 354, 387
Porentests 243, 337
Porosität 352
Portfolio-Analyse Methoden..............49
Potentialflächen 4
Preforms. 135, 136, 137, 138, 139, 140
Produktfindung 46, 53, 56
Produktlebenszyklus.........................32
Prognosemethoden 26, 45
Projektmanagementmethoden....33, 60
Prüfmethoden. 240, 244, 271, 375, 378
Prüfsequenz 234
Pulverbeschichtung 203
Push-Innovationen..........26, 28, 30, 32

Q

Qualifizierung von Steckverbindern 232, 293, 347, 353
Qualifizierungstests 233, 370
Qualitätssicherung...93, 100, 101, 347, 432
Quality Function Deployment (QFD) 46, 47
Querverriegelung............................152
Quick-Fit..121
Quick-Lock Verbinder....114, 115, 119, 120

R

Radialschliffmethode 357
Rainbow Cell 399
Rastermaß..........................92, 98, 139
Rasthaken 94, 178
Rechteck-Steckverbinder........143, 144
Reflexionen....106, 281, 282, 286, 299, 408, 421, 429, 436, 452
Reflexionsfaktor......281, 282, 283, 289
Reflexionsverhalten 287
Reflow-Löten...........125, 127, 131, 141
Regionen 39
Reibfrequenz 329, 366
Reibkorrosion........ 242, 244, 324, 328, 329, 346, 353, 366
Reibungskoeffizient 358
Reibwege........................268, 329, 441
Reinigungsmittel 325, 362, 363
Re-Qualifikation 235, 236
Ressortdenken................42, 44, 68, 82
RF-leakage 220
Rissbildung 195, 386, 387
RJ-45 ....22, 75, 76, 78
Röntgenfluoreszenz-Verfahren 357
Rückflussdämpfung 106, 109, 119, 120, 122, 283, 434, 452

S

Schablonen-Design 128
Schadgaskonzentrationen 334
Schadgasprüfung....249, 341, 342, 365
Schadgasprüfungen.......331, 340, 341, 343
Schadgastestanlage 338
Schadstoffkonzentrationen 335
Schaltschrank 142, 143, 144, 186, 188
Schärfegrad 335, 338
Schichtdickenangaben.................. 388
Schichtverteilung 380, 383, 384, 392
Schichtwerkstoffe............385, 386, 388
Schirmdämpfung....107, 113, 156, 213, 214, 215, 216, 217, 220, 222, 224, 225, 271, 411
Schirmdämpfungsverlauf 223
Schirmfaktor................................... 214
Schirmkontakte 134
Schliffbild 304
Schmelzspannung von Kontaktwerkstoffen 11
Schneidkemmanschluss 198
Schneidklemmtechnik...................... 94
Schneidklemmverbindungen..........240, 354, 355
Schockprüfung........................241, 245
Schrägstecken 158

Schraubverriegelung 153, 154
Schüttelfestigkeit 92, 94, 95, 98
Schutzart (IP)................. 110, 157, 291
Schutzleiterklemme 171
Schwingbelastungen 244, 245
SC-Steckverbinder 76, 78, 444, 445
Sekundärverriegelung 99, 415
Semi-Rigid-Kabel... 224, 286, 288, 289, 290
Serienresonanz 281
SFF-Steckverbinder................... 77, 78
Sichtprüfung 353, 354, 454
Signaldichte 297, 301, 317
Silber 94, 110, 115, 204, 218, 219, 247, 321, 354, 356, 378, 380, 387, 389, 390, 394
Silbersulfid 321, 345
Simulation........ 15, 260, 261, 262, 265, 266, 267, 268, 272, 410
Skin-Effekt 111, 215, 219, 276, 279, 284, 287
SMA....... 104, 105, 106, 119, 120, 121, 225, 226, 289, 290, 441
Small-Form-Faktor............. 22, 76, 447
SMD-Fertigungsprozesse 125
SMT-Fertigungsprozess 125, 126, 141
Spannungsbelastbarkeit 211
Spannungsfestigkeit 227, 234, 246, 247, 285, 352
Spannungsreihe 386, 387
Spannungsrisskorrosion 324, 325, 386
Speisedraht-Verfahren 223, 224
Spleißtechnik 454, 457, 458
Spot-Technik 402
Spritzwerkzeuge 262
Stage-Gate-Prozess 65
Steckverbinderfamilie 76
Steckverbindungen im Kfz 95
Steckzyklen 84, 232, 234, 235, 242, 255, 257, 258, 265, 268, 269, 328, 357, 362, 381
Stichprobe 235, 236
Stichprobenumfang 348
Stirnflächenkopplung 419, 420, 421, 436
Strategiekontrolle................. 46, 47, 89
strategische Produktplanung 22, 46, 89
ST-Steckverbinder................. 442, 443
Sulfidschichten................ 319, 321, 354
Sulfidüberwanderung 327

T

Tape-on-Reel-Feeder 128, 129, 130, 135
TD-SCDMA.................... 112, 118, 122
Technology-push 26
Teflondielektrikum......................... 213
Telcordia-Standard 233, 235, 243
Temperatur 10, 109, 131, 140, 169, 170, 213, 234, 241, 248, 324, 334, 335, 342, 363, 364, 368, 380, 381, 388, 429, 455
Temperaturschock......... 241, 363, 364, 365
Temperaturwechselprüfung. .. 100, 365, 366
TEM-Welle 225, 226, 277
Thermoplaste 201
THR-Steckverbinder 125, 127, 128, 130, 131, 132, 133, 135, 136, 139, 140
THR-Technik... 125, 127, 133, 134, 141
TIPS 56, 74
Transferimpedanz.................. 215, 285
Transformationseigenschaften....... 281
Trends im Steckermarkt............. 21, 22
Triaxialgefäß-Messung 221
TRIZ-Methodik ... 46, 55, 56, 57, 58, 65, 74, 81, 83, 84, 86, 89

U

Übergangswiderstand 11, 198, 237, 256, 389
Überspannungskategorien............. 167
Übersprechen 301, 317, 408
Überwanderung 342, 354
Überwanderungsgeschwindigkeit .. 342, 343
Überzugsmetalle 381, 382, 388
UMTS (3G) 107, 112, 213, 229
Umweltbedingen 84
Unedelmetallen 321, 354
Ungefederter Verriegelungsbügel .. 151
Unternehmenskultur.. .... 16, 67, 69, 79, 80, 89

V

Verformbarkeit 381, 385, 386
Vermarktungswahrscheinlichkeit von Innovationen 25, 32, 43
Verriegelung 144, 151, 154
Verschmutzungsgrad..... 166, 168, 169, 420
Vertrieb...... 17, 29, 35, 36, 66, 79, 100, 371
VF-45-Stecksystem 78
VHF-Bereich 216
Vibration.. ...... 163, 232, 234, 235, 237, 244, 245, 392
Vibrationseinrichtungen 233
Vibro-Plating 392, 393

W

Wellenlänge 86, 220, 275, 301, 418, 434
Wellenlängen-Multiplex..................... 88
Wellenleiter 275
Wellenwiderstand...123, 277, 278, 279, 281, 282, 283, 284, 285, 287, 410
Wellmantelkabel 116, 122, 123
Weltmarkt 18, 91, 144, 438
Wettbewerbsdruck 29
Wickelanschluss 173, 198
Wickelverbindung 198
Wire-Injection-Methode................. 224

Z

Zentralverriegelung 153
Zinn.......... 94, 110, 115, 238, 239, 242, 247, 321, 344, 345, 346, 356, 357, 380, 387, 390, 394
Zinnbronzen 324
Zinnwhisker..................... 322, 323, 324
Zuverlässigkeit....... 7, 13, 95, 100, 234, 235, 237, 242, 250, 266, 308, 319, 322, 325, 335, 341, 345, 350, 351, 354, 357, 362, 364, 365, 366, 368, 371, 375, 376, 457
Zyklenzahl 152, 241, 356

Autorenverzeichnis

Dipl.-Ing. Günter Knoblauch
Neuried

Dr. rer. nat. Joachim Belz
ODU GmbH & Co. KG
Mühldorf a.Inn

Joachim Bischoff
IMO&MSP
Königsbach-Stein

Thomas Frey
IMO&MSP
Königsbach-Stein

Dipl.-Ing. (FH) Tilman Heinisch
SGS Germany GmbH
München

Dipl.-Ing. (FH) Magnus Henzler
ERNI Elektroapparate GmbH
Adelberg

Dipl.-Ing. Herbert Junck
HARTING Electric GmbH & Co. KG
Espelkamp

Dr.-Ing. Helmut Katzier
Ingenieurbüro für Aufbau-
Und Verbindungstechnik
München

Dipl.-Phys. Ing. Ralf Knoll, M.Sc.
Ingenieurbüro Knoll –
Engineering & Consulting
Zolling

BSc, MSc, MBA Gwillem Mosedale
Ingenieurbüro Knoll – Engineering &
Consulting
Zolling

Prof. Dipl.-Ing. Peter Pauli
Universität der Bundeswehr München
München

Ing. ET (FH) Romeo Premerlani
Huber + Suhner AG
Herisau / Schweiz

Dr.rer.nat. Michael Römer
Robert Bosch GmbH
Waiblingen

Dipl.-Ing. Bernd Rosenberger
Rosenberger Hochfrequenztechnik
Tittmoning

Dr. rer. nat. Georg Staperfeld
ODU GmbH & Co. KG
Mühldorf a.Inn

Dipl.-Ing. Helmar Ulbricht
Eningen